Thinking in UML 大象

（第二版）

谭云杰 著

中国水利水电出版社
www.waterpub.com.cn

·北京·

内 容 提 要

本书以 UML 为载体，将面向对象的分析设计思想巧妙地融入建模过程中，通过贯穿全书的实例将软件系统开发过程中方方面面的知识有机地结合在一起，用生动的语言和精彩的事例将复杂枯燥的软件过程讲解得津津有味。

全书分为四个部分。第一部分讲述面向对象分析的一些基本概念，及学习建模需要了解的一些基本知识。第二部分对 UML 的基础概念重新组织和归纳整理，进行扩展和讨论，引申出针对 UML 的这些概念在面向对象方法中应用方法的思考。第三部分以一个实例贯穿全篇，阐述如何使用 UML 从头到尾地实施一个项目。第四部分针对在现实中经常遇到并且较难掌握的问题进行深入的探讨，升华在前几篇学习到的知识。

本书可供正在学习编程、软件工程等知识，准备将来从事 IT 行业的读者、正努力向设计师或系统分析员转变的技术人员及期望对软件分析设计更上一层楼的设计人员学习和提高之用。

图书在版编目（C I P）数据

大象：Thinking in UML / 谭云杰著. -- 2版. --
北京：中国水利水电出版社，2012.3（2024.7 重印）
  ISBN 978-7-5084-9234-6

Ⅰ．①大… Ⅱ．①谭… Ⅲ．①面向对象语言，
UML－程序设计 Ⅳ．①TP312

中国版本图书馆CIP数据核字(2011)第258602号

策划编辑：周春元　　　　　　责任编辑：杨元泓

书　　　名	大象——Thinking in UML（第二版）
作　　　者	谭云杰　著
出 版 发 行	中国水利水电出版社
	（北京市海淀区玉渊潭南路 1 号 D 座　 100038）
	网址：www.waterpub.com.cn
	E-mail: mchannel@263.net（答疑）
	sales@mwr.gov.cn
	电话：（010）68545888（营销中心）、82562819（组稿）
经　　　售	北京科水图书销售有限公司
	电话：（010）68545874、63202643
	全国各地新华书店和相关出版物销售网点
排　　　版	北京万水电子信息有限公司
印　　　刷	三河市德贤弘印务有限公司
规　　　格	184mm×240mm　16 开本　34 印张　788 千字
版　　　次	2009 年 1 月第 1 版　2009 年 1 月第 1 次印刷
	2012 年 3 月第 2 版　2024 年 7 月第 17 次印刷
印　　　数	50001—52000 册
定　　　价	68.00 元

大象希形

■ 可遇而不可求

中国象棋，只有 32 棵棋子，规则简单，但水平高低之间，不在于是否掌握了马走日象走田。正如 UML，简单说只有元素、视图与模型，但水平高低之间，绝不在于谁能在视图之上画出各种元素堆积的模型，而是在于谁能够借助 UML 提供的这些工具，灵活自如地为复杂项目的开发提供一个成熟的、统一的、系统的、广泛适用的系统分析设计与建模方法，即软件的统一过程。

说到统一过程，不能不提一下 RUP，正是由于 RUP 与 UML 师出同门，造就了 RUP 在软件统一过程中的霸主地位。不过一提到 RUP，文档、模型、迭代、组件、架构、软件层次等词汇，嚼蜡般的概念扑面而来，可以想象学习的感受。RUP 的官方文档晦涩而枯燥；相关的图书，缺少透彻的理解与思想，有时还不如官方文档好看。痛苦在于，明明你知道 RUP 就是把守通向**实现技术自由之梦想之路的任督二脉**，却又无力打通。而于菜鸟同志们来说，层出不穷的开发框架，云山雾罩的设计模式，庞大复杂的体系和概念、无处着力的分析设计与建模....，从何学起？如何学起？

这就是一本解决这些问题的书。

坦率地说，这样的书不是策划而来，全凭幸运之神的眷顾。而于广大读者，这是一部可遇而不可求的技术宝作。

■ 天上人间

有句俗话叫吃水不忘挖井人，说起 UML，不能忘记 Ivar，James，Grady 这三个 UML 的创始人——三位方法学大师，在软件领域，他们是教父级人物。但是并非所有读者都认可这个观点，原因是他们饱受 UML 与 RUP 之晦涩复杂之苦，并且始终也未得其门而入。不能被大众所掌握，再巧妙再高深的知识也只是形同鸡肋。

本书第一版的字字句句，如醍醐灌顶，使好多困扰本人多年的似是而非的晦涩技术概念，茅塞顿开。本书第二版面市之际，我已经知道，那种无以言表的美好感觉，并非我的独自感受，两万余名第一版的读者，无不向谭云杰老师致以深深的敬意。正是因为大家的感恩心情，使谭老师在软件技术的征途上，这三年来更加时刻不敢懈怠；正是因为大家的感恩心情，谭老师又斟出了自己多年来对于**面向对象的数据库的分析、设计与建模**方面的心得，与朋友们共勉。这就有了本书的第二版。

有一点必须声明，作者本人非常惶恐于拿他与 Ivar，James，Grady 三位大师相提并论。本人也并没有任何对三位大师的不恭之意，我只是想说：三位大师在天上，谭老师在人间。

■ 大象

老子说，大象希形，大音希声。我的理解大概是，象至极大，形之其次；音至极美，声之其次；器至极巧，工之其次。能把 UML 讲得如蛋清般清沏，已属罕见，在读完这本书之后，又突然发现已然把朝夕膜拜的 RUP 之精髓收于囊中，同时让开发框架、软件架构、设计模式、分析、设计与建模等庞大而复杂的概念，再也不像如鲠在喉，真的难以形容这是一种多么美妙的感觉。之余，不得不叹服作者功力之厚、思想之深、语言之美、构思之巧，一切莫不象至极大，故此书第一版，命名为《大象》。

对于本书的第二版，我依然认为这是一个最为贴切的名字。

周春元

II

再版序

《大象——Thinking in UML》自 2009 年出版以来，已经过去了三年。在这三年中，《大象》获得了我预期之中的关注，也获得了我意料之外的荣誉。

我所预期的，是我坚信《大象》是我所知道的唯一一本结合了面向对象方法、软件工程方法、基于 UML 的建模方法的全程建模的书；我相信也是唯一一本不仅仅是授技，而是试图论道的书。最重要的是在决定写作本书时，我便决心不写那种引用、翻译、拼凑各种资料的书。因为我在工作中经过学习、思考和实践，已经形成了一套自己的面向对象的建模、分析和设计方法，至少在我自己的项目中用起来得心应手。我觉得应该将这套方法传播开来。既然这套方法能够让我自己的项目获益，我相信也能够让更多的 IT 从业者获益。我于是非常用心地写下每一个字，每一个观点都是自己的理解和经验总结，几乎倾尽了工作十年的所有经验和思考。我相信这样的书一定会获得读者的喜爱，所以自写作时就期望着能得到读者的肯定。

而意料之外的，则是受欢迎的程度远远超过了我的预期。我没想到在本书出版的第一年，便在互动网的计算机图书销售排行版上冲上了销售榜的第三名；没想到在接下来的这三年里，销售也一直非常好，至今已经重印了 6 次之多；更没想到的是本书被许多学校采纳为教材或者课外资料。而最让我欣慰的则是读者的反馈。读者购买本书后的每一条反馈我都会看，不论是赞扬的还是批评的。更多的读者在阅读后会给我来信，要么询问书中不太明白的地方，要么指出书中的一些错误。甚至有读者建立了专门的 QQ 群来讨论与本书相关的一些问题。

与冷冰冰的销售纪录相比，我更看重这些热乎乎的评论、讨论。这为《大象》赋予了生命，或者说，之所以会有今天的第二版，它的第二次生命就是由这些读者给予的。读者对《大象》的指正都改进到了第二版中；读者对《大象》更多的期待，更是直接促成了第二版的诞生。

在准备第二版之前，我曾经想过要不要大动手术。但一方面大部分读者的反馈表明《大象》第一版挺合乎胃口。另一方面，在第一版出版后的这三年里，我应邀做了许多演讲、培训和公开课，在这些活动中我完全依据《大象》的思想和方法来讲课，获得了绝大多数学员的认可和肯定。学员们普遍反映这套方法颠覆了他们的认识，使得他们对面向对象方法、建模方法和 UML 的理解有了质的变化，经过学习，对软件本身也有了全新的认识。这让我意识到，《大象》里我所传达的思想和方法是符合现实需要的，目前我没有足够的理由对第一版进行大刀阔斧的更改。但第一版也绝不是完美的，除了错误、不严谨的地方，也有读者确实需要但在第一版中未涉及的内容。

因此，第二版我决定维持原有的主体不变化，包括贯穿全书的例子。一方面改正错误、完善语言组织，更重要的是补充读者期望的内容。基于此，在第二版中，最大的改变是：第一，应许多读者的要求，专门增加了第13章，深入讨论了面向对象方法与面向关系方法的区别与联系，详细讨论了面向对象的数据建模的方法；第二，在第5章中澄清了第一版中所讲的"问题领域建模"与大家所熟知的"领域驱动建模"在概念上的不同，并在第17章中详细讲述了"领域驱动建模"与"用例驱动建模"方法的使用。

在第二版即将完成的前夕，我完成了人生另一个重要的转变：随着小鱼鱼的出生，我成为了一个父亲。喜悦之情自不必多说，尽管两个月来我再没睡过完整的一觉。我相信孩子将从此永远改变我的生活方式，为了与他一起成长，我得把书送给他，并留下这段话。或许以后，他会拿着书说：看，这是爸爸为我写的，虽然我看不懂，但我知道大象鼻子很长……

再次感谢您关注和购买本书。您的意见将是我最大的收获！我将与您一同成长。

谭云杰

2012年03月

III

写给读者的话

近几年来，面向对象几乎成为软件技术的代名词。不论是学校设置的计算机课程，还是时下最流行的编程语言、设计方法，以及新兴的概念、标准和新思想无不被冠以面向对象的标签。而 UML 是面向对象方法的一面旗帜，谈到面向对象的分析和设计就不能不谈到 UML。如今 UML 也成为面向对象分析和设计事实上的行业标准。然而什么是 UML？怎样使用 UML？UML 仅仅是一组符号吗？可以说，UML 是面向对象思想和方法的具体化和符号化。学习 UML 的过程就是掌握面向对象思想和方法的过程。相对学习 UML 的符号含义而言，掌握它们背后的方法和思想是更为重要的。古人将知识分为"技"和"道"，习技固然可以成为人杰，而悟道才能羽化升仙。希望读者不仅仅满足于学会使用 UML，而应该能够从中悟道。

不论是面向对象的方法，还是面向对象的杰出代表 UML，许多朋友在现实中并不能真正掌握它们。虽然用着面向对象的工具，采用面向对象的语言，却做不出一个真正符合面向对象思想的软件。笔者在工作中发现许多使用了多年 UML 的人其实并不真正理解 UML 的意义，常常用着 UML 却做出了并非面向对象的设计。就像一个不知道诗歌格律的人，不论采用什么文字都写不出诗歌一样；没有真正理解面向对象的思想，没有真正掌握面向对象的方法，仅仅使用 UML 符号并不等于可以做出面向对象的分析和设计。

人类自从有思想以来，就在不断探寻和认识自己所生活的这个世界。从本质上说，面向过程和面向对象都是人们认识这个世界的方法；而具体的技术，则是在采用这种方法认识世界的过程中被发明、总结和归纳出来的最佳实践。对于学习者而言，掌握这些技术是重要的；掌握这些技术表示你已经继承了前人的经验积累，并且是一个捷径，一如设计模式。但是，作者更建议把学习提升一个层次，超越具体技术细节去思考其背后蕴含的思想和方法。**这正是本书要冠名以 Thinking in UML 的原因。**本书并不是一本讲述哲学和方法论的书籍，相反，本书中将以大量的实例进行阐述，同时把作者在面向对象分析和设计领域的经验融入其中，因此本书更像是一本实战手册。本书除了讲解面向对象的基本概念和 UML 语言之外，将采用更大篇幅现身说法，深入浅出地把面向对象思想的精髓、分析思路、推导方法传授给读者。本书的讲解均来自实际工作，乃作者多年工作经验和最佳实践的总结和归纳。这些经验和最佳实践来源于实际，更贴近于实际。

本书中某些实例或许正好与读者正面临的问题相同或相似，读者当然可以照葫芦画瓢，举一反三地去解决现实中的问题，然而这并非作者的本意。作者在构思这本书的时候，是希望以实例为线索，**将思考方法和分析过程传达给读者，让读者理解某个具体解决方案背后的思考过程、分析过程和推导过程。**哪怕读者经过思考得出与作者完全不同的结果，甚至证明出作者所给出的解决方案并非一个好方案，这也是作者所期望的。

希望读者在阅读本书的过程中，关注并思考作者在面对一个问题领域时的思考和分析过程，而不要沉迷于书中给出的具体实例。本书的核心是 Thinking，UML 只是表达的载体。如果读者能从作者的分析方法中获得灵感，对面向对象的分析和设计有所感触，开始有恍然大悟的感觉，那么作者将感到最大程度的欣慰。另外，作者的分析方法和推导过程只是作者本人在工作中自己总结出的经验，不是标准答案，更不是圣经。期望读者能够从作者的这些经验中经过思考，结合自己的实际，获得自己的方法。如果真是这样，作者的这些文字工作就真正劳有所值了。

为了让读者方便阅读，本文中的绝大部分示例图中的 UML 元素都是用中文命名的。在实际工作中建议除了业务模型部分外，其他模型都最好使用英文，这是因为一方面 Rose 对中文的支持不太好，另一方面毕竟最终代码实现是英文的，模型与实现都用英文会避免很多歧义。

本书为《大象——Thinking in UML》的第二版，在本版中，加入了我近年来对于面向对象的数据库设计方面的一些心得体会，与大家共勉。这部分也是第一版不少读者非常期待学习但却不容易找到相关主题的内容。

最后，感谢您购买此书，希望在本书中能够找到那些正在困扰着您的问题的答案。祝大家阅读愉快！

IV

关于本书

提到 Thinking 这个词，读者大多会想到一本经典技术书籍《Thinking in Java》。之所以《Thinking in Java》会成为经典，原因在于这本书并不是教授读者 Java 语言本身，而是透过 Java 语言深入讨论其背后的思想和方法。授人以鱼不如授人以渔。

本书是讲述 UML 的。同样，本书也不是一本纯粹教授 UML 语法的书籍，而是通过 UML 这个表象来深入探讨面向对象的分析方法；同时将结合软件工程，传达基于对象的思考方法、分析模式和推导过程以及它们在软件工程的各个阶段如何发挥作用。本书冠以 Thinking in UML 这一名称正是为了切合这个主题。作者不敢奢望本书会成为《Thinking in Java》一样的经典书籍，**但是作者在本书中倾尽了自己在面向对象分析和设计领域中的实践和经验积累。**至少对那些尚未能够深入此领域，感觉面向对象仍然似是而非的朋友们，本书中将要传达的那些思路将会是一条线索，至少能够帮助你找到通往面向对象分析的大门。

本书在编写过程中，以大量实际项目中会遇到的实例引出问题，讲述作者对这一问题的分析思路和解决办法。再进一步升华，通过对实例的评点，分析思路的归纳和扩展，上升到面向对象方法理论。逐步引导读者由点到面，由表及里，最后由对工具的使用上升到思想的高度，从而能够自如地跳出工具使用的局限，真正从方法和思想的高度来看待和解决现实的问题。本书中的很多内容和思想将是你在其他书籍中看不到的。

本书为第二版，依然分为四个部分，由浅入深，从基础到高级，每个章节都有具体的实例进行说明，同时作者将耗费更多的篇幅来评点和阐述这些实例。在某些章节最后还会就一些关键概念和不容易理解的地方提出问题，让读者自行思考。**与第一版不同的是，本书加入了近年来本人对于"面向对象的数据库设计"方面的一些心得体会，这也是第一版的很多读者非常期待学习的。同时，本书的第二版吸收了部分第一版读者提出的宝贵建议或杰出观点，在此表示感谢。**

第一部分——你需要了解。在这一部分中，作者将从面向对象的困难和需要入手，讲述面向对象分析的一些基本概念，由此提出为什么需要 UML 这一话题。另一方面，也讲述了接下来学习建模需要了解的一些基本知识。

第二部分——在学习中思考。在这一部分中，作者将从实用的角度对 UML 的基础概念重新组织和归纳整理，同时进行一些扩展和讨论，引申出针对 UML 的这些概念在面向对象方法中应用方法的思考。这些内容将覆盖绝大部分实际工作的需要。通过这一部分的学习，读者将从另一个角度了解 UML，知道 UML 能够做什么。

第三部分——在实践中思考。在这一部分中，作者将以一个实例贯穿全篇，以软件过程为纲，阐述在第一部分中学习到的那些 UML 元素和视图将如何在一个实际的软件过程中发挥作用，**如何相互配合将一份原始需求经过层层分析和推导，最终形成可执行的代码。并且这个过程将是可验证的和可追溯的。**读者在阅读本部分的时候，应关注分析过程和推导过程，思考从需求到实现是如何保证可验证性和可追溯性的。通过这一部分的学习，读者将能够学会如何使用 UML 来从头到尾地实施一个项目。

第四部分——在提炼中思考。在这一部分中，每个章节均会针对一个在现实中经常遇到并且较难掌握的问题进行深入的探讨。这些探讨将有助于提升面向对象的思考能力，升华在前两部分学习到的知识。

本书中用到的 UML 图使用 Rose 绘制，完整的工程文件可以从中国水利水电出版社和万水书苑免费下载，网址为 http://www.waterpub.com.cn/softdown/ 和 http://www.wsbookshow.com。

由于作者水平有限，很多内容是自己的经验总结，出现错误在所难免，欢迎广大读者批评指正。读者在阅读本书的过程中有任何不清楚的问题和批评建议，可以到作者的博客 http://blog.csdn.net/coffeewoo 或 http://coffeewoo.itpub.net 留言，或者发邮件到 coffeewoo@gmail.com，作者将尽力给您答疑解惑，您的批评建议也将鞭策作者做得更好。

V

如何阅读本书

本书并不是一本纯粹的入门书籍。尽管在准备篇和基础篇当中也会大量讲解面向对象和 UML 的基础知识，不过作者仍然假设读者具备基础的面向对象知识，至少掌握一门面向对象的语言，最好参与过一个完整的软件项目。虽然上述这些假设并不妨碍读者学习本书中的知识，但是如果具有这些经验，对书中提到的一些解决问题的思路会有更深刻的体会，也更有助于理解书中的一些内容。

作者预期的读者大约有如下几类：

■ 正在学习编程、软件工程等知识，准备将来从事 IT 行业的读者。这类读者最缺乏的知识是对实际项目的了解，难以体会一个完整的项目与编写几千行代码之间的差别，毕竟，曾经在书本上学到的知识与实践需要是有距离的。本书展示了一个完整的软件生命周期，它将有助于读者将课本中学到的知识与真正的项目开发实践结合起来，真正理解什么是软件，理解软件工程如何实施，而不仅仅停留在代码和书本层面。

■ 已经进入 IT 行业，具有一定编程经验和项目经验，正努力向设计师、系统分析员转变的技术人员们。在编程人员向设计师成长的过程中，本书中的许多思想方法是极具价值的。相信这些知识会成为您成长的助推器。

■ 已经从事设计工作，期望对软件有更深入了解的读者们。本书中包含大量针对现实问题的分析，提出了解决问题的办法，并且进行了总结。相信这些内容将会对您进一步提高分析设计水平有直接的帮助。

对那些实际项目经验不太多的读者来说，本书中的一些内容或许会让人觉得"没有意义"或"不可理解"。这是正常的。因为分析和设计是在编程基础上的抽象，而软件方法则是大量编程经验的归纳和总结。正如歌中唱的那样，不经历风雨怎么见彩虹，没有经历过软件项目的困难和折磨，或许就不会产生学习分析设计技术和软件方法的动机；没有在编程过程当中发现问题，就难以理解为什么要进行分析和设计，难以理解为什么采用这样而不是那样的软件方法。尽管如此，作者仍然鼓励这些初学者阅读本书，本书中的经验和思想均来自于作者的实际工作经验，也许暂时不能理解，但是当有一天遇到问题时，读者或许很快能够想起本书中曾经讨论过的问题。这些知识能够帮助初学者尽快成长。

本书大量讲述和讨论面向对象的分析方法、设计方法，并且涉及到整个软件生命周期的各个方面。尽管在基础篇中会讲述关于 UML 的基础知识，但并不局限于介绍 UML 本身，在讲述 UML 基础概念的同时，作者也加入了很多实践经验，希望读者能够从中获益。

在阅读第一部分时，对于经验不够的读者可以大致浏览以获得面向对象方法的基本理解，在后续的章节中回头温习这些方法，逐步加深理解直至真正掌握面向对象的分析和设计方法。

在阅读第二部分时，读者应当将核心元素、核心视图、核心模型这三个章节中的内容贯穿起来理解。简单地说，核心元素描述基本事物；核心视图表达这些事物构成的某种有意义的观点；核心模型则使用核心视图来描述需求、系统、设计等。

在阅读第三部分时，读者应当关注书中的实例，掌握这个实例是如何从需求一直做到测试的。理解每个步骤之间的演变过程，弄清楚软件生命周期各阶段具体要完成的工作，掌握这些阶段是如何推导的，并且是如何保证可回溯的。另一方面，在每个章节里，除了讲解实例之外，都有进一步讨论的内容。在进一步讨论里，作者将就实例讨论更多更深的内容，希望读者能够加深理解，举一反三，联系到自己实际的工作中，解决实际问题。

在第四部分中，作者就一些问题单独进行讨论，对经验较多的读者来说有助于提高分析设计水平。

最后，软件是一种实践知识，仅仅靠书本不可能成为高手。书本只能给出思路和知识点，而掌握和消化这些知识则必须在实践中去完成。学习知识，多实践，多思考，再回头温习，是快速成长的唯一捷径。在此预祝读者能够迅速进步，达到期望的职业目标。

VI
免费下载资源使用说明

《大象——Thinking in UML》（第二版）一书的免费下载资源包含以下内容：

■ 图例

为方便读者查看本书中使用的插图，图例文件夹下包含本书中所有的彩色插图，图片文件的命名与书中的插图编号命名一致。

■ 建模示例 Rose 版

此文件为本书第三部分——在实践中思考中所采用实例的 Rose 源文件，该篇中的所有建模示例插图均来自此文件。建模示例.mdl 文件中包含建模的整个过程，读者可以通过它学习建模过程中各个部分的组织方式。此文件需要 Rational Rose 2002 及以上版本方可打开阅读。

■ 建模示例 HTML 版

此文件夹下的内容为由建模示例.mdl 文件生成的 HTML 版本，内容与建模示例.mdl 文件完全一致，但不需要安装 Rational Rose，使用安装了 Java 虚拟机的浏览器（IE 或 Firefox）就可阅读，方便未安装 Rational Rose 工具的读者查阅。使用浏览器打开此文件夹下的建模示例.html 文件即可阅读整个示例。

如果打开文件后浏览器左边未能显示导航栏，或导航栏显示红叉，表明您的浏览器未安装 Java 虚拟机，请参考第 4 点解决该问题。

■ Java 虚拟机

通过 Rose 生成的 HTML 版建模文件使用 Java Applet 技术，因此需要 Java 虚拟机的支持。一般情况下，当浏览器解析 Java Applet 时会自动提示安装 Java 虚拟机，按照其提示在线安装即可。

如果在线安装失败或浏览器未提示安装 Java 虚拟机，则可以通过手动安装的方式进行。执行此文件夹下的.exe 文件，按提示安装结束后重启浏览器即可。

■ OO 系统分析员之路

OORoad.pdf 文件收集整理了作者发表在其博客上的 OO 系统分析员之路系列文章，作为读者学习的辅助阅读材料。

VII

目　录

大象希形

再版序

写给读者的话

关于本书

如何阅读本书

免费下载资源使用说明

Part I　你需要了解

第1章　为什么需要UML ·············· 2

1.1　面向过程还是面向对象 ·············· 2

1.1.1　面向过程方法 ·············· 3

1.1.2　面向过程的困难 ·············· 5

1.1.3　面向对象方法 ·············· 7

1.1.4　面向对象的困难 ·············· 9

1.2　UML带来了什么 ·············· 11

1.2.1　什么是UML ·············· 11

1.2.2　统一语言 ·············· 13

1.2.3　可视化 ·············· 13

1.2.4　从现实世界到业务模型 ·············· 15

1.2.5　从业务模型到概念模型 ·············· 17

1.2.6　从概念模型到设计模型 ·············· 18

1.2.7　面向对象的困难解决了吗 ·············· 20

1.3　统一过程简介 ·············· 22

1.3.1　RUP是什么 ·············· 22

1.3.2　RUP与UML ·············· 24

1.3.3　RUP与软件工程 ·············· 25

1.3.4　RUP与最佳实践 ·············· 26

1.3.5　RUP与本书 ·············· 27

第2章　建模基础 ·············· 29

2.1　建模 ·············· 29

2.2　用例驱动 ·············· 32

2.3　抽象层次 ·············· 34

2.4　视图 ·············· 36

2.5　对象分析方法 ·············· 37

Part II　在学习中思考

第3章　UML核心元素 ·············· 42

3.1　版型 ·············· 42

3.2　参与者 ·············· 43

3.2.1　基本概念 ·············· 43

3.2.2　发现参与者 ················· 45
3.2.3　业务主角 ··················· 46
3.2.4　业务工人 ··················· 48
3.2.5　参与者与涉众的关系 ······· 49
3.2.6　参与者与用户的关系 ······· 49
3.2.7　参与者与角色的关系 ······· 50
3.2.8　参与者的核心地位 ········· 50
3.2.9　检查点 ····················· 50
3.3　用例 ··························· 51
3.3.1　基本概念 ··················· 52
3.3.2　用例的特征 ················· 53
3.3.3　用例的粒度 ················· 55
3.3.4　用例的获得 ················· 57
3.3.5　用例和功能的误区 ········· 60
3.3.6　目标和步骤的误区 ········· 62
3.3.7　用例粒度的误区 ··········· 64
3.3.8　业务用例 ··················· 67
3.3.9　业务用例实现 ············· 67
3.3.10　概念用例 ················· 68
3.3.11　系统用例 ················· 69
3.3.12　用例实现 ················· 70
3.4　边界 ··························· 71
3.4.1　边界决定视界 ············· 72
3.4.2　边界决定抽象层次 ········· 72
3.4.3　灵活使用边界 ············· 73
3.5　业务实体 ····················· 74
3.5.1　业务实体的属性 ··········· 74
3.5.2　业务实体的方法 ··········· 75
3.5.3　获取业务实体 ············· 75
3.6　包 ····························· 77
3.7　分析类 ······················· 79
3.7.1　边界类 ····················· 80
3.7.2　控制类 ····················· 81
3.7.3　实体类 ····················· 82
3.7.4　分析类的三高 ············· 82

3.8　设计类 ······················· 83
3.8.1　类 ························· 84
3.8.2　属性 ······················· 84
3.8.3　方法 ······················· 84
3.8.4　可见性 ····················· 85
3.9　关系 ··························· 85
3.9.1　关联关系（association）····· 86
3.9.2　依赖关系（dependency）···· 86
3.9.3　扩展关系（extends）······· 87
3.9.4　包含关系（include）······· 87
3.9.5　实现关系（realize）······· 88
3.9.6　精化关系（refine）········· 89
3.9.7　泛化关系（generalization）··· 89
3.9.8　聚合关系（aggregation）··· 90
3.9.9　组合关系（composition）··· 90
3.10　组件 ························· 90
3.10.1　完备性 ··················· 91
3.10.2　独立性 ··················· 92
3.10.3　逻辑性 ··················· 92
3.10.4　透明性 ··················· 92
3.10.5　使用组件 ················· 92
3.11　节点 ························· 94
3.11.1　分布式应用环境 ········· 95
3.11.2　多设备应用环境 ········· 95

第4章　UML 核心视图 ··········· 97
4.1　静态视图 ····················· 97
4.1.1　用例图 ····················· 97
4.1.2　类图 ······················· 102
4.1.3　包图 ······················· 104
4.2　动态视图 ····················· 105
4.2.1　活动图 ····················· 105
4.2.2　状态图 ····················· 112
4.2.3　时序图 ····················· 114
4.2.4　协作图 ····················· 118

第5章　UML 核心模型 ··········· 124

5.1　用例模型概述 ················· 125

5.2　业务用例模型 ················· 126

  5.2.1　业务用例模型主要内容 ··· 127

  5.2.2　业务用例模型工件的取舍 ··· 129

  5.2.3　何时使用业务用例模型 ··· 130

5.3　概念用例模型 ················· 131

  5.3.1　概念用例模型的主要内容 ··· 132

  5.3.2　获得概念用例 ··········· 133

  5.3.3　何时使用概念用例模型 ··· 133

5.4　系统用例模型 ················· 134

  5.4.1　系统用例模型的主要内容 ··· 134

  5.4.2　获得系统用例 ··········· 136

5.5　领域模型 ····················· 137

  5.5.1　读者须知 ··············· 137

  5.5.2　基本概念 ··············· 138

  5.5.3　领域模型的主要内容 ····· 139

5.6　分析模型 ····················· 141

  5.6.1　如何使用分析模型 ······· 142

  5.6.2　分析模型的主要内容 ····· 144

  5.6.3　分析模型的意义 ········· 145

5.7　软件架构和框架 ··············· 146

  5.7.1　软件架构 ··············· 147

  5.7.2　软件框架 ··············· 152

  5.7.3　何时使用架构和框架 ····· 153

5.8　设计模型 ····················· 154

  5.8.1　设计模型的应用场合 ····· 155

5.8.2　设计模型的主要内容 ········· 155

5.8.3　从分析模型映射到设计模型 ··· 157

5.9　组件模型 ····················· 158

  5.9.1　何时使用组件模型 ······· 160

  5.9.2　广义组件的用法 ········· 161

5.10　实施模型 ···················· 162

  何时使用实施模型 ············· 162

第6章　统一过程核心工作流简介 ··· 164

6.1　业务建模工作流程 ············· 165

  6.1.1　工作流程 ··············· 165

  6.1.2　活动集和工件集 ········· 167

  6.1.3　业务建模的目标和场景 ··· 168

6.2　系统建模工作流程 ············· 170

  6.2.1　工作流程 ··············· 170

  6.2.2　活动集和工件集 ········· 172

  6.2.3　系统建模的目标 ········· 175

6.3　分析设计建模工作流程 ········· 176

  6.3.1　工作流程 ··············· 176

  6.3.2　活动集和工件集 ········· 183

  6.3.3　分析设计的目标 ········· 184

  6.3.4　推荐的分析设计工作流程简介 ··· 184

6.4　实施建模工作流程 ············· 186

  6.4.1　工作流程 ··············· 186

  6.4.2　活动集和工件集 ········· 187

  6.4.3　推荐的实施建模工作流程 ··· 188

第7章　迭代式软件生命周期 ······· 192

Part III　在实践中思考

第8章　准备工作 ················· 195

8.1　案例说明 ····················· 195

8.2　了解问题领域 ················· 196

  8.2.1　了解业务概况 ··········· 196

  8.2.2　整理业务目标 ··········· 197

8.3　做好涉众分析 ················· 197

8.3.1　什么是涉众 ················· 198

8.3.2　发现和定义涉众 ············· 198

8.3.3　涉众分析报告 ············· 200

8.4　规划业务范围 ················· 207

  8.4.1　规划业务目标 ··········· 207

  8.4.2　规划涉众期望 ··········· 207

8.5 整理好你的思路 ·············· 208
  8.5.1 划分优先级 ·············· 208
  8.5.2 规划需求层次 ·············· 209
  8.5.3 需求调研计划 ·············· 210
8.6 客户访谈技巧 ·············· 212
  8.6.1 沟通的困难 ·············· 212
  8.6.2 沟通技巧 ·············· 213
8.7 提给读者的问题 ·············· 215
第9章 获取需求 ·············· **217**
9.1 定义边界 ·············· 217
  9.1.1 盘古开天——从混沌走向清晰 ····· 217
  9.1.2 现在行动：定义边界 ·············· 219
  9.1.3 进一步讨论 ·············· 221
  9.1.4 提给读者的问题 ·············· 224
9.2 发现主角 ·············· 224
  9.2.1 女娲造人——谁来掌管这个世界 ··· 224
  9.2.2 现在行动：发现主角 ·············· 225
  9.2.3 进一步讨论 ·············· 229
  9.2.4 提给读者的问题 ·············· 232
9.3 获取业务用例 ·············· 232
  9.3.1 炎黄之治——从愚昧走向文明 ···· 232
  9.3.2 现在行动：获取业务用例 ·············· 233
  9.3.3 进一步讨论 ·············· 240
  9.3.4 提给读者的问题 ·············· 243
9.4 业务建模 ·············· 243
  9.4.1 商鞅变法——强盛的必由之路 ···· 243
  9.4.2 现在行动：建立业务模型 ·············· 244
  9.4.3 进一步讨论 ·············· 254
  9.4.4 提给读者的问题 ·············· 258
9.5 领域建模 ·············· 259
  9.5.1 风火水土——寻找构成世界的
      基本元素 ·············· 259
  9.5.2 现在行动：建立领域模型 ·············· 259
  9.5.3 进一步讨论 ·············· 267
  9.5.4 提给读者的问题 ·············· 270

9.6 提炼业务规则 ·············· 271
  9.6.1 牛顿的思考——揭穿苹果的秘密 271
  9.6.2 现在行动：提炼业务规则 ·············· 272
  9.6.3 进一步讨论 ·············· 275
  9.6.4 提给读者的问题 ·············· 276
9.7 获取非功能性需求 ·············· 277
  9.7.1 非物质需求——精神文明是
      不可缺少的 ·············· 277
  9.7.2 现在行动：获取非功能性需求 ······ 278
  9.7.3 进一步讨论 ·············· 282
  9.7.4 提给读者的问题 ·············· 286
9.8 主要成果物 ·············· 287
  提给读者的问题 ·············· 288
第10章 需求分析 ·············· **290**
10.1 关键概念分析 ·············· 290
  10.1.1 阿基米德杠杆——找到撬动地球的
      支点 ·············· 290
  10.1.2 现在行动：建立概念模型 ·············· 291
  10.1.3 进一步讨论 ·············· 301
  10.1.4 提给读者的问题 ·············· 302
10.2 业务架构 ·············· 302
  10.2.1 拼图游戏——我们也想造个世界 ··· 302
  10.2.2 现在行动：建立业务架构 ·············· 304
  10.2.3 进一步讨论 ·············· 309
  10.2.4 提给读者的问题 ·············· 311
10.3 系统原型 ·············· 312
第11章 系统分析 ·············· **315**
11.1 确定系统用例 ·············· 315
  11.1.1 开始规划——确定新世界的万物 ·· 315
  11.1.2 现在行动：确定系统用例 ·············· 318
  11.1.3 现在行动：描述系统用例 ·············· 320
  11.1.4 进一步讨论 ·············· 325
  11.1.5 提给读者的问题 ·············· 327
11.2 分析业务规则 ·············· 327
  11.2.1 设定规则——没有规矩不成方圆 ·· 327

11.2.2 现在行动：分析业务规则 ········· 328
11.2.3 提给读者的问题 ············· 335
11.3 用例实现 ·················· 335
11.3.1 绘制蓝图——世界将这样运行 335
11.3.2 现在行动：实现用例 ········· 337
11.3.3 进一步讨论 ·············· 344
11.3.4 提给读者的问题 ············· 346
11.4 软件架构和框架 ·············· 346
11.4.1 设计架构——新世界的骨架 ····· 346
11.4.2 什么是软件架构 ············· 349
11.4.3 什么是软件框架 ············· 349
11.4.4 软件架构的基本构成 ········· 350
11.4.5 应用软件架构 ·············· 354
11.4.6 提给读者的问题 ············· 354
11.5 分析模型 ·················· 355
11.5.1 设计功能零件——让世界初步
运转起来 ················· 355
11.5.2 现在行动：建立分析模型 ····· 355
11.5.3 进一步讨论 ·············· 362
11.5.4 提给读者的问题 ············· 364
11.6 组件模型 ·················· 364
11.6.1 设计功能部件——构建世界的
基础设施 ················· 364
11.6.2 现在行动：建立组件模型 ····· 365
11.6.3 进一步讨论 ·············· 372
11.6.4 提给读者的问题 ············· 377
11.7 部署模型 ·················· 377
11.7.1 安装零部件——组装一个新世界 ·· 377
11.7.2 现在行动：建立部署模型 ····· 378
11.7.3 提给读者的问题 ············· 380
第12章 系统设计 ················ 381
12.1 系统分析与系统设计的差别 ····· 381
12.2 设计模型 ·················· 382
12.2.1 按图索骥——为新世界添砖加瓦 ·· 382

12.2.2 现在行动：将分析模型映射到
设计模型 ················· 383
12.2.3 进一步讨论 ·············· 388
12.2.4 提给读者的问题 ············· 390
12.3 接口设计 ·················· 390
12.3.1 畅通无阻——构建四通八达的
神经网络 ················· 390
12.3.2 现在行动：设计接口 ········· 391
12.3.3 进一步讨论 ·············· 398
12.3.4 提给读者的问题 ············· 400
12.4 包设计 ·················· 401
12.4.1 分工合作——组织有序世界
才能更好 ················· 401
12.4.2 现在行动：设计包 ········· 405
12.4.3 进一步讨论 ·············· 410
12.5 提给读者的问题 ············· 413
第13章 数据库设计 ··············· 414
13.1 关公战秦琼——面向对象与关系
模型之争 ················· 414
13.2 相辅相成——面向对象的数据库设计 ·· 416
13.3 平衡的艺术——数据库设计的方法
和策略 ················· 419
13.3.1 OR-Mapping 策略 ········· 421
13.3.2 对象—关系平衡策略 ········· 427
13.4 进一步讨论——数据库设计到底
有多重要 ················· 428
第14章 开发 ·················· 430
14.1 生成代码 ·················· 430
14.1.1 现在行动：生成代码 ········· 431
14.1.2 进一步讨论 ·············· 434
14.2 分工策略 ·················· 436
14.2.1 纵向分工策略 ·············· 436
14.2.2 横向分工策略 ·············· 442
14.2.3 选择适合你的开发分工策略 ······ 444

Part IV 在提炼中思考

第15章　测试 ································· 446
15.1　质量保证——新世界需要稳健运行 ··· 446
15.2　设计和开发测试例 ················ 447
15.3　提给读者的问题 ················· 453
第16章　理解用例的本质 ················· 454
16.1　用例是系统思维 ················· 454
16.2　用例是面向服务的 ··············· 459
16.3　善用用例方法 ··················· 461
第17章　理解用例驱动 ·················· 463
17.1　用例与项目管理 ················· 463
17.2　用例与可扩展架构 ··············· 464
第18章　用例驱动与领域驱动 ············· 468
18.1　用例驱动与领域驱动的差异 ········ 468
18.2　领域驱动的理想与现实 ··········· 469
18.3　如何决定是否采用领域驱动方法 ······ 471
第19章　理解建模的抽象层次 ············· 473
19.1　再讨论抽象层次 ················· 473
19.1.1　层次高低问题 ··············· 474
19.1.2　层次不交叉问题 ············· 474
19.2　如何决定抽象层次 ··············· 475
19.3　抽象层次与UML建模的关系 ········· 475
第20章　划分子系统的问题 ··············· 477

20.1　面向对象的子系统问题 ············· 477
20.2　UC矩阵还适用吗 ················ 477
20.3　如何划分子系统 ················· 478
第21章　学会使用系统边界 ··············· 482
21.1　边界是面向对象的保障 ············· 482
21.2　利用边界来分析需求 ·············· 483
21.2.1　边界分析示例一 ·············· 483
21.2.2　边界分析示例二 ·············· 486
21.3　边界意识决定设计好坏 ············· 487
第22章　学会从接口认知事物 ············· 489
22.1　怎样描述一件事物 ··············· 489
22.2　接口是系统的灵魂 ··············· 490
第23章　学会正确选择 ·················· 493
23.1　屁股决定脑袋——学会综合权衡 ······ 493
23.2　理辩则明——学会改变视角 ········· 496
第24章　学会使用设计模式 ··············· 499
24.1　如何学习设计模式 ··············· 499
24.2　如何使用设计模式 ··············· 503
附录　UML视图常用元素参考 ··········· 510
图目录 ······························ 515
表目录 ······························ 524
后记 ································· 525

PART I Prepare

你需要了解 … …

何为面向对象？很多人不懂；很多人以为懂了，其实没懂。面向对象的精髓在抽象；面向对象的困难在抽象；面向对象的成功在于成功的抽象；面向对象的失败在于失败的抽象。正所谓成也抽象，败也抽象。还是打好基本功，从基本的面向对象开始吧。

1

为什么需要 UML

过程还是对象？这是个问题。谈到 UML，第一个绕不开的话题就是面向对象，就让我们先从基本的方法开始，逐步揭开面向对象的面纱吧。

1.1 面向过程还是面向对象

面向对象如今在软件行业是如此著名的一个术语，以至于人们以为面向对象是现代科学发展到一定程度才出现的研究成果。在很多人看来，面向过程和面向对象都是一种软件技术。例如把面向过程归纳为结构化程序设计、DFD 图、ER 模型、UC 矩阵等，而面向对象则被归纳为继承、封装、多态、复用等具体的技术。事实上，上述的所有技术都只是人们在采用不同的方法来认识和描述这个世界时所采用的工具，它们都只是表征而不是本征。让我们先来看看公认的面向对象大师，也是 UML 创始人之一的 Grady Booch 在 2004 年 IBM Developer Works Live! 大会的访谈中讲过的一段流传甚广的话。

> 我对面向对象编程的目标从来就不是复用。相反，对我来说，对象提供了一种处理复杂性问题的方式。这个问题可以追溯到亚里士多德：您把这个世界视为过程还是对象？在面向对象兴起运动之前，

编程以过程为中心，例如结构化设计方法。然而，系统已经到达了超越其处理能力的复杂性极点。有了对象，我们能够通过提升抽象级别来构建更大的、更复杂的系统——我认为，这才是面向对象编程运动的真正胜利。

不知读者看完这段话有何感想？您心目中的面向对象是这样的吗？正如 Booch 讲到的一样，从本质上说面向过程和面向对象是一个古已有之的认识论的问题。之所以面向对象方法会兴起，是因为这种认识论能够帮助我们构造更为复杂的系统来解释越来越复杂的现实世界。认识到这一点，我们应该知道比掌握具体的技术更重要的是掌握认识论所采用的方法和分析过程。只有掌握了方法才能自如地使用工具。

作者本人认同这个世界的本质是由对象组成的，平时看上去相互无关的独立对象在不同的驱动力和规则下体现出不同的运动过程，然后这些过程便展现出了我们这个生动的世界。在面向过程的眼中，世界的一切都不是孤立的，它们相互地紧密联系在一起，缺一不可，互相影响，互相作用，并形成一个个具有严格因果律的小系统；而更多的小系统组成了更大的系统，所有小系统之间的联系也是紧密和不可分割的。

面向对象思想其实并不复杂。但是对习惯了以过程方法来认识这个世界的朋友来说完全理解和接受面向对象思想并不容易。然而如果您真的打算学习面向对象的方法，那么恐怕您得接受这个世界是分割开来的这个事实，并且相信只有特定的场景下，孤立对象之间进行了某些信息交互才表现出我们所看到的那样一个过程。在接下来的章节里，作者将透过 UML 和实例来阐述这种思维方法，希望读者能够在逐渐深入的过程中习惯和掌握从对象的角度来认识这个世界。

1.1.1　面向过程方法

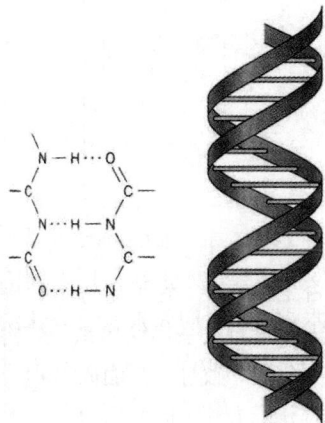

面向过程方法认为我们的世界是由一个个相互关联的小系统组成的。正如左图所示的 DNA，整个人体就是由这样的小系统依据严密的逻辑组成的，环环相扣，井然有序。面向过程方法还认为每个小系统都有着明确的开始和明确的结束，开始和结束之间有着严谨的因果关系。只要我们将这个小系统中的每一个步骤和影响这个小系统走向的所有因素都分析出来，我们就能完全定义这个系统的行为。

所以如果我们要分析这个世界，并用计算机来模拟它，首要的工作是将这个过程描绘出来，把它们的因果关系都定义出来；再通过结构化的设计方法，将这些过程进行细化，形成可以控制的、范围较小的部分。通常，面向过程的分析方法是找到过程的起点，然后顺藤摸瓜，分析每一个部分，直至达到过程的终点。这个过程中的每一部分都是过程链上不可分割的一环。

让我们看看一个传统的商业分析过程。

如图 1.1 所示，计算机通过数据来记录这个过程的变迁。过程中每一步都会产生、修改或读取一部分数据。每一个环节完成后，数据将顺着过程链传递到下一部分。当我们需要的最终结果在数据中被反映出来，即达到预期状态的时候，我们认为这个过程结束了。从图 1.1 中也可以看出，销售定单数据是这个过程的核心。为了能很好地分析这样的过程，DFD 图被广泛应用。DFD 图表达了"（从上一步）输入数据→（在这一步）功能计算→（向下一步）输出数据"这样一个基础单元。例如图中的"销售定单"单元，它读取客户请求，创建了销售定单数据；而"财务处理"单元则读取定购的商品信息，写入财务数据……直到"物流"单元将货物送到消费者手中并将数据写入销售定单后，这个过程才宣告结束。

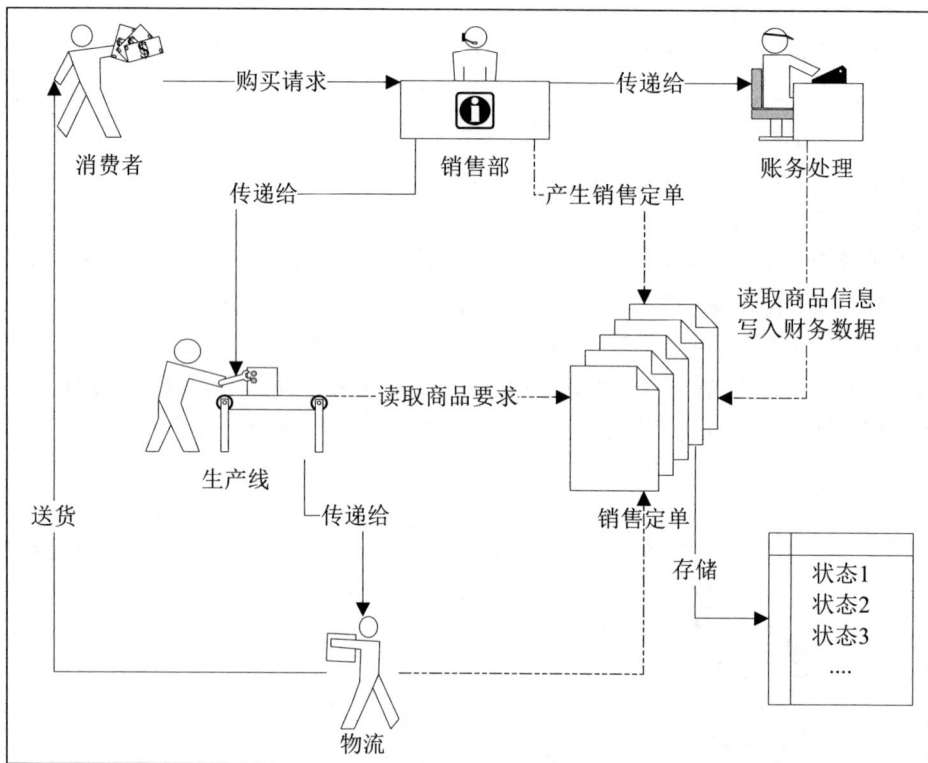

图 1.1　传统型商务

由于数据是如此重要，因此数据的正确性和完备性对系统成功与否至关重要。为了更好地管理数据，不至于让系统运行紊乱，人们通过定义主键、外键等手段将数据之间的关系描绘出来，结构化地组织它们，利用关系理论，即数据库的三大范式来保证它们的完备性和一致性。在面向过程成为主要的软件方法之后，关系型数据库得到了极大的发展，针对数据的分析方法 ER 模型也深入人心，被极为广泛地使用。

然而随着需求越来越复杂，系统越来越庞大，功能点越来越多，一份数据经常被多个过程共享，这些过程对同一份数据的创建和读取要求越来越趋于复杂和多样，经常出现相矛盾的数据需求，因此分析和设计也变得越来越困难。为了解决这个问题，IBM 在 20 世纪 70 年代提出了 UC 矩阵的

方法来求解功能和数据之间的依赖问题。这个方法将功能点和数据分别作为横纵坐标来组成一个二维矩阵，在横纵坐标的每个交叉点上标记功能点对数据的要求，即 U（Use）和 C（Create）。标记完成后，对功能点位置和数据位置在各自坐标系上进行调整，调整的目标是尽量将 C 放在整个矩阵的对角线上，这时，各个功能点对数据的交叉依赖是最小的。最后，再把相邻的一些功能点分组，由此来获得数据交叉依赖性最小，功能聚合最紧密的子系统。

尽管 UC 矩阵是一个非常管用的方法，但面向过程的困难并没有从根本上解决。好方法只是使得困难暂时得以缓解。本质的问题出在认识方法上。将世界视为过程的这个方法本身蕴涵着一个前提假设，即这个过程是稳定的，这样我们才有分析的基础，所有的工作成果都依赖于对这个过程的步步分析。同时，这种步步分析的过程分析方法还导致另一个结果，即过程中的每一步都是预设好的，有着严谨的因果关系。只可惜我们这个世界从来都不是一成不变的，尤其到了信息化时代，一切都无时无刻不在发生着变化，系统所依赖的因果关系变得越来越脆弱。如今，SOA 已经提上日程，IBM 也提出了著名的口号：**On-Demand Business（随需应变的商务）**，面向过程已经面临了太多的困难，世界的复杂性和频繁变革已经不是面向过程可以轻易应付的了。

1.1.2　面向过程的困难

正如上一节所言，面向过程面临了太多的困难，甚至对某些情况束手无策。那到底是什么样的困难呢？让我们来看看图 1.2。当需求只是一个简单的过程（图 1.1）时，面向过程还可以从容应对，做出一个完整的销售过程分析；但是当需求变成一个随需应变的商务（图 1.2）时，这个过程的复杂性就已经超出了我们用一个完整过程来模拟的程度了。甚至，图 1.2 中的某些节点之间根本没有因果关系，它们只是临时组合起来表达某种商业需要。我们即使花费大力气把可能的信息组合方式一一枚举出来，还没等我们舒一口气，由于某个商业事件的变化，这些信息的组合方式又变了……图 1.2 充斥的问号反映了这种困惑。

例如，通过"商业分析"来收集和分析消费者的消费习惯，通过对细分市场的调查来了解商品需求变化。通过对这些采集来的数据进行分析和预测，销售策略就有可能发生变化。这个变化导致的结果是整个销售过程被颠覆。回想一下面向过程分析方法的前提和基础。当过程不再稳定，结果不再能预设的时候，面向过程方法还如何进行分析？

再例如，传统商业的销售数据可能只包含销量和利润，而到了今天，客户满意度、客户消费习惯、细分市场的变化、质量反馈……一份又一份的采样数据被包含进来。对以数据为中心的面向过程方法来说，数据的变化不但过于频繁，而且常常是结构性的颠覆。以数据为分析基础的面向过程方法该如何保持程序的稳定呢？

我们看到，面向过程的困难，本质上是因为面向过程方法将世界看作是过程化的，一个个紧密相连的小系统，构成这个系统的各个部分之间有着密不可分的因果关系。这种分析方法在需求复杂度较低的时候非常管用，如同一台照相机，将物体的反光经过镜头传导到感光胶片，再经过冲洗就能将信息复制出来。然而这个世界系统是如此的复杂和不可捉摸，就如同那个著名的蝴蝶效应，预设的过程仅仅因为一只蝴蝶轻轻扇动了一下翅膀就从此被颠覆，变得面目全非了。

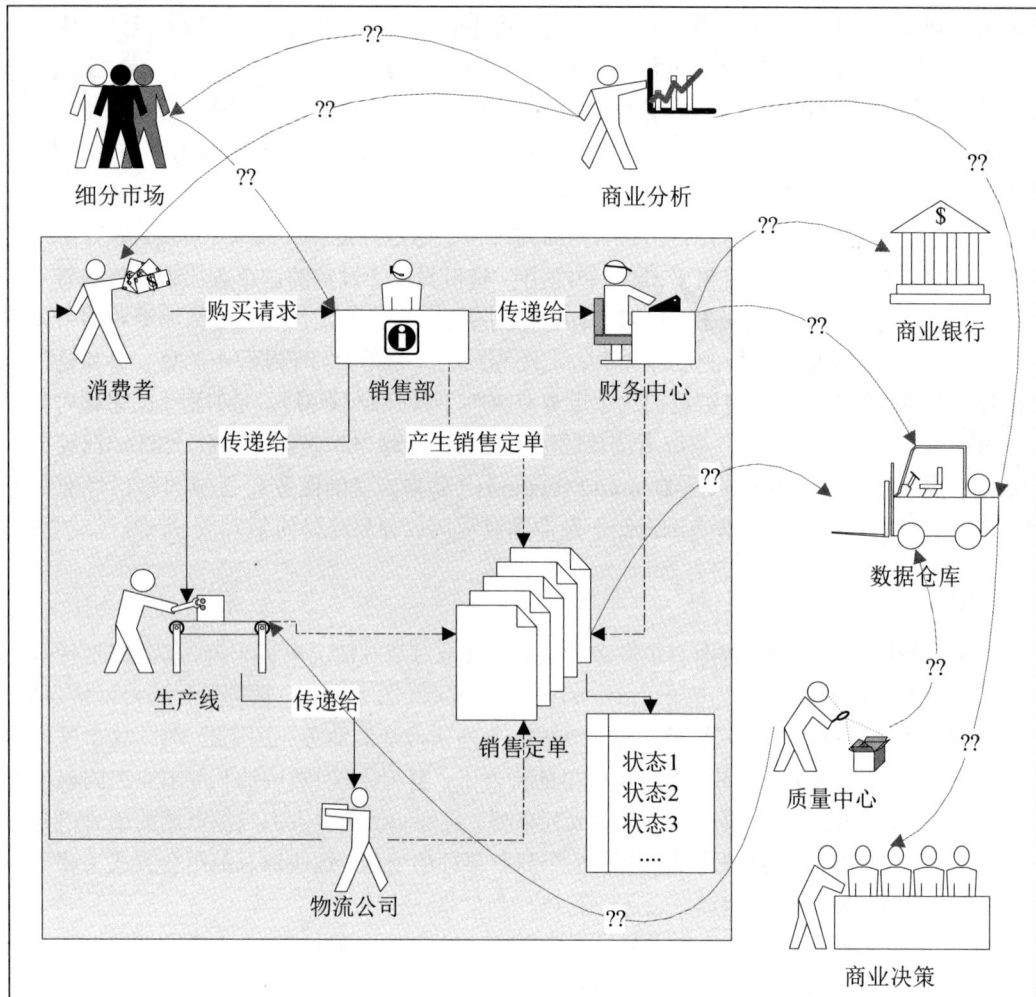

图 1.2　随需应变的商务

　　其实并非面向过程的方法不正确，只是因为构成一个系统的因素太多，要把所有可能的因素都考虑到，把所有因素的因果关系都分析清楚，再把这个过程模拟出来实在是太困难了。我们的精力有限，计算能力有限，只能放弃对整个过程的了解，重新寻找一个方法，能够将复杂的系统转化成一个个我们可以控制的小单元。这个方法的转换正如：如果一次成型一辆汽车太过困难，我们可以将汽车分解为很多零件，分步制造，再依据预先设计好的接口把它们安装起来，形成最终的产品。

　　这种把复杂工程转化成标准零部件的做法，在工业界早已非常普遍，这正是一种面向对象的方法。与过程方法不同的是，汽车不再被看作一个一次成型的整体，而是被分解成了许多标准的功能部件来分步设计制造。我们在市面上看到的每一款汽车，都是基于某个商业策略，由不同的标准零部件组合而成。当市场变化、商业策略变化时，可以通过变更标准零部件来迅速生产一款新车型。

　　面向过程面对如今这个复杂的世界显得无能为力，面向对象又如何呢？从下一节开始我们将进

入精彩纷呈的面向对象世界，来探询面向对象方法是如何面对这个复杂世界的。

1.1.3 面向对象方法

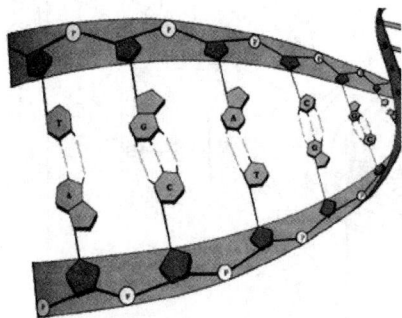

面向对象（Object Oriented，简称 OO）方法将世界看作一个个相互独立的对象，相互之间并无因果关系，它们平时是"鸡犬之声相闻，老死不相往来"的。只有在某个外部力量的驱动下，对象之间才会依据某种规律相互传递信息。这些交互构成了这个生动世界的一个"过程"。在没有外力的情况下，对象则保持着"静止"的状态。

如左图所示，在面向对象看来，同样一个 DNA，它们的联系并非是那样紧密的。看上去浑然一体的小系统，其实是由脱氧核苷酸这一独立对象通过一定的化学键构成的。独立对象依据某个规律结合在一起，具备了特有性质和功能，然后又构成更为复杂的更大的对象，这正是面向对象的基本原理。

从微观角度说，这些独立的对象有着一系列奇妙而古怪的特性。例如，对象有着坚硬的外壳，从外部看来，除了它用来与外界交互的消息通道之外，对象内部就是一个黑匣子，什么也看不到，这称为**封装**；再例如对象可以结合在一起形成新的对象，结合后的对象具有前两者特性的总和，这称为**聚合**；对象可以繁育，产下的孩子将拥有父辈全部的本领，这称为**继承**；每个对象都有多个外貌，在不同情况下可以展现不同的外貌，但本质只有一个，这就是**接口**；而多个对象却可能长着相同的脸，但同样的这张脸背后却是不同的对象，它们有着不同的行为，这就是**多态**。

从宏观角度说，对象是"短视"的，它不知道也无法理解它所处的宏观环境，也不知道它的行为会对整个宏观环境造成怎样的影响。它只知道与它有着联系的身边的一小群伙伴，这称为**依赖**，并与小伙伴间保持着信息交流的关系，这称为**耦合**。同时对象也是"自私"的，即便在伙伴之间，每个对象也仍然顽固地保护着自己的领地，这称为**类属性**，只允许其他人通过它打开的小小窗口，这称为**方法**，进行交流，从不允许对方进入它的领地。

然而对象也喜欢群居，并且总是"物以类聚，人以群分"。这些群居的对象有着一些相似的性质，它们依靠这些相似的性质来组成一个部落。对象们寻找相似性质并组成部落的过程称为**抽象**，它们组成的部落称为**类**；部落里的每个成员既有共同的性质又有自己的个性，我们只有把特有的个性赋给部落成员才能区分它们并使它们活动起来，这称为**实例化**。

相信您一定已经被对象这些古怪的性质搞迷糊了。难道这个世界不应该有明确的因果关系吗？由着这些奇怪的不通人情的对象胡乱组合，就能形成我们这个规律的世界吗？对象或许是没有纪律的，但是一旦我们确定了一系列的规则，把符合规则要求的对象组织起来形成特定的结构，它们就能拥有某些特定的能力；给这个结构一个推动力，它们就能做出规则要求的行为。

图 1.3 展示了这样一个结果，当离散对象们被按规则组合起来以后，就能表达预期的功能。其实世界就是这样组成的。平时看上去每个对象都互无关系，然而当它们按图示规则组织起来之后，踩下刹车，汽车便乖乖停住了。

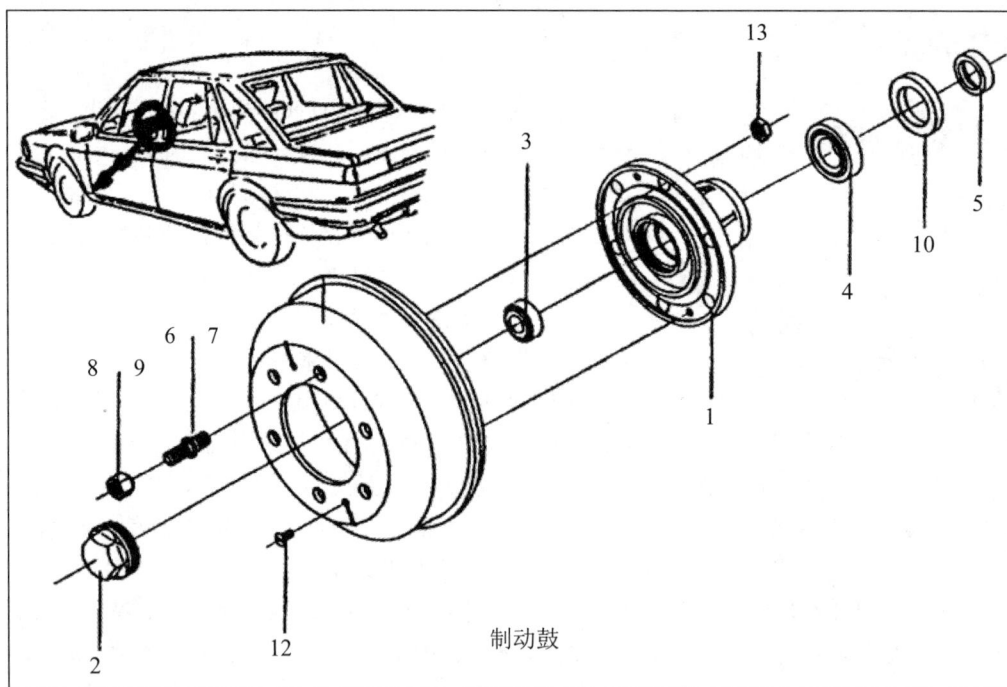

图 1.3　对象组装

从图 1.3 中可以发现一个特点，每个对象都只与有限的其他对象有关系。分析对象时不再需要动辄把整个世界拉下水，从头到尾分析一遍，我们只需要关心与它有关系的那几个对象。这使得我们在分析对象的时候需要考虑的信息量大大减少，自然的，这就减化了我们所面对问题领域的复杂程度。

从图 1.3 中还可以发现，某些零件不是特殊的只能用于制动鼓的。如螺丝和螺帽，它们还可以用于别的地方。这是面向对象的一个重要特性：**复用**。

从图 1.3 还可以读出的另一个重要的信息是，由于对象是独立于最终产品的，只要符合规则要求，这些标准零件就可以替换！我们可以采用钢制的，也可以采用合金制的；可以采用 A 工厂生产的，也可以采用 B 工厂生产的。这使得我们可以在不改变既定目标的情况下替换零件，给我们带来了极大的灵活性和扩展能力。

再扩展一下我们的视野。按照图 1.3 的规则，我们用零件组装出了一个刹车部件；相似的，按其他特定的规则，我们可以用零件组装出发动机、底盘等其他大一些的部件。然后，我们还可以用这些大一些部件来组装更大一些的东西，例如一辆完整的小汽车，当然，也可能是一部拖拉机。

无论如何，以上描述揭示了面向对象的一个非常重要的特性：**抽象层次**。以上的描述是由小及大的（或称为自底向上）的抽象过程；我们也可以反过来，由大及小（或称为自顶向下）的来抽象。例如站在汽车的抽象层次，我们会发现汽车是由变速器、发动机、底盘等大一些的部件组成的；如

果降低一点，站在发动机的抽象层次上，我们会现发动机是由汽缸、活塞等零件组成的；而站在活塞的抽象层次，我们还会发现活塞是由拉杆、曲轴等更小的零件组成的……只要你愿意，这种抽象层次可以一直延伸下去，直到原子，夸克……

抽象层次的好处是不论在哪一个层次上，我们都只需要面对有限的复杂度和有限的对象结构，从而可以专心地了解这个层次上的对象是如何工作的；抽象层次的另一个更重要的好处是低层次的零件更换不会影响高层次的功能，设想一下更换了发动机的火花塞以后，汽车并不会因此而不能驾驶。

不知聪明的读者有没有从这个例子中悟出一点什么来。面向对象方法与面向过程方法根本的不同，就是不再把世界看作是一个紧密关联的系统，而是看成一些相互独立的离散的小零件，这些零件依据某种规则组织起来，完成一个特定的功能。原来，过程并非这个世界的本源，过程是由通过特定规则组织起来的一些对象"表现"出来的，原始的对象既独立于过程，也独立于组装规则。面向对象和面向过程的这个差别导致了整个分析设计方法的革命。分析设计从过程分析变成了对象获取，从数据结构变成了对象结构。在后续的章节里，将看到面向对象的分析设计是如何进行的。这个过程正如同组装一辆汽车，您将不会觉得有任何的难以理解。相反，一旦开始习惯了这种方法，会感到面向对象其实比面向过程更自然地表达了这个世界。

当然，世上并无完美的事情，面向对象尽管有这么一大堆的好处，它也有着其与生俱来的困难。

1.1.4　面向对象的困难

在上一节中我们看到了对象是如何按规则组装出一辆汽车的。然而细心的读者可能会提出这样一些疑问：

- 你只告诉了我们利用零件能够组装出我们需要的功能，但是，你却没有告诉我们零件是怎么来的？难道零件是从石头里蹦出来的孙悟空，突然出现的吗？符合规则的标准零件是如何设计和制造出来的？

- 经过测试，我承认现在这个结构可以完成那个特定的功能，但我还是不明白，如果我用另一些零件，换另一个组装规则，就不能完成那个特定的功能了吗？为什么是这个结构而不能是另一个？这个结构到底是怎样实现那个特定功能的呢？

- 零件是标准的，组装规则是可以变化的，这意味着我可以任意改变规则来组合它们。显然的，即使是任意的组装，它们也必然表达了某一种特定的功能。那么我随意组装出来的结构表达了什么功能呢？

上述疑问实质上体现了现实世界和对象世界的差距，即使面对简单的传统商业模式，我们仍有如下困惑：

- 对象是怎么被抽象出来的？现实世界和对象世界看上去差别是那么大，为什么要这么抽象而不是那么抽象呢？（Why）

- 对象世界由于其灵活性，可以任意组合，可是我们怎么知道某个组合就正好满足了现实世界的需求呢？什么样的组合是好的，什么样的组合是差的呢？（How）

- 抛开现实世界，对象世界是如此的难以理解。如果只给我一个对象组合，我怎么才能理解它表达了怎样的含义呢？（What）

这些困惑可以总结为图 1.4。

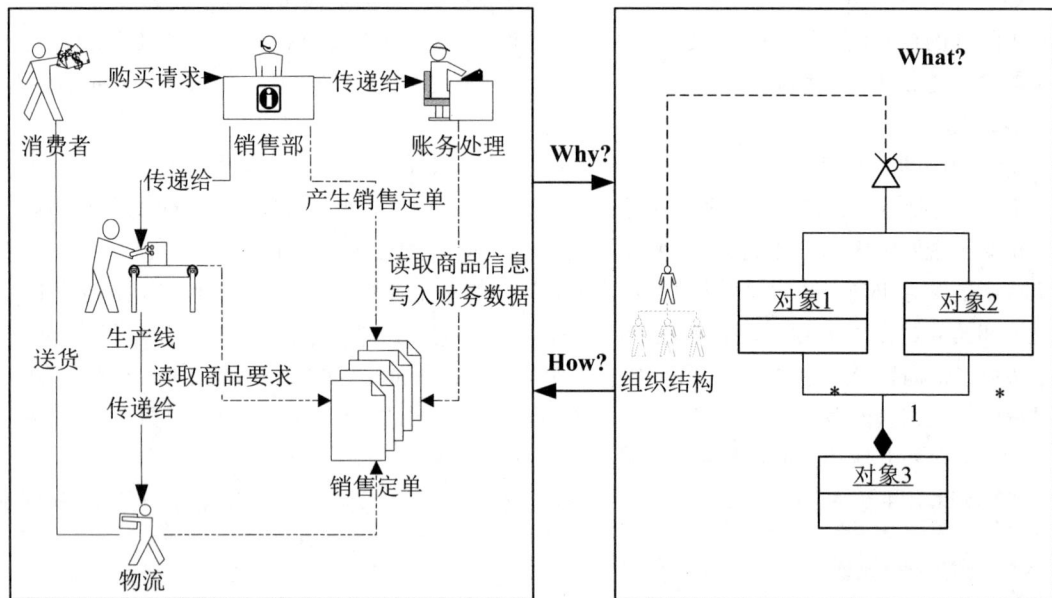

图 1.4　面向对象的困难

在实际的工作中，我们常常设计出许多类来满足某个需求。但是如果问一问为什么要这样设计，为什么是五个类而不是七个类？为什么是十个方法而不是十二个？能很好回答这个问题的人并不多，绝大部分人的回答是凭经验。经验是宝贵的，可惜经验也是靠不住的，凭经验的另一个说法是拍脑袋。从需求到设计，从现实到对象，那些类的确正如孙悟空从石头里蹦出来一样，设计师一拍脑袋就出来了。而可怜的经验不足的设计师们，在面对一个复杂需求的时候，只好不断尝试着弄出几个类来，拼一拼，凑一凑，发现解决不了问题，再重新来过……许多项目就在这样的尝试中不断受伤。

不知亲爱的读者您是否也是这样做设计的？

尽管不情愿，还是得承认很多时候我们只能通过不断测试来证明我们设计出来的那些类的确实现了需求，这往往需要在项目后期投入大量的返工成本，却不能清楚地在设计阶段就证明这些类已经满足了实际需求。许多设计师在被要求验证他的设计的确满足需求的时候，常常听到的回答是我的这个设计应用了某某设计模式，这个结构很灵活，扩展性很强，它肯定能满足需求……空谈了许多却无法拿出一个实实在在的推导过程。

不知亲爱的读者您是否也有这样的经历？

而同时许多程序员，一手拿着设计师设计出来的结果，一手拿着系统分析员编写的需求说明书，

苦思冥想，就是无法把两者对上号；既搞不清楚到底设计是如何映射到需求的，也找不到两者之间的关系；他们脑子里常常盘旋着的问题是：这个类是表达了什么意思？为什么是这样的？

不知亲爱的读者是否也有这样的困惑？

如果您正被上面的这些问题困扰着，请您不要怀疑是否面向对象错了。我们把世界看作是由许多对象组成的这并没有错，只是现实世界和对象世界之间存在着一道鸿沟，这道鸿沟的名字就叫做抽象。抽象是面向对象的精髓所在，同时也是面向对象的困难所在。实际上，要想跨越这道鸿沟，我们需要：

- 一种把现实世界映射到对象世界的方法。
- 一种从对象世界描述现实世界的方法。
- 一种验证对象世界行为是否正确反映了现实世界的方法。

幸运的是，UML，准确地说是 UML 背后所代表的面向对象分析设计方法，正好架起了跨越这道鸿沟的桥梁。在下一节里，让我们带着疑问，来看看 UML 是如何解决这些问题的。

> **闲话：今天你 OO 了吗？**
>
> 如果你的分析习惯是在调研需求时最先弄清楚有多少业务流程，先画出业务流程图，然后顺藤摸瓜，找出业务流程中每一步骤的参与部门或岗位，弄清楚在这一步参与者所做的事情和填写表单的结果，并关心用户是如何把这份表单传给到下一个环节的。那么很不幸，你还在做面向过程的事情。
>
> 如果你的分析习惯是在调研需求时最先弄清楚有多少部门，多少岗位，然后找到每一个岗位的业务代表，问他们类似的问题：你平时都做什么？这件事是谁交办的？做完了你需要通知或传达给谁吗？做这件事情你都需要填写些什么表格吗？....那么恭喜你，你已经 OO 啦！

1.2　UML 带来了什么

上一节中我们了解了面向过程和面向对象两种不同方法在描述现实世界时的不同,相信面向对象是更好的方法。但是，面向对象也有着天然的困难。本节我们来看看面向对象设计的事实标准 UML 是如何解决这些困难的。

1.2.1　什么是 UML

从 20 世纪 70 年代末期面向对象运动兴起以来，到现在为止，面向对象已经成为了软件开发的最重要的方法。上一节中我们也提出了面向对象有着诸多的困难，它的发展并不是一帆风顺的。

面向对象的兴起是从编程领域开始的。第一种面向对象语言 Smalltalk 的诞生宣告了面向对象开始进入软件领域。最初，人们只是为了改进开发效率，编写更容易管理、能够重用的代码，在编程语言中加入了封装、继承、多态等概念，以求得代码的优化。但分析和设计仍然是以结构化的面向过程方法为主。

在实践中，人们很快就发现了问题：编程需要的对象不但不能够从设计中自然而然地推导出来，而且强调连续性和过程化的结构化设计与事件驱动型的离散对象结构之间有着难以调和的矛盾。由于设计无法自然推导出对象结构，使得对象结构到底代表了什么样的含义变得模糊不清；同时，设计如何指导编程，也成为了困扰在人们心中的一大疑问。

为了解决这些困难，一批面向对象的设计方法（OOD方法）开始出现，例如 Booch86、GOOD（通用面向对象开发）、HOOD（层次化面向对象设计）、OOSE（面向对象结构设计）等。这些方法可以说是如今面向对象方法的奠基者和开拓者，它们的应用为面向对象理论的发展提供了非常重要的实践和经验。同时这些方法也是相当成功的，在不同的范围内拥有着各自的用户群。

然而，虽然解决了从设计到开发的困难，随着应用程序的进一步复杂，需求分析成为比设计更为重要的问题。这是因为人们虽然可以写出漂亮的代码，却常常被客户指责不符合需要而推翻重来。事实上如果不符合客户需求，再好的设计也等于零。于是 OOA（面向对象分析）方法开始走上了舞台，其中最为重要的方法便是 UML 的前身，即：由 Booch 创造的 Booch 方法，由 Jacobson 创造的 OOSE、Martin/Odell 方法，Rumbaugh 创造的 OMT、Shlaer/Mellor 方法。这些方法虽然各不相同，但它们的共同的理念却是非常相似的。于是三位面向对象大师决定将他们各自的方法统一起来，在 1995 年 10 月推出了第一个版本，称为"统一方法"（Unified Method 0.8）。随后，又以"统一建模语言"（Unified Modeling Language）UML 1.0 的正式名称提交到 OMG（对象管理组织），在 1997 年 1 月正式成为一种标准建模语言。之所以改名，是因为 UML 本身并没有包含软件方法，而仅是一种语言，我们将在 1.3 节统一过程简介中解释语言和方法的关系。

如上所述 UML 是一种建模用的语言，而所有的语言都是由基本词汇和语法两个部分构成的，UML 也不例外。UML 定义了一些建立模型所需要的、表达某种特定含义的基本元素，这些元素称为元模型，相当于语言中的基本词汇，例如用例、类等。另外，UML 还定义了这些元模型互相之间关系的规则，以及如何用这些元素和规则绘制图形以建立模型来映射现实世界；这些规则和图形称为表示法或视图（View），相当于语言中的语法。如同我们学习任何一种语言一样，学习 UML 无非是掌握基本词汇的含义，再掌握语法，通过语法将词汇组合起来形成一篇有意义的文章。UML 与其他自然语言和编程语言在原理上并无多大差别，无非是 UML 这种语言是用来写说明文的，用自然世界和计算机逻辑都能够理解的表达方法来说明现实世界。

然而，即使是同样的语言、同样的文字、同样的语法，有的人能够写出优美的小说和瑰丽的诗句，有的人却连一封书信都写不通顺。这种差别除了对语言掌握的功力之外，更重要的是写作人自己脑子里的思想和理念。好的文章除了语言功底，更重要的是言之有物、言之精确、言之全面，也就是作者要肚子里有货。如果以写文章来类比的话，学习 UML 只是学会了一门语言，而要写出一篇精彩的文章，却要依靠写作人对生活的感悟和升华，这两者缺一不可。因此比学会用 UML 建模本身更重要的是要理解 UML 语言背后所隐含的最佳实践。

谈到语言，我们无法回避的一个问题是沟通。如果不能用于沟通，那语言就没有意义。而要最大程度地沟通，那么最好的办法就是创造一种大家都认同的统一语言。

1.2.2 统一语言

统一的意义似乎不用多说，秦始皇历史上的一大功绩便是统一语言和度量衡。统一的目标就是形成标准。对于现代社会来说，标准被广泛应用的重要程度不亚于互联网的发明，各行各业无不纷纷制定各式各样的标准。标准使得不同地域、不同文化、不同社会、不同组织的信息能够以所有人都明白的表述和所有人都遵从的格式在人群中无障碍地流通。在我们的生活中，在街上随便买一款手机就能上网通话，随便买张影碟就能在家里的 DVD 机上播放；而在软件界，任何一种组件化开发模式背后都有一个标准在规范和指导，可以说没有标准就没有工业现代化，没有标准就没有编程组件化，这就是标准的意义；回到 UML 来说，就是统一的意义。

目前，随着软件工程的不断成熟，软件开发越来越朝着专业化和横向分工化发展。以前人们认为从需求到代码是一个紧密联系的过程，是不可分离的。一旦分开就会导致高成本和高技术风险。然而与现代工业的分工越来越细致和专业化的趋势一样，软件行业的需求、分析、设计、开发这些过程也被分离开来并专业化了。需求由专门的需求团队来做，甚至会委托给一个咨询公司；分析由专门的系统分析团队来做；设计由专门的设计团队来做……以往，开发人员是项目的中心，一个开发人员常常从需求一直做到编码；而现在，程序员只负责根据设计结果来编码，设计师只负责根据需求分析结果来设计，项目组里还有架构师、质量保证小组等许多角色，各自负担着自己的职责要求，在软件工程的约束下相互协作来完成一个项目。软件开发工作被横向分工化的一个显著的例子便是软件外包，承包商采集需求，设计团队进行设计，然后把编码工作外包给另一个公司来完成。

软件开发工作中这种将角色细分，将职责明确的做法，在提高专业化和资源效率的同时也带来了严重的沟通问题。假如承包商采用一种自己的方法来做需求，设计团队由于不熟悉这种方法，在理解需求文档的过程中就会产生误解；如果编码团队也不熟悉设计师的设计文档，很容易再次产生信息歧义。文档从一个角色传向另一个角色，从一个组织传向另一个组织的过程中如何保证信息被准确地传达和准确地理解呢？一种好办法就是大家都使用统一的或者说标准化的语言。UML 统一建模语言的意义也正在于此，它试图用统一的语言来覆盖整个软件过程，让不同的团队操着同一个口音顺畅地沟通。

统一语言的另一个意义是要让人和机器都能读懂。

好，统一的任务完成了，接下来的任务就是可读性。如果语言可读性很差，人们在理解起来同样会有困难。一门好的语言要能够让人们快速理解并留下深刻印象。

我们知道，相对文字和图形，人脑对图形的接受能力显然更强。因此，UML 采用了"可视化"的图形方式来定义语言。

1.2.3 可视化

可视化，这是一个奇怪的词，什么东西不都是可见的吗？UML 是可视化的，用文字写的文档不也是可视化的吗？在这里可视化的含义并不是指 UML 的图形是可以用眼睛看到的，可视化的含义是指，UML 通过它的元模型和表示法，把那些通过文字或其他表达方法很难表达清楚的，隐晦的潜台词用简单直观的图形表达和暴露出来，准确而直观地描述复杂的含义。把"隐晦"的变成"可视"的，也就是把文字变成图形，这才是 UML 可视化的真正含义。

举个例子，有一段文字描述：造一辆车身是红色金属漆的小轿车，装备四个普利斯通牌的轮胎，它是一辆四门车，车门是加厚的，并且前后门玻璃上贴黑色的膜。前后挡风玻璃里都装有电热丝，后视镜是电动可调的。

这段话很简单，初看上去简单明了，任谁都可以一下子就看明白。这是因为汽车是我们很熟悉的事物。如果一个没有看到过汽车的人要靠这段话去真正造一辆汽车一定会觉得很多地方没有讲清楚，少了很多信息。比方说，它是一辆四门车这句话就有疑问，并没有说明白车门是装在哪里的。当然读者可以说那我多加几行字不就说明白了嘛，当然是可以的，不过您要是真的对自己的文字功底如此有自信，您可以试着用文字描述一下图 1.3，看看您觉得多少文字可以讲清楚，并且让看的人能明白。

显然如果信息点比较多，而且相互之间有关系，阅读文字并不容易让人理解到底描述了怎样的一个逻辑结构。如果是面对更加复杂的业务需求，书写或阅读长达几十页的文字，要把所有信息都关联起来并准确理解，就更困难了。用文字表达风花雪月是很美的，朦胧美、想象美。但是要用来说明一个结构还真不是件容易的事，我们总不能靠朦胧和想象去做软件吧？其实在文字还未出现以前人类就学会绘画了，一幅图画可以表达的含义远远胜过文字描述，上面的那段话让我们试着换一种形式来表达，如图 1.5 所示。

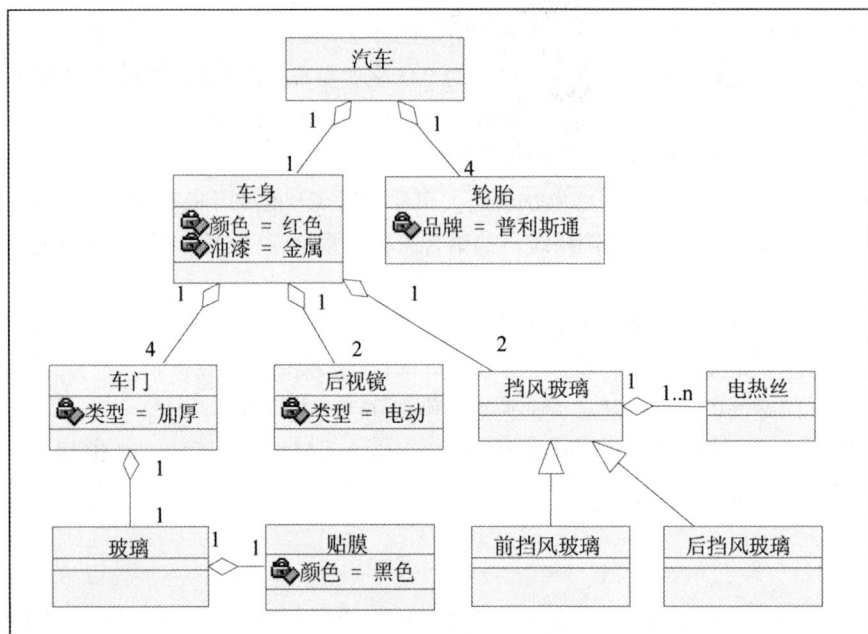

图 1.5　汽车的 UML 表述

显然图 1.5 所表达出来的含义远远超出了文字所描述的内容，除了文字描绘的各个汽车部件之外，更重要的是表达出了这些部件之间的组装关系。例如车身和轮胎是安装在汽车上的，汽车有一个车身和 4 个轮胎。车门是安装在车身上的，一个车身有 4 个车门等等。同时，图 1.5 还表达出了文字里隐晦的含义，使得文档的作者和读者之间不至于产生歧义。比如"一辆车身是红色金属漆的小轿车"这样简单的一句话，就隐含了汽车与车身的关系以及车身的属性。如果这些隐含的信息不能清楚地表达出来，那就可能会在沟通过程中产生歧义。事实上，实际的项目中由于表达和理解之间的歧义导致的返工绝不在少数。图形的优势就在这里，如果非要用一段描述性文字把隐含的意思全表达出来，并一点歧义没有，这种文字的可阅读性是值得怀疑的。想象一下有多少人愿意阅读严谨但枯燥的法律书籍呢？如果把本书中的大量图片拿走只剩下文字的话，相信读者对本书的阅读兴趣也会随着图片被一起带走的。

好，UML 统一了语言，让隐晦的含义可视化了。接下来，这种统一的可视化语言又如何来描绘现实世界并解决面向对象的困难呢？

让我们从第一步，现实世界到业务模型开始吧。

> 注：以下描述的解决面向对象的过程采用了 RUP 方法，实际上 UML 本身并不是一定要采用 RUP 方法的。关于这一点，在 1.3 节统一过程简介中会详细阐述语言和方法的关系。

1.2.4 从现实世界到业务模型

建立模型是人们解决现实世界问题的一种常用手段。我们通常接触到的建模是为了解决某个问题而建立的一个数学模型，通过数学计算来分析和预测，找出解决问题的办法。从理论上说，建立模型是指通过对客观事物建立一种抽象的方法，用来表征事物并获得对事物本身的理解，再把这种理解概念化，并将这些逻辑概念组织起来，形成对所观察的对象的内部结构和工作原理的便于理解的表达。模型要能够真实反映客观事物就需要有一个论证过程，使得模型建立过程是严谨的，并且结果是可追溯和验证的。对于一种软件建模方法来说，为现实世界建立逻辑模型也要是严谨的、可追溯和可验证的，除了描述清楚需求，还要能很容易地将这个模型转化为计算机也能够理解的模型。

我们所处的这个现实世界充满了丰富多彩但杂乱无章的信息，要建立一个模型并不容易。建立模型的过程是一个抽象的过程，所以要建立模型，首先要知道如何抽象现实世界。如果我们站在很高的抽象层次，以高度归纳的视角来看这个世界的运作，就会发现现实世界无论多复杂，无论是哪个行业，无论做什么业务，其本质无非是由人、事、物和规则组成的。人是一切的中心，人要做事，做事就会使用一些物并产生另一些物，同时做事需要遵循一定的规则。人驱动系统，事体现过程，物记录结果，规则是控制。建立模型的关键就是弄明白有什么人，什么人做什么事，什么事产生什么物，中间有什么规则，再把人、事、物之间的关系定义出来，一个模型也就基本成型了。

那么 UML 是不是提供了这样的元素来为现实世界建立模型呢？是的。

第一，UML 采用称之为参与者（actor）的元模型作为信息来源提供者，参与者代表了现实世界的"人"。参与者是模型信息来源的提供者，也是第一驱动者。

参与者

换句话说，要建立的模型的意义完全被参与者决定，所建立的模型也是完全为参与者服务的，参与者是整个建模过程的中心。UML 之所以这样考虑，是因为最终计算机的设计结果如果不符合客户需求，再好的设计也等于零。与其在建立计算机系统后因为不符合系统驱动者的意愿而推倒重来，还不如在一开始就从参与者的角度为将来的计算机系统规定好它必须实现的那些功能和必须遵守的参与者的意志，由驱动者来检验和决定将来的计算机系统要如何运作。

另外，在这个顾客就是上帝的时代，以参与者也就是"人"为中心还顺应了"以人为本"这一时代的要求，更容易获得客户满意度。

第二，UML 采用称之为用例（use case）的一种元模型来表示驱动者的业务目标，也就是参与者想要做什么并且获得什么。这个业务目标就是现实世界中的"事"。而这件事是怎么做的，依据什么规则，则通过称之为业务场景（business scenario）和用例场景（use case scenario）的 UML 视图来描绘的，这些场景便是现实世界中的"规则"。最后，UML 通过称之为业务对象模型（business object model）的视图来说明在达成这些业务目标的过程中涉及到的事物，用逻辑概念来表示它们，并定义它们之间的关系。业务对象模型则代表了现实世界中的"物"。

人、事、物、规则就是这样被模型化的。如果您现在对这些概念和过程还不是很理解，没关系，本节里只是为了说明 UML 如何为现实世界建模，在本书的后续章节中您将详细了解到这一建模方法，这里只是简单地引用了这些 UML 名词。

UML 通过上面的元模型和视图捕获现实世界的人、事、物和规则，于是现实信息转化成了业务模型，这也是面向对象方法中的第一步。业务模型真实映射了参与者在现实世界的行为，图 1.6 展示了这种映射关系。

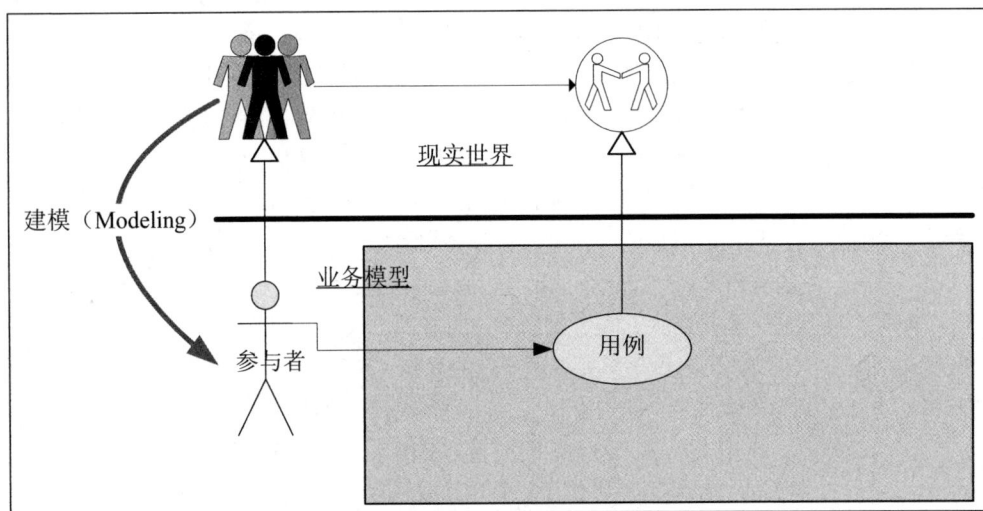

图 1.6　从现实世界到业务模型

得到业务模型仅仅是一个开始，要想将业务模型转化到计算机能理解的模型，还有一段路要走。

这其中最重要的一步便是概念模型。下一节将讨论业务模型到概念模型的转化。

1.2.5　从业务模型到概念模型

虽然上一节中现实世界被业务模型映射并且记录下来，但这只是原始需求信息，距离可执行的代码还很遥远，必须把这些内容再换成一种可以指导开发的表达方式。UML 通过称之为概念化的过程（Conceptual）来建立适合计算机理解和实现的模型，这个模型称为分析模型（Analysis Model）。分析模型介于原始需求和计算机实现之间，是一种过渡模型。分析模型向上映射了原始需求，计算机的可执行代码可以通过分析模型追溯到原始需求；同时，分析模型向下为计算机实现规定了一种高层次的抽象，这种抽象是一种指导，也是一种约束，计算机实现过程非常容易遵循这种指导和约束来完成可执行代码的设计工作。

事实上分析模型在整个分析设计过程中承担了很大的职责，起到了非常重要的作用。绘制分析模型最主要的元模型有：

- 边界类（boundary）。边界是面向对象分析的一个非常重要的观点。从狭义上说，边界就是大家熟悉的界面，所有对计算机的操作都要通过界面进行。从广义上说，任何一件事物都分为里面和外面，外面的事物与里面的事物之间的任何交互都需要有一个边界。比如参与者与系统的交互，系统与系统之间的交互，模块与模块之间的交互等。只要是两个不同职责的簇之间的交互都需要有一个边界，换句话说，边界决定了外面能对里面做什么"事"。在后续的章节中，读者会感受到边界的重要性，边界能够决定整个分析设计的结果。

- 实体类（entity）。原始需求中领域模型中的业务实体映射了现实世界中参与者完成业务目标时所涉及的事物，UML 采用实体类来重新表达业务实体。实体类可以采用计算机观点在不丢失业务实体信息的条件下重新归纳和组织信息，建立逻辑关联，添加那些实际业务中不会使用到，但是执行计算机逻辑时需要的控制信息等。这些实体类可以看作是业务实体的实例化结果。

- 控制类（control）。边界和实体都是静态的，本身并不会动作。UML 采用控制类来表述原始需求中的动态信息，即业务或用例场景中的步骤和活动。从 UML 的观点看来，边界类和实体类之间，边界类和边界类之间，实体类和实体类之间不能够直接相互访问，它们需要通过控制类来代理访问要求。这样就把动作和物体分开了。考虑一下，实际上在现实世界中，动作和物体也是分开描述的。

读者或许在小时候都玩过一个游戏，每个同学发四张小纸条，在第一张纸条上写上 XXX 的名字，在第二张纸条上写上在什么地方，在第三张纸条上写上一个动作，在第四张纸条上写一个物体，然后将这些字条分开放在四个箱子里，再随意地从这四个箱子里各取一张纸条，就能组成很多非常搞笑的句子，例如张 XX 在公园里跳圆规之类的奇怪语句，一个班的同学常常笑得前仰后合。

游戏虽然是游戏，但说明了一个道理，只要有人、事、物和规则（定语），就能构成一个有意义的结果，无非是是否合理而已。分析类也是应用这个道理来把业务模型概念化的。由于所有的操作都通过边界类来进行，能做什么不能做什么由边界决定，所以边界类实际上代表了原始需求中的"事"；实体类则由业务模型中的领域模型转化而来，它代表了现实世界中的"物"；控制类则体现了现实世界中的"规则"，也就是定语；再加上由参与者转化而来的系统的"用户"，这样一来，"人"也有了。有了人、事、物、规则，我们就可以像那个游戏一样把它们组合成各种各样的语句，只不过不是为了搞笑，所以不能随意组合，而是要依据业务模型中已经描绘出来的用例场景来组合这些元素，让它们表达特定的业务含义。

另外，在这个阶段，还可以对这些分析类在不同的视角上进行归纳和整理，以表达软件所要求的一些信息。例如包、组件和节点（详细内容参阅第二部分的第 3 章 UML 核心元素）。软件架构和框架也通常在这个阶段产生。

图 1.7 展示了从业务模型到概念模型的转化过程。

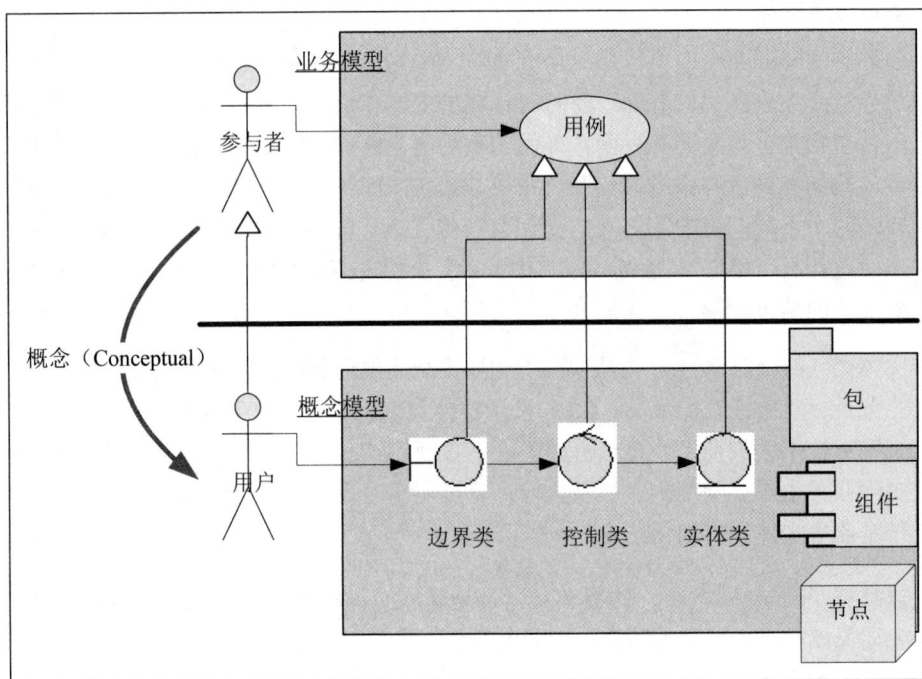

图 1.7　业务模型到概念模型

经过概念模型的转换，业务模型看起来对计算机来说可理解了。但是要得到真正可执行的计算机代码，我们还有一步要走。我们需要将概念模型实例化，即再次转化为计算机执行所需要的设计模型。下一节将讨论概念模型到设计模型的转化问题。

1.2.6　从概念模型到设计模型

上一节中建立的概念模型距离可执行代码已经非常接近了。概念模型使我们获得了软件的蓝

图，获得了建设软件所需要的所有组成内容以及建设软件所需要的所有必要细节。这就类似于我们已经在图纸上绘制出了一辆汽车所有的零部件，并且绘制出如何组装这些零部件的步骤，接下来的工作就是建造或者购买所需的零部件，并送到生产线去生产汽车。

设计模型的工作就是建造零部件，组装汽车的过程。在大多数情况下，实现类可以简单地从分析类映射而来。在设计模型中，概念模型中的边界类可以被转化为操作界面或者系统接口；控制类可以被转化为计算程序或控制程序，例如工作流、算法体等；实体类可以转化为数据库表、XML文档或者其他带有持久化特征的类。这个转化过程也是有章可循的，一般来说，可以遵循的规则有：

- 软件架构和框架。软件架构和框架规定了实现类必须实现的接口、必须继承的超类、必须遵守的编程规则等。例如当采用 J2EE 架构时，Home 和 Remote 接口就是必需的。
- 编程语言。各类编程语言有不同的特点，例如在实现一个界面或者一个可持久化类时，采用 C++还是 Java 作为开发语言会有不同的设计要求。
- 规范或中间件。如果决定采用某个规范或采用某个中间件时，实现类还要遵循规范或中间件规定的那些必需特性。

实际上，由于软件项目可以选择不同的软件架构和框架，可以选择不同的编程语言，也可以选择不同的软件规范，还可以购买不同的中间件，因此同样的概念模型会因为选择不同而得到不同的设计模型。图 1.8 展示了从概念模型到设计模型的转化过程。

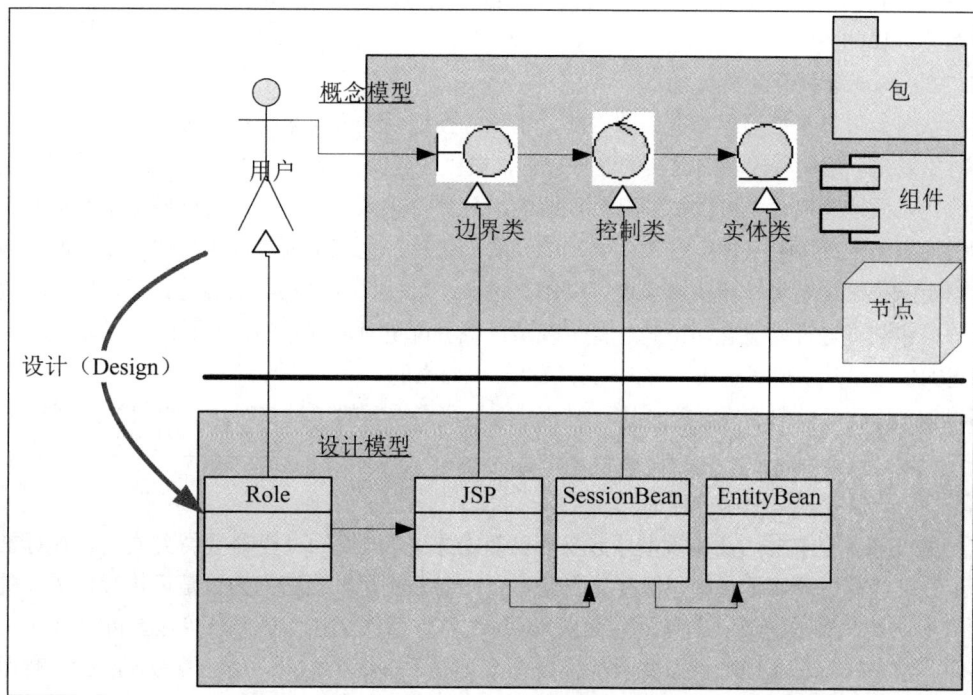

图 1.8 从概念模型到设计模型

19

经过上述的转化过程，我们回头来看看，UML 是否解决了我们在 1.1.4 面向对象的困难一节中提出的问题？

1.2.7 面向对象的困难解决了吗

经过上面三个模型的转化，让我们再回顾一下 1.1.4 节中所谈到的面向对象的困难。在 1.1.4 节中提到，要解决面向对象的困难我们需要这样一些方法：

- 一种把现实世界映射到对象世界的方法。
- 一种用对象世界描述现实世界的方法。
- 一种验证对象世界行为正确反映了现实世界的方法。

那 UML 是否解决了面向对象的困难或者说有没有提供出我们需要的方法呢？下面来验证一下。

1.2.7.1 从现实世界到业务模型

这是把现实世界映射到对象世界的第一步。UML 采用用例这一关键元素捕获了现实世界的人要做的事，再通过用例场景、领域模型等视图将现实世界的人、事、物、规则这些构成现实世界的元素用 UML 这种语言描述出来。而 UML 本身被设计成为一种不但适于现实世界理解，也适于对象世界理解的语言，所以用 UML 来描述现实世界这句话可以稍微换一下说法，变成：现实世界被我们用一种对象型语言描述。

这不正是我们需要的把现实世界映射到对象世界的方法吗？看来，我们找到了一种把现实世界映射到对象世界的方法。

1.2.7.2 从业务模型到概念模型

这是从对象世界来描述现实世界的方法。当业务模型用分析类来描述的时候，我们实际上已经采用了对象视角。用例所代表的现实的业务过程，被"边界"、"控制"、"实体"以及"包"、"组件"等概念替代。而这些概念是可以被计算机理解的，是抽象化了的对象。现实世界千差万别的业务，都用"边界"、"控制"、"实体"这几个固定的元素来描述，也就是说，现实具体的业务被"抽象"成几个固定的概念。同时，这些概念还可以用"包"、"组件"等这些与现实世界毫不相关的纯计算机逻辑术语包装。这说明概念模型是计算机视角，或者说是对象视角的，而且这些对象视角的分析类所描述的信息是从映射了现实世界的业务模型转化而来的。

可以说，从业务模型到概念模型这一过程，正是我们需要的一种从对象世界来描述现实世界的方法。

1.2.7.3 从概念模型到设计模型

这是验证对象世界是否正确反映了现实世界的方法。"边界"、"控制"、"实体"这些对象化的概念，虽然是计算机可以理解的，但它并不是真正的对象实例，即它们并不是可执行代码，概念模型只是纸上谈兵。真正的对象世界行为是由 Java 类、C++类、EJB、COM+等这些可执行代码构成的。然而，如果缺少了从概念模型到设计模型这个过程，Java 类也好，C++类也好，它们的行为是否正确凭什么去验证呢？图 1.8 展示的信息指出，设计类并不是像孙悟空一样从石头缝里蹦出来的，而是用某种语言在某种特定规范的约束下"实例"化分析类的结果。换句话说，设计模型是概念模

型在特定环境和条件下的"实例"化，实例化后的对象行为"执行"了概念模型描述的那些信息，因此设计模型得以通过概念模型追溯到原始需求来验证对象世界是否正确反映了现实世界。

看来，我们找到了一种验证对象世界是否正确反映了现实世界的方法。

如果把三个模型的建立过程综合起来，形成图 1.9，从中我们可以更清楚地看到面向对象的困难是如何在模型的转化过程中解决的。这一过程看来是有规律、可推导、可追溯的过程。

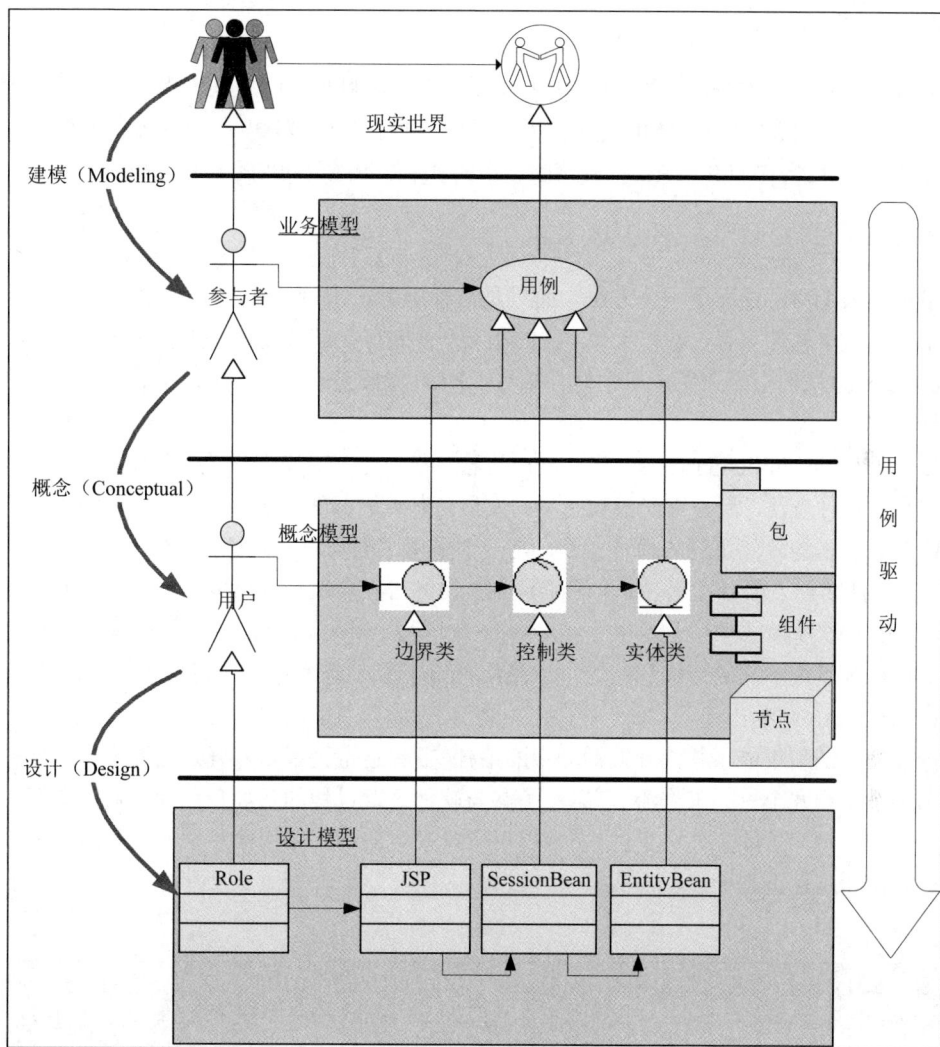

图 1.9　面向对象分析设计的完整过程

在图 1.9 中引入了另一个概念，就是用例驱动。尽管在这一章并没有讲述这个概念，但是相信读者也能从中初步地领略到用例是如何驱动整个开发过程的。请读者记住这幅图，本书后续大量的篇幅都是由用例驱动来完成整个软件过程的。

UML 作为标准的面向对象建模语言，它需要在某个建模方法的指导下进行建模工作。正如我们学会了一门语言，还需要知道文体一样。统一过程是这其中最为著名的建模方法，下一节就来初步了解一下统一过程。实际上，统一语言加上统一过程就构成了本书的主线，也就是读者将要学习到的建模方法。

1.3　统一过程简介

谈到 UML 不能不谈到统一过程，即 RUP。UML 和 RUP 师出同门，尽管目前仍有许多其他的建模方法，不过 RUP 仍然是其中对 UML 使用最为全面的，同时也是最为复杂的。本书的中心是 UML，不能够深入讨论 RUP，本节只介绍 RUP 与 UML 有关的基本知识以帮助理解本书的内容。

1.3.1　RUP 是什么

严格说起来 UML 并不是一个方法，而只是一种语言。UML 定义了基本元素，定义了语法，但是如果要做一个软件项目，还需要有方法的指导。正如写文章有文法，有五言律，有七言律一样，UML 也需要有方法的指导来完成一个软件项目。RUP 无疑是目前与 UML 集成和应用最好、最完整的软件方法。

RUP（Rational Unified Process）译为统一过程。统一过程并非是因为 UML 才诞生的，也不是最近才出来的软件方法，而是有着很长时间的发展，有着很深的根源。统一过程归纳和整理了很多在实践中总结出来的软件工程的最佳实践，是一个采用了面向对象思想，使用 UML 作为软件分析设计语言，并且结合了项目管理、质量保证等许多软件工程知识综合而成的一个非常完整和庞大的软件方法。统一过程经过了三十多年发展，和统一过程本身所推崇的迭代方法一样，统一过程这个产品本身也经过了很多次的迭代和演进，才最终推出了现在这个版本。图 1.10 展示了统一过程的演进过程。

统一过程归纳和集成了软件开发活动中的最佳实践，它定义了软件开发过程中最重要的阶段和工作（四个阶段和九个核心工作流），定义了参与软件开发过程的各种角色和他们的职责，还定义了软件生产过程中产生的工件（见注），并提供了模板。最后，采用演进式软件生命周期（迭代）将工作、角色和工件串在一起，形成了统一过程。

> **工件**：工件也称为成果物或者制品（Artifact），这与可交付物（Deliverable）是有一些差别的。当某一个或某一些工作是最终产品的一部分需要交付出去时，才被称为可交付物。而在软件生产过程中任何留下记录的事物，都可称为工件。

图 1.11 摘自统一过程的官方文档，展示了统一过程的总体概述。

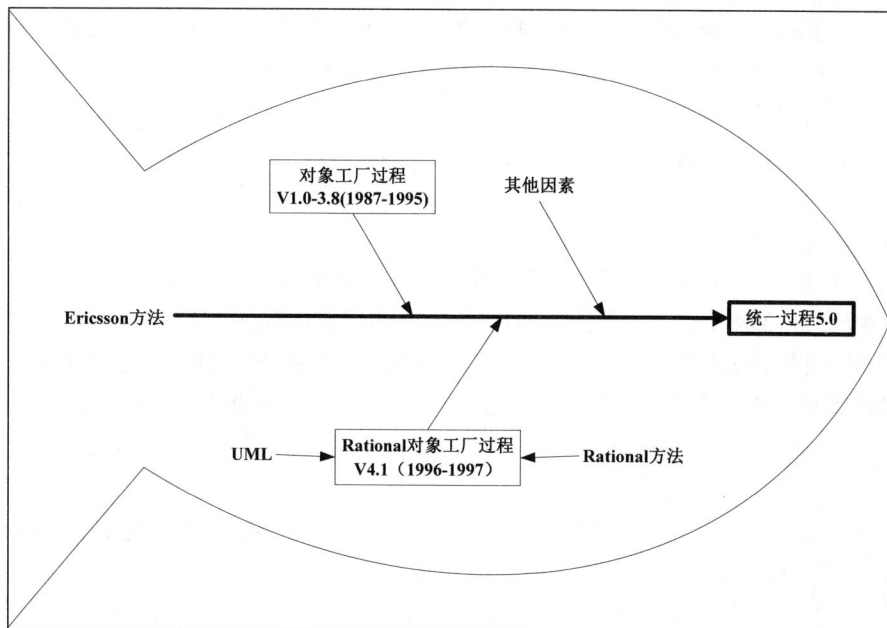

图 1.10 RUP 的历史演进过程

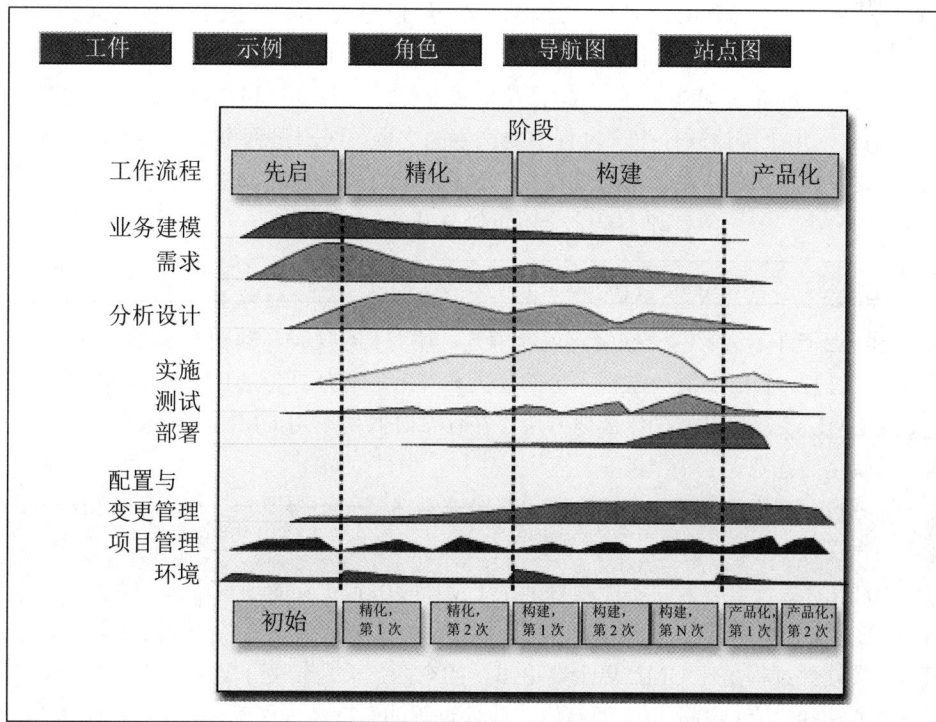

图 1.11 统一过程概述

从图 1.11 中读者可以看到，统一过程将软件生产分为了四个阶段和九个核心工作流，每个工作流在不同的阶段有不同的工作量比重，这些数据来自实际项目的数据统计。每个阶段都会做哪些工作流呢？这由迭代计划来决定。一个软件从开始到产品推出要经过多次的演进，每一个演进会有一个迭代计划来描述这次演进要达成的目标、要经历的阶段以及要进行的工作流。统一过程对每一个工作流都规定了标准的流程、参与角色和工件模板，而在迭代计划里可以依据实际情况对这些流程、角色和模板进行裁剪。

这里只对统一过程进行了简单的介绍，但统一过程不可避免地在本书中占有很重要的地位。事实上，本书中所讲述的用 UML 来分析和设计的所有方法都来自于统一过程。因此，本书不会展开详细地阐述统一过程，读者阅读本书的过程实际上正是在经历着统一过程，阅读完本书，读者应当已经掌握了最基本的统一过程方法，尤其是业务建模、需求、分析设计这几个核心工作流。

1.3.2　RUP 与 UML

如果说一曲美妙的乐章是作曲家根据音乐理论进行创作最后用标准的五线谱记录下来，相信不会有什么疑问。实际上 RUP 与 UML 的关系正类似音乐理论和五线谱的关系。相信有很多读者并没有考虑过这个问题，他们会觉得统一过程和 UML 就是一个东西，统一过程就是 UML，UML 就是统一过程。这个错误的认识其实是因为统一过程采用了 UML 作为基本语言，再加上统一过程和 UML 都来自三位面向对象大师的研究成果，都出自 Rational 公司（见注）。但是从本质上说，统一过程和 UML 是不同的两个领域。UML 是一种语言，用来描述软件生产过程中要产生的文档，统一过程则是指导如何产生这些文档以及这些文档要讲述什么的方法。虽然现在统一过程是指导 UML 的方法中最著名、应用最广、可能也是最成功的一个，但这两者却不是完全不可以分开的。

> 注：Rational 目前已被 IBM 收购，Rational 产品也成为 IBM 五大产品家族之一。

认识到这一点，许多读者的一些疑惑就能解开。所有初学 UML 的朋友都会以为学习 UML 必须同时学习统一过程，而由于统一过程本身的庞大和复杂，成为了学习 UML 的障碍。更多的 UML 学习者不知道 UML 该怎么用，在什么地方用，在什么时候用，用 UML 的目标是什么。相信初学者最大的疑惑就是这些吧？

事实上笔者自己在学习 UML 初期阶段也曾经非常迷惑而不得要领，这么多 UML 元素，每个都有其特定的含义，RUP 中定义了更多更复杂的流程、模板、工具……虽然读了很多资料，却始终感觉 UML 的信息太过于分散，不能很好地把 UML 应用到实际的项目中去。直到有一天笔者认识到 RUP 和 UML 并不是天生一体的，它们只是软件方法和建模语言的一个完美结合，然后更进一步认识到其实软件过程是比 UML 更重要更本质的东西；于是转变了思维，不再把 UML 和 RUP 混在一起造成方法和语言混淆不清，而是站在软件过程的角度，先了解一个软件项目是怎么做的，再去 UML 中寻找需要的工具，用 UML 中适合的工具把软件过程要达到的要求记录下来。

正是这一转变使笔者对 UML 的认识茅塞顿开，实际上不仅仅是 RUP 和 UML 的关系，对软件项目来说，面向对象也好，面向过程也好，UML 也好，UC 矩阵也好，这些都不是最重要的，软件项目真正的灵魂是软件过程，软件过程的需要才是这些工具和语言诞生的原因。因此建议读者在学习 UML 之前，应当先系统学习软件过程。只有掌握了软件过程，才会知道为什么要有用例，为什么要有分析模型；站在软件过程的立场，那些孤独的 UML 视图才会变得有生命力，才会知道在什么时候，在什么地方需要用什么样的 UML 图符来表达软件的观点，也才会知道 UML 的那些视图到底在软件开发过程里起到了什么作用。认识到这些，UML 的元模型和视图就不会再面目可憎，它们是一群有着强大能力的精灵，帮助你在复杂的软件工程道路上搭起一座座通向光明目标的桥梁。

不过笔者的意思并不是让读者把统一过程和 UML 完全分开学习或只学习其中一个，而是告诉读者一个学习 UML 的方法。目前为止统一过程仍然是与 UML 结合最广的方法，毕竟师出同门，有着天然的内在联系，学习统一过程能更好地理解 UML，这也是本书采用统一过程作为方法来讲述 UML 的原因。

1.3.3   RUP 与软件工程

统一过程方法是一个庞大和复杂的知识体系，它几乎囊括了软件开发这一生产过程所需要知识的方方面面。但同时，也正由于统一过程的复杂和庞大，使得它学习起来很困难；要在实际项目中实施统一过程也非常困难，统一过程也是迄今为止最重量级的软件方法。统一过程是一种追求稳定的软件方法，它追求开发稳定架构，控制变更，立足于长期战略，适用于指导大中型软件产品的开发。由于统一过程是一种重量级的方法，因此实施统一过程是高成本的，是一个组织战略的选择，而不仅仅是某一个项目的战术选择。实施统一过程不但需要在初期投入庞大的学习成本，也需要在实施过程中投入庞大的管理成本。那我们为什么要投入那么多成本来实施统一过程呢？

一方面是出于提高软件成熟度的需要。我们知道 CMM 只规定了每个成熟度等级的评估标准，但没有规定如何做才能达到这一标准。与其耗费更大的成本去摸索自己的软件过程，不如采用统一过程这种已经集成了软件活动最佳实践的成熟的软件过程。实际上能够实施统一过程大致已经相当于达到了 CMM 二级到三级的水平。

另一方面是出于提高软件技术水平和质量的需要。我们知道要生产一个好的软件产品，必须保证需求、分析、设计、质量等工作。统一过程由于集成了面向对象方法、UML 语言、核心工作流、工件模板和过程指导等许多知识，使得软件生产工作能够利用这些成熟的指导来提高组织内整体软件认识水平和开发人员的软件素质，借此来提高软件产品的技术水平和质量。

再一方面，统一过程适于开发稳定的架构，它通过不断的演进来逐步推进软件产品，这一特点使得它特别适合于长期战略的软件产品。例如那些长期立足于做某一个行业，希望做精做深，做行业整体解决方案的组织。

但是统一过程由于太过于庞大和复杂，相对于轻量级的敏捷方法，例如著名的 XP（极限编程）方法来说，显得死板和难以实施。统一过程不但不能快速适应需求的变化，而且变更一个需求要经历复杂的过程和很多额外的工作。对于较小的组织和项目来说，使用统一过程的确有些费力不讨好，也因此招来了许多置疑。

笔者觉得这种置疑是大可不必的，轻量级的敏捷方法和重量级的统一过程都是非常优秀的软件方法，只是它们各有各的适用范围。轻量级的 XP 方法追求在变化中用最快速的办法适应变更，用小的管理成本保障软件质量。对于中小型公司和中小型软件来说，XP 的确是非常有效的软件方法，它能大大降低管理、开发成本和技术风险。不过对于大型公司和大型项目来说，XP 就不适用了，这时 RUP 却非常适合。因为对大型项目来说，一个项目有可能经历几年甚至几十年的时间，涉及几千甚至几万人，如果没有一个稳定的架构，在朝令夕改的方式下项目是不可能顺利实施下去的。

你能想象洛克希德·马丁公司用 XP 的方法来开发 F-35 战斗机会是一个什么情形吗？没有人清楚地知道将来飞机的整体是什么样，好不容易设计出机翼来，另一个小组说我们决定改变一下气动外形，你们再重构一下吧；没有人知道最后飞机的性能怎么样，反正先造一架出来，要是摔了找找原因，改进改进，重构一下，再造一架……再摔了，没关系，咱们拥抱变更，再造就是了……

显然对这种大型产品来说 XP 方法是不可接受的，而 RUP 的稳步推进的方法却正好适合。那 XP 什么情况下适用呢？如果你是一个杂货店的老板，刚开业不知道什么样的商品受欢迎，没关系，先各进一小批货，卖上一段时间，受欢迎的货品多进，不受欢迎的不进，随时向顾客做一些调查，顾客喜欢什么商品就进什么，不断改进，最后一定会顾客盈门的。这时如果这个老板采用统一过程的方法，先做商业分析、客户关系分析、消费曲线分析……还没开业呢，估计就破产了，或者好不容易做出了一个商业策略，客户兴趣已经改变了。

另外，RUP 和 XP 也不是非此即彼的关系，比如在造 F-35 的过程中，对整体飞机来说，用 RUP 是适合的，具体到零部件倒是大可 XP 一把，先在风洞里试验试验，不符合条件就更换了再试，最终只要得到最适合的零部件就 OK 了。

上一节讲到 RUP 和 UML 是可以分离的，所以读者完全可以根据自己的实际情况来决定采用哪种软件方法，而采用哪种软件方法其实并不妨碍使用 UML 来做软件的分析和设计。

1.3.4　RUP 与最佳实践

如今软件产品越来越复杂，越来越庞大。长久以来，人们期望软件开发能够像其他工业产品一样，可以单独生产标准零部件，然后按照要求来组装它们，用较少的投入完成最终的软件产品。现在随着面向对象的发展，基于架构的、构件式的软件开发模式已经成为软件开发的主流，这代表着软件从"手工业"向"工业"的转化取得了重大的进步。

但是构件式开发并非想象的那么乐观，构件的生产以及构件的组装还面临着许多困难。困难一方面来自于构件并不像工业产品那样容易定义，另一方面软件构件的组装（接口+标准）也远远不像把螺丝钉拧入螺丝帽那样容易。现实世界很复杂，要把现实世界用逻辑构件复制下来首先需要非常精确的抽象，这是一项很不容易的工作；但即使是做到了精确的抽象也还不够。举个例子，对于工业产品来说，人们预先确定并接受了它的用途，没有人会要求自行车生产商让自行车飞起来，然而对软件来说，出现这种类似的要求却并不离奇。因此，除了精确的抽象，构件还需要有"自适应"

和"自我成长"的能力。

人们做了很多努力，可惜现在软件技术还离这个目标很远，但是人们已经积累了足够多的知识和经验，形成了很多针对普遍问题的解决方案。虽然这些经验还不能够让自行车飞起来，不过要生产出既能够用电力驱动也能够用人力驱动的自行车却是完全有可能的。这些知识和经验就是最佳实践。对于软件产品来说，最佳实践来自两个方面：一方面是技术类的，如设计模式；另一方面的是过程类的，如需求方法、分析方法、设计方法等。

统一过程集成了很多过程类的最佳实践，这些最佳实践中包括用例驱动、架构导向、构件化等。另外，统一过程不仅仅集成了软件过程的技术方面的内容，还集成了大量的管理方面的内容，涉及到了软件工程的方方面面。可以说是目前为止最全面、最广泛、最综合的软件体系。因此笔者建议读者认真学习统一过程。学习统一过程的目的不一定要在项目中去实施，因为上一节讲到实施统一过程并不容易，而是因为学习统一过程将了解到软件的本质，对提升软件"智商"是非常有好处的。

从笔者自己的经验来看，通过学习统一过程来全面认识软件是怎么一回事是一个提升自我能力的捷径，不论读者是程序员、设计师、系统分析员、架构师、测试人员、项目经理、需求工程师、配置管理员等等，都将在统一过程中找到自己在一个软件生产过程中的位置，找到自己的职责，以及与其他角色的互动，进而从更高的层次和整体上提升自身的软件能力。图 1.12 展示了统一过程中包含的主要知识体系。

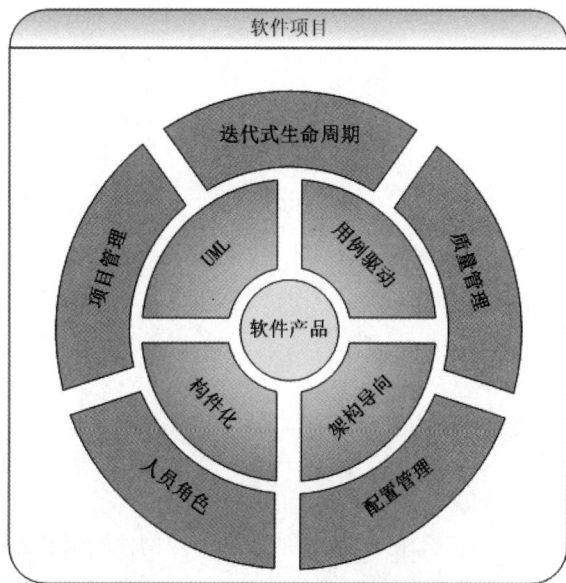

图 1.12 统一过程的最佳实践

1.3.5 RUP 与本书

统一过程在本书中占有非常重要的地位。虽然本书接下来的篇幅中并没有显式地阐述统一过程，但统一过程却是本书的骨架和脉络。在 1.3.2 节"RUP 与 UML"中我们得知 UML 只是一种语言而已，如果缺少了统一过程，单单只讲述 UML 的话本书就变成了一本解释基础语言的"字典"。事实上，本章讲述的解决面向对象困难的方法来自统一过程，本书第二部分的整个组织结构也是按照统一过程的核心工作流与最主要的工作组织和讲述的。

统一过程学习的困难在于庞大和复杂，而 UML 学习的困难在于不知如何使用。在本书中，笔者避免显式地讲述统一过程以免引起读者在复杂的知识点中迷失，但是会隐式地用统一过程中最主要的线索串起 UML 的知识点，并用这些知识点来贯穿一个项目的绝大多数阶段。因此，读者在阅读本书的同时将潜移默化地学习到统一过程如何在项目中实施，以及 UML 如何在项目中使用的主要知识。

相信大多数 RUP 的初学者会在统一过程浩如烟海的概念、阶段、术语、流程、模板、指南、定义、工具中迷失方向。既然如此，何不干脆忘掉你正身处一片迷失森林，沿着本书中为你趟出的那条羊肠小道领略一下森林的风光吧。虽然还不足以让你了解整个森林，但是已经足以让你敢于独自走进这片森林了。

2

建模基础

不要着急，在开始正式讲述 UML 之前，还有几个概念是你应该先知道的。这些是 UML 中隐含的、非常重要的关键概念。但这些概念是很难理解的，不会用 UML 的表面原因是不知在哪里用、怎么用，实质上是没有弄懂这些概念。所以，在把目光移到下一章之前你真的有必要细细体会一下这几个概念。

相信即使学习了本章，读者仍然会对这几个概念心存疑问，因为的确不容易理解。不过，如果你能够把这些问题带到后续的阅读过程中去，那么一定会对学习产生极好的推进作用。现在就让我们来了解一下这几个概念。

2.1 建模

建模（Modeling），是指通过对客观事物建立一种抽象的方法用以表征事物并获得对事物本身的理解，同时把这种理解概念化，将这些逻辑概念组织起来，构成一种对所观察的对象的内部结构和工作原理的便于理解的表达。

上面建模的定义本身就和建模工作一样非常抽象和难以理解。为了理解，我们简单地说：建模包含两个问题，一个是怎么建，另一个是模是什么。

第一个问题"怎么建"，依赖于方法论，再上升一点到哲学高度就是认识论。

我们怎么认识和描述这个世界。唯物？形而上学？唯心？同样的事物在不同世界观的人眼里会产生不同的结果。软件针对现实世界的建模过程，也会因为"世界观"不同而不同。简而言之，就是面向对象和面向过程两种不同的软件方法将导致不同的建模结果。显然 UML 是面向对象的，因此用 UML 建模必须采用面向对象的观点，否则本来准备画一只虎，结果可能是一只猫。如果不能确定你是否在用面向对象方法去思考，可以在本书后面的实例中检验，同时也可以学习到面向对象的思维。

> 现在做一个快速的小测试，请在 30 秒内说出尽可能多的筷子、勺子和盘子的相同点和不同点。

这个问题没有标准答案，笔者在做面试的时候常常会让面试者做一下这个小测验。这个看似简单的问题其实反映了你是否习惯于以抽象的方法去看待事物。在不知不觉中，每一组相同点和不同点都来自于你的一个抽象角度。例如，当从用途的角度去抽象时，它们的相同点可能是三者都是餐具，而不同点是筷子是用于夹的，勺子是用于舀的，盘子是用于盛的；从使用方法的角度去抽象，它们的相同点都是需要用手拿的，不同的是手的动作不同；甚至可以从字面上理解，它们的相同点是都带了一个"子"字……同样这三个东西，从不同的抽象角度可以得出非常不同的结果。

实际上，抽象角度的不同决定了建模方向的不同。在抽象角度确定以后，你会在不知不觉中为这三个事物建立起模型，并据此来得出相同点和不同点。例如当从用途的抽象角度去考虑的话，你在脑子里为这三个事物建立起了一个人用餐的业务逻辑模型，并且这三者在这个业务逻辑模型中表现出了各自的职责和特别的属性。

回到软件建模上来，经过小测验后你应该明白，当你试图为现实世界建模的时候，首先要决定的是抽象角度，即建立这个模型的目的是什么。一旦抽象角度确定，剩下的事情就变得顺理成章，而不再是杂乱无章。

如果对这个说法感到疑惑，请回想一下在实际项目中，当我们试图去分析需求、面对大量需求资料时，是否有时候感觉到无从下手？当我们试图去做一个设计，是否有时感觉到力不从心？这个时候与其说是分析经验不足或是设计能力不够，不如说是你还没有找到明确的抽象角度。面向对象与面向过程不同的地方是，面向过程希望你通盘考虑，这时问题变得复杂化；而面向对象希望你把事物通过抽象角度分解成小块，问题就变得简单化。正如同上面的小测试，在没有明确抽象角度之前，大部分面试者都会很慌张，不明白面试官为什么要问这样一个问题，不知道从哪里回答，也不知道回答得是否准确。如果加一个条件，变成请在 30 秒内说出在使用上筷子、勺子和盘子有什么相同点和不同点，这个问题便变得很容易回答了。读者是否也觉得这个限定条件一下子使得问题变得清爽很多？

再举一个更容易理解的例子。让我们想象一下城市里遍布的摄像机，虽然它们拍摄的都是同一座城市，但不同的机位看到的情景是不同的，每个机位都反映出了城市的一个方面。如果我们要认识这个城市，就需要先明确我们想了解城市的什么，然后选择最有代表性的机位，从各个机位采集

来信息，并分析这些信息的相关性，做出逻辑解释。

城市就是我们面临的问题领域，而机位就是抽象角度。实际的需要引导我们去寻找适合的机位，从而找到适合的抽象角度。再接下来，分析工作就能顺利开展了。

道理很简单，但很实用。不论在需求分析、系统分析还是系统设计上，读者一定要学会采用面向对象的方法，在面对问题领域的时候首先不要决定去通盘考虑，而是找出问题领域里包含的抽象角度。如果你把抽象角度都找全了，并且这些角度都分析清楚了，问题领域也就解决了。虽然这些抽象角度在思考的时候可能是互不关联的。

具体来说，做需求的时候，首要目标不是要弄清楚业务是如何一步一步完成的，而是要弄清楚有多少业务的参与者？每个参与者的目标是什么？参与者的目标就是你的抽象角度。与分析一个复杂的业务流程相比，单独分析参与者的一个个目标要简单得多。实际上，这就是用例！这也就是为什么用例会成为业务建模的方法的原因之一。

第二个问题"模是什么"，则依赖于确定了抽象角度下的场景模拟。

一旦决定了抽象角度，就确定了一个目标。现在，要做的事情便是找出那些能够满足这一目标的事物。这并不容易。有趣的是，我们找出这些事物的过程其实并不是面向对象的，而是过程化的。这是因为要达到一个目标必要要有动作附加在静态的事物上，并产生一定的效果。这样一来，我们必须要搞清楚谁发出了什么动作，作用于什么事物，产生了怎样的后果。显然这种描述方式是过程化的。但是与面向过程方法不同的是，我们描述这个过程化的场景并不是最终目的，而是为了找出场景当中贡献于场景目标的那些事物，以及这些事物是如何贡献于这个场景的。也就是说场景模拟帮助我们找出抽象的对象，而场景本身则是这些对象在一定条件下交互的一个特定的结果。当条件变化的时候，场景就会随之改变，我们并不试图控制这个场景。

现在回到什么是模的问题上来，一个由抽象角度确定了的目标需要由静态的事物加上特定条件下产生的一个特定的场景来完成，即静态的事物（物）+特定的条件（规则）+特定的动作（参与者的驱动）=特定的场景（事件）。

读者应该还记得在本书第 1 章中"1.2　UML 带来了什么"这一节里，不止一次地提到了"人"、"事"、"物"、"规则"这几个词。很有意思，它们在这里又出现了。现在再问读者，模是什么，你心中是否已经隐隐约约有了答案？是的，模就是"人"、"事"、"物"、"规则"。尽管在这里它们穿上了马甲，我们还是能够一眼认出它们的真面目来。在后面的章节里，读者将会看到"人"、"事"、"物"、"规则"还有着更多的马甲，例如人 = 业务主角（Business Actor）、业务工人（Business Worker）、参与者（Actor）等；事 = 业务用例（Business Use Case）、系统用例（Use Case）等；物 = 业务实体（Business Entity）、实体（Entity）等。

业务建模到底是什么，如果你还没有理清楚，图 2.1 中的这些公式应该会帮助你理清思路。

请读者务必记住并理解图 2.1 列出的建模公式。不仅仅是业务建模，分析建模、设计建模都遵从同样的公式，无非是公式中的变量更换了马甲。

$$\blacksquare \quad 问题领域 \ = \ \sum_{1}^{n} 抽象角度$$

$$\blacksquare \quad 抽象角度 \ = \ 问题领域边界之外的参与者的业务目标 \ = \ 业务用例$$

$$\blacksquare \quad 业务用例 \ = \ \sum_{1}^{n} 特定场景$$

$$\blacksquare \quad 特定场景 \ = \ 静态的事物 \ + \ 特定的条件 \ + \ 特定的动作 \quad 或者$$
$$特定的事 \ = \ 特定的事物 \ + \ 特定的规则 \ + \ 特定的人的行为$$

图 2.1　建模公式

2.2　用例驱动

用例驱动是统一过程的重要概念，或者说整个软件生产过程就是用例驱动的。用例驱动软件生产过程是非常有道理的。让我们再次回顾建模公式，很容易得出一个推论，要解决问题领域就要归纳出所有必要的抽象角度（用例），为这些用例描述出可能的特定场景，并找到实现这些场景的事物、规则和行为。再换个说法，如果我们找到的那些事物、规则和行为实现了所有必要的用例，那么问题领域就被解决了。总之，实现用例是必须做的工作，一旦用例实现了，问题领域就解决了。这就是用例驱动方法的原理。

在实际的软件项目中，一个软件要实现的功能通过用例来捕获，接下来的所有分析、设计、实现、测试都由用例来驱动，即以实现用例为目标。在统一过程中，一个用例就是一个分析单元、设计单元、开发单元、测试单元甚至部署单元。在统一过程中用例能够驱动的不仅仅是分析设计，请看图 2.2 的用例驱动视图，它来自统一过程。

在统一过程中，用例捕获了系统的功能性需求。参照建模公式，我们确定它代表了软件系统要解决的问题领域。以下内容部分摘自统一过程的官方文档，用例可以驱动的内容包括：

■　逻辑视图

系统只有一个逻辑视图，该视图以图形方式说明关键的用例实现、子系统、包和类，它们包含在构架方面具有重要意义的行为，即建模公式中的那些"人"、"事"、"物"、"规则"是如何分类组织的。

■　进程视图

为了便于理解系统的进程组织，在"分析设计"工作流程中使用了名为进程视图的构架视图。系统只有一个进程视图，它以图形方式说明了系统中进程的详细组织结构，其中包括类和子系统到进程和线程的映射，即建模公式中的那些"人"、"事"、"物"、"规则"是如何交互的，它们的关系如何。这个视图便是我们常说的分析设计视图。

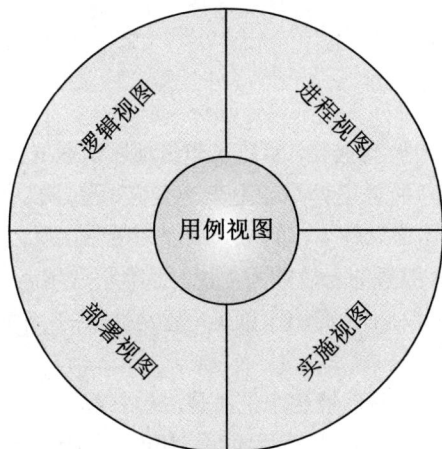

图 2.2　用例驱动视图

■　部署视图

系统只有一个部署视图，它以图形方式说明了处理活动在系统中各节点的分布，包括进程和线程的物理分布，即建模公式中的那些"人"、"事"、"物"、"规则"是如何部署在物理节点（主机、网络环境）上的。

■　实施视图

实施视图的作用是获取为实施制定的构架决策。实施视图通常包括以下内容：

➢　列举实施模型中的所有子系统。

➢　描述子系统如何组织为层次和分层结构的构件图。

➢　描述子系统间的导入依赖关系的图解。

实施视图用于：

➢　为个人、团队或分包商分配实施工作。

➢　估算要开发、修改或删除的代码数量。

➢　阐明大规模复用的理由。

➢　考虑发布策略。

也就是：建模公式中的那些"人"、"事"、"物"、"规则"如何构成系统的"零部件"，以及我们如何组织人力生产和组装这些"零部件"以建成最终系统。

相信上述来自统一过程官方文档的晦涩文字会让读者一头雾水，笔者所做的一点点注解也许没帮上太大的忙。没关系，现在能理解多少就算多少吧，这并不影响阅读后续的文章。但是读者要在心目中留下这样一个印象，并且在后续文章的阅读过程中时时回想刚刚阅读到的那些内容是如何被用例驱动（或者说从用例推导）出来的，它们属于哪一个视图（或者说从哪个方面描述了用例）。相信随着不断思考，读者一定会逐步了解用例驱动的真正意义的。

2.3　抽象层次

抽象层次是面向对象方法中极其重要，但是又非常难以掌握的技巧。学会站在不同的抽象层次考虑问题是建立好模型的基础，所以笔者不能不在这里说一些与技术无关的"废话"。

首先，抽象层次越高，具体信息越少，但是概括能力越强；反之，具体信息越丰富，结果越确定，但相应的概括能力越弱。从信息的表达能力上说，抽象层次越高表达能力越丰富，越容易理解。可能有人会对这个提出疑问，因为在人们的印象里，越是抽象的东西越难理解，相反越具体的事物越容易认识，难道不是吗？

笔者认为，越具体的事物越容易理解这个说法是一种误解，因为人们所认识的事物概念都是抽象的，具象只是一个相对的概念。比如人们会觉得一块石头很容易认识，因为它有颜色，有大小，有硬度。可是你有没有想过这些用来描述石头的概念都是具象的还是抽象的呢？什么叫硬度？是手摸上去的感觉？还是用它砸玻璃的结果？还是一个数字后面跟个物理学单位？你肯定不会去想这些，但你不会感到石头是硬的这个概念难于理解。你觉得它们很容易理解是因为经过多年的积累，这个抽象的概念被你消化和吸收了。

事实上，这个你看来很具体的硬度是你从感觉、视觉、听觉、数字等综合起来以后得出的一个抽象概念。如果说它的硬度是摩氏 5 级，非常具体，你却相反不能够很好地理解了。举例来说，对普通人很容易理解的颜色，对盲人来说就十分"抽象"。再举一个例子，同样是长度的概念，天文学所用的光年相对于米、公里这些常见单位的概念要更抽象。但说太阳系距离银河系中心大约有27000 光年，就比说这个距离是 255439722759681600000 米要容易理解，这是因为这个数字之大已经超过人们可以通过对比来理解的地步了。

实际上，由于人脑对信息的处理能力是有限度的，如果信息量超过了人脑的处理能力，人就会失去对这个事物的理解能力。因此，越是具体的表达信息量越大，越接近人脑的处理极限，人们的理解能力越是下降（这也是面向过程方法为什么困难的原因之一）。对面向对象方法来说，这时就需要提高抽象层次，用一个新的概念来概括一部分相关的信息，一旦人们像接受了光年概念一样消化了这个新的概念，理解起来就变得容易了。同时，这个新的概念就屏蔽了（或者说封装了）更多具体的信息。抽象层次越高，被屏蔽的信息也就越多，信息量越少，也就越容易理解和处理。这就是面向对象比面向过程具有优势的原因。读者可以回顾一下本书开头引用的 Grady Booch 的那段话，相信会有进一步的认识。

但随之而来的另一个问题是如果抽象层次太高，信息量过少的话，人们实施起来又会产生新的困难——信息量不足。因此，在面向对象的分析过程中，在适当的时候采用适当的抽象层次是十分重要的。几乎所有使用过 UML 的朋友都会觉得选择用例的粒度是一件很困难的事，实际上用例粒度选择的困难本质上是由于没有找准抽象层次而产生的。

抽象有两种方法，一种是自顶向下，另一种是自底向上。自顶向下的方法适用于让人们从头开始认识一个事物。例如介绍汽车的工作原理时，从发动机、传动装置、变速器等较高层次的抽象概

念来讲就比较容易明白。如果降一个层次，从发动机原理讲起，一大部分听众就会开始迷惑；再降一个层次，从热力学原理和力学原理讲起，那就更没人能搞懂汽车是怎么工作的了。自底向上的方法适用于在实践中改进和提高认识。例如在实践中发现了发动机的问题，因而改进发动机结构，甚至采用新的发动机原理，最终能够提升汽车的质量。

在软件开发过程中，主体上应当采用自顶向下的方法，用少量的概念覆盖系统需求，再逐步降低抽象层次，直到代码编写。同时应当辅以自底向上的方法，通过总结在较低抽象层次的实践经验来改进较高层次的概念以提升软件质量。现在请读者回忆一下建模公式，公式中所表达的也是一个自顶向下的方法。如果你在做设计或分析的时候总是觉得信息之间的关系太复杂，总是难以理清头绪，你需要思考一下是否不适当地采用了自底向上的分析方法。图 2.3 展示了通常的统一过程抽象层次和分析过程。

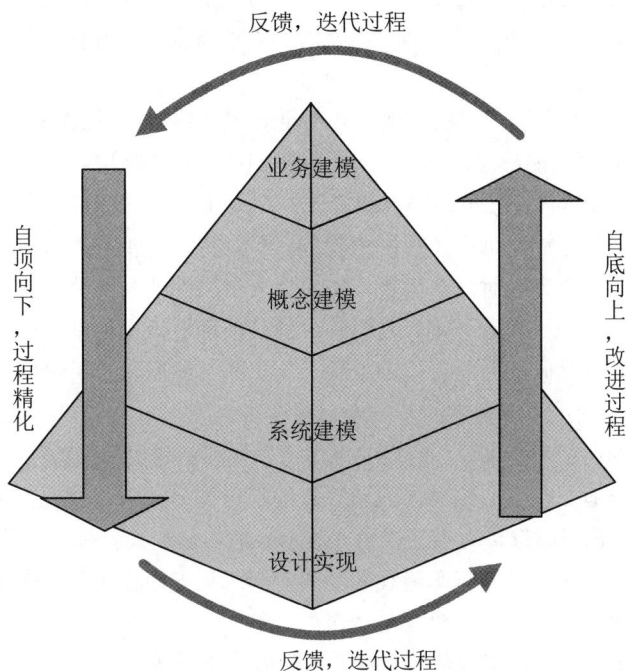

图 2.3　统一过程一般抽象层次

抽象层次的一个问题是什么时候选择什么样的层次，以及总共要抽象多少层的问题。如果是用 UML 来建模的话，这个问题就直接反映到如何选择用例的粒度。这个问题我们将在第二部分中实践，并在第三部分中继续讨论。

与抽象层次相关的另一个问题是边界，实际上抽象层次与边界的选择总是相生相伴的。这个问题先按下不表，在 3.4 边界一节中再详细阐述。

2.4　视图

　　视图是 UML 建模中另一个非常重要的概念。视图用于组织 UML 元素，表达出模型某一方面的含义。视图的准确应用是建立好模型的一个重要组成部分。视图的应用看上去似乎并不太复杂，但是在实际工作中很多人并不知道应该在什么地方应用视图、应用哪一种视图、总共需要哪些视图。例如想要绘制流程图时，到底是用活动图还是交互图呢？

　　现实世界中的每一个事物都有很多种不同的属性，每个属性（或者说方面）都属于这个事物并且仅能够表达这个事物的一个部分。人们认识这样一件事物的时候，只有在了解了很多个方面后才能够对这个事物真正理解。在生活中这样的例子比比皆是。例如一辆汽车，人们需要了解它的大小、重量、外观、性能、安全等才会决定是否购买。上述的每个属性都是这辆汽车的一个视图，每个视图都向观察者展示了目标对象的一个方面。只有将必要的方面都用视图展示出来了，观察者才会真正理解这个事物。

　　但是很多时候，仅仅给出所有属性的视图并不足够，观察者会抱怨视图表达的信息不是很清晰，希望从更多角度来查看事物的信息。这就引出了视图中另一个被很多人忽视的重要概念：视角。

　　视角是人们观察事物的角度。不同的人或者同一个人出于不同的目的会对同一个信息从不同的角度来审视和评估。视角是针对每一个视图来说的，不同的视角展示了同样信息的不同认知角度以便于理解。例如，我们刚刚说过对汽车而言，外观是汽车属性的一部分，那么外观是不是一个视图就足够了呢？不是的，同样是查看外观，人们有时候从前面看汽车的前脸长什么样，有时候从侧面看车身流线长什么样，有时候从后面看尾箱长什么样。每一个不同的观察角度都展示了整体信息的一个部分，这个部分也满足了观察者的某一个审视要求。

　　一方面，从信息的展示角度来说，恰当的视角可以让观察者更容易抓住信息的本质；另一方面，从观察者角度说，观察者只会关心信息中他感兴趣的那一部分视角，其他视角的信息对他是没有多少用处的。因此在展示信息时选择适当的视角并展示给适当的观察者是十分重要的。就拿汽车来说，放在网络上供查看的照片中，关心汽车流线的观察者会选择侧面视角照片来观看；关心内饰的，会选择车内视角的照片来观看。虽然底盘也是汽车外观的一个有效视角，但大众并不会关心底盘长什么样。底盘这个视角提供给做汽车评估的专业人士可能才是合适的。

　　回到建模工作中来，建立模型的目的是向相关的人（干系人）展示将要生产的软件产品，一个软件产品也和汽车一样，有着很多个不同的方面。只有把这些方面都描述清楚，用很多个不同的视图去展示软件这些不同的方面——静态的、动态的、结构性的、逻辑性的等——才能够说建立了一个完整的模型。为了说明这些不同的方面，UML 里定义了用例图、对象图、类图、包图、活动图等不同的视图。这些视图从不同的方面描述了一个软件的结构和组成，所有这些视图的集合表达了一个软件的完整含义。所以，建模最主要的工作就是为软件绘制那些表达软件含义的视图来完整地表达软件的含义。

　　同时，由于软件的干系人很多，有客户、系统分析员、架构师、设计师、开发人员、测试人员、

项目经理等，他们对同样信息的审视角度是不同的。即便是客户，普通业务员和经理要求的视角也不尽相同，例如针对同一个业务模块，经理更关心整体业务流程，业务员更关心表单填写。因此建模另一项重要工作就是为不同的干系人展示他们所关心的那部分视角。比方说用例图，到底是按业务部门划分呢？还是按业务流程划分呢？是按业务人员划分呢？还是按业务模块划分呢？这里仍然需要一定的思考，如果视角选择错误，就很有可能带来信息的缺失和误解。如果把一个按跨部门业务流程划分的用例图展示给一个普通的业务人员看，就不得不另外费劲向他解释那些他不熟悉的业务，而且可能由于他并不完全理解整个业务，又给你提供了错误的反馈。错误的选择视角既费力又不讨好，常常导致需求改来改去难以确定。所以抱怨客户总是提出相互矛盾需求的分析员们，请先思考一下你是否向正确的客户询问了正确的问题，并且给他看了正确视角的内容。

视图和视角是两个被忽略的关键概念，对建立一个好的模型起着很重要的作用。为特定的信息选择正确的视图，为特定的干系人展示正确的视角并不容易，需要因时因地因人制宜。请读者带着以下两个问题开始后续的阅读，在实际工作也要经常思考这两个问题，希望读者可以早日找到正确的答案。

- 问题一：应该为哪些软件信息绘制哪些视图？
- 问题二：应该给哪些干系人展示哪些视角？

2.5　对象分析方法

要使用 UML，面向对象的思想和方法是不可回避的。使用好 UML 的前提条件就是掌握了面向对象的思想和方法。下面我们就对象分析方法做一些说明。

- 一切都是对象

在面向对象的眼里，一切有名字的东西都是对象，都应当使用对象的观点来看待它、分析它。哪怕这个东西的名字叫某某业务流程，它也仍然应当看作是一个对象，而不是一个过程。这意味着，无论什么时候都应当采用接下来讲述的一些观点和方法来看待和分析事物。

- 对象都是独立的

独立性是面向对象的一大特点，承认对象的同时就接纳了这一观点。对象与对象之间是天然独立的，只是在某个特定的场景下，它们的某一个特定的实例才相互联系在一起。

我们获取和分析对象的手段经常是通过分析某个场景，但是需要知道，对象是离散的，它不是因为该场景而存在的。场景中的对象只是对象"映射"到该场景中的一个侧面，我们称之为对象实例。换言之，通过一个场景，我们仅能得到对象的一个侧面的信息，如图 2.4 所示，如果以每一个场景为坐标（维度），那么对象实例就是对象在该坐标上的投影。

要深入了解对象，我们经常需要分析很多个该对象的实例所参与的场景，以获得对象的多个侧面，再通过归纳整理这些对象的多个实例抽象出对象的一般特性。这就是对象的分析方法，同时也是使用 UML 来为对象建模时所采用的方法。从图 2.4 中，我们看到对象的产生、抽象并不是拍脑袋得来的。对象来源于场景分析，场景分析越多，我们对对象的了解越多，越精确。有过项目经验的读者应该有深刻的体会，在做过多个项目以后，会发现在许多项目当中相似的对象或者函数，会产生强烈的想把它们公共化的想法，这就是对象抽象的源动力。

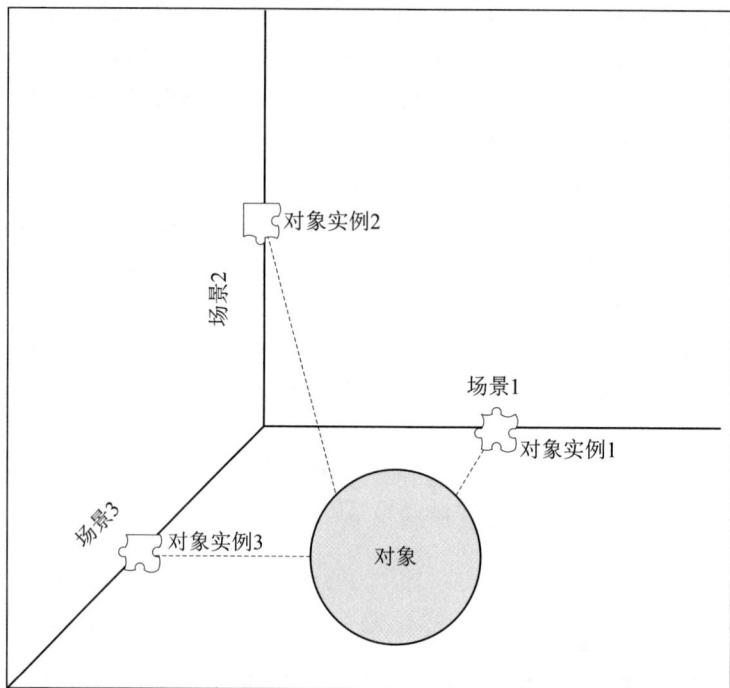

图 2.4　对象的独立性

从每个场景看到的仅是对象映射到该场景的一个方面，或者说是一个实例，它仅仅是对象分析的开始。请记住，当采用面向对象的方法时，在需求、分析、设计过程中，你所得到的任何一个有名字的东西，不论是用例、类、包、组件等都是独立于那个场景的，不要将对象局限在那个场景中。对象的独立性带来的正是对象的可抽象能力和可扩展能力。

■　对象都具有原子性

无论在什么时候，在同一抽象层次上，在分析过程中都应当将对象视为一个不可分割的原子，哪怕这个对象的规模很大。例如在分析一个商业过程的时候，对象的规模（粒度）大到如银行、工厂、商场的程度，不论它有多么巨大，只要我们认为它是对象，它与其他对象交互时就是一个整体，不能分割。原子性是抽象层次有意义的重要保证，一旦破坏了原子性，则表示在同一抽象层次上的对象不具备同样的粒度，这使得分析工作陷入混乱。

在分析过程中，对象总有一个边界，永远也不应该打破边界去窥探对象的内部。形象一些说，对象看上去就像是一个个的鸡蛋，蛋壳就是对象的边界。在分析对象的过程中，我们对它的所有理解都是来自蛋壳。如果因为我们好奇心太重试图了解壳以内的世界，冲动地打破了边界，嗯，的确看到了，好奇心得到了满足，不过很快就后悔了。因为鸡蛋被破坏了，一滩粘粘乎乎的蛋清弄脏了手，很难收拾。糟糕的设计就像一堆破了壳的鸡蛋，一片混乱。

我们应当将分析过程中得到的所有对于对象的认识附加在对象边界上，在实现这个对象之前不理会其内部的细节。这称之为面向接口编程。

■　**对象都是可抽象的**

对象有着很多个不同的方面。一般来说，对象参与一个场景时会展现出某一个方面。总可以将对象的某一个方面抽象出来，让其作为对象的一个代表来参与场景交互。通常这种抽象会以接口来命名。在分析过程中，得到的任何一个对象都有特定的方面可作为抽象。因为对象总是从场景分析中得到的，它在场景中肯定展现了一个方面。

对象所具有的方面，或者说对象所参与的场景越多，对象越有抽象价值，反之则越没有抽象价值。因此在分析过程中，应当关注于那些参与了很多场景的对象，它们往往是分析设计中的重点以及成败关键。

■　**对象都有层次性**

对象是有着抽象层次的。层次越高，其描述越粗略但适应能力越广；层次越低则描述越精确但适应能力越下降。在分析过程中，应当根据问题领域的复杂程度设定多个抽象层次，在每个层次上使用适合的抽象程度的对象描述。这将有助于显著地减少分析的难度和工作量。

不论是在需求、分析还是设计过程中，都应当具备抽象层次的观点。从需求到设计的过程已经是几个不同的抽象层次，笔者要说的是，在其中的一个阶段，例如需求阶段，仍然可以再多分几个抽象层次来说明。具体分多少抽象层次应视问题领域的复杂程度而定。

■　**对象分析方法总结**

独立性、原子性、抽象性和层次性是面向对象分析时应当遵循的一些原则和方法。在实际工作中，图 2.5 所示的几个方面是需要考虑的，如果该对象是一个关键对象，则应当尽量说明图中所示方面的内容。

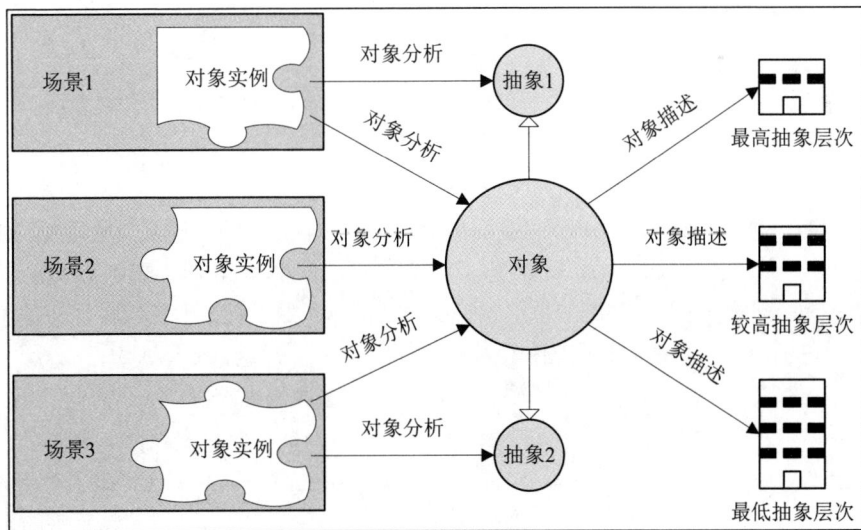

图 2.5　对象分析方法

本章学习了关于 UML、统一过程和建模的一些基础知识。这些基础知识有助于我们在下面的学习中进一步理解 UML，学会如何使用 UML。

准备工作已经完成，接下来就正式进入 UML 的学习吧，let's begin!

PART II
在学习中思考 ……
Thinking in Learning

无论软件的分析、设计或是建模过程，很多时候给人的感觉好像是既可以这样做，还可以那样做。

这也恰恰导致了初学者不知道到底应该怎样做。

其实，这些过程都是有规律、可推导、可追溯的过程。

3

UML 核心元素

💡 学习提示:

　　读者将在本章中学习到 UML 中最主要的建模元素。笔者将详细讲述每一个建模元素的基本概念和使用方法。针对一些重要的元素笔者将会进行深入的讨论。这些讨论涉及软件思想，是笔者自己的经验总结和一家之言，读者不需要把这些讨论奉为真理。相信笔者的这些经验和观点会对大家深入理解 UML 元素，更重要的是面向对象思想有很好的引导作用。有些观点可能是值得商榷的，但是这些观点应当能够起到引起读者深入思考的作用。哪怕您认为笔者的观点是错误的，那么笔者也将恭喜您，因为您对 UML 的理解已经不仅限于表面了。

　　读者学习本章时可以不用追求在第一次阅读时完全理解，尤其是讨论部分的内容。因为基础概念只有在实际的应用中才能够逐步加深理解。但是带着问题阅读第二部分的实例篇，应当会有更好的效果，因此笔者建议读者先通读本章，如果在通读的过程中遇到困难，可以暂时跳过，把问题记录下来。本章也可以当作手册或者名词解释，在阅读第二部分的实例篇的时候，在建模实例的过程中随时回头查询和温习这些元素的基础概念，与实践中的使用相比较，真正理解这些基础元素的概念和使用方法。

　　好，书归正传，开始吧！

3.1　版型

　　在 UML 里有一个概念叫版型（stereotype），有些书里也称为类型、构造型。这个概念是对一个 UML 元素基础定义的扩展，在同一个元素基础定义的基础上赋予特别的含义，使得这个元素适用于特定的场合。在学习其他 UML 元素之前，读者有必要了解一下版型的概念。

　　UML 中几乎每一个元模型都有很多版型。例如用例有"业务用例"、"业务用例实现"等版型；

类就更多了，我们熟知的"接口"、"边界类"、"实体类"、"控制类"等都是类的版型，甚至"参与者"本身，也是一个特殊类的版型。

除了 UML 已经定义的版型外，为了在某种场合下让元素表达某种特定的含义，版型也是可以自己定义的。也就是说在项目里，可以有自己项目的版型定义。例如包元素有"子系统"、"组织结构"、"模块"等默认版型，在具体项目中，也可以自己另外定义诸如"文档"、"开发小组"等能够表达某种含义的版型来辅助建模。本章核心元素中凡是具有重要意义版型的都会在相关章节里进行描述。

读者需要了解的是，版型只是 UML 的一种扩展手段，本身并不涉及太多的思想和方法，而是在建模的不同阶段，为了区分视图之间的不同观点，会采用不同的图示来表示。例如"业务用例"、"业务用例实现"就是专门应用在业务建模场合的。重要的不是业务用例的版型长什么样，而是理解当用例用于捕获需求时，用例会有一些特别的意义，而不要认为业务用例这个版型和用例是完全不同的两个元素。

> **小结**：在接下来的学习中，读者将会看到同一元素的大量版型定义。这就是我们要先学习版型的原因。下一节就让我们开始"参与者"的学习。

3.2 参与者

以人为本是当代的流行词汇，UML 建模也是以人为本的。可以说如果没有人，就不会有接下来的故事。如果读者回顾一下 2.1 建模一节就会想起来，建模是从寻找抽象角度开始的，那么定义人，准确地说是定义参与者，就是我们寻找抽象角度的开始。

3.2.1 基本概念

参与者（actor）在建模过程中是处于核心地位的。UML 官方文档对参与者的定义为：actor 是在系统之外与系统交互的某人或某事物。图 3.1 展示了上述定义中的关键点。

请注意图 3.1 中的系统被一个边界包裹着。系统之外的定义说明在参与者和系统之间有一个明确的边界，参与者只可能存在于边界之外，边界之内的所有人和事物都不是参与者。边界在 UML 图中有时显式地绘制出来，有时则不绘制出来。但是无论是显式的还是隐式的，一谈到参与者，读者必须想到系统边界的存在，否则参与者就是可疑的。

参与者

图 3.1 的左图展示了参与者在 UML 中的图符定义。

3.2.1.1 参与者位于边界之外

在实际的工作中，建模者常常会面临一个问题，谁是参与者？例如这样一个场景：小王到银行去开户，向大厅经理询问了办理手续，填写了表单，交给柜台职员，拿到了银行存折。在这个场景中，谁是参与者？

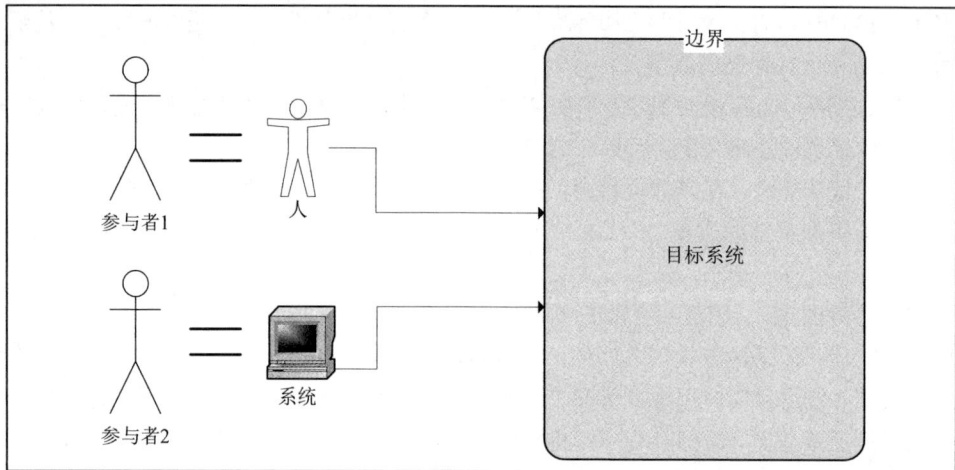

图 3.1　参与者

正所谓不识庐山真面目，只缘身在此山中。按照定义，要弄明白谁是参与者首先要弄明白系统的边界。但在这个场景中系统边界是不明确的，如何确定系统之外和系统之内呢？可以通过回答下面两个问题来确定，这两个问题非常有用，能帮助找出参与者从而确定边界。

- 谁对系统有着明确的目标和要求并且主动发出动作？
- 系统是为谁服务的？

显然在这个场景中，第一个问题的答案是小王有着明确的目标：开户，并且主动发出了开户请求的动作；第二个问题的答案是系统运作的结果是给小王提供了开户的服务。小王是当然的参与者，而大厅经理和柜台职员都不满足条件，在小王没有主动发出动作以前，他们都不会做事情，所以他们不是参与者。同时，由于确定了小王是参与者，相应地也就明确了系统边界，包括大厅经理和柜台职员在内的其他事物都在系统边界以内。

实际上在官方文档中，参与者还有另一种叫法：主角。笔者认为从含义上讲，主角这个译法比参与者更准确。参与者容易让人误解为只要参与了业务的，都是参与者；主角则很明确地指出，只有主动启动了这个业务的，才是参与者。现实中参与者这个叫法更加普遍，本书将采用参与者这个叫法，读者则可自行决定采用哪个叫法。

我们确定了小王是参与者，那大厅经理和柜台职员怎么算呢，他们不也"参与"了业务了吗？在本节稍后读者可以看到，实际上大厅经理和柜台职员由于"参与"了业务，他们可以被称为业务工人（business worker）。

3.2.1.2　参与者可以非人

建模者也常常会面临另一个问题，有些需求并没有人参与，参与者如何确定？例如这样一个需求：每天自动统计网页访问量，生成统计报表，并发送至管理员信箱。这个需求的参与者是谁？

物理学里我们熟知一个概念，在没有外力的情况下，物体保持静止或匀速直线运动状态。这个概念也可以应用在计算机系统上。在没有"外力"的情况下，计算机将保持等待或循环任务状态，

因此必须有"东西"发出指令或动作，计算机才会做出相应的反应。

在后面关于用例的特征里，读者会看到代表了功能性需求的用例有一个特征是"不存在没有参与者的用例，用例不应该自动启动，也不应该主动启动另一个用例"。这说明没有人参与的需求一定有别的事物在发出启动的动作，应当找到这个事物，这个事物就是一个参与者，它可能是另一个计算机系统、一个计时器、一个传感器或者一个 JMS 消息。总之，任何需求都必须至少有一个启动者，如果找不到启动者，那么可以肯定地说这不是一个功能性需求。例如这样一个需求，客户提出要建立的系统界面要很友好，在每个页面上都要有操作提示。这个要求就找不到启动者，我们可以肯定它不是一个功能性需求。那它是什么呢？实际上它是补充规约中的一个要求，具体说是系统可用性的一个具体要求。

回到本节提出的问题，这个需求是每天自动统计访问量，这个需求的启动者，或说参与者显然是一个计时器，它每天在某一个固定的时刻启动这个需求。

3.2.2 发现参与者

参与者的一个重要来源是涉众（详见 3.2.5 节参与者与涉众的关系），从涉众中找出那些直接对系统发出动作，或直接从系统中接收反馈的涉众。如果您之前没有一个很好的涉众分析作为参考，那么参与者的另一个可参考来源是客户的岗位设置。如果客户的岗位设置还不足以搞清楚参与者，那么您需要做的是与客户代表访谈，并为他假定一个参与者，列出他在系统中要做的事情；再与另一些客户代表访谈，假定其他的参与者和其他客户在系统中要做的事情。通过分析这些假定的参与者在系统中要做的事情，找出共同性，并与客户敲定。

在查找参与者的过程中，可以询问以下问题以帮助确定参与者：

- 谁负责提供、使用或删除信息？
- 谁将使用此功能？
- 谁对某个特定功能感兴趣？
- 在组织中的什么地方使用系统？
- 谁负责支持和维护系统？
- 系统有哪些外部资源？
- 其他还有哪些系统将需要与该系统进行交互？

查找参与者时请注意，参与者一定是直接并且主动地向系统发出动作并获得反馈的，否则就不是参与者。为了说明如何查找参与者，我们考虑一个机票预定系统，并分析以下几种情况。

情况一：机票购买者通过登录网站购买机票，那么机票购买者就是参与者，如图 3.2 所示。

情况二：假如机票购买者通过呼叫中心，由人工座席操作定票系统购买机票，那么人工座席才是真正的参与者，而机票购买者实际上是呼叫中心的参与者，如图 3.3 所示。

这个事例还可以进一步讨论。

情况三：如果机票购买者通过呼叫中心的自动语音预定机票而不是通过人工座席，那么呼叫中心就成为机票预定系统的一个参与者，如图 3.4 所示。这是一个参与者非人类的例子。

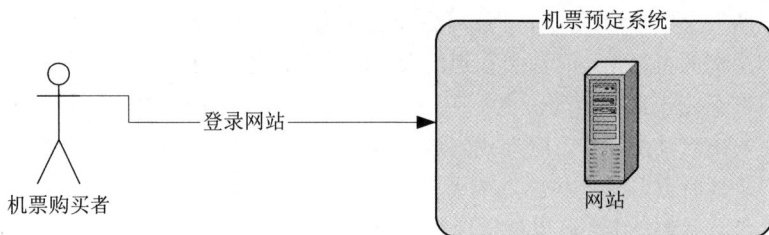

图 3.2　参与者情况一

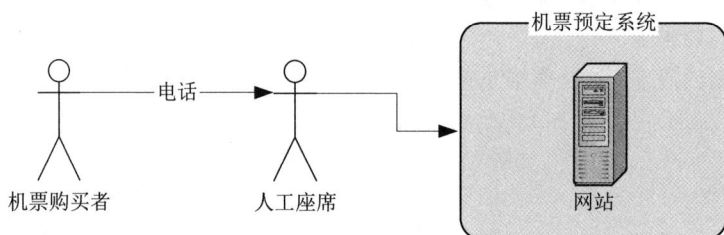

图 3.3　参与者情况二

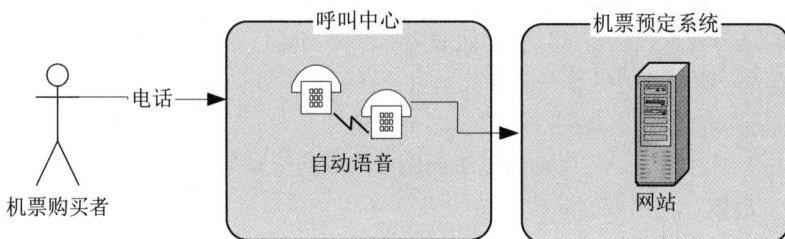

图 3.4　参与者情况三

情况四：如果扩大系统边界，让呼叫中心成为机票预定系统的一个子系统，并且假设机票购买者将可以自主选择是通过人工座席、自动语音还是登录网站预定机票，那么机票购买者是参与者，而人工座席则变成业务工人，如图 3.5 所示。

经过上面四种情况的分析，相信读者对如何发现参与者有了一定的认识。在 UML 中，参与者还有其他一些版型的定义，其中最重要的就是业务主角。请注意，业务主角的获取仍然遵循上述的方法和原则。

3.2.3　业务主角

业务主角（business actor）是参与者的一个版型，特别用于定义业务的参与者，在需求阶段使用。业务主角是与业务系统有着交互的人和事物，他们用来确定业务范围（见注）。业务主角是参与者的一个版型，所以业务主角必须遵守参与者的所有定义。

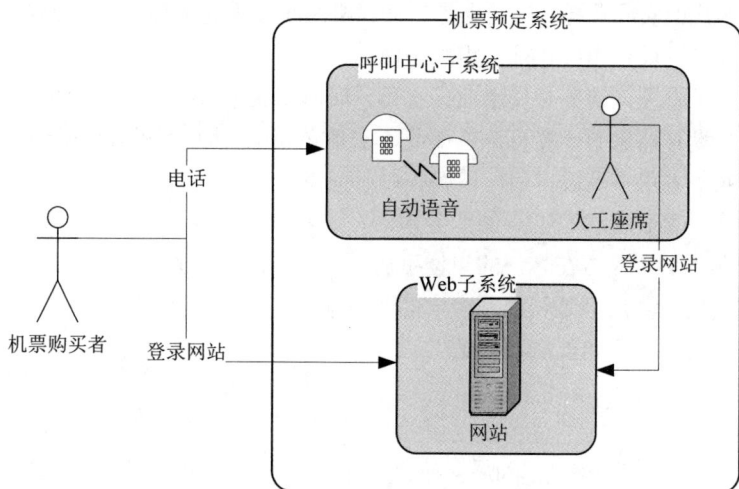

图 3.5　参与者情况四

> 注：在软件项目里，业务范围和系统范围是不同的。业务范围指这个项目所涉及的所有客户业务，这些业务有没有计算机系统参与都客观存在。系统范围是指软件将要实现的那些对应于业务功能的系统功能，从功能性需求来说系统范围是业务范围的一个子集。但是一些系统功能则会超出业务范围，例如操作日志。有没有操作日志并不影响业务目标的达成，客户也不一定会提出这个要求，但从系统角度出发，操作日志会使得系统更加健壮。

　　业务主角的特殊性在于，它针对的是业务人员而非计算机用户。在查找业务主角时必须抛开计算机，没有计算机系统这些业务人员也客观存在，在引入计算机系统之前他们的业务也一直跑得很顺畅。这是因为在初始需求阶段，我们需要获得的是客户的业务模型，根据业务模型才能建立计算机系统模型。如果在了解业务的阶段就引入计算机系统的概念，将会混淆现有业务和将来有计算机参与时的业务。请记住，要建设一个符合客户需要的计算机系统，首要条件是完全彻底地搞清楚客户的业务，而不是预先假设已经有了一个计算机系统，再让客户来假想需要计算机系统帮他们做什么。

　　业务主角是非常重要的，建立业务模型、查找业务用例都必须使用业务主角，而不是普通的参与者。很多需求分析人员是由程序员或设计师担任的，由于有开发计算机系统的背景，使得他们在建立业务模型时非常容易犯一个错误，喜欢从计算机系统的角度来思考问题，在向客户收集需求的时候总是在第一时间想到计算机将如何实现它，常常津津乐道于跟客户讨论计算机系统将如何实现客户的需求，并且指望客户能够用这种方式来确认需求。这样做将导致如下两个后果：

　　客户不能理解将来计算机实现是一个什么样子，但是出于信任所谓计算机专家，将信将疑地回答：是，就是这样做的。其结果是当计算机系统真正展现在客户面前时，客户大声说道：不，这不是我想要的。

　　需求分析人员在一开始就加入了自己的主观判断，假设了业务在计算机系统里的实现方式，而没有真正去理解客户的实际业务。其结果是当计算机系统建设完成后，客户抱怨说：不对，流程不是这样的；开发人员也很委屈：我是按需求来做的啊！

所以在初始需求阶段，请务必使用业务主角，时时牢记业务主角是客户实际业务里的参与者，没有计算机系统，没有抽象的计算机角色。业务主角必须在实际业务里能找到对应的岗位或人员。如果你对获得的业务主角不是很自信，请回答以下问题：

- 业务主角的名称是否是客户的业务术语？
- 业务主角的职责是否在客户的岗位手册里有对应的定义？
- 业务主角的业务用例是否都是客户的业务术语？
- 客户是否对业务主角能顺利理解？

3.2.4　业务工人

建模者经常会被一个问题困扰，有些人员参与了业务，但是身份很尴尬，他是被动参与业务的，不好说他有什么具体的目的，但是他又的确在业务过程中做了事情，到底要不要为这样的人建模？这种情况就是图 3.5 中的人工座席。人工座席可以定票，可是他本身是系统边界里的一部分，而且没有购票人拨打电话，他是不会去定票的。看上去他只是购票人的一个响应器，或者他是为购票人购票过程中服务的一环。如果要为人工座席建立业务模型，总是感觉到很别扭，因为它无法跟购票人放在一起。实际上，这种困扰是因为违背了参与者的定义：参与者必须要在边界以外。如果试图把边界内和边界外的参与了业务的人都叫做参与者而建立模型，就会出现混乱和尴尬。图 3.6 展示了这种矛盾。实际上，图 3.6 中的人工座席由于处于系统边界内，他就不再是参与者，虽然他的确参与了业务的执行过程。他应当被称为业务工人（business worker）。

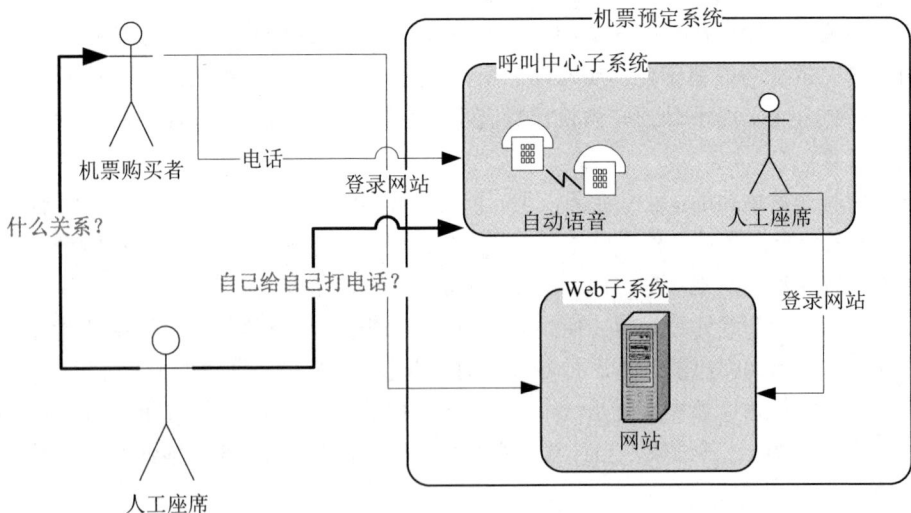

图 3.6　业务工人的尴尬

参与者这个叫法不可避免地带来一个歧义,会让人觉得凡是参与了业务的或在业务流程中做了事情的,都是参与者。这是一个误解,如果换一个叫法,把参与者换成"主角",应当就会避免这种歧义。还记得陈佩斯和朱时茂的那个主角和配角的小品吗?一项业务和一部电影一样,主旋律是由主角的行为和命运来决定的,配角无法决定电影的基调。业务工人就是这样的"配角",他们的工作就是完成主角的业务目标。因此不需要为他们建立业务模型,他们只在主角的业务模型中出现。业务工人虽然不需要建立业务模型,但是他们是业务模型中非常重要的部分,经常出现的地方是领域模型(详见 5.5 节领域模型)和用例场景。缺少了他们业务模型就不完整,甚至不能运行。只有主角没有配角的戏没法演,而遇到一个像陈佩斯那样不配合的配角,戏一定也是演不好的。

那么如何区分是参与者还是业务工人呢?最直接的办法当然是判断是在边界之外还是边界之内。如果边界尚不清楚,可以通过下面的三个问题帮助澄清:

- 他是主动向系统发出动作的吗?
- 他有完整的业务目标吗?
- 系统是为他服务的吗?

这三个问题的答案如果是否定的,那一定是业务工人。以人工座席这个例子来说,人工座席只有在购票人打电话的情况下才会去购票,因此他是被动的;定票的最终目的是拿到机票,但人工座席只负责定,最终票并不到他的手里,因此他没有完整的业务目标;系统是为购票者服务的。非常明显,人工座席只可能是一个业务工人。

3.2.5 参与者与涉众的关系

涉众(stakeholder),也称为干系人。涉众是与要建设的这个系统有利益相关的一切人和事,涉众的利益要求会影响系统的建设。关于涉众,本书第二部分的 8.3 节会有更多的讨论,读者在这里需要了解,只要和这个系统有利益关系的都是这个项目的涉众。涉众虽然与这个系统有利益相关,但并不是所有的涉众都是系统的参与者。假设一个系统的建设是由一家国际风险投资机构投资的,这个系统必然与这家投资机构有着利益关系,有时系统必须满足投资方的一些特殊要求,作为涉众,投资方的意见或许会构成一些约束。但投资方并不会参与系统的建设,它只是从资本上拥有这个系统并从将来的收入中获得回报。

参与者是涉众代表。参与者对系统的要求直接影响系统的建设,他们的要求就是系统需求的来源。参与者通过对系统提出要求来获得他所代表的涉众的利益。例如要建立一个办公自动化系统,这个系统将为所有的办公室文员归档和查找文件带来利益。但是并不需要把所有的办公室文员都找来询问需求,一个称之为"文员"的参与者可以代表这批涉众来向系统提出如何归档和如何查询的要求,以此来获得涉众利益。

3.2.6 参与者与用户的关系

用户(user)是指系统的使用者,通俗一点说就是系统的操作员。用户是参与者的代表,或者说是参与者的实例或代理。并非所有的参与者都是用户,但是一个用户可以代理多个参与者。例如在建设办公自动化系统的过程中常常会有这样的情况，局长是一个参与者，他向系统提出了如何审批的要求。但是局长这个参与者最终可能并不是系统用户，他将所有的操作都交给秘书，这时秘书作为局长代理来使用系统。另一种情况是，局长还分为正局长和副局长，但是实际上只有副局长最终使用系统，这时副局长就作为局长这一参与者的实例来使用系统。

3.2.7　参与者与角色的关系

角色（role）是参与者的职责。角色是一个抽象的概念，从众多参与者的职责中抽象出相同的那一部分，将其命名而形成一个角色。一个角色代表了系统中的一类职责。例如办公自动化系统中，正副处长、正副局长都可以审批文件，审批文件这一职责就可以用一个角色来代表，比如命名一个文件审批者角色来代表审批文件这一职责。现实中可能并无文件审批者这样一个具体的参与者，但是参与者的相同职责通过角色来定义，将为系统带来很好的灵活性。角色一般适合用在概念阶段的模型里，以表达业务的逻辑理解。在后续的章节中读者将能了解到角色如何灵活化系统。

另外，由于一个用户可以代理多个参与者，因此一个用户可以拥有多个职责，也就是可以被指定多个角色。

3.2.8　参与者的核心地位

从上面的描述中我们得知，参与者是涉众的代表，它代表涉众对系统的利益要求，并向系统提出建设要求；参与者通过代理给其他用户或将自身实例化成用户来使用系统；参与者的职责可以用角色来归纳，用户被指定扮演哪个或哪些角色因此来获得参与者的职责。

图 3.7 展示了参与者的核心地位。

参与者的核心地位还体现在，系统是以参与者的观点来决定的。参与者对系统的要求，对系统的表述完全决定了系统的功能性。在 6.1 业务建模工作流程一节里将详细说明参与者如何决定系统的功能性需求。

3.2.9　检查点

经过上面的讨论，读者应该已经知道如何去定义和发现一个参与者。但是如何保证发现的参与者是正确的呢？统一过程的官方文档里给出了一个检查点列表，回答这个检查点列表中的问题非常有助于检查发现的参与者是否正确，读者可以参考之。

- 您是否已找到所有的参与者？也就是说，您是否已经对系统环境中的所有角色都进行了说明和建模？虽然您应该检查这一点，但是要到您找到并说明了所有用例后才能将其确定。
- 每个参与者是否至少涉及到一个用例？删除未在用例说明中提及的所有参与者，或与用例无通信关联关系的所有参与者。
- 您能否列出至少两名可以作为特定参与者的人员？如果不能，请检查参与者所建模的角色是否为另一角色的一部分。如果是这样，您应该将该参与者与另一参与者合并。

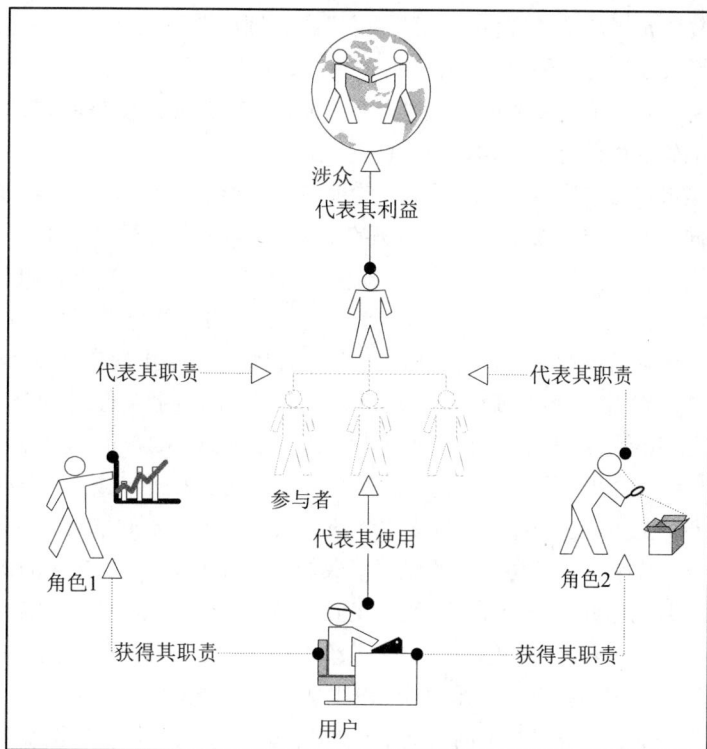

图 3.7　参与者、涉众、用户和角色的关系

- 是否有参与者担任与系统相关的相似角色？如果有，您应该将他们合并到一个主角中。通信关联关系和用例说明表明参与者和系统是如何相互关联关系的。
- 是否有两个参与者担任与用例相关的同一角色？如果有，您应该利用参与者泛化关系来为他们的共享行为建立模型。
- 特定的参与者是否将以几种（完全不同的）方式使用系统？或者，他使用用例是否出于几个（完全不同的）目的？如果是这样，您也许应该有多个参与者。
- 参与者是否有直观名称和描述性名称？用户和客户是否都能理解这些名称？参与者的名称务必要与其角色相符。否则，应对其进行更改。

> **小结**：经过本节的学习，读者应该对参与者以及参与者的各种版型都有所了解了。如果对本节的概念还有疑问，那么请带着问题往下走，在实际案例中思考和消化。
> 　　下节将学习 UML 分析方法中最为重要也是最难掌握的元素——用例。

3.3　用例

用例在 UML 建模中是最最重要的一个元素。之所以说它重要，是因为 UML 是面向对象的，除用例之外，所有其他元素都是"封装"的、"独立"的。回顾一下我们在 1.1.3 节面向对象方法中讲到的内容，这些元素在没有"外力"作用时是"鸡犬之声相闻，老死不相往来"的。而用例正是施加这一"外力"的元素，正是用例使得其他那些"孤独"的 UML 元素能够共同组成一篇有意义的文字。因而没有准确的用例定义一切都无从谈起。

然而用例却又是最最难以掌握的，除了本身的很多性质难以学习以外，在实践过程中如何使用更是让人摸不着方向。本节将系统学习有关用例的知识，读者应当认真学习和思考本节的内容。

3.3.1 基本概念

用例现在实在是太过于大名鼎鼎，它最早出现在 Ivar Jacobson 的 Ericsson 方法里，可惜那时候它还没有一个正式的名字。直到 1987 年的 OOPSLA 讨论会上，它才有了一个正式的名字：Use Case。

用例

用例是一种把现实世界的需求捕获下来的方法。这个世界的功能性体现在，首先有某人的一个愿望，这个愿望驱使人去做事并获得一个确定的结果。如果没有愿望，功能性就无从谈起。一个系统就是由各种各样的愿望组成的，换句话说，各种各样的人为着各自的目的做着各种各样的事情共同组成了一个系统。如果我们要描述一个系统的功能性需求，就要找到对这个系统有愿望的人，让他们来说明他们会在这个系统里做什么事，想要什么结果。如果所有对系统有愿望的人要做的所有事情都找全了，那这个系统的功能性就被确定下来了。

官方文档对用例是这样定义的：用例定义了一组用例实例，其中每个实例都是系统所执行的一系列操作，这些操作生成特定主角可以观测的值。

这怎么理解呢？我们先换一个说法，一个用例就是与参与者（actor）交互的，并且给参与者提供可观测的有意义的结果的一系列活动的集合。这个说法应当更清楚一些。所谓的用例，就是一件事情，要完成这件事情，需要做一系列的活动；而做一件事情可以有很多不同的办法和步骤，也可能会遇到各种各样的意外情况，因此这件事情是由很多不同情况的集合构成的，在 UML 中称之为用例场景。一个场景就是一个用例的实例。

例如你想做一顿饭吃，你需要完成煮饭和炒菜两件事情，这两件事情就是两个用例。而煮饭这件事情是可以有不同做法的，你可以用电饭煲做，也可以用蒸笼做，这就是两种不同的场景，也就是两个实例。而同样是用电饭煲做，如果是糙米，你可能要先淘米，再下锅；如果是精米，你就可以省掉淘米步骤直接下锅。这是用例在不同条件下的不同处理场景。

要启动用例是有条件的，要做饭，首先得要有米。这是启动用例的前提，也称为前置条件；用例执行完了，会有一个结果，米变成了饭。这称为后置条件。

综上所述，一个完整的用例定义由参与者、前置条件、场景、后置条件构成。图 3.8 展示了用例的结构。

一个系统的功能性是由一些对系统有愿望的参与者要做的一些事情构成的，事情完成后就达成了参与者的一个愿望，当全部参与者的所有愿望都能够通过用例来达到，那么这个系统就被确定下来了。捕捉功能性需求，这就是用例的作用。

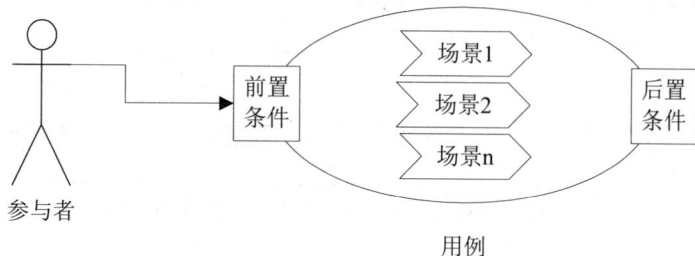

图 3.8　用例的构成

但是仅从定义上看，我们还是不太能够了解到底用例是怎么一回事。什么样的用例算是正确的呢？这个定义实在是太过于抽象了。为了更深一步了解用例，我们就得针对用例的特征做一些探讨了。

3.3.2　用例的特征

用例有着一系列的特征。这些特征保证用例能够正确地捕捉功能性需求，同时这些特征也是判断用例是否准确的依据。

■　用例是相对独立的。

这意味着它不需要与其他用例交互而独自完成参与者的目的。也就是说用例从"功能"上说是完备的。用例本质体现了系统参与者的愿望，不能完整达到参与者愿望的不能称为用例。例如取钱是一个有效的用例，填写取款单却不是，如图 3.9 所示。因为完整的目的是取到钱，没有人会为了填写取款单而专门跑一趟银行的。

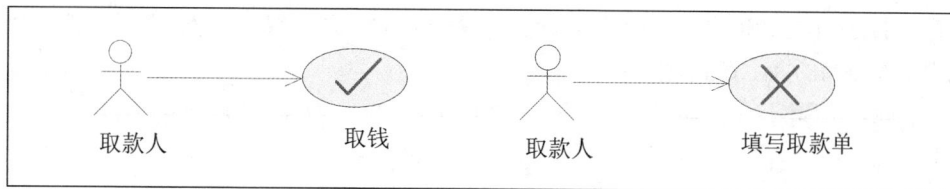

图 3.9　填写取款单不是取款人的目的，因此不是用例

■　用例的执行结果对参与者来说是可观测的和有意义的。

例如，有一个后台进程监控参与者在系统里的操作，并在参与者删除数据之前执行备份操作。虽然它是系统的一个必需的组成部分，但它在需求阶段却不应该作为用例出现。因为这是一个后台进程，对参与者来说是不可观测的，它应该作为系统需求在补充规约中定义而不是一个用户需求。又比如说，登录系统是一个有效的用例，但输入密码却不是。这是因为登录系统对参与者是有意义的，这样他可以获得身份认证和授权，但单纯地输入密码却是没有意义的，输入完了呢？有什么结果吗？如图 3.10 所示。

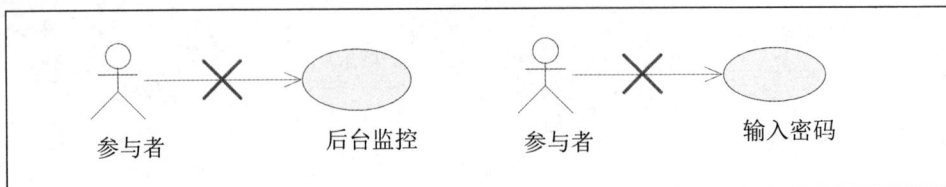

图 3.10　后台监控和输入密码对参与者是没有意义的，因此不是用例

- 这件事必须由一个参与者发起。不存在没有参与者的用例，用例不应该自动启动，也不应该主动启动另一个用例。

用例总是由一个参与者发起的，参与者的愿望是这个用例存在的原因。例如从 ATM 取钱是一个有效的用例，ATM 吐钞却不是。如果 ATM 无缘无故吐钞的话人们还需要工作吗？从此天天守在 ATM 旁守株待兔就行了。如图 3.11 所示。

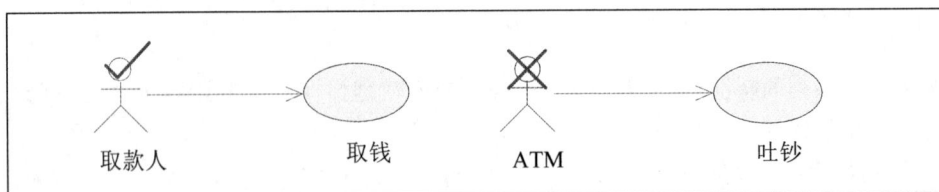

图 3.11　ATM 是没有吐钞的愿望的，因此不能驱动用例

- 用例必然是以动宾短语形式出现的。

用例必须有一个动作和动作的受体。例如，喝水是一个有效的用例，而"喝"和"水"却不是，如图 3.12 所示。虽然生活常识告诉我们，在没有水的情况下人是不会做出喝这个动作的，水也必然是喝进去的,而不是滑进去的,但是笔者所见的很多用例中以"计算"、"统计"、"报表"、"输出"、"录入"之类命名的并不在少数。

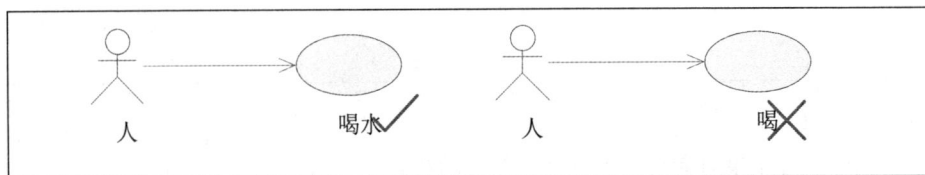

图 3.12　喝不能构成一个完整的事件，因此不能用来命名用例

- 一个用例就是一个需求单元、分析单元、设计单元、开发单元、测试单元，甚至部署单元。

一旦决定了用例，软件开发工作的其他活动都以这个用例为基础，围绕着它进行。图 3.13 展示了用例如何驱动软件开发活动。

经过本节的学习，我们已经知道了用例的一些基本特征，接下来就让我们来看看用例的另外一个更让人头痛的性质——粒度。

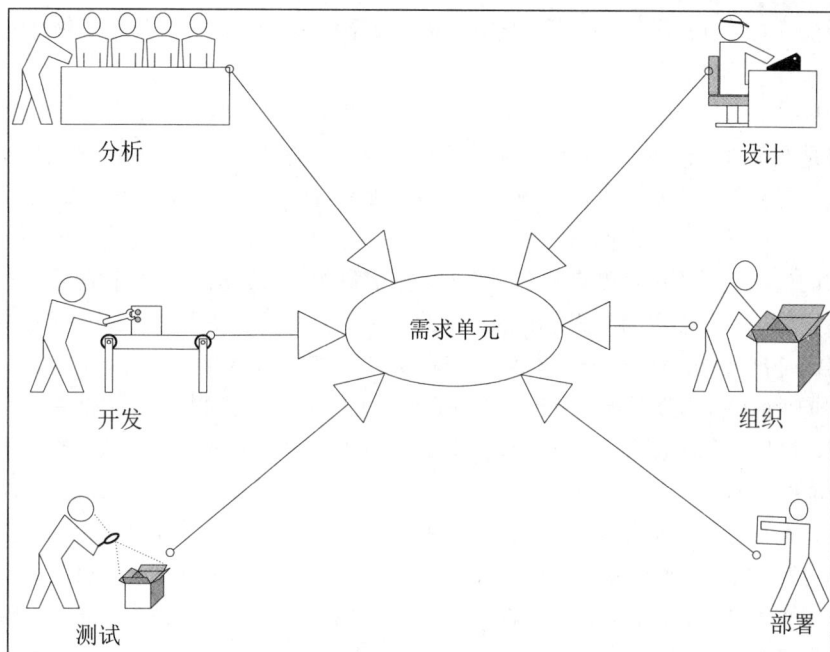

图 3.13　用例驱动

3.3.3　用例的粒度

　　粒度是令人困惑的。比如在 ATM 取钱的场景中，取钱、读卡、验证账号、打印回执单等都是可能的用例，显然，取钱包含了后续的其他用例，取钱粒度更大一些，其他用例的粒度则要小一些。到底是一个大的用例合适还是分解成多个小用例合适呢？

　　这个问题并没有一个标准的规则，笔者可以给大家分享的经验是在项目过程中根据阶段不同，使用不同的粒度。在业务建模阶段，用例的粒度以每个用例能够说明一件完整的事情为宜，即一个用例可以描述一项完整的业务流程。这将有助于明确需求范围。例如取钱、报装电话、借书等表达完整业务的用例，而不要细到验证密码、填写申请单、查找书目等业务中的一个步骤。

　　在用例分析阶段，即概念建模阶段，用例的粒度以每个用例能描述一个完整的事件流为宜。可理解为一个用例描述一项完整业务中的一个步骤。需要注意的是，这个阶段需要采用一些面向对象的方法，归纳和抽象出业务用例中的关键概念模型并为之建模。例如，宽带业务需求中有申请报装和申请迁移地址用例，在用例分析时，可归纳和分解为提供申请资料、受理业务、现场安装等多个业务流程中都会使用的概念用例。

　　在系统建模阶段，用例视角是针对计算机的，因此用例的粒度以一个用例能够描述操作者与计算机的一次完整交互为宜。例如，填写申请单、审核申请单、派发任务单等。可理解为一个操作界面或一个页面流。在 RUP 中，项目计划要依据系统模型编写，因此另一个可参考的粒度是一个用例的开发工作量在一周左右为宜。

上述的粒度划分方法笔者是用相对比较具体化的一些依据来说明，但是上述的粒度选择并不是一个标准，只是在大多数情况下这样的粒度选择是比较合适的。实际上，用例粒度的划分依据（尤其是业务用例）最标准的方法是以该用例是否完成了参与者的某个完整目的为依据的。这个说法比较笼统，也比较难以掌握。举个例子，某人去图书馆，查询了书目，出示了借书证，图书管理员查询了该人以前的借阅记录以确保没有未归还的书，最后借到了书。从这段话中能得出多少用例呢？请记住一点，用例分析是以参与者为中心的，因此用例的粒度以能完成参与者目的为依据。这样，实际上适合用例是借书。只有一个，其他都只是完成这个目的的过程。

上面的例子是能够比较明显地区分出参与者完整目的的，但在很多情况下可能并没有那么明显，甚至会有冲突，例如一个人去邮局办事，为了寄信他需要购买信封，那么应当认为购买信封是寄信的一个步骤，不能够作为一个用例。但是这种情况也可能发生，这位仁兄的目的就是买信封，买完信封就走人了，他并不寄信，这时疑惑就产生了。如何决定到底购买信封是不是一个用例呢？这需要从这位仁兄的目标出发，如果他的确就是只想买信封，那就应该把购买信封作为一个有效的用例。具体的处理上，可以用寄信包含了购买信封这样的方式处理这两个用例。但是请注意，这时寄信和购买信封就是同样一个粒度的用例了，因为它们都是这位仁兄与邮局之间所做的一次成功并完整的交易，并且达到了他的目标。用例的粒度大小不是从用例包含的步骤的多少来判断的。读者可以从自己的实际情况去找出更多这样的例子，去品味这其中的差别。

现实情况中，一个大型系统和一个很小的系统用例粒度选择会有较大差异。这种差异是为了适应不同的需求范围。比如，针对一个 50 人年的大型项目应该选择更大的粒度，如果用例粒度选择过小，可能出现上百甚至几百个业务用例，造成的后果是需求因为过于细碎和太多而无法控制，较少的用例有助于把握需求范围，不容易遗漏。而针对一个 10 人月的小项目应该选择小一些的粒度，如果用例粒度选择过大，可能只有几个业务用例，造成的后果是需求因为过于模糊而容易忽略细节。一般来说，一个系统的业务用例定义在多于 10 个，少于 50 个之间，否则就应该考虑一下粒度选择是否合适了。

不论粒度如何选择，必须把握的原则是在同一个需求阶段，所有用例的粒度应该是同一个量级的。这应该很好理解，在描述一栋建筑时，我们总是把高度、层数、单元数等合在一起介绍，而把下水道位置、插座数量等合在一起介绍。如果你这样介绍一栋楼：这栋楼有 10 层，下水道在厨房东南角，预留了 15 个插座，共有 5 个单元，听众一定会觉得云山雾罩，很难在脑子里形成一个清晰的影像。

另外还需要澄清一个观点，粒度选择的问题本质上还是因为边界认定不同而产生的。如果对选择粒度感到困难，或者出现了同一个阶段粒度大小不一的情况，你应当首先确认你是否选择了一个正确的边界并时时检查自己是否越过了这个边界。关于这个问题，更多内容请参看 3.4 节边界和 3.3.7 节用例粒度的误区。

在学习了用例的基本特征和粒度的相关知识后，接下来就可以考虑如何获取用例了。

3.3.4　用例的获得

我们知道用例的定义就是由参与者（actor）驱动的，并且给参与者提供可观测的有意义的结果的一系列活动的集合，用例的来源就是参与者对系统的期望。所以发现用例的前提条件是发现参与者；而确定参与者的同时就确定了系统边界。在开始捕获用例之前，我们需要做好如图 3.14 所示的准备工作。

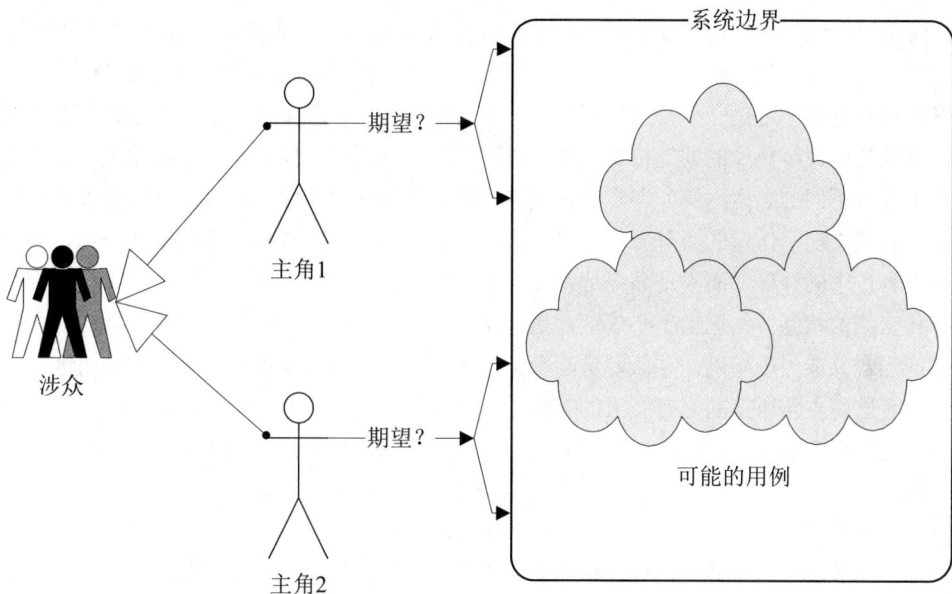

图 3.14　获取用例准备工作

在这里，笔者将参与者这个叫法改称为"主角"，用于特别强调并区分与业务工人（business worker）的区别。提醒注意，虽然叫法不同，但主角和参与者是同一个东西，只是主角这个叫法在获取用例的时候能够更加容易理解用例的发现过程。在准备发现用例之前，再强调并确认你已经能够清楚地理解了下面的几个问题：

- 主角是位于系统边界外的。
- 主角对系统有着明确的期望和明确的回报要求。
- 主角的期望和回报要求在系统边界之内。

接下来，可以开始对主角，即业务代表进行访谈。访谈时请不要试图让业务代表为你描述整个业务流程，也不要涉及表单填写一类的业务细节，甚至你可以不关心业务规则，更不要试图让业务代表理解将来的计算机系统会如何工作。你只需要让业务代表从他自己的本职工作出发来谈谈他的期望，并时时提醒和引导那些喜欢一讲什么事情就深入到细节当中去的客户。可以通过以下问题引导业务代表，这些问题对用例获取来说已经足够了。

- 您对系统有什么期望？
- 您打算在这个系统里做些什么事情？
- 您做这件事的目的是什么？
- 您做完这件事希望有一个什么样的结果？

简单地用纸和笔记录下业务代表的访谈结果，从结果中找出用例。不要指望客户和你一样对什么是用例了如指掌，也不要期望客户能有条有理分层分次地把他对系统的期望表达出来。从客户也许语无伦次，也许杂乱无章的谈话中找出主角期望的真实和有效目标是你的工作。你应当清楚，主角想做和要做的事情不一定是他真实的目标，也许只是他做事情的一个步骤。比如客户或许会说我首先做……，然后做……，最后做……，你需要从冗长的谈话中为客户总结出他的真实目标来；另外，主角对系统的期望也不一定是一个有效的事件，也许真的只是一个愿望，比如客户会说我期望界面能漂亮一些，你需要告诉客户他的期望将是一件可以做的事情，而不仅仅是一个主观愿望。不同主角对同一目标可能会有不同的表达，例如客户甲说我希望能把我这些文件保存下来以供将来查询，而客户乙说我要能查看我之前工作过的所有工作记录。或许甲和乙口中的文件和工作记录就是同一件事情，你应当去伪存真，求同存异，而不是简单地就分为两个用例；还有，不同主角的目标可能会相互重叠，呈现出一种交集的状态。你应当小心求证，是否这些主角所谈的都只是某个完整目标的一个部分？如果这样，应当合并成一个用例，并假定这两个主角在这个用例中只是担任业务工人的角色而不是真正的主角。或者这些主角所谈的是有交叉的部分，但的确是两个不同的目标。如果这样，应当就是两个用例。至于交集的部分，需要在概念模型（参看 5.3 节概念用例模型）中去提取公共的业务单元。总之，你应当确保：

- 一个明确的有效的目标才是一个用例的来源。
- 一个真实的目标应当完备地表达主角的期望。
- 一个有效的目标应当在系统边界内，由主角发动，并具有明确的后果。

经常地，头一两次的访谈可能没有那么顺利。基于客户不熟悉这种访谈形式以及需求采集人员不熟悉客户业务的原因，开始时采集到的信息可能并不足以得出用例。或者已经获得了用例，在用这些用例来建立业务模型（参看 5.2 节业务用例模型）的时候总是遇到困难和矛盾，发现有些业务总是说不清楚，那么应当考虑重新进行访谈。在重新开始访谈以前，你应该考虑调整以下策略：

- 调整系统边界和主角。
- 扩大或缩小系统边界。
- 变更主角。
- 重新开始。

经过几次调整之后，系统边界内应该已经充满了主角的期望，将每一个有效的期望用用例绘制出来，并给一个合适的名字就完成了用例获取的工作。

ATM 取钱的示例虽然已经被用得很滥，但是这是每个人都熟悉的场景，用它来做一个例子，也是不错的选择。

> 　　客户代表（主角）说：我希望这台 ATM 能支持跨行业务，我插入卡片输入密码后，可以让我选择是取钱还是存钱；为了方便，可以设置一些默认的存取金额按钮；我可以修改密码，也可以挂失；还有我希望可以交纳电话费、水费、电费等费用；为了安全起见，ATM 上应当有警示小心骗子的提示条，还有摄像头；如果输入三次密码错误，卡片应当被自动吞没。

　　假设我们是该 ATM 设备的软件提供商，那么我们该如何识别客户的真实目标？或说，应当从中得到哪些用例？笔者列出了一些可能的用例选择，在看笔者给出的参考答案之前，请读者自己思考哪些是用例哪些不是。如果你的判断与笔者的有差异或者不知道为什么，你可以先阅读下面几个关于用例误区的章节。如果还是不能够理解，可以到笔者的博客上留言，笔者将会为你解答。

提给读者的问题 1：下列哪些是有效用例，哪些不是？

- 支持跨行业务？
- 插入卡片？
- 输入密码？
- 选择服务？
- 取钱？
- 存钱？
- 挂失卡片？
- 交纳费用？
- 警示骗子？
- 三次错误吞没卡片？

参考答案：

支持跨行业务？	✗	错，这是一个业务规则，限定业务的范围。
插入卡片？	✗	错，这是一个过程步骤，不是完整目标。
输入密码？	✗	错，这是一个过程步骤，不是完整目标。
选择服务？	✗	错，这是一个过程步骤，不是完整目标。
取钱？	✓	对，这是一个有效的完整目标。
存钱？	✓	对，这是一个有效的完整目标。
挂失卡片？	✓	对，这是一个有效的完整目标。
交纳费用？	✓	对，这是一个有效的完整目标。
警示骗子？	✗	错，已经超出了边界范围。
三次错误吞没卡片？	✗	错，这是一个业务规则，限定业务的条件。

3.3.5　用例和功能的误区

在实际应用中，用例是非常容易被误解和误用的。尤其是习惯了面向过程结构化设计方法的计算机技术人员，最普遍的理解错误是认为用例就是功能的划分和描述。他们认为一个用例就是一个功能点。在这种理解下，用例建模变成了仅仅是较早前需求分析方法中功能框图的翻版。很多人用用例来划分子系统、功能模块和功能点。如果这样，用例根本没有存在的必要，有功能框图就行了。请特别注意：虽然在用例的定义一节里谈到用例是捕获功能性需求的，但是有一个前提条件，即这个功能性需求是从参与者的角度出发的，用例并不是功能。

如果用例不是功能的话，它是什么呢？从定义上说，能给使用者提供一个执行结果的活动，不就是功能吗？很不幸，这个理解是错误的！功能是计算机术语，它是用来描述计算机的，而非定义需求的术语。功能实际描述的是输入➔计算➔输出。这让你想到了什么？DFD 图？这可是典型的面向过程分析模式。因此把用例当作功能点的做法实际是在做面向过程的分析。抛开面向对象还是面向过程不说，虽然功能和用例很类似，但是从本质上来说功能和用例是完全不同的。为了解释这个问题，我们需要从描述事物的方法入手。

在描述一个事物的时候，我们可以从以下三个观点出发：

- 这个事物是什么？
- 这个事物能做什么？
- 人们能够用这个事物做什么？

例如，描述一辆自行车的时候，我们通常这样说明：第一，自行车是一种交通工具，它由传动系统、刹车系统等部分组成；第二，自行车可以骑行，可以载物；第三，人们可以用双脚蹬动踏板而向前行进，可以用手捏合刹车使自行车停下来。图 3.15 展示了描述问题的这三种观点。

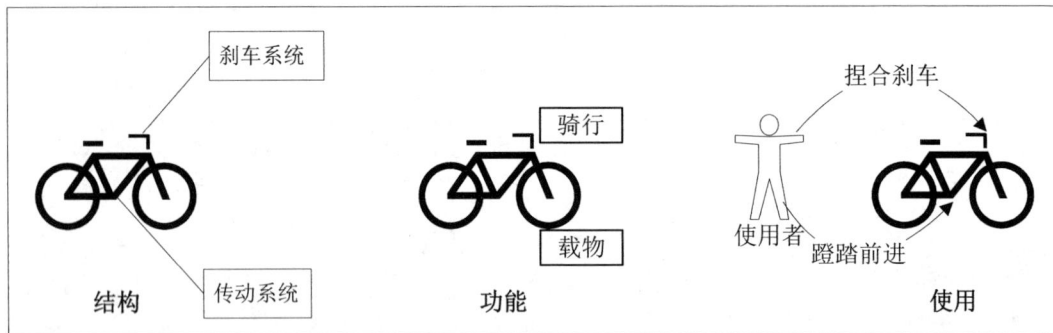

图 3.15　描述事物的三种观点

第一种描述是一种结构性观点，即事物的客观存在。但是这个观点不能够说明事物的作用，也就是功能性方面的信息。从结构上来说，同样是一个圆环，把它用在汽车上，它可以是方向盘，把它用在自行车上，它就是轮子了。所以仅有结构性观点是不够的。

第二种描述是一种功能性观点，说明事物可利用的价值。但是这个观点不能够说明事物在某种情形下的真正价值，也就是它缺乏上下文环境，没有人来使用，事物的所有可利用价值可能是无意义的。换句话说，没有人使用的功能是没有意义的。

第三种描述是一种使用者观点，说明事物对于使用者的意义，以及使用者可以怎么使用它，得到什么样的利益。这种观点不能够说明事物的本质结构，它只是从表面揭示了事物相对于使用者来说是什么，能做什么，可以获得什么。

对于一件我们早已熟知的事物来说，我们大可以随便从这三方面的观点来描述，把事物解释清楚，例如自行车这种天天可以看到的东西。但是如果我们要描述的事物是我们并不熟悉的呢？对于一个陌生的事物，我们不大可能先从结构的角度去解释它，顶多可以通过观察假定出这个事物能做什么。再进一步，如果这个事物是现在还不存在的呢？例如正准备研制一种全新的药品。对于一个还不存在的事物，我们既不能从结构上去解释它，也不能够确定它到底能做什么。举个特别的例子，Viagra 本来是辉瑞公司研制生产的一种治疗心绞痛的药物，可现在 Viagra 变成了人尽皆知的伟哥，这不是因为它能治疗心绞痛，而是人们都用它来治疗 ED，大大出乎研究人员的初衷。所以对于创造一种还不存在的事物，最好的方式就是从使用者的观点出发，描述希望这个事物使用者能用它做什么，能获得什么。

软件恰恰就是一种还不存在的事物。对于正准备开发的软件，我们不能从结构观点去描述它，也不能从功能观点去描述它，最好的方法就是从使用者的观点去描述它。不能从结构观点去描述好理解，毕竟这是一个还没有做的东西，结构是未定的；不能从功能的角度去描述它，读者心里一定在犯嘀咕，不可理解，软件有什么功能不是显而易见的吗？真的如此吗？那么请你制造一个具有开启功能的东西。嗯？你不清楚究竟要你做什么？好，让我从使用者观点再说明一下，请你制造一个东西，人们可以用它来开启酒瓶。现在清楚了么？回到软件开发上来，从功能观点出发，采用功能分解方式来获取需求的方式，因为缺少了上下文，功能很可能就变成了对使用者无用的，或者使用者不知道怎么用的东西。客户想要一个开瓶器，你可能给客户送来一把钥匙，反正都是具有开启功能的呀。在软件开发过程中，经常出现开发完成之后客户不满意，认为这不是他们想要的东西，与其说是需求不清楚，不如说是方法不对路。因为在一开始，需求收集人员就没有从使用者的观点出发来描述系统，由于缺乏了使用者上下文，功能描述偏离使用者预期就是很正常的了。

从使用者观点出发来描述软件则是非常适合的。使用者观点告诉需求收集人员，他希望这个系统是什么样，他将怎样使用这个系统，希望获得什么结果。那么软件只需要按照使用者的要求提供一个实现，就不会偏离使用者的预期。至于功能性观点和结构性观点，则可以通过使用者观点推导出来。

使用者观点实际上就是用例的观点。一个用例是一个参与者如何使用系统，获得什么结果的一个集合，通过分析用例，得出结构性的和功能性的内容，最终实现用例，也就实现了使用者的观点。

通过上面的分析可以得出这样一些总结：

第一，功能是脱离使用者的愿望而存在的。我们常说某某工具有某个功能，它是描述工具的，而不是站在使用者的角度描述使用者的愿望的。功能用来描述某某东西能做什么，它与使用者的愿望无关，描述的是事物固有的性质。习惯于以功能来看待系统的团队，喜欢从系统的角度出发，说明系统能做什么，而常常系统能做什么并不是使用者关心的。用例是描述使用者愿望的，描述的是使用者对系统的使用要求，用用例来看待系统的团队，则是从使用者角度出发，说明使用者将在系统里做什么。

第二，功能是孤立的，给一个输入，通过计算就有一个固定的输出——只要按下开关灯就亮。用例是系统性的，它需要描述谁在什么情况下通过什么方式开灯结果是什么。功能描述的是一个个点，如果要达成一个特定的目标，必须要再额外加上一个顺序的过程把点串起来才能完成一个系统性的工作。而用例描述的是一个系统性的工作，这个系统性的工作非常明确地去达成一个特定的目标。习惯使用功能分解来看待系统的团队，习惯从开发者角度出发，提供大量的功能点，指望客户像 UNIX 高手一样，自己从指令集中找到适合的指令来完成工作。而用用例来看待系统的团队，习惯从客户角度出发，为客户量身定制他们的要求。

第三，如果非要从功能的角度解释用例，那么用例可以解释为一系列完成一个特定目标的"功能"的组合，针对不同的应用场景，这些"功能"体现不同的组合方式。并且，不是先有了这些"功能"才来组合成某个场景，而是先有了场景，才分解出"功能"。这里的"功能"之所以打引号，是因为在 UML 里是没有功能这个词的，实际上从场景分解出来的是对象，这些对象通过消息相互交流而完成场景。

最后举一个例子。从功能的角度出发，对电视的描述是能开关，能显示，可以调频道，可以调声音，以上四者是独立的；从用例的角度出发，对电视的描述是有一个人要观看电视节目的用例，要完成这个用例，第一步需要先打开开关，调到自己喜欢的频道，如果声音不合适，可以调节一下，以上三者是因人的需求而相关起来的。读者可以细细品味一下这其中的区别。

3.3.6　目标和步骤的误区

在实际应用中，对用例使用的另一个误区是混淆目标和完成目标的步骤。一个用例是参与者对目标系统的一个愿望，一个完整的事件。为了完成这个事件需要经由很多步骤，但这些步骤不能够完整地反映参与者的目标，不能够作为用例。

如何理解这个误区呢？假设邮局是一个目标系统，作为寄信人这样一个参与者，对邮局有着寄信的愿望。把寄信作为用例是很自然的事情，根据图 3.16，可以这样描述这个事件：寄信人到邮局寄信。

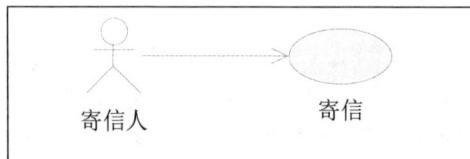

图 3.16　以完整目标作为用例

如果以完成这个完整事件的步骤作为用例，图 3.17 看上去似乎也挺合理的。但是如果我们来描述这些事件，就会出现这样的笑话：寄信人到邮局付钱。你也许会争辩说，付钱也是合理的，因为我之前买了信封，买了邮票，所以付钱。没错，你需要加上前因后果才能把这件事情讲清楚。但

是别忘了你现在是在描述一个需求，寄信人会有一个到邮局付钱的需求吗？

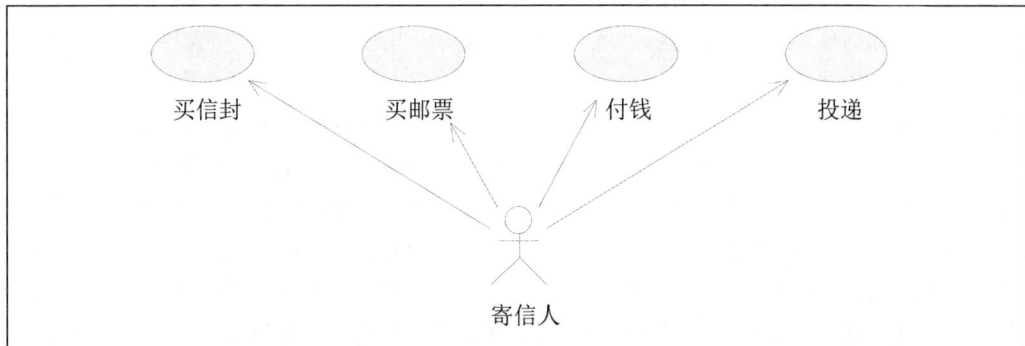

图 3.17　以步骤作为用例

但是在很多时候，要区分清楚什么是参与者的目标，什么是一个步骤并不是那么容易的，很多时候难以决定。这时需要设置一个场景，问一些问题来测试什么才是参与者真正的目标。下面就是这样一个场景，来自笔者与一个网友的真实对话。这位网友在为一个绘制 3D 模型的绘图工具建模，他的用例类似如下：选择某个模型、配置模型参数、调整模型等。为了让他明白他所定义的用例是值得商榷的，并没有体现参与者的完整目标，笔者与他进行了以下对话：

笔者：用例是一个完整目标，要达成目标要分几个步骤，但只有完整的目标才是用例。

网友："完整"的目标，怎么理解啊？

笔者：假设你去邮局寄信，你需要做些什么事情？

网友：很多事情啊，找到邮局，填写邮寄地址表，付钱……

笔者：好，就拿付钱来说，付钱本身也可以分很多步，对吧？

网友：对。

笔者：问题是你付钱的时候可以只完成其中的一部分步骤吗？比方说只掏出来给邮局职员看一眼。

网友：不可以。

笔者：所以你可以判断付钱是完整的事件，从口袋里掏钱包就不是。

网友：明白了，掏钱的目的是为了"付钱"。那付钱是一个用例喽？

笔者：是吗？如果这是一个用例，意味着你去了邮局，把钱给柜台，然后就回家了，你会吗？

网友：不会。这么说付钱也不是用例，付钱是为了别的目标，比如寄信。

笔者：对！

网友：还有寄包裹也算。

笔者：是的。完整的目标要从参与者的角度出发。如果你不能确认，就设置一个场景，像我们刚才一样，设问一下就明白了。

网友：那我明白了，选择某个模型、配置模型参数这些都是绘制模型的步骤，不能作为用例的。

笔者：实际上这些也是可以作为用例的，但是你不能用它们来描述功能性需求。在进行用例分析的时候，它们可以作为概念用例使用，或者在建立系统模型的时候，它们也可以作为系统用例使用。但是在描述功能性需求时，记住用例一定是参与者的完整目标。

……

通过这个事例，读者应该能够知道为什么在做需求时用例要体现参与者的完整目标，以及如何判断这个用例是否已经达到了参与者的完整目标。如果错误地使用步骤作为需求用例，你将无法准确地描绘参与者如何使用系统，也就无法准确地捕获需求。用例是整个系统的架构基础，这就会导致根基不稳，建立出错误的架构。

但是，步骤也是可以作为用例的。在概念建模（参见 5.3 节概念用例模型）阶段，由于需求已经捕获，在对需求进行分析时，实际上我们已经进入了用例的内部。进入用例的内部意味着边界已经改变，而边界的改变必然导致参与者也在改变（请参看 3.2 参与者一节中参与者与边界的关系）。通常，参与者已经变成了原来的业务工人，自然的，参与者的完整目的也就改变了。同时，还由于已经进入用例的内部，表示现在参与者的所有活动都处于该用例的上下文环境之内，所以无须再担心寄信人到邮局付钱然后就回家这样的笑话。例如在寄信这个完整业务目标的上下文环境中，邮局收银员的完整目标是收钱就是合理的了。

经过上面的讨论读者应该明白，不论是寄信这样的用例，还是收钱这样的用例，在不同的情况下可能都是合理的用例。显然寄信用例包含了收钱用例，它们的大小是不一样的，之所以两者都可称为完整目标，前提条件是由于参与者定义的不同，而参与者又是与边界相关的。这两个大小不一的用例合理存在的基础是不同边界和不同参与者的定义。对于邮局这个边界来说，收钱是不合理的，但具体到寄信这个边界，由于有了寄信的上下文环境作为前因后果，收钱就变成合理的了。请读者细心体会边界改变带来的这种变化。

寄信和收钱，两个用例大小不同，边界不同，参与者也不同，它们显然不应该同时出现在一个视图里。但是现实情况是很多人将不同大小的用例建模在同一个视图里，这就引出了下一个误区：用例粒度的误区。

3.3.7　用例粒度的误区

产生用例粒度错误的原因首先是分不清目标和步骤。在上一节中已经讲过，用步骤划分用例会导致不准确的需求获取。分不清目标和步骤的另一个后果是用例的粒度过于细小，例如增加一条记录之类的仅相当于一次计算机交互的粒度的用例。对于规模较小的系统来说可能不是什么问题，如果系统达到一定规模，面对着几百上千的用例不知你该如何处理？另一方面，粒度过于细小，使得系统分析没有抽象的余地，如果用例能做的事情也就是调用一条 insert 语句那么简单，有何抽象余地可言？自然的，这样的模型建立与否跟直接编写代码没太大差别，只不过把程序逻辑用另一种伪代码写了一遍，那又何必多此一举花费时间去建立模型呢？如果系统规模真的如此之小，那你首先应该考虑的是建模是否必要。建设一座大厦需要各种模型没有错，如果搭一个狗窝也要如此兴师动众的话，我猜那只幸福的狗狗要不就是某个国际比赛的冠军身价不菲，要么就是主人实在太有钱，狗随主贵了。

用例粒度另一个常常被误用的误区是在同一个需求阶段中的用例粒度大小不一。这个问题的产生本质上是因为建模者心目中没有一个清楚的边界，没有时时检查现阶段处于哪个抽象层次而造成的。我们知道用例决定于参与者的完整期望，而参与者与边界是相生相灭的，所以一旦边界不确定，

参与者就会混乱，进而导致用例的粒度不一；另一方面，边界决定了当前分析阶段的抽象层次，从面向对象的要求来说，一个抽象层次决定了哪些信息该暴露哪些不应该暴露，如果错误地暴露了就会导致程序结构混乱。

举例说明，假设有一个网上购物系统。在获取需求时，我们决定采用整个系统的边界作为起点，那么参与者就应当是系统之外的，例如买家、卖家、系统管理员等。相应的，这些参与者的完整目标就构成用例，用例的粒度就是系统的最高层次，它们展示业务构成。例如买家购买商品，卖家发布商品，系统管理员维护网站等。初看上去这些用例的粒度很大，有点大而空，离指导开发还很遥远。如果是一个很复杂的系统，采取这样的高层次抽象角度是很有必要的。这个例子的用例获取结果如图 3.18 所示。

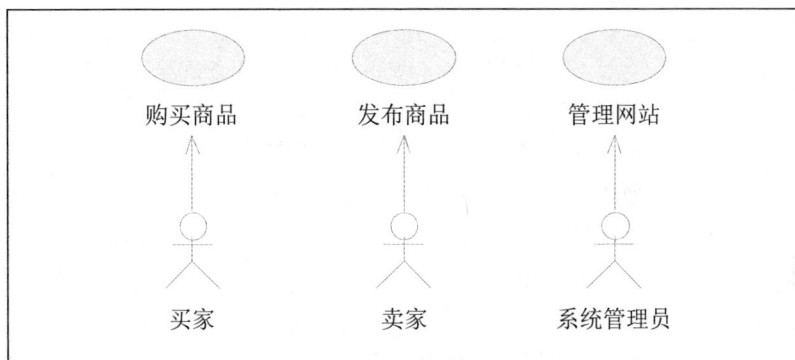

图 3.18 网上购物系统——符合边界

图 3.18 的结果是由边界和抽象层次决定的，但是如果在心中没有时时紧守边界的建模者，非常容易因为嫌粒度太大什么都没说清楚而试图把需求说得更清楚，其结果反而是过犹不及，不自觉地突破了无形边界的限制，把用例的粒度搞得一片混乱。

假设上面所述的网上购物系统中，买家购买商品时有这样一个业务过程：买家下的定单如果出现了问题，或者商家和买家任一方要求修改定单时，将由系统管理员来完成修改工作。相比大而空的购买商品用例，这个业务过程清楚多了。面对这个需求信息，不知读者会如何来建立模型？相信有相当一部分读者会很迫不及待地把这个重要的信息加入业务模型，得到图 3.19 所示的结果。

读者觉得图 3.19 所示的模型有问题么？初看上去十分符合要求，修改定单的确是系统管理员做的一件事情，似乎并无什么不妥。但是无形中建模者已经缩小了边界，降低了抽象层次，实际上修改定单这个用例的粒度已经比其他用例的粒度要小。有读者要问，不一致就不一致，有什么问题吗？有，有很多问题。

首先，作为修改定单的参与者，虽然名字仍然叫做系统管理员，但实际上就修改定单这件事情来说，系统管理员只是购买商品这个用例场景中的一个业务工人，也就是说系统管理员修改定单的目的是服务于购买商品用例的，并不是一个完整目标。这种情况下，当我们用业务模型中的用例来描述它们如何构成业务场景的时候，修改定单是无法融入到这个业务场景中的。例如这样来描述这个业务场景，说商家发布商品，买家购买商家发布的商品，系统管理员修改定单，就会显得修改定单在这个业务场景中格格不入。因为修改定单根本就和发布商品和购买商品不在一个层面上，它只是购买商品过程中的一个子过程而已。

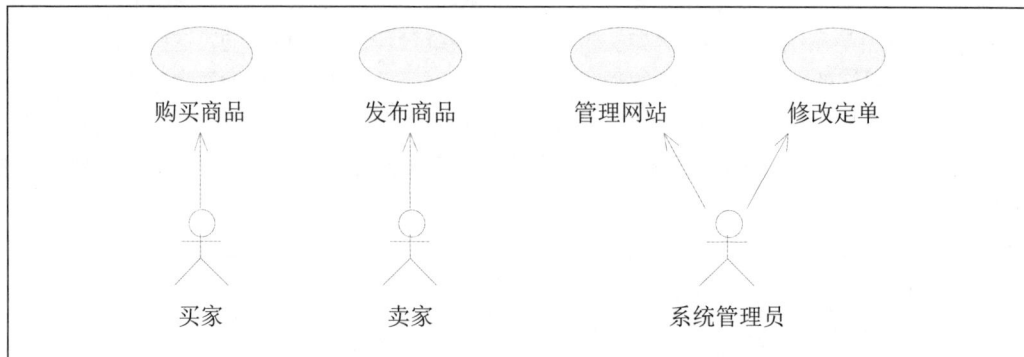

图 3.19　网上购物系统——超越边界

　　其次，用例将驱动软件架构的建立，如果这样建模，把本来属于购买商品用例中的一个步骤提升成一个用例与购买商品用例并列，那么很自然地软件架构中系统管理员就会拥有修改定单的一个专门模块，而这个模块则必须依赖于购买商品模块，从架构上讲，两个原本关系紧密，有强依赖关系的逻辑被分成了两个在架构上要求独立的模块，总是一种很糟糕的设计。

　　最后，从实现上讲，系统管理员本来只是作为一个业务工人参与了购买商品业务，在程序实现上他只是通过扮演购买商品模块中的一个角色来完成修改定单的工作，一旦业务变更，设定了新的专门的交易管理员来修改定单，程序需要做的只是把修改定单的角色从系统管理员身上抹去，重新赋予交易管理员即可。如果修改定单成为系统管理员的用例，这个需求就很可能被集成到系统管理模块里去，成为系统管理员角色的一个部分。当业务变更交易管理员出现时，要么接受本来是业务人员身份的交易管理员可以操作系统管理模块，要么把修改定单这个模块从系统管理模块中迁移出来。不管哪个解决方案，总是很令人沮丧的。

　　那么应当怎么处理系统管理员修改定单这个业务过程呢？办法是紧守边界，认识到现在的抽象层次高于这个业务需求，它不能作为一个单独的用例在这个抽象层次上出现。保持图 3.18 的原状不动，在接下来单独分析购买商品用例的时候，由于边界已经缩小为购买商品用例的内部，自然地不管是修改定单作为购买商品的一个步骤也好，还是系统管理员作为购买商品用例的一个业务工人也好，都能够很自然地出现在概念模型里，成为购买商品这个用例实现过程中的一个关键概念。这时，由于已经位于购买商品的上下文环境里，它就能够很自然地与其他购买商品的关键概念构成用例场景，比如这样描述业务场景：买家提交修改定单请求，系统管理员修改定单请求就很自然了。

　　当然，上述的例子之所以修改定单不能够作为用例出现，是因为我们认定了系统边界和抽象层次。如果出于某些原因，例如系统规模很小，或者开发组织对于这个领域已经非常熟悉，像购买商品、发布商品之类的业务已经很清楚，就可以不必从那么高抽象层次开始，而直接使购买商品业务模块成为

分析开始的边界，这种情况下出现类似买家查询商品，买家提交定单，买家提交修改请求，系统管理员修改定单之类的用例也是正确的。还是那句话，不论边界和抽象层次如何选择，粒度大小如何决定，在同一个需求阶段，必须保持所有用例的粒度在同一量级！

3.3.8 业务用例

业务用例（business use case）是用例版型中的一种，专门用于需求阶段的业务建模。在为业务领域建立模型时应当使用这种版型。请注意业务用例只是普通用例的一个版型，并不是另一个新的概念，因此业务用例具有普通用例的所有特征。

与其他用例的版型不同的是，业务用例专门用于业务建模（参看 6.1 节业务建模工作流程）。业务建模有专门的章节描述，在这里稍作解释。业务建模是针对客户业务的模型，也就是现在客户的业务是怎么来建立模型的。严格来说业务建模与计算机系统建模无关，它只是业务领域的一个模型，通过业务模型可以得到业务范围，帮助需求人员理解客户业务，并在业务层面上和客户达成共识。有一点必须说明，业务范围不等于需求，软件需求真正的来源是系统范围，也就是系统模型（6.2 节系统建模工作流程）。业务模型是系统模型的最重要输入。

既然业务用例是用于描述客户现有业务的，那么业务用例面对的问题领域就是没有将来的计算机系统参与的、目前客观存在的业务领域。相对应的，它的参与者就是业务主角。站在业务主角的立场上看到的边界是业务边界而非系统边界，这一点请务必区分。如果说用例是用来获取功能性需求，那么可以说业务用例用来获取功能性业务。

举例说明，为一个图书馆开发借书系统，建立的业务模型是基于客户的现有业务的，也就是说哪怕我们明明知道计算机可以实现自动提示哪些读者逾期没有归还图书这一要求，在业务建模时业务用例也不应当将计算机包括进来。如果要描述这项业务要求，应当用"查阅逾期未还者"之类的描述，而不应当用"计算机自动提示逾期未还者"之类的描述。因为就算没有计算机参与，客户也有这样一项业务存在，尽管可能只是手工翻看登记台账。

之所以不能够把计算机引入进来，是因为业务范围不等于系统范围，不是所有的业务都能够用计算机来实现的。不在计算机中实现的业务就可以不进入系统范围，也就是可以不把它作为一个需求。例如，假设图书馆有一项检查借阅人身份证件是否真实的业务，然而众所周知，第一代身份证件是不可通过计算机来检查的。所以，虽然在业务建模时不加入这个业务用例客户的业务过程描述就不完整，但是这个业务却不应当进入系统范围。

3.3.9 业务用例实现

业务用例实现（business use case realization），也称为业务用例实例，是用例版型中的一种，专门用于需求阶段的业务建模。在为业务领域建立模型时采用这种版型。

从字面上理解，业务用例实现就是业务用例的一种实现方式。一个业务用例可以有多种实现方式，它们的关系可以类比编程上的接口和实现类的关系，同一个接口可以有多个实现类。同样的，一个业务用例的多个业务用例实现都是为了达成同一个目的，但是每个业务用例实现为达成这个目的而采用的方式各不相同。业务用例实现的意义就在于此，它们表达了同一项业务的不同实现方式。

举例说明，我们使用电话，就需要向电话局交纳电话费。将电话局作为一个业务边界，那么作为这个业务边界的参与者，电话使用者就有交纳电话费的业务目标，我们可以为电话使用者建立一个交纳电话费业务用例。如果我们向电话局展开调研，就会发现同样是交纳电话费的业务目标，有很多种可能的实现方式。比如可以直接到电话局营业厅交纳，也可以在电话局预存一笔话费，还可以到银行通过银行代缴。每一种可能的方式都实现同样的交费目的，从业务目标上来讲并没有什么差别，但在业务执行上是完全不同的。因此在建立业务模型的时候，我们就可以用营业厅交费、预存话费和银行代交费的业务用例实现来"实现"交纳电话费业务用例，如图 3.20 所示。

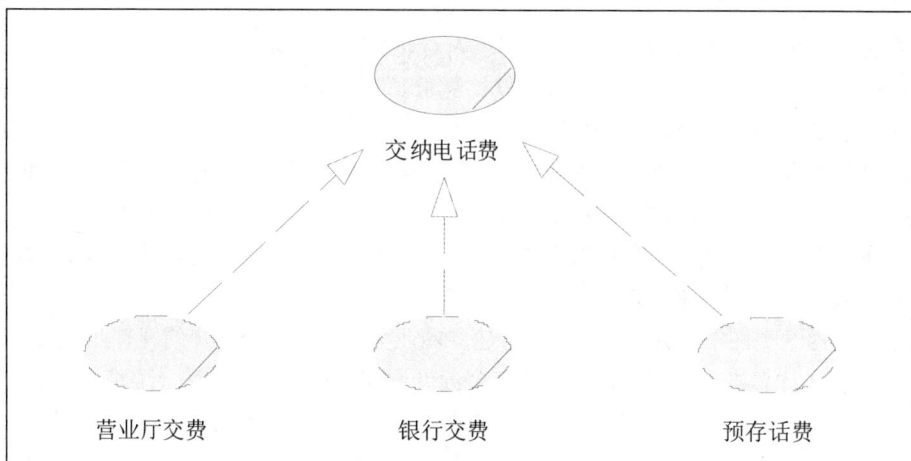

图 3.20　业务用例实现

读者在后面的章节中会看到在业务用例分析时需要进行业务用例场景的绘制，上面的三种用业务用例实现方式在业务用例场景中将体现为三个不同的业务流程。

业务用例实现是实现对象追溯到需求的一个重要环节。在后续的建模过程中，我们根据业务用例实现将得出关键业务对象，再从业务对象转化到设计对象，从而生成代码。

3.3.10　概念用例

<<conception>>
概念用例

概念用例在实际的应用中很少被人使用，UML 也没有为它预定版型，当然我们可以自己添加，左边的示例图中的<<conception>>就是笔者自定义的版型，用来与其他阶段的用例版型区分。概念用例用于概念建模（参看 5.3 节概念用例模型）。

在实际情况中，概念建模很少被采用，因此概念用例也就很少被使用。

但是很少使用并不是因为概念建模不重要，相反，还相当重要，只是绝大部分建模者都忽略了，或者即使已经做了其中的一些工作，但是不知道还有这样一种模型。

　　概念模型用来获取业务模型中的关键概念，分析出业务模型中的核心业务结构以得到一个易于理解的业务框架。实际上业务架构（参看 5.7.1.1 节业务架构）就是在这个阶段产生的。

> 注：即使是业务架构本身，也很少被人使用。但业务架构的确是业务分析中很重要的一个成果，它对软件架构有着直接的影响。

　　作为概念模型中的核心元素，概念用例用来获取业务用例中的核心业务逻辑，这些核心业务逻辑揭示了业务模式，成为业务架构的重要指导。同时，概念用例还是从业务用例到系统用例过渡时非常重要的指导。虽然概念用例不是必需的，但是对于复杂业务来说，缺少了它，系统用例的产生就会显得突兀和生硬，基本上都是拍脑袋得出来的结果。

　　举例来说，3.3.9 节提到的预存话费业务实现，我们可以从实现过程中获得一些核心业务，并把它们展示出来，如图 3.21 所示。

图 3.21　概念用例

　　从图 3.21 读者可以初步体会一下通过概念模型的建立来揭示核心业务的做法，这些核心业务可以为建立业务架构提供很好的指导，同时根据概念用例，再来发现和决定系统用例就不再显得生硬了。比如转账这项核心业务，可能由于某些原因暂不支持，只支持现金存入的方式，那么在系统用例中就可以去掉这个需求。如果没有概念用例，就很容易缺少为什么从预存话费业务用例到系统用例时某些信息丢失了的原因。

　　上面的例子仅作为简单的示例，更多内容将在 5.3 节概念用例模型中讲述。

3.3.11　系统用例

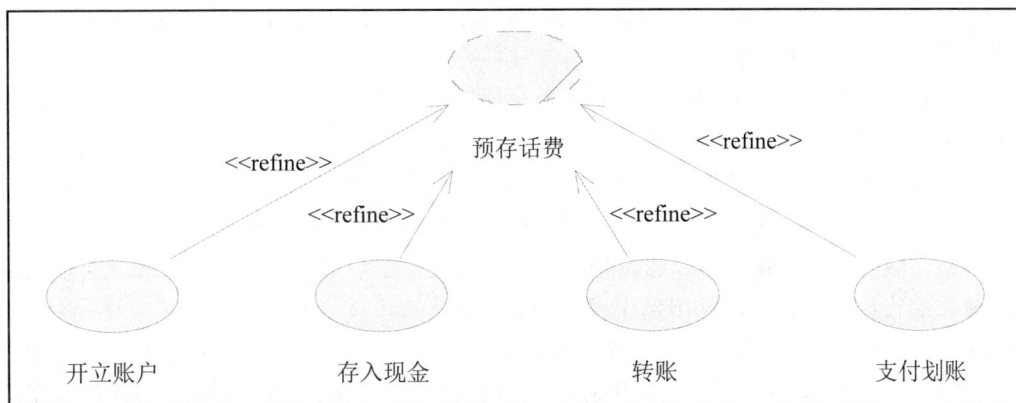

系统用例

系统用例没有定义版型。实际上它就是我们天天挂在嘴边的用例，因此接下来本书中把系统二字去掉，直接称之为用例。如果不是特别强调，读者可以把用例等同于系统用例。

虽然我们天天把用例挂在嘴边，大概很少会有人想到其实在它的前面还有系统两个字。多了这两个字意味着它必然有着一些特殊的含义。只是这些含义因为已经成为用例的本来性质，所以被默认了，而很少有人去思考这些含义。

那么系统用例的含义到底是什么呢？本节之前已经就用例讨论了这么多，还不够吗？实际上已经够了，轻轻一下就可以点破。系统用例是用来定义系统范围、获取功能性需求的。因此，系统用例的含义就是，系统用例是软件系统开发的全部范围，系统用例是我们得到的最终需求。估计大部分人在绘制用例图的时候并没有认真想到过采用用例这一元素建模，实际上正在做的事情是划定开发范围，确定系统需求。

如果说业务用例是客户业务视角的话，从现在开始，系统用例将采用系统视角来看待了。

3.3.12 用例实现

勿须过多解释，用例实现的前面还有两个字，完整的叫法是系统用例实现，不过"系统"二字同样可以省略。类似业务用例实现，一个用例实现代表了用例的一种实现方式。

虽然理解起来不会有太多困难，我们还是举个例子来说明。有这样一个需求，我们要在网上申报业务，就需要提交申请。考虑到填写内容较多，时间过长，会话可能失效，也考虑到有些用户使用拨号上网带宽窄速度慢的问题，系统打算支持两种提交方式，一种是在线提交申请，另一种是离线提交申请。第一种方式在网页上在线填写申请单，直接提交；第二种方式则是下载一个表格，填写完之后再上传。这两种方式都是实现提交申请这个用例的，因此可以用在线提交申请和离线提交申请这两种用例实现来表达这种需求。

同样的，用例实现也是实现对象追溯到需求的一个重要环节。虽然后面会讲到，但在这里还是顺带提一句，现实情况中绝大部分项目都是做完用例模型后，直接开始进入数据库表设计、类设计等。有些思考比较深入的项目组成员常常心存疑虑，因为他们不知道这些数据库表和类是依据什么出来的，好像是一拍脑袋就出来了，美其名曰凭经验。其实用例实现正是连接起用例模型和系统实现之间的桥梁。

> **小结：**到此为止，用例终于讲完了，相信读者面对看似简单的一个椭圆形却有着那么多的性质、误区、版型……多少觉得有点眼晕吧。请相信，其实不是因为用例本身要搞得那么复杂，而是因为现实世界很复杂，需求很复杂，软件开发工作也很复杂。谁让用例描述现实世界又驱动计算机世界呢？
>
> 如果读者细心体会一下本节的内容，就会发现其实大部分文字是花在了在实际的需求工作和开发工作中用例如何解决问题上。这些问题是用例的使用者经常感到困惑的地方。在后面的章节里，还会讲到更多的实际问题。
>
> 关于本节的内容，如果你还觉得有一些东西不理解，没有关系。概念这种东西必须在实践中遇到问题后，经过思考才能消化和吸收。好在本书才刚刚开始，相信随着阅读的不断深入，对用例的理解也会逐步加深的。

3.4　边界

边界

笔者在构思写作大纲时曾经几次犹豫，边界这一节是应该放在参与者和用例这两节之前讲解呢，还在放在之后。因为参与者和用例都与边界有着纠缠不清的瓜葛，就像歌里唱的，没有天哪有地，没有你哪有我……但作者最终还是决定等讲完参与者和用例之后再来阐述。这是因为边界虽然如此重要，却实在有点虚无缥缈，看不见摸不着，无法衡量，也无章可循，很多时候需要靠建模者的经验和意识。

边界在 UML 图符里的定义只是一个简单的矩形框，矩形框的四个边决定了边界的内外。而在 Rational 的 Rose 这一最为著名的建模工具里，干脆连这个元素都省掉了。所以，相对于其他的 UML 元素，边界可能是最简单的，但也是最容易混淆的。如果一开始就来讲述边界，多少会有点空中楼阁的味道。

现在，经过对参与者和用例的学习，读者应该已经体会到参与者、用例和边界相生相克的性质，此时再来阐述边界就有据可依了。但是边界从定义上实在没什么东西可讲。然而边界却又是非常难以掌握的，请回顾一下 3.3 用例一节中关于目标和步骤的误区以及粒度的问题，都是由于边界不清导致的。所以笔者只能多讲述一些边界在概念上的理解，期待读者能领悟灵活使用边界的方法。

边界本质上是面向对象方法的一个很重要的概念，与封装的概念师出同源。面向对象里，任何一个对象都有一个边界，外界只能通过这个边界来认识对象，与对象打交道，而对象内部则是一个禁区。我们把边界放大了看，这个世界上任何一种东西我们都不可能知道它本质上是什么，而只能通过它的行为、外观、性质来描述它是一个什么东西。行为也好，外观也罢，这就是这个东西的一个边界，我们就是通过边界来认识事物的。

对有形的事物来说，边界很好理解，它大多数时候是看得见的。比如一台电视机，我们能清楚地看到它的边界，例如屏幕和面板。但是无形的东西，它的边界也是无形的，这就不大好理解了。就比如常说的系统边界，就是看不到的。与其说是系统边界，倒不如说是需求的集合来得准确。但是我们不能先有需求再倒过来推定边界，因为在建模过程中需求是晚于系统边界出现的。在收集需求时，我们总要先假定一个范围边界，在这个边界内寻找需求，而找到的需求的集合又决定了最终边界的大小。

所以在需求出来之前，我们必须先设想一个边界，这个边界的大小是不确定的，随着需求的明确，边界也逐步变得明朗。但是问题出在确定需求靠什么？靠参与者和用例对吧？而参与者和用例得以明确的前提条件是边界是确定的，而偏偏这个时候边界是无法确定的。是的，这是一个矛盾，实际上需求就是在不断地调整这个矛盾的过程中逐步明确进而更加确定边界的。这个调整过程不可避免地会导致参与者和用例的变化。所以需求过程是一个动态的过程，不可能一蹴而就，也因此统一过程需要迭代，而不能采用瀑布方法。

下面就边界的一些相关作用进行更深入的探讨。

3.4.1　边界决定视界

边界是可大可小的，由建模者主观臆定。读者可以回头看看 3.3.7 用例粒度的误区一节，在不同的边界设定下，购买商品这样的大粒度用例和修改单这样的小粒度用例都是合理的。为什么会这样？这是因为边界决定了视界，导致你看到的东西不一样。

比方我们观察并描述一幢建筑物，如果我们的位置在楼的正前方，能够观察到的东西是大门、招牌、楼层数这些东西；如果我们的位置是在大厅里，能够观察到的东西是吊灯、沙发、柱子这些东西；如果我们的位置是在楼顶上，能观察到的东西就是围栏、烟道、中央空调水冷器这些东西了。虽然这些东西完全不一样，但是没错，我们一直都在描述同一幢建筑。这种情形有点像是盲人摸象，说它是一面墙也好，说它是一根柱子也罢，在不同的边界条件下都是正确的。而收集需求和开发软件的过程，多少也像是盲人摸象。为了更接近真相，我们能够做的就是不断变换边界，改变视界，从更多的侧面去描述同一个信息，以求最大程度地符合真实的需求（读者在 6.1 业务建模工作流程一节里会看到同样的用例在不同的视图里展现的情况）。

对于建模来说，同样的需求交给 10 个不同的人，可能得出 10 个不同的结果。为什么？除了对业务的理解不同之外，另一个重要的原因就是不同的人选择的边界不同，视角也不同。但哪一个更正确呢？我们只能把这些不同的结果进行对比、思考、讨论，最终希望得到一个更恰当的结果，就像盲人摸象一样，多方结果的相互印证得出的结论总是会更接近真相。所以在建模过程中，如果对建模结果感到疑惑，就可以试着改变边界设定，得到不同的参与者和用例，再通过相互印证的方式得到更好的结果。

3.4.2　边界决定抽象层次

抽象层次的重要性在 2.3 抽象层次一节里已经讲过了。在分析过程中我们总要决定选择一个抽象层次来展开描述。但是选择一个合适的抽象层次并不容易，一辆汽车有几十万个零部件，我们怎么把汽车说清楚呢？我们可以通过设定边界、组织边界大小来决定抽象层次，层层推进地把汽车描述清楚。比方首先设定边界是整辆汽车，这时我们必然站在汽车外面，观察到的是汽车的大小、颜色、质地等这些东西；下一步将边界设定在汽车内部，我们观察到的是方向盘、仪表盘、中控板这些东西；再下一步，可以将边界设定在仪表盘内部，我们观察到的就是指示盘、电路、齿轮这些东西了。

勿须讳言，这是一种自顶向下的方式。也就是说，通过逐步缩小边界进而影响到我们可以观察到的事物，也就决定了我们的抽象层次，使得我们的分析粒度可以有条不紊地逐步细化。当然，我们也可以采取自底向上的方式，先把边界设定到较小的范围，比如从发动机开始讲起，扩大到传动系统，再扩大到整车性能。

不论哪种方式，边界总能帮助我们很好地把握当前的抽象层次，忽略掉那些边界外的杂音，专心地把当前边界内的问题搞清楚。如果能很好地组织边界，再复杂的系统分析起来也不会显得手忙脚乱杂无头绪。

　　还是回到软件工作上来。在建模的时候，如果是一个很庞大的系统，信息量之多会超出人脑的处理能力，进而失去分析能力。这就需要很好地把握抽象层次，排除掉非本层次之内的信息，自顶向下地把整个系统描述清楚。边界的设定可以帮上大忙。

　　比如有一个大系统，其涉及的单位包括商业网站、银行、政府机构、工厂、物流、批发商、零售商等，显然这里面的业务是非常错综复杂的。我们可以把边界设定为整个商业过程，得到的参与者就是商业网站、银行、政府机构、工厂等，进而得到商业网站→宣传商业信息、银行→管理财务、政府机构→监管市场、工厂→生产商品等这些抽象层次非常高的用例。为这些用例建模、获取领域模型、建立业务架构等工作，确保参与者都能达到其业务目标，整个商业模式得以实现。再接下来，把边界缩小到宣传商业信息领域，也就是商业网站部分，进而降低了抽象层次，就会得到广告策划人员、平面设计人员、网站管理员等参与者，进而得到策划广告、设计广告、发布广告等用例，而这些粒度小一些的用例保证满足宣传商业信息这一大用例。如此这般，逐层推进，直到抽象层次降低到对象的级别。

　　提醒一下，像策划广告、设计广告、发布广告等粒度更小的用例由于位于宣传商业信息的边界以内，只要这些用例实现了宣传商业信息用例，就能保障整个复杂的商业模式得以实现。

3.4.3　灵活使用边界

　　其实边界不仅能够在需求方面发挥作用，在设计层面也能发挥重要的作用。软件设计也面临着很大的信息量，既要实现需求，又要保证性能，要具有扩展能力，还要友好易用。如果把这些要求都掺杂在一起，设计师的脑袋就得痛了。这时设定一些边界就能有效地降低复杂度，比如将实现需求的任务交给分析模型，在这个边界内只考虑需求实现；将扩展能力交给框架设计，在这个边界内专心设计灵活的框架；然后再在框架的约束下把分析模型转化成设计模型。这就比在分析模型中考虑扩展能力简单得多了。

　　总之，边界是无形的，与其说它是一个 UML 元素，不如说它是一种分析方法。在面向对象的方法中，边界大到业务建模，小到接口设计都能发挥重要的作用。读者在实际工作中应当学会灵活地使用边界，用边界来决定抽象层次和视角，进而排除边界外大量的杂音来降低复杂程度。这也是面向对象能够比面向过程优越的地方。

> **小结：** 边界是虚幻的，又是必不可少的。以笔者自己的经验来看，能否准确把握边界，能否灵活变换边界，能否控制边界的粒度是做好需求分析和系统设计的关键。夸张一点说，高手和俗手之间的差别或许就在"心中有边界"吧！在架构师的眼里，再复杂的世界也是被许多无形的边界隔离、包装、各行其责的。
>
> 　　一个好的分析和设计如同一筐带壳的鸡蛋，清清爽爽；一个差的设计如同一堆打碎了壳的鸡蛋，粘粘糊糊。壳，是好坏的关键。
>
> 　　在接下来的章节里，边界不会被时时提起。不过读者应当时时提醒自己边界的存在，终有一日做到"眼中无边界，心中有边界"。
>
> 　　下一节将进入业务实体的学习。

3.5 业务实体

业务实体

业务实体是类（class）的一种版型，特别用于在业务建模阶段建立领域模型。业务实体是业务模型中非常重要的一个因素，它为问题领域中的关键概念建立概念化的理解，是人们认识问题领域的重要手段。如果说参与者和用例描述了我们在这个问题领域中达到什么样的目标，那么业务实体就描述了我们使用什么来达到业务目标以及通过什么来记录这个业务目标。实际上，业务实体抽象出了问题领域内核心和关键的概念，如果把问题领域比喻成一幢大楼的话，业务实体就是构成这幢大楼的砖瓦和石头。

官方文档对业务实体的定义是：业务实体代表业务角色执行业务用例时所处理或使用的"事物"。一个业务实体经常代表某个对多个业务用例或用例实例有价值的事物。一般而言，一个好的业务实体不包含关于其使用主体和使用方法的信息。

如何理解上述的定义呢？

首先，业务实体是来自现实世界的，在我们建模的问题领域里一定能够找到与它相对应的事物，并且这个事物是参与者在完成其业务目标的过程中使用到的或创建出来的。例如，饭店中的业务实体有菜单和饮料；而在机场，机票和登机牌是重要的业务实体。有时候，业务实体不一定对应一个具体的事物，它也可以表示一个现实中的概念。比如在有关心理治疗的场景下，患者的情绪也可以用一个业务实体来描述。

其次，业务实体一定是在分析业务流程的过程当中发现的，而业务流程实际上就是业务用例场景。这意味着业务实体必须至少被一个业务用例场景使用或创建，对业务用例场景没有贡献的事物，即使它是客观存在的，也不应当为它建模。例如有一个到商店购买衣服的业务用例，我们在分析购买衣服的过程时，虽然衣服挂在衣架上，但是衣架没有对购买衣服的过程产生贡献，我们就不应当建立衣架这个业务实体。

最后，业务实体作为类的一个版型，具有对象的所有性质，包括属性和方法，同时也具有对象的独立性，即业务实体只应当包含它本身固有的特性，而不能包含外界是如何使用它的信息。这一点应当很好理解，一把刀就是一把刀，对于这个业务实体我们只能描述它的大小、材料、外观、锋利程度等，却不能描述它是用来切菜的。因为它是不是用来切菜，不是取决于它本身，而是取决于特定的场景，比如厨师在厨房里做菜的场景；换一个场景，或许它就变成了劫匪用来抢劫的凶器。

既然业务实体具有属性和方法，那这些属性和方法又是怎么定义的呢？

3.5.1 业务实体的属性

属性是用来保存业务实体特征的一个记录，业务实体的属性集合决定了它的唯一性。

通常情况下业务实体的属性可以很容易地从它所对应的现实事物中找到。例如钱币，我们可以很容易找到它的属性：面额、材料、大小、防伪标志等。但是一个事物通常有非常多的属性，在建

模的时候，我们是否需要把它所有的属性都列举出来呢？不需要。在特定的场景下，我们只需要关心它与这个场景直接关联的那些属性。例如同样是钱币，在用它进行交易的场景里，我们关心的是面额，至于钱币的大小就无关紧要；而在设计点钞机的场景里，钱币的大小就是要考虑的一个重要属性了。实际上这种只关心业务实体与特定场景直接关联的属性的做法，正是面向对象方法中的抽象视角的体现。抽象视角在 2.4 视图一节中曾经讲到过，读者可以回头查阅。

很多时候属性并不是一个简单的不可再分的概念，属性本身很可能也是一个复杂的业务对象。例如一个银行账户业务实体，它的属性可能包括定期和活期，而定期本身还有很多属性，比如年限、利率等。这就带来一个问题，定期到底是作为账户的一个属性存在，还是单独将它建模为一个业务实体呢？一般来说，如果只有一个对象可以直接使用这个属性，或者只能通过对象才能访问到这个属性，它就应当作为一个属性存在；否则就应当把它单独建模成一个业务实体。怎么理解？就拿账户和定期来举例，如果读者使用的是招商银行的一卡通，就会知道，一卡通用户手里就只有一个账号，定期没有单独的账号，更没有存折。对定期的所有操作必须通过一卡通账号进行。这种情况下，不论定期有多复杂的属性，它也只应当作为一卡通的账号的属性存在；而在其他银行，办理定期时会单独开立一个账号，甚至会有一张存单，客户可以直接处理这个定期账号。在这种情况下，应当单独将它建模成为一个业务实体。实际上这也是面向对象方法中封装原则的应用，不能因为一个对象内部很复杂，就将其拆分为多个对象展现给外部。对象内部不管结构如何，在存取这个对象的外部看来，它都只应当看上去是一个整体。

3.5.2　业务实体的方法

方法是访问一个业务实体的句柄，它规定了外部可以怎样来使用它。比如一台电视，它的方法就是遥控器，我们可以开、关、调声音、调频道，但是我们不可以试图让它飞起来——因为它没有这样的方法。实际上，这种特性也是面向对象方法中对象封装的概念，回顾 1.1.3 面向对象方法一节，曾经谈到过对象的这样一个特点：对象是"自私"的，即便在伙伴之间，每个对象也仍然顽固地保护着自己的领地，只允许其他人通过它打开的小小窗口（这称为方法）进行交流，从不会向对方敞开心扉。所以，方法就是外部能够使用这个业务实体的全部信息。

换一个角度说，一个业务实体有很多种可能的使用方法，例如一部手机可以用来打电话、玩游戏、听 MP3，也可以用来当电子时钟，你甚至可以在遇到坏人时用它来防卫……在建模的时候我们是否需要把所有可能的方法都定义出来呢？不需要，在特定的场景下，只需要关心那些与这个场景有直接关系的那些方法。例如同样是这部手机，在打电话的场景里，我们只需要关心拨号、接听这些方法；在听 MP3 场景里，我们只需要关心下载、存储、播放这些方法。与业务实体的属性一样，业务实体的方法也同样是面向对象方法中的抽象视角的体现。

3.5.3　获取业务实体

前面讲了很多有关业务实体的很理论化的概念，不知读者是否已经头晕脑涨。现在我们就来讲点实际的，如何获取业务实体。

在业务实体的定义里讲到：业务实体代表业务角色执行业务用例时所处理或使用的"事物"。一个业务实体经常代表某个对多个业务用例或用例实例有价值的事物。实际上这个定义就是我们获取业务实体的方法。

首先我们要建立业务用例场景。业务用例场景是参与者实现其业务目标的过程描述，例如我们描述一个寄信人到邮局寄信的用例场景：寄信人到达邮局，购买信封，将信装入信封，写上地址，称重，计算邮资，购买邮票，贴上邮票，邮寄信件，拿走回执。

然后，从业务用例场景中逐个分析动词后面的名词，它们就是业务实体的备选对象。例如邮局、信、信封、地址、邮资、邮票、信件、回执等。根据对象对业务目标是否有贡献这一筛选条件从备选列表中挑选出符合的对象。例如邮局是一个场所，它是寄信的一个约束，或者说是前置条件，对寄信业务目标来说没有直接的贡献，应当把它从列表中去掉。剩下的就成为初始的业务实体。

最后，分析这些业务实体之间的关系，并决定哪些应当单独建模，哪些应当作为属性。例如，地址和邮票都在信封上，其中地址只有信封能够承载，并且也只能通过信封来阅读地址，所以地址应当作为信封的一个属性。而邮票虽然也在信封上，但是寄信人可以对邮票单独处理，比如在购买时邮票还没有在信封上，所以邮票应当单独建模。再比如，邮资实际上等价于邮票的面额，所以邮资这个对象可以被邮票的面额属性代替，不需要为其建立模型。最后，信封、邮票、回执等共同构成了一份合法的信件。

经过以上过程，我们就获得了寄信这个业务用例场景中的业务实体。这些业务实体代表了寄信这个业务目标中的关键概念。再进一步，如果我们为这些业务实体之间的关系建模，为它们之间的交互建模，就得到了寄信这个问题领域的领域模型。图 3.21 展示了实体发现的结果，实际上图 3.22 就是领域模型中的静态视图，这个视图对我们理解寄信业务有着重要作用。同时，它也对软件实现有着至关重要的指导意义。

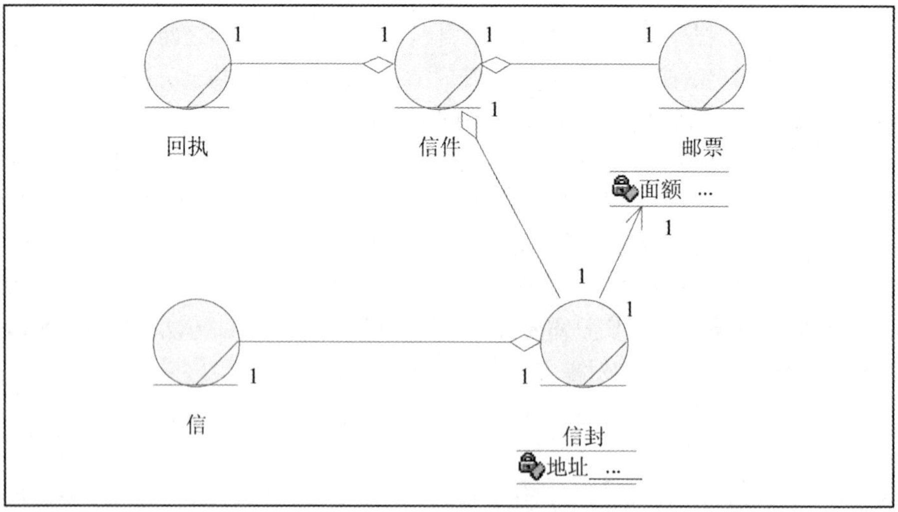

图 3.22　寄信业务实体模型图

小结：业务实体是我们定义和理解业务的重要元素，它代表了业务的实质。如果说参与者代表人，用例代表事，则业务实体就是物。人不论做什么事，最终结果还是要落在物上的。希望通过本节的学习，读者能掌握发现和定义业务实体的一些方法。

下一节将进入包的学习。

3.6 　包

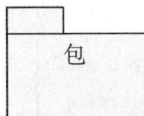

包是一种容器，如同文件夹一样，它将某些信息分类，形成逻辑单元。使用包的目的是为了整合复杂的信息，某些语义上相关或者某方面具有共同点的信息都可以分包。

包是 UML 非常常用的一个元素，它最主要的作用就是容纳并为其他元素分类。包可以容纳任何 UML 元素，例如用例、业务实体、类图等，也包括子包。在 Rose 中我们可以看到默认的三个顶级包：Use Case View、Logic View 和 Component View，在其下可以按需要建立无限层次的分包。看起来分包似乎是很随意的。但其实 UML 对分包还是有着一些指导性原则的，分包的好坏是由包之间的依赖关系（见名词解释 1）来评判的，事实上在 UML 里，包之间的关系定义也只有依赖关系。UML 认为好的分包具有高内聚、低耦合的性质。

名词解释 1：什么是依赖？如果 A 事物发生变化，B 事物必然变化，我们称 B 依赖于 A；反之则无依赖关系。

具体来说，分包有这样一些指导性原则：

- 如果将元素分为三个包 A、B、C，那么被分入同一个包中的那些元素应当是相互联系紧密，甚至不可分割的。同时这些元素又具有某些相同的性质，使得包可以抽象出一些接口来代表包内事物与包外的事物交互，以避免包外的事物频繁地直接访问包内元素。这时我们称 A、B、C 三个包具有高内聚的性质。
- 包的最理想的情况是修改 A、B、C 三个包中任意一个包的元素，其他的任何一个包中的内容都不受到影响。这时我们称 A、B、C 三个包之间无依赖关系或松耦合关系，它们之间可以保持消息通信。
- 如果实际情况难以做到完全解除依赖关系，那么至少应当保证包之间的依赖关系不会被传递。例如 B 依赖于 A，C 依赖于 B，当 A 修改导致 B 要做出修改时，C 不会受到影响。如果做不到这一点，当一个包发生变动时将会引起大范围的连锁反应。
- 包之间的依赖关系应当是单向的，应当尽量避免双向依赖和循环依赖。如果 A 依赖于 B，而 B 又依赖于 A，我们称这是一种双向依赖关系；如果 A 依赖于 B，B 依赖于 C，而 C 又依赖于 A，我们称这是一种循环依赖关系。双向依赖和循环依赖都是不好的分包。

名词解释 2：什么是依赖传递？如果 A=B，B=C，由此可以确定 A=C，称之为依赖关系可传递；如果 A 是 B 的朋友，B 是 C 的朋友，但不能确定 A 也是 C 的朋友。

包最主要的用途就是分类元素。但是 UML 中对包也可以进行一些版型的定义，让包表达一些特定的含义。接下来，以 Rational Rose 为例，讲解一些常用的包的版型。

- 领域包（Domain Package）

领域包用于分类业务领域内的业务单元，每个包代表业务的一个领域，领域包视图可用于展示这些业务领域的高层次关系。图 3.23 展示了使用领域包为商品流通过程建模的结果。

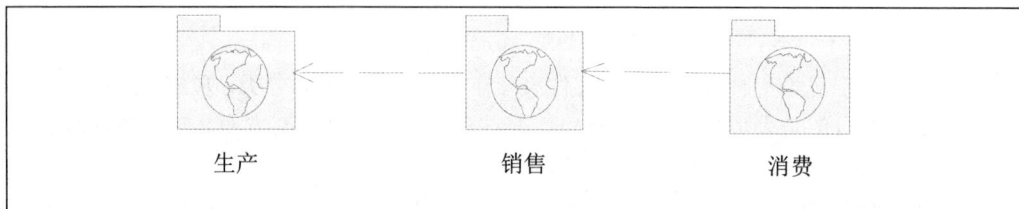

图 3.23　领域包

- 子系统（Subsystem）

子系统再熟悉不过了，它用于分类系统内的逻辑对象并形成子系统。子系统包视图可用于展示系统的高层次逻辑结构关系。图 3.24 展示了使用子系统包为一个工厂 ERP 系统建模的结果。

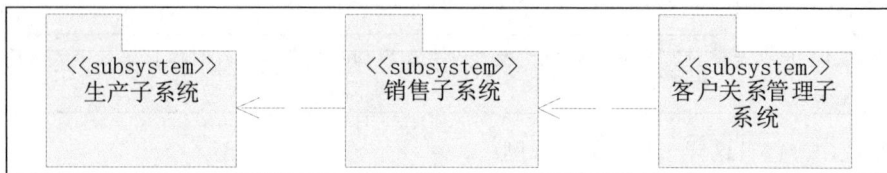

图 3.24　子系统包

- 组织结构（Organization unit）

组织结构包用于分类业务领域中的组织结构，它可以直接用来表述企业的组织结构。图 3.25 展示了工厂的组织结构。

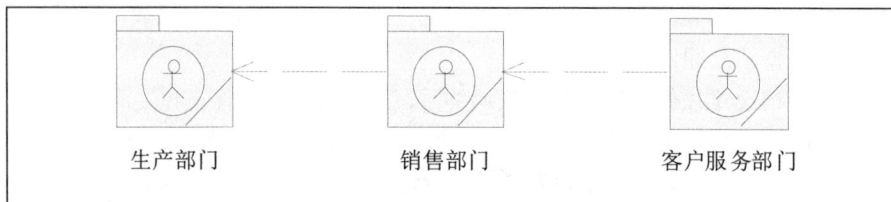

图 3.25　组织结构包

- 层（Layer）

层包用于分类软件中的层次，层可以用于展示软件的架构信息。图 3.26 展示了我们熟悉的三层架构。

除了上述预定义的版型之外，还可以自己定义需要的版型从特定的角度分类元素，也可以不定

义任何版型直接使用，只要在需要分类时就可以用包。在用包时尽量考虑分包的指导性原则。

图 3.26　层包

小结：包是 UML 元素中随意性最大的，但用好包将都助你更好地组织元素。就如同写文章要有好的提纲一样，包结构就是文章的提纲。经过本节的学习，我们知道了一些预定义了版型的包。更重要的是在实践当中利用包组织好整个分析和设计过程。

下一节将学习分析类。

3.7　分析类

在大多数项目中，分析类是被忽视的一种非常有用的元素。作者自己是非常喜欢用分析类的，甚至觉得分析类是分析设计过程中最重要的元素。为什么这么说呢？我们先来看看分析类的一些基本定义。

官方文档对分析类的定义是：分析类用于获取系统中主要的"职责簇"。它们代表系统的原型类，是系统必须处理的主要抽象概念的"第一个关口"。如果期望获得系统的"高级"概念性简述，则可对分析类本身进行维护。分析类还可产生系统设计的主要抽象——系统的设计类和子系统。

从定义中可以读出两点至关重要的性质：

- 分析类代表系统中主要的"职责簇"，这意味着分析类是从功能性需求向计算机实现转化过程中的"第一个关口"。
- 分析类可以产生系统的设计类和子系统，这意味着计算机实现是可以通过某种途径"产生"出来的，而不是拍脑袋拍出来的。

这就是为什么作者自己非常喜欢用分析类的原因。上述的两点决定了分析类就是跨越需求到设计实现的桥梁。当然，分析类的作用不仅仅如此。

分析类是从业务需求向系统设计转化过程中最为主要的元素，它们在高层次抽象出系统实现业务需求的原型，业务需求通过分析类逻辑化，被计算机所理解。分析类是需求实现的第一步，虽然在统一过程中分析类被定义为一种过渡类型，意味着它不是一个强制过程。但是笔者在自己的工作经验中认识到，分析类对于系统分析和设计的重要性远远超出过渡类型所能发挥的作用。

在笔者的实际经验里，分析类往往成为工作的重心，它不仅仅被当作过渡类型看待，相反，在有了基本需求以后，分析类在整个生命周期中都一直进行着维护。在笔者看来，由于分析类正好位于需求和实现的中间地带，要维护一个软件对于需求的可追溯要求、要维护软件架构的稳定演进、要维护一个高扩展性的架构，甚至要维护设计与实现代码的一致性，分析类都是不可或缺的。

笔者建议在整个软件生产过程中花大力气去维护分析类,这项工作对于整个软件的成功能起到十分重要的作用。在很多项目里，甚至可以花更少的力气去维护设计类。笔者这么做当然有充足的理由，在 5.6 分析模型一节里笔者会阐述为什么应该这么做。

既然分析类有这么大的作用，那就让我们先从分析类的基本性质开始，看看到底是什么让分析类成为在软件过程当中真正的英雄。分析类说起来也很简单，加起来总共也只有三个，分别边界类（boundary）、控制类（control）和实体类（entity），这些分析类都是类（class）的版型。

3.7.1 边界类

边界类是一种用于对系统外部环境与其内部运作之间的交互进行建模的类。这种交互包括转换事件，并记录系统表示方式（例如接口）中的变更。在从需求向实现的转换过程中，任何两个有交互的关键对象之间都应当考虑建立边界类。

边界类

对现实世界来说，边界类的实例可以是窗口、通信协议、打印机接口、传感器、终端等，在计算机世界里，边界类也可以是一个消息中间件、一个驱动程序、一组对象接口甚至任意的一个类。总之，不论是现实世界还是计算机世界里，当我们打算对 A 对象和 B 对象之间的交互进行建模时，边界类都可以充当这一载体。下面来看一些边界类的常用场景。

■ 参与者与用例之间应当建立边界类。

用例可以提供给参与者完成业务目标的操作只能通过边界类暴露出来。例如，参与者通过一组网页、一组 Windows 窗口、一个字符终端或者是一只鼠标来使用用例的功能，上述的东西都可以称为用例的边界类。

■ 用例与用例之间如果有交互，应当为其建立边界类。

一个用例如果要访问另一个用例，直接访问用例内部对象是不好的结构，这样将导致紧耦合的发生。而边界类可以隔离这种直接访问，其作用相当于一个门面模式。在最终实现时，用例之间的边界类可以演化为一组 API、一组 JMS 消息或是一组代理类。

■ 如果用例与系统边界之外的非人对象有交互，例如第三方系统，应当为其建立边界类。

这通常是因为异构系统、异构数据、访问权限、安全通道等原因。在具体实现时，边界类可以演化为中介和通信协议，中介的例子如网关、通信中间件、代理服务器、安全认证服务器、WebService、SOA 组件等；通信协议的例子如 HTTP、FTP、SSL、RMI、SOAP 等。

■ 在相关联的业务对象有明显的独立性要求，即它们可能在各自的领域内发展和变化，但又希望互不影响时，也应当为它们建立边界类。

例如生产计划和客户服务计划都来源于销售记录和客户关系记录，但是当销售记录和客户关系记录发生变化时，生产计划和客户服务计划对此产生的回应是不一样的。这时在销售记录和客户关系记录与生产计划及客户服务计划之间加入边界类或许就是一个好主意。在实现时，边界类可以转化为一组接口来为这些对象解耦。

最后，从架构角度上来说，边界类主要位于展现层。边界类的获取对架构设计中的展现层有着

重要的指导意义。

一个好的边界类应该具有以下特点：

- 边界类应该有助于提高系统的可用性。
- 边界类应该尽可能地保持在较高的层次（如概念层次）上。
- 边界类应该合理封装介于系统与主角之间的交互。
- 如果主角改变他们为系统提供输入的方式，边界类就应该是唯一需要改变的对象。
- 如果系统改变为主角提供输出的方式，边界类就应该是唯一需要改变的对象。
- 边界类必须"知道"其他对象类型（例如控制对象和实体对象）的需求，以便它们能够得以实施，并相对于"系统内部元素"保持其可用性和有效性。

3.7.2 控制类

控制类用于对一个或几个用例所特有的控制行为进行建模。控制对象（控制类的实例）通常控制其他对象，因此它们的行为具有协调性质。控制类将用例的特有行为进行封装。

控制类

控制类来源于对用例场景中行为的定义，换句话说，控制类来源于对用例场景当中动词的分析和定义，包括限制动词的描述。

例如我们曾经提到过的寄信人到邮局寄信的用例场景，该场景描述为：寄信人到达邮局，购买信封，将信装入信封，写上地址，称重，计算邮资，购买邮票，贴上邮票，邮寄信件，拿走回执。在这个场景中，购买、装入、写上、计算、购买、贴上、邮寄的行为都可以成为控制类的来源。

在提取控制类时，要认真考察用例场景中的行为，如果这些行为在执行步骤、执行要求或者执行结果上具有类似的特征，应当考虑进行适当的抽象，例如合并或者抽取超类。同时，也要考察这些行为是否对要建设的系统产生影响而进行一些取舍。例如上面场景中的装入、写上、贴上等行为是寄信人的人工行为，不会对寄信系统产生影响，因而可以舍去。

在 UML 的定义中，认为控制类主要起到协调对象的作用，例如从边界类通过控制类访问实体类，或者实体类通过控制类访问另一个实体类。但是 UML 的定义也认为不必强制使用控制类，例如边界类也可以直接访问实体类。

虽然从理论上讲可以如此，但在实践中笔者认为应当强制使用控制类，因为这是一种好的程序结构。边界类直接访问实体类的例子便是早些年前的 C/S 结构应用模式，以及网页+数据库的应用模式，通常都是两层架构应用。实践证明这并非好的应用模式，业务逻辑代码要么与显示混在一起（网页里充满了处理代码），要么与数据逻辑混在一起（大量的存储过程）。为了避免犯这样的错误，我们应当养成习惯，在边界类和边界类、边界类和实体类、实体类和实体类之间都默认加入控制类，将相关的处理逻辑放到控制类里去，哪怕该控制类只有一个操作。

在设计阶段，控制类可以被设计为 Session Bean、COM+、Server Let、Java 类、C++类等设计类。从架构角度上来说，控制类主要位于业务逻辑层。控制类的获取对架构设计中的业务逻辑层有着重要的指导意义。

3.7.3 实体类

实体类是用于对必须存储的信息和相关行为建模的类。实体对象（实体类的实例）用于保存和更新一些现象的有关信息，例如，事件、人员或者一些现实生活中的对象。实体类通常都是永久性的，它们所具有的属性和关系是长期需要的，有时甚至在系统的整个生存期都需要。

实体类

实体类源于业务模型中的业务实体。很多时候可以直接把业务实体转化为实体类，例如寄信人到邮局寄信业务模型中的业务实体（见图 3.22）就可以直接转化为信、信封、邮票、信件、回执这些实体类。但是出于系统结构优化的需要，一些业务实体可以在后续的过程中被分拆、合并。

例如在业务实体中，地址是信封的一个属性，出于单独处理地址，比如打印地址清单、按地址分发信件等原因，由于信封➡信件是一对一的关系，可以将地址单独拉出来成为地址实体类，并重新建立这样的关系：地址 ^{1}➡^{1} 信封，地址 ^{1}➡^{1} 信件。

在设计阶段，实体类可以被设计为 Entity Bean、POJO、SDO、XML Bean 等设计类甚至是一条 SQL 语句。从架构角度上来说，实体类主要位于数据持久层。实体类的获取对架构设计中的数据持久层有着重要的指导意义。

3.7.4 分析类的三高

分析类是从业务需求向系统设计转化过程中最为主要的元素，它们在高层次抽象出系统实现业务需求的原型，业务需求通过分析类被逻辑化，成为可以被计算机理解的语义。分析类的抽象层次有三高的特点，正是因为这些特点，使得分析类成为比设计类"更好用"的元素，也是作者喜欢使用分析类的最重要原因。分析类的三高分别是：

■ 高于设计实现

高于设计实现意味着，在为需求考虑系统实现的时候，可以不理会复杂的设计要求，比如设计模式的应用、框架规范的要求等，而专心地为从需求到实现搭建一座桥梁。以实体类为例，一个实体类可以被设计成 Entity Bean，也可以被设计为 POJO，不论是哪一种设计实现，都要遵循相关的规范，实现特定的接口等。这些复杂的要求在为需求考虑系统实现的时候就成为一些杂音，要处理的信息越多，越容易分散注意力。

而使用分析实体类的话，就不需要顾忌实现问题，专心解决需求问题。

■ 高于语言实现

高于语言实现意味着，在为需求考虑系统实现的时候，可以不理会采用哪一种语言来编写代码，也就可以排除特定语言的语法、程序结构、编程风格和语言限制等杂音，而能专注在需求实现上。

例如，Java 不允许多继承。如果分析时连实现语言的细节也要考虑进去，就会浪费很多时间。而对于分析类来说，我们只需要表示出类的职责即可，不必理会实现语言的约束。

■ 高于实现方式

高于实现方式意味着，在为需求考虑系统实现的时候，可以不考虑采用哪一种具体的实现方式。

例如安全认证，可能的实现方式有 LDAP、CA 认证、JAAC 等，如果在进行需求分析时就开始考虑这些实现方式，一方面会付出过多的精力，另一方面考虑过多的具体细节相反会扰乱需求实现的分析工作。

如果用对分析类，我们只需要用一个认证控制类代表系统需要这样一个程序逻辑来完成需求即可，至于实现方式则可以先放下不谈。

可以看到，一方面由于分析类的抽象层次较高，基本上停留在"概念"阶段，相对于设计实现、语言实现、实现方式这些较低抽象层次的工作来说，需要考虑的信息量要少得多，而能够让分析工作专注在实现需求上。因为相对于设计模式、编程风格这些因素来说，忠实地实现需求才是项目成功的第一位。

另一方面，也由于分析类的抽象层次较高，概括能力就很强，也就比设计和实现要稳定。在一个演进式的软件生命周期里，维护稳定的分析类比维护易变的设计类要投入更少的精力，更容易获得一个稳定架构来指导整个软件的开发。

关于分析类的更多内容，还会在 5.6 分析模型一节中详细阐述。

> **小结**：分析类是作者在进行系统分析时的最爱，也希望它们成为读者的挚友。它们有着简单的定义，丰富的表达，稳定的形态，友好的表示。一旦跟它们交上朋友，系统分析就会变得更加简单和易行了。
>
> 不过，系统分析最终还是要落实到实现上的，下一节就来学习设计类，将分析结构转换成实现的元素。

3.8 设计类

类
公有属性
保护属性
私有属性
实施属性
公有方法()
保护方法()
私有方法()
实施方法()

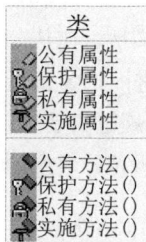

设计类是系统实施中一个或多个对象的抽象；设计类所对应的对象取决于实施语言。设计类用于设计模型中，它直接使用与编程语言相同的语言来描述。

凡是使用过面向对象语言的朋友对类都不会陌生，到了这个阶段，设计类已经直接映射到实现代码了，因此设计类依赖于实施语言。另一方面，设计类来源于前期的系统分析，在统一过程中，类不是凭空想象出来的，它们可以一一映射到前期系统分析的成果物上。从这个观点出发，分析类的重要性就能够体现出来。分析类为设计类中所需要的界面、逻辑和数据提供了非常好的抽象基础，设计类可以非常容易和自然地从分析类中演化出来，关于这一点，在 5.8 设计模型一节中将进行讨论。

在面向对象的原则里，应该假定类有具体类和封装体，即使实施语言并不支持这样做。虽然设计类取决于实现语言，实现方式各不相同，作为统一语言，UML 还是为设计类的概念进行了定义：设计类由类型、属性和方法构成。设计类的名称、属性和方法也直接映射到编码中相应的 class、property 和 method。需要特别说明的是，由于设计类与实现语言的关系紧密，因此可以为设计类加上特定的版型来说明该设计类对应的实现体。

图 3.27 展示了一些定义了版型的设计类，例如 Java 语言中的接口、Visual Basic 语言中的 class module、Java 语言中的 JSP 等。版型与实现语言和特定的实施环境有关，加上版型能够更清楚地

说明设计类与实现代码的关系。不过在本书讲述 UML 的过程中，是假设不涉及到具体语言的，只对设计类的通用概念进行讲解。本书中一些例子是以 Java 语言为实现语言的，读者应当根据自己特定的实施语言来找到这些定义对应的编程语言表达方式，或者说定义自己的版型，例如 COM+、ASP 等。

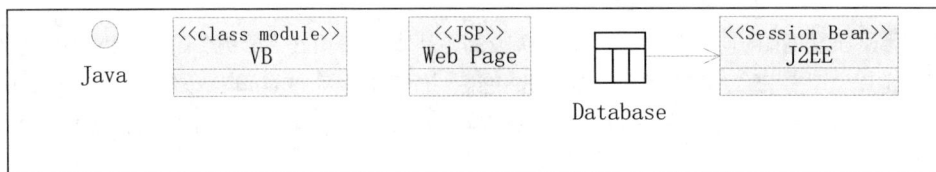

图 3.27　设计类的版型

　　统一过程是倡导架构化开发的，并且实际上现在的软件项目不使用软件框架的已经少之又少了，因此，设计类还会受到软件框架的约束。例如采用了 Struts 作为 Web 程序开发框架，Formbean 就是必需的设计类，getter()和 setter()方法也必须按照 Struts 框架规范来设计。

3.8.1　类

　　类对对象进行定义，而对象又实现（或称为实施）用例。类的来源可以是用例实现对系统所需对象的需求，这是为实现业务需求而定义的；也可以是任何以前已开发的对象模型，即现有的系统模块、采用的软件框架、第三方产品等。类说明了对象是什么，同时也就决定了对象拥有什么属性，具有什么方法。在 Java 和 C++这些典型的面向对象语言里，类就对应于一个 class 声明。

　　类是对对象某一方面特征的归纳和抽象，而对象则是类实例化的结果。例如小汽车、公共汽车、大卡车，从用途的角度可以抽象出的类为交通工具，反之，小汽车是交通工具的一个实例。在从分析模型向设计模型转化的过程中，可以把分析类认为是需求分析过程中得到的对象，进而抽象出具体的类。在实际的工作中，设计类的获得很多时候可以参照某个软件框架的指导或某个规范的要求。例如采用 J2EE 作为软件架构时，servlet、session bean、entity bean 等就是必须遵守的规范，根据规范我们可以从分析类中抽象出设计类。

3.8.2　属性

　　属性是对象特征，属性同时表明了对象的唯一性。属性名称是一个名词，描述与对象有关的属性的角色。创建对象时，属性可以具有初始值。在为对象建立属性时需要考虑的一个指导原则是只有对象单独具有的特征才能建模为属性。否则，应该使用与类（其对象代表特征）的关联关系或聚合关系对特征进行建模。关于这一点，3.5.3 获取业务实体一节中讲述了某个特征到底是作为属性还是单独对象的考虑点，3.9 关系一节中则对对象关系进行了更多讲解。

3.8.3　方法

　　原则上，访问对象或影响其他对象的属性或关系的唯一途径就是方法，直接访问和修改对象的

属性是不提倡的。对象的方法由它的类进行定义。绝大多数情况下，类定义的方法都是由实例化后的对象来执行的，即这些方法为对象方法；但有时候方法也可以由类来执行，这种方法称为类方法。例如，在 Java 中，类方法是由 static 关键字声明的，一个 static 方法可以直接由类来执行而不必实例化成对象。

　　方法的作用是访问和改变对象的属性，有时候方法仅仅封装了算法，执行该方法不会改变对象的属性。在面向对象中，需要注意的原则是一个对象的属性只应该由它自己的方法来改变。

3.8.4　可见性

　　类的属性和方法都有相似的可见性定义，各编程语言对可见性的处理是不完全一致的。在 UML 中，可见性被归纳为以下四类：

- 公有：除了类本身以外，属性和方法对其他模型元素也是可视的。公有可见性应该尽量少用，公有意味着将类的属性和方法暴露给外部，这与面向对象的封装原则是矛盾的。暴露给外部的内容越多，对象越容易受影响，越容易形成高耦合度。
- 保护：属性和方法只对类本身、它的子类或友元（取决于具体语言）是可视的。保护可见性是默认的可见性；它保护属性和方法使其不被外部类使用，防止行为的耦合和封装变得松散。
- 私有：属性和方法只对类本身和类的友元（取决于具体语言）是可视的。私有可见性可以用在不希望子类继承属性和方法的情况下。它提供了从超类对子类去耦的方法，并且减少了删除或排除未使用继承操作的需要。
- 实施：属性和方法只在类本身的内部是可视的（取决于具体语言）。实施可见性最具限制性；当只有类本身才可以使用操作时，使用这种可见性。实施可见性是私有可见性的变体。

　　虽然 UML 对可见性进行了定义，但是具体语言对可见性的定义不尽相同，有的语言并不完全支持。例如在 Java 语言中，用 public 关键字声明的公有可见性与 UML 定义是符合的；用 protected 关键字声明的保护可见性，对于友元（同一个包中的非子类）却是不可视的；用 private 声明的私有可见性除了类本身外对所有其他类都不可见。

　　可见，UML 对可见性的定义在具体语言中是有一些差别的。在使用设计类时应当考虑到具体语言对可见性的支持情况和不同定义。

> **小结**：设计类是分析设计工作转变为代码的最后一道工序，对大多数熟练的编程者来说不是什么问题。但在 UML 中，设计类之间的关系是有着明确的定义的。下一节就来学习关于对象关系的知识。

3.9　关系

　　在 UML 中，关系是非常重要的语义，它抽象出对象之间的联系，让对象构成某个特定的结构。本节将列举出 UML 所定义的关系，并解释它们的语义。

接下来，在第 4 章的每一个核心视图后面，会列举 UML 中具体的模型会使用到的核心元素和这些核心元素可使用的关系。读者可到时再将元素和可用关系联系起来。

3.9.1 关联关系（association）

关联关系是用一条直线表示的，如 A————B。它描述不同类的对象之间的结构关系，它在一段时间内将多个类的实例连接在一起。关联关系是一种静态关系，通常与运行状态无关，而是由"常识"、"规则"、"法律"等因素决定的，所以关联关系是一种"强关联"的关系。

例如，公司与员工之间一对多就是一种符合"常识"的关系；乘车人和车票之间的一对一关系是符合"规则"的关系；公民和身份证之间的一对一关系是符合"法律"的关系。

关联关系用来定义对象之间静态的、天然的结构。这与依赖关系是不同的，依赖关系表达的是对象之间临时性的、动态的关系。在最终的代码里，关联对象通常是以实例变量（成员变量）的形式实现的。与依赖相比，关联的两个对象之间通常不会相互直接使用，尽管它们相互"知道"对方的存在，但一般都是由外部对象来访问的，如一个外部访问者可以通过员工对象获得公司对象。

关联关系具有多重性，常见为一对一关联、一对多关联、多对多关联等，也可以是任意多重性关系，如*对*关联（*代表任意数）。

关联关系一般不强调关联的方向，当 A————B 时，我们默认为 A 和 B 都相互"知道"对方的存在。大多数情况下，这也是适当的。但如果特别强调了关联的方向，如 A————>B，那么表示的是 A "知道" B，但 B 不知道 A。

例如对象之间的父—子结构，如果是无方向的，表明父子对象相互拥有对方的实例变量；如果是有方向的，如父到子，则表明父对象有子对象的实例变量，但子对象没有父对象的实例变量。

特别的，在用例模型中，单向关联关系用于连接参与者和用例，箭头由参与者指向用例，表示参与者"知道"用例的存在。当然，在有些 UML 建模工具中，方向是不被强调的，不过我们从用例知识中了解到，总是参与者"知道"用例，而用例是"不知道"参与者的。

3.9.2 依赖关系（dependency）

依赖关系是用一条带箭头的虚线表示的，如 A----->B（A 依赖于 B）。它描述一个对象在运行期会使用到另一个对象的关系。与关联关系不同的是，依赖关系是一种临时性的关系，它通常都是在运行期产生，并且随着运行场景的不同，依赖关系也可能发生变化。

例如人和船这两个对象，如果运行场景是开动轮船，那么轮船依赖于人（水手）；如果场景变为渡海，那就变成人依赖于船了。可见，依赖关系是一种"弱"关系，它不是天然存在的，并且会随着运行场景的变化而变化。如人和刀这两个对象，平时它们是没有关系的，但在削苹果这个场景里，人依赖于刀；脱离了这个场景，或者说当场景结束后，依赖关系也就不存在了。

一般而言，依赖关系在最终的代码里体现为类构造方法、类方法等的传入参数。与关联关系相比，依赖关系除了临时"知道"对方外，还会"使用"对方的属性或方法。从这个角度讲，被依赖的对象改变会导致依赖对象的修改。举例来说，A 对象保存了 B 对象的实例，但 A 对象对 B 对象

没有操作，这时 A 仅仅是"知道"B 对象，应当用关联关系，并且 B 修改了方法以后，A 并不会变化；但如果 A 对象在某个场景当中使用了 B 对象的属性或方法，则 B 的修改会导致 A 的修改，这时 A 依赖于 B。

　　同样的，依赖也有单向依赖和双向依赖之分。但是依赖关系却不像关联关系那样有带箭头和不带箭头的区分，统统都是带箭头的。这是因为在面向对象里，双向依赖是一种非常不好的结构，我们总是应当保持单向依赖，杜绝双向依赖关系的产生。

3.9.3 扩展关系（extends）

　　扩展关系是用一条带箭头的虚线加版型<<extends>>来表示的，如 A———$\xrightarrow{<<extend>>}$B（A 扩展出 B）。它特别用于在用例模型中说明向基本用例中的某个扩展点插入扩展用例。

　　一般来说，扩展用例是带有抽象性质的，它表示了用例场景中的某个"支流"，由特定的扩展点触发而被启动。所以严格来说扩展用例应当用在概念用例模型中，通过分析业务用例场景抽象出关键的可选核心业务而形成扩展用例。不过，在业务模型当中使用也是可以接受的，它可以更显式地表示出一个复杂业务用例的各个"分支"。

　　与包含关系不同的是，扩展表示的是"可选"，而不是"必需"，这意味着即使没有扩展用例，基本用例也是完整的；如果没有基本用例，扩展用例是不能单独存在的；如果有多个扩展用例，同一时间用例实例也只会使用其中的一个。

　　在建模过程中，我们使用扩展关系可能基于以下理由：
- 表明用例的某一部分是可选（或可能可选）的系统行为。这样就可以将模型中的可选行为和必选行为分开。
- 表明只在特定条件（有时是例外条件）下才执行分支流，如触发警报。
- 表明可能有一组行为段，其中的一个或多个段可以在基本用例的扩展点处插入。所插入的行为段（以及插入的顺序）将取决于在执行基本用例时与主角进行的交互。
- 表明多个基本用例中都有可能触发一个可选的分支流。从这个意义上说，扩展用例也代表了多个用例的可复用部分。

　　为了理解扩展关系，让我们来看一个例子。在打电话时，如果在通话过程中收到另一个呼叫，我们可以将当前通话保留而接听另一个通话。在这个场景中，保留通话用例就是打电话用例的一个扩展用例。我们可以看到，是否需要保留通话取决于打电话人的决定，而不是必需，即使我们没有使用保留通话功能，也不影响打电话的完整性。但是如果没有之前的打电话用例，也就不可能单独启动所谓的保留通话用例了。

3.9.4 包含关系（include）

　　包含关系是用一条带箭头的虚线加版型<<include>>来表示的，如 A———$\xrightarrow{<<include>>}$B（A 包含 B）。它特别用于用例模型，说明在执行基本用例的用例实例过程中插入的行为段。

　　包含用例总是带有抽象性质的，基本用例可控制与包含用例的关系，并可依赖于执行包含用例所得的结果，但基本用例和包含用例都不能访问对方的属性。从这种意义上讲，包含用例是被封装的，它代表可在各种不同基本用例中复用的行为。因此，与扩展用例一样，包含用例也应当用在概念用例模型中，通过分析业务用例场景而抽象出关键的必选的核心业务而形成包含用例。同样，在业务模型中使用也是可以接受的，它可以显式地表示出那些可复用的业务过程。

与扩展用例不同的是，包含用例表示的是"必需"而不是"可选"，这意味着如果没有包含用例，基本用例是不完整的，同时如果没有基本用例，包含用例是不能单独存在的。

在建模过程中使用包含关系可能基于以下理由：

- 从基本用例中分解出这样的行为：它对于了解基本用例的主要目的并不是必需的，只有它的结果才比较重要。
- 分解出两个或更多个用例所共有的行为。

为了理解包含关系，让我们来看一个例子。去银行办理业务，不论是取钱、转账还是修改密码，我们都需要首先核对账号和密码，因此可以将核对账号作为上述业务用例的共有行为提取出来，形成一个包含用例。我们可以看到这个包含用例就带有了可复用的意义，如果缺少了包含用例，取钱、转账等业务用例是不完整的，同时，核对账号也不能脱离开取钱、转账等业务用例而单独存在。

3.9.5 实现关系（realize）

实现关系是用一条带空心箭头的虚线表示的，如 A— — —▷B（A 实现 B）。它特别用于在用例模型中连接用例和用例实现，说明基本用例的一个实现方式。

实现所代表的含义是，基本用例描述了一个业务目标，但是该业务目标有多种可能的实现途径，每一种实现途径可以用用例实现（或称用例实例）来表示，而用例实现与基本用例之间就构成了实现关系。换言之，每个实现途径都实现了基本用例的业务目标。

我们用如图 3.28 所示的交纳电话费业务作为例子，可以看到，交纳电话费是一个业务目标，其实现途径可能有营业厅交费、银行交费、预存话费等，每一个用例实现都是同一业务目标的不同实现过程，因此它们之间是实现的关系。

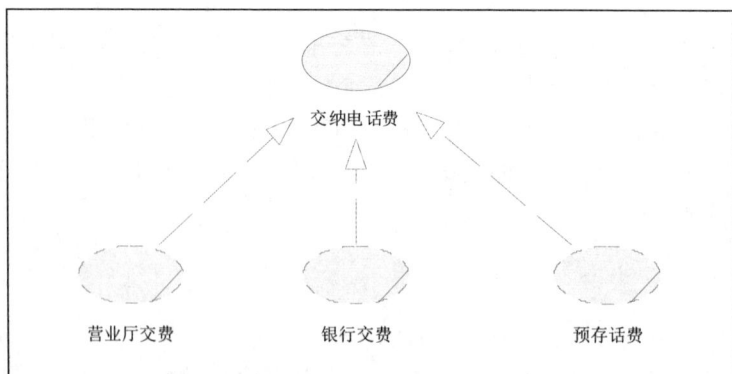

图 3.28 实现关系

3.9.6 精化关系（refine）

精化关系是用一条带箭头的虚线加版型<<refine>>来表示的，如 A —^{<<refine>>}→B（A 精化了 B）。它特别用于用例模型，一个基本用例可以分解出许多更小的关键精化用例，这些更小的精化用例更细致地展示了基本用例的核心业务。精化关系用来连接基本用例和精化用例，说明精化用例是由基本用例精化得来的。

精化关系也可以用于模型与模型之间，表示某个模型是通过精化另一个模型而得来的。比如说，我们认为设计类是通过精化分析类而得来的，我们可以用 XX 设计类<<refine>>XX 分析类来表示它们之间的关系。

与泛化关系不同的是，精化关系表示由基本对象可以分解为更明确、精细的子对象，这些子对象并没有增加、减少、改变基本对象的行为和属性，仅仅是更加细致和明确化了。在泛化关系中，基本对象被泛化成为子对象后，子对象继承了基本对象的所有特征，并且子对象可以增加、改变基本对象的行为和属性。

另一方面，精化关系仅仅用于建模阶段，在实现语言中是没有精化这一语义的。泛化则等同于实现语言中的继承语义。

在 3.3.10 概念用例一节里，我们讲到概念模型是用于获取业务模型中的关键概念的，从业务模型中分析出实现业务目标的那些核心行为和实体，从而描述出一个关键的业务结构以得到一个易于理解的业务框架。这些关键概念就是对业务用例的精化。它们表示为概念用例到业务用例的精化关系。

作为例子，图 3.29 展示了预存话费业务用例被精化成了四个核心的概念用例，这些概念用例合在一起就满足了实现业务目标的所有关键过程。我们可以根据这些精化结果建立业务框架。

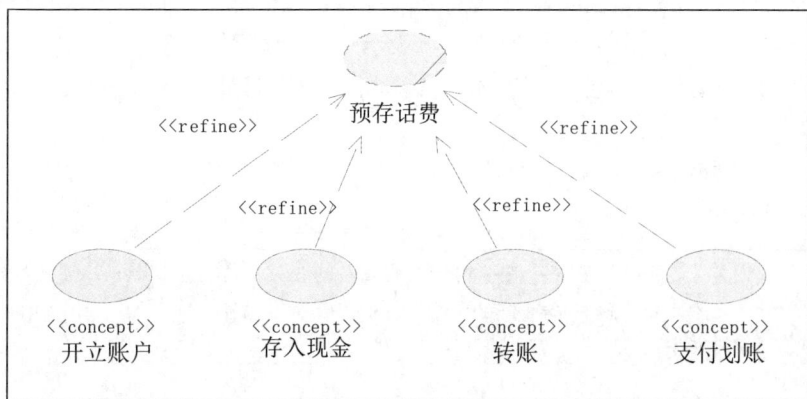

图 3.29　精化关系

3.9.7 泛化关系（generalization）

泛化关系是用一条带空心箭头的直线表示的，如 A ———▷B（A 继承自 B）。泛化关系可用于建模过程中的任意一个阶段，说明两个对象之间的继承关系。读者对面向对象中的继承应该不会陌生，泛化关系表示一个类对另一个类的继承。继承而得的类称为后代。被继承的类称为祖先。继承意味着祖先的定义（包括任何特征，如属性、关系或对其对象执行的操作）对于后代的对象也是有效的。泛化关系是从后代类到其祖先类的关系。

在上一节里我们已经了解了精化关系与泛化关系的差别。

特别需要说明的是，作者并不赞同在用例之间使用泛化关系，尽管 UML 认为它是合法的。原因是用例带有原子特性，每个用例都应当是独一无二的。用例描述了参与者完成一个目标的整个过程，如果采用泛化关系，很难描述子用例继承了基本用例的什么。过程还是业务实体？如果仅仅为了将用例之间的可复用部分或用例的可扩展部分描述出来，那么使用包含关系和扩展关系就足够了。

3.9.8　聚合关系（aggregation）

聚合关系是用一条带空心菱形箭头的直线表示的，如 A———◇B（A 聚合到 B 上，或者说 B 由 A 组成）。

聚合关系用于类图，特别用于表示实体对象之间的关系，表达整体由部分构成的语义。例如一个部门由许多人员构成。

与组合关系不同的是，整体和部分不是强依赖的，即使整体不存在了，部分仍然存在。例如部门撤销以后，人员不会因此而消失，他们依然存在。

3.9.9　组合关系（composition）

组合关系是用一条带实心菱形箭头的直线表示的，如 A———◆B（A 组合成 B，或者说 B 由 A 构成）。需要特别说明的是，在 Rose 中没有采用实心菱形箭头这一标准的 UML 图形，而是采用了带箭头的空心菱形。箭头指向组合的子对象，表示子对象属于母对象。

组合关系用于类图，特别用于表示实体对象关系，表达整体拥有部分的语义。例如母公司拥有许多子公司。

组合关系是一种强依赖的特殊聚合关系，如果整体不存在了，则部分也将消亡。例如母公司解体了，子公司也将不再存在。

> **小结：** 本节我们学习了关系，在整个建模过程中都要与这些关系打交道。准确地理解这些关系的含义是让模型正确的保障。读者应当细细品味和理解这些关系，并在实践中准确应用。
> 下一节将学习组件元素。

3.10　组件

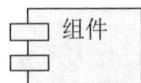

组件是系统中实际存在的可更换部分，它实现特定的功能，符合一套接口标准并实现一组接口。组件代表系统中的一部分物理实施，包括软件代码（源代码、

二进制代码或可执行代码）或其等价物（如脚本或命令文件）。

建模过程中，我们通过组件这一元素对分析设计过程中的类、接口等进行逻辑分类，一个组件表达软件的一组功能。例如一个网站有用户注册和用户维护两个目标功能，通过对网站需求的用例分析和设计，我们得到许多类和接口，这些类和接口实现网站的用户管理。出于构件化的需要，我们把那些紧密合作的类和接口组合起来实现一组特定的功能，形成一个组件。

一个类可能被分派给多个组件以完成该组件的功能，当组件被编译或打包成一个物理文件时，每个组件都拥有这个类的一个拷贝或者引用该类的途径。

关于组件的理解，笔者与 UML 的标准定义有一些差别，这里特别提示读者。笔者的这些观点供读者参考，同时也欢迎讨论。

UML 中把组件定义为任何的逻辑代码模块。换句话说，任意几个类一组合就可以成为一个组件。但笔者认为这样的定义太过于随意，相反失去了组件的意义。我们依据什么来定义一个组件？定义组件的意义又在什么地方呢？现实中有时人们定义一个组件仅仅是为了组织代码，那用包来表示不就足够了吗？

按照笔者的理解，一个组件应当具有完备性、独立性、逻辑性和透明性。这些性质在接下来的内容里会详细讲述。但是这样一来，就引出了另一个问题，组件之间如果是独立的，它们之间的关系又是什么呢？因此，基于组件的不同理解，笔者对组件之间关系的理解也与 UML 有所不同。

在 UML 的定义中，组件之间唯一的关系就是依赖，在 Rose 中，组件视图中允许的唯一连接也是依赖关系，而依赖意味着一个组件的修改会导致依赖于它的其他组件的修改。

但是在笔者看来，一个组件应当是一个独立的业务模块，有着完备的功能，可独立部署，一个组件可以看成是一个完备的服务。从 SOA 架构的观点来看，一个 SOA 服务与其他服务是没有依赖关系的，服务与服务之间仅仅保持着松耦合的通信关系。如果组件之间有着依赖关系，那么定义组件就没有什么实用意义了，因为组件不能够独立存在。所谓构件化开发就是像搭积木一样建设系统，很难想象积木块之间有着千丝万缕的依赖关系还能够"自由"地搭建系统，所以笔者对 UML 关于组件关系的定义是心存疑问的。

笔者觉得，组件之间仅仅应当保持关联关系，甚至连关联关系都没有。它们之间是通过架构来沟通的，即松耦合，在发出消息之前，组件之间甚至不知道对方的存在。

有人也许会提出反对意见，说笔者的观点是狭义的理解，是将基于架构的构件化开发模式作为前提条件下的理解。我承认，但是，如果组件仅仅是代码的另一种组织方式，那么和子系统、模块、包又有什么分别呢？似乎没有必要强调组件这一概念。

当然，本节的书写是基于笔者的观点来讲述的，特别提醒读者注意。

下面来看看组件的这些特性。

3.10.1　完备性

完备性是说，组件包含一些类和接口，一个组件应当能够完成一项或一组特定的业务目标（或说功能）。从调用者的观点看，它不需要调用多个组件来完成一个业务请求。

例如我们将组件 A 定义为用户注册，那么我们应该在组件 A 中包含所有实现用户注册的必需的类和接口，在任何时候，仅通过组件 A 就可以注册一个用户而无须访问组件外的其他类；而组件 B 定义为用户维护组件，我们就应当在组件 B 中包含所有实现用户维护的必需的类和接口，使用者可以通过组件 B 完成维护用户的功能而无须访问组件外的其他类。

3.10.2 独立性

独立性是说，组件应当是可以独立部署的，与其他组件无依赖关系，最多仅保持关联关系。例如可以把组件 A 部署到服务器 1，把组件 B 部署到服务器 2，虽然组件 A 和 B 都共同使用用户数据，但是 A 与 B 之间无依赖关系。也就是说，组件与组件之间应当是松耦合关系。

3.10.3 逻辑性

逻辑性是说，组件是从软件构件设计的观点来定义的，并非从需求中可以直接导出。组件建立在系统分析和设计的基础上，对已经实现的功能进行逻辑划分。组件的定义是为了规划系统结构，将一个复杂的系统分解为一个个具有完备功能的、可独立部署的小模块。这些小模块可大可小，从理论上说，可任意选择一部分功能定义一个组件。

3.10.4 透明性

透明性是说，组件的修改应当只涉及组件的定义以及组件中所包含的类的重新指定，而不应当导致类的修改。例如当一个组件的功能变化时，它所包含的类可能从原来的类 A、类 B、类 D 变成类 B、类 C、类 D，但是类 A、B、C、D 都不应当被修改。

3.10.5 使用组件

组件是从系统结构的角度来划分分析设计的结果的。在实际工作中，笔者的经验是遇到以下情况时，组件比较有用。

■ 分布式应用

在分布式应用的情况下，系统的功能可能被部署在异构环境下，一个业务目标可能需要经历两个甚至多个节点才能完成。这时我们需要将实现业务目标的那些类和接口规划成一些组件，每个组件完成这个业务目标中的一部分功能。这些组件可被独立部署在不同的节点上，相互之间通过既定的通信协议交互来完成业务目标，如图 3.30 所示。

■ 应用集成

在应用集成项目中，经常面临新业务和遗留系统问题。新业务需要调用遗留系统的功能，但是又不能修改遗留系统。原因可能是修改遗留系统的代价高昂，也可能是结构差异导致新旧系统无法直接通信。不管什么原因，为了保证遗留系统能够被集成到新系统中，一个解决方案就是在新系统中规划出一些组件，这些组件所拥有的接口完成遗留系统的功能。新系统是的其他业务模块与这些组件交互，而这些组件则拥有遗留系统的代码或者通过某种方式（代理模式、适配置器等）使用遗留系统，如图 3.31 所示。

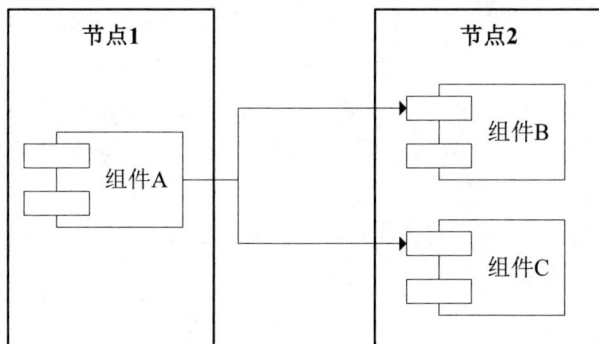

图 3.30 分布式应用

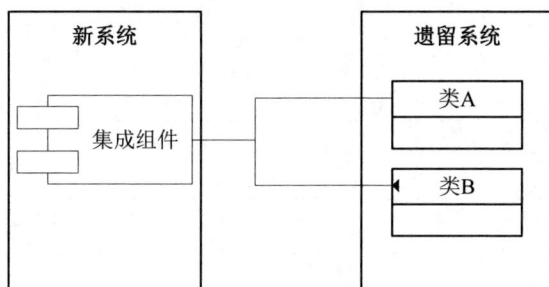

图 3.31 应用集成

■ 第三方系统

如果在建设的项目中，有第三方系统要访问本系统，出于松耦合的考虑，让第三方系统直接使用或者说把本系统中的类直接暴露给第三方系统是很糟糕的设计。因此，有必要将本系统要提供给第三方系统使用的功能定义成一系列组件，让第三方通过组件来访问本系统。在这些组件中，除了包含本系统的实现类外，还可以根据实际情况通过提供这些实现类的代理、适配器、消息中间件等手段来解耦第三方系统对本系统的依赖，如图 3.32 所示。

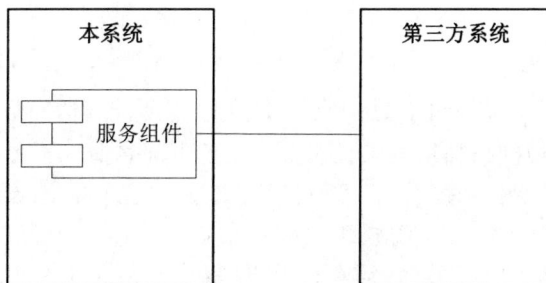

图 3.32 第三方系统

■ SOA 服务

SOA（Service Oriented Architecture）面向服务的架构是目前新兴的软件架构，有人说 SOA 是下一代软件的发展趋势。它将系统结构划分为粗粒度的服务组件 SCA，每个服务组件都遵循一系列的标准和规范，通过标准的通信协议与其他服务交互，服务与服务之间是松耦合的。在 SOA 中，系统分析、设计、开发都以服务为主，每个服务都具有上述组件的所有特点。

实际上组件的概念非常类似于 SOA 的服务。如果要开发一个 SOA 架构的应用系统，那么开发 SOA 服务的过程实际上就是定义组件的过程。在 SOA 架构下，系统功能由一个个的服务向外部暴露，也就是说，系统被定义成一个个的组件。这些服务是松耦合的，它们之间通过企业总线交互以完成业务功能，如图 3.33 所示。

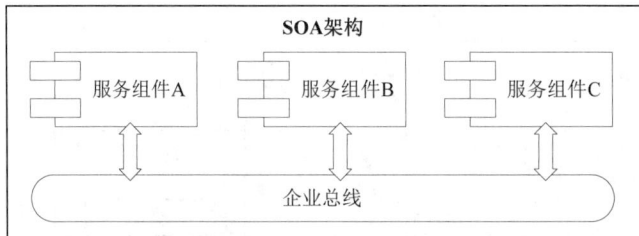

图 3.33　SOA 架构

> **小结**：组件一般都是在较高的抽象层次定义的，在许多应用项目中并不需要组件建模。但是，如果采用了组件化的开发架构，或者从一开始就决定采用组件化开发模式，那么从系统分析开始就应当着手建立组件模型，并在后续的模型中逐步精化。
>
> 下一节将学习节点元素。

3.11　节点

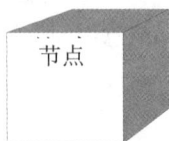

节点是带有至少一个处理器、内存以及可能还带有其他设备的处理元素。在实际工作中，一般说来服务器、工作站或客户机都可以称为一个节点。节点是应用程序的部署单元。节点元素特别用于部署视图，描述应用程序在物理结构上是如何部署在应用环境中的，是一种包括软、硬件环境在内的拓扑结构描述。

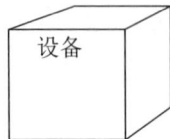

在笔者看来，UML 中定义的节点所能表达的信息并不够充分，对于应用环境的拓扑结构来说仅仅描述节点部署情况不足以描述清楚系统的物理结构。很多时候，还需要描述网络拓扑结构、地点分布情况、硬件分布情况等许多信息。UML 只定义了节点和设备两个元素，即使通过文字来命名节点和设备，看上去还是显得太过于单一。因此，笔者建议可以使用其他绘图工具，如 Visio 等绘制各种拓扑结构图来代替部署视图，至少在视觉效果上比较生动。

一般来说，以下两种情况下需要使用到节点元素。

3.11.1　分布式应用环境

在分布式应用环境中，通常会有多于一个的服务器、处理设备或者中间件。所开发出的应用程序会部署到这些不同的服务器或处理节点上，通过描述这些服务器之间的调用和依赖关系以表达应用环境的拓扑结构。图 3.34 展示了一个客户服务分布式应用系统的节点拓扑视图。

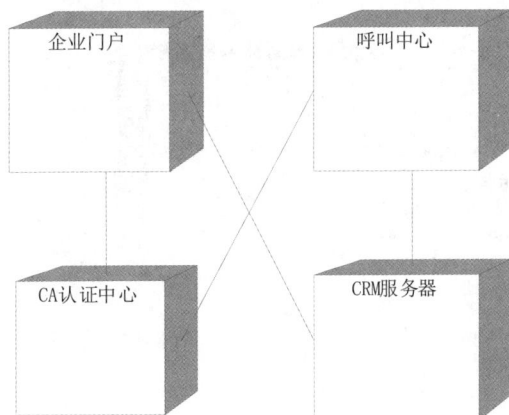

图 3.34　系统节点拓扑结构图示例

3.11.2　多设备应用环境

如果应用环境中包括多种硬件设备，为了表达这些硬件设备的结构，应当使用节点元素来绘制部署视图。图 3.35 展示了 ATM 应用环境中的节点和设备结构，它来自统一过程的官方文档。

小结：随着本节结束，UML 核心元素的学习也已经到了尾声。在整个 UML 核心元素讲解过程中，笔者只讲解了建模过程中最为常用的那些元素，应该已经能够满足大部分的建模需要了。

在讲解这些元素的过程中，笔者加入了一些评论和自己的理解。未必所有的理解都一定是正确的，但一定是经过深入思考的。笔者也希望这些评论能够引起读者的思考，而不仅仅是记住一个符号。

UML 核心元素就像是语言中的基本词汇，仅有词汇是不可能构成一篇文章的，UML 视图就像是语法，将词汇组成有意义的句子。接下来，就进入 UML 核心视图的学习。

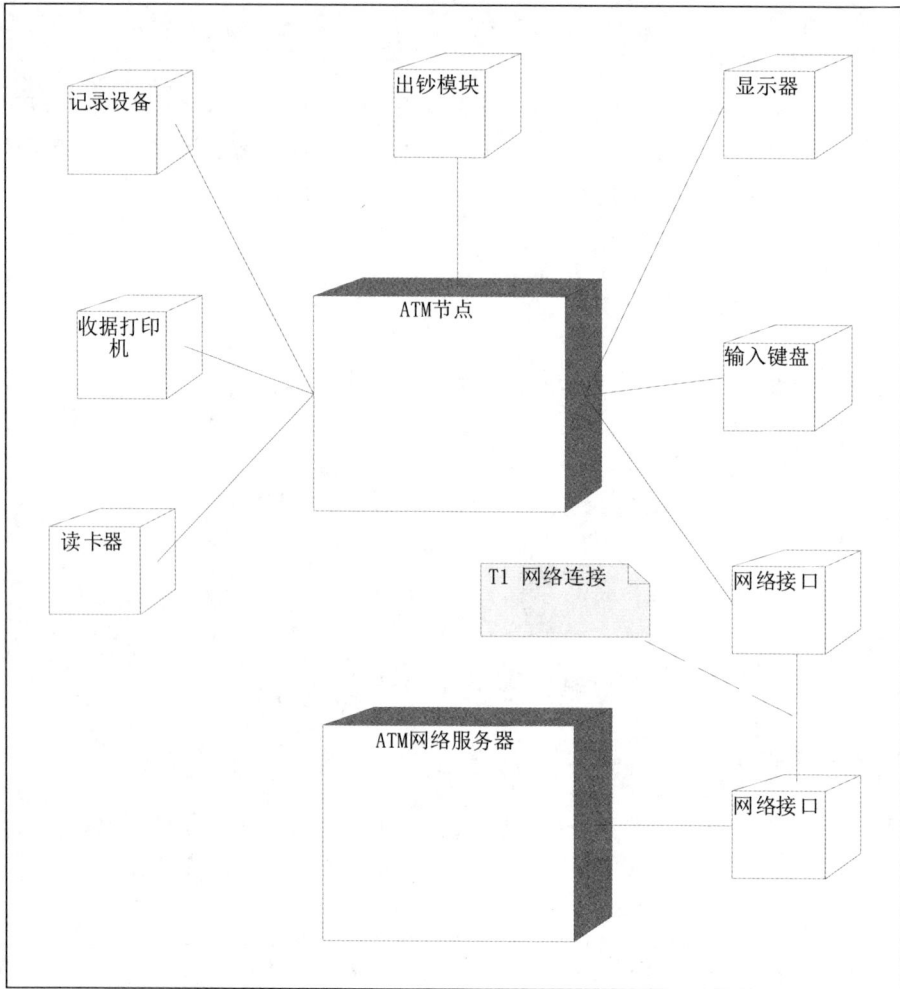

图 3.35　部署模型图 ATM 示例

4

UML 核心视图

如果说 UML 是一门语言，上一章学习的元素是 UML 的基本词汇，那么视图就是语法，UML 通过视图将基本元素组织在一起，形成有意义的句子。

本章学习视图，内容包括用例图、类图、包图等静态视图及活动图、状态图、时序图和协作图等动态视图。

UML 可视化的特性是由各种视图来展现的，每一种视图都从不同的角度对同一个软件产品的方方面面进行展示，说明将要开发的软件到底是什么样子。描述软件和描述现实世界一样，一方面我们需要描述系统的结构性特征，结构决定了这个系统能做什么；另一方面我们需要描述系统的运行时行为，这些行为特征决定了系统怎么做。两者结合起来才能把系统描述清楚。

在 UML 里，结构性特征是用静态视图来表达的，行为性特征是用动态视图来表达的。下面就来看看 UML 定义了哪些视图来表达软件的视角。

4.1 静态视图

故名思义，静态视图就是表达静态事物的。它只描述事物的静态结构，而不描述其动态行为。我们将要介绍的静态视图包括用例图、类图和包图。

4.1.1 用例图

用例视图采用参与者和用例作为基本元素，以不同的视角展现系统的功能性需求。用例视图是了解系统的第一个关口，人们通过用例视图得知一个系统将会做什么。对客户来说，用例视图是他们业务领域的逻辑化表达，对建设单位来说，用例视图是系统蓝图和开发的依据。

用例视图是用来展现参与者和用例的，因此前提条件是参与者和用例都已经获取，不过在实际中，绘制用例视图和发现用例一般都是并行的，一边发现参与者和用例，一边绘制用例视图，而绘制过程中则有可能回头修改已经获取的参与者和用例。最终，建模者通过用例视图将获得的参与者和用例从某个角度进行展示，表达软件某个方面的视角。一般来说，有以下用例视图：

4.1.1.1 业务用例视图

业务用例视图使用业务主角和业务用例展现业务建模的结果。大多数情况下，业务用例视图需要从业务主角和业务模块两个视角进行展示。

■ 业务主角视角

从业务主角视角来展示业务主角在业务中使用哪些业务用例来达成业务目标。这个视角有利于向业务主角确认其业务目标是否都已经齐全，以此来检查是否有遗漏的业务用例没有发现。

图 4.1 展示了借书管理系统的借阅人业务用例视角，这个视图的含义是借阅人业务主角在借书管理系统中有借阅图书和办理借阅证两个业务目标。如果业务主角认为其所有目标都已经齐全，则认为针对此主角的业务用例定义完成。

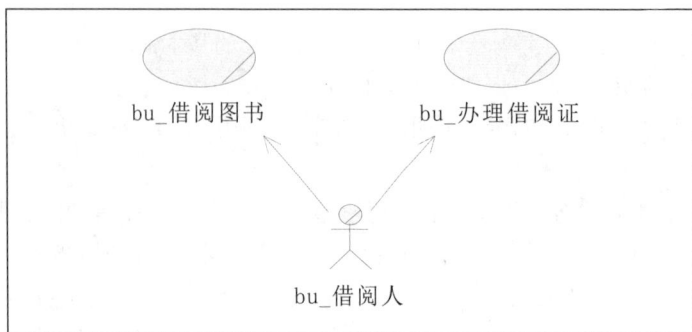

图 4.1 业务用例视图之业务主角视角

■ 业务模块视角

从业务模块视角来展示业务领域的业务目标，将参与了达成这一业务目标的业务主角与业务用例展现在这个视图中。这个视角有利于从业务的完整性角度出发，检查完成某个业务的所有业务主角和业务用例是否已经齐全，以此来检查是否有遗漏的业务用例没有发现。

图 4.2 展示了参与借书业务的所有业务主角和业务用例，这个视图的含义是这些主角和业务用例完整地概括了借书业务的业务目标。如果这项业务能够被这些业务主角和业务用例完整地说明，则认为针对此业务模块的业务用例定义完成。

■ 其他视角

在建模过程中，还可以根据实际需要从更多的视角来绘制业务用例视图。

例如可以从部门的视角绘制一个部门所参与的全部业务用例视图，或者从一个重要业务实体的生命周期角度，例如一份文件，来描述文件从产生到销毁的整个生命周期过程中涉及的业务主角和业务用例视图。

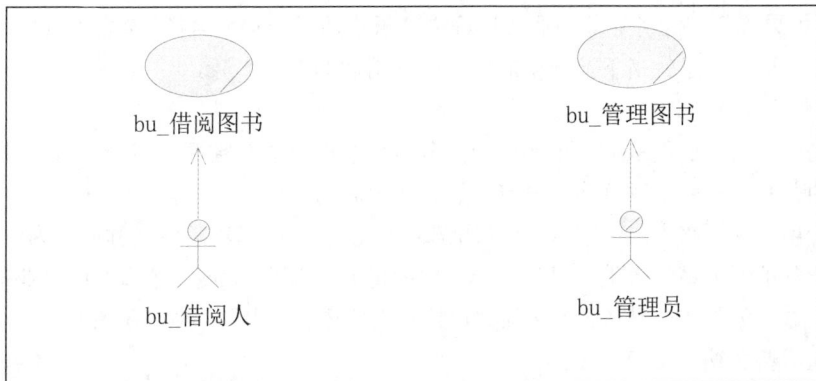

图 4.2　业务用例视图之业务视角

　　总之，在建模过程中，每当需要展现某个方面的视角时，都可以将获取到的业务主角和业务用例用用例视图展现出来，不要拘泥于某几个固定的形式。

　　业务用例视图展现了业务系统的功能性需求，如果要描述这些需求的实现途径，则需要借助下节介绍的业务用例实现视图。

4.1.1.2　业务用例实现视图

　　业务用例实现视图展现业务用例有哪些实现途径。

　　业务用例是业务需求，而业务用例实现则是业务的实现途径，从软件工程的角度说，这个视图展示了需求的可追溯特点。在实际工作中，如果一个业务用例只有一个实现途径，那么绘制业务用例实现视图似乎不是那么必要，有点多此一举。但是如果一个业务用例有多种实现途径，则应当绘制业务用例实现视图来组织实现业务的那些业务对象和业务过程。

　　笔者建议，无论是否有多种实现方式，绘制业务用例实现视图都是一个好习惯，是符合软件工程需求可追溯原则的好的做法。何况绘制业务用例实现视图是一件很简单的工作。图 4.3 展示了借阅图书业务用例的两个业务用例实现，它的含义是借阅人可以到图书馆借阅，也可以通过网上借阅，两个实现途径都达到了同样的借阅图书业务目标。

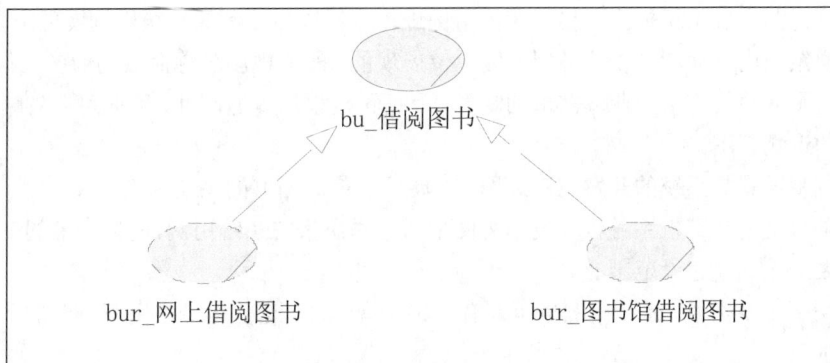

图 4.3　业务用例实现视图

进一步，如果我们用业务对象和业务过程来分析描述两个实现途径，会发现其中有重叠的过程和复用的对象，这些信息就是下节介绍的抽象概念用例的重要来源。

4.1.1.3　概念用例视图

概念用例视图用于展现从业务用例中经过分析分解出来的关键概念用例，并表示概念用例和业务用例之间的关系。一般来说这些关系有扩展、包含和精化。

对于概念用例视图来说，一般是以业务用例为单元展现的，即将视图名称命名为业务用例名称，如果某几个业务用例关系紧密也可以放在一个视图里展示。图 4.4 展示了借阅图书业务的概念用例视图，它表达的含义是借阅图书业务必须经过检查借阅证、借出图书、归还图书这三个关键业务单元，同时可能需要交纳借阅费用。

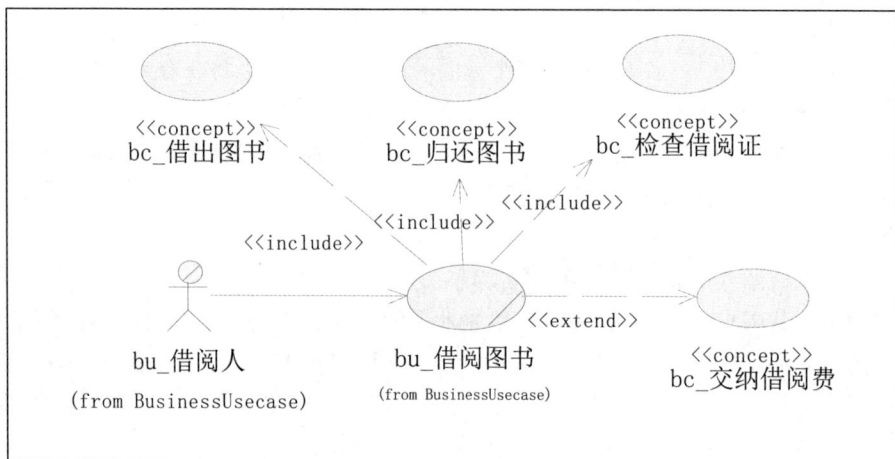

图 4.4　借阅图书概念用例视图

概念用例视图不是必需的，如果业务用例是一个复杂的业务，绘制概念用例视图有助于细化和更准确地理解业务用例。同时，概念用例视图也对下一节获取系统用例有很好的帮助。

4.1.1.4　系统用例视图

系统用例视图展现系统范围，将对业务用例进行分析以后得到的系统用例展现出来。

一般来说系统用例视图是以业务用例为单位展现的，即将视图名称命名为业务用例名称。这样做本身就表达了从系统需求向业务需求的映射，保证了过程的可追溯性，因此可以省略从系统用例向业务用例的追溯视图。

系统用例视图就是系统的开发范围。图 4.5 展示了借阅图书的系统用例视图。

它表达的含义是计算机系统将开发本视图中所列举出来的系统用例，而检查借阅证可能是手工工作而不需要纳入系统建设范围。

与业务用例实现类似，系统用例也可能有多种实现途径，这些途径是用下一节的系统用例实现视图来表达的。

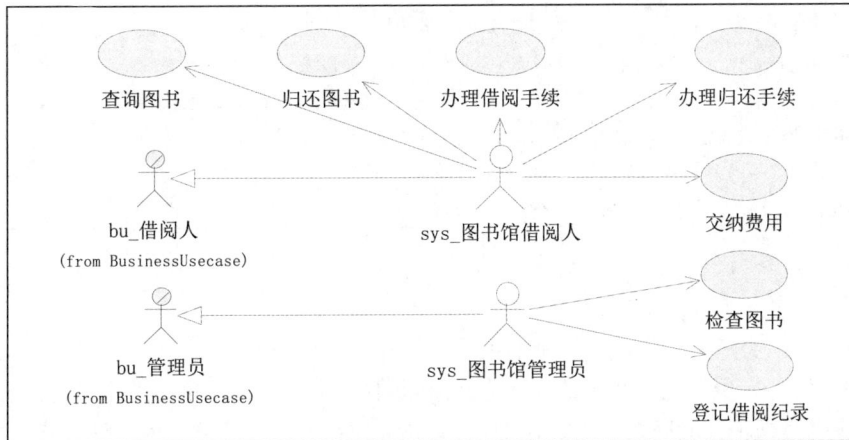

图 4.5　借阅图书系统用例视图

4.1.1.5　系统用例实现视图

与业务用例实现视图类似，如果一个系统用例有多种实现方式，也应当为其绘制实现视图。虽然繁琐，笔者还是建议为即使只有一种实现方式的系统用例也绘制实现视图。这是因为系统用例的实现视图本身是一种可扩展的框架，当将来业务变化，需要增加一种实现方式时只需再增加一个系统用例实现而不需要修改原有的实现。

图 4.6 展示了系统用例实现视图，它表达了从系统实现到系统需求的追溯。同时，它表达的含义是每个系统用例都有其实现，其中交纳费用系统用例则有两种实现方式。

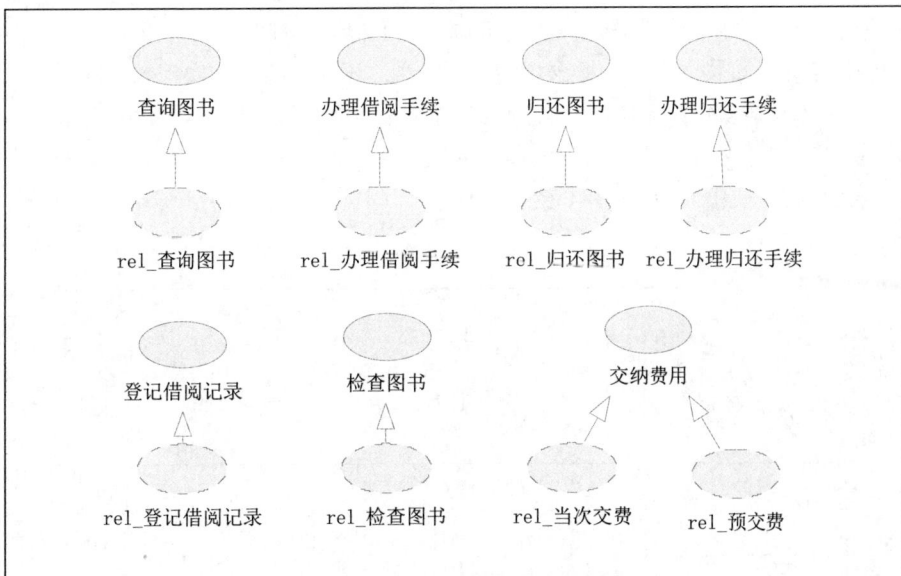

图 4.6　系统用例实现视图

> **小结**：本节学习了用例图。用例图包括业务用例视图、业务用例实现视图、概念用例视图、系统用例视图和系统用例实现视图。这些视图在软件的不同生命周期阶段表达了不同的含义。
>
> 在实际项目中，不是所有的用例视图都一定要采用。根据情况可进行适当裁减，例如只保留业务用例视图和系统用例视图。在许多项目中实际上只有系统用例视图。不论如何，读者应当知道用例图在不同的生命周期阶段还有不同的表达，从而选择适合自己项目的视图。
>
> 下一节，我们将学习静态图中的另一种——类图。

4.1.2　类图

类图用于展示系统中的类及其相互之间的关系。

本质上说，类图是现实世界问题领域的抽象对象的结构化、概念化、逻辑化描述。在开始本节之前请读者回顾一下，在 1.1.2 面向过程的困难一节中，我们曾经谈到过面向对象的困难；而在 1.2.7 面向对象的困难解决了吗一节中又谈到了面向对象困难的解决。实际上，UML 解决面向对象的困难的方法源于面向对象方法中对类理解的三个层次观点，这三个层次是概念层、说明层和实现层。在 UML 中，从开始的需求到最终的设计类，类图也是围绕着这三个层次的观点进行建模的。类图建模是先概念层而说明层，进而实现层这样一个随着抽象层次的逐步降低而逐步细化的过程。

4.1.2.1　概念层类图

概念层的观点认为，在这个层次的类图描述的是现实世界中问题领域的概念理解，类图中表达的类与现实世界的问题领域有着明显的对应关系，类之间的关系也与问题领域中实际事物的关系有着明显的对应关系。需要注意的是，概念层类图中的类和类关系与最终的实现类并不一定有直接和明显的对应关系。在概念层上，类图着重于对问题领域的概念化理解，而不是实现，因此类名称通常都是问题领域中实际事物的名称。概念层的类图是独立于实现语言和实现方式的。

回顾图 1.9，概念层类图位于业务建模阶段。通常在这个阶段类图是以领域模型图，即业务实体图来表示的。图 4.7 展示了网上购物的业务实体图，这个类图表达了概念层的类观点。说明在问题领域中，网上购物主要由商品、定单、支付卡这几个关键类构成，这几个类的交互能够完成网上购物这个业务目标。

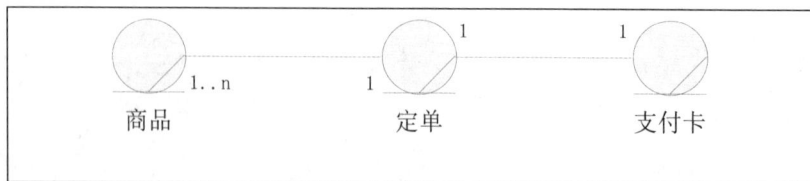

图 4.7　概念层类图

4.1.2.2　说明层类图

说明层的观点认为，在这个层次的类图考察的是类的接口而不是实现，类图中表达的类和类关系应当是对问题领域在接口层次抽象的描述。也就是说，这时候我们不必关心类最终是用什么语言

编码的、是用什么设计模式设计的、是遵循什么标准的，我们所关心的只是这样一些类，它们通过接口进行交互，进而完成了问题领域中的业务目标。

说明层类图是搭建在现实世界和最终实现之间的一座桥梁。在这个阶段，类通常都非常粗略，虽然它表达了计算机的观点，但是在描述上却采用了近似现实世界的语言，以保证从现实世界到代码实现的过渡。

回顾图 1.9，说明层类图位于概念模型阶段。在这个阶段，类图是以分析类和分析模型图来表示的。图 4.8 展示了网上购物的分析类图，这个类图表达了从计算机的视角来说，网上购物这个业务目标是由哪些类来完成的，这些类的接口保证了这个业务目标的达成。

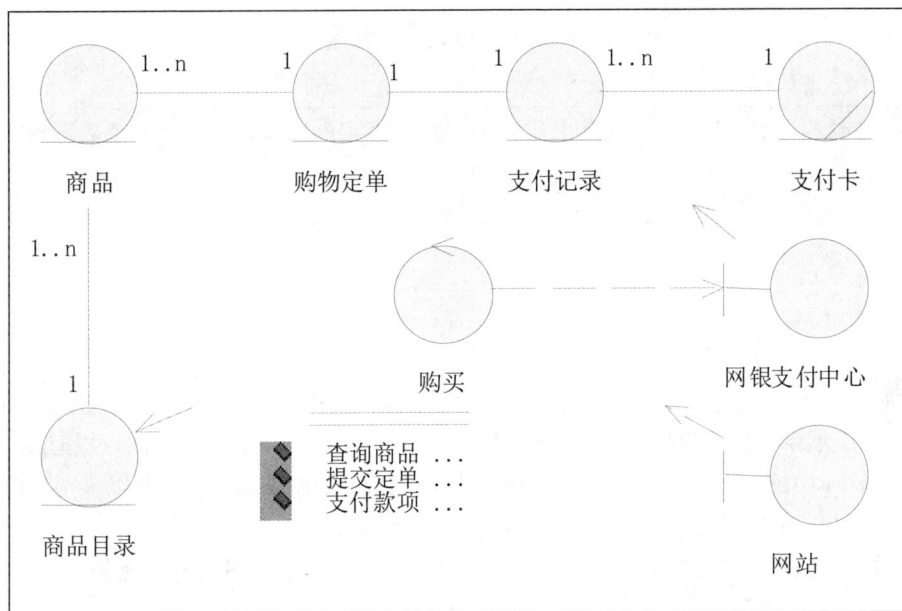

图 4.8　说明层类图

4.1.2.3　实现层类图

实现层观点认为，类是实现代码的描述，类图中的类直接映射到可执行代码。在这个层次上，类必须明确采用哪种实现语言、什么设计模式、什么通信标准、遵循什么规范等。

实现层的类图大概是用得最普遍的，许多人在建模的时候根本没有概念层和说明层的类图而直接跳到实现层类图。原因不是他们确认对问题领域已经足够了解，并且设计经验十分丰富，而通常是因为他们不知道类图还有三个层次的观点。

回顾图 1.9，实现层类图位于设计阶段。在这个阶段，类图可视为伪代码。甚至可以用工具直接将实现层类图生成可执行代码。实际上许多 MDA 建模工具就是通过模型来生成代码的，虽然 Rose 并非纯粹的 MDA 工具，不过 Rose 也可以从类图生成可执行代码。关于这一点，在 14.1 生成代码一节中会进行更多讨论。

图 4.9 展示了 J2EE 架构实现查询商品功能的类图。可以看到，到了实现层类图，类描述和类关系已经是伪代码级别了。

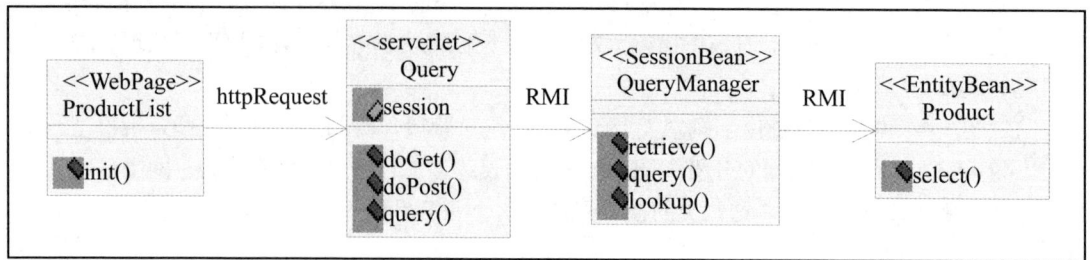

图 4.9　实现层类图

> **小结**：经过本节的学习，我们知道了类图在不同的软件生命周期也有三种不同的表达。读者在实际项目中应当学会因需而用。
>
> 下一节，我们学习静态图的另一种重要视图：包图。

4.1.3　包图

包图一般都用来展示高层次的观点。

3.6 包一节中谈到了包的几种主要版型，使用包的不同版型来绘制包图时，包图就展示了这个版型所寓意的软件观点。另一方面，在实际项目中，建模过程中获得的元素是非常多的，如果要将这些元素的关系都绘制出来，将如同蜘蛛网一样难以辨别。通过包这个容器来从大到小、从粗到细地建立关系是一种很好的办法。

例如图 4.10 展示了网上购物的领域包图，它表达了关键业务领域及其依赖关系。

图 4.10　领域包图

图 4.11 展示了查询商品功能的类层次，它表达了实现类位于哪个层次的软件架构的观点。

在 UML 所有视图中，包图或许是最自由，约束最小的一种。除了特定的版型之外，包几乎可以用在任何阶段，因此实在没什么好解释的了。读者除理解特定的版型之外，可以在项目中灵活决定如何使用包图。

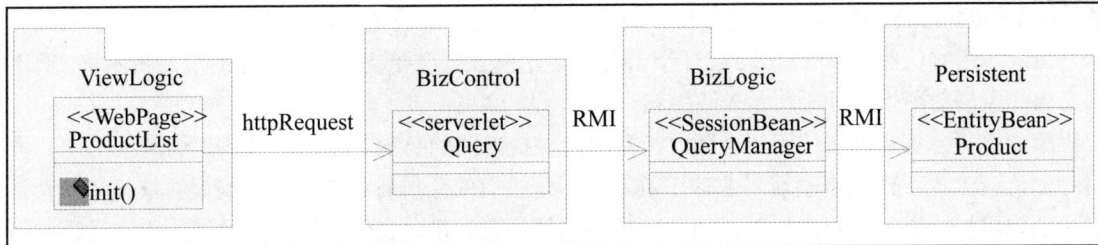

图 4.11　层次包图

在 12.4 包设计一节中将讲述笔者分包的一些原则。

小结：经过用例图、类图和包图的学习，UML 中的基本静态图就学习完了。读者应当学会在不同软件生命周期阶段选择适合的静态图来表达软件观点。

下一节将进入动态视图的学习。

4.2　动态视图

故名思义，动态视图是描述事物动态行为的。需要注意的是，动态视图不能够独立存在，它必须特指一个静态视图或 UML 元素，说明在静态视图规定的事物结构下它们的动态行为。

本节讲述的动态视图包括活动图、状态图、时序图和协作图。

4.2.1　活动图

活动图描述了为了完成某一个目标需要做的活动以及这些活动的执行顺序。UML 中有两个层面的活动图，一种用于描述用例场景，另一种用于描述对象交互。

在正式介绍活动图之前，让我们先来讨论一下有关活动图的一些争议。

活动图被引入 UML 中是有争议的，因为活动图实际上描述的是业务流程，是一种过程化的分析方法，很多人担心面向过程的活动图引入会导致面向对象的类职责的混乱，这种担心是有道理的。在 1.1.3 面向对象方法一节中我们讲过，在面向对象的眼中是没有业务流程这种东西的，所谓流程只不过是在某个外部力量推动下对象之间相互交流的一个过程，它只是"瞬时"的。如果从活动图的观点来描述业务，实际上是不能直接看到对象是如何发挥作用的。这样在观念上很容易导致对象独立性被破坏，例如有的设计者可能会试图得到一个从头到尾参与了整个业务流程的"对象"。

但是，在 UML 中引入活动图可能也是无奈之举，因为在 1.1.4 面向对象的困难一节中我们提到过从现实世界映射到对象世界有着诸多困难。面向对象要求对象越独立、封装度越高越好，可是面向对象越纯粹，我们越难以理解这些对象将会干什么。正所谓上帝什么都能做，但其实他什么也没有做；纯粹的对象结构也许能做无数的事情，但实际上我们只需要明确其中的一件。我们面临着这样一个矛盾，既要保持面向对象观点中对象的独立性，又要保持现实世界中业务目标的过程化描述。活动图的引入解决了业务目标过程化描述，但也给对象分析造成了混乱。虽然如此，活动图在描述用例场景时仍然是十分有效的工具，关键还是建模者自己要避免被过程化的观点所困扰，而不必忌讳使用活动图。

笔者要提示读者，在使用活动图时，要随时保持清醒的头脑，活动图只是我们用来描述业务目标的达成过程并借此来发现对象的工具，它不是我们的分析目标，也不是编程的依据，它只是对象的应用场景之一。我们使用活动图来描述用例场景，帮助我们认识问题领域，从问题领域中发现关键的对象，然后就应该把活动图中的流程忘掉，而专心研究关键对象的特性。最后，再来验证一下这些关键对象的某个交互结果是否的确能够达到用例场景所描述的业务目标。

好，下面正式来讲解活动图。

4.2.1.1　用例活动图

用例活动图是最经常使用的。用例表达了参与者的一个目标，用例场景则描述了如何来达到这个目标。活动图用来描述用例场景，也就是通常所说的业务流程。业务流程一般包括一个基本业务流程和一个或多个备选业务流程，而业务流程则通过多个活动按照一定的条件和顺序执行来推进。活动可以是手动执行的任务，也可以是自动执行的任务，每个活动完成一个工作单元。

图 4.12 展示了办理登机手续用例的用例场景，这个活动图中用到了活动图中最主要的一些元素，图中给出了标注。

在图 4.12 展示的活动图中有几个关键的元素，下面分别对它们进行一些解释。

- 起始点

起始点标记业务流程的开始。一个活动图，或者说一个业务流程有且仅有一个起始点。

- 活动

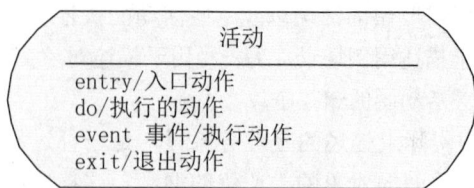

活动是业务流程中的一个执行单元。在 UML 中，活动被赋予了四个特定的事件。entry 指进入（启动）活动时要执行的动作（或者类方法）；do 指活动执行过程中要进行的动作（或者类方法）；event 事件指活动在执行中接收到某个事件时执行的动作；exit 指活动在退出（结束）时要进行的动作。

- 判断

判断根据某个条件进行决策，执行不同的流程分支。

- 同步

同步分为同步起始和同步汇合。同步起始表示从它开始多个支流并行执行；同步汇合表示多个支流同时到达后再执行后续活动。

- 结束点

结束点表示业务流程的终止。一个活动图（或者说一个业务流程）可以有一个或多个结束点。

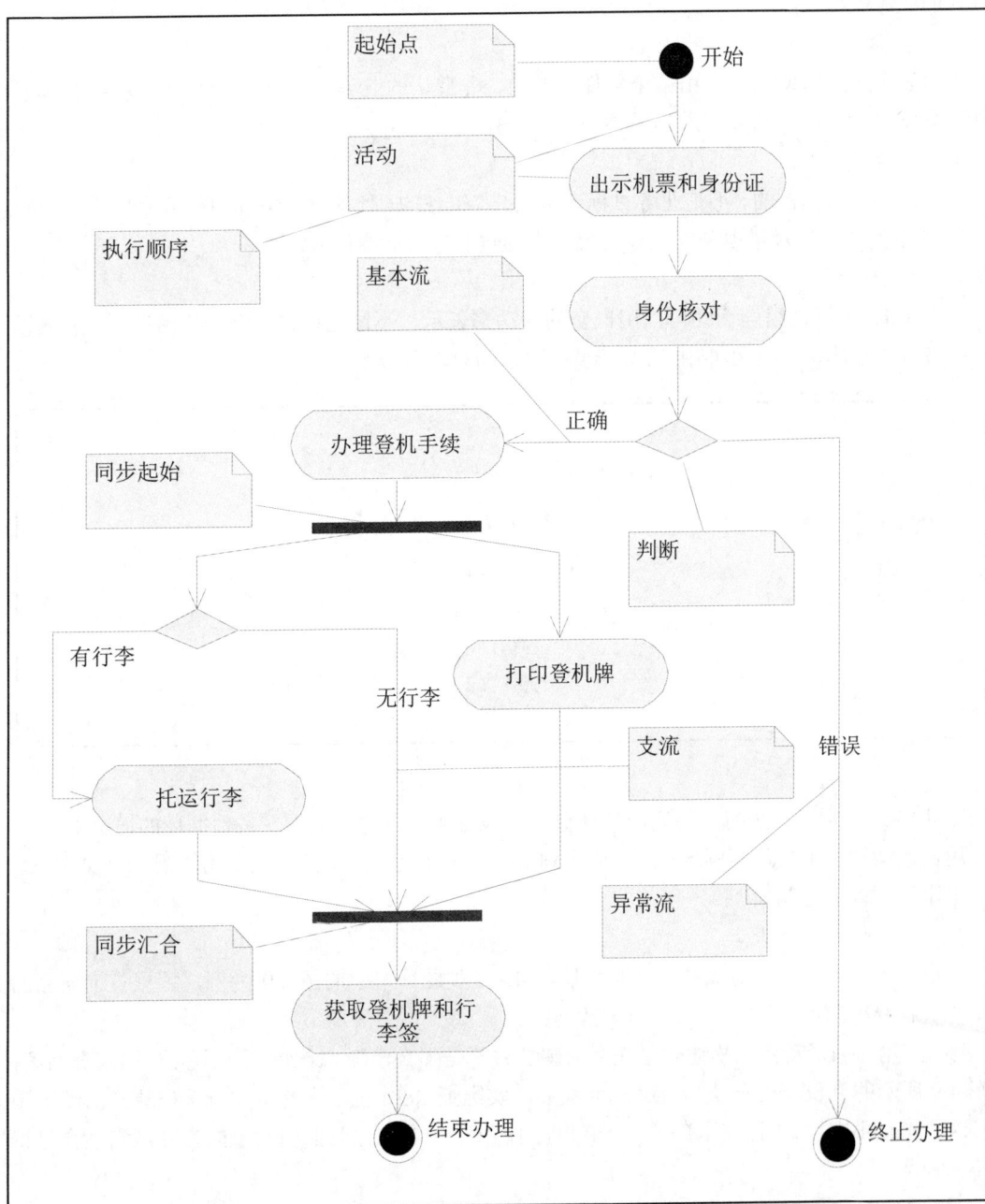

图 4.12　登机手续用例场景活动图示例

■　基本流

基本流表示最主要、最频繁使用的、默认的业务流程分支。例如，图 4.12 所示的从开始到结束办理的业务流程。

■ 支流

支流表示不经常使用的、由某个条件触发的、非默认的业务流程分支。例如，图 4.12 所示的无行李分支（假设绝大部分客户都需要托运行李）。

■ 异常流

异常流表示非正常的、不是业务目标期待的、容错性的、处理意外情况的业务流程分支。例如，图 4.12 所示的身份核对错误分支。异常流通常导致业务目标的失败。

■ 组合活动

如图 4.13 所示，组合活动可以用嵌套的活动来表示。不过这种方式会导致活动图太复杂而不清晰，建议不使用，宁可另外用一幅活动图来展示这些子活动。

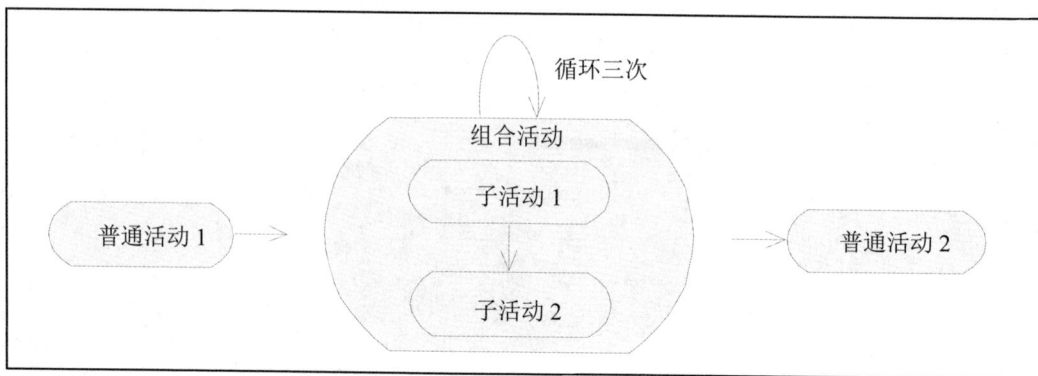

图 4.13　组合活动

图 4.13 还展示了一个特殊的返回活动自身的执行顺序。它一般用在条件循环的情况下。

用例活动图用于展示用例场景，一般可理解为业务流程；对象活动图则用于展示对象交互。下面就来学习对象活动图。

4.2.1.2　对象活动图

对象活动图用于展示对象的交互。我们以 4.1.2 类图一节中的图 4.9 为例，根据查询商品的对象交互过程绘制出如图 4.14 所示的对象活动图。

不过，用对象活动图来描述对象交互的感觉并不是那么清晰，比如，难以说明"输入查询条件"与图 4.9 所示的 ProductList 类有什么映射关系。实际上 Rose 也不支持将类直接拖放到活动图中建模。这一点也不奇怪，因为活动图是面向过程的视图，用它来绘制面向对象的交互图当然会显得格格不入。

尽管 UML 允许用活动图绘制对象交互，但是实际工作中实在没什么理由要使用它。因为 UML 有其他更好的工具来绘制对象交互图，例如接下来将要讲到的 4.2.2 节状态图、4.2.3 节时序图和 4.2.4 节协作图。

不论是上述的用例活动图还是对象活动图，如果说它是一个业务流程，我们总觉得差了点什么。

是的，我们只知道活动的执行顺序，却不知道谁在执行这些活动。这就是下一节将要引入的概念：泳道。

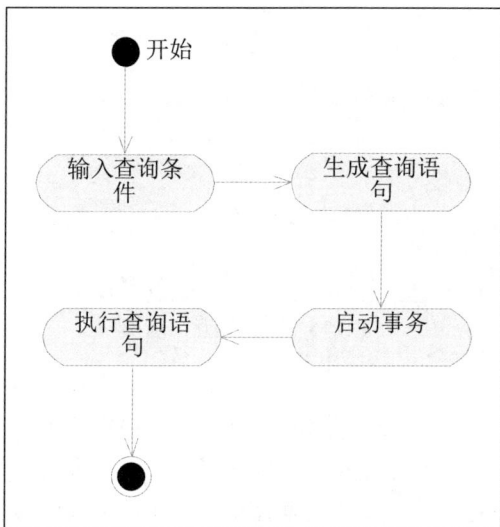

图 4.14　对象交互活动图

4.2.1.3　泳道

上面的活动图描述了业务流程中活动的执行顺序，却没有描述出谁来执行这些活动，即执行业务流程的职责被遗漏了。在面向过程的分析观点里，对象职责是不重要的，重要的是业务的执行过程；而在面向对象的分析观点里则与之相反，业务的执行过程不是重要的，对象职责才是最重要的。泳道技术的引入多多少少解决了活动图不能描述对象职责的遗憾。

泳道，顾名思义，就像一个游泳运动员只能在一个泳道里进行比赛一样，一个对象也只能在一个业务流程中担任一个（或一类）职责。泳道代表了一个特定的类、人、部门、层次等对象的职责区，这些对象在业务流程中负责执行的活动集合构成了它们的职责。

我们先来看看原来不太清晰的对象交互图 4.14 加入泳道后的情况，相比较而言，虽然不如时序图或协作图来得直接，图 4.15 还是要比图 4.14 清晰得多了。

即使加入泳道后对象交互图有了些模样，笔者仍然不推荐使用它。泳道最主要的用途是在分析用例场景时用来获取角色职责。让我们看看图 4.12 办理登机手续活动图加入泳道后的情况，图 4.16 所示的泳道代表了客户和登机岛服务人员在登机业务流程中各自的职责，它对我们获得角色职责非常有帮助。

上面我们学习了活动图的基本知识，在实际的建模过程中，活动图主要应用于业务场景建模和用例场景建模。下面分别进行讲解。

展现层：ProductList	控制层：Query	业务逻辑层：QueryManager	持久层：Product

（●开始）

输入查询条件 → 生成查询语句 → 启动事务 → 执行查询语句

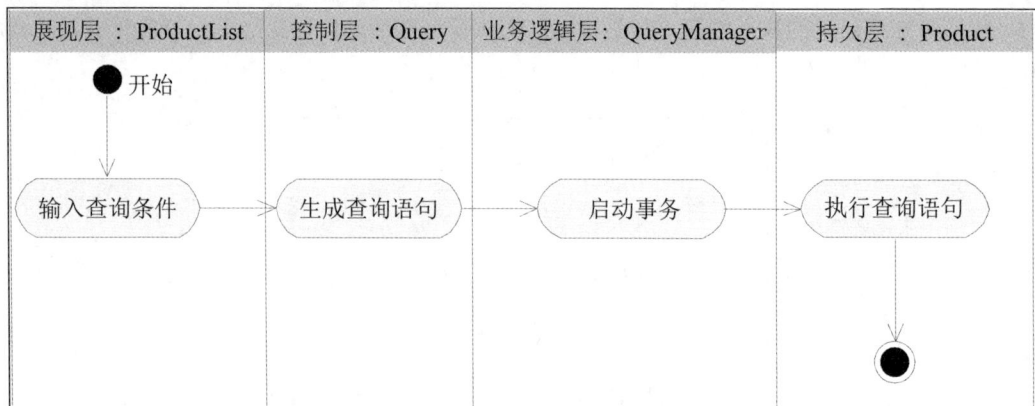

图 4.15　对象交互泳道图

4.2.1.4　业务场景建模

虽然面向对象的方法从客户代表的角度获取需求，但在实际中，客户的业务通常是以业务流程的形式存在的，仅从单个客户代表处得到的需求不足以说明业务的全貌。这时，我们经常以业务主角（客户代表）作为泳道，以从业务主角处获取的业务用例作为活动来编排活动图。这种活动图对我们获取正确的业务用例和检查已经获得的业务用例有着很好的帮助。它能够：

■　帮助发现业务用例

如果用现有的业务用例不能完整地编排出实际的业务流程，那么可能是遗漏了业务用例。

■　帮助检查业务用例粒度

如果用现有的业务用例编排活动图感觉到别扭，那么可能是业务用例的粒度不统一。

■　帮助检查业务主角

如果有些业务主角难以编排进活动图，那么可能是业务主角定义错误。

■　帮助检查业务用例

如果有些业务用例在活动图中用不上，那么可能是业务用例获取错误。

业务场景建模是一种辅助手段，在最终模型里可能并不包括它。但在发现和定义业务用例的初期，它能起到很大的帮助作用。

4.2.1.5　用例场景建模

获得业务用例之后，我们得到了参与者的业务目标，我们通过用例场景来说明如何达到业务目标。我们经常以业务主角和业务工人作为泳道、以工作单元作为活动来编排活动图来描述用例场景。这种活动图对我们获得概念用例、角色和业务对象（业务实体）有着很好的帮助，图 4.16 就是一个用例场景活动图。它能够：

■　帮助发现概念用例

概念用例是客户业务中的关键业务。如果发现在多个用例场景中类似的工作单元经常出现，那么可以考虑将它抽象出来，再根据情况采用包含、扩展或者泛化的关系将其连接到基本用例（即它们所贡献的业务用例）。这些概念用例通常构成了业务架构中的关键业务，而那些仅出现一次的工

作单元不需抽象成概念用例，它们通常对业务架构仅起到参与作用，不必过于关心。

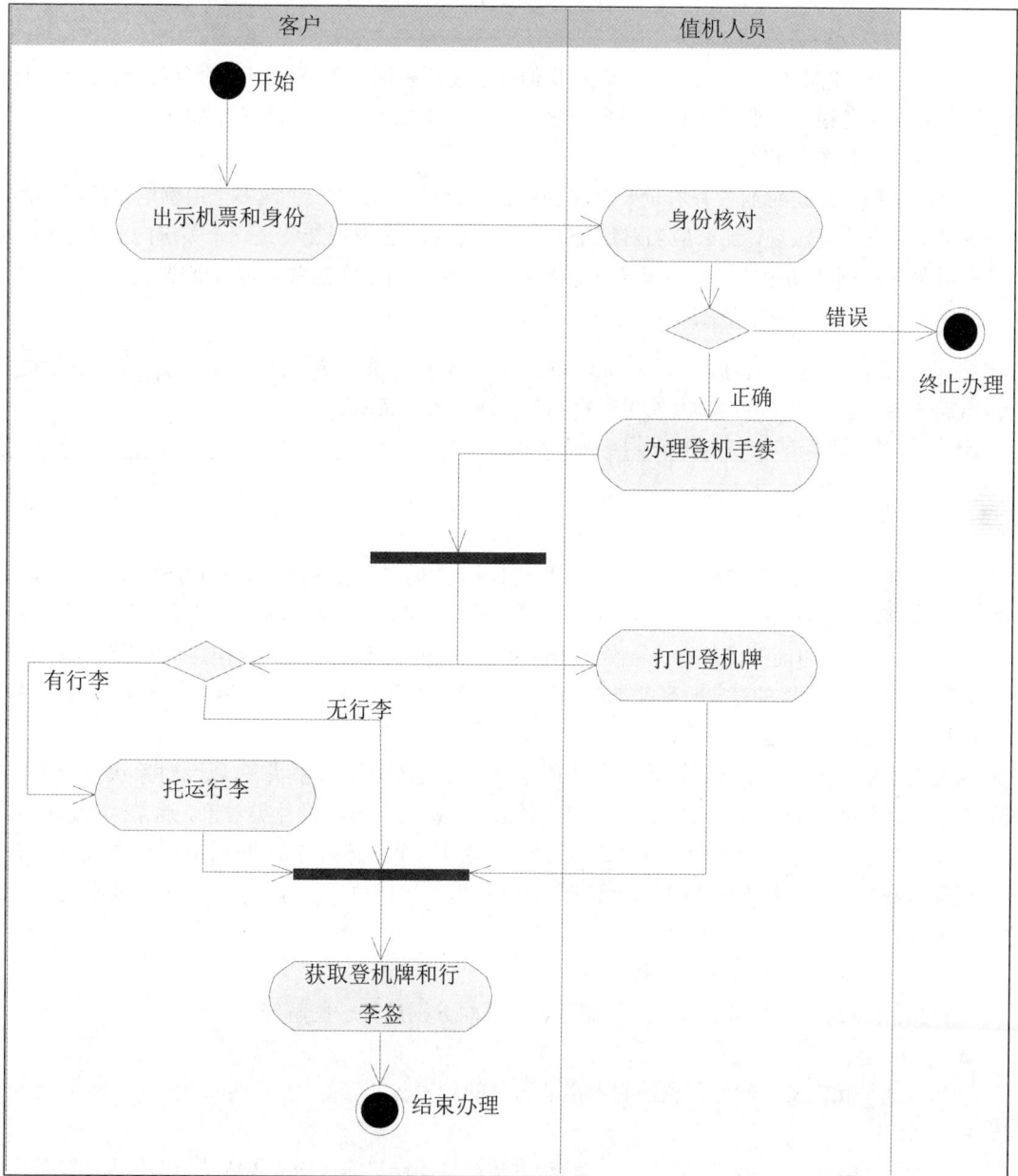

图 4.16　带角色职责的活动图

■　帮助发现角色

通常，一个泳道（业务主角或业务工人）可以缺省地定义一个角色，但是如果多个用例场景中发现同一个或同一类工作单元（活动）位于不同的泳道，即被不同的业务主角或业务工人使用，那么应该考虑为这些使用了同一活动的业务主角和业务工人抽象出更高级别的角色。

■ 帮助发现业务实体

观察图 4.16 和图 4.15 中的活动命名，我们会发现所有活动都有着相同的命名规则：动词+名词，这些名词就是很好的业务实体（对象）来源，如图 4.16 中的机票、登机牌等。

■ 帮助建立领域模型

领域模型描述那些对业务有着重要意义的业务对象。如果在同一个或多个用例场景的不同活动中发现某个名词重复出现，那么应当对这个名词给予重视。它很可能就是一个关键的业务对象，这个业务对象在不同活动中的状态以及它与活动图中其他名词之间的关系很可能就决定了业务的结构。绘制出这个结构就能够获得领域模型。

> **小结**：活动图是描述用例场景最为常用的图。后续章节可以看到，虽然时序图也能完成同样的工作，但是笔者还是最喜欢用活动图来描述用例场景，因为它可以最方便地描述角色职责。
>
> 接下来，我们将学习另一种动态视图：状态图。

4.2.2 状态图

状态图显示一个状态机。状态机用于对模型元素的动态行为进行建模，更具体地说，就是对系统行为中受事件驱动的方面进行建模。通常使用状态图来说明业务角色或业务实体可能的状态——导致状态转换的事件和状态转换引起的操作。状态图常常会简化对类的设计的确认。对于类的对象所有可能的状态，状态图都显示它可能接收的消息、将执行的操作和在此之后类的对象所处的状态。

状态机主要用于描述对象的状态变化以确定何种行为改变了对象状态，以及对象状态变化对系统的影响。我们可以用状态机来描述业务实体对象、分析类对象和设计类对象。通常，状态机用于描述实体类对象的整个生命周期内的状态变迁以获得对这个实体对象的理解，同时获得系统和实体对象相互影响的关系。需要注意的是，状态图通常只用于描述单个对象的行为，如果要描述对象间的交互，最好采用时序图或协作图。

图 4.17 展示了图书业务实体的状态图。

图 4.17 中用到了状态图中的一些关键元素，下面分别进行一些解释。

■ 初始状态

初始状态是状态机的起始位置，它不需要事件的触发。

■ 状态

状态
entry/ 入口行为
do/ 执行的行为
event 事件/ 事件行为
exit/ 退出行为

状态是对象执行某项活动或等待某个事件时的条件。在 UML 中状态被赋予四个特定的事件。entry 指对象进入（激活）状态时执行的动作（或者类方法）。do 指对象状态保持不变时持续执行的动作（或者类方法），它不会因为 event 而停止。

event 事件指对象接收到某个事件时执行的动作,这种动作不会导致对象状态的变化,可以通过绘制一条返回状态自身的转移来表示动作的执行结果。exit 指状态在退出(结束)时执行的动作。

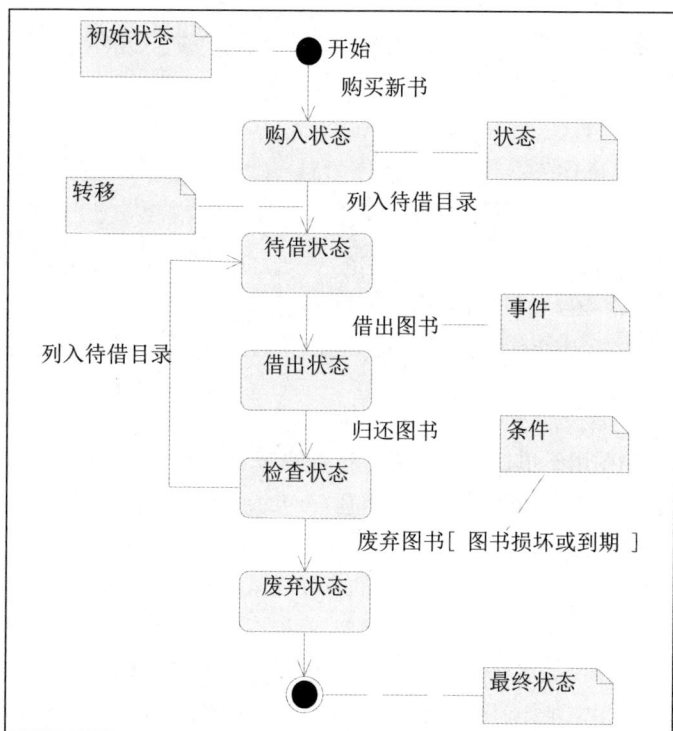

图 4.17　图书生命周期状态图

- 复合状态

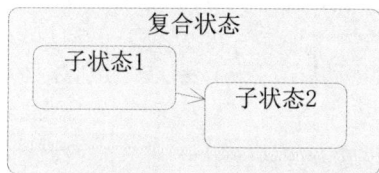

具有子状态(或者称为嵌套状态)的状态被称为复合状态。在复合状态中子状态也可能有一个初始状态和一个终止状态。特别的,当触发事件加载到复合状态时最先进入子状态中的初始状态,这时触发事件不能直接指定子状态,子状态如何变迁由复合状态决定。子状态的终止状态表示退出复合状态。另外,如果需要,子状态可以再嵌套子状态到任意级别。

- 转移

转移是两个状态之间的关系,它表示当发生指定事件并且满足指定条件时,第一个状态中的对象将执行某些操作并进入第二个状态。一般来说,转移总是由一个事件来驱动的,不过有时候转移是不需要事件的。没有事件的转移称为"完成转移",它表示某个状态的"默认发生",例如当图书处于借出状态时,它可以默认的转移为"不可借出"状态。

- 事件

事件是一个特定的动作或行为，有时候也包括系统时钟之类的定时器。如果条件满足，事件的发生将触发一个转移。

■　条件

条件是一个布尔表达式，当事件发生时将检查这个表达式的值。条件求值结果可能决定转移的分支，或者拒绝转移。条件有可能引用当前状态。

■　最终状态

最终状态表示状态机执行结束，或者对象生命周期结束。

> **小结**：状态图是很有用的技术，尤其在描述单个复杂对象的行为时非常有助于我们理解一个对象的行为。但是在建模时并不需要对每个对象都绘制状态图。笔者建议，仅对领域模型中最为关键的业务对象，尤其是当其在一个或多个用例场景中参与了多个活动时，才对其建模。
>
> 下一节，我们将学习另一个动态图：时序图。

4.2.3　时序图

时序图用于描述按时间顺序排列的对象之间的交互模式；它按照参与交互的对象所具有的"生命线"和它们相互发送的消息来显示这些对象。在时序图中包含对象和主角实例，以及说明它们如何交互的消息。

时序图描述了在参与交互的对象中所发生的事件（从激活的角度来说明），以及这些对象如何通过相互发送消息进行通信。可以为用例事件流的各种不同形式制作时序图。

以上是官方文档对时序图的定义。通常我们使用时序图来描述用例实现，通过贡献于该用例实现的对象之间的交互来说明用例是如何被对象实现的。使用时序图来描述用例实现是一种从现实世界到对象世界的映射方法，它对我们确定对象职责和接口有着显著的作用。而对象的核心就是职责和接口。

时序图与协作图是可以互相转换的，与协作图不同的是，时序图强调消息事件的发生顺序，更方便于阐述事件流的过程；但是时序图却难以表达对象之间的关系。

在4.1.2类图一节中我们提到过类有三个层次的观点：概念层、说明层和实现层，它们分别对应于业务建模阶段、概念建模阶段和设计建模阶段。相应的，也可以在这三个层次上分别对业务实体对象、分析类对象和设计类对象绘制时序图。

下面就结合4.1.2类图一节中三个层次的静态类图来看看时序图如何应用于这三个层次，并且实现网上购物这一业务目标。相应的，三个层次的时序图是业务模型时序图、概念模型时序图和设计模型时序图。

4.2.3.1　业务模型时序图

业务模型时序图用于为领域模型中的业务实体交互建模，其目标是实现业务用例。在绘制业务实体时序图之前，你应当已经绘制了业务用例实现过程的活动图。在 4.2.1.5 用例场景建模一节中提到，活动图可以帮助我们发现业务实体，实际上，如果之前已经有了活动图再来绘制业务实体时序图时，你会发现有迹可循，非常容易。

图4.18展示了图4.7所示业务实体如何实现网上购物过程的时序图。这个时序图对这些业务实

体对象如何参与业务提供了非常直观的描述，从图中我们可以非常容易地分辨出对象的职责、生命周期和会话过程。对业务模型时序图的理解将有助于我们了解业务架构。

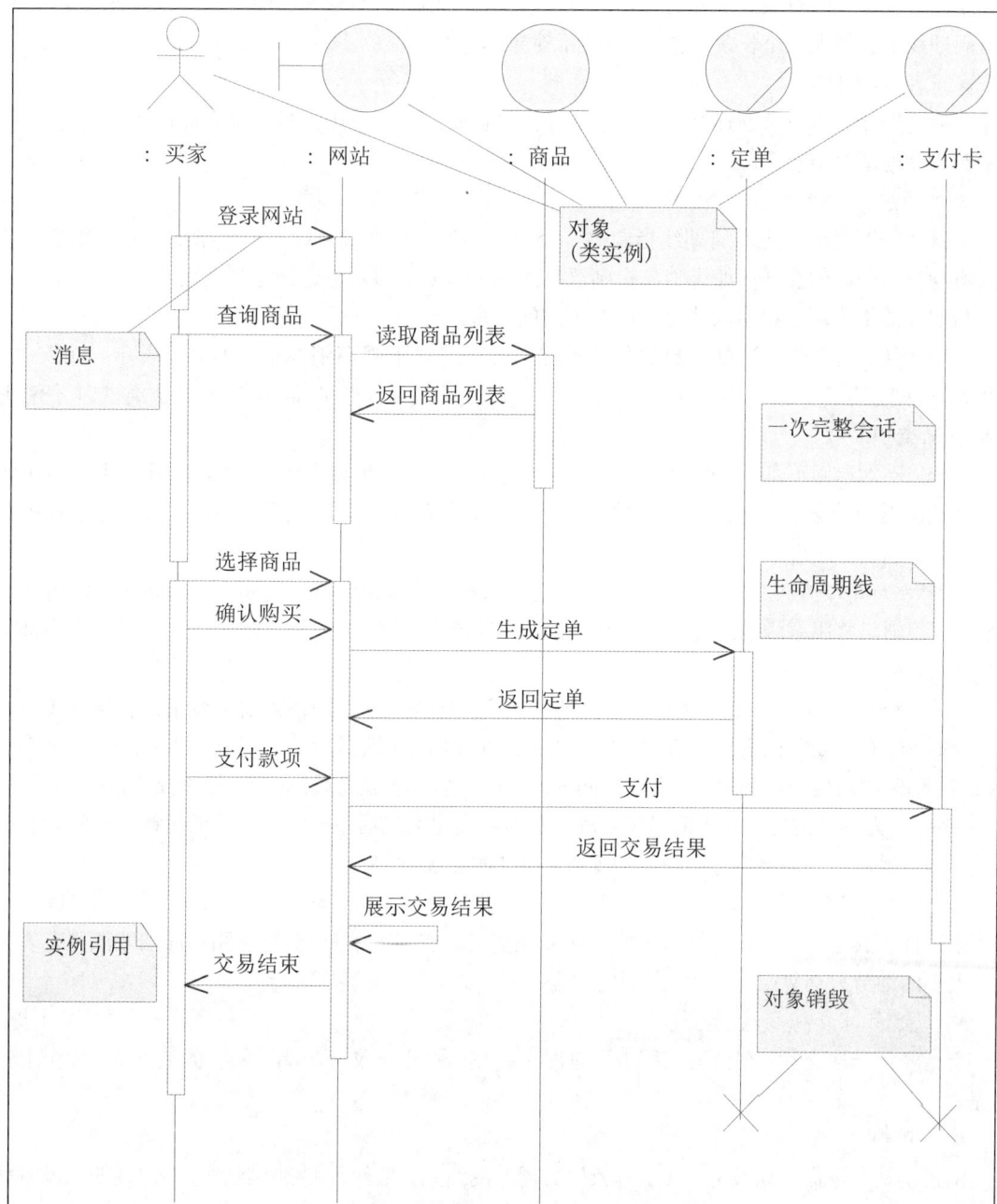

图 4.18　网上购买商品业务模型时序图

图 4.18 中用到了时序图中常用的 UML 元素，下面分别进行一些解释。

■ 对象

表示参与交互的对象。每个对象都带有一条生命周期线，对象被激活（创建或者被引用）时，生命周期线上会出现一个长条（会话），表示对象的存在。

■ 生命周期线

生命周期线表示对象的存在，当对象被激活（创建或者被引用）时，生命周期线上出现会话，表示对象参与了这个会话。

■ 消息

消息由一个对象的生命周期线指向另一个对象的生命周期线。如果消息指到空白的生命周期线，将创建一个新的会话；如果消息指到已有的会话，表示该对象延续已有会话。

与实际的编程环境相似，消息有许多不同的类型。

——➤为简单消息。简单消息适用于大多数情况。它不强调消息的类型，仅表示一个交互。一般情况下使用简单消息就足够了，除非在设计模型的类交互时需要强调消息类型时才使用其他消息类型。

◄— —为返回消息。返回消息为源消息的返回体，而非新的消息。一般来说不需要为每个源消息都绘制返回消息，一方面因为默认情况下源消息都有返回，另一方面太多的返回消息会使图变得更复杂。

——➤为同步消息。同步消息表示发出消息的对象将停止所有后续动作一直等到接收消息方响应。同步消息将阻塞源消息对象的所有行为。同步消息最为常用，通常程序之间的方法调用都是同步消息。

——○➤为限时消息。限时消息是同步消息的一种特殊情况。源消息对象发出消息后将等待响应一段时间，在限定时间内还没有响应时，源消息对象将取消阻塞状态而执行后续操作。限时消息也很常用，例如访问一个网站，在限定时间内没有响应时浏览器会显示"找不到指定网址"的信息。

——➤为异步消息。异步消息表示源消息对象发出消息后不等待响应，而可以继续执行其他操作。异步消息一般需要消息中间件的支持，如 JMS、MQ 等。

Rose 里还定义了其他一些类型的消息，但这里介绍的这些消息类型已经足够了。笔者建议，在建模过程尤其是业务和概念模型中没有必要花费时间在研究消息类型上。图形简洁才能更有表达力，太多的细节只会复杂化，相反不利于理解。

■ 会话

会话表示一次交互，在会话过程中所有对象共享一个上下文环境。例如事务上下文、安全上下文等。

■ 销毁

销毁绘制在生命周期线上，表示对象生命周期的终止。虽然示例图中绘制了，但销毁也没有必要强调。

最后，绘制业务模型时序图时要注意：第一，时序图以达成业务目标为准则；第二，这个阶段

处于业务阶段，使用的描述语言应当采用业务术语；第三，时序图表达的内容会对将来的分析设计带来帮助，但是相对于编码实现来讲由于太粗略而不能够作为依据。

4.2.3.2　概念模型时序图

概念阶段的时序图采用分析类来绘制，目标同样是实现业务用例。但是，由于分析类本身代表了系统原型，所以这个阶段的时序图已经带有计算机理解。

概念用例时序图通常是依据业务模型场景图来绘制的，它将业务模型场景用分析类重新绘制一遍，这样，既保留了实际业务需求，又得到了计算机实现的基本理念。图 4.19 展示了图 4.8 所示的说明层类图的一个时序图片段，描述了分析类实现查询商品的过程。

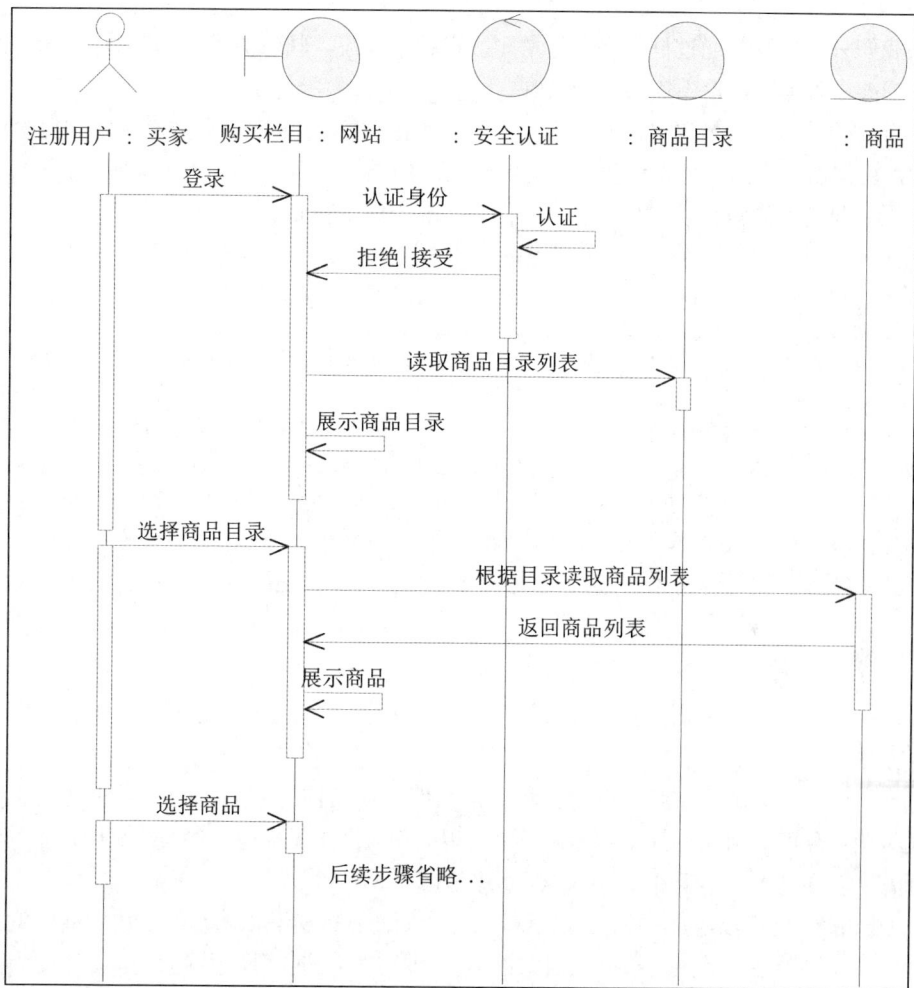

图 4.19　购买商品概念模型时序图片断

请注意对比图 4.8，我们看到其中的计算机实现理念的引入。

这时的时序图依稀已经有了实现的影子。实际上，分析类所展示出来的已经是系统实现的原型，在设计模型阶段要做的工作就是选择适合的实现方式来实现这个蓝图。

4.2.3.3 设计模型时序图

设计模型时序图使用设计类作为对象绘制。目标是实现概念模型中的某个事件流，一般以一个完整交互为单位，消息细致到方法级别。

显然，在实际工作中我们很难为所有的交互都绘制时序图，那将是一个巨大的工作量。好在统一方法是讲究架构驱动的，并且近几年来不使用现成软件框架的软件项目已经很少了，所以笔者建议在设计模型阶段，只需要用框架中的关键类描述典型的交互场景即可，不需要为每一个交互都绘制时序图。

例如我们只需要绘制通过框架来进行增删改查的事件流，具体的查询都遵循同样的编程模型，因此参考框架事件流即可，不需要一一绘制。

为了保证软件实现满足需求，省略了大量设计模型时序图的同时，要求有更多的概念模型时序图，这样才能保留足够的信息来说明需求与实现之间的过渡。当然，与设计模型时序图相比，概念模型时序图需要处理的信息量要少得多，工作量自然也就少得多。

图 4.20 展示了图 4.9 所示的实现层类图在 J2EE 架构下实现查询商品过程的片断。在这个例子中，所有的类和方法都与实际编程无异，已经可以看作是伪代码了。

> **小结：** 时序图的三种应用场合是在建模过程中经常使用的动态视图。除了这些场合，在任何时候需要表达对象间的交互时，或者想分析对象的职责和接口时都可以使用时序图。特别的，在建立软件架构时，为了说明架构中的关键对象交互场景，或者为了说明应用程序如何使用架构的编程模型，也可以使用时序图来说明。这些时序图可以作为架构文档的一部分，也可用作编程规范和指南使用。甚至，在非正式建模工作中，例如一时不能确定如何设计接口，或者不能确定设计是否合理时都可以用时序图帮助分析。时序图是十分有用的工具，掌握并随时使用它是很好的分析设计习惯。
>
> 接下来，我们将学习最后一种动态视图：协作图。

4.2.4 协作图

协作图描述了对象间交互的一种模式；它通过对象之间的连接和它们相互发送的消息来显示参与交互的对象。

协作图中可以有对象和主角实例，以及描述它们之间关系和交互的连接和消息。通过说明对象间如何通过互相发送消息来实现通信，协作图描述了参与对象中发生的情况。可以为用例事件流的每一个变化形式制作一个协作图。

与时序图的作用相似，协作图用于显示对象之间如何进行交互以执行特定用例或用例中特定部分的行为，协作图的建模结果用于获取对象的职责和接口。与时序图不同的是，协作图因为展示了对象间的关系，使得它更适用于获得对对象结构的理解，而时序图则更适于获得对于调用过程的理解。不过在本质上，它们是可以互换的。

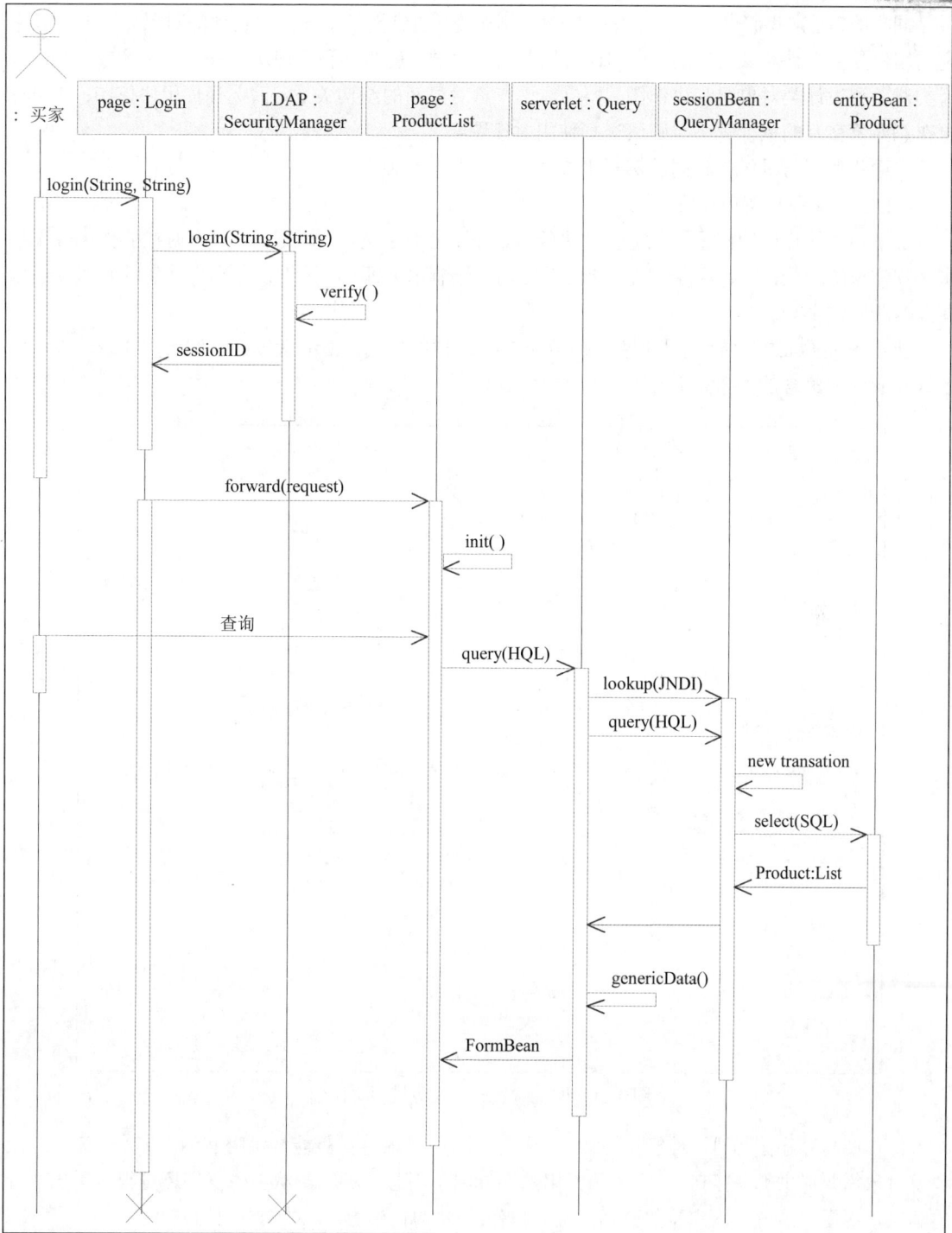

图 4.20　登录和查询事件流设计模型时序图片断

同样的，通常我们也使用协作图来描述用例实现，通过贡献于该用例实现的对象之间的交互来说明用例是如何被对象实现的。也同样可以针对概念层、说明层和实现层分别对业务实体对象、分析类对象和设计类对象绘制协作图。如果你更在意对象间的结构关系，请选择使用协作图；如果你更在意对象交互的执行顺序，则请选择使用时序图。

下面将使用与时序图相同的例子来描述协作图如何绘制。

4.2.4.1　业务模型协作图

业务模型协作图同样采用业务实体来绘制，目标也是实现用例场景。不过有时候协作图并不要求实现完整的场景，只需要将影响对象的关键消息绘制出来即可。因为协作图更在意的是对象的结构及其相互的影响。

协作图（图 4.21）展示了与时序图（图 4.18）同样的信息，请读者体会它们之间在表达上不同的视觉感受和蕴含的侧面意义。

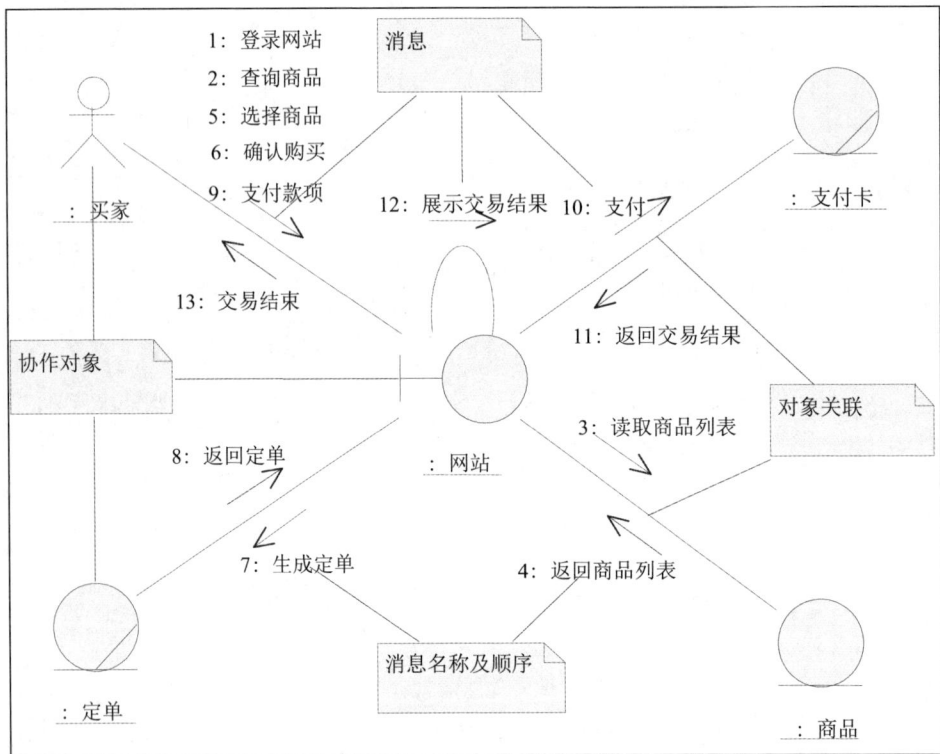

图 4.21　网上购买商品业务模型协作图

协作图与时序图相比，对象间的结构一目了然，并且很容易就能知道哪些消息影响了对象（或者说对象需要提供哪些接口）。不过虽然用数字标明了消息的顺序，从图中我们还是很难看出执行的顺序，更无法了解一次完整的会话过程。协作图和时序图展示着对象不同的方面。

不过如果你是使用 Rose 绘图，则不必遗憾两者不可兼得，下面的必杀技可以让你鱼和熊掌都

尽入囊中。图 4.21 就是笔者用必杀技生成的。

> **必杀技:**
>
> 在 Rose 中绘制协作图并不容易，尤其是想插入一个消息或者调整消息顺序时更加困难。如果绘制时序图则很容易。
>
> 好在 Rose 提供了一个功能，可以直接把时序图转化为协作图。具体方法是打开要转化的时序图，选择菜单 Browse→Create Collaboration Diagram，或者直接按 F5 键，协作图就生成了。要做的事情就是调整一下图元位置。这时再打开 Browse 菜单，会发现时序图和协作图可以互相关联了。
>
> 结果是：绘制一幅时序图，同时也得到了协作图。酷吧!

图 4.21 中用到了协作图中的一些主要 UML 元素，下面分别进行一些解释。

■ 对象

表示参与协作的对象。对象可以指定它的类，也可以直接用空对象表示，在将来再指定它的类。

■ 对象关联

连接两个对象，表示两者的关联。与类关系不同，协作图中的对象关联是临时关联，即只在本次交互中存在；而类关系是永久关联，例如继承关系不论在什么情况下都是存在的。Rose 中还定义了对象关联的可见属性，它们是：

：域（Field）可见。表示关联的对象在交互域内是一直可见的。这有些类似于 Java 中的包内可见的性质。

：参数（Parameters）可见。表示关联的对象仅在交互过程中可见，它们是通过参数传递产生关联的。

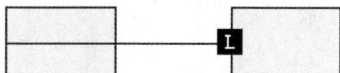

：本地（Local）可见。表示关联的对象在本地可见。本地的概念类似于指对象在同一个 JVM（Java 虚拟机）或者同一个 Server 中，或者一个进程中是可见的。

：全局（Global）可见。表示关联的对象是全局可见的。全局的概念类似于指对象在整个分布式应用程序中，或者一个服务器群集中，或者整个万维网中是可见的。

■ 消息

协作图中的消息与时序图中的消息定义完全一样。请参看 4.2.3.1 业务模型时序图一节中关于消息的解释部分。不过在 Rose 中并不能展示不同消息类型的不同符号，消息类型在打开消息属性对话框时才能看到。

■ 消息序号

其实消息序号也是消息的一部分，这里分开讲只是为了强调。序号表明消息传递的先后顺序。在 Rose 中这个序号是由 Rose 自动维护的，并且不能够手工调整。正因为如此，如果要在已经完成的图中插入一条消息，基本上需要把整个图重画一遍来重新调整顺序。遇到这种情况时，"必杀技"就派上用场了，我们可以将协作图转化成时序图，在时序图中插入消息，再转换回协作图。

4.2.4.2　概念模型协作图

与时序图相同，概念阶段的协作图采用分析类来绘制，目标是实现业务用例。同样这个阶段的协作图已经带有计算机理解。图 4.22 展示了与时序图（图 4.19）表达内容完全相同的协作图。读者可参照理解，这里就不再赘述了。

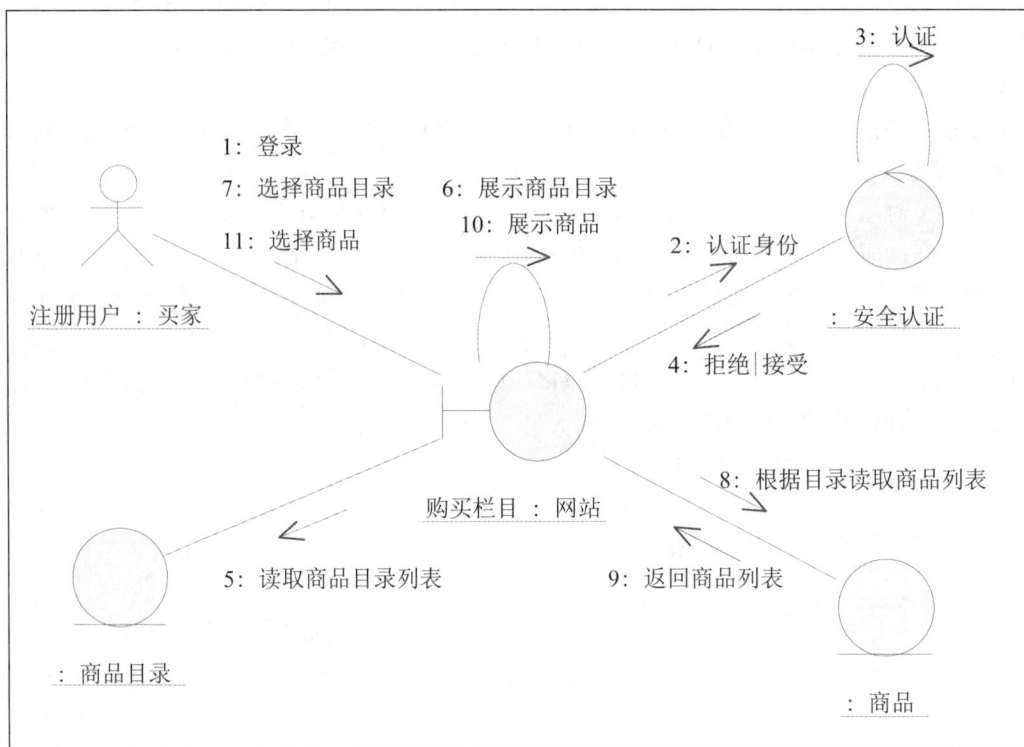

图 4.22　购买商品概念模型协作图片断

4.2.4.3　设计模型协作图

与时序图相同，设计模型协作图使用设计类为对象来绘制。目标是实现概念模型中的某个事件流，一般以一个完整交互为单位，消息细致到方法级别。协作图（图 4.23）展示了与时序图（图 4.20）完全相同的信息，读者可参照理解，不再赘述。

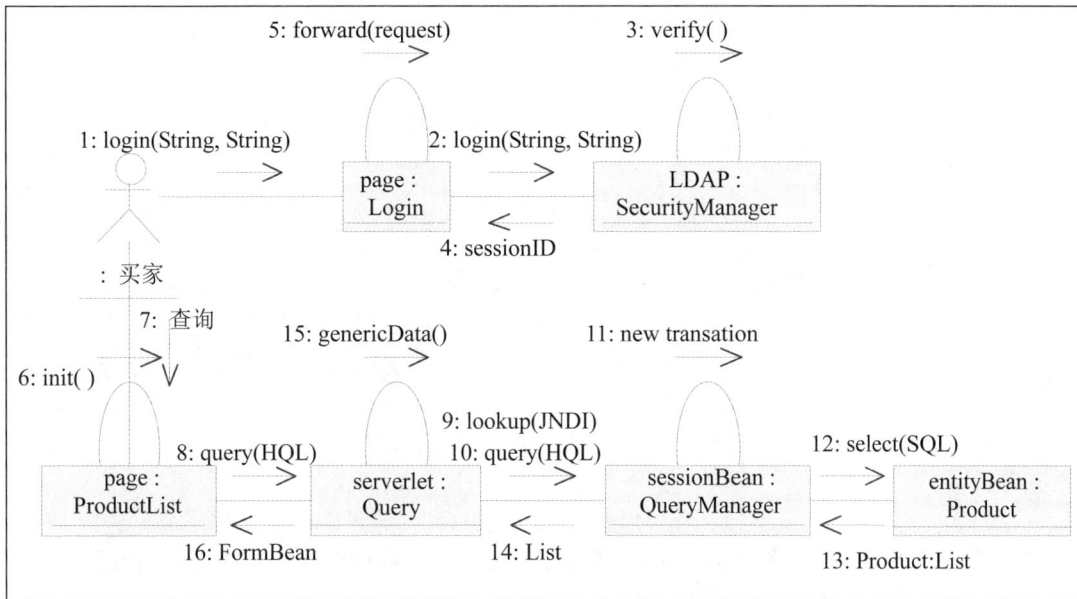

图 4.23 登录和查询事件流设计模型协作图片断

　　小结：到此为止 UML 核心视图中的动态视图就学习完了。在动态视图中，我们学习了活动图、状态图、时序图和协作图，这些视图各有其适用的场合。笔者在本章的学习过程中按适用场合进行了一些讲解，不过肯定不能覆盖所有可能的情况。

　　我们知道静态视图表达事物的结构性观点，而动态视图则表达事物的行为性观点。一个好的建模，结构性和行为性缺一不可，而且要相得益彰。既要说明该事物长得像什么样子，还要说明该事物应该怎么用。

　　不论是静态视图还是动态视图都是建模的重要工具，熟练掌握它们除了学习基本概念之外，诀窍就是多用。这些视图不但可以用在软件建模过程中，也可以用在分析现实生活中的一些事例。只要愿意，总可以从生活中找到非常多的例子来练习。

　　相对于掌握工具，理解其背后的本质才是更重要的。而这些理解是只可意会不能言传的，尽管作者作了以上的努力，仍然不能保证读者能深刻理解。希望大家多学多用，达到手中无剑心中有剑的层次。

　　下一章，我们将开始学习 UML 的核心模型。

　　预习：简单的理解，其实一个模型就是一堆有意义的静态图和动态图组合在一起，表达了一个有意义的中心思想。因此，学习模型最重要的不是死记硬背一个模型需要做什么，而是需要理解模型的中心思想是什么。

　　我们可以这样来类比：一个模型提出了论点，静态图是论据，动态图则是论证。模型的好坏，就看各位如何写好这篇议论文了！

5

UML 核心模型

上一章预习中提出了一个类比，说模型提出了论点，静态图是论据，动态图则是论证，建立模型的过程，就是采用论据来论证论点的过程。在开始本章的学习之前，读者应当先将这个类比放在心里，如同小学学语文时剖析中心思想一样，总结出模型的中心思想，紧紧围绕中心思想来学习和理解本章中提到的建模所用的各种静态图和动态图。

再回顾一下第 3 章 UML 核心元素和第 4 章 UML 核心视图，我们学习了使用 UML 建模要使用的基本元素、工具和技术。可以说我们已经掌握了词汇和语法，接下来的建模就是真正写文章了。读者在本章中将不会再接触新的元素和视图，所有模型都是使用已有元素和视图完成的。

既然是写文章，就肯定会有不同的风格和文体。事实上建模也是这样，写成什么样的文章是由软件工程所确定的软件生命周期来决定的。因此，要建立什么模型，首先要确定的是该项目我们要采用什么样的生命周期。作者在书写本章时是以 RUP 为例来讲解的，本章中所讲到的模型也都是服务于 RUP 的各个生命周期阶段的。

读者在学习本章的过程中，同时也在学习 RUP 的软件工程思想。当然，在这个时候，读者并不需要过多地考虑 RUP。建议读者带着归纳和总结的眼光来学习本章，在学习建模的同时，思考为什么模型要这么建，为什么要有这么一些输出。因为模型本质上是由于软件生命周期的需要，一旦读者掌握了这一点，就可以跳出固定的模型框框，可以定义适合于自己的模型了。

本章将要讲解的模型包括：

- 业务用例模型
- 概念用例模型
- 系统用例模型
- 领域模型
- 分析模型

- 软件架构和框架模型
- 设计模型
- 组件模型
- 实施模型

上述的这些模型基本上是从上到下逐步精化的，本章的组织结构也按上述的顺序编排。在这些模型里，用例模型是比较特殊的一种，因为它将驱动后续模型的建立。在学习具体的用例模型之前，我们先来大致了解一下用例模型的综合概念。

5.1 用例模型概述

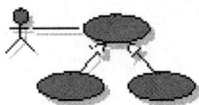

用例模型在统一过程中占据十分重要的地位。

- 它是面向对象软件过程的骨架——开发过程中一切工作的组织框架；
- 它是面向对象软件过程的神经系统——用例驱动过程；
- 它也是面向对象软件过程的血肉——需求的来源，测试的依据……

总之在面向对象软件过程中，用例模型的好坏将决定整个开发过程的好坏。

用例模型是系统既定功能及系统环境的模型，它可以作为客户和开发人员之间的契约。用例是贯穿整个系统开发的一条主线。用例模型即为需求工作流程的结果，可当作分析设计工作流程以及测试工作流程的输入使用。

图 5.1 是统一过程中用例模型在软件过程中的作用描述，尽管本书不会解释这张图，但是读者从图中可以看出用例模型在软件开发活动过程中的地位。用例驱动的理念在这张图里得到了另一个侧面的解释。

统一过程是一种演进式的软件过程，在整个产品生命周期之内充满了许多小规模的迭代，而每一次迭代的开始几乎都是从识别用例开始，从用例被实现而结束。

读者应当还记得建模公式，在建模公式里我们知道通过用例可以描述现实世界。而在统一过程里，随着迭代的进行，用例不断地被识别，然后被实现，软件离现实世界的要求也就越来越近。可见，用例模型在整个软件生命周期当中占有怎样的地位。这是读者需要认真对待的。

到这里为止，我们只是粗略窥视了用例模型的综合概念。我们谈到过用例有三个层次解释：业务用例、概念用例、系统用例，自然地，用例模型也就有业务用例模型、概念用例模型和系统用例模型三个层次的模型，如图 5.2 所示。

这三种用例模型分别在软件开发的不同生命周期阶段发生作用，业务用例模型用于识别和规定业务需求，概念模型用来分析和确认业务需求，而系统用例模型用来规定系统开发需求。这三者之间是一种精化的关系。

接下来我们就要讲述这三种用例模型，业务用例模型是我们模型之旅的第一站。

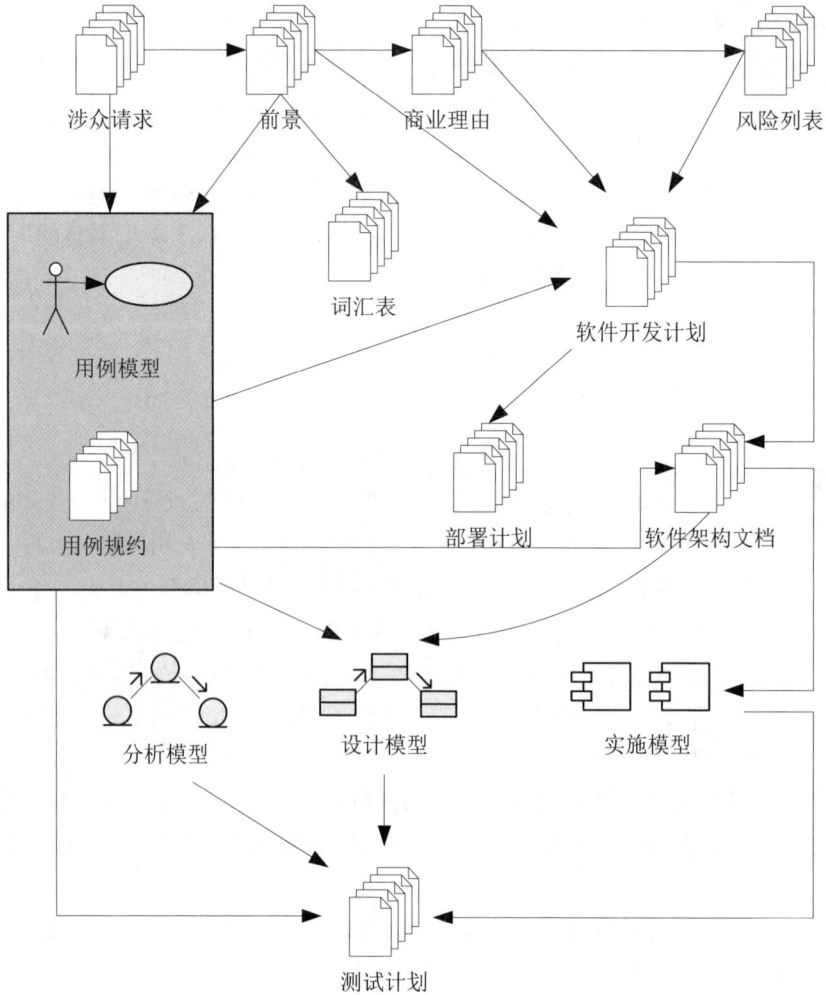

图 5.1　用例模型在统一过程中的地位

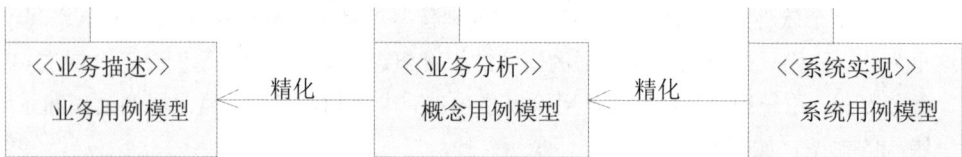

图 5.2　三种用例模型的关系

5.2　业务用例模型

业务用例模型位于统一过程的先启阶段，在业务建模核心工作流中完成。参照图 1.11，读者将

会发现业务建模先于需求工作流。很奇怪，是吗？也曾经有网友问过这个问题，为何业务用例模型不属于需求？

实际上这是一种误解。我们习惯上理解的需求指的是系统需求，也就是大家熟悉的"软件需求规格说明书"里所描述的内容。系统需求是软件系统要实现的功能范围的契约，它与计算机软硬件环境是紧密相关的，受制于计算机环境。在统一过程中，系统需求是由系统用例模型来说明的。然而软件需求只是整个需求过程的一部分，它仅仅说明要在计算机里实现的那一部分业务需求，软件需求是来源于业务需求，业务需求即业务用例模型所描述的内容。

我们大都忽略了一个事实，要想得到系统需求，正确地理解现实业务是前提条件。很多时候我们并不重视业务理解，在调研需求的过程中，我们只是让业务理解存在于交谈过程中，停留在需求调查表里，淹没在往来邮件中，从没有想过是否应当为这些业务理解建立一个模型。

为什么要建立业务模型呢？这是因为业务用例模型的目的是为现存的或客户预想中的真实业务建立模型，是我们为了理解客户的业务，并与客户达成业务理解上的共识而建立的模型，它不需要考虑计算机环境。相对于系统模型来说，业务模型是对现实业务的一种直观的理解，而没有加入其他的因素，因而更容易在客户和开发双方达成共同理解。

另外，业务用例模型要准确而完备地描述客户的现存或预想业务，而系统用例模型则可能只是业务的片断或者部分。例如在物流业务中客户签收是实际业务中必要的一环，如果业务用例模型不描述它业务链就不完整。但是这个环节通常是手工完成的，不必纳入系统用例模型中。因此，如果仅从系统用例模型来理解业务就可能缺少信息。当然，如果客户的计算机环境已经允许电子签名，客户签收这一环节纳入系统用例模型也是可能的。

应当明确，业务用例模型讲述的是业务范围，与系统用例模型讲述的系统范围（需求范围）是不同的。因此，建立业务用例模型是为了理解客户业务，相当于对客户业务的整理和重现。它必须尊重事实，不要带有计算机设计的思考在里面。业务用例模型将在业务方和承建方之间建立这样的共识：要建立的计算机系统所面对的问题领域就是这个样子的。很多时候业务范围并不等于系统范围，这不仅仅因为有些业务不适合用计算机实现，即使可以用计算机实现的，但根据运行环境等硬件因素，一些业务需求也可能被排除在系统范围之外。

例如假设客户的计算机环境不具备宽带网络环境，即使客户预想的业务中有视频播放方面的要求或者大文件传输的要求，在业务用例模型中应当建立，但是否应该纳入系统用例模型就是值得商榷的。

业务用例模型采用业务用例来绘制，表达业务的观点。然而，业务用例模型并不仅仅是很多人理解的由主角和业务用例绘制而成的视图，视图只是一个提纲和高层展示。图 5.3 展示了完整的业务用例模型应该具有的必要视图和工件，它们共同完成业务建模的工作。

5.2.1　业务用例模型主要内容

■　业务用例视图

业务用例视图包括业务主角和业务用例，它是业务的高层和概要视图，并作为其他建模要素的组织点存在。狭义理解就是我们一般所说的业务用例模型。

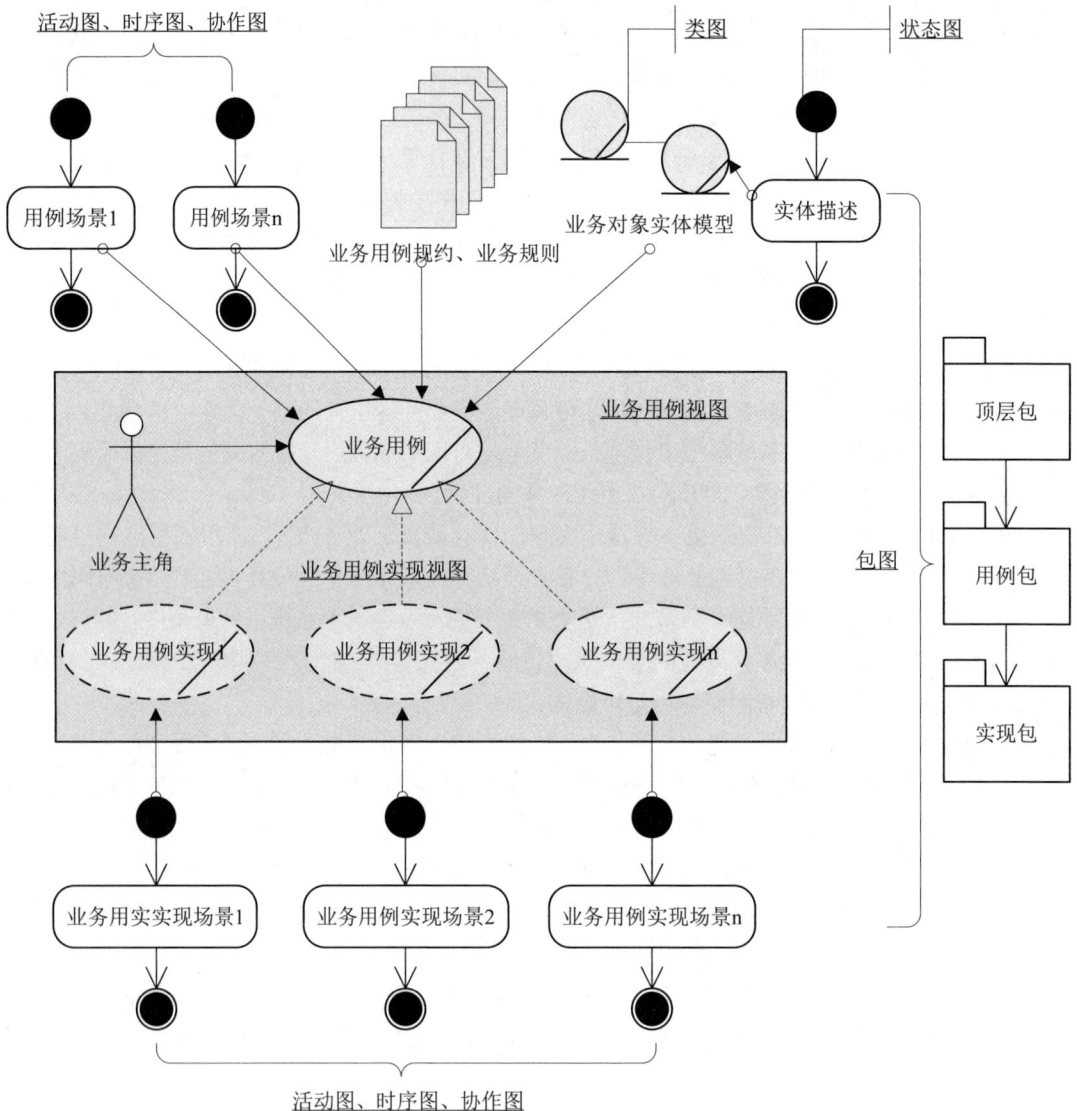

图 5.3　完整的业务用例模型

■　业务用例场景

业务用例场景说明业务用例的执行过程，说明业务主角是如何使用业务用例完成业务目标的。

■　业务用例规约

业务用例规约针对每一个业务用例编写，它要说明业务用例的使用者、目标、场景、相关业务规则、相关业务实体等。

■　业务规则

业务规则是客户执行其业务必须遵守的法律法规、惯例、各种规定，也可能是客户的操作规范、约束机制等。业务规则可能影响软件外观、内部功能甚至架构。

■　业务对象模型

描述业务模型中关键的业务对象，以及它们是如何贡献于业务目标的。

■　业务用例实现视图

将业务用例实现用实现关系连接到业务用例，每一个业务用例实现代表了业务用例目标的一种实现方式。

■　业务用例实现场景

针对每一个业务用例实现，说明该实现方式的步骤。与业务用例场景类似，但更为明确。

■　包图

包图组织业务用例。可以按业务模块分包，也可以按业务主角分包，还可以按组织结构分包。分包的策略取决于具体环境更注重哪一方面。

5.2.2　业务用例模型工件的取舍

除了图中所展示的必要工件外，业务用例模型还有其他一些工件。但不是什么时候都要完成所有工件。表 5-1 摘自统一过程官方文档，它给出了业务用例模型工件的取舍参考。

表 5-1　业务用例模型工件的取舍参考

工件	简要定制注释
业务主角	如果您要进行业务重建或业务改进，就必须使用它。 如果您只想绘制现有组织的图表，就可以使用它。 如果您要进行领域建模，就不会使用它。
业务构架文档	如果您要进行业务重建或业务改进，就必须使用它。 如果您要进行领域建模或绘制现有组织的图表，就不会使用它。
业务实体	如果您要进行业务建模，就必须使用它。
业务词汇表	应该使用。
业务对象模型	如果您决定进行业务建模，就必须使用它。
业务规则	可以使用。
业务用例	如果您要进行业务重建或业务改进，就必须使用它。 如果您只想绘制现有组织的图表，就可以使用它。 如果您要进行领域建模，就不会使用它。
业务用例模型	请参见业务用例。
业务用例实现	请参见业务用例。

工件	简要定制注释
业务前景	如果您要进行业务重建或业务改进，就必须使用它。 如果您要进行领域建模或只想绘制现有组织的图表，就不会使用它。
业务角色	如果您要进行业务重建或业务改进，并且如果您想绘制现有组织的图表，就必须使用它。 如果您要进行领域建模，就不会使用它。
组织单元	应该使用。
补充业务规约	应该使用。
目标组织评估	如果您要进行业务重建或业务改进，就必须使用它。 如果您要进行领域建模或绘制现有组织的图表，就不会使用它。

5.2.3　何时使用业务用例模型

毋庸置疑，业务用例模型是重要的。但是，业务用例模型是针对商业组织建模的，并不是所有的软件都需要从业务用例建模开始。下面笔者归纳了一些使用和不使用业务用例模型的理由，供读者参考。

使用业务用例模型的理由：

- 你将开发一个针对商业组织的软件。
- 你将开发一个交互密集型软件。
- 你将开发一个较大规模的软件。
- 你所面对的问题领域有复杂的组织结构。
- 你所面对的业务有许多业务流程。
- 客户希望借信息化过程进行行业重组或优化。
- 你对这个行业的业务了解不多，因而希望首先对业务有清楚的认识。
- 你希望借由一个软件开发而打入一个行业应用软件市场。
- 虽然已经对这个行业的业务了如指掌，但你希望做行业标准，因而想要建立业务架构。
- 客户已有许多孤立的遗留系统，希望做应用整合。

不使用业务用例模型的理由：

- 你将开发一个非商业组织应用软件，如嵌入式系统。
- 你将开发一个计算密集型软件，如编码解码器。
- 你将开发的软件规模很小，如个人桌面软件。
- 你所面对的问题领域组织结构单一，如一个报表统计系统。
- 你所面对的问题领域没有或仅有很简单的业务流程，如网络论坛系统。
- 客户的信息系统已经非常成熟，只想做一些外围的小应用。
- 你对行业业务十分精通，想要快速和低成本完成项目，并且不打算做行业标准。

■　虽然对业务不大了解，但你正在进行的项目是一锤子买卖，将来不会在这个行业深入下去。

> 小结：本节学习了业务用例模型，知道了业务用例模型是用于描述和明确业务需求的，是为客户现实的业务建模的。业务用例模型是系统需求的来源。同时我们也学习了业务用例模型相关的一些工件，或需要做的一些工作。最后，我们还了解了一些是否需要进行行业业务建模的理由。
>
> 　　业务用例模型描述了业务需求，系统用例模型描述了系统需求。在从业务需求到系统需求的转化过程中，概念用例模型可以起到非常好的过渡，尤其是面对复杂业务的时候。下节就来学习概念用例模型的基本概念。

5.3　概念用例模型

概念用例模型位于先启阶段，有时在精化阶段进行，是业务用例建模的一个子集。在统一过程的官方文档中并未强调概念用例的建立，也没有专门的工作流来完成它们。但是笔者在实际工作中感受到它们的重要，因而特别用一节来讲述。这是因为当系统规模较大时，业务用例的粒度相应也会比较大，通常一个业务用例所能描述的业务很粗略。而系统用例由于必须适应软件开发的需要，其粒度需要较小，有时候甚至小到一次计算机交互的粒度。显然，从一个很粗粒度的业务用例过渡到很细粒度的系统用例存在着很多困难。而如果试图缩小一些业务用例的粒度，则又会导致业务用例数据激增。

例如，一个涉及工厂、物流、经销商、零售商、银行的管理系统，在业务用例建模时，比较适合的业务用例粒度类似于工厂➔生产商品、物流公司➔运输商品等。从这些庞大的业务用例中能够得到的业务对象、用例场景都是很粗略的。就拿生产商品业务用例来说，其粒度已经基本相当于一个子系统规模了，要想通过对它的分析来导出系统用例有着很大的困难。

这时，我们需要一种方法来"分解"那些较大的业务用例，从中找到关键和核心的工作单元，针对这些工作单元建立模型来简化业务。这个模型能帮助我们更深入地理解业务用例，同时，通过这个模型的建立，我们将得到一组"缩小"了粒度的用例。即使我们不会对所有业务用例都进行这样的"分解"活动，一部分的"分解"结果也能够作为参照为我们从业务用例模型过渡到系统用例模型提供帮助。另一方面，这个模型的建立也能够帮助我们建立业务架构（如果需要）。

这种"分解"行动所产生的结果就是概念用例。请注意分解两字的引号，实际上用例不是功能，是不可分解的，同时由于用例具有"原子"性，用例也是不能分解的。正确的说法是抽象。抽象出的概念用例通过包含、泛化、扩展关系连接到基本业务用例。

另一方面，由于业务用例是从业务主角的观点去建立的，通常业务主角只会负责整个业务流程中的一个环节。如果我们希望获得对整个业务流程的了解，从单个业务用例就难以获得。

这时，我们需要一种方法能够从业务用例中"抽取"出针对某个关键业务流程产生贡献的工作单元，再用这些工作单元来组织成这个业务流程，以得到对业务流程的理解。这个抽取过程也是概念用例的建立过程。

5
Chapter

概念用例通常使用的 UML 视图如图 5.4 所示。

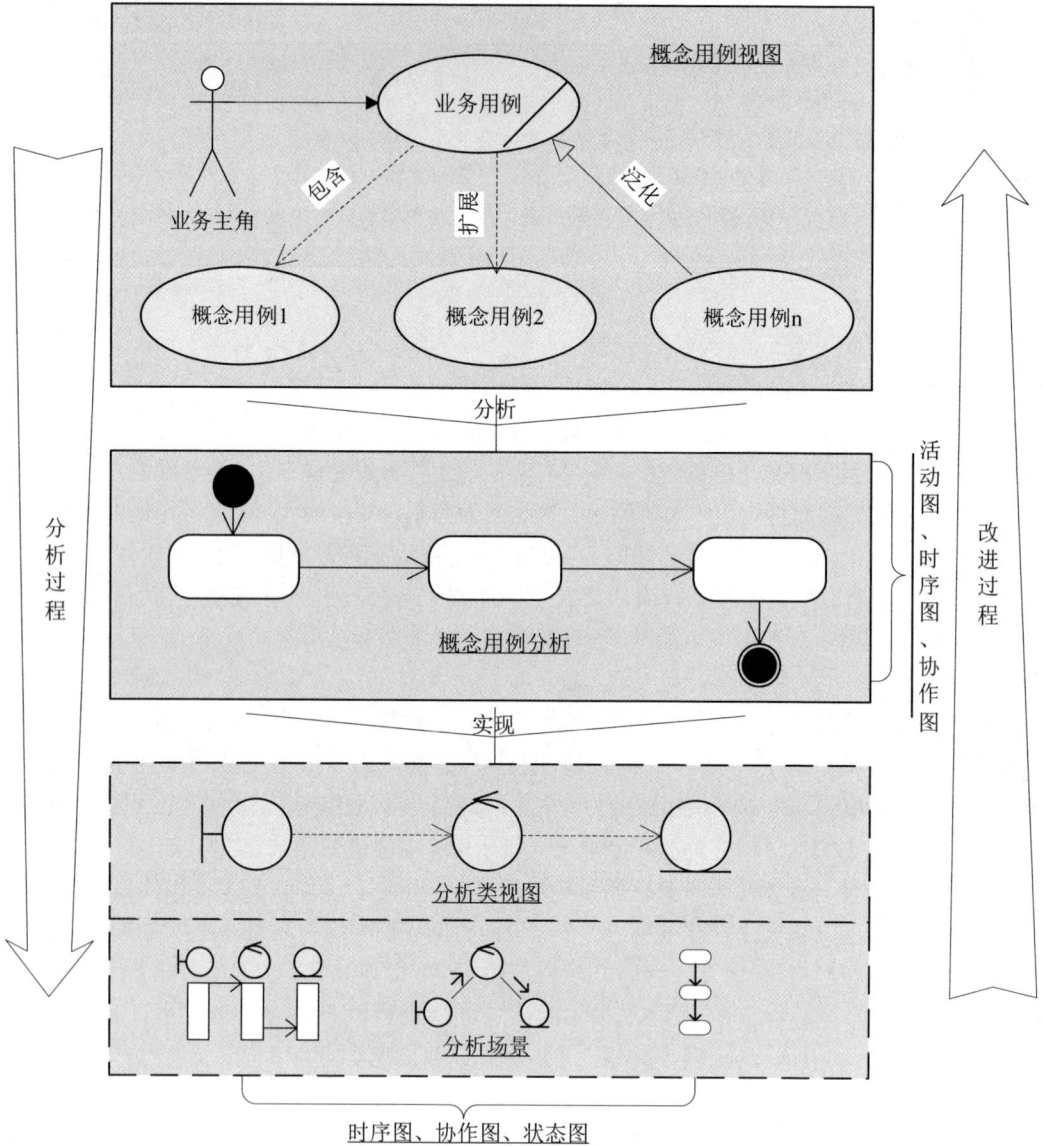

图 5.4　完整的概念用例模型

5.3.1　概念用例模型的主要内容

■　概念用例视图

概念用例视图将得到的概念用例用包含、泛化、扩展关系连接到基本业务用例，表示这些概念

用例的来源及它们服务于哪个或哪些业务用例。

■　概念用例分析

概念用例分析是从业务用例模型中挑选出重要和典型的业务用例场景，可能只是部分场景，也有可能跨多个业务用例，然后将得到的概念用例集中起来，绘制这些概念用例如何贡献或者说如何实现这些业务用例场景。

■　分析类视图

分析类视图绘制出从概念用例分析过程中抽象出的分析类的静态关系。分析类得到我们理解系统实现的第一个关口。

■　分析场景

分析场景使用分析类绘制对象交互图，从对象的角度去实现概念用例分析场景。这些结果将对下一步建立软件架构和决定系统用例产生影响。

5.3.2　获得概念用例

获取概念用例主要通过以下途径。

■　观察现有的业务用例场景，发现那些有着相似名称，在不同的业务用例场景中多次出现，或者位于不同的泳道中的活动。这些活动很可能就是关键的工作单元，以此来获得备选的概念用例。

■　通过对客户业务的分析，或者咨询业务专家，得知对客户来说最为重要的一些业务实体。然后了解对这些业务实体可能进行的主要操作来获得备选的概念用例。

■　通过对客户业务流程的分析，或者咨询业务专家，得知对客户来说最为关心，影响整个流程成败的关键业务环节，然后了解这些关键业务环节做什么，以此来获得备选的概念用例。

■　通过绘制概念用例分析来检验备选的概念用例。关键的概念用例总是在许多业务用例场景中决定场景成败，控制场景进程，或者产生和控制最为重要的业务实体。

5.3.3　何时使用概念用例模型

概念用例模型是位于业务用例模型和系统用例模型中间的过渡模型。有时候它甚至不需要在正式的文档中出现，也不需要交付给客户，通常也不需要对所有业务用例都提取概念用例。笔者归纳了一些使用和不使用概念用例模型的理由，供读者参考。

使用概念用例模型的理由：

■　你所面对的业务领域规模庞大，业务用例粒度较大，不容易过渡到粒度较小的系统用例。

■　你所面对的业务领域业务是网状交叉的，有跨业务用例的业务流程存在。

■　某个业务用例场景过于复杂，步骤和分支过多，使用活动图绘制用例场景困难。

■　有超过 7、8 个甚至更多的泳道存在。

■　你想在项目早期就获得系统原型。

- 你想在项目早期就开始建立软件架构。
- 你是第一次开发这样的系统，对系统用例的决定有疑问。

不使用概念用例模型的理由：

- 你所面对的业务领域规模较小，业务用例粒度较小，很容易过渡到系统用例。
- 你所面对的业务领域较为单纯，基本上业务用例之间没有交叉业务。
- 业务用例场景简单，一般不超过 10 个步骤。
- 你不打算太早建立软件架构。
- 你已经不是第一次开发这样的系统，对如何决定系统用例驾轻就熟。

> **小结**：本节学习了概念用例模型的基本概念、需要完成的工作、如何获取概念用例以及决定是否建立概念模型的理由。概念模型除了帮助我们简化和理解业务模型，最重要的作用就是帮助我们初步从对象角度来理解业务，从而建立软件架构和产生下一节讲述的系统用例。

5.4 系统用例模型

系统用例模型位于统一过程中先启阶段的末期以及精化阶段的早期。实际上，系统建模就是我们通常所说的需求获取。一般来说，系统二字可以省略，所谓的系统用例就是我们熟悉的用例，系统用例模型也就是我们熟悉的用例模型。所以本节也将省略系统二字，直接使用用例模型这一叫法。

官方文档中**用例模型**定义为系统既定功能及系统环境的模型，它可以作为客户和开发人员之间的契约。用例是贯穿整个系统开发的一条主线。用例模型即为需求工作流程的结果，可当作分析设计工作流程以及测试工作流程的输入使用。

在统一过程中，系统的功能性需求完全由用例模型来表达。作为客户方和开发方的契约，用例模型必须得到客户的认可。用例模型从作用上讲完全等同于"需求规格说明书"，它将作为合同附件来约定系统的开发范围。另一方面，用例模型也是客户理解系统的最重要途径。如果客户认可用例模型，开发方就可以认为系统正是客户所需要的。

如果需求分析工作是从业务用例模型开始的，那么到用例模型时应该已经有了足够的信息来源。如果没有业务建模而直接从用例模型开始，那么用例模型将从涉众请求开始，将涉众请求直接转化为用例模型。通常情况下，缺乏业务模型会使得用例模型建立比较困难。

用例模型要完整的描述需求，图 5.5 所展示的工件都是建立用例模型需要完成的。

5.4.1 系统用例模型的主要内容

- 业务用例

在系统用例模型中用例使用精化关系连接到业务用例，表明软件过程的可追溯性，说明哪些用例是从哪个或哪些业务用例演化出来的。如果没有经历业务建模过程，业务用例就不需要表达追溯关系。

■ 概念用例

作为从业务用例到系统用例的过渡，概念用例对用例模型来说只起到获取用例的指导作用。它作为用例模型的附加说明存在。

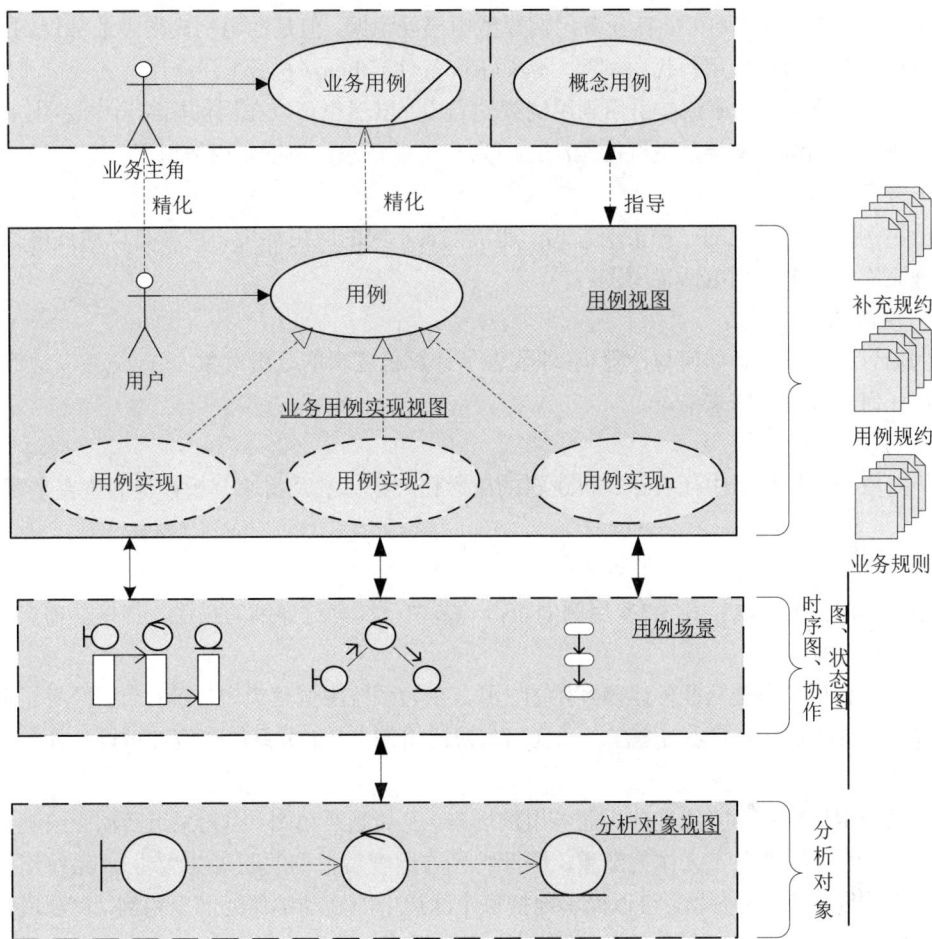

图 5.5　完整的用例模型

■ 用例视图

用例视图包括参与者与用例，是系统功能性需求的高层视图。从狭义上理解就是一般我们所说的用例模型。该视图表达了功能性需求的全部。

■ 用例规约

用例规约应采用文档形式描述参与者如何启动和终止用例，参与者如何使用用例完成目标，用例的执行事件流，相应的规则等内容。

■ 补充规约

补充规约应说明与用例相关的非功能性需求。例如响应时间、可靠性、可用性等。

■ 业务规则

业务规则是客户执行其业务必须遵守的法律法规、惯例、各种规定，也可能是客户的操作规范、约束机制等。虽然业务规则可能在业务用例模型中已经说明，但是在用例模型中业务规则应该被转化为计算机语言，可以采用伪代码编写，例如 if（条件）then（执行）。

另一方面，业务规则应该被引用到用例规约当中。虽然也可以在用例规约当中说明，但笔者认为为业务规则专门编写文档是更好的做法。因为一条规则常常被很多用例引用。

■ 用例实现

一个用例实现是用例的一种实现方式，通常代表不同的应用环境。例如可以通过电话、网站、业务代理完成同一个缴纳电话费用例。

■ 用例场景

用例场景说明参与者如何与计算机(即代表了计算机逻辑的分析对象)之间交互以达成其目的。可以使用任何一种交互图来描述。

■ 分析对象

分析对象是用例场景中代表计算机逻辑的概念化产物。它是将来分析模型的重要来源。

5.4.2 获得系统用例

关于获取用例的方法，在 3.3.4 用例的获得一节中已经有过详细的描述。在这里需要结合建模过程进行一些特殊说明。

如果你的分析工作是从业务建模开始的，那么在为系统用例建模时，你应当已经有了业务用例模型。那么你很可能不再需要向客户一一询问来决定用例，大部分系统用例都可以从业务用例中推导出来。

推导系统用例的基本方法是分析业务用例场景，尤其是活动图。因为采用活动图绘制业务用例场景时将业务主角和业务工人作为泳道，因此特别方便观察他们的职责（活动）。系统用例可以从这些职责里抽取出来。一开始，可以简单地把每个泳道中的活动都作为一个用例，以泳道作为参与者，把它们绘制出来。然后考虑以下问题：

■ 排除用例

观察候选用例，如果参与者不使用计算机来使用这个用例，则可以排除它。如果参与者希望使用计算机来使用它，但是计算机环境不允许（客户并不一定明白计算机能做什么），则与客户沟通，更换实现方案或者放弃它。

另一方面，如果该用例可以用计算机实现，但是代价巨大，是项目成本不可承受的，则与客户沟通，更换实现方案或者放弃它。

■ 合并用例

观察剩下的候选用例，分析参与者使用它们的目的。目的通常可以从参与者关心的结果看出来。

虽然候选用例可能有不同的名字，但是如果它们的结果是相同的或相似的，应当考虑合并它们。

例如虽然审批 A 文件、审查 B 文件是两个不同的候选用例，但是它们的结果都导致某业务得到批准，那么可以考虑合并为一个审查文件用例。合并后，审批 A 文件和审查 B 文件是审查文件用例的泛化。

- 抽象用例

观察剩下的候选用例，分析参与者使用它们的方式。使用方式可以从用例场景里归纳出来。如果存在这样的情况：结果虽然不同，但是使用过程相同，则应当考虑抽象出一个描述行为的用例。

例如查询 A 报表和查询 B 报表是两个不同的目的，有不同的结果。但是它们选择查询条件的过程是一样的，可以考虑抽象出一个设置查询条件的用例，查询 A 报表和查询 B 报表都包含这个用例。

- 补充用例

向用例模型中加入那些与业务实现无关,但对系统运行必须的非业务需求。例如管理用户账号、备份系统数据等。

如果你的分析工作中包含有概念用例模型，那么充分利用它。概念用例已经为系统用例的获取提供了很好的参考，比如：系统用例的粒度应当与概念用例相当；系统用例的抽象角度应与概念用例相同；概念用例所表述出的核心业务是最需要关心的部分。

如果你的分析工作是直接从系统用例开始的。那么你将不得不从头执行 3.3.4 用例的获得一节中所述的那些步骤，同时你还应当加入计算机环境的影响。如果你的客户对计算机很熟悉，知道他将如何使用计算机以及知道他可以使用计算机做什么，那么很幸运，你不会感到太多困难。否则，你将不得不向客户解释他所熟悉的业务在将来的计算机环境里是什么样子，才能获得正确的用例。

> 小结：本节学习了系统用例模型的基本概念、需要完成的工作以及如何获取系统用例。系统用例模型代表了实际业务转化为计算机功能性需求以后的结果，是系统开发的契约。
>
> 从以上三节的学习中，我们知道好的需求过程应当从业务建模开始，通过概念模型来分析业务，然后再产生系统用例模型。
>
> 以上三种用例模型都是从参与者的角度来描述问题的，尽管我们满足了每一个参与者的要求，但有时候，我们需要描述某些被共同关注的问题，或者与具体参与者无关但对实现业务来说相当关键的问题。这类问题将在下一节通过领域模型来描述。

5.5　领域模型

5.5.1　读者须知

非常重要!! 在本书第一版出版后，许多读者指出：本书中谈到的领域模型与《领域驱动设计》（美）埃文斯一书所倡导的领域模型定义和设计思想不一致。的确如此！在读者开始阅读本书中领域模型的相关章节前，我有必要在此做出说明。

首先，单纯从领域模型的基本概念上讲，本书中的领域模型与大家熟知的领域驱动设计（DDD）的定义是一致的，都是通过抽象现实世界当中的事物，以概念化的手段，以模型的方式给予定义。但是，尽管基本概念是一致的，本书中讲述的定义领域模型的方法以及领域模型定义出来以后的实际用途与《领域驱动设计》一书的确是不同的。

《领域驱动设计》一书倡导的领域建模实际上是一种由内而外、先内功后招式的方法。先追求"真理与规律"，再用它来实现"外在的表现"。它要求建模团队里有资深的领域专家，在领域专家的带领下，从业务需求当中找出那些体现了业务本质的事物、规则和结构，并为之建模，目标是定义出业务运行的规律和原理，在此基础上再去搭建具体应用程序的设计。这种方法实质上是先搭建业务架构，再实现具体业务。

本书中的思路恰好相反，是由表及里，由招式而内功的方法。本书中所用的领域模型建模方法是用例驱动的模式，先明确业务，通过对业务用例场景、业务对象模型来找出某一个问题的解决方案。本书的领域模型针对的是一个具体的、范围很小的问题，而不是全面的业务架构和运行规律。本书具体的领域建模方法详 5.5.2 节（领域模型的基本概念）和 9.5 节（领域模型）。

本书遵循的是用例驱动方法（UDD），而不是领域驱动方法（DDD）。虽然这两者都有领域模型，但它们的确是不同的。本书采用的领域建模方法是实用主义的做法。相对而言，《领域驱动设计》一书倡导的领域建模我个人认为是理想主义的做法，实际应用当中有其现实的困难。关于这个问题，请详见第四部分的第 18 章：用例驱动与领域驱动。

在这里再次提醒读者：本书所采用的领域建模方法仅是一家之言，是本人在项目实践当中总结出来的方法。领域驱动设计的方法不在本书的范围之内，读者可自行深入了解。希望读者能够通过这两种方法的比较，更深入地理解领域建模这一方法的真谛。

5.5.2　基本概念

领域模型是采用业务对象建立起来的一种模型，我们把领域模型当中使用到的业务对象称为领域类。一般来说，领域类有三种典型的形式：

- 业务对象实体，表示业务中使用到或产生的东西。如定单、账号、合同等。
- 系统需要处理的现实世界中的对象和概念。如商品、买家、卖家等。
- 将要发生或已经发生的事件。如购买、撤单、付费等。

在现实世界中，每一项业务的运行都是由一系列的业务对象实体（包括人物和事物）、事件或概念相互交互而完成的。领域模型建立的目的是试图挖掘出这一系列对象之间交互关系的"本质"。如果说业务用例场景下的业务对象模型研究的是特定的业务实例（即业务对象结构如何实现该业务），那么领域模型研究的则是高于特定业务场景的一般规律（即试图定义出能够满足所有业务用例场景的对象结构）。可以说，领域模型是从所有业务用例场景对象交互模型当中抽象出来的更高级别的业务对象模型；它表示了业务对象结构和交互的一般规律，揭示了业务运行的"本质"和"核心"。

在实际工作中，要建立好的领域模型是很困难的，我们必须对整个业务领域了解得非常非常透彻才有可能建立起很好的领域模型。这要求建模者具有深厚的行业知识背景，或者具备高超的抽象能力，并且遍历了绝大部分的业务用例场景。这不是一蹴而就的事。但是，一旦真正建立了全业务领域的领域模型，该软件产品也就脱离了依据特定项目定制开发的框框而进入了产品化。该公司也必然是该领域的行业带头人，卖的首先是业务咨询与服务，同时配套相关的支持软件。

对于项目型的公司而言，全业务领域模型过于困难和高成本。但是，我们可以放弃全业务领域，而只针对问题领域中某个我们关心的问题来建立对象（领域类）模型。这种针对特定问题的领域模型在现实工作中很实用，每一个领域模型解决项目中关系的一个问题，这种建模方法非常类似于专题研究。例如，一个购物网站，定单对象是整个购物过程的核心对象，我们关心它到底与多少个对象有交互关系。针对此问题，我们可以建立一个购物定单交互领域模型，根据对各业务用例场景的梳理，专心地把所有与定单对象交互的对象都找出来并建模之。

虽然领域模型高于特定的业务用例，但领域模型是一种"不完整"的业务对象模型。说它不完整，是因为领域模型并不包括在特定场景中的使用者的信息和使用过程。举例来说，我们为汽车的制动系统建立领域模型时，只说明踏板、液压传导装置、刹车碟盘和轮毂的关系及其功效，而不会说明它的使用过程。如果要建立业务模型，还必须引入驾驶者何时、何地、如何使用这个系统的语境。

领域模型可以帮助我们理解问题领域中的关键概念和关键对象，帮助我们理解这些对象如何工作，以及如何解决问题。例如在网上交易中，安全是一个重要的课题，那么我们就可以专门为安全解决方案建立领域模型。特别的，对于那些致力于成为行业软件专家的组织来说，建立全业务领域模型是非常重要的工作，只有通过全业务领域模型的建立进而透彻地洞察了业务运行的"本质"和"核心"，并据此形成相应的解决方案、技术架构和面向扩展的设计，才能够真正成为行业的领跑者。

5.5.3　领域模型的主要内容

在大多数情况下，没有业务模型的指引而直接建立领域模型是比较困难的，它需要建模者对业务有相当了解，同时具备相当的面向对象分析设计功力才能够从复杂的业务中直接找到那些关键而复杂的问题领域。如果通过业务模型来推导，则事情要简单得多。因为在建立业务模型过程当中我们已经能够体会到那些对实现业务最为关键和核心的问题，知道了关键的业务对象，也知道了业务过程中的交叉和重合，这些信息都对我们发现和建立领域模型相当有用。你需要做的是从业务场景出发，针对某些重要的业务问题来建立领域模型，再用业务对象去验证该模型。所以笔者建议先建立业务模型，再来推导领域模型，见图 5.6。

建立和验证领域模型可以使用 CRC（Class-Responsibility-Collaboration）方法。虽然这个方法没有被包含到 UML 中，不过在对象分析方面有着独特之处。这个方法很简单，用一张小卡片来表示一个对象，每个项目组成员手持一张卡片扮演这个对象。然后这些项目组成员举行头脑风暴讨论会，针对问题领域相互询问。被问到需要向对方提供服务的队员在卡片上记录下一个职责。直到大家认为整个问题领域中已经没有被遗漏的内容，每一个人的问题都得到解决，并且明确地知道谁将提供该服务。

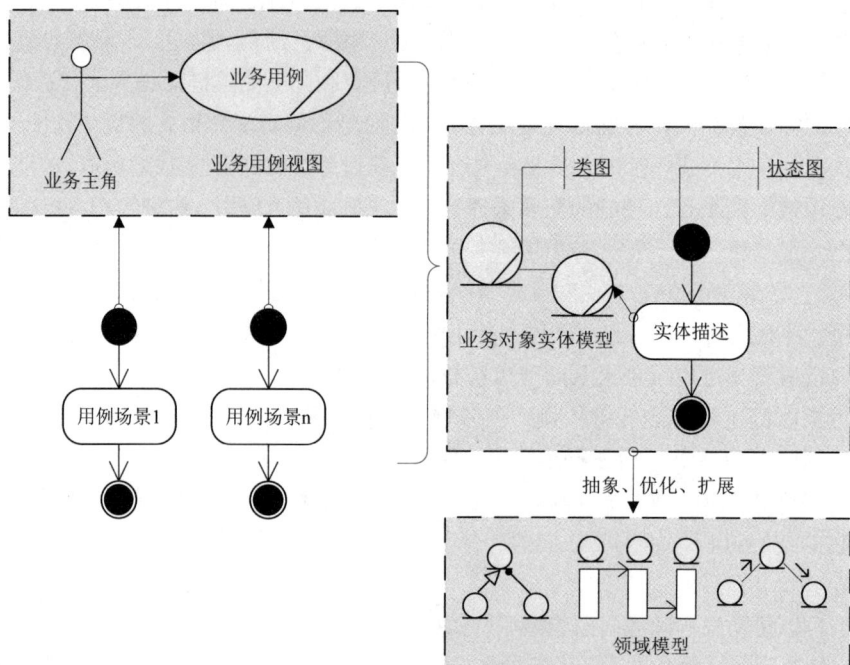

图 5.6　领域模型推导

对于较小的项目，或者业务比较简单的项目，我们并不需要建立完整的业务领域模型。但总有某项业务或某个对象相对比较复杂，这时我们可以仅仅针对该业务或对象来建立一个小型的局部领域模型。

当然，在没有业务用例的情况下，也是可以建立领域模型的。非交互密集型的软件建立领域模型就是一个例子。所谓非交互密集型软件，就是参与者很少或人机交互不多，甚至根本就是无参与者的自动运行软件，例如嵌入式软件、工控程序等。针对这类软件，由于参与者很少，获取用例意义并不大。但是我们可以通过对该软件运行过程的描述，找到该软件运行过程当中涉及到的名词、动词、事件等，并据此建立领域模型，再从领域模型开始驱动后续的分析和设计过程。

例如一个即时战斗游戏由哪些关键的部分构成呢？大致有控制、场景、声效、装备、战斗模式等；我们可以针对每一个部分建立一个领域模型，通过解决每一个问题进而完成整个游戏模型的建立。

小结：本节学习了领域模型的基本概念，需要完成的工作，以及什么情况下应当建立领域模型。领域模型不针对参与者来建立，而针对业务过程中的某一个问题来建立。通常，领域模型会跨越多个用例。而领域模型的最重要的工作，就是描述关键业务对象的结构和交互。

以上几个模型都是针对需求而言的；下一节将开始从计算机的视角来描述业务，正式进入计算机逻辑分析。

5.6　分析模型

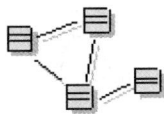

在 3.7 分析类一节中已经介绍过，分析类用于获取系统中主要的"职责簇"。它们代表系统的原型类，是系统必须处理的主要抽象概念的"第一个关口"。分析模型则使用分析类来建立系统原型，获得系统实现需求的第一手方案。

在统一过程中，分析模型被定义为一种可选模型，是从需求向设计模型转化的过渡。但是在笔者自己的工作实践中，分析模型占据了很重要的地位，其重要程度甚至高于设计模型。甚至笔者认为分析模型应当成为面向对象设计的核心，因为：

- 分析模型是采用分析类在软件架构和框架的约束下来实现用例场景的产物。如果分析类完全实现了这些用例和场景，我们就能肯定地说分析类已经满足了需求。
- 分析模型是高层次的系统视图，在语义上，分析类不代表最终的实现。它是计算机系统元素的高层抽象。分析类具化以后才产生真正的实现类。
- 相对而言，设计模型只是分析模型的一种实现手段，分析类具化以后才产生真正的实现类。如果分析模型建立得很好，再具体化分析类形成实现类是很容易的。
- 分析模型是 MVC 模式的经典应用。从分析类的名称就可以看出来。读者应当还记得笔者反复谈到的一个观点："商业系统无论多复杂，无论什么行业，其本质无非是人、事、物、规则。人是一切的中心，人做事，做事产生物，规则限制人、事、物。人驱动系统，事体现过程，物记录结果，规则则是控制。无论面向对象也好，UML 也好，复杂的表面下其实只是一个简单的法则，系统分析员弄明白有什么人，什么人做什么事，什么事产生什么物，中间有什么规则，再把人、事、物之间的关系定义出来，商业建模也就基本完成了。"对比分析类的名称，考虑一下 MVC 模式，读者应该能够发现分析类在对象世界和现实世界中精妙的对应关系：人、事、物、规则——参与者、边界类、实体类、控制类。

另一方面，由于分析类忽略了实现细节，从而可以只关心系统如何使用对象来实现需求。采用分析类来维护系统实现与需求的同步能非常大地节省工作量。因为：

- 设计模型由于要考虑太多的实现细节，如效率、实现语言、框架、程序规范、参数等，要保持设计模型与需求的同步是很困难的（虽然统一过程推荐这么做），一旦需求变化，要修改的内容非常多。
- 从用例场景到设计模型的跨度太大，设计类如何决定更多是凭经验，拍脑袋，很容易陷入 1.1.4 面向对象的困难一节中所述的困境。
- 很多时候根本没必要维护设计模型，例如很多基于数据 CRUD（Create，Read，Update，Delete）操作的系统，维护数据处理框架就足够了。至于保持设计与需求的同步，采用分析模型来维持同步就足够了。

5.6.1　如何使用分析模型

　　获得分析类的方法并不复杂，笔者推荐先采用时序图，在用例场景中的参与者与系统之间加入一个边界类代表操作界面，在边界类与实体交互之间加入一个控制类代表业务逻辑，然后对照用例场景，一步一步忠实地把用例场景过程用分析类实现出来。例如一个网上购物的业务场景，用分析类绘制的结果如图 5.7 所示。

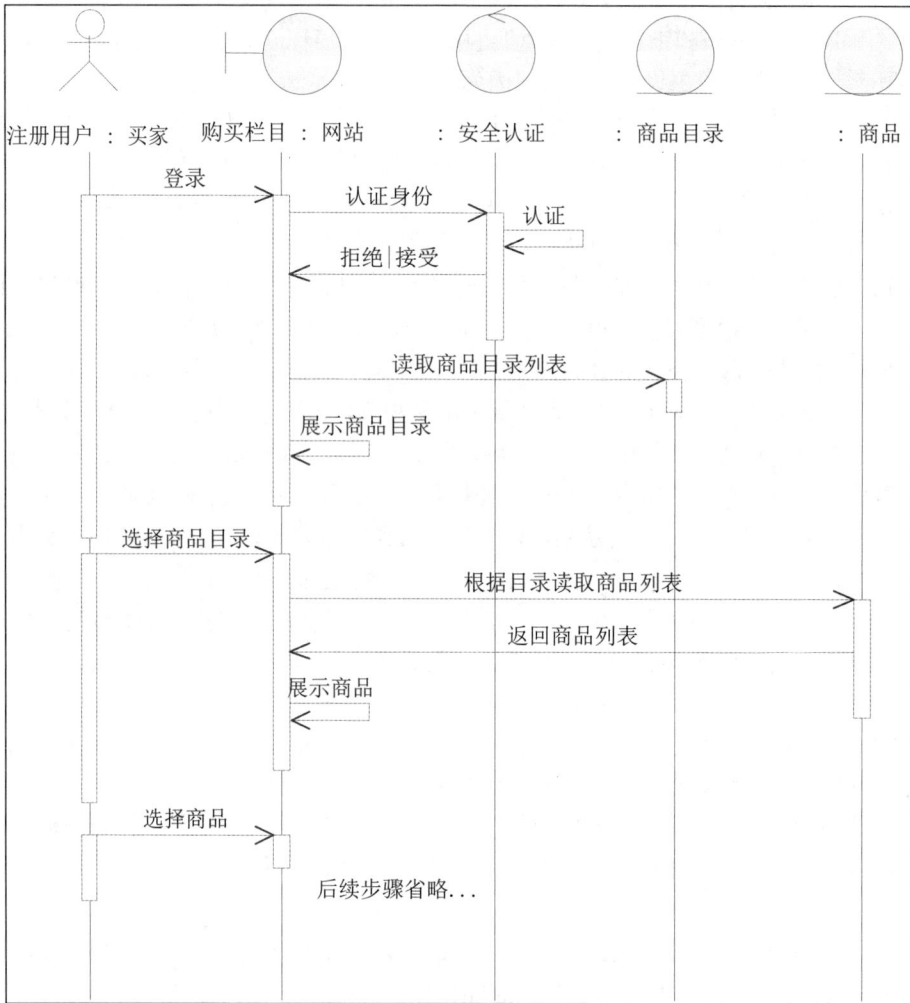

图 5.7　用分析模型实现用例场景

　　先绘制用例实现的时序图是获得分析类的一种有效手段,在绘制时序图的同时顺带得到了备选的分析类,这是比较"不费力"的方法。获得分析类以后就可以来定义分析类之间的关系。请参考3.9 关系一节来确定分析类之间的关系，其结果如图 5.8 所示。在初步建模的时候，可以忽略关联

关系和依赖关系之间的差别，而简要地认为关联的两个分析类都具有依赖关系以减轻工作量，在以后的精化过程中再详细推敲到底是关联关系还是依赖关系。另外，由于分析类采用了 MVC 模式，所以在定义分析类之间的关系时，应当注意以下几个原则：

- 边界类不应当与实体类之间有依赖关系。边界类只能通过控制类与实体类交互。
- 实体类和实体类之间可以有聚合或组合关系，但不应当有依赖关系。它们不应当直接交互，而只能通过控制类间接交互。
- 控制类和控制类之间不应当有聚合或组合关系，如果可能，应当尽量减少依赖关系。
- 正确的依赖关系应当是边界类依赖于控制类，控制类依赖于实体类，而不能反过来。

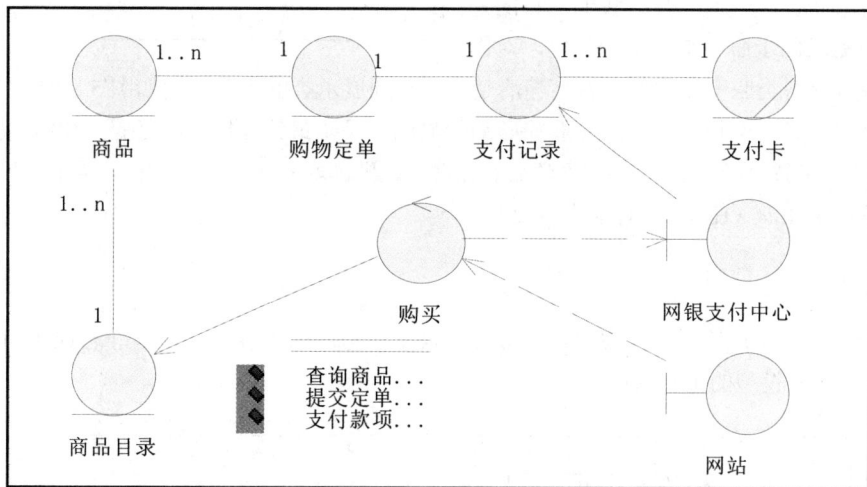

图 5.8　分析类获取结果

定义了备选的分析类的关系以后，进一步仔细地观察它们，如果需要，应当采用面向对象的思考方法来进行调整和优化。调整分析类的主要原因和手段主要来自以下几个方面：

- 业务规则

业务规则作为分析类交互的一个约束存在，它是需要调整分析类的重要原因。尤其应当关注那些复杂的、将来可能会经常变化的规则。它可能需要在某个分析类上加一个状态，也可能需要将业务规则单独取出来作为一个分析类，甚至可能专门就规则的动态变化作为一个问题领域建立领域模型。

- 结构优化

根据面向对象的原则，应当尽量减少对象之间的耦合度。仔细查看备选的分析类，如果分析类之间的关系呈网状，那么就应当考虑调整这个结构。常用手段有加入中介类，让网状结构呈星形结构；或者使用门面模式，将分析类的关联关系集中起来。另一个办法是将对象之间的关系抽象出来，专门用一个关系类来存取对象间的关系。这在 UML 中被称为关联类。

- 分离职责

对象越简单越容易维护。如果一个分析类负责的事情太多，则应当考虑将它分解为几个各负一部分责任的类。

读者应该能够感受到，绘制这样的分析模型非常简单，几乎是一个体力活儿。不过这正是笔者推荐使用分析模型代替设计模型维护设计与需求同步问题的原因。如果可以如此简单，为何要选择复杂的方式？

当分析模型完成时，系统主要对象的职责、交互和实现方式已经一清二楚。我们的目的是保持设计与需求同步而不是编写伪代码，对面

> **必杀技：**
> 在 Rose 中绘制时序图时，先在类视图中创建一个空类，指定版型，然后将其拖入时序图。绘制一条消息之后，在消息上右击，然后选择 new operation，将打开创建方法的对话框。在这个对话框里输入方法名、参数等，将同时在时序图和类图中加入这个方法，一举两得。酷吧！

向对象来说，获得类职责和类方法就足够清楚了，无须展示类的细节。例如图 5.8 中"购买"栏目要提供给客户登录、选择商品目录和选择商品的界面。至于最终是用 JSP 还是 ASP 还是 AJAX 实现，有那么重要吗？我们已经知道了"商品"对象要提供读取商品列表的功能，至于最后是 execute（SQL）还是 getList（HQL），有那么重要吗？

5.6.2　分析模型的主要内容

上一节讲述了如何使用分析模型。当然分析模型要考虑的内容不仅仅是静态视图和用例场景。图 5.9 展示了分析模型的主要内容。

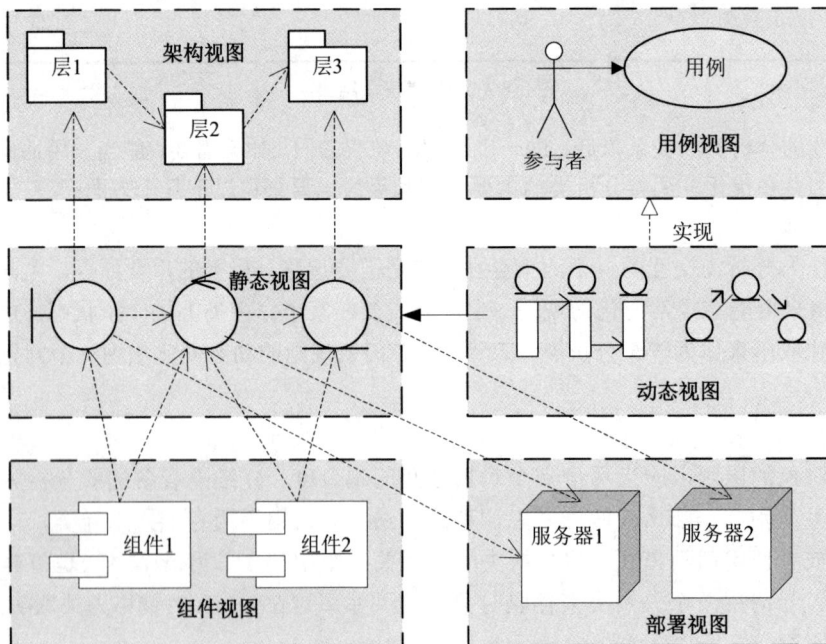

图 5.9　分析模型的主要内容

图 5.9 展示的各个视图就是分析模型要完成的工作。虽然有些视图还没有讲到（架构视图、组件视图和部署视图分别属于软件架构、组件模型和部署模型的范畴，后面几节有详细描述），不过相信读者已经能够从图中读出将来系统的影子了。分析模型架起了现实世界的需求和对象世界的桥梁，架起了软件架构和系统实现之间的桥梁，架起了组件和对象之间的桥梁，也架起了对象和实施之间的桥梁。这就是为什么分析模型很重要的原因。完成了分析模型，也就完成了系统的原型，接下来的工作都将围绕着分析模型进行。因此，在分析设计过程中花费精力维护分析模型是十分值得的。

5.6.3　分析模型的意义

分析模型采用 MVC 模式，将用例场景中描述的业务分解为边界（操作界面和展示界面）、控制（业务逻辑）和实体（业务数据），用这三个元素建立实现用例场景的对象模型。分析模型一方面为我们提供了系统如何实现需求的理解，一方面为下一步演化到设计模型提供了极好的输入。如果建模过程中包含概念模型，则早期的分析模型通过概念用例建立，分析模型成为系统的第一个原型。我们可以根据分析模型开发界面原型、编写简单的可执行代码来制作一个系统原型。由于概念模型本身也是可选模型，所以这个阶段的分析模型也是可选的。

虽然统一过程将分析模型定义为可选模型，不过与统一过程的定义不一样的是，笔者建议在系统用例模型建立之后，设计模型建立之前必须建立分析模型，并一直维护它保持与需求同步。其重要性已经在图 5.9 中充分展示出来了。

尽管是可选的，但统一过程的官方文档列出的使用分析类的理由已经足以说明分析模型的重要性了。笔者将其引用到此，供读者参考：

通常，"分析类"可直接演进为设计模型中的元素：某些分析类变为设计类，其他分析类变为设计子系统。分析的目标是确定一种从所需行为到系统中建模元素的初步映射。设计的目标是将此初步（且有些理想化的）映射转换成可实施的模型元素集。结果，模型元素从分析阶段演进到设计阶段后，细节和精度都得到精化。因此，"分析类"经常保持非常高的非固定性和可变性，并且在设计活动固化之前可做极大的改进。

决定是否需要单独的分析模型时应考虑以下几点：

- 需要设计在多目标环境下使用、带有独立设计构架的系统时，独立的分析模型就非常有用。分析模型是设计模型的抽象或泛化关系。为了概述系统功能，它省略了设计的许多细节。
- 由于设计的复杂性，因此在向新的团队成员介绍设计时就需要使用简化而抽象的"设计"。此外，明确定义的构架可起到相同的作用。
- 在考虑建立分析模型所带来的益处时，必须权衡为确保分析模型与设计模型保持一致性所需的额外工作，因为该模型只代表系统运行方式的最重要的细节。保持分析模型和设计模型之间高一致性的成本极其昂贵。一个折中的方法可以是分析模型仅具有设计中最重要的领域类和关键的抽象概念。维护分析模型的成本随着其复杂性增加而增加。

■ 一旦不再对分析模型进行维护，则其价值将迅速衰减。从某种意义上说，如果它得不到维护，则它因为无法精确地反映系统的当前设计而将失去使用价值。决定不再维护分析模型也许是正确的（它可能已经达到其目的），但是这种决定应该是明智的。

实践证明，对于那些系统使用寿命有数十年或系统有许多版本的公司来说，独立分析模型非常有用。

针对决定是否需要单独的分析模型时应考虑因素的第三点，笔者还有一点补充。的确，维护分析模型和设计模型的同步代价十分高昂。但是，如果没有分析模型就得维护设计模型与需求的同步，而相对于维护分析模型与需求同步来说，维护设计模型与需求同步的代价要高昂得多。因此笔者的做法是维护分析模型与需求同步，加上架构设计、框架设计、编程规范等作为编码实现的约束，而放弃维护设计模型与需求的同步。分析模型保证了需求，架构设计保证了系统，框架设计指导了实现，编程规范约束了编码。如果开发人员理解并遵从了这几个约束，对大多数应用系统来说已经足够，基本没有必要做详细的设计模型，经过培训后就可以放手让开发人员自行开发。再加上根据分析模型开发的测试用例保证可执行代码的功能，绝不会导致代码一致性和需求不符合的麻烦。最多也仅需要针对特别复杂的重要的核心模块进行详细设计，而一般这些核心模块也可包含在框架设计的范畴之内。

经过这样的调整，软件过程得以敏捷很多。笔者的实践表明，维护分析模型所花费的精力比维护设计模型要少得多得多。

> **小结**：本节学习了分析模型的基本概念。对于作者来说，分析模型的重要性高于设计模型。最主要的业务分析和系统分析工作都由分析模型来完成，至于设计时的设计模式应用一类的工作，则基本上可评价为锦上添花。作者同时也建议读者认真学习和实践分析模型，让它成为你手中的利器。下一节学习软件架构和框架在分析和设计过程中的一些基本概念。

5.7 软件架构和框架

软件发展到现在，几乎没有项目再从刀耕火种开始，多少都会采用现成的、开源的或自开发的软件框架，同时，也越来越重视软件架构的建立。

统一过程是以架构为中心的开发模式，如果说用例代表了一个软件项目对需求的定义和理解，那么架构就代表了一个软件项目对系统的定义和理解。软件架构在较高的抽象层次上，将系统规划为一些独立的逻辑部件，各负其责，这些部件通过标准的通信接口传递信息。一个架构就是一个系统的骨架。

现实中，很多人把架构和框架搞混，有的人认为架构和框架就是同一个东西。实际上架构和框架是非常不同的。框架是针对某个问题领域的通用解决方案，它通常集成了最佳实践和可复用的基础结构，对开发工作起到减少工作量、指导和规范作用。

如果用建设一幢大楼来比喻，架构就是大楼的结构、外观和功能性设计，它需要考虑的问题可

以延展到抗震性能、防火性能、防地表下陷性能等；而框架则是建设大楼过程中一些成熟工艺的应用，例如楼体成型、一次浇灌等。再举另一个例子，可以说架构是战略性的，它描述部署、职责、战略目标、指挥系统、信息传递等；框架则是战术性的，它描述组织、建设、作战方案、命令下达、战术执行等。

总之，架构是系统蓝图，是对系统高层次的定义和描述。框架是解决方案，是加速和提高系统质量的半成品。

5.7.1 软件架构

对于软件来说，架构需要描述两个方面的内容。这两个方面分别针对业务领域的理解和系统领域的理解，我们可以称之为业务架构和软件架构。这两者是需要和谐统一的。下面分别来描述。

5.7.1.1 业务架构

业务架构在先启阶段建立，在精化阶段得以改进。业务架构的目标是为业务领域建立一个维护和扩展的逻辑结构，描述业务的构成。业务架构对我们理解客户业务，尤其是开发行业解决方案有着重要的作用。另一方面，业务架构是软件架构的重要输入。

业务架构来源于两个主要的输入：业务用例和领域模型。如果没有业务架构，只有业务用例和领域模型时，我们将"只见树木不见森林"。因为不论是业务用例还是领域模型，它们都只是业务领域的一个部分，尤其业务用例本身就是一个独立的单元，仅凭对它们的理解不足以俯瞰整个业务领域。

业务架构可以使用领域包和组织结构包来表示业务主要领域和组织结构关系。图 5.10 展示了一个网上购物系统的业务架构示例。读者可以看到，业务架构描述了业务领域主要的业务模块及其组织结构，从某个角度说，业务架构图很像商业模式。事实上，建立业务架构的目的除了理解业务之外，最重要的一个作用是为业务重组做准备。如果决定长期立足于一个行业来开发行业解决方案，那么建立业务架构就更为重要。

当然，业务架构并不仅仅是用一张图表示那么简单。你需要写一份文档：

- 描述每一个领域包的职责、与其他领域包的关系，例如门户网站负责什么，它与购物中心之间通过什么机制交互。
- 在文档中引用用例模型来阐述典型业务是如何在这个业务架构中运行的。
- 对一些重要的领域，例如购物中心，使用领域模型来解释它如何运作。

业务架构与核心模型的关系可用图 5.11 来表示。用例模型、领域模型所描述的业务过程，通过抽象可得到业务架构。反过来，业务架构对用例模型和领域模型则有着重要的指导作用，尤其在业务架构改进的时候，某些用例可能需要重组，领域模型也可能重构。

笔者在这里采用 UML 元素来绘制业务架构图仅仅是因为本书要讲述 UML。在实际工作中，笔者更愿意使用其他绘图工具来绘制，例如 Visio，然后再用业务架构文档将它们组织起来。笔者觉得 UML 中的元素表达业务架构不是特别丰富和直观。例如第 1 章中的图 1.1 是用 Visio 绘制的，不知读者是否觉得它比 UML 元素要更直观一些？

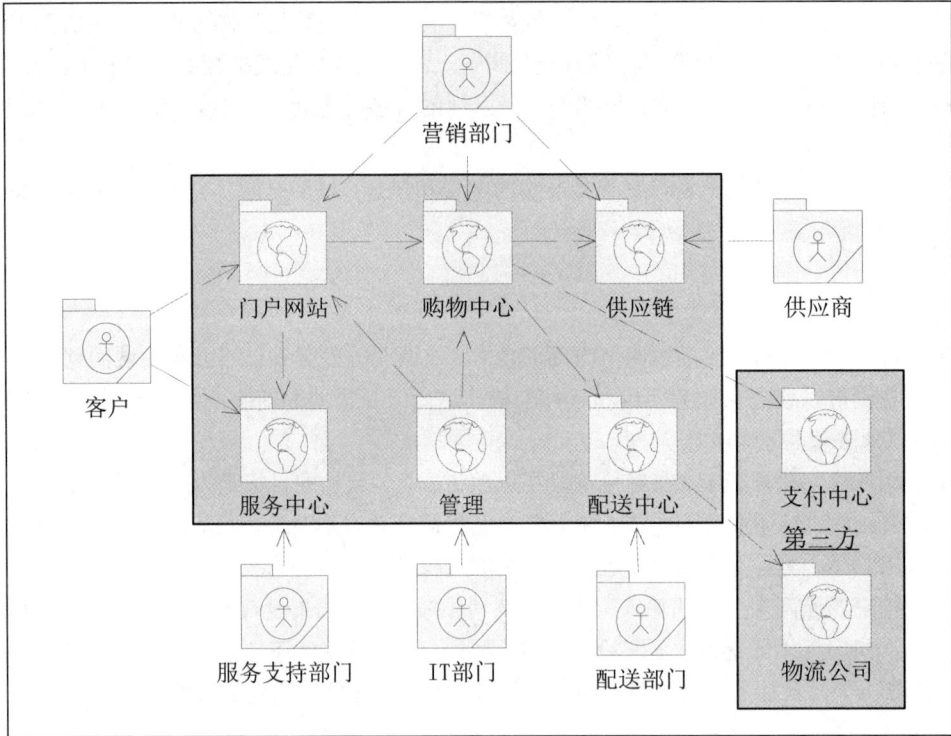

图 5.10　业务架构

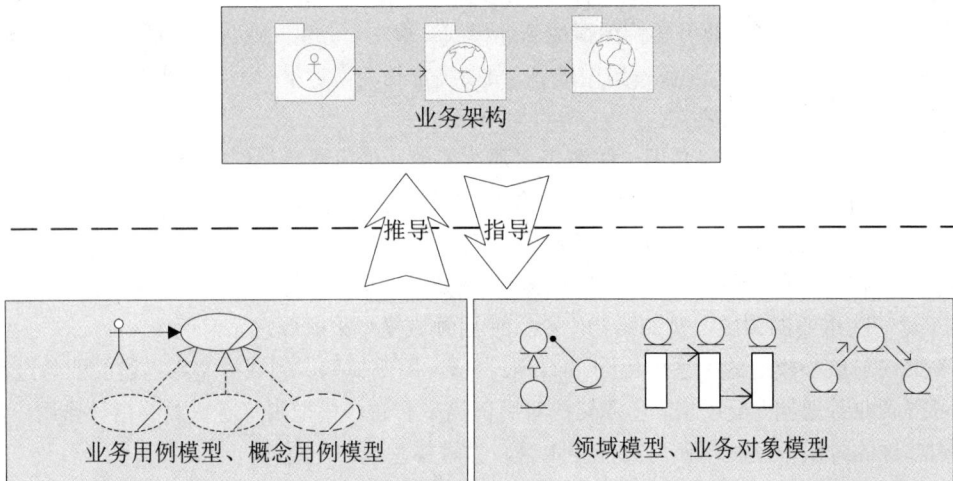

图 5.11　业务架构与业务用例模型、领域模型的关系

5.7.1.2　软件架构

软件架构需要在业务架构的基础上引入计算机环境，计算机环境包括硬件环境和软件环境。硬

件环境指网络拓扑结构、服务器及其他设备等，而软件环境则指操作系统、应用服务器、中间件、数据库以及其他第三方支持软件等。软件架构需要说明业务架构如何分布在计算机环境中，并得以执行。

　　一个典型的软件架构包括两个视角：广度视角和深度视角，这两个视角构成对软件架构的"立体"描述。广度视角即是常见的软件层次结构，它关注软件的分层，规定每一层的职责以及层之间的通信标准。一般使用层包元素来绘制。图 5.12 展示了一个典型的多层架构的层次模型。为了说明，笔者在每个层次之间都使用了不同的通信标准和数据标准，读者不必深究这个软件层次架构的合理性。

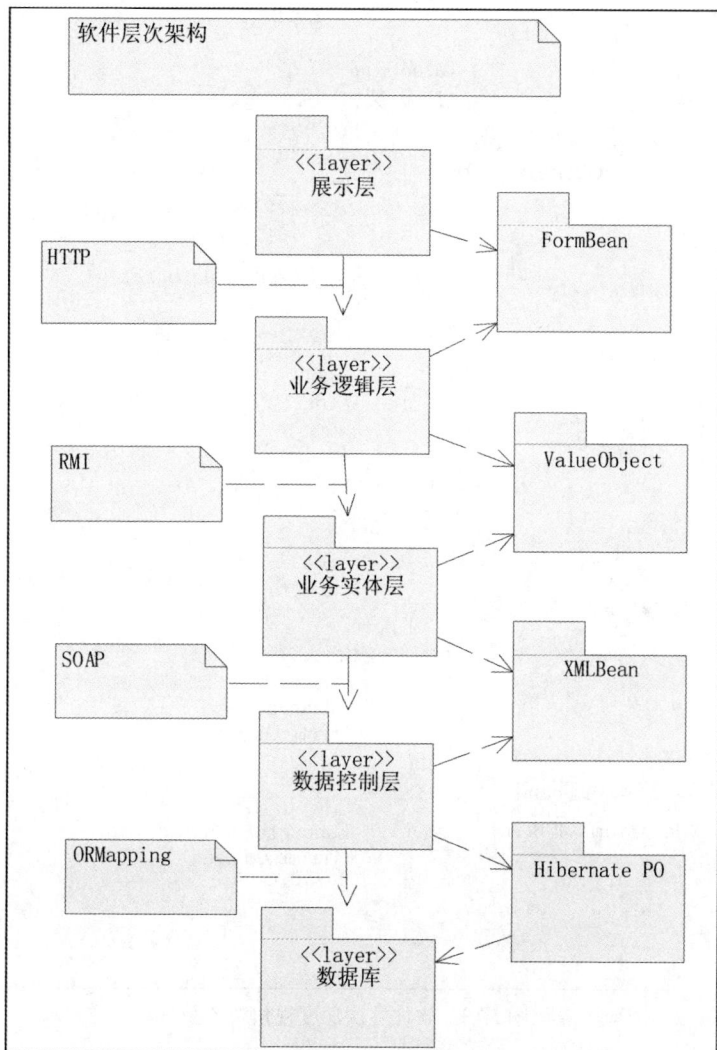

图 5.12　软件层次广度视角架构图

除了视图之外，在软件架构文档中应当详细地描述图中的每一个部分。

另一方面，软件架构还需要描述深度视角。所谓深度视角，是指广度视角中每一层的详细说明，它关注每一层以及每个部分的具体实现架构。例如可以针对业务实体层进行架构描述，也可以针对XMLBean 进行架构描述。图 5.13 展示了业务实体层的深度视角视图，这个视图仅仅是为了说明，读者不必研究这个视图的合理性。

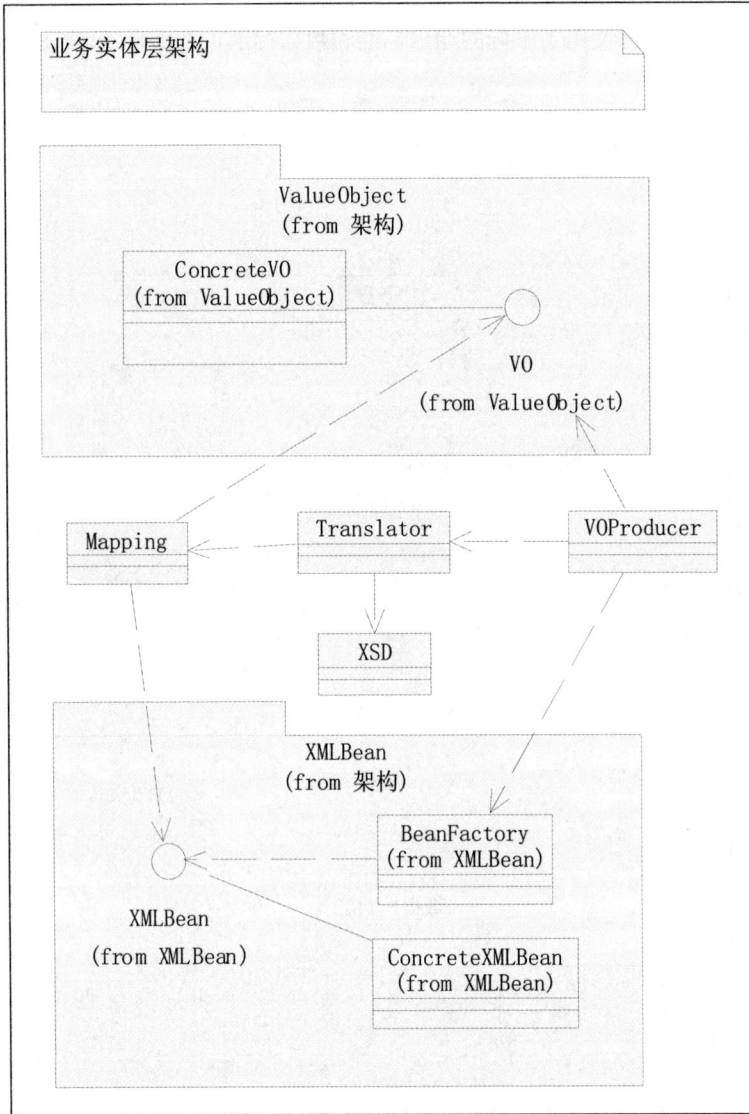

图 5.13　软件层次深度视角架构图

广度视角和深度视角将软件架构立体化了，图 5.14 展示了这种立体化的结构。层次构成了广

度视角维度，而每一个层次里的包、类的结构构成了深度视角维度。

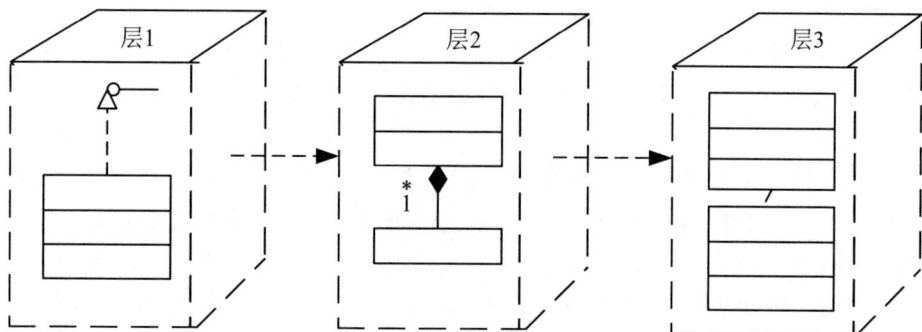

图 5.14　立体化的架构

5.7.1.3　架构描述

架构描述通过架构文档记录。你可以将业务架构文档和软件架构文档分开描述，也可以合并描述。笔者的做法是合并描述。因为业务架构最终必须要能够运行在软件架构上，在合并的架构文档中，至少需要将一个典型的业务架构用例场景"实现"在软件架构上。这样的一份架构文档，至少需要描述到以下方面：

■　**业务架构概述**

此部分主要描述图 5.10 所示的业务概要，包括背景、商业模式、商业目标、系统目标等。

■　**组织结构**

此部分主要描述客户方的组织结构，各部门的职责和关系，以及每个部门在整个业务架构中所起的作用。

■　**业务模块**

此部分主要分模块描述每个业务模块在整个业务中要完成的商业目标，与相关业务模块的关系，以及模块内部的主要业务流程。

■　**业务对象模型**

此部分描述用例模型中获得的主要业务对象模型、领域模型等。说明这些重要的业务对象如何实现商业目标，它们在业务架构中所起到的作用等。

■　**典型用例场景**

从用例模型中挑选出重要的典型用例场景，描述该场景如何串联各个业务模块，在各个业务模块中的主要处理事项以及产生的结果等。

■　**软件架构概要**

根据客户的系统要求和现有条件，说明系统的设计目标和设计原则，以及软件架构中将要描述的内容。

■　**计算环境**

说明系统运行的硬件和软件环境，包括网络拓扑结构、服务器、其他设备，以及操作系统、应用服务器、中间件、数据库以及其他第三方支持软件等。

- ■ 软件层次

使用图 5.12 展示软件的层次结构，描述每一层次的职责、设计目标和约束（包括标准、规范和使用的框架），并描述每一层次之间交互所使用的通信协议和接口。

- ■ 实现架构

使用类似图 5.13 所示设计视图来描述模块的实现架构。一般情况下，需要使用时序图或交互图描述模块中典型的交互场景，说明该架构中的主要对象是如何交互而完成使命的。

- ■ 协议和接口

将软件层之间的通信协议和接口进行详细描述。如果该协议或接口来自公开的标准，可简要描述并阐明引用的标准文档。

- ■ 软件框架

如果软件架构中的某一部分是采用框架来实现如图 5.12 中的 Hibernate，则应该在架构文档中描述该框架在整个架构中的位置，所负担的职责，它如何与架构中的其他部分交互，架构如何使用框架，以及该框架的参考文档等。

- ■ 典型用例场景的架构实现

可视需要使用时序图、交互图、活动图等动态视图，采用软件架构中的元素来实现一个或多个典型的用例场景。这些场景应当贯穿整个软件层次、使用到所有的架构模块和通信协议。

- ■ 非功能性需求

在此部分描述系统的非功能性需求，例如可靠性、可用性、可扩展性、可移值性等。也可以包括客户对系统的质量要求，例如容错能力、友好性、响应时间等。

5.7.2　软件框架

前面已经说过,软件框架是针对一个普遍问题的最佳实践或解决方案,它通常都是一个半成品,提供基本类库、编程模型和编程规范，甚至包括 IDE 工具。例如，J2EE 是企业级应用的架构，为了解决异步通信的问题，各厂商依据各种消息规范开发出许多解决这一问题的框架，例如 IBM 的 MQ。这些解决方案都包含有规范、开发支持环境，甚至 IDE 工具，以及运行时环境等。再例如，为了解决 OR-Mapping 的问题，许多开源框架被开发出来，Hibernate 就是其中著名的一种。

那么软件框架与类库之间又有什么差别呢？类库是编程工具，帮助编程人员简化工作，提高工作效率。例如编程时要处理文件，java.io.* 下就有许多现成的类来提供文件处理的函数。可以说类库只负责提供大量的现成工具，但它不管编程者会怎么使用它，类库自己是不能运行的。而软件框架除集成了必要的类库之外，最重要的是提供了一个编程模型，并在此编程模型之上完成了许多实际的功能，是一个半成品。它除了帮助编程者快速开发，还规定了编程者必须怎样编程的规范。

在项目中可以使用第三方的商业框架或者开源框架，当然也可以开发自己的框架。例如图 5.13 也可以称为一个框架，虽然它只是一个示意。但是随着软件技术的越来越复杂和庞大化，绝大部分问题都能找到成熟的框架，完全没有必要自己费时费力开发。例如 Web 开发就有 Struts、WebWork、JSF、

AJAX 等；OR-Mapping 则有 Hibernate、RBatis、EntityBean、Macrobject NObject 等，甚至全文搜索、报表生成、数据采集、事务处理、异常处理、日志处理都有可用的框架，这个名单可以一直列下去。

　　总之，只要你想得到的基本上都能找到。需要考虑的问题是商业框架需要投入成本，开源框架则受开源协议的限制并缺乏支持。但无论如何，选择一个成熟的框架一定会加速开发的进度并且提高代码质量。因为一个成熟框架的代码是经过许多实际项目的检验的，肯定比自己开发的代码 Bug 率要低很多；另一方面，成熟框架都有着明确和严格的接口定义、规范和编程模型，非常有助于约束开发人员开发出风格统一的代码。

5.7.3　何时使用架构和框架

　　至此，读者应该已经明白架构和框架的区别和联系。问题是，你需要架构和框架吗？笔者的答案是架构可选，框架必需。为什么这么说呢？

　　因为架构只有在规模比较大、开发团队也具有一定规模的项目中才能发挥其作用。毕竟架构是一种重量级的开发模式，开发和维护一个架构的花费是很大的。如果是一个规模较小的项目，例如几个人几个月的小项目，维护一个架构就不值得。

　　不过架构的选择也有两种策略，一种是开发自己的架构。这一般发生在项目规模比较大，有着自己的项目特色，并且没有企业级应用服务器产品的情况下。但开发自己的架构不是说什么都自己从头来过，而是选择一些成熟的软件框架，自己定义如何组织它们来开发一个架构。

　　另一种是选择成熟的架构。这一般是发生在项目规模比较大，客户投入资金购买了企业级应用服务器产品的情况下，例如 IBM 的 Websphere 系列产品。企业级的应用服务器厂商通常都提供了一整套的架构解决方案，包括开发工具、应用服务器环境、编程模型、运行环境、部署工具、调试工具等，已经覆盖了软件的方方面面。再加上有技术支持，何乐而不为呢？

　　为什么笔者说框架是必需的呢？这是从提高代码质量的角度来说的。提高代码质量的几个重要因素是优良的设计、稳定的核心、尽可能的复用、严格的编程规范和统一的代码风格。这些因素都可以统一到框架当中。即使软件规模再小，也不要上来就吭哧吭哧地编码，先花费一些时间建立或者选择一个框架，甚至一开始只包括简单的几个接口和规范，也比没有框架要好。实际上除了统一过程这种重量级方法鼓励使用框架外，许多轻量级的方法如极限编程与敏捷开发等，也都鼓励通过不断的重构来形成框架，提高软件质量。

> 　　**小结**：本节学习了软件架构和框架的基本知识。软件架构和框架是一个庞大的话题，每一种软件架构和软件框架无不凝聚了大量的设计知识，大部分成熟的架构和框架都是设计知识和经验的集大成者，是 OO 的精髓所在。
>
> 　　虽然本书并不会就某个架构和框架展开讨论，但在这里作者仍然强烈推荐读者从成熟架构和框架中学习和汲取养分。在使用某个框架的同时，多思考一点它背后的设计思想。每一个框架中都充满了各种各样的设计模式。不知道怎样使用设计模式的朋友，从框架中能够得到很大的帮助。
>
> 　　另一方面，架构和框架的学习又是一个漫长的过程，绝不是一蹴而就的。这里面除了需要持续不断的认真思考，还需要大量实践经验的积累，直到某一天突然产生恍然大悟的感觉，于是就又前进了一个层次。

5.8 设计模型

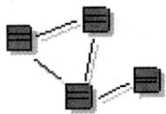

设计模型是一个描述用例实现的对象模型，它可作为对实施模型及其源代码的抽象。设计模型用作实施和测试活动的基本输入。

以上是官方文档对设计模型的定义。通俗地说，设计模型就是我们所熟知的详细设计。设计模型采用设计类绘制，它需要考虑实现语言、架构、框架、编程模型、规范，目标是用程序逻辑来实现用例。图 5.15 展示了设计模型的主要输入。

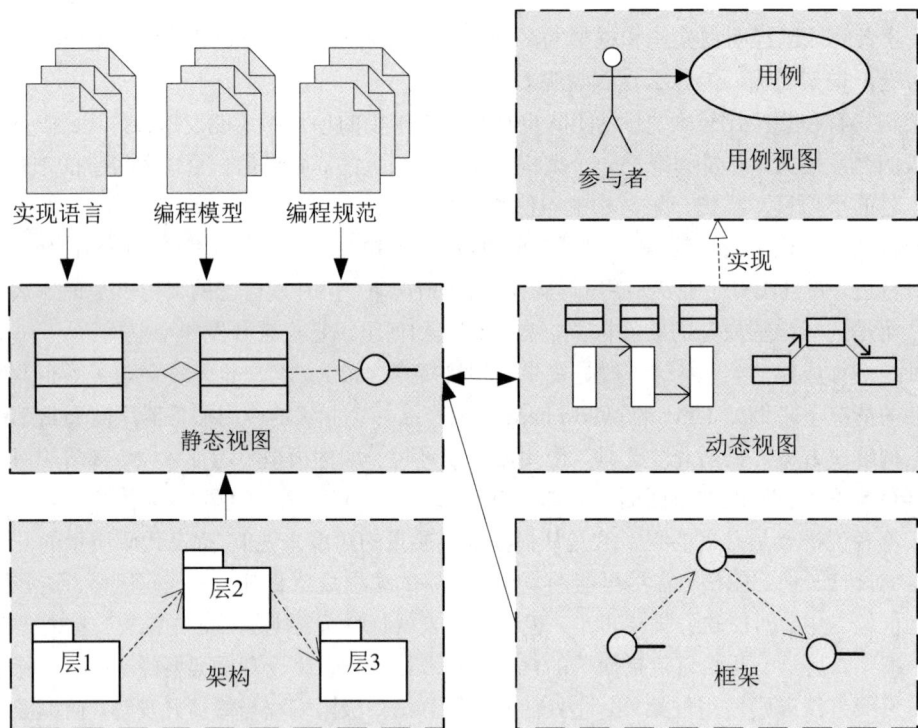

图 5.15　设计模型的主要输入

设计模型是编码实现之前的最后一道建模工序，如果投入相当的人力物力，设计模型可以做到伪代码级别，通过工具可以直接生成可执行代码。在实践中，虽然用工具直接从模型生成可执行代码看上去是很美，不过从作者自己的实践经验上来看，要将设计模型做到伪代码的程度并维护与实现代码的统一，其代价是很高昂的。我们知道，编码是软件工程中最底层和最细节的工作，一个项目中包括几千甚至几万个类是很正常的，并且极其容易变化，即使需求不变化，重构也是经常的事。在这种情况下试图保持模型和代码的一致，就像试图用手攥紧细沙一样，其结果只能是细沙源源不断地从指缝中溜走，费了大力气却所获无多。

另一方面，由于设计类非常细节，或者说抽象层次比较低，用它来实现用例（将对象映射到需求）总会感觉其中隔着一道鸿沟。事实上，如果从用例直接到设计类，大多数的设计都是拍脑袋拍出来的。从需求难以推导出代码，从代码更难以映射到需求。

说了那么多缺点，难道设计模型没有用吗？不，设计模型仍然是非常有用的。上述的那些缺点并不是设计模型带来的，更多的是使用不当造成的。换言之，没有在适当的地方适当地使用设计模型。那么设计模型在什么地方用呢？

5.8.1　设计模型的应用场合

由于设计模型是与编码距离最近的，因此它对编码实现有着不可替代的指导作用。虽然使用设计模型来保持与需求的同步是很困难的，但是设计模型在软件架构、框架和典型场景下都有着很大的作用。

■　软件架构场合

软件架构是非常高层次的系统视图，对于系统规划和设计来说需要这样的高层次抽象。但具体到编码实现时，开发人员未必能够理解和掌握软件架构。这时，软件架构师就需要用一个设计模型来解释软件架构如何运行，以及描述应当如何使用架构的编程模型。图 5.13 所示的软件层次深度视角就是这样的设计模型。如果再加上协作图，描述架构运行的原理，开发人员就能够知道架构如何运行，编码时应当怎样使用架构。

■　软件框架场合

软件框架是一个半成品，包括一系列的类库和编程模型。对于开发人员来说，如何使用框架有时候是一个问题。这时，系统设计师应当建立一个设计模型来解释框架如何运行，如何使用框架的类库以及开发时应当怎样遵循编程模型。

■　典型场景场合

虽然不必用设计模型实现全部的用例，但是从用例中抽取出典型的场景建立设计模型也是很有必要的。它将成为开发人员的指导和规范。例如对大多数管理系统来说，大量的应用场景都是针对数据的增删改查，我们显然没有必要为所有的场景建立设计模型，只需要从众多场景中抽取出一个来建立能够完成增删改查的设计模型就足够了。这个设计模型需要描述出与增删改查相关的那些框架中的接口和类，增删改查的使用方法等，这样开发人员举一反三就能够实现其他增删改查的场景。

除了来自用例的场景之外，还有其他一些典型场景也需要视情况建立设计模型，例如，日志处理、事务管理、异常处理、消息机制等。当然，如果这些内容是框架的一部分，那么应当在框架场合中建立处理这些问题的设计模型。

5.8.2　设计模型的主要内容

与分析模型类似，设计模型也是用对象来实现用例的。不同的是，分析模型采用分析类而设计模型采用设计类。我们知道，分析类抽象层次高于实现方式和实现语言，所以不需要处理过多的细节；而设计类与实现方式和实现语言有关，例如如果决定使用 Java 作为编程语言，在使用设计类实现用例的时候就需要考虑到 Java 的语言特性。

统一过程定义分析模型是可选的。但是如果没有分析模型，那么设计模型除了要解决图 5.15 所示的内容之外，它还必须承担起原本是分析模型应该承担的责任。图 5.16 展示了设计模型的主要内容。对比一下，读者可以发现，它与图 5.9 所示的分析模型的主要内容非常相似。但实际上与分析模型相比设计模型要复杂得多。我们可以想象一下一个实际的项目有多少个类，如果将这些设计类都绘制出来，工作量可以想见。但是如果不绘制，我们又不能表达代码逻辑与需求的一致。而即使花了大力气终于把这项艰难的任务完成了，一点需求变动就会给我们带来大麻烦。

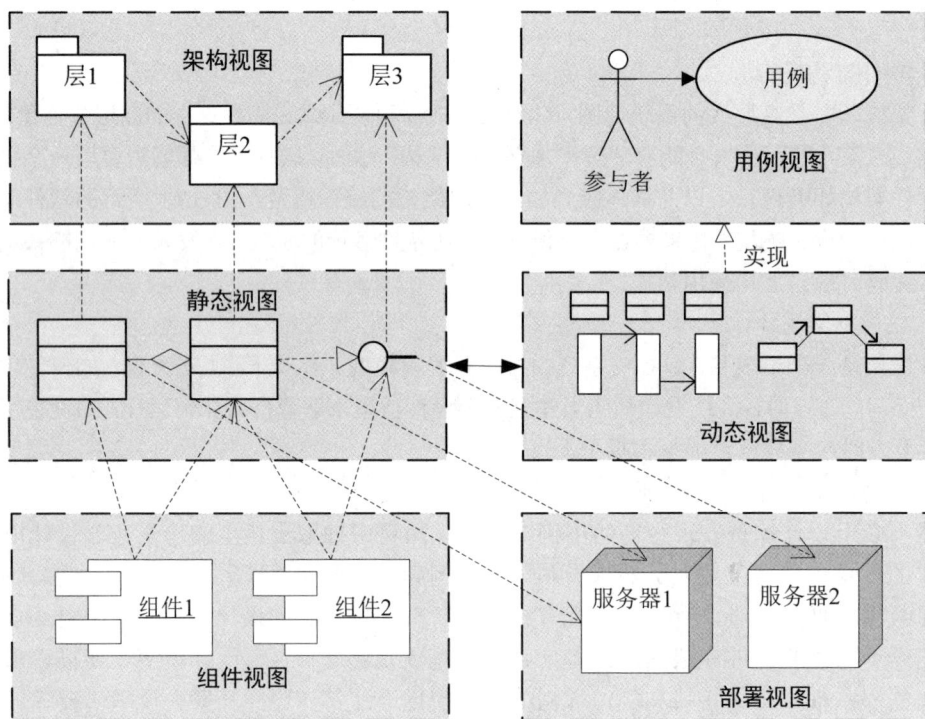

图 5.16　设计模型的主要内容

因此，笔者的做法是维护设计与需求一致的工作交给分析模型，设计模型仅仅针对上一节所描述的场合建立和维护，并且保持这些场合中的设计类向分析类的映射，如图 5.17 所示。这样的用法中，设计模型所针对的场合都是普遍的问题，相对都是稳定的、不变的。同时，分析模型透明于实现，也是比较稳定的，因此维护这个映射关系并不困难。下一节就将讲述从分析模型到设计模型的映射方法。

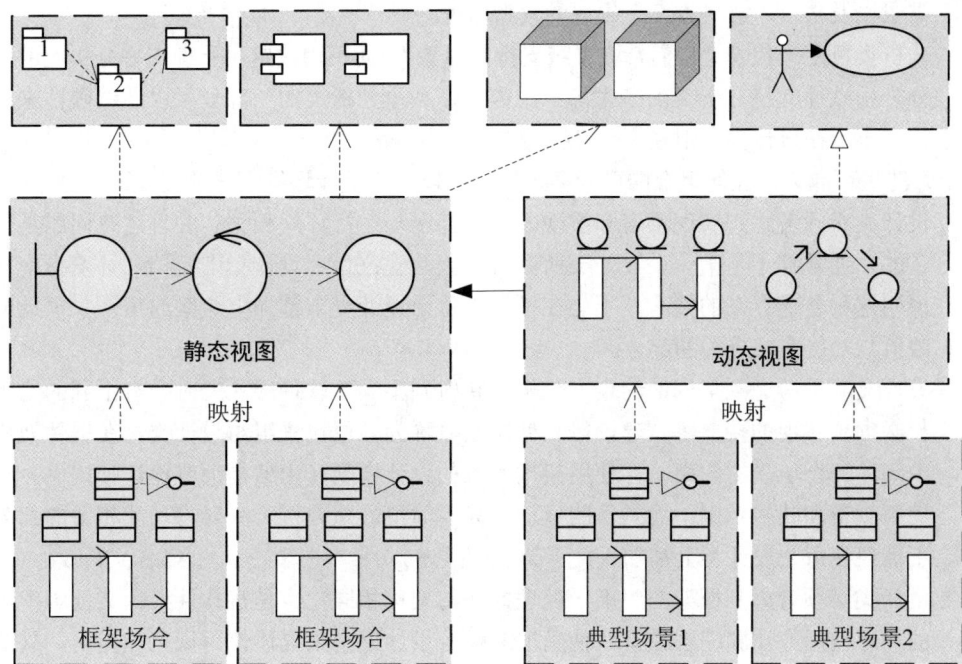

图 5.17　推荐的设计模型用法

5.8.3　从分析模型映射到设计模型

如果已经有了分析模型，那么设计类和设计模型将是有章可循的。它可以从分析模型演进、推导出来，这也就解决了许多朋友一直以来的困惑：如何从用例到设计？统一过程的官方文档提供了一组规则和指导原则来帮助从分析类映射到设计类。它们是：分析类代表设计元素的实例所承担的角色；这些角色可以由一个或多个设计模型元素来实现。此外，单个设计元素可以实现多个角色。下面将讨论实现分析角色的可能方法：

- 一个分析类可以成为设计模型中的单个类。
- 一个分析类可以成为设计模型中某个类的一部分。
- 一个分析类可以成为设计模型中的一个聚合关系类（这意味着不能在分析模型中直接建立此聚合关系类各部分的模型）。
- 一个分析类可以成为设计模型中从同一个类继承而来的一组类。
- 一个分析类可以成为设计模型中一组功能相关的类。
- 一个分析类可以成为设计模型中的一个包（这意味着它可以成为一个构件）。
- 一个分析类可以成为设计模型中的一项关系。
- 分析类之间的一项关系可以成为设计模型中的一个类。
- 分析类主要处理功能性需求以及来自"问题"领域的模型对象；设计类则处理非功能性

需求以及来自"解决方案"领域的模型对象。

■ 分析类可用来代表"我们希望系统支持的对象"，而不用决定用硬件支持分析类的多大部分，用软件支持分析类的多大部分。因此，某个分析类的一部分可以通过硬件来实现，根本不用在设计模型中建模。

以上方法也可能会以任何组合的形式存在。除此以外，笔者还有另一些建议：

■ 设计类必须考虑到实现语言和实现方式，甚至与运行环境相关。并且这些问题是普遍存在的，通常都不是某一个设计类所独有。因此建议使用设计指南文档和开发指南文档来说明这种普遍存在的情况，不必在模型中每个设计类上都加上这些约束，只需从分析类映射与功能实现有关的部分。

■ 设计类必须考虑到架构的约束，分析类映射到不同的软件层次上时会有不同的约束。例如必须要实现的接口等。建议以软件层次名称为顶层包来组织设计类，在软件架构文档中阐述每个层次的约束，并使用架构场合的设计模型（由架构师或设计师提供）来描述使用规范和映射示例。而具体的设计类只需简单的从分析类映射与功能相关的部分，而不需要在每个设计类上都加入关于架构的描述。

■ 设计类必须考虑到框架的约束。处理办法与架构相同，也是在软件架构文档中阐述框架的类库使用办法和编程模型，使用框架场合设计模型来描述使用规范和指南。具体的设计类只需从分析类映射与功能相关的部分。

■ 如果完整绘制设计类的交互图将会相当复杂，因为分析类中的一条消息可能需要设计类的一系列交互才能完成。例如分析类一条简单的"登录"消息，在设计类来说可以涉及到多个类甚至第三方组件。建议将这些带有普遍性质的交互场景建立为一个典型应用场合，当绘制交互图使用到这个场合的时候，只需简单地说明引用了某某场合即可，不必每次都绘制。除了工作量之外，也会导致交互图过于复杂。

> **小结：** 本节学习了设计模型的基本知识。设计模型可能是现实项目中最为常用的，但要真正用好又是另一回事。首先要学会的是在正确的场合下使用，而不是所有的需求都要建立设计模型。

5.9　组件模型

3.10 组件一节中就组件的定义、特性和应用场景进行了阐述。但是直到 5.6 节分析模型和 5.8 节设计模型时才引用到组件模型。在分析模型和设计模型两节的描述中可以清楚地看到，组件总是用来容纳分析类或设计类的。从这个角度说，可以把组件理解为一种特殊的"包"，只不过普通的包起到组织和容纳的作用，而组件的组织行为却有着特别的目标：这些分析类或设计类被组织起来完成一组特定的功能。

3.10 组件一节中谈到过组件的四个特性：完备性、独立性、逻辑性和透明性。如何组织代码来保证这些特性呢？答案是架构。组件总是与架构密不可分的，如果没有架构就谈不上组件。这是因

为生产组件的目的是为了像搭积木一样构建一个应用系统，为了能够搭建它们并且保证它们的交互，组件必须符合某个架构的规范要求。我们可以类比建设一幢大楼，建设过程总是先搭建起柱子和梁，然后再分步安装符合设计标准要求的各种部件。

因此在考虑是否要建立组件模型之前，应当先决定软件架构。对组件来说，架构是组件的设计规范，是组件的安装平台，是组件的运行环境，也是组件的管理环境。组件的独立性和透明性完全是由架构来保证的。再者，生产组件的目的是为了复用，也就是说一个真正意义上的组件可以在多个系统中直接使用而不需要更改。可以复用这个组件的前提条件是部署组件的软件架构要能够兼容生产组件的架构。

典型的架构与组件的例子有：J2EE 架构与 EJB 组件、.NET 架构与 COM 组件、SOA 架构与 SCA 组件等。架构的选择会对组件建模产生必然的影响。虽然在建模阶段似乎不必考虑实现的细节问题，但不同的架构允许组件能够容纳的内容也是不同的。例如假设选择了 J2EE，那么显然不能够在一个 SessionBean 类型的组件中加入业务实体。本书将不会细致地讨论怎么样设计组件。如果读者对组件设计感兴趣，那么应当去阅读相应架构文档中的组件规范和组件技术。

另一方面，组件与部署也是息息相关的。架构决定了计算机的软硬件环境，组件将被部署到架构所决定的软硬件环境中去。

除去具体架构规范的要求，组件建模的最重要工作就是根据要实现的一组功能建立组件。一开始组件并没有实现代码，它只有预定义的功能和对外暴露的接口。例如对一个论坛来说，我们可以定义这样一些组件来实现论坛的功能，如图 5.18 所示。

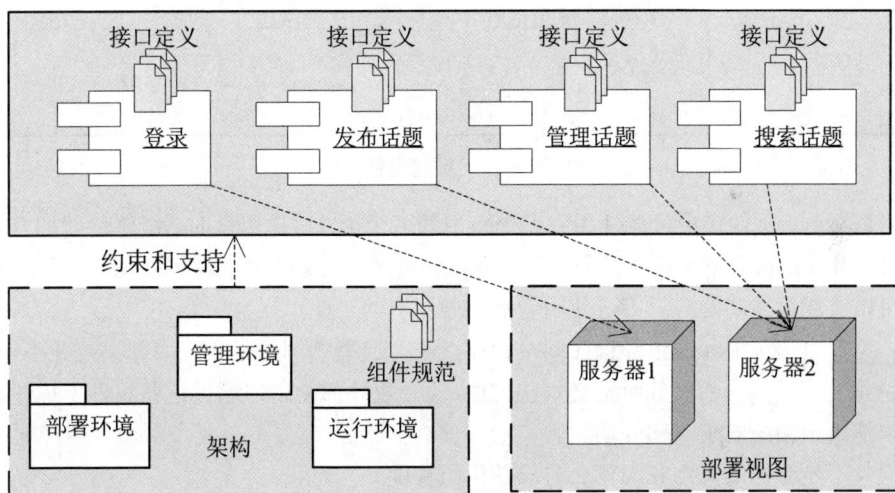

图 5.18　组件定义

图 5.18 所示的组件并未指定其实现，并且组件也不是由实现代码推导出来的。定义组件是为了这样一些目的：

- 这些组件将成为可复用的单位。

- 每个组件都有一组特定的功能。
- 这些组件将成为可独立部署的单位。
- 这些组件将遵循架构规范。

由于定义组件的初期可以不指定其实现，因此甚至可以在项目的早期就开始定义，等到分析模型或设计模型建模完成后，再来指定组件的实现。组件可以从分析模型或设计模型中指定特定的那些类来实现其功能，也可以使用已有的系统甚至第三方提供的实现。图 5.19 展示了组件与实现之间的关系。借此我们可以看到，组件并不是从分析模型或设计模型中推导出来的，相反，是因为我们基于复用、独立部署、构件化、商业用途等原因先定义组件，再到分析模型或设计模型中来寻找对应的实现的。

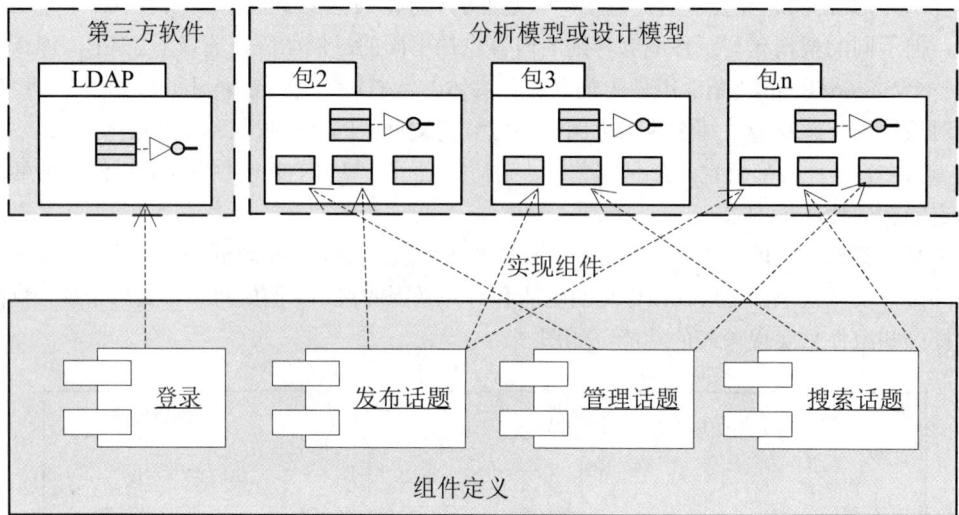

图 5.19　实现组件

我们可以看到，组件实现可能使用到多个包中的多个类。编译组件时，组件包就拥有了这些类的一个拷贝。组件很可能不是系统必需的，因为即使没有组件，能够实现组件功能的那些类仍然存在，一样可以实现组件功能，只不过使用者需要做更多的工作。

另外，组件也很可能和非组件程序同时存在，一个典型的例子是企业内部系统并不使用组件，但为了向企业外部提供一些服务而定义一些组件，让企业外部的用户通过这些组件所描述和暴露出来的功能来使用该系统的某一部分功能。

既然组件不是必需的，那我们什么时候使用组件呢？

5.9.1　何时使用组件模型

在建模时，应当根据实际情况决定是否需要组件。作者总结了一些判断条件供读者参考。在以下的场合中，你可以决定不使用组件图，反之则应该建立：

- 如果你所实施的项目不是一个分布式系统，通常没有必要为组件建模。

- 如果你所实施的项目不需要向第三方提供支持服务，通常没有必要为组件建模。

- 如果你所实施的项目中没有将某部分业务功能单独抽取出来形成一个可复用的单元，在许多系统或子系统中使用的要求，通常没有必要为组件建模。

- 如果你所实施的项目没有与客户其他现存系统或第三方系统集成的要求，通常没有必要为组件建模。

- 如果你所实施的项目没有采用架构开发，尤其是没有遵循应用服务器厂商（如 Websphere、Weblogic）的架构，则没有必要为组件建模，因为缺乏部署环境和运行环境。

5.9.2　广义组件的用法

如果抛弃组件的特性，如完备性、独立性、逻辑性和透明性，而只将组件视为对物理代码进行组织的一个"包"，即广义上的组件，那么组件模型可以用在以下场合。提请注意，这时的组件已经不再具备完整组件的含义，它只代表可执行代码的一种分组方式。这时称之为组件已经不大合适，有些书里称之为构件，构件在这种情况下也许是更适合的名称。

- 你打算描述应用系统中的各个逻辑模块之间的关系，可以使用组件模型。这时候组件代表的含义是**模块**，如登录模块。你可以定义一个版型来说明该组件代表的含义。

- 你打算描述应用系统中各个子系统之间的关系，可以使用组件模型。这时候组件代表的含义是**子系统**，如发布话题子系统。你可以定义一个版型来说明该组件代表的含义。

- 你打算描述应用程序中使用到的或生成的各个公共或基础类库之间的关系，可以使用组件模型。这时候组件代表的含义是**类库**，如 dll、jar 等。你可以定义一个版型来说明该组件代表的含义。

- 你打算描述应用系统中各个可执行部分之间的关系，可以使用组件模型。这时候组件代表的含义是**可执行程序**，如 exe、ear 等。你可以定义一个版型来说明该组件代表的含义。

- 你打算描述应用系统中各个程序包之间的关系，可以使用组件模型。这时候组件代表的含义是**包**，如 web 包、javaBean 包等。你可以定义一个版型来说明该组件代表的含义。与普通包图不同的是，对物理代码来说，普通包图描述的是物理结构，组件图代表的是逻辑结构。

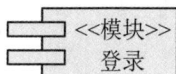

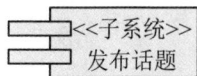

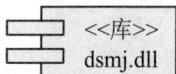

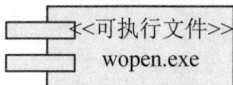

> **小结**：本节学习了组件模型的基本知识。从广义上看，组件是一种对物理代码进行逻辑分组的工具，然而作者认为狭义的理解更有意义一些。失去了完备性、独立性、逻辑性和透明性的广义的组件价值也大打折扣。
> 　　不过，毕竟组件是一种代码的逻辑分组，在一些场合下描述系统结构还是很有意义的。在这种情况下，读者最好定义特殊的版型来说明组件在特定场合下的特定意义。
> 　　下一节学习实施模型。

5.10 实施模型

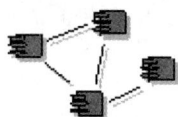

实施模型由配置节点和组件组成。其中配置节点使用节点元素绘制，它用来描述系统硬件的物理拓扑结构；组件使用组件元素绘制，它用来表示在配置图中描述的结构上执行的软件。通常实施模型在分布式系统中使用，它可以描述硬件设备的配置、通信以及在各硬件设备上各种组件和对象的配置。

在实施模型中一个节点表示一个计算单元，通常是某种硬件，例如一台打印机或传感器，当然也可以是一台主机或工作站。组件则代表可执行的物理代码模块，例如一个可执行程序。因此，配置图显示运行时各个组件在节点中的分布情况。

作为例子，图 5.20 展示了图 5.18 所示论坛系统组件的实施模型。

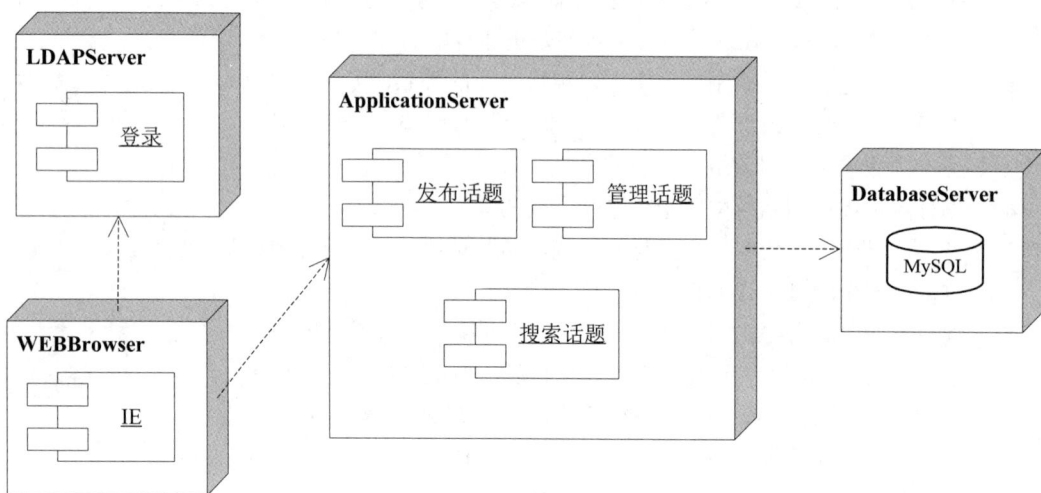

图 5.20 实施模型示例一

除了组件之外，其他任何构件（去除了组件特征的代码包）都可以用实施模型来绘制。假设将论坛的组件改为程序包，则图 5.20 可能变为图 5.21 展示的结果。

何时使用实施模型

实施模型相对是比较简单的，脱离开 UML，许多项目中也有自己的所谓"实施模型"。为了说明实施模型的使用场合，笔者列出一些使用实施模型的理由，供读者参考：

- 如果你正在从事分布式系统，为了描述各种资源在不同节点上的分布情况，应当使用实施模型。
- 如果你正在从事的系统需要与来自多方的程序、模块等交互，为了描述这些程序的分布情况，应当使用实施模型。

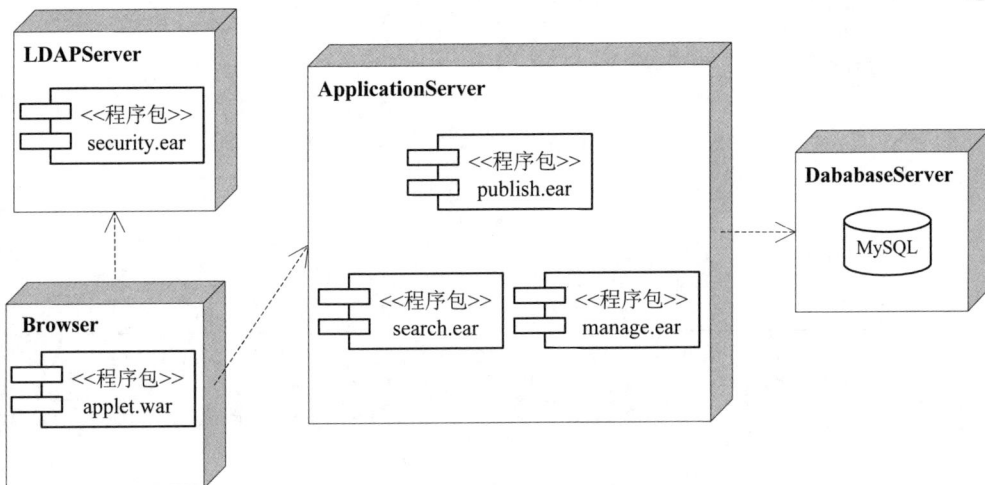

图 5.21　实施模型示例二

■　如果你正在从事的系统具有多个硬件设备，例如与 POS 机相关的应用系统，为了描述可执行程序在不同硬件设备上的分布情况，应当使用实施模型。

反之，如果你所从事的系统是一个集中式的，代码集中部署在一台主机上，包括主机+浏览器的 Web 系统，则没有必要使用实施模型。

小结：经过 10 个小节的学习，我们完成了 UML 核心模型的学习过程。本章学习的都是模型的基本知识、主要工作内容和使用场合。回顾第 3 章核心元素和第 4 章核心视图会发现，核心视图是使用核心元素来表达某个观点，而核心模型则是使用多个视图来完成某个阶段的工作。

读者应该从这里体会出 UML 的用法，其关键不在 UML 的元素如何定义，关键是在你清楚地知道你要做什么，需要什么视图，视图又需要用哪些元素来表达。这样，UML 就变得不再神秘了。

虽然我们本章学习了很多模型，但并没有学习这些模型在软件项目的哪个阶段使用。作者必须声明，上述的核心模型并不是在一个软件生命周期里必须全部采用。与模型决定视图，视图决定元素的规律一样，软件过程决定模型。换言之，哪些模型会被用到不取决于模型本身，而取决于软件过程如何定义。

下一章，作者将用统一过程为例来讲述这些模型在软件生命周期的各个阶段如何使用。统一过程是非常重量级的过程，全部实施对中小型项目来说是无法承受的。作者使用统一过程为例的原因是统一过程是将 UML 的核心模型使用得最为全面的。但是读者不要忘记软件过程决定模型这一规律。因此在你的项目中，你完全可以根据自己的情况来决定使用哪一些模型。

6

统一过程核心工作流简介

在前面的章节中，我们学习了 UML 的核心元素、核心视图和核心模型。知道了要用好 UML，首先要明确地知道自己想要做什么，根据自己的目的来寻找适合的模型；确定了模型之后，再确定采用哪些视图来表达模型。

那么怎样才能明确知道自己想要做什么呢？答案是软件过程。软件过程明确了软件的生命周期，明确了软件生命周期过程中的成果物和可交付物，同时也就明确了需要什么样的模型。换言之，是软件过程明确了在软件项目的哪个阶段使用哪些模型。

上面提到的软件过程并不特指某一种软件过程，尽管本书是以统一过程为蓝本的。实际上任何一种软件过程都可以使用 UML 作为工具。这说明了软件过程其实才是 UML 真正的灵魂，在开始本章学习之前，再次与读者分享以下一段感悟。

作者自己在学习 UML 过程中，曾经也非常迷惑而不得要领，这么多 UML 元素，每个都有其特定的含义，RUP 中定义了更多更复杂的流程、模板和工具。虽然读了很多资料，却始终感觉 UML 信息太过于分散，不能很好地把 UML 应用到实际的项目中去。直到有一天突然转变了思维，不是从 UML 的定义中去思考如何做软件，而是站在软件工程的角度，去 UML 中找寻需要的工具。正是这一转变使我对 UML 的认识茅塞顿开。我想，初始学习 UML 的人可能也会经历跟我同样的困惑，在这里我愿意把我的领悟与大家分享。

对软件项目来说，OO 也好，面向过程也好，UML 也好，UC 矩阵也好，这些都不是最重要的，软件项目真正的灵魂是软件工程。软件工程的需要才是这些工具诞生的原因。因此建议在讨论如何应用 UML 之前，应当先系统学习软件工程。只有掌握了软件工程，才会知道为什么要有用例，为什么要有分析模型。站在软件工程的立场，那些孤独的 UML 图符才会变得有生命力，你随时都会知道需要用什么样的 UML 图符来表达软件的观点。UML 也不再面目可憎，它们是一群有着强大能力的精灵，帮助你在复杂的软件工程道路上搭起一座座通向光明目标的桥梁。

因此，学习 UML 必须结合软件过程，否则就像学习哑巴英语一样开不了口。虽然任何一种软件过程都可以使用 UML，毋须讳言，统一过程仍然是对 UML 使用最为精深的，毕竟 UML 和统一过程师出同源，本书也将结合统一过程来讲述以后的章节。一方面为了让读者对统一过程有所认识，更好地理解后续的知识，另一方面也为了让读者能够从软件过程的角度看看核心模型和核心视图是如何应用到软件过程中的，因而特地安排了本章节。

本章将要讲述的是使用 UML 建模时在统一过程的各个阶段将要执行的主要工作。鉴于本书主要目的不是讲述统一过程，而只是通过统一过程来学习 UML，因此在本章中只精要地引用统一过程中的核心工作流，主要阐述各个建模过程在统一过程中的位置以及主要的输入和输出，从而让读者俯瞰 UML 的各种视图和模型是如何应用在项目的各个阶段的。

本章作者将列举出使用 UML 最多，也最为常用的几个工作流程。它们是：

- 业务建模工作流程
- 系统建模工作流程
- 分析设计工作流程
- 实施建模工作流程

作者将对这些工作流程进行一些讲解以帮助读者更好地理解。在正式开始学习之前还有一点需要声明，统一过程是重量级的过程，是代价高昂的过程。尽管中小型项目不可能全部实施，但是统一过程覆盖了软件过程的方方面面，学习它将帮助读者建立起完整和全面的软件工程概念。如果真正理解了软件工程，在实际项目中就能做到有效裁减，定义出适合自己的软件过程来。

6.1 业务建模工作流程

业务建模位于统一过程中先启阶段，它主要使用到的模型包括业务用例模型、概念用例模型和领域模型。

6.1.1 工作流程

统一过程定义业务建模的工作流程如图 6.1 所示。

在此工作流程中，并非所有的路径和步骤都需要执行。在开始业务建模工作之前，应当评估并决定采用哪个（些）路径和哪些步骤。这项工作在"评估业务状态"这一活动步骤中完成。一般来说：

- 如果你所面临的业务领域是客户已经很成熟的业务，客户并无改进其业务流程的打算，那么业务建模就只需要执行第一条路径，把当前业务说清楚就行了。
- 如果你面临的业务领域客户有改进其业务流程的打算，那么业务建模需要执行第二条路径。这项工作必须与客户一起完成，建模过程和结果都必须与客户达成一致意见并得到确认。

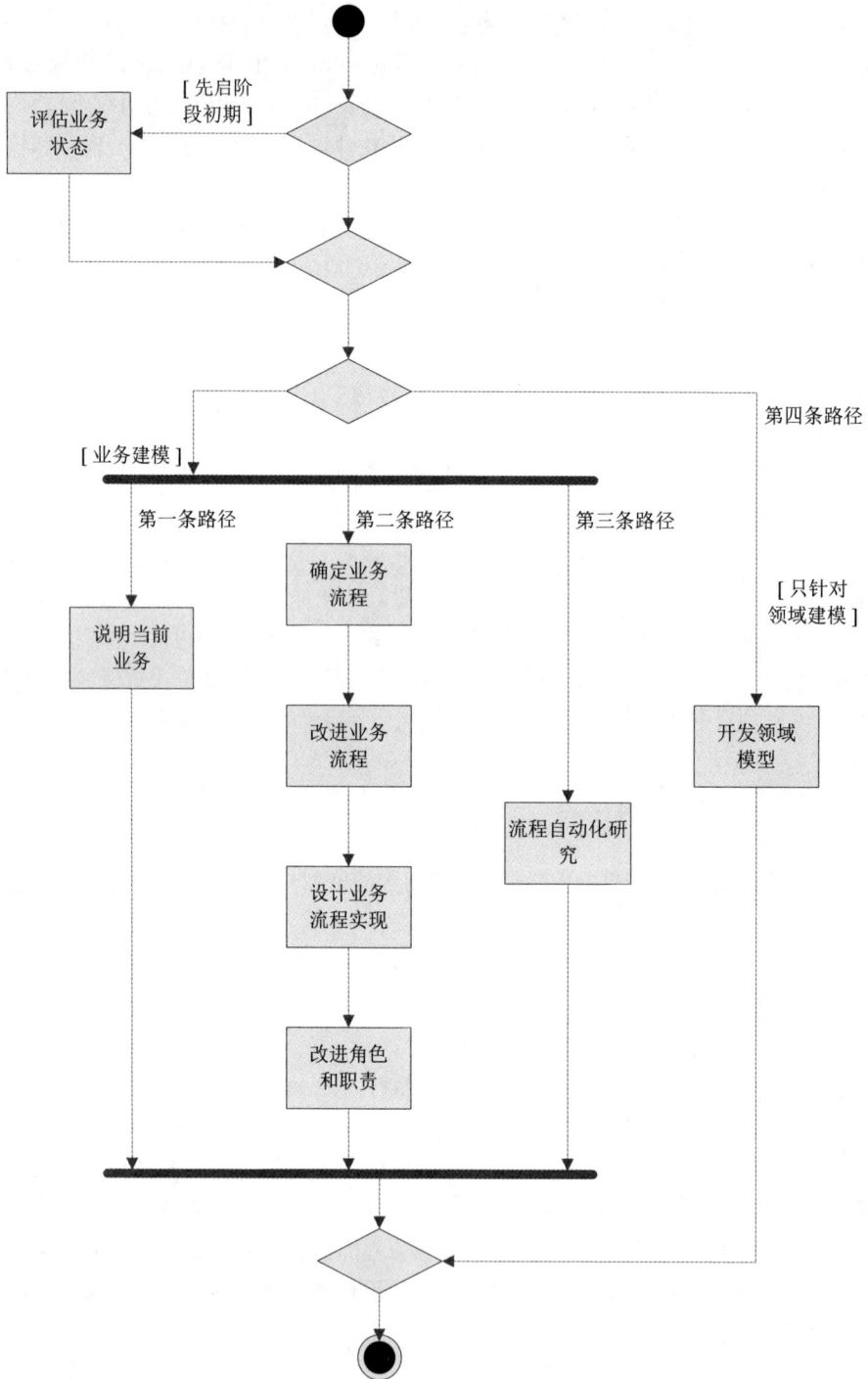

图 6.1　业务建模工作流程

- 如果你面临的业务领域客户有通过信息系统管理改革其业务模式的打算，那么业务建模需要执行第三条路径。这时信息系统不仅仅是实现业务，还需要管理业务，负担起监控和推进管理层管理政策的作用。这项工作必须与客户，尤其是管理层客户一起完成，以保证业务建模的结果符合管理层的管理政策。

- 如果你面临的业务领域大部分都已经很清楚，或者之前已经有比较成型的系统，或者大部分业务都很简单，可以只针对还不太清楚的领域建立模型。在建立业务模型的过程中发现某个领域比较复杂或者非常重要，则应当执行第四条路径。

特殊说明：在统一过程中并没有专门定义概念模型的建立过程。但笔者在实践工作中认为概念模型应当成为业务建模工作流的一个可选分支。概念模型是建立业务架构的主要输入，因此，假设有意在项目初期就建立业务架构并开发原型系统，那么应当执行概念模型建立的路径。

6.1.2　活动集和工件集

统一过程定义了业务建模工作流程中的主要角色以及他们应当执行的活动，其定义如图 6.2 所示。

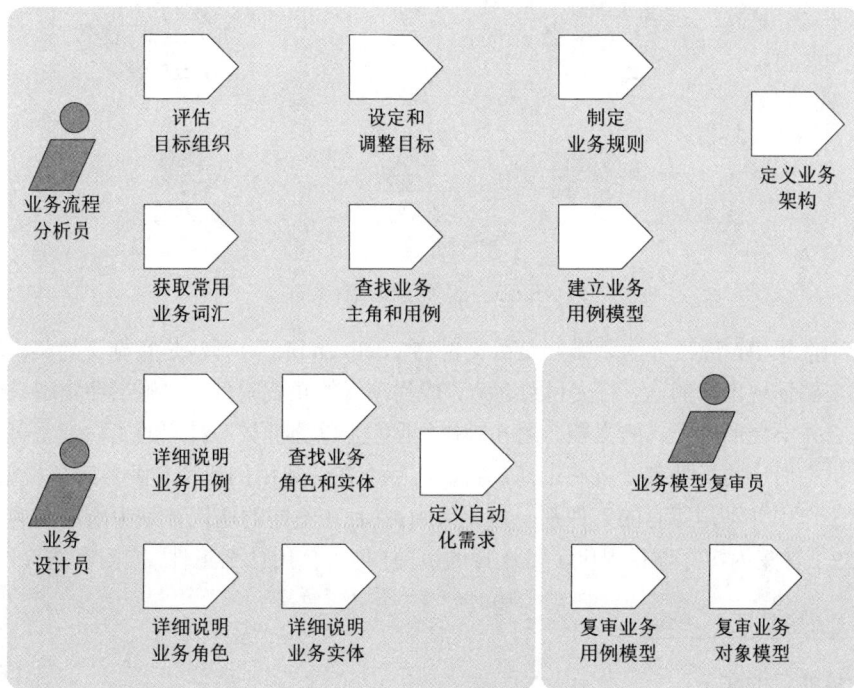

图 6.2　业务建模活动集

读者应当正确理解这些活动。它们并不表示一个个独立的和必须完成的工作，而仅是指出了为了完成一个完整的业务模型应当执行的工作。有时候这些活动是可以合并的，例如"建立业务用例模型"这一活动就可以包含"查找业务主角和用例"这一活动。笔者认为图 6.2 所示的活动图对实际工作更多的作用是列出了业务建模工作的检查点（check point），在业务建模工作开始前应当设定检查点列表，确定哪些活动在检查点列表中。检查点列表有助于安排项目计划、人员配备和评估业务建模工作是否完成。

在统一过程中，完整的业务建模工作完成后，应当得到如图 6.3 所示的工件集。

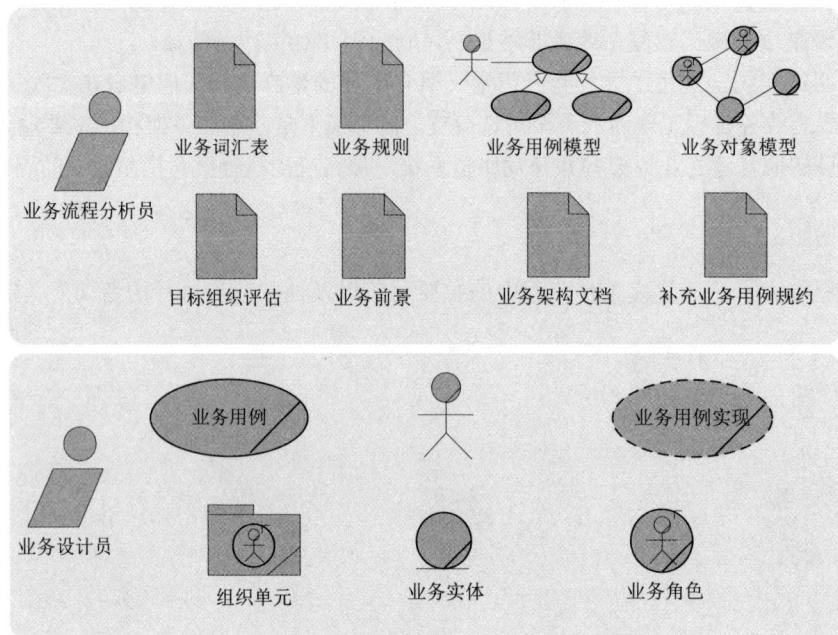

图 6.3　业务建模工件集

在这些工件集中，应当分清楚哪些是可交付物（deliverable），哪些是实施工件集。可交付物通常是以正式文档体现出来的，它将交付给客户，成为项目的正式附件。实施工件集则只在建模过程中使用到，它并不会形成正式的文档。图 6.3 中"业务流程分析员"对应的工件都是可交付物，而"业务设计员"对应的工件都是实施工件，它们实际上在业务用例模型和业务对象模型中被用到。

在实际工作中并不是所有的工件都一定要用到，并且在不同的迭代计划中所用到的工件也可能不一样。这些工件集为实际项目提供了可选择的范围，何时使用什么工件，应当在迭代计划中定义。

6.1.3　业务建模的目标和场景

业务建模的目的在于：

- 了解目标组织（将要在其中部署系统的组织）的结构及机制。
- 了解目标组织中当前存在的问题并确定改进的可能性。
- 确保客户、最终用户和开发人员就目标组织达成共识。

- 导出支持目标组织所需的系统需求。

业务建模的作用在于：

- 业务模型是需求工作流程的一种重要输入，用来了解对系统的需求。
- 业务实体是分析设计工作流程的一种输入，用来确定设计模型中的实体类。

统一过程定义了在不同场景下如何执行业务建模工作的一些指导性意见，作者认为它们还是很有指导意义的，会对实施项目应当怎样使用 UML 的模型和视图提供很好的指导，因此引用到这里供读者参考。

根据环境和需求的不同，业务建模工作可能有不同的规模。以下列出了六种这样的场景：

6.1.3.1 场景 #1——组织图

您可能需要构建组织及其流程的简图，以便更好地了解对正在构建的应用程序的需求。在这种情况下，业务建模就成了软件工程项目中的一部分，它主要是在先启阶段执行的。通常，这些工作在开始时仅仅是画出组织图，其目的并不是对组织进行变更。但实际上，构建和部署新的应用程序时往往会进行一定程度的业务改进。

6.1.3.2 场景 #2——领域建模

如果您构建应用程序时的主要目的是管理和提供信息（例如，订单管理系统或银行系统），那么您可能选择在业务级别上构建该信息的模型，而不考虑该业务的工作流程。这就称为领域建模。通常，领域建模是软件工程项目的一部分，它是在项目的先启阶段和精化阶段中执行的。

6.1.3.3 场景 #3——单业务多系统

如果您正在构建一个大的系统（即一系列的应用程序），那么一个业务建模工作可能成为数个软件工程项目的输入。业务模型帮助您找出功能性需求，并且也作为构建应用程序系列构架的输入。在这种情况下，通常将业务建模工作本身当做一个项目。

6.1.3.4 场景 #4——通用业务模型

如果您正在构建一个供多个组织使用的应用程序（例如，销售支持应用程序或结账应用程序）。一种有效的做法是：从头到尾进行一次业务建模工作，从而按这些组织的经营方式对它们进行调整，避免一些对于系统来说过于复杂的需求（业务改进）。但如果无法对组织进行调整，那么业务建模工作能够帮助您了解并管理这些组织使用该应用程序时存在的差别，并使您更容易确定应用程序功能的优先级。

6.1.3.5 场景 #5——新业务

如果某个组织决定要启动一项全新的业务（业务创建），并将构建信息系统来支持该业务，那么就需要进行业务建模工作。在这种情况下，业务建模的目的就不仅仅是要找出对系统的需求，而且还要确定新业务是否可行。在这种情况下，通常将业务建模工作本身当做一个项目。

6.1.3.6 场景 #6——修改

如果某个组织决定要对其经营方式进行彻底修改（业务重建），那么业务建模通常本身就是一个或多个项目。通常，业务重建分数个阶段完成：新业务展望、对现有业务实施逆向工程、对新业务实施正向工程以及启动新业务。

> **小结：** 业务建模工作流程的结果将得到对客户现存的实际业务或客户规划中的实际业务的模型。应当理解，业务模型与计算机无关，无论有没有计算机，无论是否建立 IT 系统，这些业务都客观存在，哪怕是手工的。
>
> 而这一工作流程的目的是为了得到业务架构，在业主和软件开发商之间建立 IT 建设范围和目标的共识。同时，这些模型又可以作为系统建模工作流程的输入。
>
> 下一节将学习系统建模工作流程。

6.2 系统建模工作流程

系统建模即通常意义上的需求过程，它主要使用系统用例模型来建立。系统建模在统一过程的先启阶段开始，在精化阶段中细化。

6.2.1 工作流程

统一过程中定义系统建模的工作流程如图 6.4 所示。

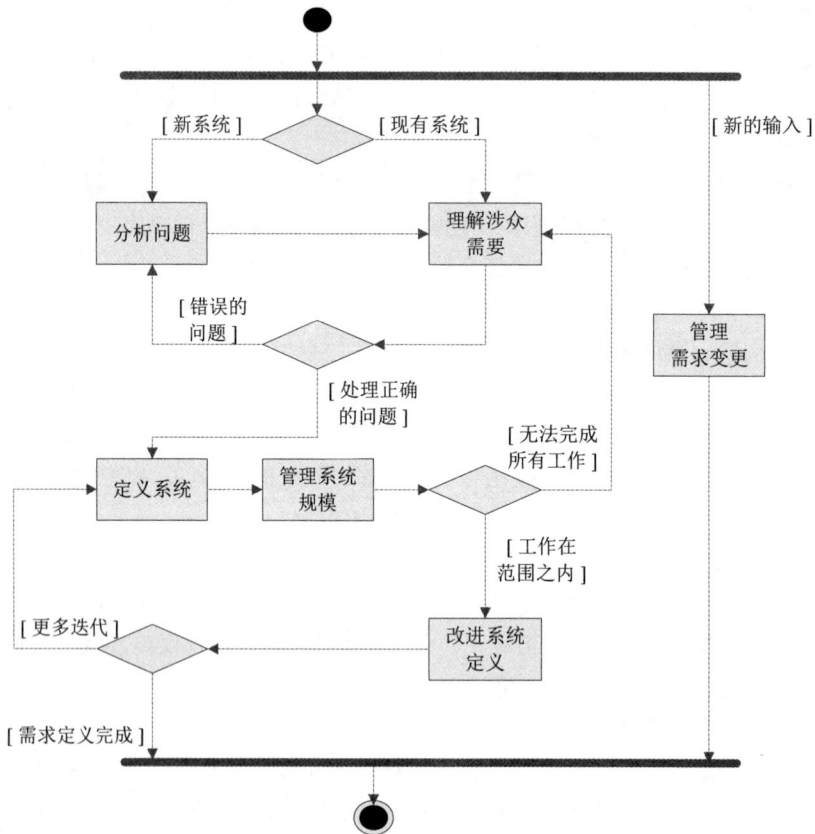

图 6.4　系统建模工作流程

图 6.4 所示的系统建模过程展示了建立系统模型的一些关键工作（可以称为步骤，也可以称为活动）。虽然它们以这样一个顺序出现，但这个顺序只是一个指导，并不说明一定要按这个顺序来执行这些活动。读者可以将这些活动和执行顺序视为可选的，在实际项目中根据情况选择执行哪些活动以及执行顺序。通常这个决定在迭代计划中约定。

系统建模工作主要位于先启阶段和精化阶段，先启阶段侧重于"分析问题"和"理解涉众需要"，而精化阶段则侧重于"定义系统"和"改进系统定义"。"管理系统规模"和"管理需求变更"的活动贯穿项目始终。

系统建模的首要问题是要了解我们利用该系统试图解决的问题的定义和范围。业务建模期间涉及的业务规则、业务用例模型和业务对象模型这些很有价值的内容将增进我们的了解。如果没有进行过业务建模，那么系统建模将主要依赖于涉众请求（涉众请求的相关内容参看 6.2.2.2 节涉众请求）。

以下各小节是统一过程对系统建模活动的指南，引用到此供读者参考。

6.2.1.1　分析问题

问题分析可以通过了解问题及涉众的最初需要，并提出高层解决方案来实现。它是为找出"隐藏在问题之后的问题"而进行的推理和分析。问题分析期间，将对"什么是面临的实际问题"和"谁是涉众"等问题达成一致。而且，还要从业务角度界定解决方案，以及制约该解决方案的因素。您应该已经对项目进行过商业理由分析，这将便于您更好地预测能从构建的项目中得到多少投资回报。

6.2.1.2　理解涉众需求

需求来自各个方面，比如来自客户、合作伙伴、最终用户或某领域的专家。您需要掌握如何准确判断需求应来源于哪方面、如何接近这些来源并从中获取信息。提供这些信息主要出处的个人在本项目中称为涉众。如果您正在开发一个在您公司内部使用的信息系统，那么在开发团队中应包括具有最终用户经验和业务领域专业知识的人员。通常讨论将在业务模型这一级上展开，而不是在系统这一级上展开。如果正在开发一个要在市场上出售的产品，那么您可以充分调动营销人员，以便更好地了解该市场中用户的需求。

获取需求的活动可使用这样一些技巧：访谈、集体讨论、概念原型设计、问卷调查和竞争性分析等。获取的结果可能是一份图文并茂的请求或需求列表，并按相互之间的优先级列出。

6.2.1.3　定义系统

定义系统指的是解释涉众需求，并整理成为对要构建系统的意义的明确的说明。在系统定义的初期要确定以下内容：需求构成、文档格式、语言形式、需求的具体程度（需求量及详细程度）、需求的优先级和预计工作量（不同人在不同的实践中通常对这两项内容的看法大不相同）、技术和管理风险以及最初规模。系统定义活动还可包括与最关键的涉众请求直接联系的初期原型和设计模型。系统定义的结果是用自然语言和图解方式表达的系统说明。

6.2.1.4　改进系统定义

系统的详细定义应能让涉众理解、同意并认可。它不仅需要具备所有功能，而且应符合法律或法规上的要求，符合可用性、可靠性、性能、可支持性和可维护性。认为构建过程复杂的系统就应该有复杂的定义是一种常见的错误看法。这会给解释项目和系统的目的造成困难。人们可能印象深刻，但他们会因不甚理解而无法给出建议。应该致力于尽可能多地了解您制作的系统说明文档的读者。您可能经常会发现需要为不同的读者准备不同的说明文档。

我们认为用例方法是传达系统目的和定义系统细节的一种行之有效的方法，它常与简单的可视化原型结合使用。用例有助于为需求提供一个环境，利用它可生动地说明系统使用的方式。

系统详细定义的另一个构件是说明系统采用的测试方式。测试计划及要执行测试的定义将会说明要核实哪些系统功能。

6.2.1.5　管理系统规模

为使项目高效运作，应仔细根据所有涉众的需求确定优先级，并对项目规模进行管理。有的开发人员仅仅重视所谓的"复活节彩蛋"（即开发人员感兴趣或觉得有挑战性的特性），而不是及早将精力投入降低项目风险或提高应用程序构架稳定性方面，这已使太多的项目蒙受损失。为确保尽早解决或降低项目中的风险，应以递增的方式开发系统。要慎重选择需求，以确保每次增加都能缓解项目中的已知风险。要达到目的，您需要和项目的涉众协商每次迭代的范围。通常，这要求具备管理项目各个阶段的期望结果的良好技能。除了控制开发过程本身，您还需控制需求的来源，并控制项目可交付工件的外观。

6.2.1.6　管理需求变更

定义需求时无论怎样谨慎小心，也总会有可变因素。变更的需求之所以变得难以管理，不仅是因为一个变更了的需求意味着要花费或多或少的时间来实现某一个新特性，而且也因为对某个需求的变更很可能影响到其他需求。应确保赋予需求一个有弹性的结构，使它能适应变更，并且确保使用可追踪性链接以表达需求与开发生命周期的其他工件之间的依赖关系。管理变更包括建立基线、确定需要追踪的重要依赖关系、建立相关项之间的可追踪性，以及变更控制等活动。

6.2.2　活动集和工件集

统一过程定义了系统建模工作流程中的主要角色以及他们应当执行的活动。其定义如图 6.5 所示。

请正确理解这些活动。它们并不表示一个个独立的和必须完成的工作，而仅是指出了通常意义上一个完整的系统模型应当执行的工作。很多时候这些活动是可以合并或者并行的，例如一般不会有专门的"查找主角和用例"活动，而会在"建立用例模型"这一活动的过程中"查找主角和用例"。读者可将这些活动视为系统建模工作的检查点（check point），在系统建模工作开始前设定检查点列表，确定哪些活动在检查点列表中。检查点列表用于安排项目计划、人员配备和评估系统建模工作是否完成。

在统一过程中，完整的系统建模工作完成后，应当得到如图 6.6 所示的工件集。

为了帮助读者理解，下面对这些工件进行一些解释。

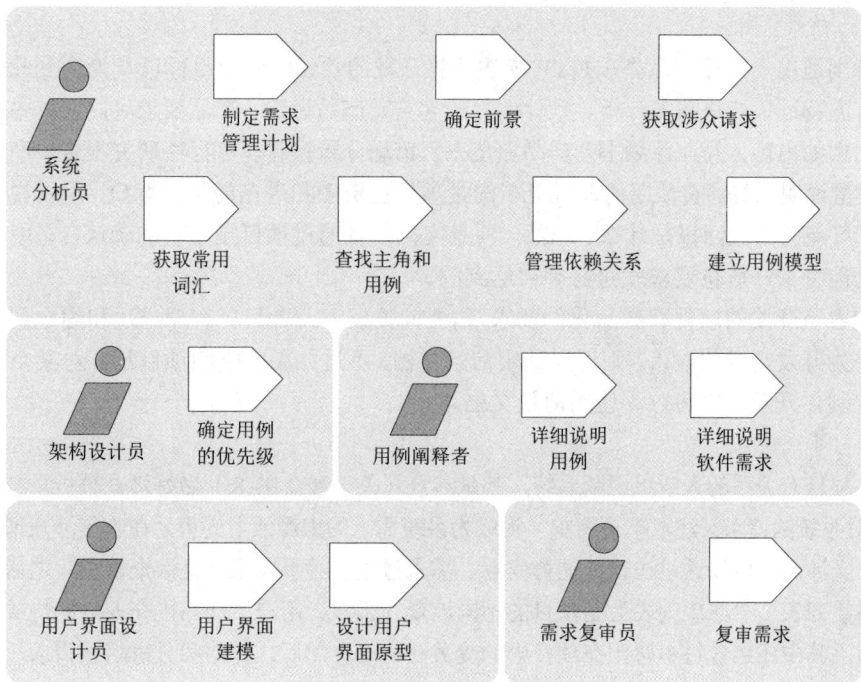

图 6.5　系统建模活动集

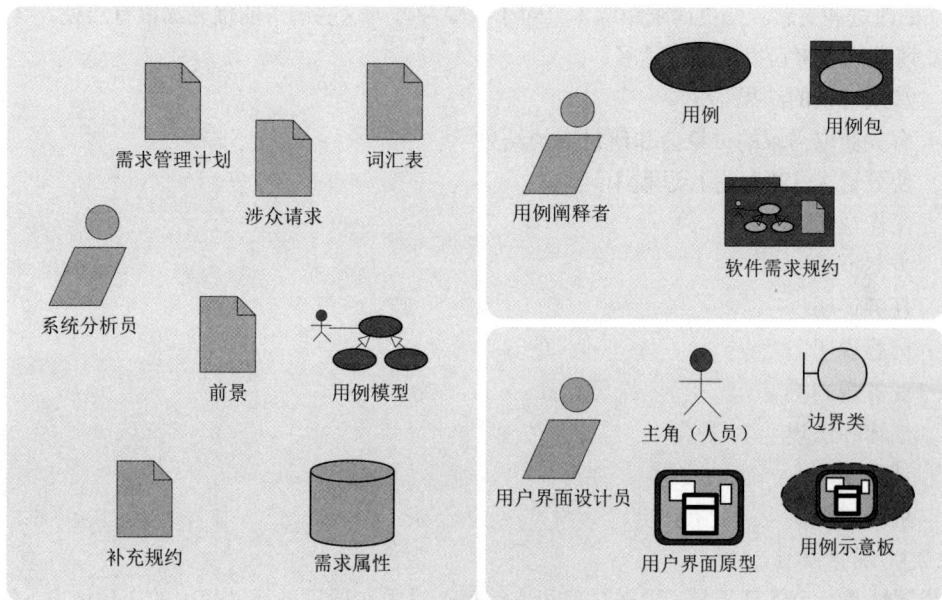

图 6.6　系统建模工件集

6.2.2.1　前景

前景特别适用于描述产品型项目。它描述即将开发的软件的商业目标以及为达到此商业目标产品应当具有的特征、涉众需求分析、预计的目标客户、产品说明、产品要求等。它集中体现了这样几种常用文档的内容：商业计划书、产品白皮书、市场分析报告、可行性研究报告、产品功能说明书、产品质量说明书等。它预期的读者更多的是项目投资者和潜在的目标客户，用以说明产品的价值是什么，可能的商业回报是什么。当然，前景文档一旦通过项目投资者的确认，它就成为项目的约束，其功能特征、质量要求就是必须要达到的。

如果读者所开发的软件有产品化的要求，需要向投资者或者目标客户描述和约定产品应当具备的特性并作为开发需求的输入，则可以使用前景文档。不过如果面临的项目是针对某个特定客户特定业务的定制化开发，也可以不使用前景文档。

6.2.2.2　涉众请求

凡是与项目有关系的人或组织或系统，都是涉众（关于涉众在 8.3 做好涉众分析一节中有更多内容）。他们对系统的请求（注意不是需求）将成为系统需求的来源或者约束。在收集涉众请求之前应当先发现和定义涉众，可以通过访谈、调查问卷、需求讨论会等手段来收集涉众请求。之后，将它们整理成为"愿望列表"。"愿望列表"是项目的不同涉众（客户、用户、产品推介人）期待或盼望系统要包括的内容，其中还包含每个愿望在项目中的受关注程度。然后，评估和分析这些请求，以确定其是否适合或应当成为一个系统需求，通常一个愿望会对应一个用例。

收集涉众请求集中在先启和精化阶段，但在整个项目生命周期内应不断收集涉众请求，以利于筹划产品的改进和更新。变更请求跟踪工具对于收集和排列这些请求的优先级很有用处。

涉众请求可以来自以下一些途径：

- 涉众访谈的结果
- 有关获取需求的讨论会和研讨班的结果
- 变更请求（项目进行过程中）
- 工作说明
- 方案征求
- 任务说明
- 问题说明
- 业务规则
- 法律和法规
- 遗留系统
- 业务模型

6.2.2.3　需求属性

需求属性是一个管理工具，用来管理和追踪每个需求在项目进行过程中的变化情况，例如：优先级变化、需求变更过程、进展情况等。可以使用一个需求和属性分别作为表格的两个维度的二维表来管理需求属性。

Rational 专门有一个 Rational Request Pro 工具来管理需求属性。

6.2.2.4　软件需求规约

软件需求规约就是我们常说的需求规格说明书。它需要将用例模型（包括用例规约、用例视图等）和补充规约、系统界面原型等集中起来，作为一份完整的需求规格说明书。

6.2.2.5　用例示意板

从字面上来说这个名字挺难理解，其英文原文是 Story Board，确实不太好翻译。一些学习 UML 的朋友常常困惑于用例如何描述界面这个问题。其实答案很简单，用例是被界面来使用的。而用例示意板就是用来描述界面如何使用用例的这一信息。

以下是一个关于"管理进入邮件消息"用例的示意板的一个初始事件流示例。

（1）邮件用户请求管理邮件消息时，该用例启动，然后系统显示消息。邮件用户接着可以执行以下一个或多个步骤：

（2）根据发送人或主题排列邮件消息。

（3）读取邮件消息的正文。

（4）将邮件消息另存为文件。

（5）将邮件消息附件另存为文件。

（6）当邮件用户请求退出管理进入邮件消息时，用例终止。

该初始事件流示意板与"查找主角和用例"活动中已经描述的相应用例的分步说明相类似。因此，在创建初始事件流——示意板说明时，请将相应用例的分步说明用作输入。然后再将每一个事件流与界面原型中的一个特定菜单或按钮结合起来，说明界面原型中的操作如何触发用例的事件流。

6.2.3　系统建模的目标

系统建模工作流程的目的是：

- 与客户和其他涉众在系统的工作内容方面达成一致并保持。
- 使系统开发人员能够更清楚地了解系统需求。
- 定义系统边界（限定）。
- 为计划迭代的技术内容提供基础。
- 为估算开发系统所需成本和时间提供基础。
- 定义系统的用户界面，重点是用户的需要和目标。

系统建模工作流程与其他工作流程的关系为：

- 业务建模工作流程为系统建模工作流程提供了业务规则、业务用例模型和业务对象模型，包括领域模型和系统的组织环境。
- 分析设计工作流程从系统建模工作流程中获取主要输入（用例模型和词汇表）。在分析设计中可以发现用例模型的缺陷；随后将生成变更请求，并应用到用例模型中。
- 测试工作流程对系统建模工作流程确定的系统进行测试，以便验证代码是否与用例模型一致。用例和补充规约为计划和设计测试中使用的需求提供输入。

> **小结：** 系统建模工作流程针对客户现存的实际业务或客户规划中的实际业务决定把哪些业务纳入开发范围，并且规定在计算机中将如何实现这些业务。应当理解，系统模型是业务模型到计算机系统的映射。
>
> 通过系统建模，我们可以得到系统的开发范围，明确计算机系统要做什么。同时，系统模型也是分析设计建模工作流程的主要输入。
>
> 下一节将学习分析设计建模工作流程。

6.3 分析设计建模工作流程

分析设计建模即我们所熟知的概要设计和详细设计过程。它主要使用分析模型和设计模型来完成分析设计过程。它主要在精化阶段实施。

6.3.1 工作流程

统一过程将分析和设计合并为一个流程，如图 6.7 所示。

对于许多还没有习惯采用以架构为导向的开发模式的朋友来说，图 6.7 可能多少有些陌生。这个流程中执行的活动与实际项目中所做的工作相去甚远，仅有一个"设计数据库"是我们熟悉的，却还是一个"可选"的过程。相信在现实中，很多项目的设计只有两个部分：界面设计和数据库设计。

如果读者正好是只做这两项设计的，也不必觉得沮丧。因为统一过程本身是一个重量级的过程，它所适应的是大型或超大型项目。在这样的项目中，存在着太多相互影响的因素，因此，相对于一个具体功能的实现来讲，研究清楚系统的内在互动行为和影响是更为重要的。对许多较小的项目来说，本来成本投入就不高，应用也比较简单，功能基本上都是比较单一的。因此仅设计界面和数据库可能正是适合的方式。

可以这样来类比这种差别，设计一幢大楼时首要的问题是保证它的稳固性，至于外墙上有几片砖是坏的，不会对整体造成什么大的影响。但是如果装修工人在你的厨房里贴上了坏的磁砖，哪怕只有一块，你肯定也不会答应的。这是抽象层次所决定的，越复杂的系统需要越高的抽象层次。本章中所描述的内容也许与读者实际项目有些差距，甚至不好借鉴，不过没关系，前面我们曾经说过，使用 UML 未必就一定要使用统一过程。因此，读者可以通过学习这些内容对比实际的项目，思考一下在分析设计过程中哪些工作是应当做而没有做的。笔者并不推荐照搬全部过程，那与现实并不符合。下面的内容也仅是对统一过程定义的分析设计过程做一个概览。

6.3.1.1 定义和改进架构

统一过程中分析和设计工作流程相当复杂，以至于用文字难于描述，只好用原图来表达它们。统一过程定义了复杂的如图 6.8 所示的定义架构过程，而改进架构过程如图 6.9 所示。

这两个过程笔者在这里不打算过多解释，其一因为这将占去大量的篇幅而偏离 UML 的主题，其二因为在大量的中小型项目中并不会执行如此多的活动。读者可以从这两幅图中一览统一过程中

分析设计的全貌，并思考在自己的项目中应当怎么做。6.4.3 节是笔者在实际工作中使用的分析设计过程介绍，推荐读者学习。

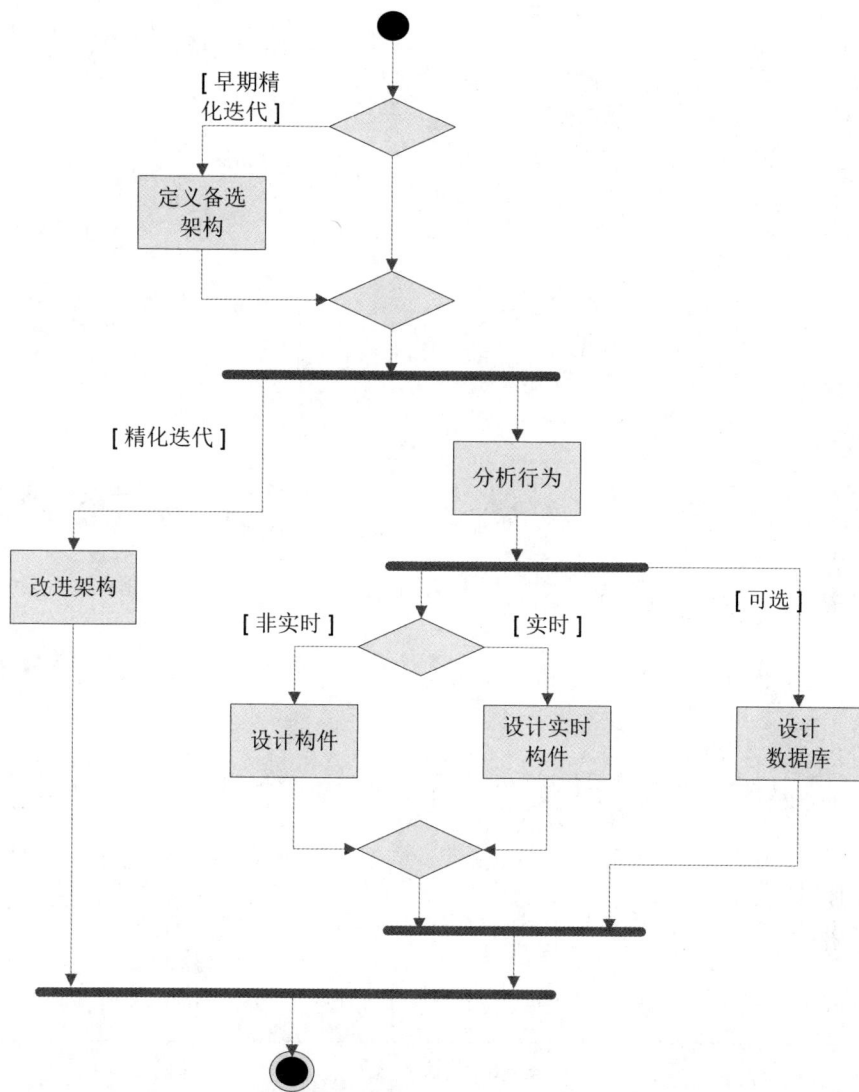

图 6.7   分析设计工作流程

6.3.1.2   分析行为

分析行为即分析用例场景。它是使用分析类或者设计类，并结合架构来实现用例场景的过程。这一过程的结果是要获得对架构来说具有重要意义的分析类和设计类。其主要工作如图6.10所示。

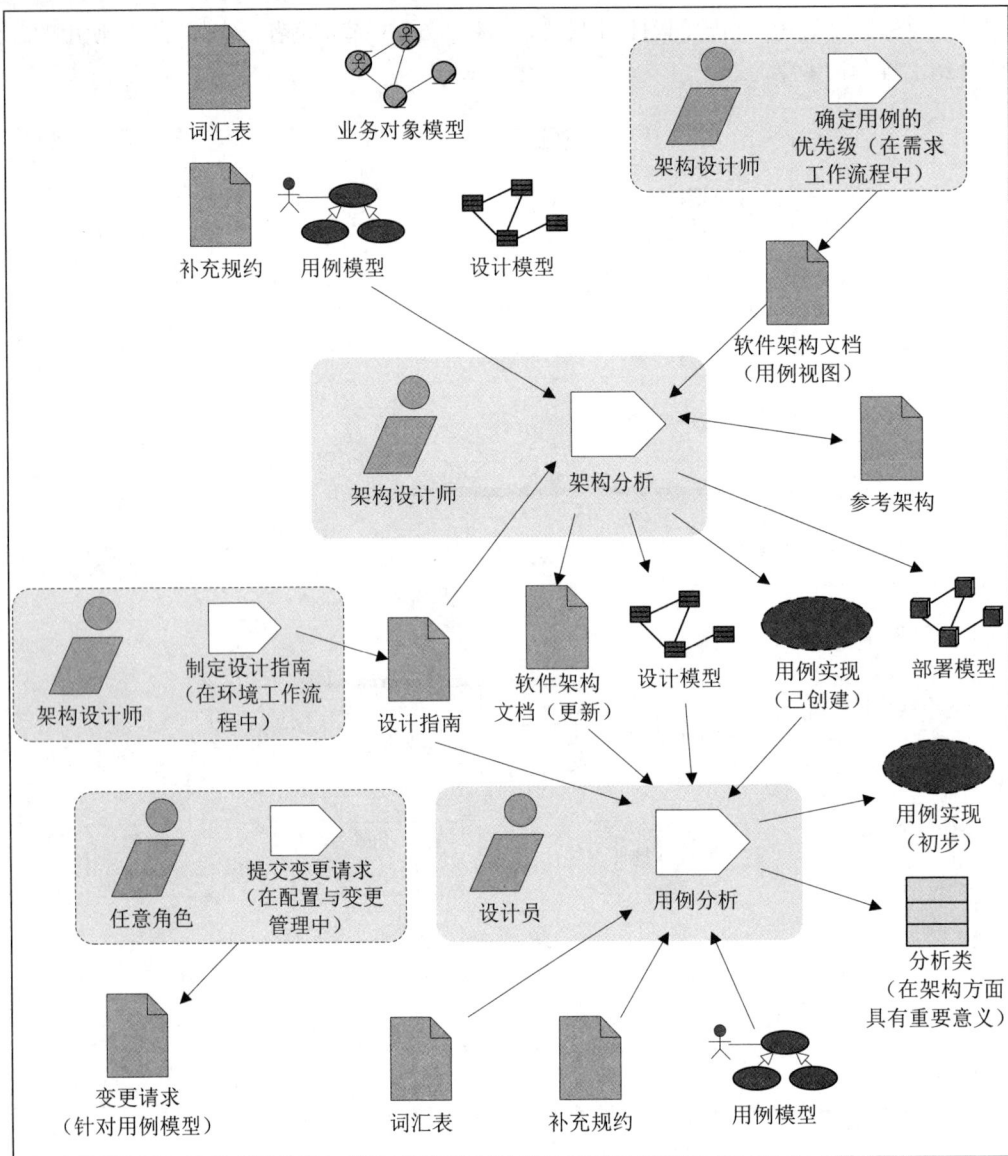

图 6.8　定义备选架构

　　这里需要说明的是，分析行为是采用分析类或者设计类来实现用例的过程，如果这时过于关注细节，则必将导致工作量的激增，同时也会产生巨大的信息量。过多的信息量将降低人脑处理它们的能力。因此，执行分析过程的时候，适当提高抽象层次而屏蔽掉许多细节是有必要的。因为我们需要研究的是系统的行为以及对架构来说比较重要的那些对象，而不要详细到方法和属性。

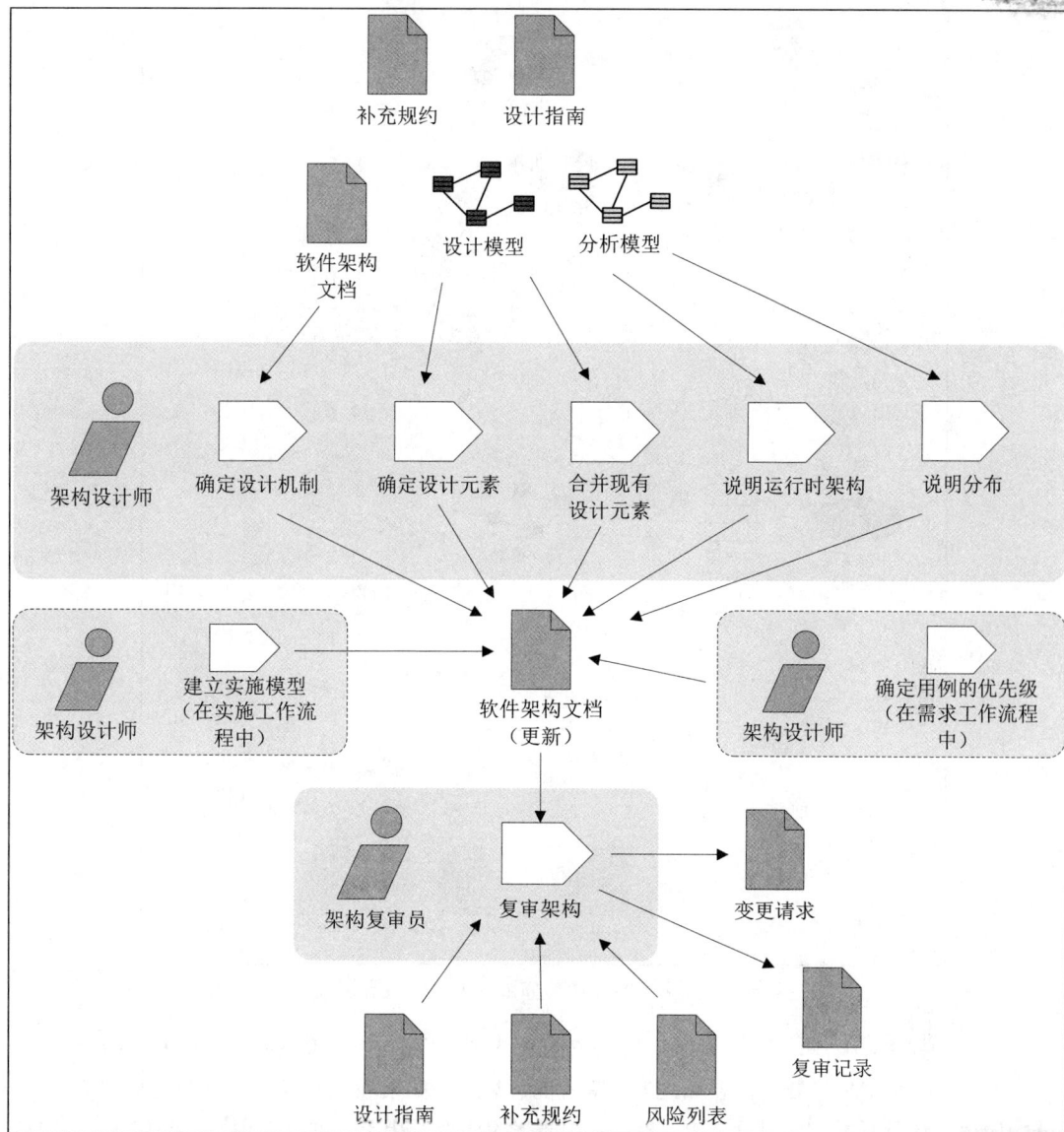

图6.9　改进备选架构

6.3.1.3　设计组件（构件）

在这之前笔者一直使用组件这个词。实际上组件和构件都来自英文 Component 的翻译。有的资料认为构件是更小的可复用粒度，而组件可以由构件组成。不过笔者觉得这样的区分没什么意义，如果按照这个解释，当组件组成更大的组件时，又如何来区分呢？因此忽略它们的区别而直接使用组件这个词。

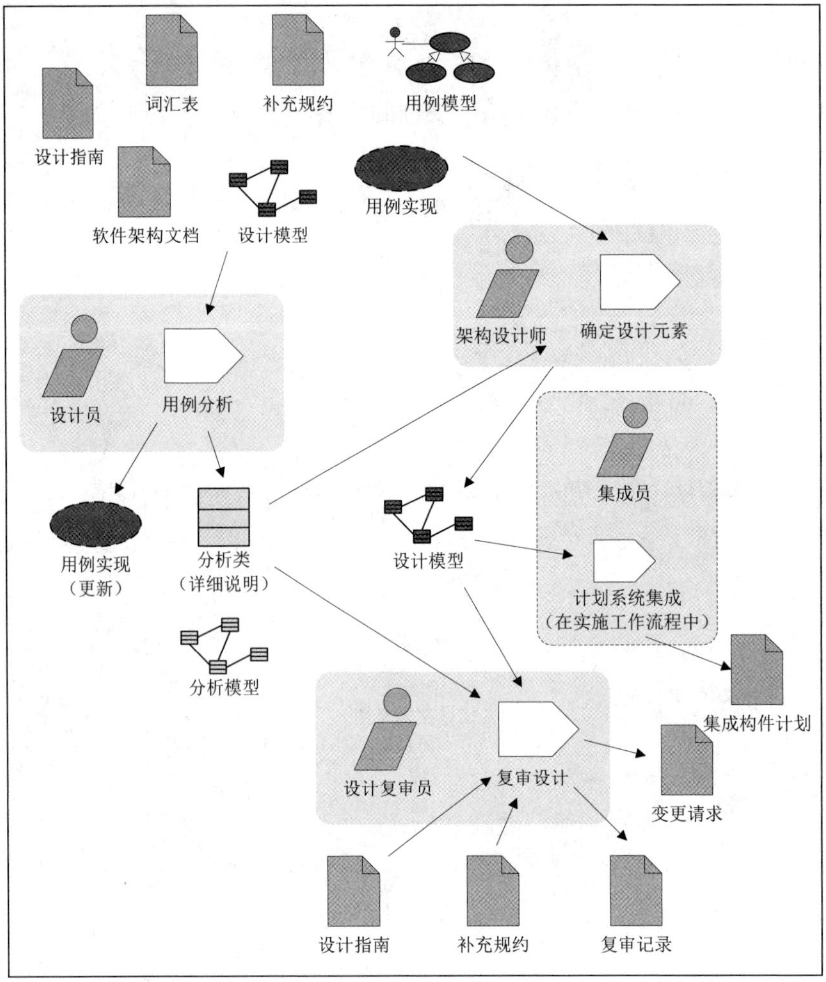

图 6.10　分析行为

　　在统一过程中，组件是实施单元，它们被安放在架构的某一个位置然后由架构驱动执行。虽然如此，大部分中小型项目并不需要如此做。笔者的意思是，如果项目不存在可复用的基础（相当一部分的应用系统都是需求定制化的），没有独立部署的要求（相当一部分应用系统是非分布式的），定义组件就成了鸡肋。大部分项目中可复用的部分总是系统范围的，例如日志处理、事务管理、异常处理等，但这些部分通常可以被处理为架构或者框架的一部分，而剩下的业务需求定制则无太大的复用价值（真正可复用的价值体现在它可以为不同的项目服务，而不仅仅是在同一个项目内）。

　　因此，笔者的建议是，定义组件要用在其需要的地方，读者可以参考 5.9.1 何时使用组件模型一节，而不是一切从组件出发。

　　另外，组件的定义是一个可复用的单元，这个定义也是有点嚼头的。广义上来说，凡是可以部署到一个框架里面的东西都可以称为组件，JSP、ASP、JavaBean、COM……，哪怕只有一个，理论上来

说都可以在其支持架构内独立部署，并且可以被多个其他程序使用，很好地符合了组件的定义。只是这样的组件没有什么实际的意义。因此，如果不是出于某项业务或功能可以单独抽取出来、用以向多个潜在使用者（尤其是项目外部）提供服务的原因，确实没有必要定义组件。

另外，在统一过程中区分了实时组件和非实时组件，它们分别对应着实时系统和非实时系统。所谓实时系统是指系统对响应时间和可靠性有着严格要求的系统，许多工业控制软件都有实时性要求。例如一个变电站监控系统，如果发生短路，而软件不能够在规定的时间之内切断电闸就将发生严重的后果。而大多数商业信息管理系统则是非实时性系统，例如一份报表是一分钟还是三分钟统计完成，甚至统计失败也不会造成什么严重后果。

这两种系统在分析和设计方面各自有不同的考虑重点和方法，但从软件工程的角度上看并没有什么不同。图 6.11 和图 6.12 分别展示了非实时和实时组件的设计过程。读者可以看到，从软件过程上看二者并无什么差别，只是因为实时系统对时间性和可靠性要求的不同，需要对设计结果进行更多的处理。因为与本书主题关系不大，这里就不再展开讨论了。

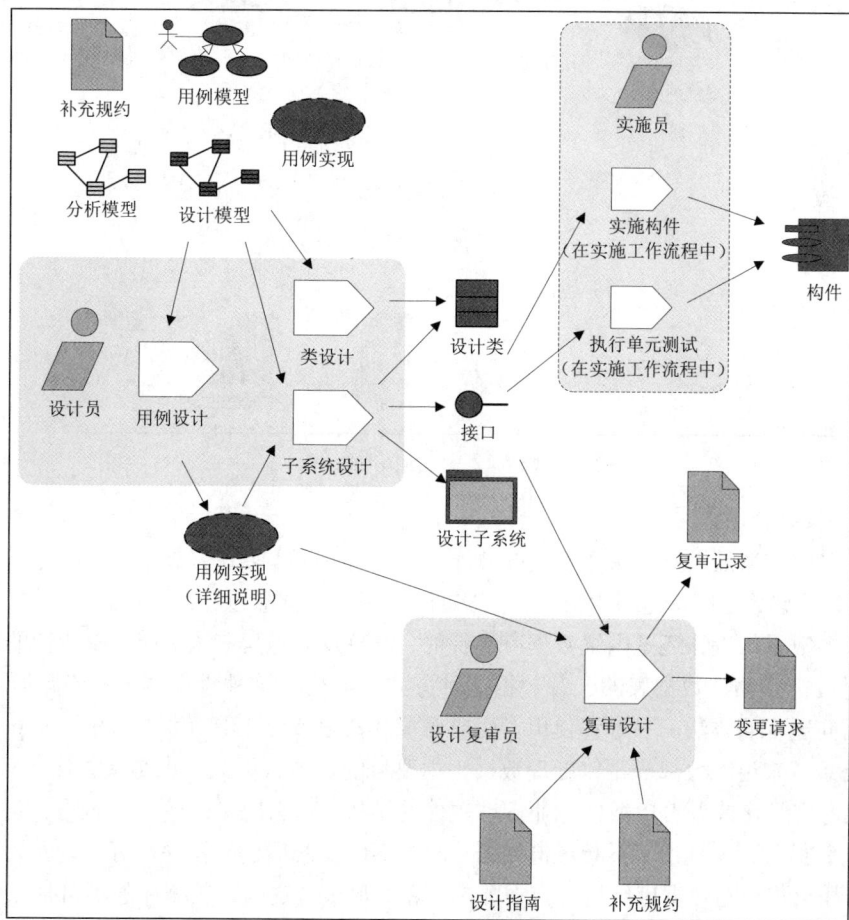

图 6.11　设计非实时组件

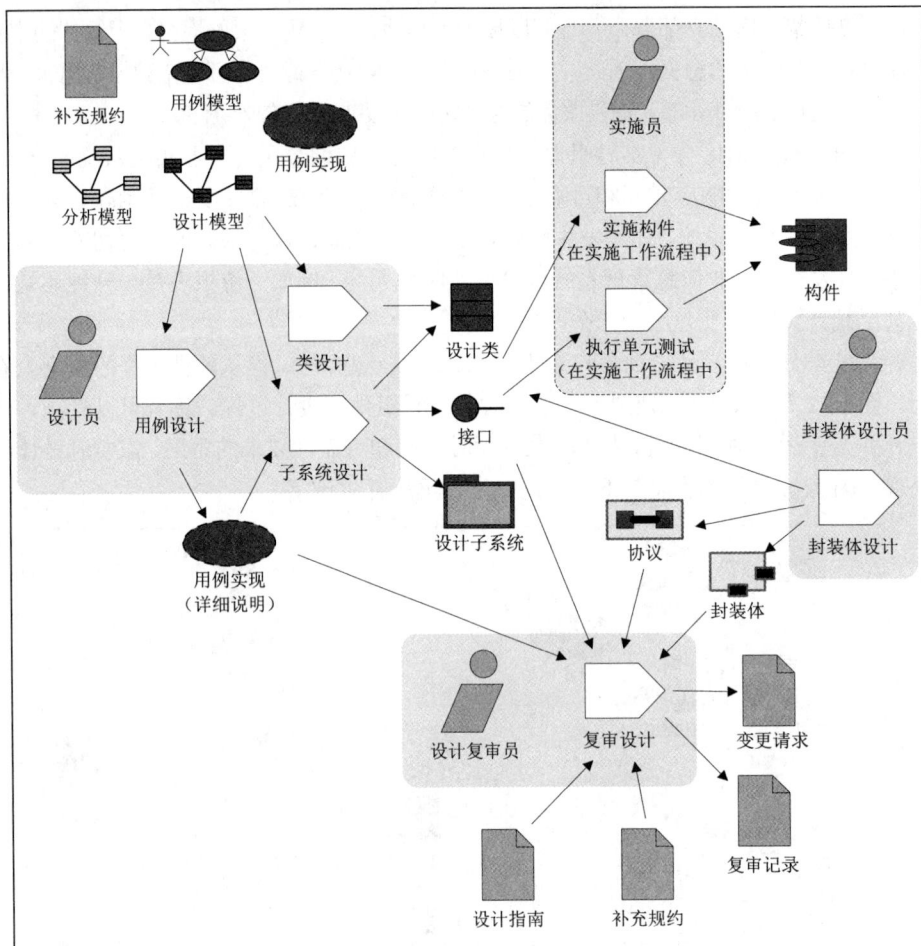

图 6.12　设计实时组件

6.3.1.4　设计数据库

设计数据库应当是大家最熟悉不过的技能了。在这里不再多说，需要说明的是，在面向对象的设计中，关系型数据库仅是用来持久化数据的一种方式，并非设计的中心，重要的是对象设计。然而目前大多数系统设计还是围绕数据库进行的，对象反而退居其次。即使有所谓的对象，也是一个对象对应一张物理数据表的一行数据这种方式。严格说这种设计方式本不是面向对象的方法，而是面向过程的方法——尽管使用了面向对象的语言或者工具（例如 OR-Mapping 工具）。虽然对信息系统来说，大部分是以处理数据为主要目的，这么做似乎也是最直接和简便的设计，不过，如果有产品化或者希望做成行业标准软件的愿望，那么应当改变一下思路。因为软件持续改进需要不断提升抽象层次、不断重构代码、形成高内聚低耦合的模块，而关系型数据库则做不到这一点。如果代码与数据库结构绑定得非常紧密，那么一定因为数据库的不可抽象性而会失去面向对象的所有优势。

6.3.2　活动集和工件集

统一过程定义的分析设计工作流程中的主要角色以及他们应当执行的活动如图 6.13 所示，产生的工件集如图 6.14 所示。这两个图表达得已经很清楚，这里就不再赘述了。

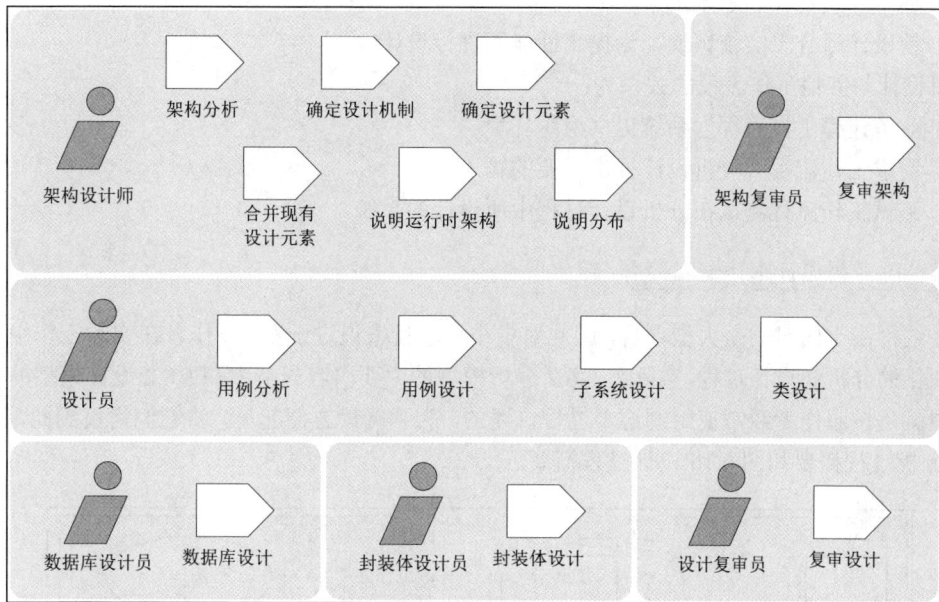

图 6.13　分析设计活动集

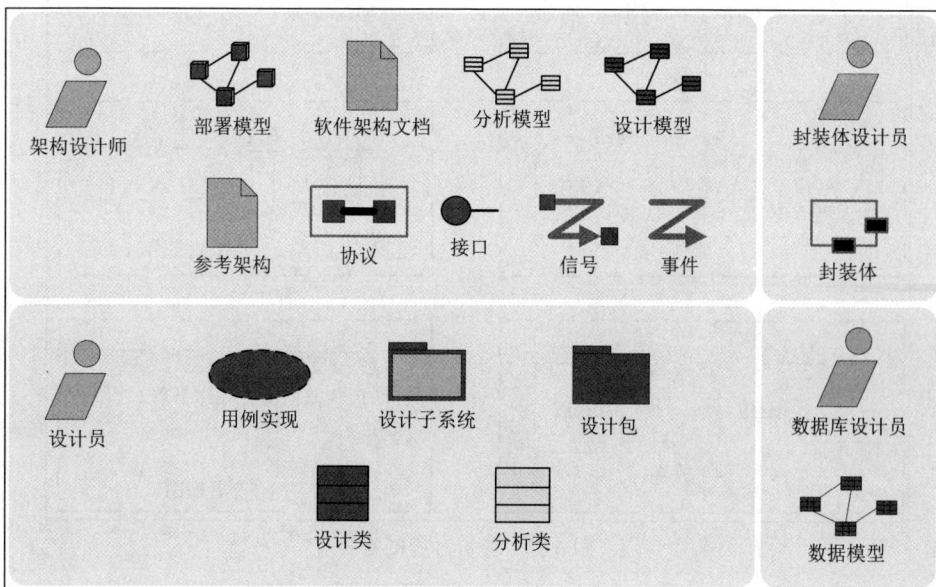

图 6.14　分析设计工件集

6.3.3　分析设计的目标

分析设计的目的在于：

- 将需求转换为未来系统的设计。
- 逐步开发强壮的系统构架。
- 使设计适合于实施环境，为提高性能而进行设计。

分析设计与其他工作流程的关系为：

- 业务建模工作流程为系统提供组织环境。
- 需求工作流程为分析设计提供主要的输入。
- 测试工作流程测试在分析设计过程中所设计的系统。

6.3.4　推荐的分析设计工作流程简介

统一过程由于面对的是大型项目，因此对中小型项目来说过于重了。作者在实际工作中经常使用一个简化的分析和设计过程，实际上 5.6.2 分析模型的主要内容一节中和 5.8.2 设计模型的主要内容一节中就是按照作者经常使用的这个过程讲述的。为了阅读方便起见，将它们拷贝到此，分别是图 6.15 分析过程概要和图 6.16 设计过程概要。

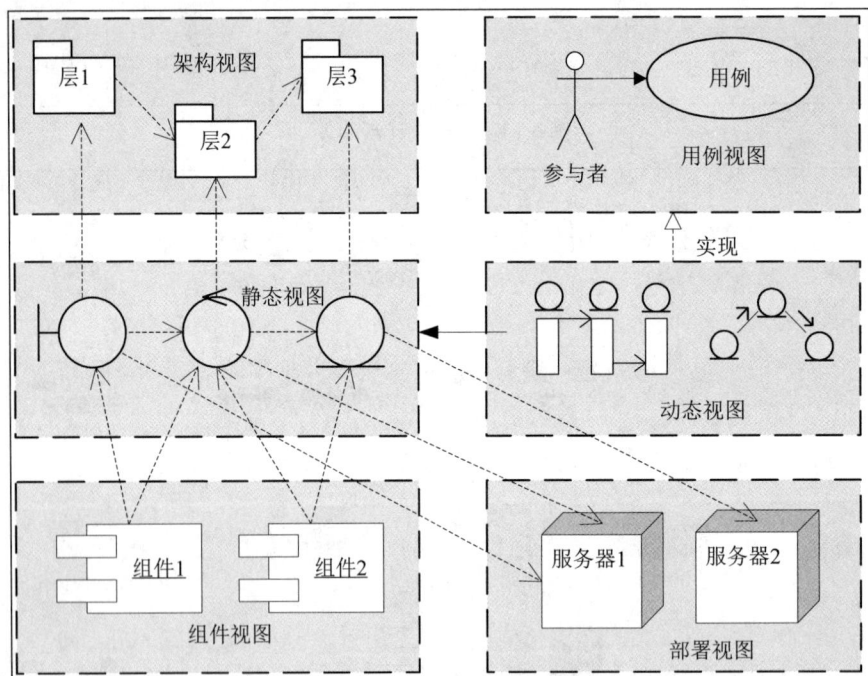

图 6.15　分析过程概要

对于分析过程来说，以下的一些工作内容加上文档说明基本上就可以满足大部分项目需要。

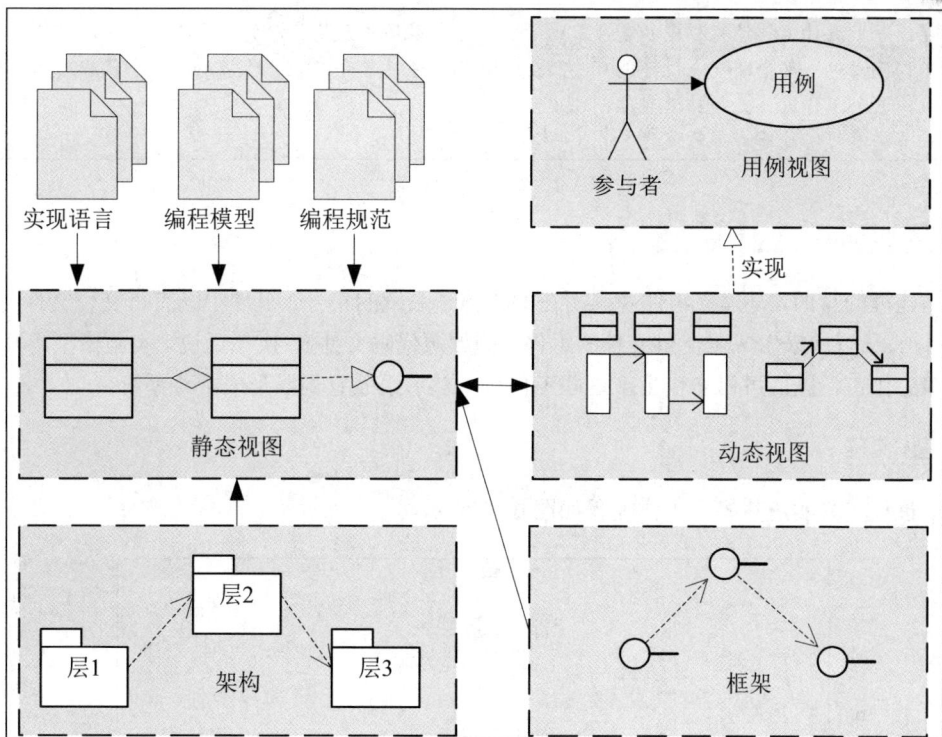

图 6.16　设计过程概要

- 获取分析类，用分析类实现用例，保证分析类与需求的同步。
- 建立分层模型（如果有，可以直接遵从现有的架构），然后将分析类映射到软件的分层模型中。
- 参考 5.9.1 何时使用组件模型一节，确定是否有必要建立组件模型。
- 参考 5.10 节中讨论何时使用实施模型的内容，确定是否有必要建立实施模型。

对于设计过程来说，以下的一些工作内容加上文档说明基本上就可满足大部分项目需要。

- 确定实现语言，制定编程规范。
- 如果使用了架构或者框架，则应当提供针对架构或框架的编程模型实例，作为编程指南和约束。
- 为每一个软件层次进行必要的设计，一方面设计该层上所有类必须实现的接口、遵循标准等，另一方面设计处理系统中的公共事务，例如日志、事务、异常等基础模块。并且应当为这一层次提供编程模型实例，作为编程指南和约束。如果该层上使用了某个框架，则只需针对框架的使用提供编程模型实例。
- 选择典型的用例场景，使用设计类，在框架和架构中来实现该场景。其一可以检验框架和架构，其二可作为编程过程中其他用例场景实现的指南和约束。

　　小结：分析设计工作流程相当的复杂，由于统一过程采用了架构驱动的开发模式，所以本节讲述的分析设计工作流程对一部分朋友来说可能有些陌生。最后作者简单介绍了自己常用的一个裁减后的分析设计工作流程，这个工作流程更加贴近实际，供读者参考。

　　下一节将学习实施建模工作流程。

6.4　实施建模工作流程

　　实施建模的目的，是建立组件及其所在的实施子系统的集合。组件中既有可交付文件（例如可执行文件），又有用来生成可交付文件的组件（例如源代码文件）。换句话说，实施模型将开发工作分成许多工作包，因而可以协作生产这些工作包，然后组装它们以形成最终系统。

6.4.1　工作流程

　　统一过程定义实施建模的工作流程如图 6.17 所示。

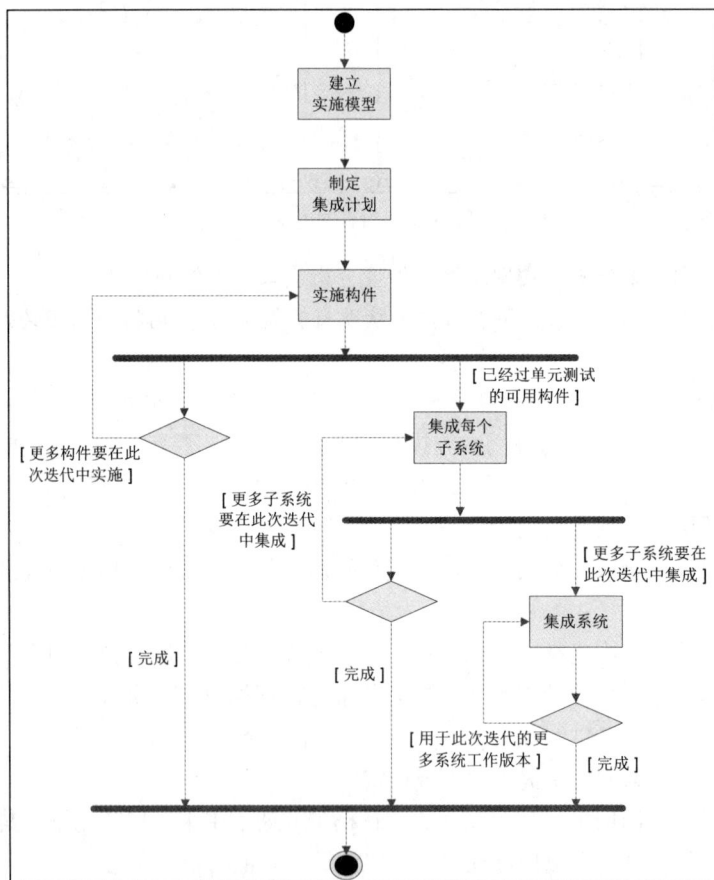

图 6.17　实施建模工作流程

在一个以架构为导向、以迭代为生命周期的项目里，建立实施模型是很有意义的。通过实施模型，可以允许系统在多次迭代中逐步完善，每一次迭代组装出系统的一个部分直至完成。不过，前提条件是分析设计过程足够完善，以至于可以非常清楚地定义出系统的每个组件、实现这些组件的类（代码）、组件之间的依赖、接口和通信标准（组装规则）。

很显然，这是需要花费大量的成本的。对于投资巨大的大型项目来说，如果没有实施模型，那么很难做到迭代实施和团队合作（一个项目可能拥有几十个团队）。实际上实施模型与面向过程中的子系统以及功能模块在实施上都想达到同样的目的，只是实施模型是面向对象的，并且适合于以架构为导向的开发模式。

相信本书的相当一部分读者从事的是中小型项目，很可能根本就不使用组件化开发模式（这是实际情况），因此本书不打算展开阐述大型项目中实施模型的使用。因为在中小型项目中，成本的限制决定了不可能投入过多的人力物力在分析设计阶段（虽然理论上说投入越多越好），在此限制下建立实施模型实际上是有困难的。

那是不是说实施模型对中小型项目就没用了呢？不然。在 5.9.1 何时使用组件模型一节里曾经谈到过如果放弃组件的一些性质，仅把组件看作是一个特殊的组织可执行代码和其他开发文件的"包"，那么在这个意义上建立实施模型是很有用处的。6.4.3 推荐的实施建模工作流程一节里笔者将向读者推荐一个适用于中小型项目的实施建模方法。

6.4.2　活动集和工件集

统一过程定义实施建模的活动集和工件集如图 6.18 和图 6.19 所示。

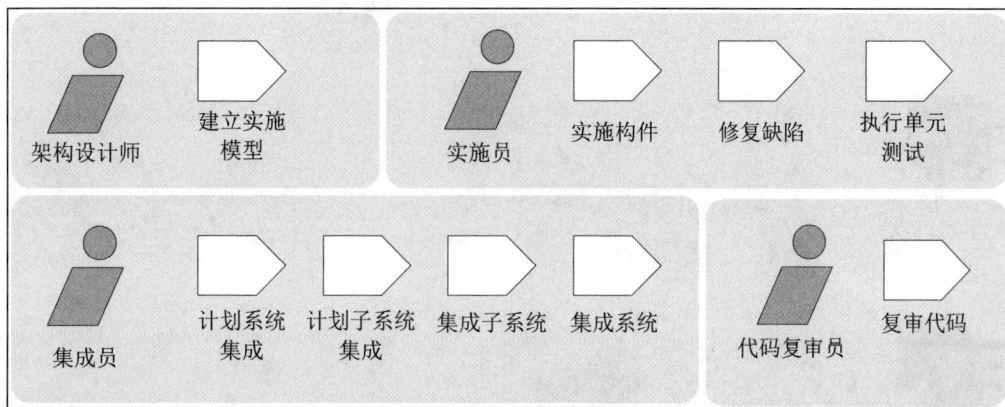

图 6.18　实施建模活动集

图中所示的内容都不难理解，这里稍微解释一下集成员的工作。即使不使用架构导向、组件化的开发模式，集成员这一角色在开发过程中仍然是十分有意义的。CMM 二级最基本的一个要求就是引入配置管理。在中小型团队里，集成员可以身兼配置管理员和集成员的职责，使用一些配置管理工具来管理整个项目产生的文档和代码。项目经理、设计师、编码人员都不需负责代码的集成和编译工作，它由集成员来负责。编码人员则负责自己代码的单元测试，保证没有通过单元测试之前不迁入配置管理工具。

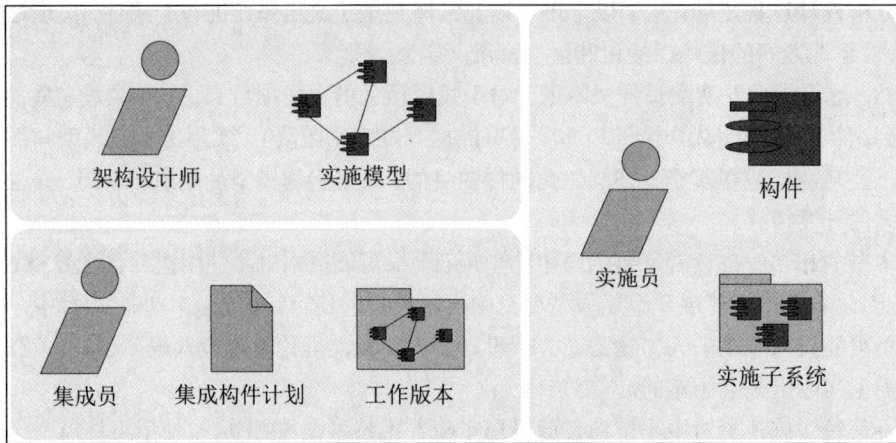

图 6.19   实施建模工件集

这样，在整个项目开发过程中，至始至终都有人管理项目文档和代码，如果集成员掌握了一些编译打包的技能，如 ant，则很容易随时得到一个可执行的版本，甚至可以做到每日编译。这对项目的稳步进展和测试都有很好的效果。这个过程可以用图 6.20 来表示。

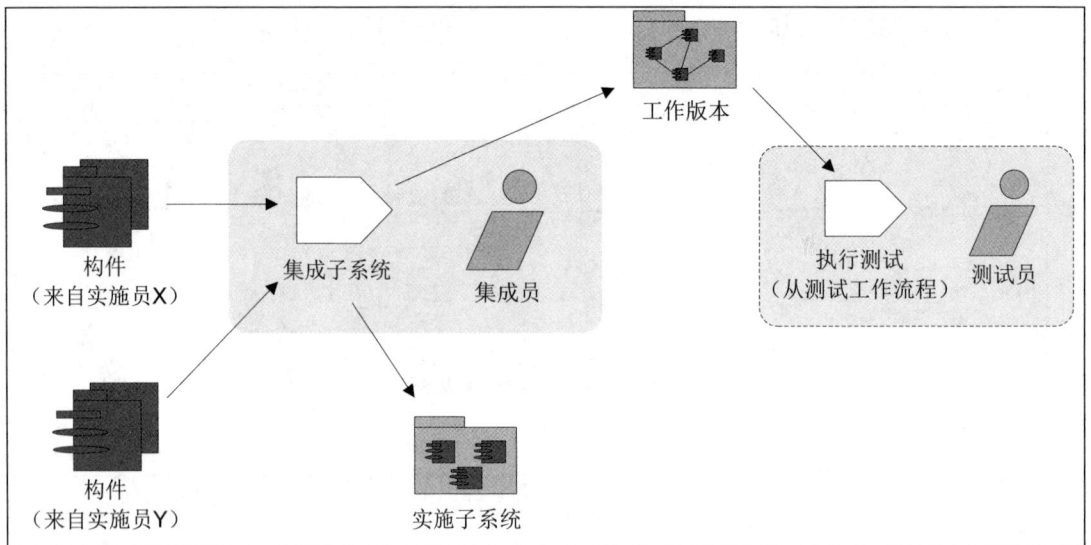

图 6.20   软件集成

6.4.3   推荐的实施建模工作流程

前面提到，统一过程中建立实施模型，需要以架构为导向的、组件化的开发模式，这将花费大

量的成本在分析和设计阶段。对于许多中小型项目来说，投入很多成本在架构和组件化上很可能是不现实的。为此，作者专门安排此节，向读者介绍自己常用的一个实施建模工作流程，它是按用例的优先级，采用多个迭代的方式来实施项目的，见图6.21。

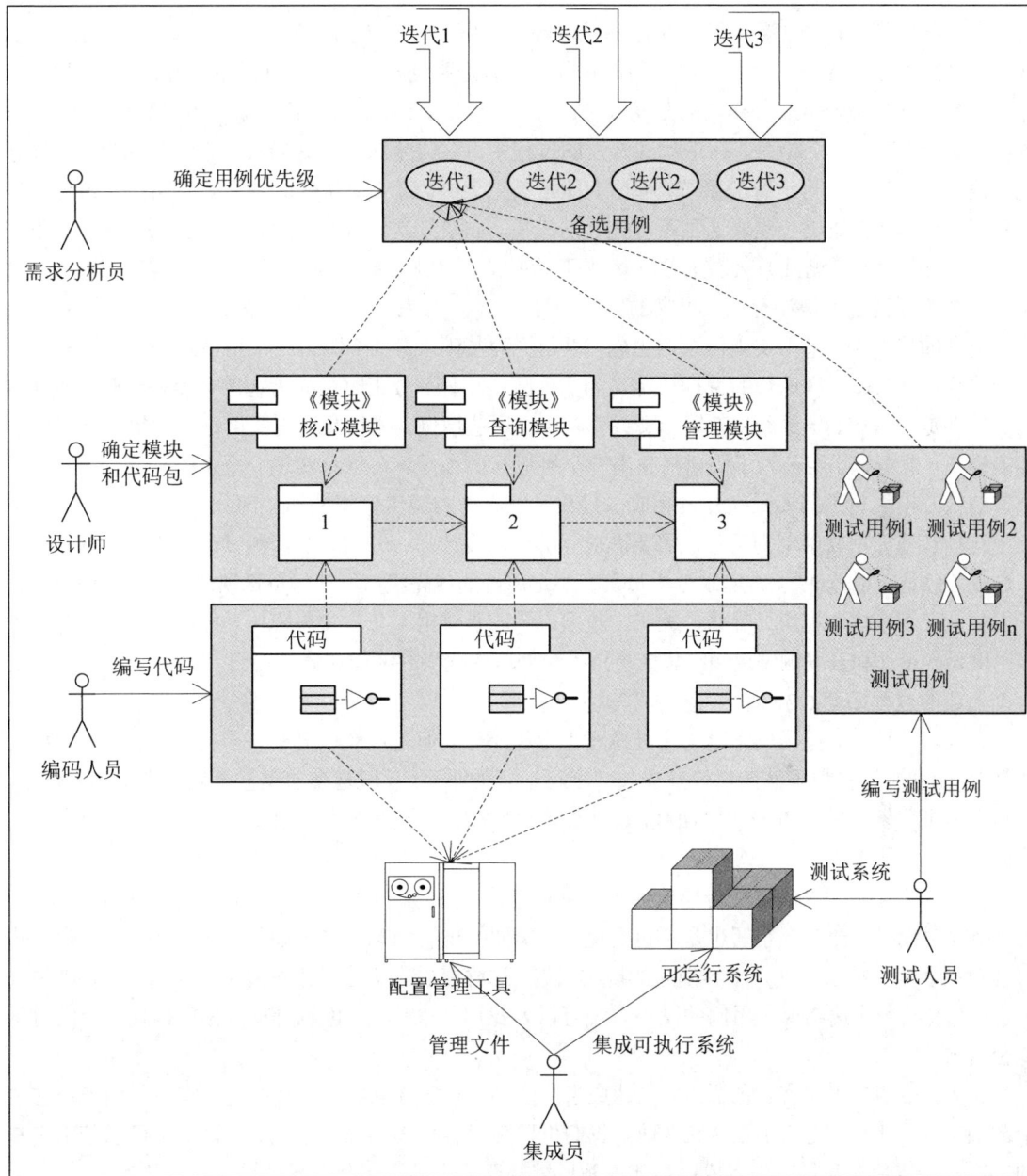

图 6.21 推荐的实施建模过程

其实哪怕没有统一过程也没有定义实施模型，几乎所有的开发都有分工合作，可以按模块分、按包分、按子系统分等。即使不打算使用组件化开发的模式，在中小型项目中也可以使用实施模型的思想来处理分工问题，其中最重要的思想就是迭代式开发。当然，这时的组件通常表示模块、子系统、库等。

在实施模型中，分工需要首先考虑的是能够使系统运行起来的部分，哪怕只是一个局部功能。这一点区别于原先的分工办法。原先的许多分工方式通常是按子系统分（减少相互影响）、按业务分（一个业务模块一个业务模块的开发）、按小组分（核心小组、界面组、编码组、数据库组）等，每种分法都有其道理，但是，在迭代式开发的过程中，这些分法都有其局限性。要考虑的是怎样才能最快地搭建起一个可运行的系统，哪怕功能是不完善的。每一次迭代的结果都应当是一个可运行的系统，而不是类似核心模块这种不可执行的模块。如果某次迭代只产生出一个核心模块，它不能被测试（按用例场景测试）、不能被验证（被证明实现了用例场景）、更不能先期交付客户做试运行，那么这个迭代基本上是没有太大意义的。

笔者的建议是，采用实施模型的思想，以用例为基础来分工，因为一个用例就是一个可独立执行的单元，所以每一次迭代的目标可定义为实现哪些用例。分工时最先考虑的是哪些逻辑组件（这里的组件是指模块、子系统、库等含义）可以实现这些用例，哪怕实现这些用例的逻辑组件横跨了许多模块、业务、小组。为了快速搭建出一个可运行的系统，可以只实现一个类的部分功能。甚至所谓的核心模块也不需要最先开发完成，只需开发出与实现用例相关那一部分。

这种实施模型以用例为基础，需要需求分析员、设计师、开发人员、测试人员和集成员的参与（这些角色是可以兼任的）。需求分析员负责决定用例的优先级；设计师负责规划模块和代码包；开发人员（可以按核心模块、界面、编码、数据库等职责分组）负责实现模块功能；测试人员负责按照用例场景设计和开发测试用例；集成员负责管理这些代码并编译和集成它们。

上述的过程如图6.21所示。

有人可能要问，按用例来建立实施过程看上去不错，但是系统中会有许多公共的代码，它们之间是有交互的。这样做虽然能很快建立起一个可运行的小系统，但是有的类甚至只完成了部分代码。将来第二批用例开始进入迭代周期时，怎么保证这些代码还能用？如果要修改甚至重写，那不是白费力吗？

是的，这样分工以后可能会导致代码的重新修改。但笔者可以肯定地说，即使设计再仔细，考虑再周全，代码修改甚至重写也是不可避免的。即便把现有信息已经考虑得十全十美，但如何能肯定客户不会变更需求？这是不容回避的现实问题。这样做看上去会带来重复的工作量，但是考虑一下，先看看一个快速实现了用例的微小系统可以为我们带来什么，再看看花费在重构代码上的时间是否值得。

首先，用例代表了客户的需求，它达成了客户的一个系统目标，并且描述了客户如何使用它的全部细节。因此，当这个小系统完成时，我们可以交付客户作为需求验证。验证结果可以带来客户的反馈，以避免在大量工作完成以后才得到反馈甚至是需求变更从而导致更大范围的返工。

其次，用例场景描述了该用例应当完成的全部功能。因此，我们可以根据用例场景设计和开发

测试用例。当这个小系统完成时，我们可以用测试用例来测试它，包括功能测试和系统测试。在每一次迭代过程中，也许原先的代码会被重构。每次重构后，我们都可以再次运行测试用例。只要通过了测试，便不用担心重构带来了麻烦。每一次迭代，都得到一个保证实现了需求的可执行的系统，多次迭代结果会使得系统越来越强壮，至少，它经历了更多次的测试和验证。尤其是根据用例对客户的重要程度排出了优先级之后，将对客户最为重要的用例安排在早期的迭代，这样，等到系统最终交付客户时，那些最为重要的用例已经经历了很多次的测试、验证和重构，它们理应是最为稳定和强壮的。毋须多言，我们也知道核心业务的稳定对一个系统意味着什么。

第三，项目时间也许总是不够的。按照传统的项目运作模式，当距离项目期限越来越近时，项目经理可能会为无法交出一个满意系统而焦头烂额，赶工的结果通常是以降低质量为代价的。而按用例的分法，即使没有完成全部系统，也至少完成了核心业务，项目经理不必过于担心客户会暴跳如雷。想像一下，在项目期限到来的时候，是交付给客户一个虽然看上去全部完成但却千疮百孔几乎不可使用的系统，还是交付给客户一个虽然没有全部完成但核心模块已经稳定和强壮的系统会让客户比较容易接受？

第四，人们在工作中总需要一些成就感来激发他们的工作热情。尤其对程序员来说，如果他们要在辛苦工作半年以后才能看到可运行的成果，那么顶多两个月以后工作热情就将大为下降；如果每隔一两个月就有一个可运行系统面世，则伸手可及的希望将不断激发他们的工作热情。

熟悉极限编程或敏捷方法的读者可能会觉得这个过程多少有些熟悉。的确如此，至少在测试驱动方面，这个过程与这些轻量级方法是相似的。这也从一个侧面说明了统一过程并非不可以敏捷起来。统一过程试图用最稳定、最全面、最安全的方法囊括软件开发的全部，看上去的确是很笨重的，中小型项目也的确玩不起。但是，统一过程更重要的是揭示了软件生产的秘密，运用这些思想，完全可以定制出适合自己项目的简化过程。哪怕不打算自己裁减，也可以将统一过程中有用的思想与极限编程或敏捷方法等这些轻量级的方法结合起来。

> **小结：** 本章提到的软件过程中，出现了迭代。如果问统一过程最大的价值是什么，那么我会说是迭代式软件生命周期和用例驱动。下一章就将对迭代式软件生命周期进行一些介绍，让读者对迭代式软件生命周期有一个大概的认识。

7

迭代式软件生命周期

　　迭代式软件生命周期是一种演进式的软件开发方法，它将一个软件视为多次增量的结果，每一次迭代完成该软件的一个部分，而每一个迭代可视为一个小的瀑布模型。

　　许多人将迭代计划与里程碑计划混淆。例如常有这样的迭代计划：迭代 1→完成需求；迭代 2→完成分析和设计……。很显然，上述所谓的迭代计划只不过是将项目分解为几个里程碑而已，而真正迭代的意思是，每一个迭代都经历一次完整的软件生命周期。什么意思？意思是，每一次迭代都有需求、分析、设计、实施。也就是说，每一次迭代的结果都能得到一个可运行的系统。6.4.3 推荐的实施建模工作流程一节已经展示了一种基于迭代计划的实施过程。从中可以看出，迭代计划的目标是尽早地实现需求，得到一个可运行的系统。

　　软件开发不可避免地会遇到很多风险。传统的瀑布模型总是将风险压后，一直要到最后才爆发出来，导致局面不可收拾。例如，一个为期半年的项目，客户提出一项需求，分析人员认为其没有太大问题，在需求文档中接纳了它，一个半月过去了；设计人员也认为没有太大问题，在设计中接纳了它，一个半月过去了；然后投入开发人员开始工作，直到有一天某位开发人员站出来说该需求实现上有困难，因为客户的硬件环境并不支持这种使用方式。于是，设计师开始考虑改变设计，需求人员开始找客户试图改变需求，而这时所剩的时间已经不够了。接下来的情况，匆忙改变需求和设计，由于该需求的实现晚于其他部分，而其他部分则又依赖于该需求，于是，整个进度不得不陷入停顿状态；项目经理急调最有经验的开发人员加入该需求的编码工作，调整计划，压缩了测试时间……经过加班和一番调配终于赶在交付之前完成了软件。项目经理很清楚由于压缩了测试时间，许多测试项目没有被实施，当他忙于应付客户抱怨为何错误频出的时候，听到了最令他沮丧的话：那个需求被你们改得不太适合我们的要求，要么按原来的做，要么你们还要加上什么什么……

　　实际上，上面的例子已经是遇到的情况中较为理想的状况了。凡是软件从业人员都经历过类似的事件。有人或许会指责，是需求人员没有尽到其职责，原来就应该弄清楚，还有，设计师都没有

考虑清楚就做了设计……需求人员和设计师应当承担责任,但是,这种事情是不可避免的,假设是客户主动提出需求要变更呢?风险之所以称为风险就是由于它的不可预知性,所以事后的责备是于事无补的,关键在于如何降低风险。

对于软件来说,最主要的一个风险就是需求变更或者需求理解错误。一个最有效的应对办法是尽早验证,并控制风险的影响规模。这就是说,假如需求变更风险总是无法避免的,那么就让变更发生在项目的早期并且与之相关的部分还没有大规模开展工作之时。客户在什么时候会提出需求变更?绝大部分情况下是当他看到并使用了系统以后,认为有不适合的地方。因此,我们需要做的事情就是尽早给客户提供一个可运行的系统。

迭代式开发的目的就是要做到这一点。当需求还在进行过程中时,需求人员总能够从众多需求中发现对客户来说最为关键,或者最为复杂,或者最不稳定的那一部分需求。于是,在早期的迭代计划里就可以包含这一部分需求,在需求人员还在细化其他需求的同时,针对这部分需求的设计和开发已经开始;在为期一个半月的需求快结束时,早期迭代已经完成,当将可运行的系统交给客户作为原型使用时,客户很明确地提供了他们的反馈。

迭代式开发能够将风险控制在可接受的范围,在早期发现它们能够防止到了最后爆发出来时没有充足的时间应对,并且导致大规模的连锁反应。如果将客户的核心业务安排进早期迭代,则能够保证这些核心业务尽早和尽可能多地经历验证和测试,保证交付时核心业务成为最稳定的模块。

除了需求风险以外,技术风险、人员资源风险都是经常面临的问题。在迭代式开发过程中,在早期迭代中可以包含那些不明确的技术风险,以便更早地知道消除或降低技术风险的办法。而对于人员来说,分析设计和开发越早参与项目,则技能越纯熟,后期所面临的问题也就越少。另一方面,按瀑布模型,开发工作集中在后期的一段时间,将不得不安排更多的开发人员来完成工作量,而如果开发工作尽早开始,则由于开发周期的加长,可以投入更少的开发人员。因此,通过迭代方式,技术风险和人力资源风险也能够降低。

如果采用 UML 建模,用例就是最好的迭代点。我们可以为用例排出优先级,在每个迭代中去实现一部分用例。实际上统一过程就是这么做的,作者推荐的过程也是这么做的。执行迭代计划的关键是准确获知每个迭代要完成的目标。

> **小结:** 经过本章的学习,我们用统一过程为蓝本,介绍了 UML 如何在软件过程中发挥作用。
> 　鉴于统一过程的复杂和庞大,在 6.3.4 推荐的分析设计工作流程简介和 6.4.3 推荐的实施建模工作流程两个小节中,作者推荐了自己常用的经过裁减的软件方法,以供读者参考。
> 　为了深入理解 UML,从下一部分开始,作者将用一个实际的项目为例,以一个典型的完整软件过程为纲,从可行性分析开始,一直讲述到开发和测试。在讲述过程中,本章学习到的有关的 UML 知识会应用到各个章节,读者将可以从这个实际的项目中更深入地理解 UML,学会面向对象的 OOA、OOD 方法。

PART Ⅲ Thinking in Practice

在实践中思考 ... ...

传说太古时候，天地不分，整个宇宙像
个大鸡蛋，里面混沌一团，漆黑一片，
分不清上下左右、东南西北。但鸡蛋中
孕育着一个伟大的英雄，这就是开天辟
地的盘古。

一个全新的项目对系统分析员来说，也是
混沌一团的，需要我们挥起面向对象分析
设计的大斧劈开天地，从混沌走向清晰。

8

准备工作

第二部分讲述了 UML 和建模技术，以及一般的分析和设计方法，知识点很多。本部分内容是在实践中思考，为此，笔者将用一个完整的案例，讲述从一个项目的可行性分析阶段一直到实现阶段的整个过程，从而将第二部分中分散的知识点串起来。读者将看到那些分散的知识点是如何在整个软件分析过程中发挥作用的。

如果读者在阅读第二部分的过程中对很多知识点似懂非懂，不要紧，在本篇的学习过程中结合案例再回头阅读将会发现它们其实很容易理解。所谓温故而知新，读者在回头温习那些知识点的时候，应当会有恍然大悟的感觉。

本部分将以真实世界的发展历程和我们如何模拟建造一个模拟新世界为线索，引出整个建模、分析、设计和实现的过程。每一个小节的开篇都有一个小故事，通过小故事来引出本节将要做的事情和重点。其实，使用 UML 建设软件系统的过程，正是这样一个从认识世界到改造和建立新世界的过程。希望读者能从中领悟到 UML 建模的真谛。

8.1 案例说明

选取一个合适的案例是很困难的。作者曾经在博客中公开征集案例，其间也收到许多热心朋友推荐的案例，非常感谢朋友们的帮助，只可惜这些案例都不太合适。有的案例太小，比如一个论坛，无法串起更多的知识点；有的案例不够典型，比如库存管理，难以体现出 UML 的优势。作者在考虑的时候，更多的是在选择这样一个案例：它能够将尽量多的知识点串起来；它具备比较普遍的代表性；它很容易体现 UML 的优势；它的业务领域对大部分读者来说不会太陌生。衡量了很多，最终还是打算从服务行业选择一个案例。

作者曾经在电力行业工作过好几年，对电力行业尤其是供电行业比较了解。虽然已经过去很多年，作者以前的行业知识也已经陈旧和过时了，不过这并不影响将供电行业作为案例来使用。一方面是因为从自己熟悉的案例入手，更容易将 UML 讲得更透彻；另一方面是因为供电行业的业务领域很广泛，包括服务、财务、资产、行政、监察、办公自动化、决策支持等许多典型的商业系统特点，并且它的业务流程很具代表性，应当能够很好地体现 UML 的优势和典型的用法。

可能许多读者对电力行业了解不多，但这样可能更好。对于学习一种分析方法来说，太过于熟悉的知识领域相反会受到固有思维定式的影响，使用 UML 从头开始分析一个陌生的领域对学习和掌握 UML 分析技术来说可能会更容易领悟。

不过，为了不让读者因为行业特殊知识的限制影响学习，作者一方面在描述案例的时候避免使用供电企业的专业术语，全部改用浅显易懂的名词，另一方面也大大简化了供电企业的许多复杂业务流程，以便于读者理解。对于熟悉和了解供电企业的读者来说，可能会发现案例与实际业务有所出入，这是为了讲解 UML 的方便特意安排的。本书将不会严格依照原有业务，甚至对某些流程进行了很大的简化。

从现在开始，我们将对供电企业系统（之后，我们将称之为电力营销系统）从项目立项到需求、分析、设计、实现、测试的整个过程使用 UML 进行建模。建模工具采用 Rational Rose 2002，完整的建模文件在万水书苑网站中可以免费下载。在本篇的讲述过程中，为了举例，将会从建模文件中挑选一部分放入正文，读者在阅读时可以打开完整的建模文件，边看边学习。

8.2　了解问题领域

软件是一种工具，是用来辅助人们解决某一问题的。软件的价值就在于它能够符合问题领域的需要，并达到人们解决问题的期望。软件项目总是从了解问题领域开始的。

8.2.1　了解业务概况

现在假设读者就是供电企业电力营销管理软件开发项目的负责人，在项目正式启动前你正在考察和评估供电企业的业务模式。这些工作包括项目背景调查、业务前景分析、业务可行性分析、技术可行性分析等。你将初步了解项目的产生原因、运行环境、系统规模、软硬件环境以及客户期望，这些内容将成为软件项目的最初输入也是十分重要的输入。

在统一过程中，以上的内容汇集到被称为《前景》的文档当中（文档的模型可以从统一过程软件当中得到）。不要觉得这些内容只与市场活动有关，实际上，下一节我们将要整理的业务目标就将从这里产生。业务前景和客户期望所描述的内容与 UML 分析技术关系密切，严格来说，它正是 UML 分析的开始。

为了让读者对供电企业电力营销管理软件有一个大致的了解，我们先来看看供电企业的业务概况。

我们家里所使用的电力是怎么来的呢？首先要由发电厂发出电力，这个过程称为发电；发电厂所发出的电力要经过高压电网传送到各个变电站，这个过程称为送电；变电站将高电压转换成较低电压，

这个过程称为变电；降低了电压以后的电力，通过四通八达的供电线路送入千家万户，这个过程称为配电；最后，电力一直送到每家安装的电表，供家电使用，这称为用电。

所以，家里的电灯要亮起来，一共要经过发电、送电、变电、配电和用电五个环节。供电局主要负责配电和用电，而电力营销系统则关注于用电环节。

用电包括四个部分，第一部分是新用户申请用电，供电局给予安装相关设备并供电，这称为业扩；第二部分是记录每个用电用户的用电量，并计算电费和收取电费，这称为计费和账务；第三部分是管理和维修供电和计量设备，保障计量准确，这称为计量；第四部分是保障用电安全，防止偷电和违章用电的发生，这称为用电检查。

以上四个部分基本囊括了电力营销系统的主要业务范围。读者稍做一点了解即可。

8.2.2　整理业务目标

业务目标又称为业务前景，是对要建设的系统的展望。客户立项准备开发一个软件系统，一定会对这个系统有明确的展望，即建设系统的目的是什么、准备用它来做什么。业务目标非常重要，在 9.1 定义边界一节中会看到，边界正是基于业务目标来定义的。

一般我们都会根据对业务概况的了解来整理业务目标。业务目标大部分情况下是由客户提出，在招标书里一般都有相关的描述。当然也可以由开发方整理得出。

在这个案例里，我们得到了以下一些业务目标：

- 为用电客户提供业务办理自动化服务，提高办事效率，方便客户，为客户提供更好的服务。
- 规范供电企业的内部管理，提高工作效率和管理效能。
- 管理好供电企业的资产，提高资产使用率和设备可靠性。
- 规范化财务管理，提高电费发行效率，减少人为差错。
- 做好用电检查工作，保障用电安全。
- 采集营销和管理数据，进行商业分析，提供决策支持。

在很多项目里业务目标仅在项目立项的过程中使用，它最多会在分析业务范围时起一点参考作用，很少有人用它来进行分析设计。在作者所介绍的方法里，业务目标是进行分析的第一步，从需求开始，所有的工作都由业务目标开始推导。在 9.1 定义边界一节里，读者将看到作者是如何根据业务目标来开始推导需求和建立业务模型的。

在初步了解了业务概况以后，接下来的工作就是进行涉众分析了。

8.3　做好涉众分析

在了解了业务概况和业务目标以后，系统分析员最先要做的事情不是去了解业务的细节，而是去发现与这个目标相关的人和物。英文把这种人和物称为 Stakeholder。有的资料翻译为干系人，作者则更喜欢涉众这种翻译方法。这就谈到了业务建模的第一步：发现和定义涉众。

8.3.1　什么是涉众

涉众是与要建设的业务系统相关的一切人和事。首先要明确的一点是，涉众不等于用户，通常意义上的用户是指系统的使用者，而这仅是涉众中的一部分。如何理解与业务系统相关的一切人和事呢？凡是与这个项目有利益关系的人和事都是涉众，他们都可能对系统建设造成影响。

例如修建一条公路，它预期的使用者是广大的司机；监管方是交通管理局；出资方是国家财政；发展商是某某公司；建筑商是某某工程公司等。显然他们都与此项目有利益关系，都是涉众。这些都好理解。但是在某些情况下，看似与公路完全无关的一些人和事却会成为重要涉众。例如当公路修建需要搬迁居民时，被搬迁的居民就成为重要的涉众；当公路规划遇到历史建筑时，文物管理局就成为重要的涉众。

虽然软件项目开发与修建公路相比涉及的人和事要少得多，但是也不能忽略系统使用者之外的其他涉众。另外，当面对一个陌生的问题领域时，往往在项目初期还不能够清楚地获悉究竟谁是系统的使用者，通常得随着需求的深入逐步明确。但是最终的系统使用者将从涉众当中产生，因此涉众分析显得尤为重要。

8.3.2　发现和定义涉众

对于软件项目来说，作者可以给大家分享的经验是通过以下大类去寻找软件项目的涉众，对大部分管理类软件来说，以下的涉众大类可以帮助你定义和发现项目中的涉众。

8.3.2.1　业主

业主是系统建设的出资方、投资者。虽然大多数情况下业主指的就是系统的需求提出者和使用者，即业务方，但并不是绝对的。比如可以假设系统建设是由一家国际风险投资机构投资的，它本身并不管理和运营这个系统，它只是从资本上拥有这个系统并从运营收入中获得回报。

即使业主与业务主是重合的，但是业主从概念上讲并不等于业务方，他们关心的内容是不一样的。了解业主的期望是必需的和重要的，业主的钱是这个项目存在的原因。若系统建设不符合业主的期望，撤回投资，那么再好的愿望也是空的。

一般来说，业主关心的是建设成本、建设周期以及建成后的效益。虽然这些看上去与系统需求没什么大的关系，但是，建设成本、建设周期将直接影响到你可以采用的技术，可以选用的软件架构，可以承受的系统范围。一个不能达到业主成本和周期要求的项目是一个失败的项目，同样，一个达到了业主成本和周期要求，但却没有赚到钱的项目仍然是一个失败的项目。

8.3.2.2　业务提出者

业务提出者是业务范围、业务模式和业务规则的制定者，一般是指业务方的高层人物，比如CEO、高级经理等。他们制定业务规则，圈定业务范围，规划业务目标。他们的期望十分十分重要，实际上，系统建设正是业务提出者经营目标和管理意志的体现。虽然他们的期望一般都比较原则化和粗略化，但是却不能违反和误解，否则系统将有彻底失败的危险。换句话说，业务提出者的期望是系统建设的最高纲领。

业务提出者一般最关心系统建设能够带来的社会影响、效率提升、管理改进、成本节约等宏观效果。换句话说，他们只关心统计意义而不关心具体细节，但是，如果建设完成的系统不能给出他们满意的统计结果，这必定是一个失败的项目。在系统建设过程的沟通中，他们的意志一般是极少妥协的，系统分析员不必太费心去试图说服他接受一个与他们意志相左的方案。实际上，由于他们的期望是非常原则化和粗略化的，因此留给了系统建设者很大的调整空间和规避风险的余地。

8.3.2.3　业务管理者

业务管理者是指实际管理和监督业务执行的人员，一般是指中层干部，他们起到将业务提出者的意志付诸实施，并监督底层员工工作的作用。他们的期望也很重要，一般也是系统的主要用户之一。

业务管理者关心系统将如何实现他们的管理职能，如何能方便地得知业务执行情况，如何下达指令、如何得到反馈、如何评估结果等。业务管理者的期望相对比较细节，是需求调研过程中最重要的信息来源。系统建设的好坏与业务管理者的关系最多，也是系统分析员最需要下功夫的。业务流程、业务规则、业务模式等绝大部分来自业务管理者。系统分析员必须要把业务管理者的思路想法弄清楚，业务建模的结果也必须与业务管理者达成一致。业务管理者应当成为需求评审小组的成员，如果可能，他们甚至应当成为需求分析小组的成员与系统分析员一同工作。

在系统建设过程中，业务管理者的期望可以有所妥协，一个经验丰富的系统分析员可以给他们灌输合理的管理方式，提供可替代的管理方法，以规避导致高技术风险或高成本风险的不合理要求。

8.3.2.4　业务执行者

业务执行者是指底层的业务操作人员，是与将来的计算机直接交互最多的人员。他们最关心的内容是系统会给他们带来什么样的方便，会怎样改变他们的工作模式。

业务执行者的需求最为细节，系统的可用性、友好性、运行效率等与他们关系最多。系统界面风格、操作方式、数据展现方式、录入方式、业务细节都需要从他们这里了解。他们将成为系统是否成功的试金石。系统的界面风格、操作方式、表单细节等是系统分析员向他们调研时需要多下功夫的地方。

这类人员的期望灵活性最大，也最容易说服和妥协。同时，他们的期望又往往是最不统一的，各种各样的古怪要求都有。但是，不管他们的期望有多古怪，都必须服从业务管理者的期望。系统分析员需要做的事情是从他们的各种期望中找出普遍意义，解决大部分人的问题，对于特殊的问题尽量予以说服，必要时可以依靠说服业务管理者来影响和消除那些不合理的期望。

8.3.2.5　第三方

第三方是指与这项业务有关系的，但并非业务方的其他人或事。比如购物网站系统，如果交易双方是通过网上银行完成支付交易的，则网上银行就成为了购物网站系统的一个涉众；如果货物是通过邮政系统交付的，那么邮政系统就成为购物网站系统的一个涉众。

一般来说，第三方的期望对系统来说不会产生什么决定性影响，但大多会起到限制作用，成为系统的一个约束。通常，在最终系统中，这些期望将体现为标准、协议和接口。

另一种典型的第三方是项目监理，项目监理的期望也会对系统建设起到约束作用。

8.3.2.6 承建方

承建方，也就是你的老板。实际上老板的期望也是不容忽视的。通常老板关心的是通过这个项目是否能赚到钱、是否能积累核心竞争力、是否能树立品牌、是否能开拓市场等。老板的期望将很大程度上影响一个项目的运作模式、技术选择、架构建立和范围确定。

比如，如果老板试图通过这个项目打开和培育一个新兴市场，树立起公司品牌，并不惜成本，那么系统分析员就要尽可能地深入挖掘潜在业务，建立扩展能力很强，但成本较高的业务架构；选择那些比较新、具有一定领先优势但风险较高的技术。反之，如果老板只想通过这个项目赚更多的钱，关心的是投入产出比，那么系统分析员就需要引导业务方压缩业务范围，选择风险小的成熟技术。甚至可能放弃成本较高的架构化开发模式，仅仅考虑系统的可维护性是否能够接受，而较少考虑系统扩展能力。

一个业主满意但老板不满意的项目，恐怕也不是一个成功的项目吧？

8.3.2.7 相关的法律法规

相关的法律法规是一个很重要的，但也最容易被忽视的涉众。这里的法律法规，既指国家和地方法律法规，也指行业规范和标准。例如，服务行业建立客户档案，就必须保障客户的隐私权，系统设计时就不能够将涉及隐私的信息向非授权用户开放。

极端情况下有时业务方提出来的一些需求违反了法律法规，系统分析员如果知晓则应当指出来，说服无果的情况下则应当与老板商量在合同里留下免责条款。

另外，有时必须得遵守一些行业规范。现在许多行业都有本行业的信息系统建设标准，如信息安全标准，则系统建设时就必须考虑信息安全的问题。

8.3.2.8 用户

用户是一个抽象的概念，指预期的系统使用者。用户一般是上述涉众的代表。

用户与涉众不同的是，每一个用户将来都可能是系统中的一个角色，是实实在在参与系统的，需要编程实现。而上述的其他涉众，则有可能只是在需求阶段用来分析系统，最终并不与系统发生交互。在建模过程中，概念模型的建立和系统模型的建立都只从用户开始分析，而不再理会其他的涉众。

当通过以上的大类发现和定义了涉众之后，就可以着手进行涉众分析报告的编写了。

8.3.3 涉众分析报告

通过以上的大类帮助，系统分析员对项目范围内的涉众进行调查和访谈，形成涉众分析报告。对于系统建设影响很小的涉众可以忽略。为了展示如何编写涉众分析报告，作者以供电企业案例的一部分作为例子，读者可以通过这些例子学习到如何编写涉众分析报告。

一份完整的涉众分析报告包括涉众概要、涉众简档、用户概要、用户简档和消费者统计五个部分，下面分别进行说明。

8.3.3.1 涉众概要

涉众概要首先为每个涉众编号，然后说明涉众的基本信息和涉众在系统中的角色。本示例是供

电企业业务涉众的简化，实际情况要比这复杂得多，这里仅为示例之用。在实际项目中，涉众概要是非常重要的内容，值得系统分析员或需求人员花大力气维护。系统成功的标志就是满足涉众的期望，而涉众的说明则为将来的需求收集指明了方向。

可以通过客户的岗位手册、业务手册等相关文件中获取相关的涉众信息，也可以经过与客户访谈而获取。记住，在进行涉众分析的时候，最重要的是准确描述涉众情况和他们对系统建设的期望，而不是进入业务细节！一开始，涉众信息可能并不足够，但是，可以在任何时候补充和完善涉众分析报告。涉众分析报告应当自项目始一直到项目结束始终处于被维护状态。

我们采用表格形式来编写涉众概要，示例如表 8-1 所示。

表 8-1　电力营销系统涉众概要示例

编号	涉众名称	涉众说明	期望
SH001	低压用电客户	低压用电客户指供电电压为 10kV 以下，使用公用变压器的用户。低压用电客户可分为居民用户、商业用户。供电企业对这两种用电客户实行不同的电价	①通过网上办理业务 ②通过银行代收电费 ③若使用电卡表，通过银行购买电力
SH002	高压用电客户	高压用电客户指供电电压为 10kV 及以上和使用专用变压器的用户。高压用户客户一般指工业用电客户	①通过网上提交业务申请 ②通过网上预约现场施工 ③通过银行划账支付电费
SH003	业务服务部门	业务服务部门指为用电客户服务，受理用电客户业务申请，为用电客户办理业务申请，包括提供咨询服务的营业大厅服务人员和现场办公人员	①通过计算机系统受理业务申请 ②计算机系统自动处理和控制业务流程 ③业务办理费用自动计算 ④界面友好易用 ⑤计算机辅助填写业务表单中已经明确的数据项
SH004	现场施工部门	现场施工部门负责为用电客户安装变压器、供电线路和电能计量表	①通过计算机生成和打印现场施工单 ②计算机能查询和统计施工结果
SH005	电表抄表部门	电表抄表部门按周期抄录用电客户的电表示数，以作为电费计算的依据	①计算机支持按区片、按地段、按用电类型自动安排抄表计划并分配给抄表工 ②计算机支持自动校验所抄回的电表示数是否正确 ③计算机应支持多种抄表手段：手工方式、抄表机方式、电卡方式、远程方式
SH006	电费管理部门	根据用电客户的电表示数按周期（一般以月计）计算该用电客户的电费，并打印发票	①计算机支持按区片、按地段、按变压器类型、按分时电价计算 ②计算机自动按用电客户的电费结算方式，分发电费计算结果 ③收取电费
SH007	财务管理部门	设立收费岗，接收在营业大厅交费、银行代缴、电卡预缴等交费方式交纳的电费。结算电费，每月做财务报表	①计算机自动统计各类财务报表 ②计算机自动统计欠费清单 ③计算机自动计算滞纳金

编号	涉众名称	涉众说明	期望
SH008	用电检察部门	用电检察部门监督各类用户安全用电，特别是对一些用电量大电压等级高的大工业用户，定期对其进行检查	① 通过计算机安排检查计划 ②计算机自动按条件生成和打印检查清单 ③管理检查结果，维护用电客户的电气资料档案
SH009	资产管理部门	资产管理部门管理供电设备，保障设备的精度，进行设备维修、设备轮换等工作	① 通过计算机管理所有的供电资产设备和档案 ②通过计算机管理供电资产设备的安装、校验、轮换、维修、误差管理等
SH0010	银行	为供电企业代收电费和购电业务	① 支持联网实时收费 ②支持离线收费，每日结算

表 8-1 仅是供电企业管理系统相关涉众的一小部分，内容也很简略，实际情况要复杂得多。实际上，对涉众概要描述越详细越好。

从表 8-1 中，我们能够看出涉众期望与需求是不同的。实际上涉众期望并不是需求，它们只是涉众对将来系统的一些"期望"，这些期望有的需要通过一系列的系统功能来实现，有的需要特殊的设计，有的不需要实际的编码。但是无论如何，一个系统成功与否，最重要的根本原因不在于其技术的先进性；不在于其设计的优良性；不在于其性能的高效性；也不在于其界面的华美性。这些的确都很重要，但是最重要的还是满足涉众的期望。只有满足了涉众的期望，才能赢得客户满意度。

8.3.3.2 涉众简档

上一节涉众概要说明了涉众的基本情况和主要期望，而涉众简档则是要描述涉众在系统中承担的职责，以及涉众在系统中的成功标准。与涉众概要不同的是，涉众简档应着重描述涉众在其业务岗位上的职责以及完成职责的标准。涉众简档将为下一步业务建模指明方向：系统分析员或需求分析员应当找谁，从什么方面，了解哪些业务。

作为示例，我们从涉众概要中抽取出几个涉众并为其编写涉众简档，每个涉众编写一份简档，我们采用表格形式来说明，示例如表 8-2 所示。

表 8-2　电力营销系统涉众简档示例

涉众	SH001 用电客户
涉众代表	XXX 供电局 XXX 营业厅主任代表用电客户提出期望
特点	系统的预期使用者，不可预计计算机应用水平的使用者
职责	①向供电企业提交用电申请 ②向供电企业提交变更用电方式申请 ③向供电企业提交停止用电申请 ④向供电企业预先购买电力 ⑤向供电企业交纳电费 ⑥向供电企业提出业务办理情况、费用情况等查询要求

成功标准	①按要求准确填写和提交用电申请、变更用电申请、停止用电申请 ②按约定的交费方式按时交费
参与	不参与系统建设
可交付工件	无
意见/问题	略（此处描写涉众代表的意见和问题）

涉众	SH003 业务服务部门
涉众代表	XXX 供电局 XXX 营业厅张主任、大厅业务班李班长
特点	系统的主要使用者之一，应具备相应的计算机操作水平，可培训
职责	①受理用电客户用电申请 ②办理用电客户的用电申请，向各岗位协调安排，派发工单 ③建立用电客户的基本档案 ④收取业务费用 ⑤向客户提供咨询服务，包括查询电费、欠费、业务办理进展情况等
成功标准	①指导用户客户提交合格的业务申请单 ②在规定时间之内协调安排和促进业务办理 ③用电客户的基本档案建立准确、数据完备 ④定期向财务部门上缴收取的业务费用和业务费用报表 ⑤做好客户服务，达到98%客户满意率
参与	业务办理需求的主要提供者；参与业务办理需求研讨和评审
可交付工件	《业务流程办理标准和指南》、《业务服务岗位职责手册》…… 《系统建设意见和说明》、《业务部门需求说明书确认函》……
意见/问题	略（此处描写涉众代表的意见和问题）

涉众	SH004 现场施工部门
涉众代表	XXX 供电局 XXX 工程处王处长、工程班陈班长
特点	系统的非预期使用者。工程处仅填写纸质工单，由业务部门代理操作计算机
职责	略
成功标准	按规定准确和完整地填写《XXX 现场工单》
参与	需求提供者之一； 参与业务办理需求研讨和评审；
可交付工件	《用户电气档案管理规定》、《现场施工管理规定》……
意见/问题	略（此处描写涉众代表的意见和问题）

以上三个表格分别展示了一些不同类型的涉众，他们在原业务系统中担任不同的职责。这些信息可以从客户的岗位手册或其他资料中获取，也可以通过访谈获得。涉众简档应当持续维护，最重要的是维护涉众的岗位职责和他们在系统建设过程中的参与内容和可交付工件的清单。

8
Chapter

通过这些表格的制作，不但为将来业务建模提供了最重要的信息来源，并且可以"迫使"这些涉众参与到系统建设过程中来。另一方面，对系统建设来说，岗位职责调整、业务结构变更通常对系统影响最为巨大，持续地维护这些信息对管理好需求变更流程很有意义。

涉众不等于用户，用户是将来使用系统的涉众代表。在编写完涉众简档之后，我们还应当发现和定义使用系统的涉众代表，这项工作称为用户概要。

8.3.3.3 用户概要

用户概要说明代表涉众使用系统的用户说明，这里的用户指的是计算机的预期操作人员，在很多情况下涉众并不一定就是用户。一般来说，业务需求来自涉众，但是界面需求很可能来自预期的系统用户。

用户概要描述一般应当包括用户概况、特点和用户使用系统的方式。用户概要可以通过表8-3说明。

表 8-3 电力营销系统用户概要示例

编号	用户名称	用户概况和特点	使用系统方式	代表涉众
US001	低压用电用户	用电用户通过提出申请与供电企业发生业务往来。居民、工商个体户是低压用电用户的典型代表。 用电用户分布广泛，无法衡量其计算机应用水平，无法培训，也不具备强制使用计算机的可能	①通过供电局营业大厅由业务员代理办理业务 ②通过供电局营业网站提交其业务请求	SH001
US002	低压代理用户	低压代理用户是一种特殊的低压用电用户，一般是房地产开发商，在楼盘开发期间代理将来的实际用电用户向供电企业申请用电。此申请一般是批量的，它将一直维持代理直到实际的用电用户入住时终止代理，并将业务关系转移至实际的用电用户。	①通过供电局营业大厅由业务员代理办理业务 ②通过供电局营业网站提交其业务请求 ③由供电企业外派服务人员代理其使用系统	SH001
US002	低压代理用户	低压代理用户与低压用电用户相仿，无法衡量其计算机应用水平，无法培训，也不具备强制使用计算机的可能		
US003	业务办理员	业务办理员是业务部门的内部岗位人员之一，负责受理用电用户申请，办理申请流程。是供电企业向外服务的主要人员。 业务员工作于营业大厅，是计算机系统的主要使用者，要求具有一定的计算机使用水平，可以培训，必须强制使用计算机办理业务	①所有业务均通过计算机办理，直接操作计算机 ②代理用电客户操作计算机 ③代理现场施工人员操作计算机	SH001 SH002 SH003 SH004

编号	用户名称	用户概况和特点	使用系统方式	代表涉众
US004	业务收费员	业务收费员是业务部门的内部岗位之一，负责收取业务办理过程中产生的各项费用。按周期将费用上解至财务部门，并提供业务费用的各类报表。 业务收费员工作于营业大厅，是计算机系统的主要使用者，要求具有一定的计算机使用水平，可以培训，必须强制使用计算机办理业务	收费业务通过计算机办理，直接操作计算机	SH003

预期用户是将来计算机系统的使用者。系统成功与否的另一个重要因素是可用性，即界面的友好度、美观度，是否符合预期使用者的操作习惯。

另一方面，用户概要是在系统中建立业务角色的重要来源。从使用计算机的角度来看，一个用户可能会代表多个涉众来使用计算机，如表中的 US003 业务员用户就代表了多个涉众使用系统。这种情况意味着一个用户承担了多个业务职责，也就是扮演了多个角色。从这个方面来说，建立用户概要对权限管理比较敏感的系统来说有着很重要的指导意义。

当定义了用户概要之后，我们就可以为每类用户编写用户简档了。

8.3.3.4　用户简档

与涉众概要和涉众简档的关系类似，用户简档也用来对用户代表进行描述。将一些典型的用户代表的一些信息描述出来，这些信息对系统的建设有着积极的指导意义。在进行分析设计时，可以根据用户代表的使用习惯、特点等来进行有针对性的设计。

用户简档可以用下面的表格来编制，这里仅挑选一个用户作为示例，如表 8-4 所示。

表 8-4　电力营销系统用户简档示例

用户	US001 低压用电用户
用户代表	业务班张 XX 业务员
说明	用户可通过网站办理业务，也可以到营业大厅由业务员代理办理业务
特点	计算机系统的预期使用者，无法衡量计算机使用水平，也无法培训
职责	①提出业务申请 ②查询流程进度 ③交纳电费
成功标准	①正确填写和提交业务申请单 ②正确查询和交纳电费
参与	界面设计
可交付工件	《界面设计要求》《工作单据》
意见/问题	略

8.3.3.5 消费者统计

消费者统计说明系统的预期使用人群和他们的特点，使用系统的频率和方式，消费者对此系统的普遍期望等。

这些统计数据有些会对系统建设起到限制。例如如果消费者使用系统的频率很高，那么系统并发处理能力就是设计中必须要慎重考虑的问题。

消费者统计可以用一个表格来说明，如表 8-5 所示。

表 8-5 电力营销系统消费者统计示例

消费者名称	消费者概况和特点	应用环境	使用频率	特殊要求
用电用户	用电用户分布广泛，无法衡量其计算机应用水平，无法培训，也不具备强制使用计算机的可能。 在系统覆盖的 XX 市，共有潜在的用电用户 20 万户，预计 20%即 4 万户左右可能会直接使用系统	广域网,包括宽带和窄带	业务申请使用频率较低。但每月 25~30 号将是交纳电费的高峰期。按 4 万户计算，若都通过网络交费，平均每天的交易量为 8000 人次，瞬时并发峰值可能达到 80 人次左右。据供电局统计数据，峰值发生时间一般为周一至周五上午 8 时至 12 时	由于用电客户计算应用水平不均等，应当提供详细的操作指南和操作向导程序
营业大厅业务人员	营业大厅业务人员应当具备一定的计算机操作水平。可以对其进行培训。 大厅常驻业务席位为 6 位		根据供电局以往统计数据，营业大厅平均每天接待各类客户约 400 人次，办理各类业务约 300 笔。 峰值大约为 800 人次，办理各类业务约 700 笔。 大厅常驻业务席位为 6 位，平均每席位办理业务 50 笔，峰值情况为 100 笔。 平均每笔业务需与计算机交互 5 次，按峰值情况计算，计算机交易量为 500 次/日，瞬时并发估计为 3~5 次	由于供电企业有优质服务承诺，应尽量提高操作效率以减少业务办理时间。因此操作界面应支持键盘快捷键操作以提高工作效率

小结：本节学习了涉众的基本知识。首先要明确的是涉众不等于用户。其次，通过本书中提供的涉众类别来发现和定义涉众是比较方便的。

发现和定义涉众之后要编写涉众概要，涉众概要能够让我们得到涉众的期望；为每一类涉众编写涉众简档将使我们明确涉众在业务和系统开发中的职责。

并非所有的涉众都会直接使用系统，用户是代表涉众的预期系统使用者。我们在用户概要中识别并定义这些用户，接下来再在用户简档中明确用户在业务和系统开发过程中的职责。

最后，我们通过消费者统计来获得系统预期使用者的统计知识，这将使我们获得消费者对系统的影响，构成设计的约束。

经过以上五个方面的描述，我们完成了涉众分析报告。下面可以根据涉众的期望来规划业务范围。

8.4 规划业务范围

在开始进行需求之前，必须先规划业务范围。虽然提出了许多业务目标，有如此多的涉众，也有如此多的涉众期望，但是并不是说项目要满足所有的这些内容。应当根据项目周期、项目成本、可行性分析等许多因素，衡量项目可以容纳的业务范围。这个范围并不是指系统的建设范围，而是指出需求调研应当被局限在哪些部分。规划业务范围可以从业务目标、涉众期望开始着手。要想调整业务范围，一项必须的工作是征得提出涉众期望的涉众的同意。

8.4.1 规划业务目标

对业务目标来说，规划手段可以是：

- 取消一个业务目标

取消一个业务目标意味着与该业务目标相关的所有涉众和涉众期望都从业务范围中取消。以后的工作无须再考虑他们。

例如，考虑到项目周期问题，以及基础应用系统建设未完善之前很难建立数据分析系统，因此在征得客户一致意见后将"采集营销和管理数据，进行商业分析，提供决策支持"这一业务目标取消。在本项目建设范围内将不再考虑它的影响。

- 调整一个业务目标

如果某业务目标有些内容由于种种原因不适合在项目中开发，或项目周期和成本无法承受，可以在征得客户同意的前提条件下调整业务目标。

例如，"控制人为的差错并不适合计算机"的提法，可将业务目标"规范化财务管理，提高电费发行效率，减少人为差错"调整为"规范化财务管理，提高电费发行效率，实行全计算机计算"。

8.4.2 规划涉众期望

对涉众期望来说，规划手段可以是：

- 取消一个涉众

取消一个涉众意味着该涉众所有的期望都被从业务范围中取消。将来无论是业务建模还是需求分析都无须再考虑该涉众的期望。

如果有多个涉众都有同样的期望，则重合的期望不能够被取消，但是可以采用减少涉众期望的方式单独取消它。

- 减少一个涉众期望

出于成本约束，或者某个期望难以实现，可以单独减少一个涉众期望。例如由于当地的网络环境不允许，可以通过与涉众协商取消 SH0010 银行涉众的实时联网收费期望，而保留离线收费，每日结算的收费方式。

- 调整一个涉众期望

出于成本约束，或者某个期望难以实现，可以与涉众协商调整涉众期望。例如由于远程抄表系统的不够完善，经常出现断路现象，则可与 SH005 电表抄表部门协商，调整其期望为不支持远程抄表方式。

> 小结：业务范围确定以后，不要着急一头扎进需求的海洋。在开始需求之前，首先要整理好自己的思路。下一节将讲述需求调研之前还有哪些工作需要准备。

8.5　整理好你的思路

一份好的涉众分析报告已经为下一步了解需求和业务建模指明了方向和重点。如果你曾经困惑于了解需求时不知从何下手，总是找不出头绪，那么试着在了解需求之前先进行涉众分析，写出一份涉众分析报告。如果你已经知道了系统涉及什么人，什么人关心什么问题，那么就很容易有的放矢地根据涉众关心的问题规划出需求调研计划，人们总是很乐意就他们所关心的问题滔滔不绝，对自己不关心的东西，也总是倾向于应付了事。

另外，当业务范围也规划好后，就可以着手准备需求调研了。不过，不要莽莽撞撞地一头就扑进需求的海洋，这样很容易迷失在茫茫的业务细节中。应当再花点时间整理一下思路，看清方向再前进。现在，你并不是从零开始，你手里有一份涉众分析报告，根据这份报告，你可以编制出一份需求调研计划。编制需求调研计划需要先进行划分优先级和规划需求层次这两个前提性的工作。

8.5.1　划分优先级

在众多的涉众当中，总有一些是业务核心成员，他们的工作构成了业务的骨架，同时，他们对系统的期望也总有一些是业务中必不可少的，这些期望决定了整个需求框架。因此，首先应当将涉众划分出调研的优先级，同时也将期望按重要程度划分出优先级。最重要的涉众的最重要的期望应当由最有经验的系统分析员负责调研，投入最多的精力，并且最早开始；而那些优先级比较低的涉众和期望，一般都是辅助性质的或锦上添花的，可以投入较少的精力，并且可以较晚开始。

涉众都是系统的利益相关体，只要涉及利益，就会有矛盾，而有时候矛盾是不可避免的。解决矛盾最困难的情况是手心手背都是肉。造成这个困难的原因有两个方面，一个方面是系统分析员没有进行涉众期望的优先级划分，因此不知道矛盾的双方哪一个更重要；另一个方面是由于没有优先级划分而对重要程度不同的涉众期望投入了同样多的关注和精力，一旦出现矛盾，舍弃哪一个都是不甘心的。

如何划分优先级？可以为涉众和涉众期望分别用数字划分出优先级，再用它们相乘的结果来排序。作者采用 1、2、3 来标识优先级，数字越大则优先级越高。以下是一个优先级排序的例子。

8.5.1.1　涉众优先级标准

■　最高优先级，数值 3

此类涉众是业务核心成员，他们担任的岗位和所做的工作构成最核心的业务流程。如果某一类涉众虽然不是核心业务，但他们的意见对系统成败很重要，则应当赋予最高优先级。例如某位领导

虽然不参与核心业务，但他是核心业务的制定者和监管者，他的意见将决定业务模式，因此应当设为最高优先级。

■ 普通优先级，数值2

此类涉众是主要业务模块的参与者，他们担任的岗位和所做的工作是核心业务流程的重要辅助。

■ 最低优先级，数值1

此类涉众是边缘业务模块的参与者，他们担任的岗位和所做的工作对核心业务流程不产生重要影响。

8.5.1.2 期望优先级标准

■ 最高优先级，数值3

该期望是核心业务的组成部分，如果缺少该期望，业务流程将不能运转。

■ 普通优先级，数值2

该期望是核心业务的重要辅助部分，如果缺少该期望，业务流程将不能完成某些特定的目标，或者不能顺畅运转。

■ 最低优先级，数值1

该期望是一些边缘业务。即使缺少该期望，业务流程也能顺利运转。

8.5.1.3 优先级矩阵

在如表8-6所示的矩阵中，每一行表示一个期望，括号后面的数字表示其优先级；每一列表示一个涉众，括号后面的数字表示其优先级。矩阵中的每个单元格代表涉众优先级数值与期望优先级数值的乘积。相乘结果等于9和6的为第一优先级，用红色表示；相乘结果等于4和3的为第二优先级，用黄色表示；相乘结果等于2和1的为第三优先级，用绿色表示。如果多个涉众对应同一个期望，则取涉众中优先级最高数值的作为因子。

完成优先级矩阵以后，相信不用再解释，我们已经很清楚该找谁问什么问题了。

表8-6　优先级矩阵示例

涉众 \ 期望	S1（3）	S2（3）	S3（2）	S4（2）	S5（1）	S6（1）
F1（3）	9		6		3	3
F2（3）		9		6		
F3（2）	6		4		2	
F4（2）	6	6	4			2
F5（1）			2	2	1	1
F6（1）	3	3		2		1

8.5.2 规划需求层次

人们对事物的理解总是由粗到细，由表及里的。复杂的需求犹如茂密的森林，一不小心就会迷失在浩如烟海的业务细节中。尽管你很聪明并富有经验，也请面对现实，花费了几年甚至几十年建立起来的业务流程和规范，不是短短一两星期就能消化得了的。面对这样一片茂密的迷失森林，你最好的做法是循序渐进，从最粗略的业务目标开始了解，之后是业务流程，再后来是工作人员的工作内容，最后才是数据细节。这个由粗到细、由宏观而微观的过程，正如先坐飞机鸟瞰整个森林的全貌，再选择几条大路穿越森林，最后才是逐片树木逐棵树木地研究。

作者一般习惯于将需求分为三个层次，在前一个层次没有搞清楚前一般不会开始第二个层次的了解。

8.5.2.1 第一层次：业务架构

第一层次围绕业务背景、业务目标、业务目标人员、业务参与人员、组织结构、岗位设置等展开，由此搭建起对业务领域的第一了解。虽然第一层次并不足以让人了解具体业务是如何运作的，但是业务架构描绘出了一幅业务全景，这对于进一步了解需求帮助巨大，这样就将不会再迷失在茫茫的需求海洋中了。当这一层次完成后，业务需求的骨架就显现出来了。

在需求过程的第一层次中，业务用例模型的业务用例视图、领域模型视图被建立起来。

8.5.2.2 第二层次：业务流程

第二层次针对每个业务目标，将参与这个业务目标的业务目标人员、业务参与人员、组织结构和岗位设置组织起来，描述业务流程的运转过程以及每一个参与元素在运转过程中的贡献和期望。在这一层次中，着重让业务流程完整地运转起来，忽略具体的工作细节。当这一层次工作完成后，业务需求的骨架上添加了血肉，业务需求已经基本成型了。

在需求过程的第二层次中，包括业务用例实现、用例场景、分析场景在内的完整的业务用例模型和概念模型被建立起来。

8.5.2.3 第三层次：工作细节

第三层次针对每一个参与上述业务流程的参与者展开，描述他的工作细节，做什么、怎么做、有哪些规则、结果是什么。在这一层次，基于前面的工作，已经不用再考虑整个业务是什么，而只需要专心细致地一点点挖掘参与者的工作细节。当这一层次的工作完成后，神经网络被加入到业务需求的骨架和血肉中，一个完整的需求模型可以运转了。

在需求过程的第三层次中，系统用例模型、初步的分析模型和初步的软件架构被建立起来。

8.5.3 需求调研计划

需求调研计划是项目计划的一部分，该计划规定了哪些优先级的期望在什么时候进展到什么需求层次，由谁来负责。如果采用了迭代式开发，则更需要精心规划每一次迭代中要调研的期望，期望的需求层次可以跨迭代周期。例如一项需求在第一次迭代时只进行第一层次和第二层次的需求调研，在第二次迭代时才进行第三层次的需求调研。

项目情况千变万化，需求调研计划也应当因地制宜。这里作者给出一个示例，在这个示例中，需求工作分三个迭代完成。

- 第一个迭代周期完成第一优先级期望的第一、第二需求层次的工作。

- 第二个迭代周期完成第一优先级期望的第三需求层次，第二优先级期望的第一、第二需求层次和第三优先级期望的第一需求层次的工作。
- 第三个迭代周期则完成第二优先级期望的第三需求层次，第三优先级期望的第二、第三需求层次的工作。

上述的需求调研迭代计划示例如表 8-7 所示。

表 8-7　需求调研迭代计划示例

Task Name	Duration	Start	Finish	Predecessor
XXX项目计划	26 days	Wed 08-10-15	Wed 08-11-19	
迭代一	10 days	Wed 08-10-15	Tue 08-10-28	
需求	10 days	Wed 08-10-15	Tue 08-10-28	
期望1（P1）	10 days	Wed 08-10-15	Tue 08-10-28	
业务架构	5 days	Wed 08-10-15	Tue 08-10-21	
业务流程	10 days	Wed 08-10-15	Tue 08-10-28	
期望2（P1）	10 days	Wed 08-10-15	Tue 08-10-28	
业务架构	5 days	Wed 08-10-15	Tue 08-10-21	
业务流程	10 days	Wed 08-10-15	Tue 08-10-28	
期望3（P2）	3 days	Wed 08-10-15	Fri 08-10-17	
业务架构	3 days	Wed 08-10-15	Fri 08-10-17	
期望4（P2）	3 days	Mon 08-10-20	Wed 08-10-22	10
业务架构	3 days	Mon 08-10-20	Wed 08-10-22	
迭代二	15 days	Thu 08-10-23	Wed 08-11-12	
需求	15 days	Thu 08-10-23	Wed 08-11-12	
期望1（P1）	8 days	Wed 08-10-29	Fri 08-11-7	4
工作细节	8 days	Wed 08-10-29	Fri 08-11-7	
期望2（P1）	8 days	Wed 08-10-29	Fri 08-11-7	7
工作细节	8 days	Wed 08-10-29	Fri 08-11-7	
期望3（P2）	5 days	Thu 08-10-23	Wed 08-10-29	12
业务架构	3 days	Thu 08-10-23	Mon 08-10-27	
业务流程	5 days	Thu 08-10-23	Wed 08-10-29	
期望4（P2）	5 days	Thu 08-10-30	Wed 08-11-5	20
业务架构	3 days	Thu 08-10-30	Mon 08-11-3	
业务流程	5 days	Thu 08-10-30	Wed 08-11-5	
期望5（P3）	3 days	Mon 08-11-10	Wed 08-11-12	16
业务架构	3 days	Mon 08-11-10	Wed 08-11-12	
迭代三	10 days	Thu 08-11-6	Wed 08-11-19	
需求	10 days	Thu 08-11-6	Wed 08-11-19	23
期望3（P2）	5 days	Thu 08-11-6	Wed 08-11-12	
工作细节	5 days	Thu 08-11-6	Wed 08-11-12	
期望4（P2）	5 days	Thu 08-11-13	Wed 08-11-19	30
工作细节	5 days	Thu 08-11-13	Wed 08-11-19	
期望5（P2）	5 days	Thu 08-11-13	Wed 08-11-19	26
业务流程	3 days	Thu 08-11-13	Mon 08-11-17	
工作细节	5 days	Thu 08-11-13	Wed 08-11-19	

> **小结**：优先级确定了，需求调研计划也完成了，接下来可以开始进行需求的调研。作为经验之谈，下一节与读者分享一些关于客户访谈方面的技巧。

8.6 客户访谈技巧

8.6.1 沟通的困难

获取需求困难的一大原因是沟通问题。一般来说，系统分析员是计算机专家，而客户是业务专家，他们从事着不同的领域，看待同一个问题的出发点和判断也是不同的，经常是双方以为已经讲得很清楚了，结果却根本没说到一块儿去。

这一点也不奇怪，因为系统分析员习惯于从计算机角度来看待问题，而客户往往并不懂得。最麻烦的是，客户有时候会认为系统分析员是计算机专家而特别容易轻信系统分析员的判断，所以当系统分析员阐述计算机将如何做的时候，客户经常会轻易地点头。反过来，由于客户一直从事他所熟悉的业务领域，他身边的人也同样熟悉这个业务领域，自然地，客户与客户之间的交流显得很容易，并不需要详细地阐述，经常只言片语就能达到共识。由于这种惯性的存在，客户自然而然会认为他所说的所谓的内容重点也一定会被系统分析员理解，而不用过多的细节解释。由此沟通的问题就产生了。

显然，如果沟通的双方都站在各自的立场，出现误解是十分自然的事。为了达到好的沟通效果，必须有一方站到对方的立场上去思考问题。寄希望于客户站到计算机立场上来吗？既不合道理也不现实，唯一的办法只有系统分析员改变自己的立场。当你与客户交流需求内容时，应当将自己当成业务一方而不是计算机专家，尽力完全了解客户的业务目标和业务内涵。不仅要了解业务是什么，还要弄清楚业务为什么，而尽量避免给客户讲解计算机是什么。一个好的系统分析员在完成一个项目的需求调研后，他应当已经成为一个业务专家。

另一方面，需求获得是一项科学性的工作，需要细致的过程和严谨的论证。无事闲聊可以海阔天空想到哪里讲到哪里，但需求过程则应当系统而有计划地稳步推进。

首先，系统分析员从接触到深入了解客户业务有一个渐进的过程，如果一开始就深入到业务细节中去，不但容易迷失方向，而且很容易显露出你对业务的无知，客户很可能因此而失去与你沟通的兴趣。想象一下，如果你是客户，有个人一整天缠着你问这问那，很简单的事情都搞不清楚，你必须像教小学生一样把业务一点点解释清楚，而同时你还有一大堆工作要做。试问你是否还有足够的耐心？你是否放心将对你来说至关重要的系统建设交给一个什么都不懂的人来做？当然系统分析员可以狡辩说我是第一次接触，不知道当然要问啊。尽管我承认其理由的正当性，但问题却没有解决。实际上这个问题是完全可以避免的。事先有一个详细的涉众分析报告就是好的起点。

其次，沟通双方都有自己习惯的沟通方式。所以在双方能够达成默契之前，不要急于深入业务细节，而是先就一些大框框进行沟通，借此习惯和了解对方的沟通方式。客户是喜欢开放型问题还

是封闭型问题？客户是很健谈的还是很含蓄的？客户是主导型沟通者还是被动型沟通者？客户是具有很强逻辑性思维的人，可以将一个问题有条不紊地讲清楚，还是一个发散型思维的人，总是想到什么讲什么？如果双方的沟通方式不能切合，则必定造成沟通的障碍。

再次，客户的时间是有限的，很多时候不能够有整块的时间来配合需求调研。而同时，你的项目周期也是有限的。因此每一次会面都需要争分夺秒，用最快的时间把问题搞清楚。另一方面，客户通常不会为需求调研做好准备，他是等着回答问题的。因此，如果系统分析员寄希望于客户能有条有理地把一整套业务都讲解清楚，其结果一定是浪费双方的时间。

最后，人都是善忘的，因此不要总是责怪客户朝令夕改。客户总是很容易忘记他曾经说过什么，这是因为他并不需要对需求调研结果负责。如果系统分析员也不肯承担起这个职责，将每一次的会谈结果记录下来，并有正式的反馈和确认过程，那么到最后需求变更时，你将完全没有理由责备客户推翻他原来的需求。

正因为需求过程是一个沟通过程，而沟通的双方知识背景不同、思维习惯不同、立场不同、职责也不同，因此沟通过程中存在着很多的困难和变数，这是一个必须面对的现实。与其抱怨客户的种种不是，还不如回头学习提炼一下自己的沟通技巧。

8.6.2　沟通技巧

需求调研工作与沟通技巧是分不开的。如今关于沟通技巧的书籍、培训、讲座无处不在，总是有途径学习到很多通用的沟通技巧。在这里作者不打算铺开讲述，不过作为以需求调研为目标的沟通活动作者有几个地方可以谈一些想法。

8.6.2.1　建立平等的对话平台

在需求调研过程中，沟通的双方——客户和系统分析员有着显著的角色差异，例如知识背景、专业技能、甲方乙方等。这些差异很可能导致不平等的对话关系。这种不平等是指，从业务角度上说，客户是专家。如果系统分析员对业务知识背景一无所知，就会缺乏交流的基础，客户会厌倦唱独角戏，同时也会质疑对方的能力；从技术角度来说，系统分析员是专家。如果系统分析员过于宣讲技术，夸大技术的作用，一旦客户迷信于技术，轻信技术可以解决一切，那么客户也容易失去主观能动性，将业务放在较低的位置。有时候甲方和乙方本身地位上的不平等也容易造成双方的不平等对话。

要做出好的需求，平等地参与是很重要的。系统分析员应当首先学习业务相关的背景知识，在与客户的交谈过程中不仅仅是询问和聆听，还要参与。客户会很喜欢跟一个对自己的专业背景感兴趣的人交流的。其次，适当地将技术与业务接合起来，以浅显易懂的方式引导客户理解一些技术层面的知识。一旦客户对业务和技术相结合开始感兴趣，那么一个平等融洽的平等对话关系就建立起来了，这时沟通的双方知识背景就形成了互补的关系。

在一个平等的对话平台中，系统分析员有参与业务改进讨论的机会，客户也愿意设身处地地为系统建设方考虑。这种情形下很容易达成妥协和共识。

8.6.2.2 做足准备工作

要想与客户平等地对话，系统分析员就应当在跟客户交谈前做足准备工作，在谈话过程中不仅仅是充当提问者和聆听者的角色。只有能够与客户就某些业务问题交换意见，才能得到客户的信任，引起交流的兴趣。

虽然在短时间内把客户的全部业务都了解清楚是很不现实的，但在短时间内一定可以把粗略的业务搞清楚。例如，你不可能在短时间内将多达十几个业务流程细节都搞清楚，但你肯定可以在短时间内把每个业务流程的目的是什么，针对谁服务，大致有哪些部门参与这些问题搞清楚，在与客户沟通的过程中就自己已经了解的内容与客户产生一些互动。同时应当注意不要跨越当前的需求层次，在业务架构没有搞清楚之前最好不要深入业务细节。过多的细节会导致沟通双方茫无头绪，花了大把时间却难以达到效果。

系统分析员可以根据上一次沟通的内容来准备下一次沟通的内容。随着谈话的逐步深入，系统分析员了解的业务越来越多，可以发表的看法也就会越来越多。但是有一点必须记住，发表看法的目的是引起客户的兴趣、树立客户对自己的信心、引发客户的话题，而不是喧宾夺主。不要随便打断客户的谈话，更不要争辩，发表的看法必须紧紧围绕当前的业务主题。

8.6.2.3 以我为主

一个好的系统分析员应当每次谈话都有明确的目标。在需求调研过程中，虽然客户是内容提供者，但是整个过程应当以系统分析员为主。因为需求报告是系统分析员负责编写的，需求结果的好坏将对整个系统造成影响，而客户是不会为此负责的。因此系统分析员必须把握整个需求调研的进程。

以我为主意味着，在开始访谈之前，系统分析员应当已经知道这次访谈要讨论的内容，并且为其设计了一系列的问题，在访谈过程中这些问题可以作为引导客户的手段。应当鼓励客户就问题进行发挥，开放式的交流容易将问题谈得更深入。但是应当注意不要偏离主题，一旦发现客户走得已经太远，可以通过询问准备好的问题将客户的思路带回到主题中来。

8.6.2.4 改变沟通策略

一个好的沟通者应当了解对方的沟通习惯和思维方式，这将对沟通效果起到关键的作用。系统分析员可以在几次接触而了解了对方习惯的沟通方式后，适当改变沟通的策略。

例如，假设客户是被动型的沟通者，那么引导就很重要。系统分析员在与这类客户沟通时应当事先就本次访谈要达成的目的准备更多的问题，当这些问题都得到解答后，本次调研的目的也就达成了。如果客户是不善于言谈的，那么问题就应当尽量偏向于封闭型，客户可以通过回答是或不是来表明自己的观点。

假设客户是主动型的沟通者，那么事情要好办一些，他们通常会积极地告诉你很多业务需求。但是要防止被客户牵着鼻子走，将一个需求讨论会变成聊天室。在这种情况下，系统分析员应当准备好提纲，将谈话的主题和进展把握在自己手里。

再比如客户是发散性思维，系统分析员应当尽量询问一些针对性很强的问题，防止客户东拉西扯最后没有结论，而如果客户是逻辑性思维，则可以询问一些开放式的问题，让客户自由发挥，把

整个业务逻辑讲清楚。

总之，针对不同的沟通习惯采取不同的沟通策略会为需求获取带来很多好处，事半而功倍。

8.6.2.5　把握需求节奏

每次访谈不要涉及太多的问题，所谓贪多嚼不烂。与其每次都讲到很多问题，而每个问题都不够清楚，还不如每次少讲几个问题，而把每个问题都搞透彻。

在需求过程中，把握好需求层次，防止谨毛失貌的情况发生。总是应当先宏观而后微观，先框架而后细节。尤其是针对具体业务执行者的访谈。由于这类客户的工作一般都具体而繁杂，他们很容易一谈起需求就从最细节的地方谈起，而忽略整个业务架构。如果系统分析员不能很好地引导他们先把更高需求层次的内容讲清楚，最终得到的需求很可能是支离破碎、不成体系的。

如果已经有了表 8-7 所示的需求调研计划，应当会对把握需求节奏有很好的指导作用。抑制自己的好奇心，在结构性和框架性的问题没有搞清楚之前不要贸然深入需求细节。

8.6.2.6　记录与反馈

一次成功的沟通必须要有反馈与确认的过程。在谈话过程中产生误解是非常正常的事情。如果这个误解要一直到系统交付以后才发现，那么造成的损失就很可观了。

系统分析员应当记录每次谈话的结果，用自己的理解复述客户的话，形成文档后交还给客户阅读。这样做能够尽早发现沟通过程中的误解，同时加深双方的共识。另一方面，这样做还能够让客户感觉到被尊重，他会更愿意毫无保留地阐述业务。

人都是善忘的，没有记录的谈话结果等于没有结论。不论是哪一方忘记都会带来麻烦。由于客户是甲方，所以在没有结论的情况下总是会由乙方来承担责任。如果能够说服客户，每一次的会谈都能够在纪要文件中签字确认，会对需求进程乃至整个项目进程都起到积极的作用。

8.7　提给读者的问题

现在我们接到一个项目，是一个网上图书借阅系统，初步跟客户接触，网上图书馆的业务负责人这样告诉我：

我们原本是一个传统的图书馆，传统的借书方式要求读者亲自来到图书馆，这显得非常不方便，而且随着藏书的增加和读者群的增长，尤其是大量的读者到图书馆，使得图书馆的场地不足，工作人员也不够了。所以想到借助网络，让读者通过网络借/还书，这样可以省掉大量的场地维护和工作人员成本支出，同时计算机可以方便地检索目录，让读者可以足不出户借到需要的书。为了把书送到借阅人手里，我们已经联系了 A 特快专递公司和 B 城市物流公司，初步达成协议，由他们往返借阅人和图书馆之间把图书送出和收回。读者在网上出示和验证借书卡，找到他们需要的书，提交申请，图书管理员确认后，就会通知物流公司来取书，当读者拿到书之后，物流公司需要把读者的签单拿回来以证明读者已经拿到了书。当然这个过程中，读者是需要付费的。还书也是基本同样的过程。

提给读者的问题 2

请读者以这个假想的图书馆管理系统为例，进行业务目标分析、写出涉众分析报告并进行调整。列出涉众期望的优先级并编制出需求调研计划。

9
获取需求

在上一章准备工作中，我们得到了涉众分析报告这个重要的工件，它将为我们获取需求指明方向；经过规划业务范围、划分优先级和规划需求层次的工作，明确了应当在什么时候对什么涉众的什么期望进行调研；通过学习客户访谈技巧，知道了应当如何做好与客户沟通的准备。一切就绪，可以开始获取需求的进程了。

9.1 定义边界

9.1.1 盘古开天——从混沌走向清晰

传说太古时候，天地不分，整个宇宙像个大鸡蛋，里面混沌一团，漆黑一片，分不清上下左右，东南西北。但鸡蛋中孕育着一个伟大的英雄，这就是开天辟地的盘古。盘古在鸡蛋中足足孕育了一万八千年，终于从沉睡中醒来了。他睁开眼睛，只觉得黑糊糊的一片，浑身酷热难当，简直透不过气来。他想站起来，但鸡蛋壳紧紧地包着他的身体，连舒展一下手脚也办不到。盘古发起怒来，抓起一把与生俱来的大斧，用力一挥，只听得一声巨响，震耳欲聋，大鸡蛋骤然破裂，其中轻而清的东西向上不断飘升，变成了天，另一些重而浊的东西，渐渐下沉，变成了大地。

盘古临死时，全身发生了巨大的变化。他的左眼变成了鲜红的太阳，右眼变成了银色的月亮，呼出的最后一口气变成了风和云，最后发出的声音变成了雷鸣，他的头发和胡须变成了闪烁的星辰，头和手足变成了大地的四极和高山，血液变成了江河湖泊，筋脉化成了道路，肌肉化成了肥沃的土地，皮肤和汗毛化作花草树木，牙齿骨头化作金银铜铁、玉石宝藏，他的汗变成了雨水和甘露。从此开始有了世界。

这就是盘古开天的神话故事。一个全新的项目对系统分析员来说，也是混沌一团的，需要我们挥起大斧劈开天地，从混沌走向清晰。开天辟地的过程，就是定义边界的过程。我们需要做的是把问题领域假设成如图 9.1 所示的效果，这样才能够进行下一步的用例获取工作。

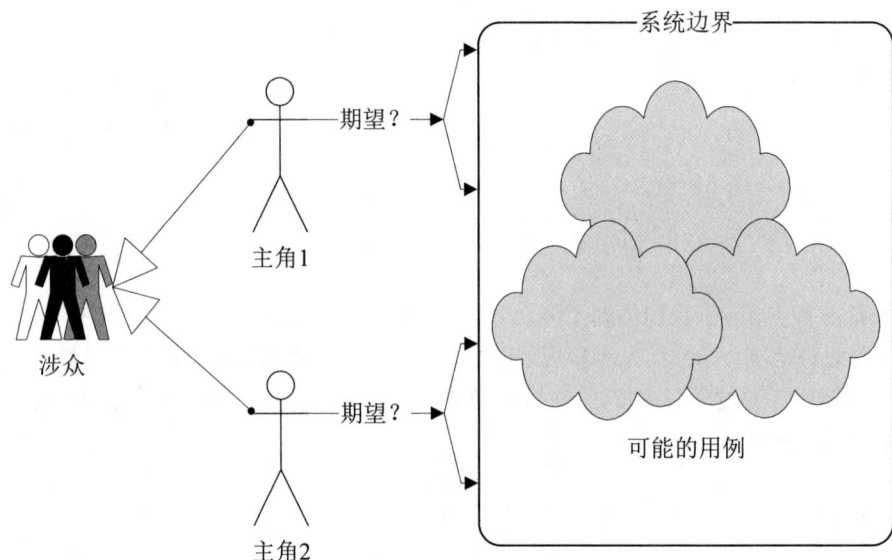

图 9.1　定义边界

在 3.4 边界一节里我们讲到过，边界可大可小，看不见摸不着，无法衡量，也无章可循，很多时候需要靠建模者的经验和意识。定义边界的目的是为我们确定一个分析的起点。边界定义的不同会带来不同的结果，因为视角会因边界而变动。那么有没有一种方法能帮助我们定义边界呢？有，通过前景文档当中的业务目标来定义边界会是一个好办法，我们就从这里开始着手。

其实在边界这个概念之前，需求调研也是要先进行一些业务模块的划分的。传统意义上，这种业务划分通常是以客户的现有业务模块为基础，或者以客户的现有职能部门为基础来划分的。相信绝大部分读者仍然采用这种划分方式。不过这种划分方式却有一些隐患，它会带来系统边界的不清晰和依赖关系复杂的问题。相信很多读者都会遇到这样的情况：业务模块划分了以后，经常会有一些业务流程横跨许多业务模块。为了减少模块之间的依赖关系，不得不提取出所谓的公共模块。更糟糕的是，如果项目比较大，一开始所划分出的业务模块就是由不同的分析员去调研的，一旦他们之间沟通不够充分，这些依赖关系就要在项目的较晚阶段暴露出来，因此而带来的修改甚至返工就不足为奇了。而如果以业务目标为划分方式，则可有效避免这些问题的发生。

9.1.2　现在行动：定义边界

根据 8.2.2 整理业务目标一节中整理出的业务目标，我们可以很容易地推导出边界来。

例如第一个业务目标"为用电客户提供业务办理自动化服务，提高办事效率，方便客户，为客户提供更好的服务"就是一个可能的边界。根据这个业务目标，我们首先要明确的是业务目标为谁服务。抛开谁能够操作计算机不谈，仅从业务目标上来说，这个业务目标是为用电客户服务。因此根据这一业务目标，我们定义出一个命名为"用电客户服务"的边界。很明显，从这个边界来看，用电客户和银行是位于边界之外的，他们是业务主角；而其他的所有涉众都是供电企业的内部工作人员，位于边界以内，换句话说，他们是业务工人。按照这个分析，能够得出如图 9.2 所示的结果。

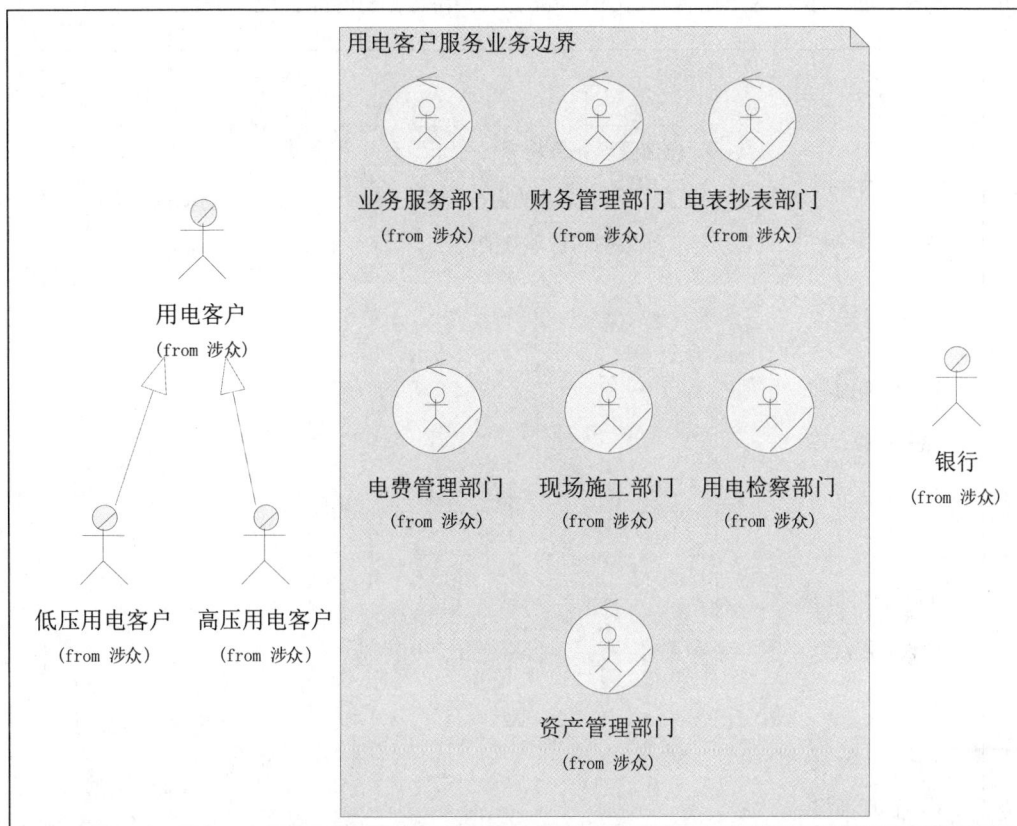

图 9.2　用电客户服务业务边界

如图 9.2 所示的边界定义给我们的启示是：我们可以暂时忽略边界内业务工人的期望。

边界决定了系统首要的问题是解决用电客户和银行的期望，也就是说，系统首先要满足用电客户和银行的需求。那么用电客户和银行的期望是什么呢？是办理业务和交费，不论内部业务工人的期望如何，都要满足这两个最基本的需求。实际上仔细分析供电企业的整个业务脉络，就会发现不论它们的业务流程、管理方式、部门设置是怎样的，最终的目的都是为了这两个业务目标服务的。

看到这里，读者心里一定有着诸多疑问。因为这个边界的划分导致与大家平时工作习惯完全不同的结果。按照这个边界划分，能够得到的业务用例顶多就是办理业务、交费，这正确吗？那些平时必不可少的看惯了的某某管理、某某管理功能模块到哪里去了呢？

不必担心，每个业务目标都会有一个边界存在。每个边界的划分指明了需求分析的起点。随着本书后续章节的展开，读者将会发现其他用例是怎么被推导出来的。至于你所担心的 XX 管理看不到，是因为我们还没有就其他业务目标划定边界。图 9.2 所示的用电客户服务业务边界只解决了"为用电客户提供业务办理自动化服务，提高办事效率，方便客户，为客户提供更好的服务"的问题，供电企业电力营销管理系统还有另一个业务目标是"规范供电企业的内部管理，提高工作效率和管理效能"，图 9.3 展示了以这个业务目标为边界的划分结果——内部管理业务边界。

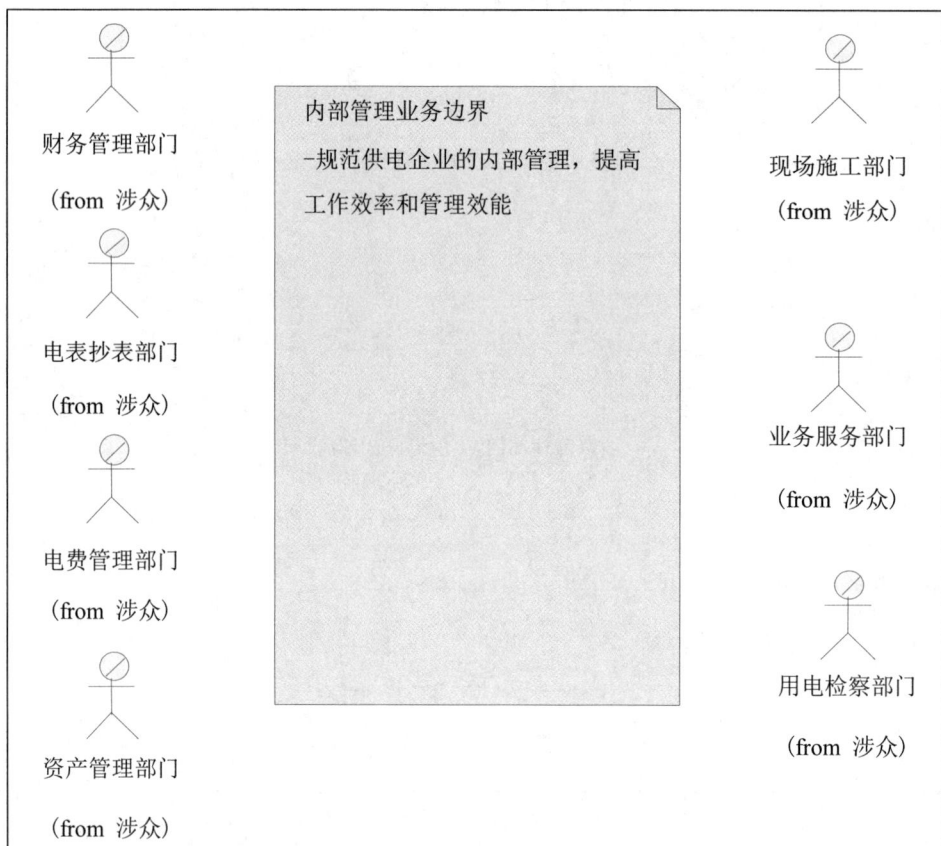

图 9.3　内部管理目标边界

读者可以看到，如果以这个业务目标来划分边界，许多原先在图 9.2 中作为业务工人出现的供电企业内部的工作人员都位于这个边界之外，成为了业务主角。他们都可以对以这个边界为代表的系统提出自己关于如何"规范供电企业的内部管理，提高工作效率和管理效能"的期望，也就是业

务用例。在这个边界内，你所关心的某某某管理就有了容身之处了。

如法炮制，其他的每一个业务目标都可以用来定义边界。每个边界都有不同的涉众参与，也会有不同的用例出现。在这个案例中，我们还可以得出的边界有资产管理边界、财务和电费管理边界以及用电检查管理边界。至于决策支持，已经在规划业务范围时被取消了。

9.1.3 进一步讨论

9.1.3.1 第一个讨论

有的读者可能会提出这样的疑问，从边界划分的结果来看，跟以前所谓划分子系统没有什么差别嘛，也可以称为某某管理系统和某某管理子系统。仅从名称和结果上看，这两者似乎是没什么差别的。但实际上它们有着本质的差别，根本原因就在于出发点不同。

请考虑一下，按照以前的子系统或者功能模块划分方式，我们是以什么理由来划分的呢？在划分出的子系统或功能模块里应当设置哪些功能，有明确的依据吗？事实上按以前的办法划分子系统和功能模块时是似是而非的，可以这么划分，也可以那么划分。并没有一个明确的判断标准说什么样的划分方式是合理的。

按业务目标方式来得到边界则是有着明确的理由的，在边界内可以得出的用例也是有着明确的依据的。具体说来，所有业务目标汇集起来，就表示已经达到系统建设目标；而针对每一个业务目标定义的边界，明确地决定了哪些涉众与这一业务目标利益相关，这些涉众也可以提出他们的期望，不符合业务目标的期望将不被接纳。

这意味着，某个涉众从其工作职责上来说，他可能从事着 10 件事情，但是仅有 5 件事情是与特定的业务目标相关的，因此，在这个边界内将只接纳 5 件与业务目标相关的事情。如果一定要以子系统来命名边界，则意味着该子系统只有 5 个与业务目标相关的功能。而剩下的 5 件事情，尽管仍然是该涉众在执行，但根据这些事情与业务目标的相关性，它们完全可能被划归到另一个边界中去。

现在，请读者比较一下之前所开发的项目，是否体会出了两种不同划分方式带来的不同结果了呢？

9.1.3.2 第二个讨论

即使是使用 UML 进行需求分析的读者应当也会发现作者这种边界划分方式与你现在的划分方式是不同的。作者可以肯定，大部分的边界划分方式是从谁使用系统这个角度来划分的，而不考虑业务目标。这两种方式有什么区别呢？不妨来推敲一下，如果从谁使用系统这个角度来划分，得到的结果大致应当如图 9.4 所示。

如果按这种方式划分，第一个问题就是无法获得明确的业务用例。请读者考虑一下，你将如何为这些涉众获取业务用例？因为不知道这些涉众对边界的真实目的是什么，我们只能盲目地将涉众的所有期望堆积在这个边界里，不知道为何而来，也不知道为何而用。

在实际项目中，有许多朋友很迷惑，用例那么多，怎么来组织呢？这么些用例放在那里，看上去乱糟糟的没什么关系，怎么分包呢？

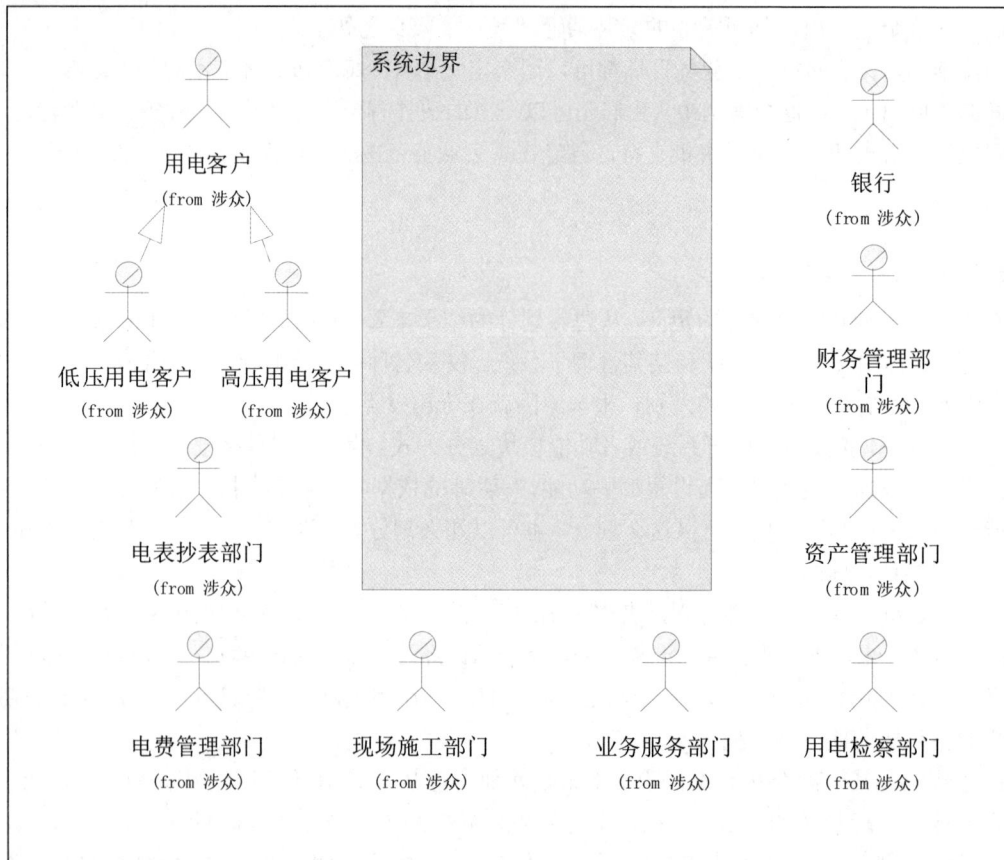

图 9.4　系统边界

如果是从业务目标的角度来划分边界的，我们就有一个明确的目标了，将与该业务目标有关系的用例放在这个边界以内，这个边界以内的所有用例都是用来实现该业务目标的。获得业务用例的方向一下子就明确下来了。至于用例分包的问题也变得简单了，直接以业务目标来分包存放就OK了。当然，业务目标还可以细分为更小的目标，如果有这样的情况，则可以分为更小的包来组织获得的用例。

按这种方式划分的第二个问题是导致业务用例过多和关联关系混乱。原因在于无法区分业务主角和业务工人。以本案例的第一个边界（图9.2）为例，用电客户办理一项新装业务（简单解释该业务就是申请安装电表，安装供电线路入户的业务），为了办完这项业务，涉及的手续至少包括提交申请、申请受理、交纳业务费、现场施工、资产（即电表）出库、档案建立、结算户头建立、初次电费结算等，这些手续又涉及了供电企业的多个职能部门。如果按照图9.4所示的边界划分，将有非常多的用例会出现在这个边界里。因为边界外的涉众都对这项业务有所贡献。

好，按照作者之前提到的获取业务用例的原则：业务用例必须是以达到业务主角的完整业务目标为标准，而不能以实现业务主角业务目标的步骤为标准。那么获取业务用例时不应当考虑诸如提

交申请、申请受理、交纳业务费之类的业务步骤，正确的业务用例应当是办理新装业务。这样一来，看上去虽然业务用例确实减少了，但是新的问题又出现了。究竟哪些业务主角要关联到办理新装业务的业务用例呢？只关联用电客户？那么从业务上讲，业务服务部门、现场施工部门都与这个业务用例有关系啊，如果不关联他们，业务用例视图就显得没有完整地表达业务含义；如果把所有与办理新装业务的业务用例有关系的业务主角都关联上，业务用例视图就成了蜘蛛网，混乱一片全是线。

相信有相当一部分读者都有上述困惑，要不用例过多，要不一张图画得密密麻麻全是线头。如果按业务目标先划分了边界，再在此边界的基础上来获取用例就不会再有这些困惑了。请看图 9.2，由于诸如业务服务部门、现场施工部门之类的涉众不再是业务主角，而是位于边界以内作为业务工人，所以他们无权在这里提出业务用例，所有的业务用例都来自用电客户和银行。业务用例视图召示了供电企业可以为用电客户和银行提供哪些服务，简洁、清晰且明了。而业务服务部门、现场施工部门之类的业务工人，则体现在了业务用例场景里。例如当我们绘制办理新装业务的业务用例的用例场景时，这些业务工人作为泳道出现，并且履行各自的职责。

9.1.3.3　第三个讨论

不是在任何时候以业务目标为依据来划分边界都是有效的。这是因为不是什么形式的系统都可以明确地提出业务目标。

例如，如果准备开发的系统建设是以计算、控制、自动化等为主要目的的，似乎就难以找出明确的业务目标。但是以业务目标为依据来划分边界这个思路仍然是可以适用的。即使一个系统没有明确的业务目标，它也一定有明确的功能目标，这种功能目标也被称为系统特性（Feature）。例如手机的嵌入式系统，其功能目标，或称其为系统特性也许包括拨打电话、接听电话、电话簿、媒体库、手写模块、字典等，这些特性很类似业务目标，也可以用它们来建立边界。

边界一旦定义，则在边界外与该边界有利益关系的一切东西，不论它是人还是物还是系统，都是业务主角，而这些业务主角就可以向这个边界所代表的系统提出期望，也就是获得用例。

可能有些朋友认为 UML 只适合于交互密集型的系统，例如 MIS 系统，而不适合计算密集型的或控制型的系统。其主要原因就在于无法找到提供用例的主角。产生这个疑问的原因不是 UML 不适合，而是分析者没有理解主角、边界和用例相生相灭的关系，并且没有找准边界。对于类似单机游戏这样的系统来说，如果认为边界就是手机，那显然业务主角就只有玩家，而玩家能够提出来的用例也就是玩游戏，当然显得很别扭，有没有用例都没什么差别。

但是如果从系统特性的角度出发，一款游戏要包括的系统特性包括控制系统、游戏引擎、3D动画、声效等。举例来说我们以控制系统特性为边界，那么这个边界以外的一切利益相关者都是主角，例如键盘、鼠标、手柄等都是主角，这些主角就可以向边界代表的控制系统提出用例，例如发出前进动作、发出射击动作等。

总之，主角、边界、用例三者是相生相灭的关系，其中边界定义最为重要。一旦定义了边界，主角就能定义，而一旦定义了主角，用例就能发现。而边界一定来自某个特定的系统目标，这个系统目标可能是业务目标，也可能是系统特性。正如作者在 3.4 边界一节中讲述的那样，边界决定了视角，也决定了抽象层次。

9.1.4 提给读者的问题

提给读者的问题 3

请读者以自己曾经经历过的一个项目为例，分别用不以业务目标或系统特性为依据来划分边界和以业务目标或系统特性为依据来划分边界两种方式来定义边界，找出涉众和用例，体会用这两种不同边界定义在建模时的差别。

提给读者的问题 4

请读者以假想的图书馆管理系统为例，分别以业务目标、以设定的子系统、以部门职责这三种不同方式为依据来建立边界，找出涉众和用例，体会这三种不同的边界定义方法在建模时的差别。

提给读者的问题 5

请读者以假想的图书馆管理系统为例，先以整个图书管理系统为依据来划分边界，再假设以几个不同的业务目标为依据来划分边界，找出涉众和用例，体会没有业务目标和有业务目标时不同的建模结果。

9.2 发现主角

9.2.1 女娲造人——谁来掌管这个世界

盘古开辟了天地，高兴极了，但他害怕天地重新合拢在一块，就用头顶着天，用脚踏住地，显起神通，一日九变。他每天增高一丈，天也随之升高一丈，地也随之增厚一丈。这样过了一万八千年。盘古这时已经成为一个顶天立地的巨人，身子足足有九万里长。就这样不知道又经历了多少万年，终于天稳地固，不会重新复合了，这时盘古才放下心来。但这位开天辟地的英雄已经筋疲力尽，再也没有力气支撑自己，他巨大的身躯轰然倒地了。

盘古从混沌中开辟了天地，临死化身，又创造了山川河流、日月星辰、花草树木，但就是忘了造人。慈善的女娲神取了一些黄土，掺些清水，和了一堆泥巴，然后用水照着自己的形象捏了一个小人，往地下一放，嘿，这小东西竟然活了，蹬蹬腿，伸伸腰，围着女娲又唱又跳。女娲对她的创造品很满意，又继续用手揉和掺了水的黄泥，造了许多男男女女。女娲想用这些精灵般的

小生物去充实大地，但大地毕竟太大了，她工作了很久很久，已经相当疲倦了。最后她拿起一根绳子，伸到泥浆里去，然后用力一挥，泥点溅落的地方，立即出现了一个个欢喜跳跃的小人。这些小人成群地走向平原、谷地、山林，从此以后，地球上才有了人类。

这便是女娲造人的故事。盘古虽然开辟了天地，却无人掌管，世界毫无生机，直到女娲造出了人类，世界因为有了智慧，才开始有了活力。同样道理，在我们所定义的边界里，业务是"死"的，我们必须找到适合的主角去驱动并完成这些业务目标，让业务"活"起来。

好在我们不是从零开始，我们已经有了一份涉众分析报告，也已经有了边界定义，我们可以据此来寻找业务主角，像女娲造人一样，创造掌管世界的智者。

如何寻找主角呢？主角的定义是，主角代表了涉众利益，站在边界之外，直接与边界代表的系统交互，对系统有着明确的要求并从系统获得明确的结果。发现主角，我们就从定义开始。

9.2.2　现在行动：发现主角

首先根据涉众分析报告中的涉众概要，我们很容易得到备选的涉众列表；其次根据所定义的边界，我们可以从中寻找那些站在边界外的涉众。用主角的定义去审查这些备选的涉众在此边界内的行为模式，从中找出符合定义的涉众而形成业务主角。

请注意，不是所有的涉众都会成为业务主角，只有那些直接与系统交互的涉众才能被称为业务主角。另一方面，涉众利益可以被多个不同的业务主角代表，这意味着，一个涉众可以衍生出多个主角。

接下来我们就用实际的例子来学习发现主角的方法。

9.2.2.1　第一个例子

在用电客户服务业务边界之外，用电客户和银行是站在边界外的两个涉众。我们针对这两个涉众进行一些分析，读者可以从这个例子中学习业务主角是如何分析出来的。

- **用电客户涉众主角分析**

对用电客户涉众来说，假设用电客户不会直接使用系统，而是到营业大厅填写纸面申请单，由营业大厅业务员代为填写电子申请单并提交，那么业务员将代表用电客户行使其系统利益。也就是说，对用电客户服务业务边界而言，虽然利益来自用电客户，但由于用电客户不直接与边界所代表的系统交互，而是委托营业大厅业务员来代表其与系统交互，因此用电客户将不能够成为业务主角，营业大厅业务员成为代表涉众利益的业务主角。

反之，如果业务范围里包括网上办理业务，用电客户可以直接使用系统，那么用电客户本身就是业务主角。

另外再考虑一种特殊情况，对一些大用电用户（例如钢铁厂，耗电量巨大），供电企业可能设置专职检查和服务联络人员为其专门服务，而这些专职检查人员是属于用电检查部门。在一些场合，例如临时扩容（临时加大供电容量），专职检查人员可以直接为该大用户办理业务而无须通过营业大厅。这种情况下，专职检查人员就可作为代表涉众利益的主角。

- **银行涉众主角分析**

对银行来说，虽然与用电客户服务业务边界有着业务往来关系，但是在 8.4.2 规划涉众期望一节中，我们已经减少了一个银行的涉众期望，取消了实时联网收费期望，仅保留离线收费，每日结算的收费方式。离线收费意味着银行的收费行为与系统之间将不会有直接的交互，每日结算意味着会有某位工作人员或某个工作岗位的人员从银行处每日获得收费记录，并将其导入系统。假设这个过程由营业出纳来完成，那么营业出纳将代表银行行使其涉众利益。营业出纳将成为系统的一个业务主角。

依据上面的分析，我们可以得出如图 9.5 所示的业务主角。

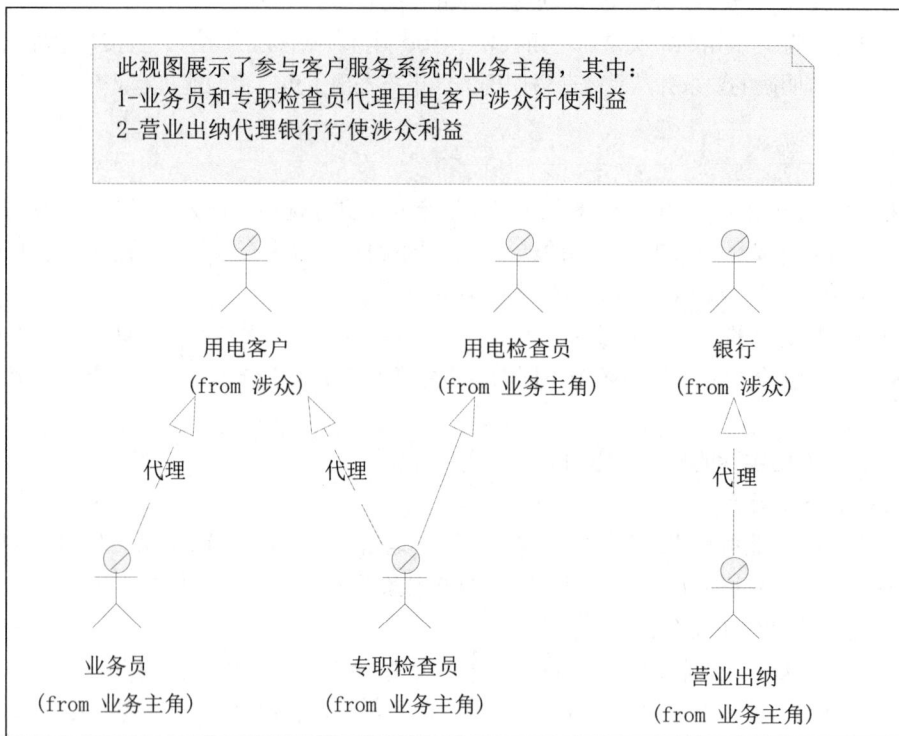

图 9.5　客户服务业务主角

9.2.2.2　第二个例子

在内部管理业务边界之外，营业财务管理部门、电表抄表部门、电费管理部门、资产管理部门、现场施工部门、业务服务部门和用电检查部门是其涉众。接下来我们分析每个部门符合定义的涉众，先找出备选的业务主角，再以"内部管理业务边界"为例，根据这些备选业务主角是否直接贡献于该边界来确定谁才是针对"内部管理业务边界"的真正主角。

■　营业财务管理部门涉众主角分析

营业财务部门与其他财务相似，设置了营业会计、营业出纳和营业收费员。这三个角色按照财会准则各自负责自己的部分，保障财会安全。因此，营业会计、营业出纳和营业收费员分别代理了

财务管理部门涉众的一部分利益，他们是备选的业务主角。

另外，财务管理部门设有财务主任，财务主任负责财务工作的安排、人员工作情况的评估和一些业务规则的制定。财务主任也是备选业务主角。

但是，由于"内部管理业务边界"代表的业务目标是规范化和管理职能，对于我们正在分析的"内部管理业务边界"来说，只有财务主任是行使了内部管理职能，也就是说，只有财务主任才是"内部管理业务边界"的主角。而营业会计、营业出纳和营业收费员由于从事的是日常业务，并不贡献于"内部管理业务边界"，因此他们并非业务主角。

■ 电表抄表部门涉众主角分析

电表抄表部门的大部分工作人员携带抄表机或抄表单外出工作，称为抄表工，这些工作人员不直接使用系统。他们将抄回的结果交给内勤人员，由内勤代表他们将抄表结果导入或录入计算机。另外，抄表工作由抄表班长按片区、按变压器线路等将工作分配给抄表工。因此，抄表内勤和抄表班长成为抄表部门的业务主角。

其中，只有抄表班长行使了内部管理职能，因此抄表班长是"内部管理业务边界"的业务主角，而抄表内勤不是。

■ 电费管理部门涉众主角分析

电费管理部门负责计算电费，这项工作称为电费发行。电费发行的工作由称为发行员的工作人员来完成。在电费发行过程中一些特殊客户和特殊情况的电费计算规则可能需要改变（例如减免滞纳金），这需要电费班长签字确认后才能发行。因此发行员和电费班长成为电费管理部门的备选业务主角。

其中，只有电费班长行使了内部管理职能，因此电费班长才是"内部管理业务边界"的业务主角。

■ 资产管理部门涉众主角分析

资产管理部门负责管理供电设备，资产管理员负责管理设备的整个生命周期。其中，资产入库和出库前均需要由资产校修人员负责校修（例如修复故障和调节误差），因此资产管理员和资产校修人员成为资产管理部门的备选业务主角。

另外，资产运行一段时间以后需要进行轮换（即有计划地成批地用经过校修的设备换下已经运行了一段时间、有可能产生故障和误差的设备），轮换计划由资产班长负责制定。资产班长也是备选业务主角。

其中，只有资产班长行使了内部管理职能，因此资产班长才是"内部管理业务边界"的业务主角。

■ 现场施工部门涉众主角分析

当客户申请办理业务后，若有现场施工的工作（如布线和电表安装、变压器安装等）则由现场施工部门来完成。但是现场施工人员不直接使用计算机，由现场施工班长接收来自营业大厅业务员的施工单，将施工工作指派给现场施工人员。现场工作结果记录在施工单上，回到单位后由办理该申请的大厅业务员将其录入计算机。根据以上分析，现场施工班长是一个备选业务主角，而业务员则是另一个备选业务主角，他代理行使部分现场施工部门的涉众利益。

其中，只有现场施工班长行使了内部管理职能，因此现场施工班长是"内部管理业务边界"的业务主角。

■　业务服务部门涉众主角分析

业务服务部门由业务员、业务收费员和业务班长组成。业务员负责受理客户的用电申请，业务收费员负责收取业务费用，业务班长则负责安排工作，评估业务员服务水平，审批业务等。因此这三者是业务服务部门的备选业务主角。

其中，只有业务班长行使了内部管理职能，因此现场业务班长是"内部管理业务边界"的业务主角。

■　用电检查部门涉众主角分析

用电检查部门定期地、按计划对用电安全进行检查，检查可分为用电普查、专项检查、专职检查（一个检查员对一个用电单位）等。用电普查、专项检查由检查班长制定计划，分派检查员进行现场检查工作，检查结果由检查内勤负责录入计算机。其中，专职检查员将维护其所负责的用电单位的资料，自行安排检查计划，但必须经过检查班长的审批。

检查内勤、专职检查员和检查班长是用电检查部门的业务主角。其中，只有检查班长行使了内部管理职能，因此检查班长是"内部管理业务边界"的业务主角。

■　其他分析

整个电力营销工作，即以上职能部门的工作由用电主任统一管理，制定营销规则、进行人事任免、确定岗位职责等。因此，用电主任是"内部管理业务边界"的业务主角。

工作人员的职责、权限、档案管理等，在业务上由各职能部门的班长负责，但对计算机系统来说，客户希望由信息中心的系统管理员代为行使其人员和权限管理职责。因此，系统管理员成为系统的业务主角，他代表各职能部门负责人和用电主任行使人事管理。

根据以上分析，我们从涉众当中发现了许多业务主角。但是不是所有的业务主角对所有的边界都适用呢？除了业务主角必须在边界之外这个规则外，是否是该边界的业务主角还要看该业务主角是否对该业务边界所代表的业务目标有所贡献或要求。

在上面的例子中，我们分析了各个部门中合理的业务主角，并从中挑选出那些真正对"内部管理业务边界"即"规范供电企业的内部管理，提高工作效率和管理效能"这一业务目标有所贡献和要求的业务主角，得到了"内部管理业务边界"的主角，其结果如图9.6所示。

按照以上分析方法，每个边界都可以找到符合其业务目标的业务主角。书中不再列举，详细的内容读者可以在随书的建模示例文件中找到。在建模文件中定义出的另外三个业务主角图是：资产管理边界业务主角，财务和电费管理边界业务主角，用电检查管理边界业务主角。

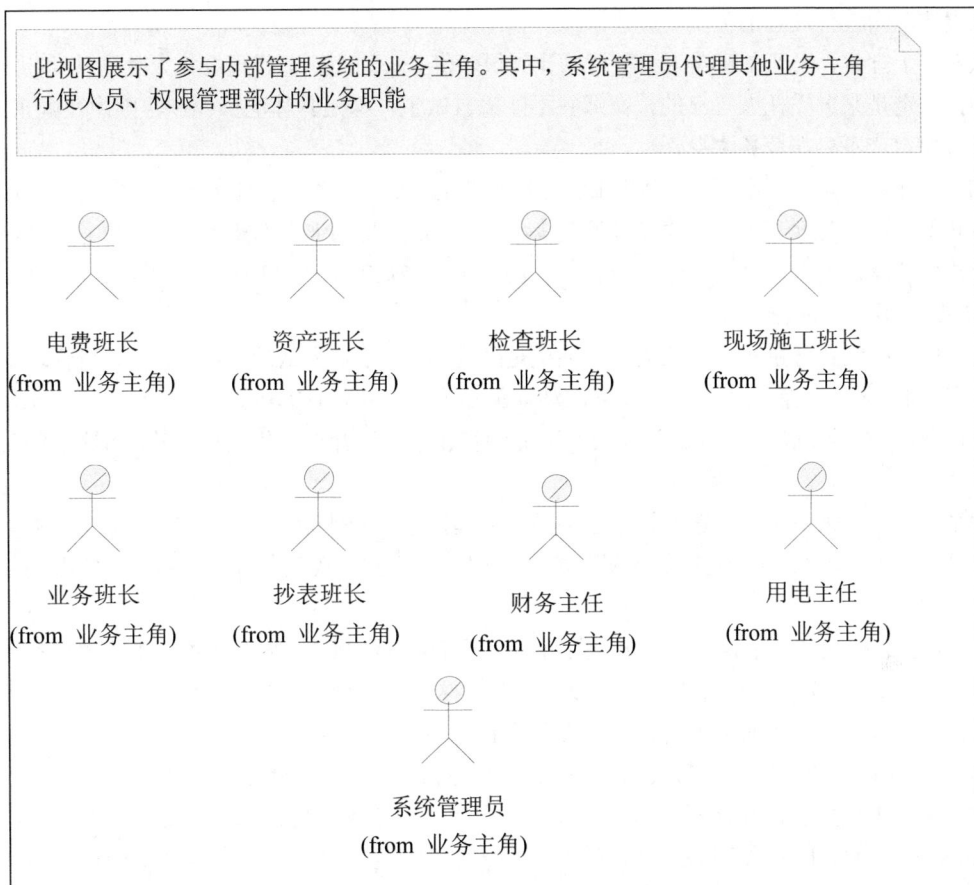

图 9.6　内部管理业务主角

9.2.3　进一步讨论

9.2.3.1　第一个讨论

　　业务主角与涉众的区别在于，业务主角直接与系统交互，而涉众虽然是系统的利益相关者，但却未必直接与系统交互。因此虽然很多情况下涉众可以直接转化为业务主角，但若涉众不直接与系统交互，那么涉众必须找到替代他行使利益的另一个角色，这个角色甚至可以与涉众毫无关系。例如领导通过手工下发命令，而让系统管理员在系统中代其行使人事任免和权限分配的权利。这时候我们称该系统管理员是一个业务主角，他与领导涉众之间是一种代理的关系。

　　从对象关系上来说，代理关系不同于继承，继承表示子类拥有父类所有非私有职责，而代理则是拥有被代理者指定的部分职责。代理关系也不同于实现，实现关系表示实现类是超类（通常表现为接口或虚拟类）的一种实例化，超类可以有 n 种实现，每种实现都可以上溯造型为超类的类型

（Type）。虽然被代理者也可以有多个代理，但多个代理可以位于完全不同的继承树上，也不一定能够上溯造型为被代理者的类型。

从业务上理解，代理在现实生活中可以找到很多例子。例如律师代理委托人处理法律事务，主张和利益一定是来自委托人自己的，律师并不能擅自做主，但是具体的操作过程则由律师来决定，委托人可能完全不参与业务本身。

在寻找业务主角过程中，涉众分析报告是很重要的来源，一般来说业务主角通常可以从涉众分析当中获得。业务主角一旦决定被代理哪个涉众，就一定要受到涉众期望的制约。业务主角不能够逾越或改变涉众期望，但是业务主角能够自行决定实现涉众期望的过程。

9.2.3.2 第二个讨论

有时候要找到业务主角所代表的涉众期望是困难的，它不是那么的明显，例如系统管理中的清除日志、优化数据等。看上去并没有实际的涉众关心这些东西。但实际上，经过仔细分析还是能够找到涉众利益的。例如系统管理的涉众利益可能就是让系统运行得更稳定和高效，而这个利益属于全体涉众。

对系统分析员来说，也不是一定要为所有的业务主角都找到其所代表的涉众利益。即使有些业务主角没有代表的涉众，似乎也不妨碍分析工作的进行。不过，找到业务主角所代表的涉众利益也有着明显的理由。

第一，从分析验证上来说，如果业务主角不代理任何涉众利益，那么业务主角的主张就缺乏支持。为什么这么做？为什么不那么做？可以不做吗？这些问题通常都很难得到答案。如果有涉众利益的存在，那么业务主角的主张就有了约束和验证的基础。

第二，从商业角度来说，开发软件项目也是一种商业行为。利益是商业行为永远的主题。如果某位业务主角不代表任何涉众利益，那么我们应当怀疑该业务主角存在的必要性。涉众的英文是Stackholder，从字面上理解，就是利益持有人。换句话说，涉众将为系统实现了他的期望而付出相应的报酬。而一个业务主角不代理任何涉众利益则意味着我们将开发一个无人买单的系统功能。除非你足够慷慨，否则总是应当检查业务主角是否有其代表的涉众利益。

9.2.3.3 第三个讨论

业务主角总是在边界之外的，只有边界之外的事物才有权利向由边界代表的系统提出要求。虽然有点霸道但这就是面向对象的规则。例如第一个例子，用电客户办理业务，在实际工作中大量的实际工作是由营业大厅业务员、业务收费员、现场施工人员等来完成的。从工作上讲，似乎他们才更有发言权，用电客户服务系统也似乎更应当由申请受理、业务收费、现场安装等工作环节来构成。不过还是你请忍住想把业务描述清楚的冲动，就算百分之百的工作都是由这些工作人员来完成的，由于他们是在边界之内的，因此他们无权对系统提出要求。

有点不可理解对么？好像与事实不符。不过请仔细想想，不论是供电局、电信局、银行……业务流程和规则确实是由他们制定的，但是现在很流行的一个词儿是：霸王条款。霸王条款意味着不公平、不符合客户期望、不合理，甚至是侵犯客户利益。也就是说，由内部工作人员自行制定规则而不遵循客户的期望，形成的条款通常就是霸王条款。现在讲究以人为本，以客户为导向，不论现

实中究竟有多少商家做到，但在面向对象的分析里，系统只能由业务主角说了算，因为业务主角代表了涉众的利益。不管内部工作人员认为怎么做更省事，只要它不符合业务主角的期望，就必须否定之。

注意，请不要因此而去否定内部工作人员的意见，告诉他们应该由客户而不是他们来决定流程。我们讨论的是分析方法，而不是具体事例。我们所要达到的目的是从业务主角出发来描述系统，而不是真的去否定内部人员的意见。例如在本案例中，在涉众简档的表格里，用电客户的涉众代表还是供电局内部的工作人员。因此，如何办理业务的工作流程最终还是掌握在内部人员的手里。

9.2.3.4　第四个讨论

业务主角可能代表了多个涉众利益，对系统也有着许多要求，但是对于一个特定的边界来说，由于边界代表了某个业务目标，除非该业务主角确实参与并贡献于该业务目标，否则它不应当成为该边界的业务主角；那些与业务目标无关的要求也不应当在该边界中体现出来。

因此，请忍住你想把业务主角期望补充完整的冲动。虽然缺少了点什么会让你觉得不安，但是这就是面向对象分析方法的准则。在现实生活里，这也很好理解，我们称之为不在其位不谋其政。在现实生活中，当我们实施一件具体的任务时，会避免不相干的人参与进来，不相干的因素掺杂进来只能把事情搞混乱；也会避免人员做与这项具体任务无关的事情，这些事只会扰乱真正的业务目标。相信读者在现实生活中会承认这一点，那么在分析主角时你也应当秉持这一点。

如果在分析过程中发现有些业务主角找不到对应的边界，或者业务主角的一些要求没地方可以放置，那么你应当回头检查业务主角定义是否正确，边界分析是否完整。即回头检查涉众分析是否正确，问题领域是否定义清楚。而不是随意找个地方把它们放下。

9.2.3.5　第五个讨论

业务主角，之所以加上业务二字，是因为业务主角确实区别于系统参与者。系统参与者是系统的实际操作者，它可以是一个逻辑的名称，也可以是某种系统角色。在系统中，系统参与者通常都有 ID，系统会为其建立会话（Session），系统参与者有存在范围（Scope），也有生命周期（Duration）。系统参与者在系统中是需要编程实现的。

但业务主角是用来分析业务的，它可能也可能不会转化成一个系统参与者。本案例中的用电客户和业务员就是一个明显的例子。最终，业务员很可能转化成一个系统参与者，被一个称为 User.class 的类代表。而用电客户由于最终可能不直接使用系统，在他提出系统要求之后便消声匿迹，他对系统所有的操作职责都转交给了业务员。

另一方面，业务主角用于分析业务，而业务分析的结果是要与客户交流并达成共识的。因此业务主角不应当被过分地抽象化和虚拟化，即便有增强系统扩展性的理由，业务主角也应当能够映射到现实业务中的工作岗位设置、工作职责说明等，并且使用客户习惯的业务术语来命名。这将使你可以与客户有着共同的语言，便于客户理解而获得正确的业务需求。如果客户不能理解一个业务主角在他的实际业务中对应的是什么工作岗位，那么得到的业务需求很可能就是不符合实际情况的。

9.2.4　提给读者的问题

提给读者的问题 6

请读者以自己所熟悉的一个项目为例，考虑以下两种情况：

1. 在不考虑任何涉众分析和边界定义（以业务目标为边界）的情况下寻找业务主角，并绘制出相应的业务用例。

2. 先进行涉众分析和边界定义，在考虑到业务主角必须代表涉众利益、考虑到业务主角的期望必须符合边界所代表的业务目标的情况下寻找业务主角，并绘制出相应的业务用例。

体会这两种方式带来的不同结果，并思考哪一种方式更加合理。

提给读者的问题 7

在提给读者的问题 3中，读者应当已经就你熟悉的项目定义出了边界。请找出这些边界的业务主角。考虑以下两种情况：

1. 只考虑位于边界外的业务主角，在边界内绘制出他们的业务用例。

2. 将位于边界内的业务工人也当成业务主角，将他们也置于边界外，同样在边界内绘制出对应的业务用例。

体会这两种方式给业务建模带来的不同结果，并思考哪一种方式更加合理。

9.3　获取业务用例

9.3.1　炎黄之治——从愚昧走向文明

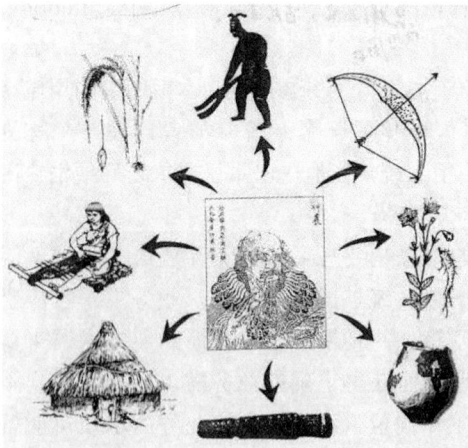

自大地上有了人类以来，人们没有农业，一直靠打猎、捕鱼、采摘野果为生，挨饿、受冻、遇险，过着原始游牧生活。直到两位伟大的君王出现，文明才开始出现在大地，这便是炎黄二帝。

炎帝姓姜，是炎帝族的首领。他们自西方游牧进入中原，与以蚩尤为首领的九黎族发生长期的部落间冲突。最后被迫逃避到涿鹿（今河北省）。得到黄帝族援助，攻杀蚩尤。黄帝姓姬，号轩辕氏。后来炎黄两族在阪泉（据说，阪泉在河北怀来县）发生了三次大冲突。黄帝族打败了炎帝族，由西北进入了中原地区。

此后黄帝族与炎帝族，又与居住在东方的夷族、南方的黎族、苗族的一部分逐渐融合，形成了春秋时期的华族，汉以后称为汉族。在当时中原地区

的民族和部落中，黄帝族的力量较强，文化也较高，因而黄帝族就成为中原文化的代表。炎黄二帝就成为汉族的始祖。也被人们称为中华民族的始祖。因而，人们往往称中华民族是"炎黄子孙"或黄帝子孙。炎黄的子孙就成了中华民族的代名词。

炎帝又称神农氏，他制耒耜，种五谷，解决了民以食为天的大事；遍尝百草，宣药疗疾，救夭伤人命，开立医药先河；治麻为布，使民着衣裳；立市廛，首辟市场，日中为市，致天下之民，聚天下之货，交易而退，各得其所；削桐为琴，结丝为弦，作五弦琴，以乐百姓；制作陶器，改善生活……

而黄帝在位期间则划野分疆，设立九州；隶首作数，定度量衡之制；风后衍握奇图，训练军队，始制阵法；伶伦取谷之竹以作箫管，定五音十二律，合於今日；与岐伯讨论病理，作黄帝内经；有元妃嫘祖始养蚕以丝制衣服；有仓颉始制文字，具六书之法；有采首山（河南襄城县南五里）之铜以造货币；再发明舟车、弓矢、房屋……

孙中山先生写道：中华开国五千年，神州轩辕自古传。创造指南针，平定蚩尤乱。世界文明，唯有我先。自炎黄二帝后，一切文明都具备了，中华大地从此阔步跨进了文明时代。

上下五千年文化自炎黄始，咱们的系统则自业务用例始。现在，边界已定，主角已有，正是让业务主角发挥主观能动性，创造文明之时了。

业务主角站在边界之外，背负着涉众赋予的业务目标，我问：你要怎样完成这些业务目标呢？他说：我要做这件事，做完后我就能得到什么；我还要做那件事，这样就能达到什么目的……当这些事都完成，我就能建立一个文明。对系统来说，每一件事情便是一个业务用例，每个业务用例都体现了业务主角的一个系统期望，而所有这些期望则完成边界所代表的业务目标。

9.3.2　现在行动：获取业务用例

获取业务用例有很多方法，可以从岗位手册、业务流程指南、职务说明等一些文件中获得，也可以从涉众分析中获得灵感。另外一种很重要的方法，就是业务主角访谈。在3.3.4用例的获得一节中我们谈到过，可以通过以下问题引导业务主角代表说出他们的业务需求：

- 您对系统有什么期望？
- 您打算在这个系统里做些什么事情？
- 您做这件事的目的是什么？
- 您做完这件事希望有一个什么样的结果？

下面就让我们用实际的例子来学习获取业务用例的方法。

9.3.2.1　第一个例子

在本案例中，业务员代表用电客户提出业务需求，想象我们正在向业务员提出上述问题。

- 您对系统有什么期望？

分析员：您能不能说说您希望这个系统能做些什么？能怎样帮助您？

业务员：我们希望通过这个系统的建立，把业务申请和客户服务规范化，提高工作效率。现在客户和各类申请越来越多，工作量越来越大，我们希望在这个系统中可以办理我们现有的所有业务。

每天操作量都很大，我们希望系统能够提供快捷的操作方式。办理业务要填写的内容很多，我们希望系统能帮助我们填写那些确定的信息。比如，当我们填写用户号后，该用户已有的信息系统应当自动填写在表单里，不用我们再填写一次………

点评：当客户谈及系统期望时，通常都不是业务需求，而更多的会谈及他们希望系统能帮助他们做什么，或者说他们脑子里想象的系统应当是什么样，应当如何操作等。有时，从这些期望当中找出明确的需求并不容易。需求分为两种：功能性需求和非功能性需求。业务员所提出的这些期望看上去正是非功能性需求。另一方面，读者也可以看出，虽然业务员是代表用电客户这个涉众来提出问题的，但由于业务员是系统的直接使用者，因此他不可避免地一定会谈到对他有利的一些期望。如果发现这些期望有和他所代表的涉众利益有冲突，就应当注意并提出来。

■　您打算在这个系统里做些什么事情？

分析员：请您说说对用电客户使用系统能做些什么事情吗？或者说，这个系统能向他们提供些什么服务吗？

业务员：首先客户要到我们这里申请报装，填写申请书，低压客户和高压客户的申请书是不一样的。如果符合申请条件，我们就会安排现场人员去实地勘察，如果确实符合安装条件，会由班长审批是否同意……

分析员：对不起打断一下，我们现在还不用讲得那么深入，我想先了解对于用电客户来说，他总共可以向你们申请些什么业务？这些业务的名称是什么呢？

业务员：好的。客户可以申请的业务有新装业务，分为高压和低压两种，对低压来说还有一种批量报装业务、临时用电业务、增加用电容量业务、减少用电容量业务、更改用电类别业务、更改用户名称业务、迁移用电地址业务、暂停用电业务、故障报修业务和销户业务。

点评：在初步了解业务时，要防止陷入业务细节，应当引导客户先从独立的业务模块开始讲起，这样才能够建立起对整体业务的初步概念而不至于谨毛失貌。

■　您做这件事的目的是什么？

分析员：您能不能谈一下刚才这些业务的目的是什么？现在只需要告诉我这些业务是针对什么客户办理的，要达到什么目的，暂时还不用讲业务是怎么一步步办理的。

业务员：好的。新装业务是指从来没有在供电局办理过用电手续，第一次申请用电的客户。办理的目的是在供电局建立起用户档案，安装上电表，开始用电。低压和高压的区别是低压用户使用公共变压器，高压用户要安装专用的变压器；批量报装一般都是开发商过来为新建的小区所有住户一次性报装。临时用电是指不安装电表的、临时用一段时间的用户，例如拍电影的摄制组。增加容量是指客户增加用电的容量，一般都需要更换更大容量的电表。更改用电类别其实就是改电价，因为居民用电、商业用电和工业用电的价格是不一样的。更改用户名称就是俗称的过户……后略。

点评：由于判断用例是否合理是以该用例是否完整地达成了业务主角的一个目的为标准的，因此在访谈中应当引导客户从每一项业务的起因（针对性）和目的（要达成的业务目标）谈起。由此来判断客户所谈及的这些业务是否可以作为一个业务用例。例如，本例中虽然客户谈及了低压、高压、批量等业务类型，但从针对性和目的看，它们都是针对同样类别的客户达到同样的目的，因此

应当作为一个业务用例而不是多个。而低压、高压、批量等则是同样业务的不同实现方式，即该项业务有多个业务用例实现。

另一方面，客户所谈及的针对性也可以作为将来用例规约文档的前置条件来源。

■　做完这件事希望有一个什么样的结果？

分析员：请您谈一谈刚才的那些业务，当它们完成后，最终会有什么结果和影响？

业务员：对于新装来说，手续办完后，我们会建立起用户档案；根据用户档案，电费部门会建立计费档案以开始抄表和计算电费；资产管理部门会记录资产目前的使用者；对高压用户来说，用电检查部门还会建立电气资料档案。临时用电不会建立永久档案，计费档案和电气资料档案也不会建立，电费是以固定价格乘以双方约定的每天用电时间来计算的……后略。

点评：让客户说明每项业务的结果可以帮助我们分析用例，尤其是在概念模型建立时，不同的业务有着相同或相似的结果，这种情况往往是分析的重点。另外，业务结果的说明也是将来用例规约文档中后置条件的重要来源。

大致的，根据以上访谈结果，我们可以得出如图9.7所示的业务用例。

9.3.2.2　第二个例子

在本案例中，有一个内部管理的业务边界，它的业务目标是规范供电企业的内部管理，提高工作效率和管理效能。让我们来看看用电主任是怎么来谈及这个话题的。

■　您对系统有什么期望？

分析员：请您谈一谈对内部管理来说，您对系统的期望是什么？

用电主任：我希望通过系统建设来规范我们的工作，提高服务质量。过去由于是纯手工和半手工的工作模式，很多信息保留不下来，尤其是业务办理过程当中的数据。即使保留下来了，面对大量的纸质表单，查找起来也很困难。建立了系统以后，我希望系统不但能够管理起客户档案，业务办理过程中的所有信息都能记录下来，包括每一环节的办理时间、办理人、办理结果、修改了什么等，并且能够方便地查询和统计。这样，我们不但能够随时查阅业务办理的整个过程，当客户有投诉的时候，我们也有据可查。同时，为了提高服务质量和水平，我希望系统能够控制每个业务环节的办理时间。我们有业务流程规范，哪种业务在哪个环节必须在多长时间内办理完成，我们是有时限规定的。系统应当在到期前给予提示，按紧急程度为业务员安排工作。对于那些超过时限还没处理的业务，应当同时给业务员、班长和我发出警示消息。

点评一：这段话与第一个例子有些不太相同。第一个例子几乎没有涉及什么业务目标，大部分都在讲系统该怎么怎么样，而这一段话里却是有着明确的业务目的的。虽然它表述的不是那么明显，我们还是能够从这段话中总结出用电主任的业务目的：监控业务流程，它可以作为一个备选的业务用例。

为什么业务用例是监控业务流程而不是记录流程信息呢？这涉及到谁来记录，即业务主角是谁的问题。从描述上来看，显然应当是计算机自动记录的，问题是计算机在这里不应当成为业务主角，首先在业务建模阶段我们总是应当假设计算机是不存在的，其次，即使要考虑计算机，那么计算机也是在管理边界以内的，所以记录流程信息是不合理的业务用例。

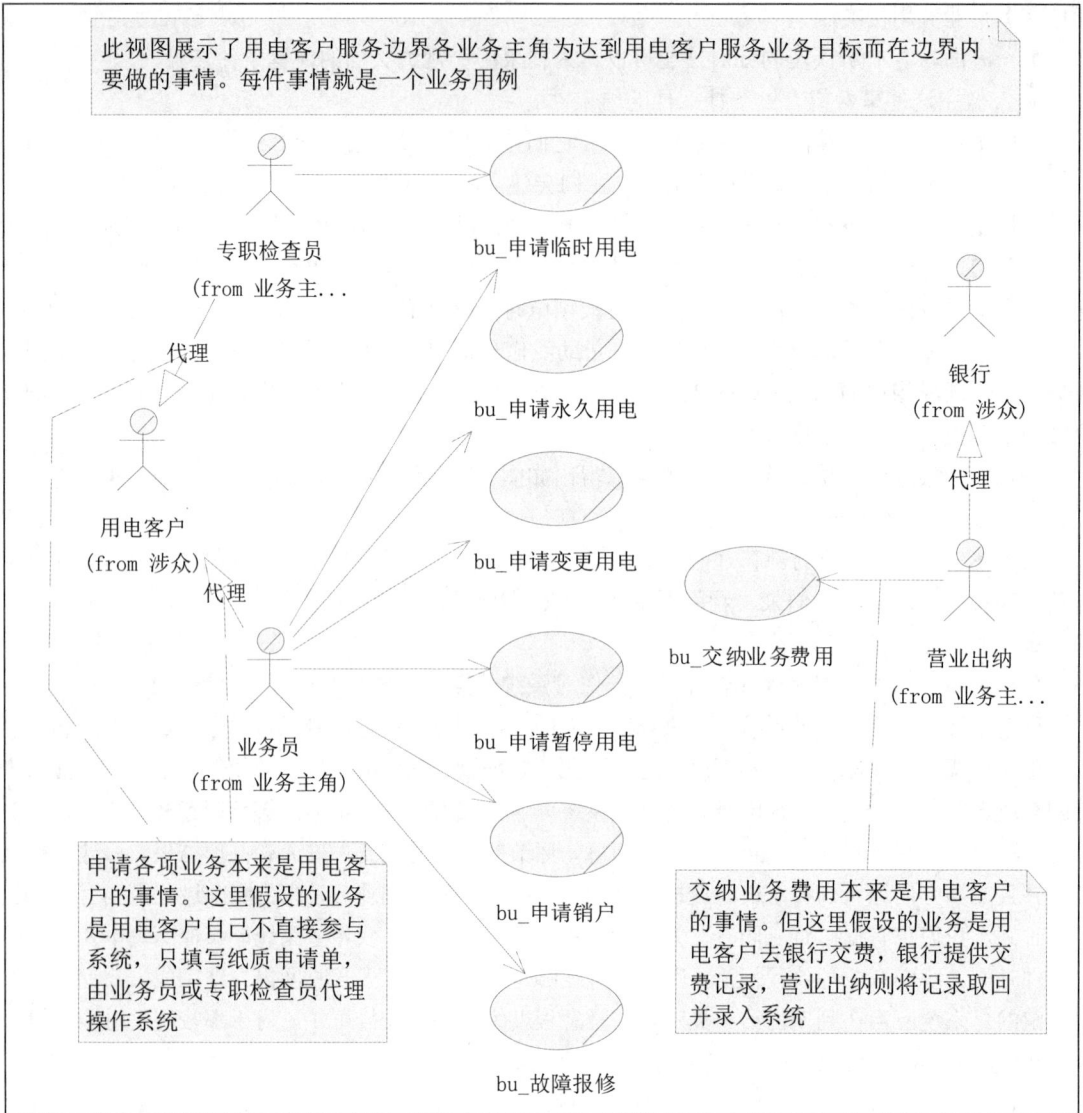

此视图展示了用电客户服务边界各业务主角为达到用电客户服务业务目标而在边界内要做的事情。每件事情就是一个业务用例

专职检查员
(from 业务主...

代理

用电客户
(from 涉众)

代理

业务员
(from 业务主角)

bu_申请临时用电

bu_申请永久用电

bu_申请变更用电

bu_交纳业务费用

bu_申请暂停用电

bu_申请销户

bu_故障报修

银行
(from 涉众)

代理

营业出纳
(from 业务主...

申请各项业务本来是用电客户的事情。这里假设的业务是用电客户自己不直接参与系统，只填写纸质申请单，由业务员或专职检查员代理操作系统

交纳业务费用本来是用电客户的事情。但这里假设的业务是用电客户去银行交费，银行提供交费记录，营业出纳则将记录取回并录入系统

图 9.7　用电客户服务业务概要视图

　　为什么业务用例是监控业务流程而不是查询和统计流程信息呢？这涉及到业务主角的业务目的问题。在获取业务用例时，不应当从谁做了什么作为出发点，而应当从谁为了什么而做什么作为出发点。以这个例子来说，查询统计并不是真正的目的，而是达成监控目的的手段。换句话说，用电主任为了能够监控业务流程，所以需要计算机来记录流程数据，并且查询和统计这些数据。如果没有找到真正的目的，而分成了两个业务用例，会造成信息链断裂，将本来紧密关联的业务分割开来。例如，很有可能在系统实现时，一位设计师精心设计如何保存业务数据，另一位设计师则精心设计查询和统计功

能，虽然两个设计都很精彩，但最终用电主任却不满意，因为设计时保存业务数据并没有和查询统计统一起来整体考虑，不能够提供给用电主任真正想要的内容。

点评二：第一个例子里，从业务员的期望里可以得出一些非功能性需求，而在这个例子里，我们可以得到一些业务规则。这些规则就来源于系统自动记录业务流程数据、控制时限、安排工作、警报等这些要点。

为什么说这些要点是业务规则而非业务用例，换句话说为什么它们不是功能性需求呢？这是因为所谓功能性需求，是指如果缺少了它，业务目标就不能达成。事实是哪怕这些要点我们一条也不做，客户仍然能够达成办理完业务的目标，虽然可能是质量不高的、不顺利的和容易错误的。这些要点是用来辅助和约束业务目标的，因此它们应当是业务规则。通常情况下，业务规则也是需要编码实现的，相对于业务用例来说，业务规则更可能影响软件架构的设计。作者推荐将业务规则单独列出而不要让它们散落在业务用例描述中，此内容在 9.6 提炼业务规则一节中会详细讲述。

■　您打算在这个系统里做些什么事情？

分析员：我可不可以这么说，您希望这个系统能帮助您监控业务流程的执行？监控的内容包括业务流程执行过程中的数据，以及业务流程执行的时限控制？而系统应当根据业务流程规范设定的规则向相关人员进行提示？

用电主任：对，是这样的。

分析员：好，我明白了。那么除了计算机可以自动做的以外，您或者是其他工作人员还需要在系统里做些什么呢？比如说，计算机要实现能够自动处理的功能，是需要事先有人将业务流程规范中的规则设定到计算机里的。

用电主任：是这样的，业务流程规范是由用电主任也就是我来设定的。系统可以设计一个功能让我来录入和设定这些规则，设定以后计算机就根据这些规则来工作。如果业务超过了时限还没完成，负责它的业务员要写一份说明并由他的班长签字认可。我希望这项工作也能被记录下来。

分析员：好。在我查阅你们的业务流程规范时，里面提到过这些内容会成为人员考核的指标之一。另外，在你们提供的项目建设意向里也提到过人员考核的问题，您认为系统应当为人员考核做些什么呢？

用电主任：系统应当能够让我录入和修改考核指标，例如一个月不能有超时业务多少项。另外，各个业务班的班长负责根据考核指标在系统里录入手底下人员的成绩，例如投诉次数、差错次数等。

点评一：客户并不能够了解什么是用例，因此不能指望用户直接将用例讲出来。很多时候需要系统分析员归纳和总结客户的意思，并向客户求得认可。同时，客户也不能够了解什么是计算机能做的，什么是不能做的。系统分析员应当适时地指出来，例如客户不会想到计算机要能自动监控，业务规则是必须由人事先设定的这一条件，分析员就应当帮助客户认识到这一点。

点评二：在获取业务用例之前，系统分析员应当对客户业务有大致的了解，这样才能够引导客户将完整的需求讲出来。很多客户会想当然地认为它就应当是这样的，系统当然是会这样做的，这些都不用给你解释……事实并不是这样。因此，系统分析员应当将一些潜在的问题提出来，例如这个例子中的人员考核问题。

■ **您做这件事的目的是什么？做完这件事希望有一个什么样的结果？**

分析员：现在我需要跟您核实一下刚才的讨论。核实的办法是这样的，我列出您将要在系统中做的事情，您告诉我你做这件事的目的是什么，是针对哪些人做的，这件事情做完后，会造成什么影响？这个影响包括对业务和人的影响。

这些事情是：监控业务流程、设定流程规则、提供超时说明、设定考核指标、录入考核成绩。我们一项一项的过，先说说监控业务流程。

用电主任：监控业务流程的目的是……；针对的是业务班的人员和……；监控结果会自动进入考核成绩……

点评：为了节约篇幅，省略了一些说明。但具体内容并不重要，重要的是在获取业务用例时，千万不要忘记询问上述的这些问题。在第一个例子里已经提到过，这些问题将帮助我们验证业务用例是否正确、明确业务用例的前置条件和后置条件等重要内容。

最后，根据这部分谈话，可以得到如图9.8所示的内部管理业务用例视图。在本谈话中没有提及设置人员权限和管理人员档案两个业务用例。

客户很少会主动提及这类业务用例，因为严格说起来与业务目标并没有太大的关系。系统分析员可以主动向客户提及这类与系统管理有关的问题。不过，虽然问题是一定要提出的，但这类用例并不一定要体现在业务建模阶段，如果的确与业务关系不大，例如备份数据之类的，可以到系统建模阶段再以系统用例的形式体现出来。本示例为了引出这个问题，因而将设置人员权限和管理人员档案两个业务用例放在了业务建模阶段，实际上到系统建模阶段再绘制它们也是合理的选择。

9.3.2.3 第三个例子

图9.7和图9.8从业务目标整体的角度展示了业务的构成。这些视图在业务方和建设方之间建立了一个契约，如果双方均同意该业务目标就是由这些部分构成的，系统建设的业务范围就可以初步确定下来。在这个时候，我们还没有必要深入到业务细节当中去，只要能够明确每个业务用例是做什么的、有什么结果、这些业务用例是否已经足够描述业务目标就可以了。因为这时确定业务范围比了解业务细节更为重要，这一点在下一节中还会进一步讨论。

但是图9.7和图9.8虽然可以说明业务目标的构成，却难以让业务方的人员全面知道他将在系统里面做什么，因为业务主角的业务用例分散在了不同的边界里，例如业务员的业务用例就分散在图9.7和图9.8中。

在实际工作中，一个业务人员的工作岗位通常会涉及到多个业务目标，如果读者打开本书所附的建模示例中的边界定义，就会发现有些涉众是与多个边界有关联的。为了能够把业务说清楚，并且让业务主角代表弄清楚他在整个系统里究竟会做些什么，我们通常还需要提供另一份视图。这份视图通常在业务边界内的用例都完成以后，将参与了多个业务边界的业务主角的所有业务用例集中在一个视图中展示出来。这样，业务主角代表能够很清楚地知道他的所有职责是否都已经体现在系统中了。

此视图展示了内部管理各业务主角在此业务目标内各自要做的事情。
其中：
- 系统管理员所涉及的两个业务用例也可以到系统建模阶段再提出
- 在业务主角定义里，业务员本来不是内部管理边界的业务主角。随着调研的深入，发现业务员也会参与内部管理。这种调整是合理的，可以回头修改原来的业务主角定义

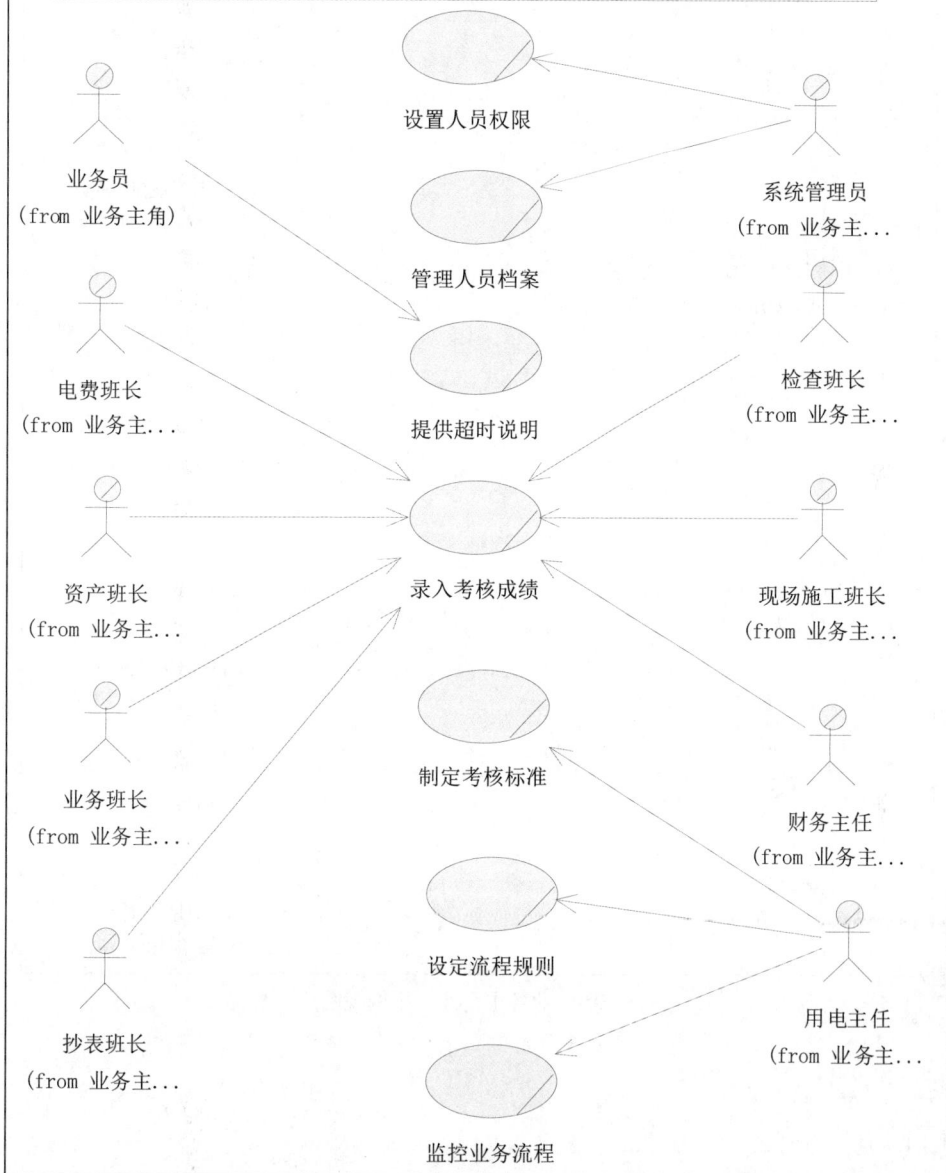

图 9.8　内部管理业务概要视图

图 9.9 展示了业务员在系统中所参与的所有业务用例。显然这些业务用例是跨了业务边界的，但是这份视图对业务员来说比按业务边界划分的视图更有价值。

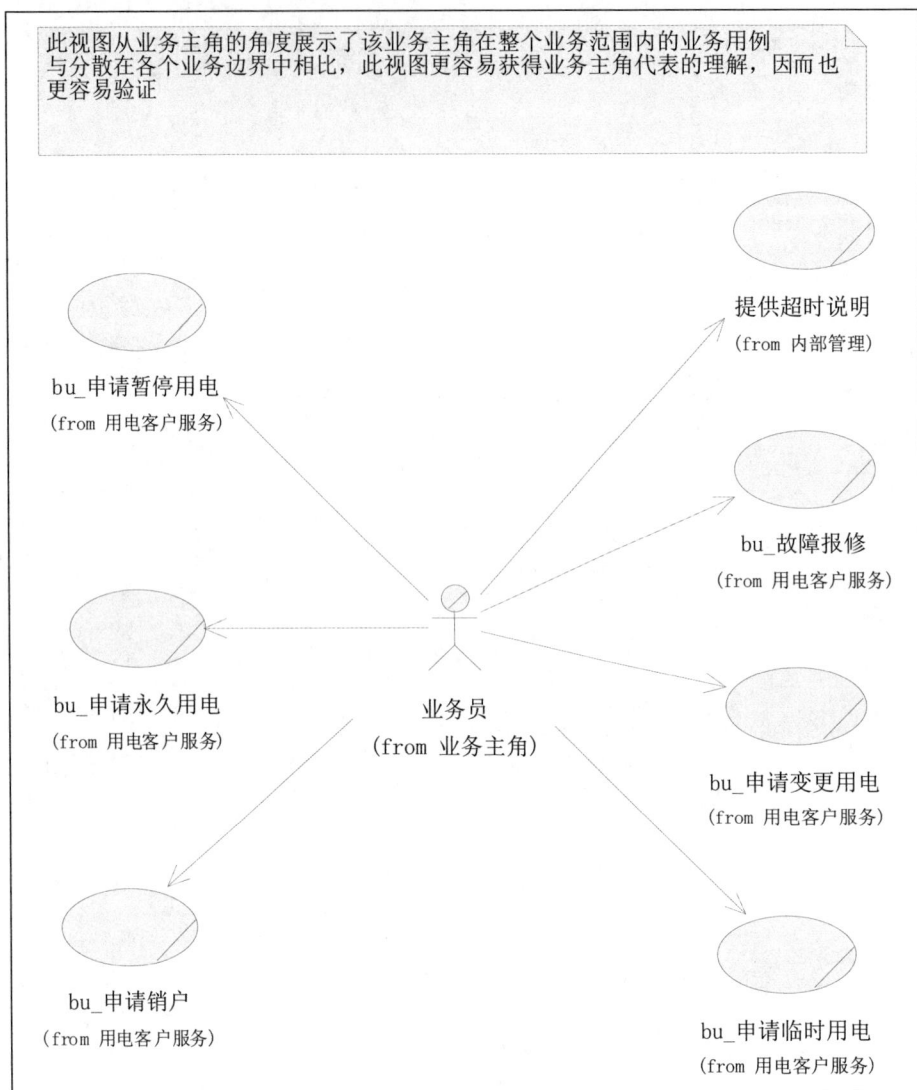

此视图从业务主角的角度展示了该业务主角在整个业务范围内的业务用例
与分散在各个业务边界中相比，此视图更容易获得业务主角代表的理解，因而也
更容易验证

提供超时说明
(from 内部管理)

bu_申请暂停用电
(from 用电客户服务)

bu_故障报修
(from 用电客户服务)

bu_申请永久用电
(from 用电客户服务)

业务员
(from 业务主角)

bu_申请变更用电
(from 用电客户服务)

bu_申请销户
(from 用电客户服务)

bu_申请临时用电
(from 用电客户服务)

图 9.9　业务主角业务用例视图

9.3.3　进一步讨论

9.3.3.1　第一个讨论

以上例子都是以客户访谈形式来获得业务用例的。如果有些系统的建设不具备访谈条件，或者说根本不可能进行访谈呢？例如大多数的研发类项目、自动控制类项目，这些项目的涉众

是模糊的，或者能够寻找到的业务主角要么是广泛的大众，要么就是机器设备、传感器，不能够进行访谈怎么办？

实际上在对象方法里，任何对象都一定有消费者。只要有消费者，就会有需求，无论这个消费者是什么。即使你所从事的项目不能找到像例子中那样的可以访谈的业务代表，只要你划分了业务边界，就一定有站在边界外的消费者，不管它们是什么，都是潜在的业务主角。尽管这些业务主角不能够开口说话，但是你可以采用拟人化的形式、角色扮演的形式来替代它们做出类似例子中的访谈。

这种角色扮演的方法其实并不陌生，CRC（类—职责—协作）就是一种广泛用于帮助进行对象分析的技术。CRC技术就是让小组成员分别扮演一个协作中的类，以拟人化的方法，从自己的需要出发，向对方提出要求。被提问到的一方要评估自己是否能够给出答案，并记录下自己被要求的职责。虽然这种方法用于对象分析，其思想是可以被借鉴到业务分析中来的。如果所从事的项目有明确的业务代表，他们会扮演提出问题的角色，如果所从事的项目没有明确的业务代表，不管是机器设备还是另一个系统，都可以让小组中的一些成员扮演它，向扮演系统的另一些成员提出要求。在这个讨论的过程中，类似本章例子中的对话场景就能够体现出来了。

访谈、互动是做好业务分析的最好方法。闭门造车是很难做好一个系统的业务分析的，因为系统的制造者永远不可能非常准确地把握系统使用者的使用要求，除非站在他的立场上考虑。实际上，这种互动方式也是面向对象方法中的一大特色。尊重消费者的意愿，满足消费者的期望，才是一个产品能否成功的根本。角色扮演就是迫使自己站在消费者角度考虑问题的一种好方法。

9.3.3.2 第二个讨论

业务用例是不是找到了，列出来就行了呢？不否认，很多情况下大家都是这么做的。但仅仅这么做实际上是不够的，我们还应当用适当的视图把它们展现出来。

在2.4视图一节中我们提到过，很多时候仅仅给出所有属性的视图并不足够，我们还应当考虑到观察者的不同审视要求而采用不同的视角来展示他们关心的信息。第三个例子其实就是在做这样一件工作，我们从业务目标的整体角度来展现业务用例，关心它的可能是相对高层一些的涉众，例如领导；而从业务主角的角度来展现业务用例，关心它的可能是具体做这些事的工作人员。我们也可以从更多的角度去展示这些业务用例，比如按优先级、重要程度、联系紧密程度等很多可能的角度。

从不同的角度来展示业务用例，一方面可以提供给观察者最关心的信息，另一方面对验证业务用例获取是否准确也是很有帮助的。如果业务用例是准确的，那么不论用什么角度来展示，都不应当显得突兀和别扭，在每一个角度上看它都应当是自然而和谐的。反之，就可以据此来重新审视这些业务用例是否有不恰当的地方。

9.3.3.3 第三个讨论

业务用例获取什么时候结束？作者的建议是不要追求完美，事实上也不可能有完美。只要感觉到已经把客户的业务弄清楚了就可以考虑结束，而不必等到事无巨细的每件事都定义得清清楚楚。

作者提倡采用迭代式开发，或者说是演进式开发。不管行业知识有多深厚，分析经验有多丰富，永远都有考虑不到的问题。更何况世事无常，业务变化、机构改革时有发生。发现和定义业务用例的目的有两个，一个是了解客户业务构成，另一个是确定业务范围。这两个目的有不同的效用。

了解客户业务构成更多的是对分析员有用。面对一个陌生的业务领域，一个经历了多年发展变化的业务流程，要在短短的需求阶段把它们都弄清楚的确是一个挑战。业务用例的意义就在于能够帮助人员在短时间内从结构上、整体上了解业务构成。业务用例是比较高层次的业务抽象，更易于被人们理解和接受。可以想象一下，究竟是长达几十页甚至几百页的业务说明书容易理解，还是几个小人加鸡蛋容易理解？所以，在获取业务用例的时候，目标不是要把客户的所有业务以及所有细节都搞清楚，而是要了解客户的业务构成，从整体上把握它们。只要感觉到业务的整体信息已经可以掌握了，就可以考虑停止更深入地获取业务用例。现有的业务用例可以作为一份基线，以它为基础开始进行下面的工作。

确定业务范围更多的是对项目管理有用。在项目管理中，成本估算依据于工作量估算。业务用例获取是在系统建设的早期进行的，甚至应当早于大部分的项目计划，或者与项目计划并行进行。我们知道，要制定项目计划，必须要有明确的项目范围。业务用例可以作为业务范围，也就是项目的范围来使用。在目前比较流行的项目估算方法是工作分解结构 WBS（Work BreakDown Structure），而业务用例就可以作为工作分解结构的起点。这里提到对业务用例的分解，并不是分解成系统用例，而是从项目估算的要求出发，来分解完成一个业务用例需要做的工作。图 9.10 展示了根据业务用例的工作分解结构，项目经理可以根据这个结构来估算工作量。

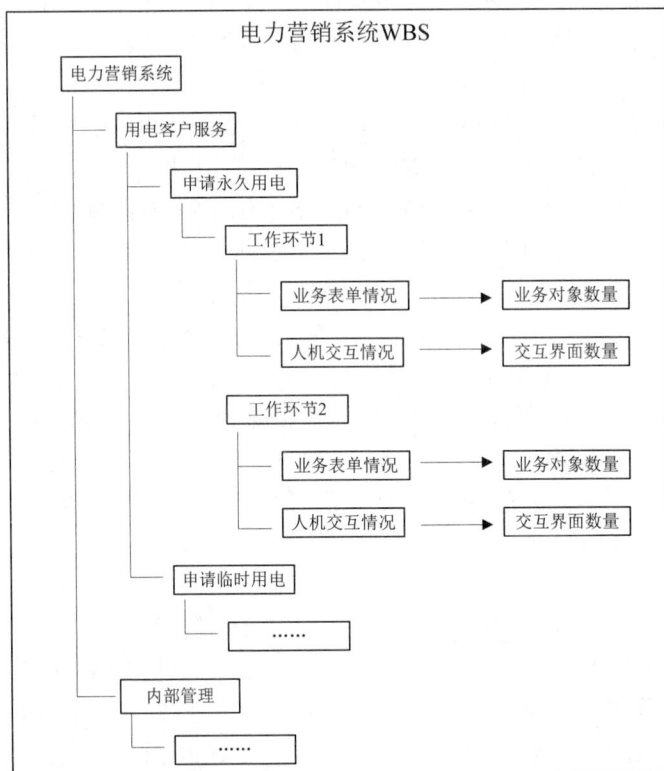

图 9.10　利用业务用例估算项目

　　既然提到项目估算，这里就多说两句。工作分解结构是进行估算的前提，我们通过一些方法把大规模的范围分解成一些小的、容易估算和控制的工作包。图 9.10 的示例是用工作环节来分解，最终归结到业务对象数量和界面数量上。实际上还可以用别的分解途径，按功能点来分也是可行的方法。总之，较大的项目应当分解到每个底层工作包大致的工作量在一个人两周左右的工作量为止；较小的项目则分解到每个底层工作包大致的工作量在一个人一周左右的工作量为止。工作包分解到这个程度是一些经验数据，高于或低于太多都会估算不准确。

　　工作分解结构完成以后，就可以估算每个工作包的实际工作量了。至于工作包的估算方法，可以是经验法、德尔菲（Delphi）法、Loc（代码行估计）等一些方法，有兴趣的读者可以找相关资料学习，项目计划技术不是本书的范围，这里不再深入讨论。顺带提一句，工作量不等于时间计划，要得出时间计划，还有另一些技术如 PERT 图技术可以应用。实际上微软的 Project 软件里已经综合了这些技术的应用。

　　在早期迭代时，业务用例定义是可以不甚完善的，只需要达到以上两个目的即可。更为详细和精确的内容，可以在第二次、第三次迭代中逐步深入和完善。表 8-7"需求调研迭代计划示例"就展示了这种逐步迭代完善业务用例的迭代计划。

9.3.4　提给读者的问题

<h2 style="text-align:center">提给读者的问题　8</h2>

　　请读者以自己所熟悉的一个项目为例，考虑以下两种情况：
1. 在不考虑采用角色扮演方法的情况下，尝试获取业务用例。
2. 小组成员轮流扮演消费者，其他成员扮演系统边界，由消费者向系统边界提出业务要求，阐述业务目标。在这个过程中记录对话场景，再依据对话场景尝试获取业务用例。
　　体会这两种方式带来的不同结果，并思考为什么角色扮演能帮助我们获取业务用例。

<h2 style="text-align:center">提给读者的问题　9</h2>

　　请读者根据获得的业务用例，根据实际情况，尝试找出一些展示这些业务用例的视角，并绘制出业务用例视图。例如从客户代表关心的问题的角度、项目经理关心的问题的角度、系统分析员关心的问题的角度、与某业务流程紧密关联的角度、与将要采用的某项技术的角度等来展示这些业务用例。
　　体会不同角度展示带来的不同信息，并据此发现和修正一些不合理的业务用例。

9.4　业务建模

9.4.1　商鞅变法——强盛的必由之路

　　秦在春秋时期，社会经济的发展落后于关东各大国。反映并加速井田制瓦解、土地私有制产生的赋税改革，也迟于关东各国很多。如鲁国"初税亩"是在公元前 594 年，秦国的"初租禾"是在公元前 408 年，落后 186 年。可是这时，秦国已使用铁农具，社会经济发展较快，这不仅加速了井田制的瓦解和土地私有制的产生过程，而且还引起社会秩序的变动。公元前 384 年，秦献公即位，下令废除用人殉葬的恶习。次年又迁都栎立，决心彻底改革，便下令招贤。商鞅自魏国入秦，孝公任他为左庶长，开始变法。

商鞅变法是分两次进行的。第一次开始于公元前 359 年，第二次开始于公元前 350 年。变法的主要内容包括：

- 废井田、开阡陌
- 重农抑商、奖励耕织
- 统一度量衡
- 励军功，实行二十等爵制
- 除"世卿世禄制"，鼓励宗室贵族建立军功
- 改革户籍制度，实行连坐法
- 推行县制
- 定秦律，"燔诗书而明法令"

秦国经过商鞅变法，面貌焕然一新。在土地所有制方面，基本废除以井田制为基础的封建领主所有制，确立以私有制为基础的地主土地所有制；在政治方面，基本废除了分封制，确立了郡县制。秦国从落后国家，一跃而为"兵革大强，诸侯畏惧"的强国，出现了"家给人足，民勇于公战，怯于私斗，乡邑大治"的局面。终于公元前 221 年结束战国时代，使中国归于一统。

商鞅变法是战国时期最典型、最深刻、最彻底的一次政治改革，推动了社会生产力的发展，反映了历史发展的客观要求。秦统一中国最主要的因素还是变法，秦始皇实行的许多重大政策正是从"商君法"发展而来。而我们要建设一个高质量的软件系统，也要从建立准确、清晰、高效和强壮的业务模型开始。"法制"强于"人制"，依据模型进行软件系统的建设，无论如何都要比凭经验拍脑袋强。

9.4.2　现在行动：建立业务模型

在 5.2 业务用例模型一节中我们谈到过，一个完整的业务模型包括以下一些内容：

- 业务用例视图
- 业务用例场景
- 业务用例规约
- 业务规则
- 业务对象模型
- 业务用例实现视图
- 业务用例实现场景
- 包图

其中，业务用例视图在获取业务用例的时候已经基本完成了，如图 9.7、图 9.8 都是业务用例

视图。在建立业务模型时，如果有需要，我们还可以将已经获得的业务用例重新组织来绘制一张新的业务用例视图来表达某种视角。

9.4.2.1　业务用例场景示例

业务用例场景用来描述该业务用例在该业务的实际过程中是如何做的，绘制业务用例场景可以使用以下这些工具。例如，如果想强调参与该业务的各参与者的职责和活动，可以选择用活动图来描述（动态图中还有一种是状态图，但是状态图一般都适用于描述单个对象的行为，并不适合于描述交互场景，因此一般不用状态图作为业务用例场景的描述工具）；如果想强调该业务的完成时间顺序，可以选择用时序图来描述；如果想强调参与该业务的各参与者之间的交互过程，可以选择用协作图来描述。你可以只选择其中的一种，当然，如果该业务用例很重要，这几种绘制场景图的工具都选择也是鼓励的。

作者从上面所获得的业务用例中选择了"bu_申请永久用电"这个业务用例来作为示例，看看各类业务用例场景是如何描述业务的。

■　用活动图描述业务用例场景

活动图侧重于描述参与业务的各个参与者在该业务当中所执行的活动。这种图适合于分析参与者的职责，并且也有利于将业务用例分解成为更小的单元，为获得概念用例乃至系统用例带来好处。作者建议将活动图作为描述业务用例场景的必选方式，而将时序图和协作图作为辅助。这是因为在分析业务的阶段，最重要的内容就是要得到业务参与者的职责。由于这时离设计和编程还比较远，因此一般不需要过于强调时序和交互这些对较低抽象层次对象比较重要的内容。

用活动图工具来描述业务用例场景，必须将参与者和业务工人作为活动图的泳道，将参与者和业务工人所完成的工作作为活动。依据实际业务流程中的执行顺序将这些活动连接起来，形成业务用例场景。

场景隐含着两个基本要求，一是必须忠实于真实业务，二是一个场景只能描述业务的一种执行方式。也就是说，在描述业务用例场景时不能带有"设计"思想在里面，或者试图"抽象"和"优化"业务过程，它必须和客户认可的实际业务执行一致；同时，不要试图在一个场景里把业务的所有内容都包括进来，绘制出一幅充满了判断分支，像蜘蛛网一样的活动图。每一个场景只针对一种业务执行方式，应当清晰而明了。

> **必杀技：**
>
> 在 Rose 中，为用例绘制场景图，应当在左边资源树上找到该用例，右击选择新建活动图，这样，该活动图就被放置在用例下面了。
>
> 建立第一个活动图时，Rose 会生成一个 State/Activity Model，所有的活动图和状态图都被归置在这个 Model 里。你可以在这个 Model 上右击建立图、活动、状态、泳道等。
>
> 如果业务用例有多个场景，那么不可避免地就会在多个场景里出现重复的活动、泳道。应当从 Model 里将这些资源拖拽到图中，而不要重新命名新的资源。实际上，这些重复使用的活动和泳道对建模来说正是最需要关注的，概念用例将从中得到启发。业务架构也将从中得益。

图 9.11 展示了"bu_申请永久用电"这个业务用例中针对低压用户申请永久用电的业务场景。

图 9.12 展示了"bu_申请永久用电"这个业务用例中针对高压用户申请永久用电的业务场景。

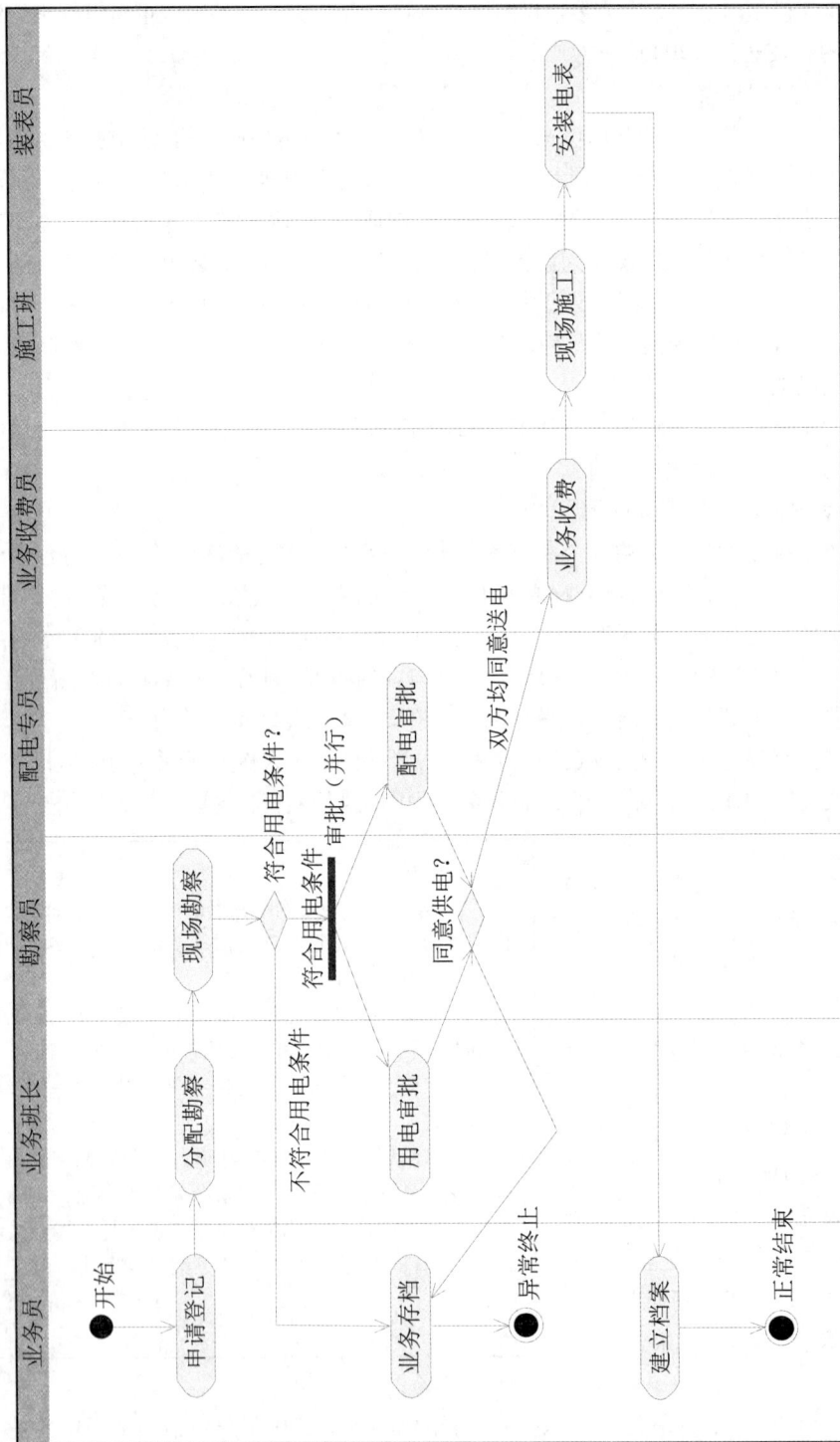

图 9.11　低压用电申请业务用例场景活动图

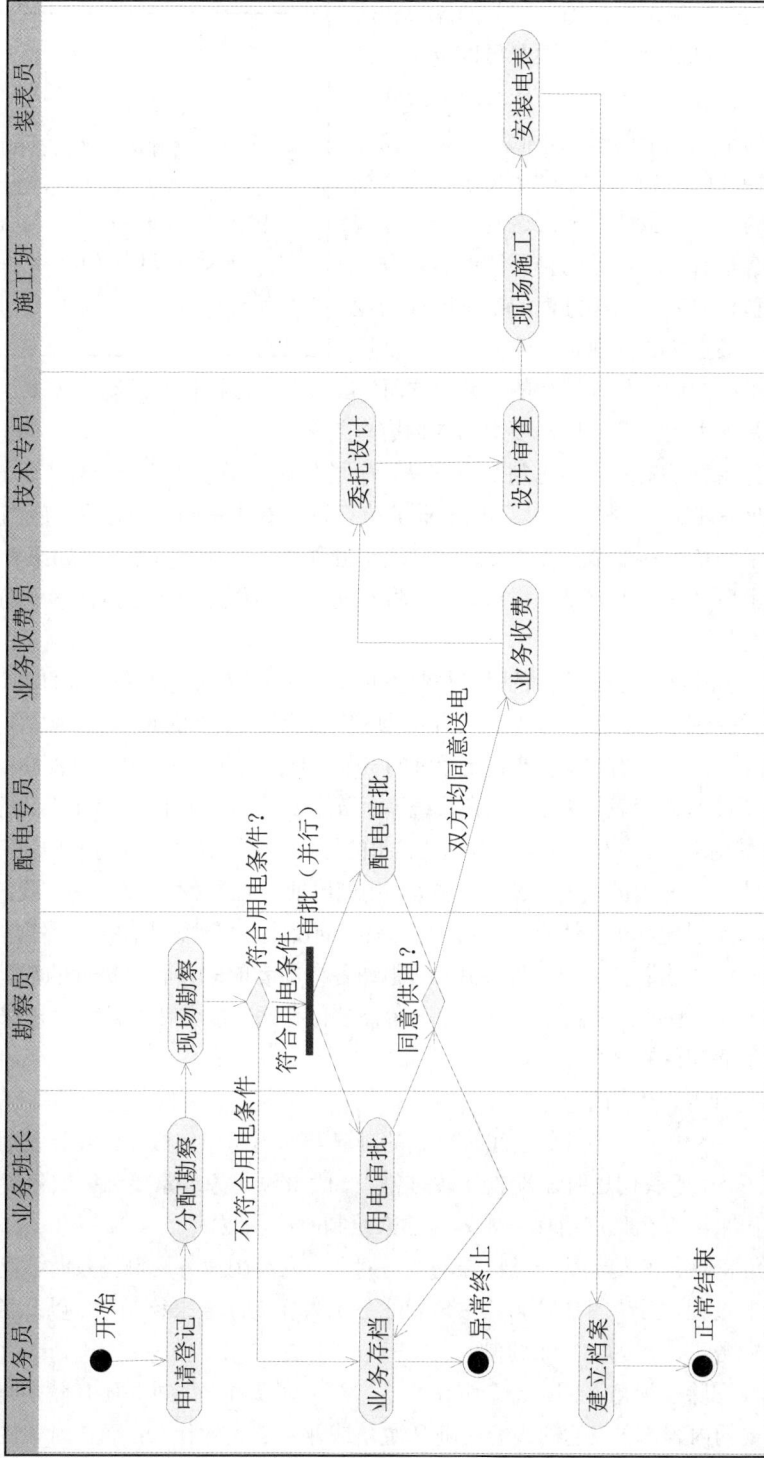

图 9.12 高压用电申请业务用例场景活动图

对比这两幅图我们会发现，它们绝大部分的泳道和活动都相同，仅有高压用户申请时多了技术专员以及委托设计、设计审查两个活动。有读者要问，为什么要分成两个场景，而不是同一个场景加一个判断呢？低压不执行设计活动，高压执行不就可以了吗？这里之所以分成两个场景，是因为实际业务的原因，虽然看上去这两个场景非常相似，但是一方面在客户看来，这是两种不同的客户群。想象一下，VIP 客户和普通客户虽然办理的都是同样的业务，但待遇是不同的。最直接的表现是在营业厅里，低压申请和高压申请是由不同的业务员来接待的。另一方面，虽然看上去执行的活动差不多，但是实际上所填写的表单差别是很大的，高压用户要填写的内容多得多。

所以，在绘制业务用例场景前应当先判断应该是一个场景还是场景中的一个分支。一般来说，第一，如果客户在其业务理解上，将看上去不同的业务执行过程看作是同一个概念，应当考虑将这些不同的活动作为同一个场景的多个分支，反之则应当单独作为一个场景；第二，如果看上去不同的业务执行过程实际上所处理的内容是一样的，应当将不同的活动作为一个场景的多个分支，反之则应当单独作为一个场景。

在绘制完业务用例场景以后，我们得到的是参与业务的各个参与者和业务工人各自的职责和业务执行的过程。绘制这些场景有什么好处呢？首先活动图可以理解为通常意义上的业务流程图，可以非常直观地描述客户的业务流程，这对与客户交流来说是很好的一个工具；其次，我们从活动图中得到了许多关键的概念：职责和活动。职责代表将来用户要在系统里面做什么，而活动则表示将来系统的设计方向和内容。概念用例、系统用例、业务架构都会受到这些结果的影响，在第 10 章需求分析中我们会看到如何基于这些场景进行分析。最重要的，统一过程方法认为用例场景即是软件行为的规约，我们在绘制用例场景的同时实际上就为软件定了软件的行为。这样，后续的设计、实现等就有据可循了。

用活动图描述用例场景是最常用的一种方式，它强调各参与者的职责和所执行的活动，是一种"以人为本"的描述方式，通过活动图的描述，参与者需要做什么、能做什么被定义出来，这将有利于帮助"使用者"了解抽象的概念。

■ 用时序图描述业务用例场景

大多数情况下，时序图用于描述对象之间按一定的顺序互通消息而完成一个特定的目标。在业务用例场景这一情况下，由于我们这时还没有业务对象，一般来说业务对象要到领域建模或者概念建模阶段才会被定义出来，那么我们用什么作为对象来绘制时序图呢？

别忘记，业务主角和业务工人也是一类特殊的业务对象。在绘制业务用例场景时，我们需要定义的是业务如何执行的过程，活动图是以业务主角和业务工人作为泳道来绘制的，以此类推，时序图也将用业务主角和业务工人作为对象来绘制。

那么活动图和时序图除了视角不同，一个强调职责、一个强调顺序之外，还有差别吗？有。在活动图中，活动是主要的内容，它表达的内容是业务主角或业务工人做什么；而在时序图中，消息

是主要的内容，它表达的内容是业务主角或业务工人之间传递的是什么。如果说活动图表达了在这个业务用例中，业务主角或业务工人分别做了些什么来完成用例的目标，时序图则表达了在这个业务用例中，业务主角或业务工人相互传递了些什么来完成用例的目标。这两类图是相辅相成的。

　　图 9.13 展示了用时序图绘制的低压用电申请业务用例场景，这个场景描述与图 9.11 所表述的是同一个业务。读者可以看到，这个场景图描述了业务主角和业务工人之间相互传递的消息。如果类比于一个工作流，那么时序图中的消息则代表了工作流的状态变迁过程。在这里，消息一般都不会是简单的一个通知，一般都会带有业务数据。因此，时序图实际上为分析业务数据的变化过程提供了很好的依据。

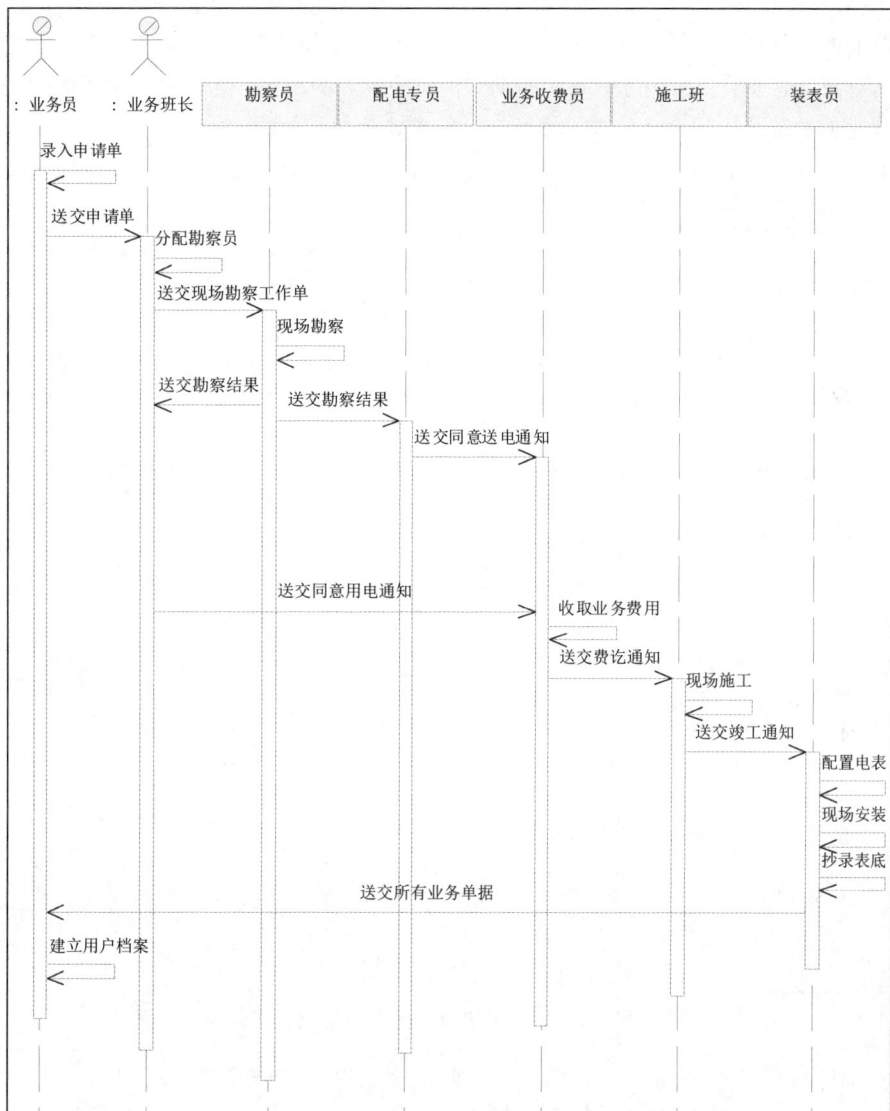

图 9.13　低压用电申请业务用例场景时序图

对于习惯了用 DFD 图来分析业务流程的朋友来说，可能会喜欢上用时序图来描述业务用例场景。它与传统的 DFD 图可谓有异曲同工之妙，你能够在这里看到"数据"的传递过程。不过，笔者建议将时序图作为活动的补充，在需要强调业务执行过程时再来绘制时序图。原因是这个时候消息是很粗粒度的，它只能帮助我们了解业务，实际上还达不到分析数据的详细程度。

■ 用协作图描述业务用例场景

正如 4.2.4 协作图一节中所述，协作图本质上与时序图是可以互换的，它们只是在图结构上适于表达不同的视角。这里就不再赘述了，直接给出图 9.14 所示的示例。读者可以看出，与时序图不同的是，从协作图更容易看出业务主角或业务工人与其他人之间的交互，协作图的意义正在于此。如果你发现很多人都与其中的一人交互，例如例子中的"业务员"，对这个"业务员"就得多加小心了。这说明该"业务员"在实际业务中扮演"消息中枢"的角色，你需要在调研时加倍仔细；同时，这也可能是系统分析和设计的关键点所在，需要重点关注。

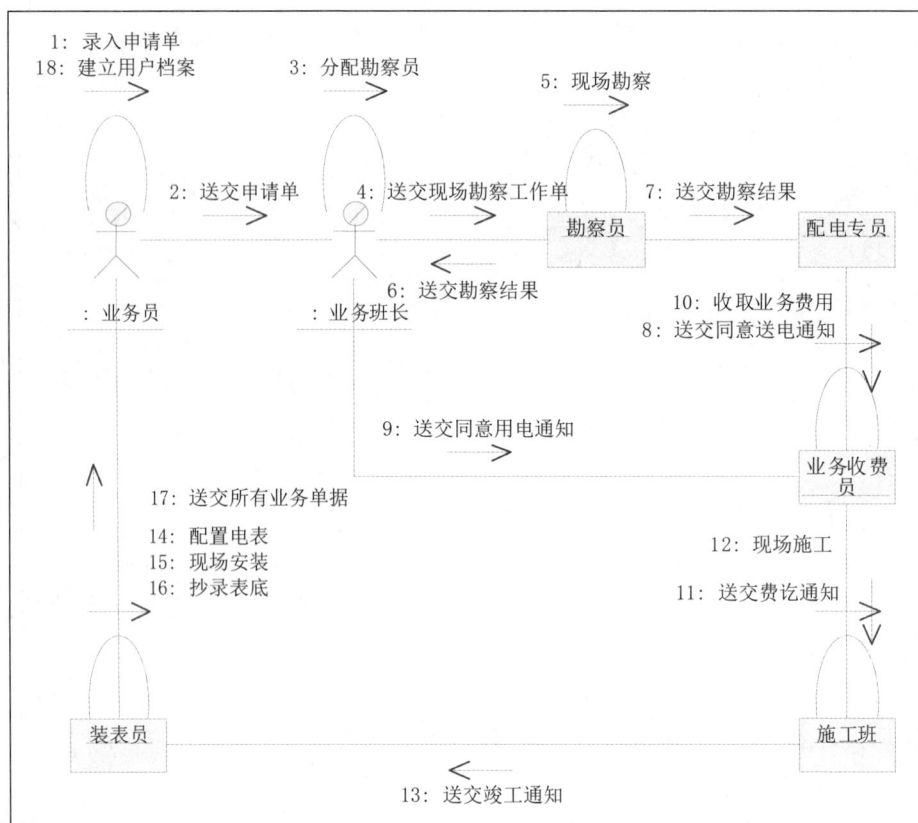

图 9.14 低压用电申请业务用例场景协作图

虽然一幅图胜过千言万语，但是也不能因此就把文字工作完全省略了。用例规约是业务用例的另一份重要的文件，它用文字的形式描述业务用例。下面给出一个业务用例规约的例子。

9.4.2.2　业务用例规约示例

文字是图形的有力补充。图形虽然形象、直观，但是一些细节性的内容还是需要用文字来说明的。例如很重要的前置条件和后置条件，在图形中是很难表达出来的。

另外，业务用例规约是在分析过程中逐步形成的，有些内容，例如业务规则、涉及的业务实体等，可能一开始并不能很好地描述它们。没关系，在后面的进程中我们将逐步将其补充完整。

考虑了前置条件、后置条件、业务规则、业务实体，用文字表述的业务用例场景可以用下面的表 9-1 来描述。

表 9-1　业务用例规约示例

用例名称	bu_申请永久用电
用例描述	低压或高压用电用户向供电企业申请用电。供电企业审查申请资料，进行现场勘察，符合用电条件者进行现场安装，并送电，完成永久用电申请过程
执行者	业务员（代理用电客户操作）
前置条件	1．申请用户资料齐全 2．申请用户之前没有欠费记录
后置条件	1．成功建立用电客户档案 2．成功建立收费账户和结算账户 3．成功建立抄表台账 4．成功建立监察档案 5．成功建立计量档案
主过程描述	1．用电用户到营业大厅填写用电申请表，提交营业柜台 2．营业员初步核实申请信息，查询该用户是否有欠费记录，附合条件则启动用例 3．营业员录入申请信息，产生用电申请单 4．业务班长审查申请单，产生现场勘察工作单，分配勘察员执行任务 5．勘察员现场勘察，填写现场勘察工作单，给出是否符合用电条件结论。符合条件执行 6，不符合条件执行异常过程 5.1.1 6．审批过程为并行过程，同时执行分支过程 6.1.1 和 6.2.1。两个分支过程均需执行完毕并有审批结果。若两个分支过程审批都同意，执行 7，若一方或两方都不同意，执行异常过程 6.3.1 7．营业员通知用户到大厅交纳初装费用。业务收费员收取费用，产生业务费用已讫清单 8．施工班执行现场安装工作，并填写现场施工单 9．装表员根据现场安装结果，为用电用户配置计量表，现场安装，并填写安装记录单和电表初始示数 10．营业员收集所有工作单据，建立用电客户档案、收费和结算账户、抄表台账、监察档案和计量档案。用例结束
分支过程描述	6.1.1 业务班长根据现场勘察结果，审批是否同意用电申请。结果返回 6 6.2.1 配电专员根据现场勘察结果，审批是否同意配电供电。结果返回 6

异常过程描述	5.1.1 不符合条件，营业员归档申请记录，停止申请过程，用例结束 6.3.1 配电和用电两方至少一方不同意，营业员归档申请记录，停止申请过程，用例结束
业务规则	2. 申请户名应无历史欠费记录 *这一栏中可以用过程步骤的编号来引用相关的业务规则。若该规则仅作用于本用例，可以如上面例子直接书写。若该规则作用于多个业务用例，建议编写专门的业务规则文档，请参看9.6.2.1 全局规则一节，为每个业务规则编号。在这里引用编号即可。例如在业务规则文档里有编号为BizRule001 的业务规则，可以这样引用：* 2 – BizRule001
涉及的业务实体	Be_申请单 Be_现场勘察单 Be_业务收费清单 Be_电表安装工作单
涉及的业务实体	Be_用户档案 Be_收费账号 Be_结算账号 Be_抄表台账 Be_监察档案 Be_计量档案 *这一栏中可以列出与该业务用例相关的业务实体。一般情况下，业务实体要在晚一些的过程中才能产生。这里为了示意特别列出。在正常建模过程中，这一栏的内容要等建立了业务对象模型以后才能确定*

在这个业务用例规约例子中，过程描述采用数字和点来表示过程中的活动顺序。例如：1、2、…n 表示第 1 步、第 2 步…第 n 步；1.1.1 表示第一步的第一个分支的第一步，同理，n.m.k 表示第 n 步的第 m 个分支的第 k 步；以此类推出更复杂的过程，如 n.m.k.l.r。

这种数字加点的格式显示并不直观，尤其是当调整业务过程时，重新编号是一项很麻烦的工作。可惜目前为止作者还没有看到更好的办法。这样做也有一点好处，相当于为每个步骤都编了号，因此可以用编号来引用相应的业务规则、业务实体等其他对象。

为了避免麻烦，作者建议先绘制活动图，在业务过程基本确定下来以后再进行编号。

从这个例子中，读者应该能够体会到，业务用例规约可以写得相当详细，将一个业务过程的方方面面都规定清楚。当然，这是一份艰苦的工作。如果读者从未写过用例规约文档，可以对比一下你之前所用的文档格式，或许会发现编写用例规约相对更加困难一些。因为用例规约所包含的信息是纵横交错的，用例规约要求书写者不断地考虑该用例内各类信息的相关性。

不过这样同时有利于把问题考虑得更加清楚。习惯了书写和阅读用例规约，会发现用例规约在较短的篇幅内包含了更多的信息，更容易将错综复杂的分散信息整理成为相互关联的有序信息。

9.4.2.3 业务对象模型

在上面的业务用例规约中列出了相关的业务实体,业务实体来自业务对象模型的建模结果。业务对象模型即是对业务用例中涉及的业务实体进行建模,不过业务对象的建模过程实际上一般是在稍后的领域模型建模过程中建立的。因此在这里仅仅列出了结果,具体的建模过程在 9.5 领域建模一节中再进行阐述。

9.4.2.4 业务用例实现视图

关于业务用例实现的基本知识请参看 4.1.1.2 业务用例实现视图一节。业务用例表达了客户的实际业务,而业务用例实现则表示一个业务用例的一个或多个实现方式。此视图很简单,在本例中,由于"bu_申请永久用电"业务用例有低压客户申请和高压客户申请两种不同的实现方式,因此可以用图 9.15 来表示这个关系。

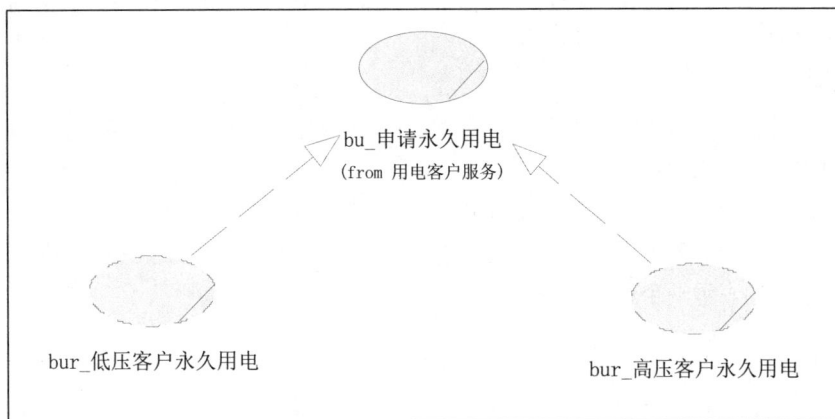

图 9.15 业务用例实现视图

也许读者会问一个问题,为什么是实现关系而不是泛化关系呢?泛化就是继承,所谓继承,是能够拥有父的所有非私有属性和方法。而在这个例子中,不论在处理过程上、数据上、业务概念理解上低压和高压两类客户都有很大的差别,它们更适合于解释为永久用电这类业务的两种不同业务模式。因此用实现关系是更为合适的。

9.4.2.5 业务用例实现场景示例

业务用例实现场景的建模方法与业务用例场景有着微妙的差别。业务用例场景用于说明业务怎样执行,但缺少表达如何"实现"的机制。例如,一项业务中需要对文件进行保存,但文件保存是可以有多种实现方式的,可以扫描成图片保存,可以做成 PDF 文件保存,甚至干脆采用人工档案室保存的方式。这种实现机制就是在业务用例实现场景中去描述的。虽然它们描述的都是同样的业务要求,但着力点不同。通常情况下,建立计算机系统的目的就是让用户通过人机交互来完成业务,因此,在业务用例实现时应当着重描述如何通过人机交互来完成业务。

如果说业务用例场景是跟客户就业务达成共识,那么业务用例实现场景就是跟客户就如何操作达成的共识。同时,业务用例实现场景也是制作系统原型的依据。业务用例实现场景通常都要比业务用例场景细致很多，因为它包含了实现的细节。由于业务用例场景已经描述了整体业务的执行情况，业务用例实现场景可以分开来就业务用例场景中的单个活动进行建模。例如，图 9.11 所示的业务用例场景由很多活动构成，我们就可以针对单个活动来进行建模。

作为例子，图 9.16 是低压客户申请永久用电业务用例场景中的"申请登记"这个活动的实现场景。本场景是用活动图来表示的，读者可以尝试采用时序图或交互图来为该场景建模。对于其他活动，我们也采用同样的方式为其建模。

业务用例实现场景以"实现"为主要目的，如果业务用例场景由多个步骤构成，那么实现场景就是由一系列的实现过程组成的。这些实现过程都属于业务用例实现，而业务用例实现又"实现"了业务用例。这三者构成了这样的关系：一个业务用例可能有多个业务用例场景，每一个业务用例场景对应一个业务用例实现；每个业务用例实现要实现它所对应的业务场景中的多个业务环节，因而一个业务用例实现场景也是由多个实现过程组成（关于用例、场景和实现的关系，请参看图 5.3 完整的业务用例模型）。

9.4.2.6　包图

在业务建模过程中，包图更多用于信息分类。例如将业务用例分类、将参与者分类等。因此包也更多的采用领域包的版型。

包图在这里并无一定之规，根据实际情况，项目可能会采用不同的分类标准。例如按业务部门分、按业务模块分、按业务过程分等，都是可能的选择。图 9.17 是一个业务模块包图，采用了领域包版型，每个包均表示一个业务领域。

9.4.3　进一步讨论

9.4.3.1　第一个讨论

场景应该怎么理解呢？经常有朋友绘制完用例以后不知如何绘制场景，有朋友认为场景就是活动图，也有朋友认为场景就是业务流程图，这些理解都是不完全准确的。

还是从用例说起，让我们从词义上好好理解一下。case 这个词儿大家应该很熟悉，一个商业项目可以称为一个 case；一个诉讼案件也可以称为一个 case；我们常说做事情要因地制宜，一件件的来，可以说 case by case。可见，case 这个词儿表达的就一个个特定的事件。

既然是特定的事件，它必然包含有一个特定的目标、执行人和执行过程。执行人和执行过程最终是为了达到这个特定目标。以商业项目为例，最终目标是签署商业合同，这其中牵涉到策划、宣传、调研、谈判、法律等很多人和事。商业项目有其既定的程序，也就是按一定的顺序来完成这些活动，最终达到商业目的。在正式开展商业项目之前，这个程序应该是被计划好了的，这称之为一个方案，在建模来说，这就是一个场景；商场如战场，任何事情都可能发生，所以我们要做好多种可选方案，在建模来说，这就是多个场景；市场瞬息万变，再好的商业方案也不能一条道走到黑，当市场发生变化时，方案也要随之做出调整，在建模来说，这就是分支过程；另外，我们也不得不考虑到意外情况的发生，要做好应对措施，在建模来说，这就是异常过程。

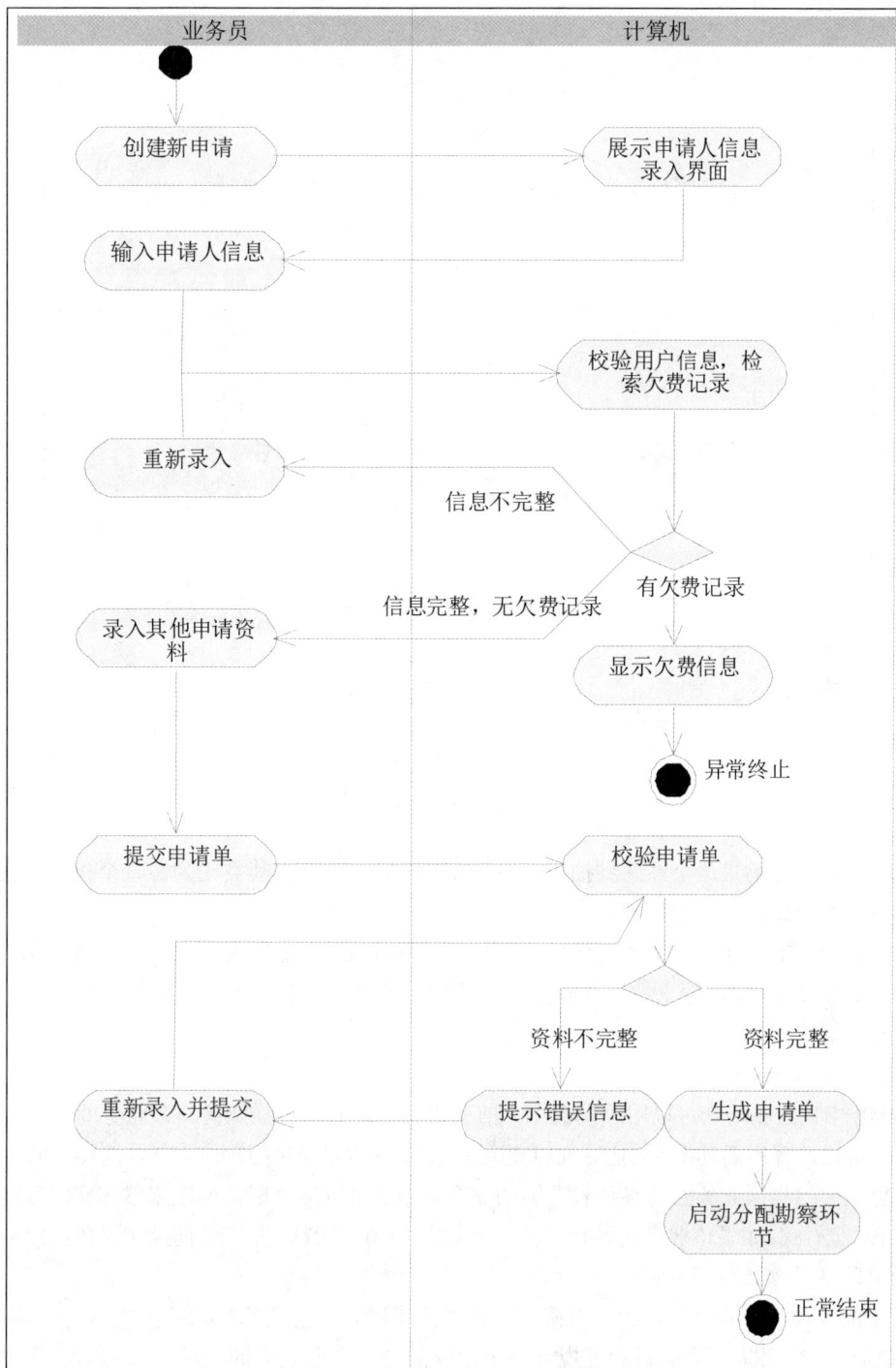

图 9.16 业务用例实现场景——申请登记实现

图9.17　业务模块领域包图

因此，如果你对场景这个词感到抽象，不好理解，完全可以将其类比为做一个执行方案、一个行动计划、一个演练或者一个彩排。

本章中的例子表达了这个观点，场景并不是被严格约束的，是需要按部就班来做的东西，它需要因地制宜、case by case 地来做。在确定用例的同时就确定了特定的目标，接下来为实现这个目标制定执行方案、行动计划等。

9.4.3.2　第二个讨论

在 UML 中，绘制场景可以用不同的图，前面提到过，如果想强调参与该业务的各参与者的职责和活动，可以选择用活动图来描述；如果想强调该业务的完成时间顺序，可以选择用时序图来描述；如果想强调参与该业务的各参与者之间的交互过程，可以选择用协作图来描述。你可以只选择其中的一种，当然，如果该业务用例很重要，对这几种场景图都进行绘制也是鼓励的。

上面这段话又该如何理解呢？

还是以商业项目作为例子，我们在确定和讲述方案时，可能会选择这些方式。

- 组成执行团队，明确职责，规定每个角色的分工和要完成的活动。这种情况下，选择使用活动图来表达是合适的。

- 强调行动步骤，在方案中要求每一步都按照预期的顺序来执行。这种情况下，选择使用时序图来表达是合适的。
- 向每个人明确，你的合作者是他、她和他，你们之间的要合作的事情是一、二、三、四。这种情况下，选择用协作图是合适的。

在大多数情况下，只要明确了职责和分工就能很好地执行方案，因此大多数情况下使用活动图就足够了。但是如果觉得需要强调其他两个方面，也可以采用多种方式来共同阐述行动方案。

在实际项目中，读者应该学会根据要说明的问题灵活采用适合的图来描述场景。

9.4.3.3 第三个讨论

多个业务用例场景和多个业务用例实现之间有什么关系吗？

有。实际上，当业务用例场景不同的时候，就意味着同一个业务目标有不同的做法，因此才有多个业务用例场景的出现。一般情况下，一个业务用例场景对应着一个业务用例实现。业务用例场景规定了业务如何执行，而业务用例实现则描述如何通过计算机来实现这个业务。

但是在实际分析过程中，如何区分场景分支和另一个场景呢？例如，我们去邮局寄包裹，可以选择购买邮局的纸箱来包装包裹，也可以从家里自己带去。如果选择购买邮局的纸箱，业务过程中就会多出到包装柜台包装的活动。我们把这两种情况视为两个场景还是视为同一个场景的两个分支呢？这将直接决定是有一个还是两个业务用例实现。

在本章前面讲到过这样两个判断依据：第一，如果客户在其业务理解上，将看上去不同的业务执行过程看作是同一个概念，应当考虑将这些不同的活动作为同一个场景的多个分支，反之则应当单独作为一个场景；第二，如果看上去不同的业务执行过程实际上所处理的内容是一样的，应当将不同的活动作为一个场景的多个分支，反之则应当单独作为一个场景。

以寄包裹这个事例来看，在业务理解上，邮局是否会认为购买和自带是两种不同的邮寄方式？答案是不会。在购买和自带这两种情况下，邮局是否会区别对待你的包裹、处理的内容、填写的单子都不一样？也不会。因此，这两种情况只是邮寄包裹这一业务过程的不同分支。

再考虑另一个案例，同样是交纳手机费。你跑到银行，由银行代理收取，达到了交费的目的。你通过网络交易平台，用网络支付卡交纳了手机费，同样达到了交费的目的。对你来说，交完费了，对移动来说，他们收到钱了，双方目的都达到了。但是，以上面的两个依据来判断，你会认为到银行交费和在网上交费是同一个概念吗？不是。这两种交费方式处理的内容、步骤、填写的单据是一样的吗？也不是。因此，这两种交费形式应当看作两个不同业务场景。以此类推，就应当有两个业务用例实现。

9.4.3.4 第四个讨论

业务用例实现是必需的吗？

在3.3.9业务用例实现一节中提到过，当同一个业务目标有着多种可能的实现方式时，就有可能出现多个业务用例实现，每个用例实现描述一种实现方式，但业务目标保持不变。参看3.3.9业务用例一节实现的交电话费的例子。换句话说，如果只有一种实现方式，是不是就不需要特别强调业务用例实现了呢？譬如我们是否可以将实现视图绘制在业务用例里而不是业务用例实现呢？

为了节省工作量，的确可以这样做。不过，在一个需求分析过程中，很可能出现这样的情况，有些业务用例只有一种实现方式，而有些业务用例却有多种实现方式，这种情况下，如果有些采用了业务用例实现，有些又不采用，在文档形式上则有混乱之嫌。因此，作者建议这点小工作量还是不要省的好。

如果采用了业务用例实现，那么是不是必须为业务用例实现绘制实现场景呢？不一定，视乎实现的复杂程度而定。例如图9.16所示的例子，由于其实现过程是复杂的，为其建立模型是必要的。而同一个业务用例场景中的其他活动，例如"分配勘察"，其实现方式为打开申请单→填写勘察员→提交，很简单，考虑到工作量问题，可以不为其建立实现场景。虽然完整的建模总是鼓励的，但高效的建模才更有其价值。

9.4.3.5 第五个讨论

业务用例规约里对主过程、分支过程的描述只是活动图的文字版而已，是否可以省略呢？

的确，业务用例规约里的过程描述可以认为是活动图场景的文字版。但是，作者的观点与之相反。作者认为活动图是用例规约文字描述的图形化表述，换言之，作者认为用例规约是比活动图更为重要的文档，宁可省略活动图，也不可省略用例规约。原因是，虽然图形从表达形式上内容更丰富，更直观和易理解，但却没有文字严谨。我们能够见到的所有"说明书"中，图都是作为文字说明的辅助形式出现的。以图为主要表述内容，而文字为辅助形式的书籍，大概就是漫画或者少儿识字一类的书籍了。

9.4.4 提给读者的问题

提给读者的问题 10

请读者举出一个你熟悉的项目中的一些业务用例，最好复杂一些的，为其绘制业务用例场景。

分别采用活动图、时序图和协作图绘制场景。体会不同的图针对同一个业务用例在表达上的差别。思考该业务用例更适合采用哪种图来绘制场景，为什么？

提给读者的问题 11

请读者举出一个你熟悉的项目，或者生活当中做同一件事情但却有多种不同做法的例子。假设你将为这个例子写一个程序，分别采用下面两种方法：

第一种：在不绘制实现场景的情况下，考虑你将如何写程序，并写下编程思路。

第二种：用业务用例实现的方式为每种不同的做法建模，绘制出不同的实现场景。绘制完成后对比这些不同的实现场景，发现它们的共同点和不同点。考虑在程序中将如何处理这些共同点和不同点，再次写下编程思路。

从两种编程思路的相同点与不同点当中体会业务用例实现场景是否会给编程带来帮助。

9.5　领域建模

9.5.1　风火水土——寻找构成世界的基本元素

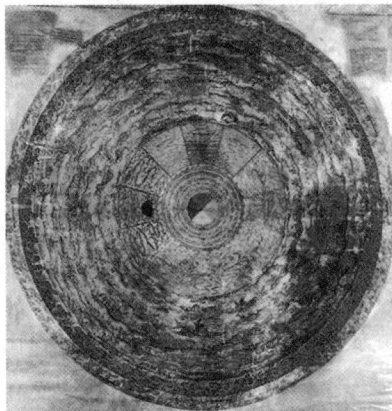

据《时轮经》记载，地球是由风、火、水、土、空五种物质和七金山、须弥山等构成的。

佛教认为，世界之最下为风轮，其上为水轮，再其上为金轮，即地轮。

在藏族古老的苯教创世说中，有位名叫南喀东丹曲格的国王拥有地、水、火、风、空五种本源物质，法师赤杰曲巴把它们收集起来，放入体内，轻轻地哈了一声，吹起了风，当风以光轮的形式旋转起来的时候就出现了火，火越吹越旺，火的热气和带有凉意的风产生了露珠（水），在露珠上出现了微粒，这些微粒反过来又被风吹落，堆积起来形成了山。

这幅唐卡图外层是风火，内层为水土，水中画有各种生物，以代表生命。圆环形的图案表示永远继续之生死。

整个轮回图被巨大而凶猛的魔王阎罗法王四掌支撑着，象征把整个世界都控制在掌中的无明。大轮分为三至四层：轮心画鸠（或鸡）、蛇、猪，分别代表着贪欲、嗔恶、愚痴三毒，象征众生轮回之苦的根源；比圆心略大一圈的画面画着直立和带索倒悬的人，分别象征着善趣和恶趣；其外一圈内轮分为六格，即上述之六道或六界；最外圈又分割为十二个代表十二月转生因果的图案，称十二缘起支，象征着佛教十二因缘说中的无明、行、识、名色、六处、触、受、爱、取、有、生、死。通俗地说教了佛教轮回思想，以劝戒和引导更多的人从善、修法、积德。

虽然上面的故事只是传说，而且我们也知道，复杂的物体都是由原子分子根据一定的规律构成的。但这说明了一种思想：复杂的世界总是由一些简单的物质通过一定的关系组合起来的。简单的物质构成了世界的本源，其他的一切都是表象。我们只有找到世界的本源，才有可能真正掌握这个世界的运行机制。

在 UML 建模过程中，领域建模正是要发现表象下的本源，找出那些最基本的对象以及它们之间的关系，并描绘出这些对象如何交互而形成了我们正在分析的问题领域。

9.5.2　现在行动：建立领域模型

顾名思义，建立领域模型首先要确定领域，才能为之建模。何为领域？所谓领域就是我们分析问题时将整体分解以后的相对独立的部分。分解问题是人们了解事物的最基本手段，相信所有人一直都在使用，尽管可能没有意识到。不过，确定领域的思路与确定业务用例及其过程方法中的功能分解都是不一样的。

我们已经知道，确定业务用例是从人做事的角度，说明一个业务目标是由哪些人做哪些事来构成的；而功能分解呢，则是说明一个业务目标是由哪些可执行的功能点构成。领域分解与它们都不同，它针对一个整体提出许多关心的问题，再针对每个问题求解。这些问题不会覆盖所有的业务范围，相互之间也没什么因果关系。

在实际工作中，并不需要把问题完全分解成领域，也不需要为每个领域都建模，而只挑选那些对业务来说重要的、对过程来说核心的或者对系统来说复杂和困难的那些部分来建模。目的是在项目的初期就把对项目成败影响最为关键的那些部分搞清楚。

举例来说，我们为银行储蓄业务开发系统，大家都能想象其中的业务是非常多的，从中找出值得建模的领域是一个见仁见智的问题，有时候还跟特定的应用环境有关。例如，可能由于该银行的业务量特别巨大，数据处理能力成为项目成败的一个关键因素，那么我们就可能建立一个关于海量数据处理的领域，为其寻找解决方案，找出业务对象将如何配合来达成这个领域要求；再例如，可能由于该银行有很多代收业务，也就是说可能与其他很多第三方系统有交互，这时与第三方系统的接口就有可能成为系统成败的关键因素，我们也可以专门建立接口领域模型来寻求解决方案。抛开特定的应用环境，一般来说，银行业务总是围绕着账户进行的，因此账户在各种业务之间如何变化就是一个关键问题，我们也可以专门建立账户在各业务之间如何转变这一问题建立领域模型。

从上面的例子可以体会到，领域模型是因时因地因人而不同的。但也不是无规律可循，一般来说关键的问题在同一类软件里总是相似的。比如企业管理软件，工作流就是一个普遍的关键领域；游戏软件，控制和游戏引擎就是普遍的关键领域。如果说业务用例建模来自业务需求，领域模型则很多时候来自补充需求。有时候客户对软件数据处理能力、性能、界面等的特殊要求往往需要建立专门的领域模型以寻求解决方案。

回到本书中的例子，在建立领域模型之前笔者先给读者解释一点供电企业的业务。对于供电企业来说，用电客户的档案是十分重要的。从申请用电开始建立用户档案以后，几乎所有的业务部门都将围绕着用户档案展开工作。业务变更将改变用户档案，而用户档案又将影响电费的计算、收费、监察、计量等一系列的工作。因此，这个例子将以用户档案为核心，讨论关于用户档案结构的领域模型。

建立领域模型，我们需经过提出领域问题、分析领域问题、建立领域模型和检验领域模型这些步骤。

9.5.2.1 提出领域问题

因为用户档案与供电企业的各个业务部门都有关系，而这些业务部门关心的和处理的数据又各有不同，因此在这里我们认为有必要建立一个用户档案的模型，描述清楚用户档案的构成，以及档案各部分与各业务部门之间的存取关系。

如何建立和管理用户档案，就是我们对电力营销系统提出的一个领域问题。

在下面的这个例子中，读者没有必要深究供电企业的具体业务细节，关键是领会为什么要建立领域模型，以及建立领域模型的方法和思路。

首先，我们先明确一下我们所面对的问题领域，图 9.18 展示了建立和管理用户档案问题领域

的基本情况。

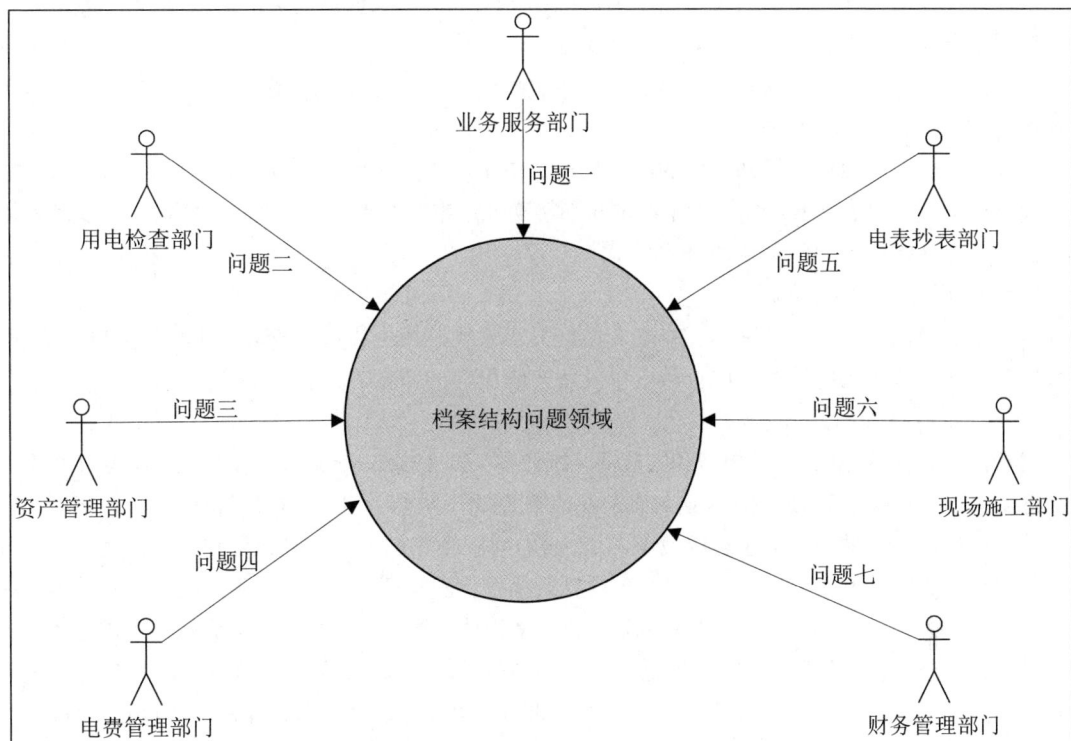

图 9.18 问题领域基本情况

从图 9.18 中我们看到，我们现在面临的问题领域是许多业务部门都对用户档案有着不同的业务要求。要对领域进行分析，首先就要了解关心该领域的所有可能的涉众是如何理解和要求该领域的。下面对这些问题进行描述，之后再来建立领域模型。

■ 业务服务部门，问题一

业务服务部门将负责建立基本用户档案，包括客户资料、用电情况基本资料等。如果客户要改变档案，必须通过业务服务部门办理相关变更业务。

■ 用电检查部门，问题二

用电检查部门将根据客户的电气资料、用电情况基本资料安排检查计划，并记录检查结果，检查结果和检查过程中发现的问题、处理结果等都将归入用户档案。若用户发生违章用电或窃电行为，处理结果将影响用电业务的办理。如问题未解决不得增加用电容量。

■ 资产管理部门，问题三

资产管理部门将根据用户档案和用电情况为其配备计量资产，制定资产管理计划和轮换计划。该资产在用户的使用过程中发生的维修、校调、丢失等情况将记入用户档案。由于资产计量不准确引起的计费误差将反映到电费管理部门给予修正。

■ 电费管理部门，问题四

电费管理部门将根据用户档案中的用电情况和电气资料情况核定电价,并每月根据电表抄表部门所抄录的电表示数计算电费。一些特殊的费用,例如计量设备误差引起的计费不准,在核准后将进行差额计算。电费计算记录和收费记录将进入用户档案,以备查询之用。

■ 电表抄表部门，问题五

电表抄表部门将根据用户档案中的用户地址、电表所搭接的变压器位置等信息编排抄表计划。若抄表过程中发生电表示数异常,例如长时间不转动或用电量突然大量增加,这些情况要反映到用户档案中,由用电检查部门负责调查。

■ 现场施工部门，问题六

现场施工部门将根据用户基本资料确定如何为客户安装用电设备,安装结果将形成电气资料,归入用户档案。作为用电检查、电价核定以及将来维修等的依据。

■ 财务管理部门，问题七

财务管理部门将根据用户的电费和欠费情况统计各类营业报表。同时欠费记录将记入用户档案。欠费将由业务服务部门负责追缴,未清欠之前业务服务部门不再为该用户办理其他业务。

读者即使完全不懂得供电企业的业务,从上面的问题领域描述中也能感受到用户档案的复杂程度和其对项目成败的重要程度。若我们不在项目早期就将用户档案问题搞清楚,留到编程时再考虑就会产生极大的困难,也会面临极大的风险。这就是为什么要为用户档案建立领域模型的原因。如何发现和定义出关键的问题领域,则就需要一定的敏感度和经验了。做过的项目中给你带来最大困扰和麻烦的部分,通常都应该引进重视,在类似的项目中考虑是否应当为其在早期建立领域模型。

9.5.2.2 分析领域问题

领域建模过程是一个提出问题和求解的过程。上面部分我们已经提出了问题,接下来就将进行求解过程。实际上,领域模型要做的事情就是为问题领域寻找和建立起适合的业务对象,由这些业务对象以及相互之间的交互来满足问题领域的要求。这个过程可以类比为列方程和解方程,设定未知数,列出方程,求解。

在这个求解过程中,所谓的未知数就是我们所要寻找的领域对象,所谓的方程就是对象的交互场景（该场景能够解决前面提出的领域问题）,而最终的解,就是领域对象模型。当我们最终确定了领域对象模型以后,就可以说我们已经找到了构成世界的基本元素了。

好,让我们顺着这个思路往下走。我们要寻找的答案是用户档案模型,用户档案模型是由哪些领域对象构成的？这些领域对象就是未知数。如何求解未知数呢？我们从上面的七个领域问题入手,建立所谓的方程来解决。在这里,列出方程的关键就在之前所建立的业务用例模型当中,我们需要从用例模型,尤其是业务用例场景当中去寻找解决领域问题的过程。

例如第一个问题,业务服务部门将负责建立基本用户档案,包括客户资料、用电情况基本资料等。如果客户要改变档案,必须通过业务服务部门办理相关变更业务。那么业务服务部门将建立和变更用户档案中的哪些部分,哪些业务流程又将改变用户档案中的哪些部分呢？这个问题就要从业务服务部门的业务用例场景当中去寻找,这就是笔者为什么在5.5 领域模型一节中建议先建立业务

用例模型再来推导领域模型的原因。一旦建立起了完善的业务用例模型，业务对象场景就已经包含在业务用例场景当中了。

现在让我们回头看看图 9.13 低压用电申请业务用例场景的时序图，该业务用例场景的最终结果就是建立用户档案，从图中我们可以看到，申请单、现场勘察单、现场安装工作单、电表表底等业务对象构成了建立档案的基本条件，这些业务对象就是业务服务部门将建立和变更用户档案的依据；扩展开来，如果我们将所有业务服务部门的业务用例场景都遍历，并且寻找到所有与建立与修改用户档案相关的那些业务过程和业务对象，那么我们就会得到一组可以解决问题一的，即如何建立与修改用户档案的方程。

作为示例，我们仅分析图 9.13 所示的低压用电申请业务用例场景，根据这个场景，我们可以得到如图 9.19 所示的业务对象模型。它所代表的含义是申请单、现场勘察单、现场施工单、电表安装单和用户档案等业务实体在 bu_申请永久用电这个业务用例中被创建、使用或修改。这些业务实体贡献于该业务用例。

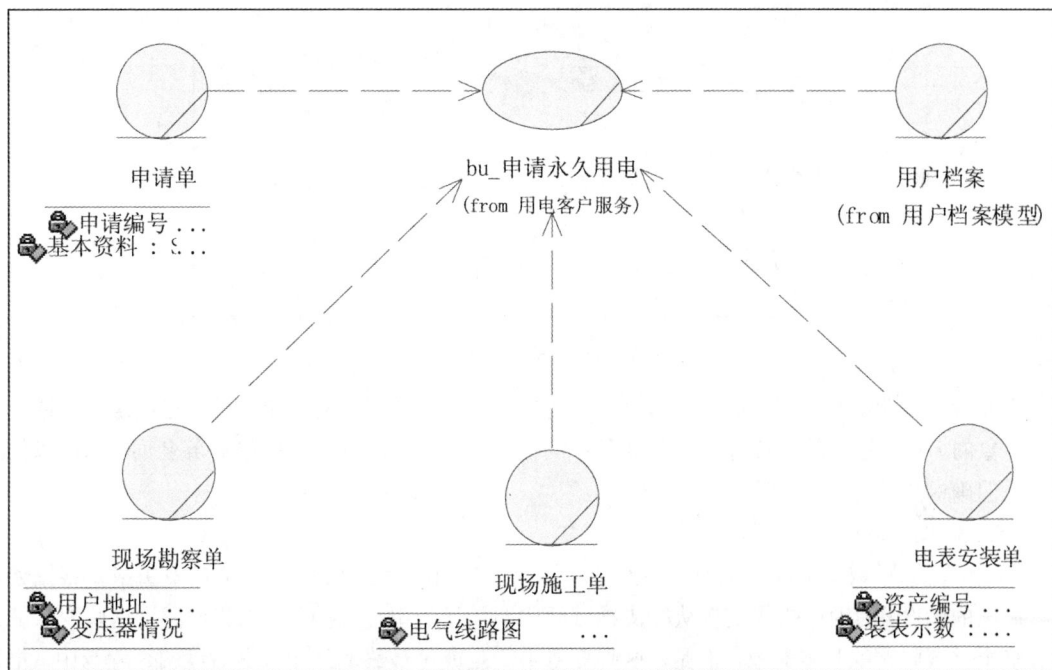

图 9.19 申请永久用电业务对象图

图 9.19 所示的业务对象模型是解决第一个问题的，我们将它视为第一个方程。它所代表的含义是，经过业务用例场景之后，申请单、现场勘察单、现场施工单、电表安装单等这些业务对象构成了用户档案。是不是很像一个方程等号的两边呢？

鉴于我们并不知道用户档案是什么，我们只知道用户档案的输入，我们可以假设说这些输入的结果形成了用户档案组成的一个部分，例如针对申请单这个输入，在用户档案中应当对应地也建立一个领域对象，我们可以给它取一个名字叫**基本资料**。由此我们说，经过低压用电申请业务用例场景的处理以后，申请单业务对象构成了用户档案中的一个组成部分：**基本资料**。

再接下来，当我们仔细分析低压用电申请业务用例场景和业务对象之后，就可以得出**基本资料**的更详细信息。

按照以上思路，我们逐一分析剩下的六个问题。

根据问题二，我们可以设定用户档案的另一个组成部分，将其取名为**检查账户**，意思是用电检查部门用来执行检查业务的账户；根据问题三，我们可以设定用户档案的一个组成部分**资产账户**，意思是资产管理部门用于管理计量设备的账户……依此类推，能得出**电源账户、计费账户、计量账户、抄表账户、电费台账、收费台账**等组成部分，如图 9.20 所示。这些组成部分就成为待解决的问题领域当中的变量。

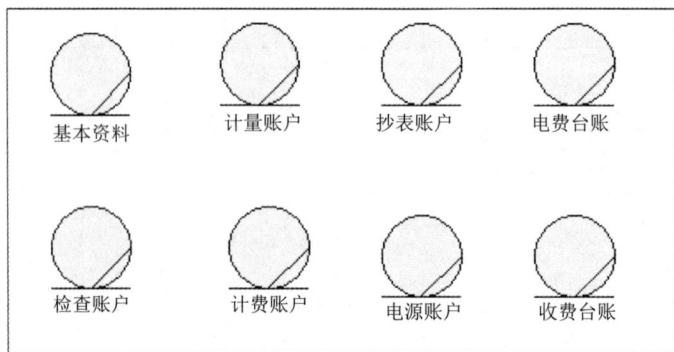

图 9.20　问题领域变量

需要特殊说明的是，这个例子中，笔者将变量称为基本资料、检查账户等，它们是一个或一组业务对象的名称，这个名字最好是实际业务中的业务名词。如果没有对应的业务名词，也可以创造一个，但确保要获得客户的理解和认同。

9.5.2.3　建立领域模型

上述的问题领域变量就是领域模型的基本构成了。当然，图 9.20 中设立的变量只是根据领域问题提出的假设，因为这些变量是从解决领域问题的场景当中提出的，所以我们假设这些变量就是解决整个领域问题的基本对象。但是，这些变量不一定就是最终的结果。在后续的过程当中，根据业务场景逐步深入了解这些基本对象以后，可以增加、减少、合并、拆分这些变量，形成最终的结果。当我们把上述的变量结合领域问题中的要求把它们绘制出来，就得到了如图 9.21 所示的结果。

我们发现，一个用户档案的基本结构已经形成了。不过，这些领域对象现在还比较粗略，每个领域对象实际上对应的是一组业务对象。如果仅仅想获知用户档案的构成，到这里就可以结束，可以在系统分析阶段再来详细的明确每一个领域对象的详细构成。如果希望在这时了解用户档案的更多信息，可以做接下来的工作。

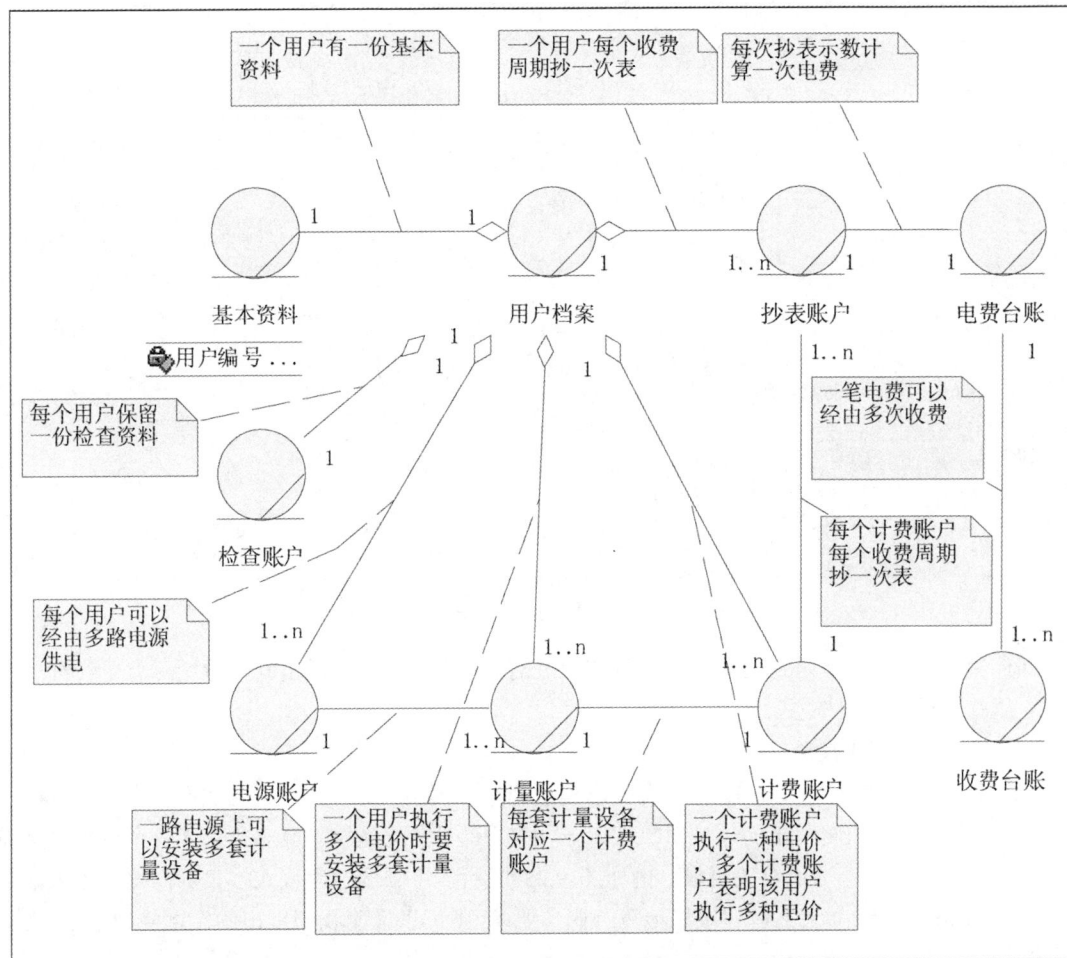

图 9.21　用户档案领域模型

　　接下来，我们遍历用电检查部门、资产管理部门、电费管理部门等所有相关的业务用例场景，了解到这些部门的业务将如何影响、影响上述的哪些基本对象的哪些数据，我们就能得到每个领域对象在不同场景中受到的影响。再综合考虑这些影响，构思出一个可行的解决方案，决定出适合的业务对象和业务对象结构，就得出了最终的解——领域对象模型。

　　例如我们可以更加仔细地分析基本资料这个领域对象的构成。从所有对基本资料有影响的业务用例场景入手，查看都有些什么业务对象与基本资料相关，这些业务对象又是如何构成的，这样就可以对应了解更多领域对象的详细信息。

　　在这个例子中，基本资料领域对象来源于申请单，经过对申请单的分析我们得知申请单又是由用户信息、申请资料等构成的，相应的，我们可以补充基本资料领域对象，如图 9.22 所示，实际上，该图在表明领域对象的构成的同时，还表明了领域对象与业务对象之间的关系。

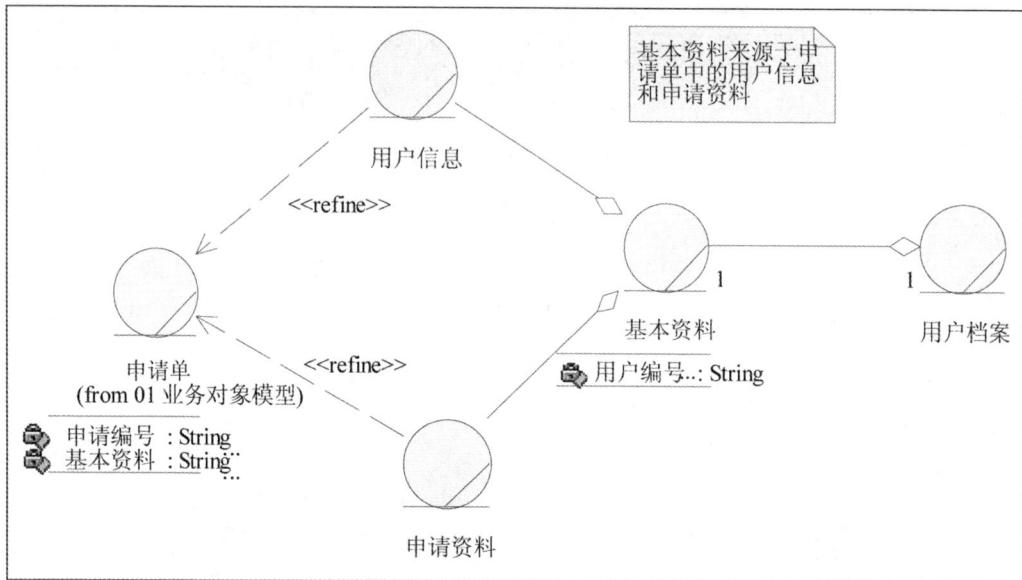

图 9.22　领域对象与业务对象之间的关系

同样的方法，我们还是通过对业务场景和业务对象的分析，可以得出其他领域对象更详细的构成。这里就不再一一列举了。

9.5.2.4　验证领域模型

与业务用例模型一样，领域模型也有静态模型和动态模型之分。为了验证我们得出的领域模型是不是正确，我们可以将得出的领域对象代入方程来检验，也就是将领域对象代入各个业务用例模型中，看它们是否能够满足业务要求。例如图 9.23 展示了将领域对象代入抄表部门编排抄表计划业务用例场景的结果。如果它能够很好地符合业务要求，则可以证明我们得出的领域模型是正确的。

9.5.2.5　领域建模归纳

最后，让我们来总结一下建立领域模型的过程和方法。

第一，我们要能提出问题。领域模型是针对提出的问题求解的过程。通常，问题来源于业务核心、重点、难点，也可能来源于特殊的应用环境或客户特殊的要求。

第二，弄清楚并描述出面临的问题是什么。参看图 9.18。

第三，分析每个问题，提出假设，或者称为领域模型草图，将假设中的领域对象视为未知数，是需要我们求解的。参看图 9.20。

第四，列出联立方程组。所谓联立方程组，就是之前已经建立的与该问题领域有关的那些业务用例场景。从中找出业务用例场景对未知数的影响。参看图 9.19 和图 9.13。

第五，在解联立方程组，即遍历相关的业务用例场景时，对未知数进行调整，可以增加、减少、合并、拆分等，使之尽量能够满足所有的业务用例场景。

第六，绘制出领域模型静态图，绘制出领域对象，领域对象之间的关系以及领域对象与业务对

象之间的关系。并用文档说明每个领域对象的含义和重要的属性。参看图 9.21 和图 9.22。

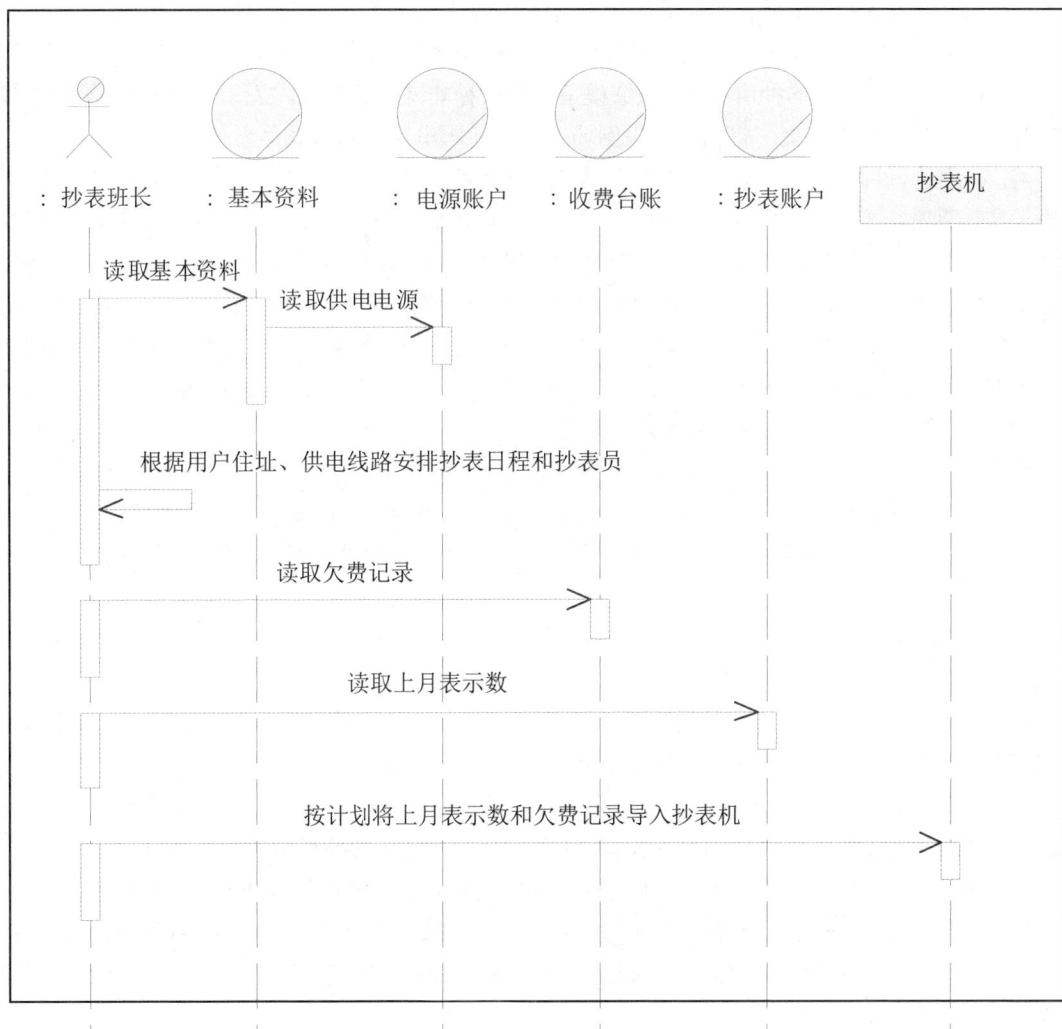

图 9.23 领域模型场景示例——编排抄表计划

第七，为了验证领域模型的正确性以及业务用例如何使用这些领域对象，可以选取一些重要的业务用例场景，将领域对象代入业务用例场景中。参看图 9.23。

9.5.3 进一步讨论

9.5.3.1 第一个讨论：为什么需要领域模型

首先，用例分析方法还是有缺陷的。虽然它可以非常好地说明一个系统的功能性需求，从什么人做什么事的角度来将系统定义清楚，但是，用例分析方法忽略了一些关联性的问题。从需求上来说，每个用例都是独立的，带有原子特征，然而从系统角度来说，有些问题是跨越多个用例的。就拿本章中的例子来说，几乎所有的业务用例都会涉及到对用户档案的存取，但由于用例本身是独立的，单个用例的用例场景无法完整地说明用户档案的结构和存取情况。然而用户档案又是非常重要并且困难的关键问题。在这种情况下，领域模型就是一种非常好的手段，提出一个问题，然后求解。在求解过程中借助用例模型，将独立的用例场景通过问题串在一起将其"系统化"。

其次，用例分析方法只能够分析功能性需求，并且特别适合于交互密集型的需求。对于非功能性需求和计算密集型的需求则显得很为难。例如，客户提出用户界面要能够个性化，这是一个非功能性需求，用用例分析方法是无法分析的。这种情况下就可以用领域模型来分析，就界面个性化这个非功能性需求来说，求解的结果可能是需要一个 Portal 解决方案，这样问题领域就转化成技术选型的问题了。再比如单机游戏，玩家就一个人，业务目标也很难确定，这种情况下采用领域模型也是适合的。游戏问题就可以分解为控制领域、音效领域、3D 引擎领域等等领域进行分析。

9.5.3.2　第二个讨论：怎样选择问题领域

要建立领域模型第一步就要选择问题领域。问题领域不同于用例获取，也不同于功能划分，不需要具备对系统来说的完备性，也没有一定之规，是因时因地因人而异的。但也不是无规则可循。

第一个原则是简单需求无须建立领域模型。这很好理解，如果仅仅是增删改查等简单的需求，连用例模型都未必需要建立，建立领域模型就是画蛇添足，浪费时间了。

第二个原则是只针对核心业务建立。二八原则在这里同样适用，建设一个系统 80%的难度在 20%的需求上，领域模型只需要针对核心业务建立即可。

第三个原则是针对难点建立。这个难点不是指业务复杂点，而是指系统难点。例如大数据传输、高速响应时间、瞬时访问量等。这些难点不是每个项目都会出现，但是一旦出现必然要求系统有特别的设计来达到这些要求。与其在项目后期因为要达到这些要求而不停地改动程序，还不如在项目前期就找到一个好的解决方案，并用这个解决方案来指导后期的设计和开发。

第四个原则是关注非功能性需求。非功能性需求通常要求系统在架构或设计上有特别之处，有时仅仅因为一个非功能性需求的存在，就会要求一个特定的软件架构，进而影响到整个的设计和编程模型。例如要求界面个性化，很可能就要使用 Portal 产品进行支持，这样就会导致整个技术框架的改变。

9.5.3.3　第三个讨论：领域模型与用例模型

在第一个讨论中已经谈到过，领域模型可能是横跨多个用例模型的。本章中的例子也体现了这一点。但是，领域模型有时候是与用例模型无关的。当领域模型是针对非功能性需求而建立的时候，由于用例模型只针对功能性需求建立，这时领域模型就与用例模型无关了。这种情况下，领域模型建立的结果通常用来指导软件架构或框架的建立。

反之，如果领域模型是针对功能性需求，即核心业务或业务焦点来建立时，用例模型将起到关键性的作用。请看图 9.24，这幅图在第 5 章 UML 核心模型中已经看到过。领域模型是对用例模型的抽象、优化和扩展。用例模型中重要的一个模型是业务对象模型，业务对象通常是直接映射自实际业务领域中的各类表格和工作单，这些业务对象有时候是很不符合对象原则的，因而也不适合于

系统设计。通过建立领域模型，我们可以把这些业务对象进行抽象，让它们符合对象原则和系统设计要求。

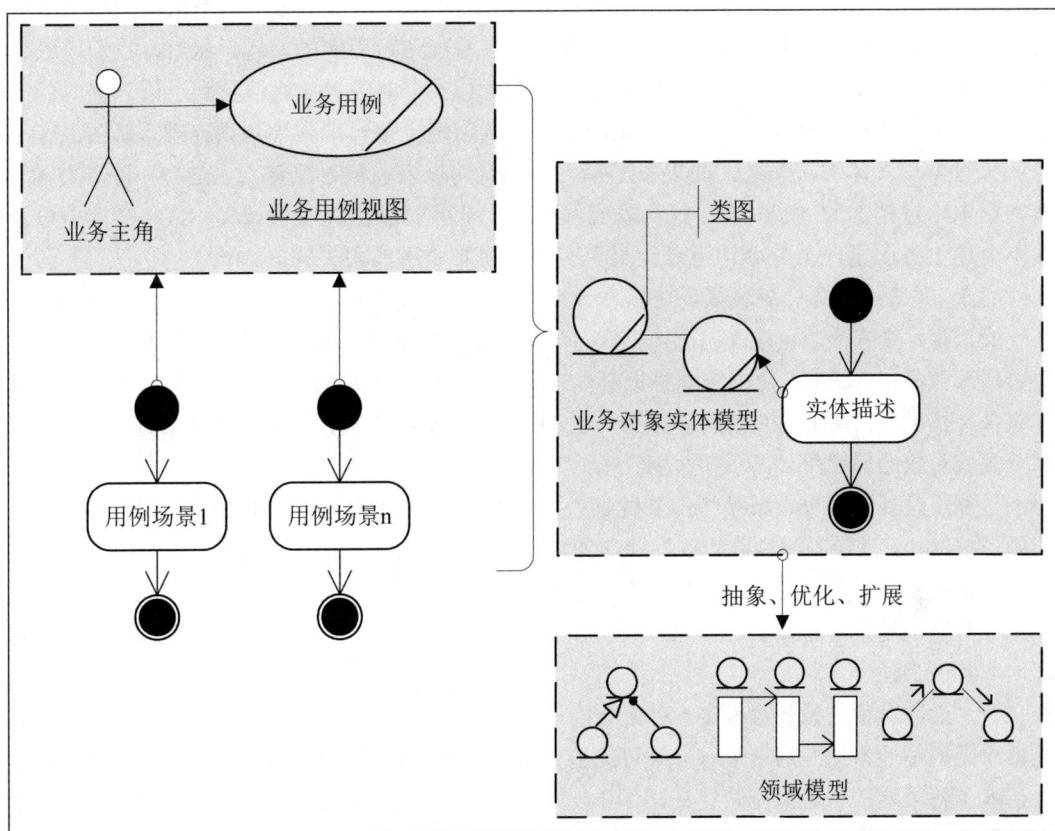

图 9.24　领域模型与用例模型的关系

另一方面，如果领域模型针对功能性需求来建立，由于领域模型是可以抽象化的，那么它是否能够满足业务需求，别人是否能够理解和使用这些领域对象就成了一个问题。这时，应当将领域对象代入用例场景中，通过场景来验证领域对象的正确性，同时也能够让别人从业务上理解这些领域对象。

9.5.3.4　第四个讨论：领域模型和设计模型

很多朋友一直存有一个疑惑，从需求转到设计的过程总是不好把握，总觉得缺乏依据和推导过程，像是直接蹦过去的，心里没底。关于这个问题，除了分析模型能够起到重要作用之外，领域模型也能起到很好的作用。

对于非功能性需求而言，领域模型的建立可以帮助指导软件架构和框架的建立，而设计模型是不能离开软件架构和框架的。例如我们可以针对事务处理、日志处理、消息机制、编程模型等建立领域模型，这些领域模型就能够很好地指导我们将业务对象与事务、日志等这些属于架构和框架范畴的东西接合起来。

另一方面，业务对象到设计类之间是有一定差距的，我们需要一定的指导或范式来帮助我们顺利地将业务对象转化为设计类。分析类是有效的过渡类型，但由于分析类是用例场景推导得出的，它们同样不能表达非功能性需求，有时也不容易表达跨用例的问题。这时，我们可以就转化问题建立领域模型。例如，报表的统计，一张报表是一个业务对象，但是到了设计类时，它的数据就可能来源于很多个设计类。如果我们仅仅是从用例模型一直推导到设计类，那么很容易忽略掉业务对象与设计类的关系。如果在早期，我们就为报表业务对象建立了这样一个领域模型，就像本章中用户档案的例子一样，很早就已经明确了业务对象由哪些领域类构成，在推导设计类时就不会迷失方向了，至少会知道设计类里有哪些内容是不能丢失的。

9.5.3.5 第五个讨论：领域模型要做到什么程度

一般来说，领域模型包含静态图（领域对象图、领域对象和业务对象关系图）和动态图（将领域对象代入业务用例场景，使用领域对象交互来完成非功能性需求的示例，或者编程模型示例等），还要包含文档说明，说明领域模型针对的问题、所采用的解决方案、每个领域对象的含义和使用细节以及领域对象的属性等。

不过并不是要求每个领域模型都要做到如此详细，可以根据要求的不同进行一些取舍。例如本章的例子中，由于推导领域对象的过程并非如解数学方程一样是精确工作，并且推导过程本身就是从业务用例场景分析开始的，所以没有必要将领域对象代入每一个业务用例场景去检验。挑选几个典型的业务用例场景就可以了。这时领域模型动态图更多的意义是体现在如何理解和使用领域对象上，而非验证上。

在一个面向对象的设计过程中，对象结构是更重要的，对于一个有经验的对象分析者来说，并不需要事无巨细地将交互场景中每一种可能的情况都描述清楚。正如设计模式一样，了解了对象结构之后就了解了这一组对象能做什么，给出一两个交互示例就可以了。这时的动态图更多的意义体现在使用领域对象的编程模型上。

对于领域模型文档而言，也没有必要在很早期就把领域对象的所有属性细节都写清楚。毕竟领域模型还是属于高层次的抽象，其框架意义大于实现意义。因此，可以只在文档中描写出那些对问题领域起着重要作用的关键属性。

9.5.4 提给读者的问题

提给读者的问题 12

假设读者是一个服装工厂的负责人，负责从原材料采购到组织生产到销售的整个过程，你可以自己定义这个过程，然后从这个过程中找出业务用例，建立起用例模型。

请试着为这个过程提出一个跨多个用例模型的问题作为问题领域，并建立领域模型，体会领域模型与用例模型之间的相同之处与不同之处。

提给读者的问题 13

> 请读者从曾经做过的一个项目出发，考虑下面两种情况：
>
> 第一种：完全不考虑领域模型，将需求直接转化成设计类，例如数据库表，记录下你的设计思路和设计结果。
>
> 第二种：提出一个或多个问题，针对这些问题建立领域模型。再用领域模型的结果来对比之前的设计思路和设计结果，看看领域模型是否会给设计带来帮助。

9.6　提炼业务规则

9.6.1　牛顿的思考——揭穿苹果的秘密

自从人类有智慧以来，就一直在思考宇宙的问题。在遥远的古代，宇宙被认为是由神来掌管的，无论西方还是东方都是如此。在那时的人们看来，宇宙神秘莫测，是神的意志，非人力可解释。日月星辰的运行是不可预测的，倒是通过人们观察到的现象，演绎出了许许多多美丽的传说，比如嫦娥奔月。不过，科学不能依靠传说，我们也无法根据嫦娥奔月的故事来建立系统。在现象的背后，我们必须找到那些支配着现象的本质。就科学而言就是定律，就需求分析而言，就是业务规则。

这是 1666 年夏末一个温暖的傍晚，在英格兰林肯郡乌尔斯索普，一个腋下夹着一本书的年轻人走进他母亲家的花园里，坐在一棵树下，开始埋头读他的书。当他翻动书页时，他头顶的树枝中有样东西晃动起来。一只历史上最著名的苹果落了下来，打在 23 岁的伊萨克牛顿的头上。恰巧在那天，牛顿正苦苦思索着一个问题：是什么力量使月球保持在环绕地球运行的轨道上，以及使行星保持在其环绕太阳运行的轨道上？为什么这只打中他脑袋的苹果会坠落到地上？正是从思考这一问题开始，他找到了这些问题的答案——万有引力理论。

牛顿用引力理论和运动三定律把天上行星和它们的卫星运动规律,同地上重力下坠的现象统一起来，实现了天上人间的统一。牛顿认为从现象中可以得出科学原理，或者说科学基本原理可以从现象中导得或推出。牛顿在《原理》和《光学》两书中明白表达他的做学问的方法，即要明白无误地区别猜测、假设和实验结果（及由此而归纳得出的结论），还有从某些假设条件下所得到的数学推导。他在给奥尔登堡的信中说："进行哲学研究的最好和最可靠的方法，看来第一是勤勤恳恳地探索事物的属性并用实验来证明这些属性。然后进而建立一些假说，用以解释这些事物的本性。任何不是从现象中推论出来的说法都应称之为假说，而这样一种假说无论是形而上学的还是物理学的，无论属于隐蔽性质的还是力学性质的，在实验哲学中都没有它们的地位。"

关于这只著名的苹果的故事，一直有人质疑它的真实性，它听上去太过于传奇，但是通过分析现象，然后进行假设、实验、进而证明事物的本质，一直是行之有效的科学方法。在我们的对象世界里，各种各样的对象就像是宇宙中浩如烟海的星辰，一旦被纳入一个系统，它们就必须按照一定的规律运行。牛顿用万有引力三大定律来约束天体的运行，我们则要用业务规则来定义各种对象在系统中的行为准则。

本节就来讲述如何提炼业务规则。

9.6.2　现在行动：提炼业务规则

许多项目在建设时并不太重视业务规则，业务规则被当成是编写程序时的程序逻辑，只要在程序层面处理这些规则就可以了。不过笔者在项目实践中发现，业务规则对于一个系统来说其重要性不亚于业务需求本身。业务需求仅说明了人们希望一个系统能为他们做些什么，而业务规则则用来说明人们希望这个系统怎么做。对于一个系统来说，做什么和怎么做是缺一不可的，所以笔者专门把提炼业务规则作为一节来讲，尽管这并不是 UML 的范畴。

除了业务规则本身的重要性，业务规则也是最容易变化的。在这个随需而变的社会环境下，各种各样的新业务层出不穷，同时，业务规则也无时不刻不在发生着变化。请读者回想一下你曾经做过的项目，后期维护和修改有多少是由于需求变更引起的？有多少是由于业务规则变化引起的？也可以回想一下，如果你的项目在交付后发生了问题，有多少是因为需求没搞清楚引起的？有多少是因为忽略了某些业务规则导致的？如果读者做一个小小的统计，就会发现将业务规则提炼出来进行有效的管理是一件非常值得做的事情。

作者主张在项目中将业务规则提升重视级别来对待，并且在实践中总结出下面的分类方法，我们可以将业务规则分为三类：全局规则、交互规则和内禀规则。这种分类方式并未见于主流的技术书籍，笔者在实践中使用这个方法，读者也可以在实践中使用它们，相信会对你的项目起到很好的作用。

9.6.2.1　全局规则

全局规则是指对于系统大部分业务或系统设计都起约束作用的那些规则。在这里，所谓全局是与用例相关的。我们知道，用例是带有原子性的相对独立的需求点，全局规则就是跨用例的规则。

全局规则一般与所有用例都相关而不是与特定用例相关，举例来说，比如参与者要操作用例必须获得相应的授权，这条规则就是对所有用例都有效的；再比如用户在系统中的所有操作都要被记录下来，这一规则也是对所有的用例都有效的。这类规则就是全局规则。

看起来，全局规则与非功能性需求有些相似，但它们还是有着本质差别的。非功能性需求一般都是系统目标，即系统要做到什么，而且会有一个指标来衡量，例如会话峰值并发数。而全局规则是用来限制功能性需求的，例如会话数量达到设定阈值时暂停新会话建立。从这个角度上看，全局规则更像是系统要求。在 11.2 分析业务规则一节里，笔者将讨论如何将业务规则转化为系统要求的话题。

全局规则是对所有需求都有效的，作者习惯于并且也建议将它们写到用例的补充规约里面去，因为它们并不从属于某个特定的业务用例。全局规则也可以写到软件架构文档中，这是因为全局规则通常影响到软件架构。

全局规则的书写格式可以采用表格形式，每一条规则占据一行。最好为其编号，这样，在需要用到它们的时候直接引用编号就可以了。下面笔者给出一个简单的示例供读者参考，如表 9-2 所示。读者也可以自己定义全局规则的书写格式。

表 9-2　全局规则示例

全局业务规则					
编号	名称	描述	标志	日期	备注
001	安全性要求	所有系统操作者必须通过 CA 认证，拥有合法证书	创建	2007.01.01	
001.1	安全性要求	所有系统操作者必须通过 CA 认证，拥有合法证书。但由系统管理员发布到主页上的信息可以被匿名用户浏览	修改	2007.01.20	XX 主任提出变更
002	按组织机构授权原则	原则上，上级拥有下级所有的权限	创建	2007.01.01	
002.1	按组织机构授权原则	原则上，上级拥有下级所有的权限	取消	2007.01.20	由于组织机构级别严密性不够，无法执行此规则

读者可以看到，在表 9-2 中，不但包含对全局规则本身的描述，还包含全局规则的变更历程，体现了将全局规则管理起来的想法。下面对表格各列做一点简单的说明，供读者参考。

- 编号。编号可以自行编制。在例子中采用 "." 号来表示规则的版本，每次变更增加一个小数值。在需要引用全局规则的文档里，直接引用主编号即可。为减少文档维护量，可以不引用版本号，默认地将最大版本号的全局规则视为当前规则。
- 名称。建议为全局规则编制一个名称，这样在项目中可以比较清楚地定位全局规则，项目组成员交流起来也方便。
- 描述。指全局规则的详细描述。
- 标志。指对该条全局规则的操作。一般有创建、修改、取消三个标志就够用了。
- 日期。指对该条全局规则的操作的日期。为了管理的目的设定。
- 备注。一般用于在当全局规则发生变更时记录变更原因，也可记录变更后引起的系统变更情况。

9.6.2.2　交互规则

交互规则产生于用例场景当中。我们知道，用例场景是由活动图、交互图等来描述的，不论是活动、状态还是业务对象，它们在活动转移、状态变迁和对象交互时必然会有一些限制性的条件。

这些条件就是交互规则。

例如当提交一份定单时，要检查哪些数据是必须填写的，用户身份是否合法，否则提交不能成功。交互规则很多时候体现为业务流程的流转规则，例如金额大于一万元的定单被定为 VIP 定单转移到特殊处理活动，而小于一万元的定单转移到普通活动。

交互规则一般要写到用例规约中，因为它们是与特定的用例场景相关的，仅在该用例场景当中生效。交互规则当中有两个特殊的规则是 UML 专用的，一个是入口条件，也称为前置条件，即参与者必须满足什么条件后才能启动和执行用例；另一个是出口条件，也称为后置条件，即当用例结束后会产生哪些后果。对于用例来说，前置条件和后置条件是必不可少的两个重要规则，在用例规约当中已经有专门写它们的位置，对于非前置条件和后置条件的业务规则，可以在用例规约中增加一行来进行说明。请参看 9.4.2.2 业务用例规约示例一节中的用例规则表格，其中给出了如何书写前置、后置条件和其他交互规则的示例。

交互规则由于仅在业务用例范围内有效，因此可以不必像全局规则那样专门用表格来记录。至于交互规则的变更管理，由于交互规则是业务用例的一部分，因此可以视为业务用例变更而一并纳入业务用例变更管理。

9.6.2.3 内禀规则

内禀规则是指那些业务对象本身具备的，并且不因为外部的交互而变化的规则。

例如，每张定单至少要有一件商品，同一类商品数量不能大于 5 件等。另一个例子是大家都很熟悉和常用的数据校验规则，例如身份证号必须是 15 或 18 位，邮编必须是 6 位等。

内禀规则是业务对象的内在规则，不论它用在什么地方，与哪些对象交互，外部如何存取它，这些规则都不会变化。拿上面的例子来说，不论在什么系统中，凡是身份证号，就一定是 15 位或者 18 位。

内禀规则应该写到业务对象描述文档当中。表 9-3 给出了一个示例，这是一个针对用户档案基础资料对象的描述文档，内禀规则被写到了说明栏里。同样，由于内禀规则的作用域仅在对象范围内，可以不为其特意编号。

9.6.2.4 分类业务规则的意义

读者或许在项目中也做过类似的事情，但相信很少有人会把业务规则按分类管理起来。更多的业务规则分散在文档的各个角落。读者也许会对把规则这么分类有不同理解和看法，可能会觉得麻烦或者没有必要。但是笔者这么做有充分的理由。

首先，全局规则与具体用例无关，它实际是系统应该具备的特性，把这些规则分出来的目的就是为了让系统去负责这些特性的实现。读者可以结合实际考虑一下，通常如授权、事务、备份等特性都是由系统框架去实现的，并不会分散到具体的功能中单独去实现它们。如果读者有过基于某个框架开发应用的经历的话一定会认同笔者的话。而事实上，近年比较流行的 AOP 模式，就是试图将全局规则从业务逻辑当中剥离出来的一种编程模型。

既然全局规则的变化通常都是引起架构或框架的变更，那么这些规则的变化引起的就一定不是小范围变动。将它们单独提取出来并管理起来是非常值得花时间去做的。

表 9-3　内禀规则示例

实体名称	Be_用户基本资料		
实体描述	用户档案中用户的基本资料，通过它能识别用电用户的名称、联系方式和用电性质等		
属性名称	类型	精度	说明（属性的业务含义及业务规则）
用户编号	字符	12	供电局编号（3 位）+ 申请用电年份（4 位）+ 流水号（5 位） 规则：用户编号唯一，销户后再次申请编号不重复利用
联系方式	字符	11	手机号或座机号
用电性质	字符	1	编号项。1. 居民用电；2. 商业用电；3. 工业用电；4. 临时用电

其次，交互规则是在用例场景当中产生的，它们规定了满足什么条件后业务将如何反应。通常，这部分规则最复杂，也最不稳定，是最容易变化的。大家所说的需求经常变更相信绝大部分就来自于此。因此将这些规则单独列出来并给予关注和管理是很有必要的。同时这部分规则通常在系统中是编程量和维护量最大的。如果需求无可避免地要变更，那么将交互规则单独提取出来，通盘考虑并设计成为扩展性较强的结构就是一种有效的应对手段。

在应付交互规则的时候，我们可以采用很多设计模式来保证扩展性。应用设计模式最重要的一点就是弄明白设计模式的意图和应用条件，交互规则恰恰提供了这些信息，我们就可以针对交互规则来决定是否应当采用某个设计模式。

再次，内禀规则与外部交互无关。例如，不论谁，在什么情况下提交定单，必须至少购买了一件商品；不论你在哪个国家，在什么公路上开车，刹车都是必不可少的。这种内在的性质能让我们联想到什么？面向对象的封装原则对吗？因此内禀规则应该封装到对象中去，不论你的业务实体是EntityBean，JavaBean，POJO 还是 COM+，根据面向对象的封装原则，内禀的逻辑一定不要让它暴露到外部去。

9.6.3　进一步讨论

9.6.3.1　第一个讨论：需求管理和业务规则管理

在大多数的项目管理里，需求管理被越来越重视地提上管理日程，各种 Case 工具也被广泛应用。遗憾的是，笔者所见大部分的需求管理都没有把业务规则单独列出来进行管理。

在大多数的项目里，业务规则是作为需求的一部分分散在各种需求文档当中的。例如交互规则，一般都在描述需求的同时顺带提及。为了找到一条业务规则，我们不得不在冗长的文档当中四处寻找。并且，由于没有将业务规则分类管理，项目组成员不可避免地面对着所有的业务规则。大家想象一下，一个架构师要考虑数据校验问题，而一个程序员却要考虑分级授权问题，是不是很别扭呢？当然开发效率也会因此受到影响。

　　笔者主张在保持需求管理的同时，也将业务规则视同需求一样的管理。可以采用与需求管理同样的管理模式和过程，在项目过程中不断地维护业务规则。需求有变更管理，业务规则同样也可以有变更管理。

　　也许有人会置疑说业务规则也是需求的一部分啊，在管理需求的同时就把业务规则也一起管理起来了，有必要单独管理吗？笔者的意思不是要试图说明业务规则不是需求的一部分。正如本节开始笔者所说的一样，做什么和怎么做是需求的两个方面，二者缺一不可。混在一起讲当然也无可厚非，只不过在项目实践过程中，笔者认为将做什么和怎么做分开管理有其特别的意义。至少在管理层次上更清晰，在处理变更时更有针对性。

9.6.3.2　第二个讨论：分类业务规则对开发的意义

　　在第一个讨论里我们讨论了管理业务规则的意义，将业务规则进行分类将为系统开发带来许多好处。我们知道，现在的软件开发越来越讲究分工合作，一方面是由于软件项目越来越庞大，项目组需要更多的人员参与才能完成；另一方面也是出于软件质量和开发效率的考虑，只有将开发工作专业化和流水化才能获得最佳效率和最佳质量。这就是说，需求分析师专门进行需求收集和分析形成需求文档；架构师根据需求设计软件架构和技术框架，决定技术路线；设计师在软件架构和技术框架内将需求转化为设计文档，解决从需求到实现的问题；程序员则根据设计文档编写程序真正实现需求。

　　在这种开发模式下，良好的业务规则分类管理将十分有助于提高工作效率。在需求分析时，把业务规则按全局规则、交互规则和内禀规则分类，分别写在补充规约、用例规约和业务对象文档当中去，开发组中不同分工的人员就可以很有针对性地来阅读自己需要的文档。对于架构师来说，应该关注的是全局规则，全局规则通常被反映到架构和框架里；如果你是设计师，应该关注的是交互规则，复杂和普遍的交互规则通常要求一些特别的设计；如果你是程序员，应该关注的是内禀规则，在编写程序时可以对照着需求文档编写程序而不至于遗漏了什么。

　　这样，由于每类人员面对信息量都少很多，并且很有针对性，自然工作效率也会有所提升。

9.6.4　提给读者的问题

提给读者的问题　14

　　请读者翻阅之前的项目文档，试着从当中找出业务规则来。看看是不是如你想象当中的那样容易？
　　接下来，回想在之前的项目当中，有没有因为业务规则不清楚或者业务规则变化而导致的程序变动的现象？如果这个现象是很频繁出现的，考虑如果在需求阶段就把业务规则分类并明确地提出来，对你解决项目中的这些问题有哪些帮助？

提给读者的问题 15

> 请读者翻阅之前的项目文档，试着从当中找出业务规则来，并且把业务规则按全局规则、交互规则、内禀规则分类。
>
> 假设你是架构师，当你不需要考虑其他两类规则而只需要处理全局规则的时候，你是否有更清晰的思路如何在系统层面上解决这些问题？
>
> 假设你是设计师，当你只需要在特定的需求范围（用例范围）内处理交互规则的时候，你是否感觉到明确而清晰的交互规则列表对你的设计工作带来很大的便利？
>
> 假设你是程序员，当你只需要面对内禀规则，并且有一份文档可以提供参照时，你是否觉得编程时要轻松很多？
>
> 最后，回顾一下之前已经完成的项目，当已经有了业务规则分类之后，再让你来考虑项目如何设计和开发，你是否会有不同的思路？是否会觉得业务规则的分类会帮助你在软件开发的各个层次上都提供更清晰的思路？

9.7　获取非功能性需求

9.7.1　非物质需求——精神文明是不可缺少的

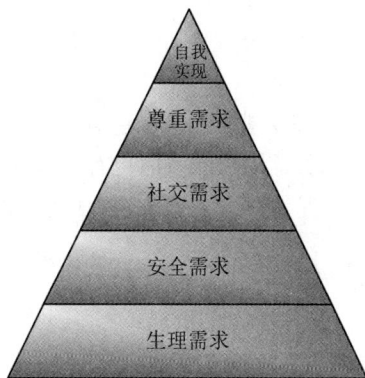

关于人的需求，马洛斯有一个著名的理论叫《需求层次论》。大约学习过 PMP 的朋友都会接触到这个理论。这种理论的构成根据 3 个基本假设：

（1）人要生存，他的需求能够影响他的行为。只有未满足的需求能够影响行为，满足了的需求不能充当激励工具。

（2）人的需求按重要性和层次性排成一定的次序，从基本的（如食物和住房）到复杂的（如自我实现）。

（3）当人的某一级的需求得到最低限度满足后，才会追求高一级的需求，如此逐级上升，成为推动继续努力的内在动力。

马洛斯提出需求的 5 个层次如下：

（1）生理需求，是个人生存的基本需求，如吃、喝、住。

（2）安全需求，包括心理上与物质上的安全保障，如不受盗窃和威胁、预防危险事故、职业有保障、有社会保险和退休基金等。

（3）社交需求，人是社会的一员，需要友谊和群体的归属感，人际交往需要彼此同情互助和赞许。

（4）尊重需求，包括要求受到别人的尊重和自己具有的内在的自尊心。

（5）自我实现需求，指通过自己的努力，实现自己对生活的期望，从而对生活和工作真正感到很有意义。

马洛斯的需求层次论认为，需求是人类内在的、天生的、下意识存在的，而且是按先后顺序发展的，满足了的需求不再是激励因素。

这个理论在 PMP 里是放在人力资源管理范围内的，讲述的是项目经理应当如何根据人们的需求层次来相应地管理和激励项目组成员。这个理论当然也可以用在别的方面。换一个思路来看，人们的幸福感来自需求被满足，客户满意度也同样来源于你的软件满足了客户的需求。客户是你的激励对象，在最基本的层次上，客户需要你开发出的软件能帮助他工作，满足他日常工作的需要。可以这样类比，功能性需求是客户最低层次的需求。或者说，是生存需要，是基本的物质需求。

但是常常客户并不满足于基本的物质需要，他们还需要更多的非物质需求。例如操作要简便、界面要美观、要自动提醒、要个性化等。这些需求可以类比为客户更高层次的需求，是非功能性需求，是谓精神文明。

我们做一点有趣的对比，来看看客户对软件系统的需求和马洛斯的 5 个需求层次有没有一些相通之处。

第一个层次，系统必须具有满足客户的工作所需要的功能。

第二个层次，系统要有一定的可靠性、安全性和可维护性。

第三个层次，系统要保持可扩展的接口，要能与各种各样的旧系统、外部系统、异构系统打交道。即系统要具备一定的集成能力。

第四个层次，客户总希望自己的系统是业界领先的，不论在技术上还是在内容上。大约客户的领导总会提出这样的要求。

第五个层次，个性化。无须多说，现在客户对软件可定制的个性化能力要求是越来越多了。

经过一番有趣的对比，我们发现针对人的需求层次理论居然在软件需求层次方面也有微妙的对应关系。虽然有些牵强附会的嫌疑，不过实际上，非功能性需求也正是围绕着后四个层次中提到的那些需求展开的。

9.7.2　现在行动：获取非功能性需求

很不幸的，非功能性需求往往被忽视。在 20 多年以前，人们对软件的期望值的确不高，只要能完成基本的功能就能得到较好的客户满意度。不过到了现在，客户早已经不满足于吃饱喝足的基本需求了，有时候，非功能性需求在客户心目中的重要程度甚至超过功能性需求本身。这与马洛斯需求层次理论也是符合的，不愁温饱的人们会将重点放在更高层次的需求上。

例如，客户提出系统要能够提供 7×24 小时不间断的服务。这个非功能性需求在一个项目中可能比很多功能性需求都重要。一两张报表统计不出来客户或许可以宽容，要是系统不能稳定地持续运行，客户一定是不能接受的。

如何获取非功能性需求呢？说简单也简单，说复杂也复杂。简单是因为非功能性需求总是比较固定的那几个范围，完全可以通过固定的程序一个个收集整理。说复杂是因为随着软件规模的不断

扩大和应用环境的日趋复杂，要确定非功能性需求指标需要考虑越来越多的因素。例如安全性，在20 年以前或许简单的口令验证也就可以了，而现在，信息安全已经成为一个专门的学科了。

非功能性需求主要是围绕下面几个方面展开的：

9.7.2.1　可靠性

可靠性包括安全性、事务性和稳定性三个方面。

■　安全性

安全性需求与业务内容和应用环境密切相关。如果所开发的软件处理的信息安全级别很高，例如政府机构的办公文件，那么相应的安全性需求也会很高；反之如果信息安全级别很低，例如新闻和开放式论坛，那么相应的安全性需求也会降低。对于应用环境来说，如果所开发的软件运行于广域网，由于应用环境复杂，容易受到不明来历的各种攻击，安全级别就要高；反之如果是运行于与广域网物理隔离的局域网，安全级别相应地就可以降低一些；如果是单机软件，安全性要求就更低了。

安全性保障可分为软件和硬件两类，对于需求分析而言，不必过于关心硬件设备，这一般是由网络工程师来完成的工作。在软件方面，安全性保障也分为需要编程和不需要编程的两类。需要编程的安全性是指在软件设计和编程上要实现一定的安全机制，例如 JAAS（JAVA 安全机制）。不需要编程的安全性是指在应用程序服务器中配置的安全性。

目前，安全性已经越来越趋向于由第三方工具支持，很多时候不再需要软件本身去实现复杂的安全机制，可以通过采购相关的安全产品来满足项目的需要。

总之，在获取安全性需求时，要充分考虑业务内容和应用环境。

■　事务性

简言之，事务性就是保障系统的 ACID 能力，ACID 分指四个属性。

原子性（Atomicity），一个事务要被完全地无二义性地做完或撤消。在任何操作出现一个错误的情况下，构成事务的所有操作的效果必须被撤消，数据应被回滚到以前的状态。

一致性（Consistency），一个事务应该保护所有定义在数据上的不变的属性（例如完整性约束）。在完成了一个成功的事务时，数据应处于一致的状态。换句话说，一个事务应该把系统从一个一致状态转换到另一个一致状态。举个例子，在关系数据库的情况下，一个一致的事务将保护定义在数据上的所有完整性约束。

隔离性（Isolation），在同一个环境中可能有多个事务并发执行，而每个事务都应表现为独立执行。串行地执行一系列事务的效果应该等同于并发地执行它们。这要求两件事：①在一个事务执行过程中，数据的中间的（可能不一致）状态不应该被暴露给所有的其他事务；②两个并发的事务应该不能操作同一项数据。数据库管理系统通常使用锁来实现这个特征。

持久性（Durability），一个被完成的事务的效果应该是持久的。

事务性也与应用环境密切相关。如果系统的使用人数相对较少，并且数据交叉少，那么事务性就显得不是太重要；但如果系统使用人数很多，人们对同一份数据的需求交叉很多，那么事务性就很重要了。尤其在分布式系统和集成性系统当中，事务的重要性显得尤为突出，应当把事务性作为项目的一个重要目标来处理。

在小型系统中，事务性一般通过数据库本身的事务处理机制来保障，但在分布式系统、集成应用系统当中，由于系统中很可能存在多个异构的数据库，仅靠数据库本身的事务处理就远远不够了。这时应当借助第三方事务中间件来保障。目前，大型软件和集成项目都会购买专业应用服务器，而这些专业应用服务器都会提供相应的事务处理机制，不需要自己编程来实现。

- 稳定性

稳定性由故障的频率、严重性、可恢复性、可预见性、准确性和平均故障间隔时间（MTBF）等一些指标构成。

这些指标与软件和硬件两个方面都密切相关，在这里我们仅讨论软件方面。上述指标在排除硬件环境的情况下，就与软件质量，准确地说是与软件的缺陷密切相关。例如内存泄露问题，在短时间内不会出现问题，但长时间运行后就会因为内存耗尽而导致系统失效。

缺陷（defect/fault）是指软件的内在缺陷。在软件生命周期的各个阶段，特别是在早期设计和编码阶段，设计者和编程人员的行动（如需求不完整、理解有歧义、没有完全实现需求或潜在需求、算法逻辑错、编程问题等）会使软件在一定条件下不能或将不能完成规定功能，这样就不可避免地存在缺陷。

软件一旦有缺陷，它将潜伏在软件中，直到它被发现和正确修改。在一定的环境下，软件一旦运行正确，它将继续保持这种正确性，除非环境发生变化。此外，软件中的缺陷不会因为使用而消失，除非被修复，它会一直存在于软件中。

如果软件在运行时没有用到有缺陷的部分，软件就可以正常运行且正确工作；若用到了有缺陷的部分，则软件的计算或判断就会与规定的不符，从而使软件丧失执行要求的功能的能力。软件不能完成规定功能即"失效"（failure）或"故障"。对于无容错设计的软件而言，局部失效则整个软件失效。对于采取容错设计的软件，局部故障或失效并不一定导致整个软件失效。

判断软件是否失效的判据有：系统死机、系统无法启动、不能输入输出或显示记录、计算数据有误、决策不合理以及其他削弱或使软件功能丧失的事件或状态等。

在需求阶段收集的这些指标，对开发过程的质量会提出不一样的要求。软件是否达到这些指标，需要通过可靠性测试来验证。目前，软件可靠性工程是一门虽然得到普遍承认，但还处于不成熟的正在发展确立阶段的新兴工程学科。有兴趣的读者可以去找可靠性工程相关的资料来看。

9.7.2.2　可用性

可用性用来衡量人们使用一个软件产品的满意程度。一般来说，可以从以下几个方面去考虑：

- 容易学习

客户需要多长时间来掌握软件的使用？

- 使用效率

客户需要多长时间、执行多少次操作来完成一个关键任务？

- 记忆性

当客户离开再次回来时，他的工作是否能够被记忆下来以便继续执行？

- 错误恢复

当系统出现故障时，客户是否能够从故障中恢复他已经完成的工作？

- 主观满意度

客户在使用软件的过程中是否感到愉悦？

软件可用性一般是通过以下一些手段和工作去实现的。在需求阶段对可用性需求的收集将会影响到对下面这些工作的质量要求。

- 人员因素

软件是否遵循了以用户为中心的设计方式。例如，界面布局是否符合客户的操作习惯；操作是否沿用了客户认同的术语；操作方式是否与客户的工作习惯相符等。

- 美观

毋须解释，人们都喜欢看到美好的东西。

- 用户界面的一致性

软件是否能带给客户一致的操作体验。这里举几个不一致的例子，例如，为了打开下一个界面，有的地方要通过点击菜单，有的地方要通过点击按钮，有的地方要通过点击超链接，这就是不一致的操作体验；再例如，同样是提交，有的按钮叫提交，有的按钮叫保存，有的按钮叫发送等，这也是不一致的操作体验。这会导致客户使用软件时无所适从。

- 联机帮助和环境相关帮助

客户是否能够方便和快速地找到相应的使用帮助，也是可用性的一个重要方面。

- 向导和代理

客户是否能够方便和快速地找到他所需要的功能。

- 用户手册和培训材料

用户手册和培训材料编写的好坏也是客户对软件可用性认同的一个重要部分。

9.7.2.3 有效性

有效性包括性能、可伸缩性、可扩展性这三个方面的话题。

- 性能

性能包括速度、并发性、吞吐量、响应时间、资源占用率等一些指标。

性能需求与应用环境密切相关，使用人数越多，业务越复杂，数据流量越大，对性能的要求越高。在需求阶段，性能需求的采集要与应用环境结合起来。调查系统的预期使用人数、平均使用量、业务量、数据量等来决定适合的性能指标。对于有些系统还需要特别考虑峰值问题，例如本书例子中的收取电费部分，80%以上的交费是在电费结算完成后的 5 天内结束的，这 5 天就会是系统的访问高峰；再细致一些，甚至需要考虑每天某些时段的使用高峰。

- 可伸缩性

可伸缩性是指当向系统中增加资源时的性能改善，例如 CPU、内存或计算机等。可伸缩性同时又分为垂直伸缩和水平伸缩两种情况。

垂直伸缩性是指为系统换置更高级、快速的设备时性能的改善程度。假设系统是没有经过良好设计的，程序里有低效的算法，存在 I/O 瓶颈等，增大内存和换更快速的 CPU 性能也不会有明显改善。

水平伸缩性是指当为现有的应用程序添加额外的、负载均衡的服务器时性能的改善程度。水平伸缩能力需要系统具备分布部署的能力，也就是说系统需要一些特殊的设计。当一个系统部署在多台服务器上时，事务通常都会成为需要关注的问题。

■ 可扩展性

这里的可扩展性是指系统级别，或说软件架构级别的可扩展性，而非语言级别的程序扩展能力。一般来说，可扩展性包含资源可扩展性、应用可扩展性和技术升级可扩展性三个方面。

资源可扩展性是指，软件系统对增加或改变资源的支持能力。资源可能包括硬件资源（服务器、内存、硬盘、CPU 等），也可能包括软件资源（操作系统、应用服务器、驱动程序等）。

应用可扩展性是指，当硬件资源扩大时，应用是否能相应获得性能提升的能力。这个能力与软件架构相关。例如，一个应用只能支持一个数据库服务器时，其应用扩展能力就受到限制，我们无法通过增加数据库服务器来改进性能。

技术升级可扩展性是指，随着某项技术的升级，系统性能是否能够随之提升的能力。这个能力也与系统设计相关。例如，如果应用程序只支持最多 32MB 内存，那么即使由于技术升级，我们可以获得 1GB 内存，应用程序性能也不会随之提升。

9.7.2.4 可移植性

由于计算机的硬件体系结构不同，因而导致在某一类型机器上开发的软件不能在另一类计算机上运行，所以某一种语言开发环境开发出来的程序，如不用修改或只需极少量的修改便能在其他种类的计算机上运行，就是可移植性好。

现在随着应用环境的日趋复杂，可移植性变得越来越重要。可移植性可以保证客户的投资利益，也可以提高软件的可维护性。客户不会愿意花大把投资建设出来的系统因为硬件升级而无法使用，开发单位也不愿意系统因为更换设备而大量重写程序。

通常可移植性都是软件针对硬件平台而言的。不过笔者提醒读者也要注意软件环境的可移植性问题。在软件开发过程中，应当使用那些成熟的，公开支持的标准，尤其是大厂商所支持的标准。如果使用了一些小范围的标准，就有可能在移植性上受到限制。例如使用了一些与主流技术不兼容的接口，或者使用了未公开支持的类库，就可能使系统失去软件环境的可移植性。

9.7.3 进一步讨论

9.7.3.1 第一个讨论：如何采集非功能性需求

在需求阶段，与功能性需求不同，非功能性需求是需要需求人员主动引导的。因为客户并非计算机专家，除了可用性之外，他们很少会考虑其他的非功能性需求。即使提出，也是很模糊的要求，比如速度要快，报表要在一分钟之内统计完成等模糊的语言。

需求人员要在需求过程中了解清楚系统的应用环境，包括硬件环境、网络环境、用户情况、预期使用人数、并发使用情况等，这些因素都是确定非功能性需求的重要依据。在收集

非功能性需求时，可以采用固定表格的形式，搞清楚一个一个问题。在表 9-4 至表 9-7 中笔者给出一个调研表的示例，供读者参考。在这个表格中，通过回答表中的问题来确定非功能性需求的指标。

表 9-4　非功能性需求——可靠性调研表

非功能性需求调查表		
可靠性		
安全性	系统数据的敏感程度	在此回答系统数据的保密性要求。这个要求与客户的业务相关，是指整体敏感程度。例如可以分为机密、保密、一般、公开等几种类别
	系统运行于何种环境	在此回答系统的运行环境。是运行于Internet还是Intranet？是公用服务器还是私有服务器？是集中式应用还是分布式应用？是单机版还是服务器版
	客户组织中的信息保密制度	在此回答客户组织中的信息保密制度。例如，工资数据、财务数据保密级别很高，只有组织中的部分人员可访问；一般公司制度数据、人员资料可向内部人员公开等
	使用人员情况	在此回答使用人员的成份。例如，是否都是内部人员？是否分为正式员工和合同工？是否有外部人员访问等等
事务性	系统业务交叉程度如何	在此回答业务的交叉程度。如果多个部门或很多用户频繁的对同一份数据存取，业务交叉程度就高，相应的事务性要求也就高
	数据精确度要求如何	在此回答数据的精确度要求。如果数据精确度要求很高，例如财务数据，相应的事务性要求也就高；反之，例如人员档案资料，精确度要求低，相应的事务性要求也就没那么严格
	业务是在线的还是离线的	在此回答业务的运行要求。在线交易必须保证事务性，所谓一手交钱一手交货。而离线交易则事务级别可相应降低
	系统集成情况如何	在此回答系统的集成情况。如果系统与其他很多系统集成在一起，相互依赖于数据的同步，那么事务性要求就高
	是分布式系统还是集中式系统	在此回答系统的应用模式。如果系统是分布式的，那么一般都需要借助事务中间件完成全局事务。否则，有可能数据库本身的事务处理机制就能满足要求
稳定性	系统的服务能力要求如何	在此回答系统的服务能力要求。例如是需要 7×24 小时不间断服务，还是可以允许短暂停机
	用户的操作频率如何	在此回答用户的操作频率。例如，假设每操作 10 次就可能出现一次故障，如果客户每天只使用 1 次，那么或许是可以忍受的。但如果客户每天使用10次以上，就是不可忍受了

续表

非功能性需求调查表		
可靠性		
稳定性	业务的及时性要求如何	在此回答业务的及时性要求。例如，客户的业务依赖于数据的连续传输，一旦数据链停止，整个业务都将停止，则系统稳定性要求就高。反之，如果今天传输数据，明天才来读取，稳定性要求就低
	数据的重要程度如何	在此回答数据的重要程度。例如，一旦部分数据丢失，整个系统就存在失效或崩溃的风险，则稳定性要求就高；反之，如果数据丢失，不影响系统的正常运行，稳定性要求就低

表 9-5 非功能性需求——可用性调研表

非功能性需求调查表		
可用性		
界面	客户的行业性质如何	在此回答客户的行业性质。不同的行业性质应该有不同的界面风格考量。例如，给政府部门做项目，界面风格应当是庄严稳重的，不能设计成娱乐网站式的花花绿绿
	客户的企业文化如何	在此回答客户的企业文化。界面的色调和风格应与客户的企业文化相符合。例如，如果客户以年轻人居多，界面风格可以轻松活泼一些。如果以老年人居多，界面风格应当稳重一些
	客户业务的复杂程度如何	在此回答客户业务的复杂程度。例如，客户的业务功能庞杂，界面设计时导航功能考虑就要多一些，尽量在一个版面容纳更多的功能并方便导航；否则，就应该考虑第一时间可以看到所有功能
	使用人员的情况如何	在此回答使用人员的情况。如果使用人员计算机素质较高，可以考虑复杂一些的界面设计，反之就应当尽量简单和直接
操作习惯	客户之前使用过什么系统吗	在此回答客户之前使用过系统的界面风格。人总是有惰性的，尤其对上了年纪的人来讲，适应新的风格总要慢一些。应当考虑保持原先客户习惯的操作模式
	客户喜欢怎样的操作风格	在此回答客户喜欢的操作风格。例如是喜欢菜单，还是导航条，是喜欢按钮，还是超链接等
文档要求	客户需要联机文档吗	在此回答客户是否需要联机文档。联机文档类似 Word 的帮助菜单里的内容
	客户需要在线帮助吗	在此回答用户是否需要在线帮助。在线帮助需要在界面中放置该界面的操作指导
	客户的计算机操作水平如何	在此回答客户的计算机操作水平。若客户的操作水平较高，则用户手册可专心描述业务操作；若客户的操作水平很差，则用户手册还要考虑普及一些计算机基础知识，并且多使用界面截图

表 9-6　非功能性需求——有效性调研表

非功能性需求调查表		
有效性		
性能	系统的平均访问量	在此回答系统数据的平均访问量。平均访问量是指在特定的时间段内，比如天或小时，系统平均被访问的次数
	系统的峰值访问量	在此回答系统的峰值访问量。峰值访问量是指在特殊的情况下，系统瞬时可能被访问的最大次数
	系统的数据流量	在此回答系统的数据流量。数据流量是指在系统中传输和处理的数据量。包括数据的数量和数据的大小
	系统的并发要求	在此回答系统的并发要求。并发是指同一时间内多个访问者对同一资源的访问。区别于平均访问量。若同时使用系统但访问的是不同资源，则不称为并发
	硬件环境如何	在此回答系统的硬件环境。包括服务器情况，例如内存、CPU、硬盘等，以及网格状况，例如带宽、交换机容量等
可伸缩性	客户业务预期的扩张速度	在此回答客户业务预期的扩张速度。业务扩张速度是指使用系统的频繁程度，随着业务的扩张，使用系统的频率随之提高，就需要系统有一定的伸缩能力
	客户数据量的扩张速度	在此回答客户数据的扩张速度。即使客户的业务没有扩张，但有可能随着系统的使用，数据量急剧扩张。这也需要系统具备一定的伸缩能力
	使用人数的扩张速度	在此回答使用人数的扩张速度。例如网站，随着人气的提升，访问人数可能呈爆炸性增长，也需要系统具备一定的伸缩能力
可扩展性	系统规模会持续扩大吗	在此回答系统规模是否会持续扩大。例如客户的项目是分期建设的，系统规模会随着项目的进展持续扩大。则系统的建设初期就要考虑扩展性
	客户是否有长期系统建设的计划	在此回答客户是否有长期的系统建设计划。如果客户具有这样的计划，随着新建设的系统不断加入运行，同时还要保证原先系统的稳定，就要考虑系统的可扩展性
	客户有升级系统的长期计划吗	在此回答客户是否有系统升级的长期计划。如果客户具有这样的计划，那么技术的升级换代是不可避免的。系统在建设的初期就要考虑可扩展性

表 9-7　非功能性需求——可移植性调研表

非功能性需求调查表		
可移植性		
硬件环境	客户当前的硬件环境如何	在此回答客户当前的硬件环境。若客户的硬件设备比较陈旧，面临着更新的问题，那么系统移植应当被纳入考虑范围。至少应当考虑假设客户将来要更新设备，会更新成哪一类设备

非功能性需求调查表		
可移植性		
硬件环境	客户是否有长期的硬件厂商合作伙伴	*在此回答客户是否有长期的硬件提供商。假设客户有长期的设备供应商，那么客户的硬件设备就会比较稳定，相应的移植能力也就没那么重要。反之，如果客户隔三岔五地更换设备供应商，系统的移植能力就需要重视了*
	客户的业务是否在快速增长	*在此回答客户业务增长速度。如果客户的业务增长迅速，那么相对频繁地升级硬件设备就是意料中的事，移植能力就重要一些。反之，客户业务稳定，升级硬件设备的可能性就低，相应的移植能力也就没那么重要*
软件环境	客户和系统运行环境如何	*在此回答客户的系统运行环境。如果客户的系统运行环境比较单纯，仅有有限的系统在运行并且相互之间关系不大，则移植的可能性小。反之，客户就有可能从信息化的整体考虑而提出统一系统平台的构想，由此带来移植的问题*
	客户是否有长期的软件提供商	*在此回答客户是否有明确的软件供应商。例如客户如果与某家应用服务器供应商建立了长期合作关系，那么改变软件环境的可能性就小。反之，就有可能因为改变了第三方软件产品而带来移植问题*
	自己是否有长期明确的技术路线	*在此回答开发商自己是否有长期明确的技术路线。如果公司已经有技术路线规划和长期的产品规划，则应当考虑移植能力，以保证当软件所遵循的标准或技术路线改变时自己和客户的投入成本不受到大的损失*

9.7.3.2 第二个讨论：如何记录非功能性需求

前面已经讲过，非功能性需求不适合记录在用例规约里。在 RUP 里提供了两份模板可以用来记录非功能性需求。一份是用例补充规约，另一份是软件需求规约。用例补充规约是专门为某个用例服务的，如果某个非功能性需求只与该用例有关，例如仅有某个用例需要特别的安全性，那么可以写在用例补充规约里。软件需求规约是针对整个软件的，所以如果非功能性需求是针对整体软件的，就应当写在软件需求规约文档里。

不过，笔者建议将这两个文档合并。因为在实践中，非功能性需求仅仅针对某个用例的情况是不多见的。并且文档过多和信息过于分散会增加项目管理的难度。因此可以将所有的非功能性需求都写到同一份文档里，既便于管理，也容易阅读。

9.7.4 提给读者的问题

提给读者的问题 16

请读者回顾之前的项目，是否有因为非功能性需求没有调研而导致上线以后回头修改程序的例子？如果有，请考虑如果在需求调研时已经注意到这个需求，会对系统的设计起到什么样的作用？能避免修改的发生吗？

提给读者的问题 17

> 请读者回顾之前的项目或者正在进行的项目，试着填写上一节中笔者给出的表 9-4 至表 9-7 的四个非功能性需求调研表格，回答表格中的问题。
>
> 根据答案，试着确定该项目的可靠性、可用性、有效性和移植性的需求分别是怎样的。

提给读者的问题 18

> 请读者根据上一问题中得出的可靠性、可用性、有效性和移植性的需求，考虑如果在设计系统里将这些非功能性需求考虑在内的话，是否会对设计结果产生不同的影响？

9.8　主要成果物

到此为止需求获取工作就基本上完成了。让我们来回顾和总结一下，我们都完成了什么工作，得到了哪些成果物。

- **定义边界**

在这一项工作里，我们似乎没有什么明确的成果物。事实上，定义边界只是我们进行需求获取的一个手段。可以把边界绘制出来，并给出名称，也可以省略掉它们。总之，设定边界的目的是为了便于我们获取主角和业务用例。

- **发现主角**

在这一项工作里，我们得到了主角、主角的定义和它们之间的关系。同时，在这一步还能得到客户的组织结构形式。

- **获取业务用例**

在这一项工作里，我们得到了业务用例视图。业务用例视图实际上帮助我们获得了系统的功能性需求范围。经过这项工作，我们得到了系统的功能轮廓。

- **业务建模**

在这一项工作里，我们得到了业务用例场景、业务用例规约、业务对象模型、业务用例实现和业务用例实现场景。这些成果物帮助我们确定了功能性需求。经过这些工作，我们得到了系统的功能细节。

- **领域建模**

在这一项工作里，我们得到了客户业务中一些关键问题的解决方案。这些方案帮助我们在项目的早期就解决了可能遇到的困难，并且为下一步的设计提供了很好的指导意义。

- **提炼业务规则**

在这一项工作里，我们将业务规则分别提取出来，很好地定义并管理起来，分别写在补充规约、用例规约和业务对象文档里。这项工作帮助我们更好地理解业务的运行并为将来的设计提供了更好的支持。

■　　获取非功能性需求

在这一项工作里，我们获得了包括可靠性、可用性、有效性和移植性在内的非功能性需求。功能性需求加上非功能性需求就构成了完整的用户需求。

图 9.25 展示了到目前为止我们所进行的需求获取工作的主要过程，图 9.26 所示的方框部分则显示了主要的成果物。读者可以打开随书建模示例中的例子对照学习。

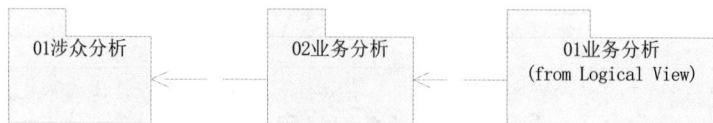

图 9.25　需求获取主要过程

图 9.26　需求获取主要成果物

提给读者的问题

提给读者的问题 19

请读者将目前得到的所有成果物列举出来，试着说明这些成果物之间的先后关系，它们如何相互约束，各自起到什么作用？

考虑这些成果物之间的相互约束关系，试着说明如果某个成果物有了变更，其他的成果物也会受到影响吗？

提给读者的问题 20

　　请读者将目前得到的所有成果物列举出来，试着绘制出一个流程图，说明在需求调研过程中，你应当先做什么，后做什么，哪些工作是可以并行的？

　　假设你现在是一个有经验的老员工，要给新来的同事培训如何进行需求调研，请整理一下思路，写出一篇培训大纲来。

10

需求分析

上一章，我们做了许多工作，捕获了需求，然而这些需求还处在"原料"阶段。在很多项目中，需求人员将需求捕获以后，就向后扔给了设计人员。不可否认，信息在传递过程中会发生失真，当需求简单地向后传递给设计人员后，设计人员很有可能误解甚至丢失需求中的重要信息。不论需求文档写得如何详细，设计人员仍然有可能不能理解需求当中的重点和难点是什么，因而导致设计重心的偏差。

信息的失真或许是不可能完全避免的，但我们应当尽量减低这种可能性。在实践过程中，一种好的方法是在将需求向后传递之前进行一些需求分析的工作。这些工作将由需求人员和负责系统设计或架构设计的人员一起来完成。需求分析工作将使得需求人员和系统分析设计人员之间有机会进行沟通和交流，共同就需求文档当中的概念、问题和关键点达成共识，最大限度地降低信息失真的可能性。

我们进行需求分析，可能需要完成的工作包括建立概念模型、建立业务架构和开发系统原型。

10.1 关键概念分析

10.1.1 阿基米德杠杆——找到撬动地球的支点

阿基米德是古代希腊文明所产生的最伟大的数学家及科学家之一，他在力学、几何学、天文学方面都有巨大的成就。关于他的故事，我们最为熟知的恐怕是他的那一句名言：给我一个支点，我就能撬动地球。

阿基米德不仅是一个理论家，也是一个实践家，他一生热衷于将其科学发现应用于实践，从而把二者结合起来。在埃及，公元前 1500 年左右，就有人用杠杆来抬起重物，不过人们不知道它的道理。阿基米德潜心研究了这个现象并发现了杠杆原理。

赫农王对阿基米德的理论一向持半信半疑的态度。他要求阿基米德将它们变成活生生的例子以使人信服。阿基米德说："给我一个支点，我就能移动地球。"国王说："这恐怕实现不了，你还是来帮我拖动海岸上的那条大船吧。"当时的赫农王为埃及国王制造了一条船，体积大，相当重，因为不能挪动，搁浅在海岸上很多天。阿基米德满口答应下来。阿基米德设计了一套复杂的杠杆滑轮系统安装在船上，将绳索的一端交到赫农王手上。赫农王轻轻拉动绳索，奇迹出现了，大船缓缓地挪动起来，最终下到海里。国王惊讶之余，十分佩服阿基米德，并派人贴出告示"今后，无论阿基米德说什么，都要相信他。"

据科学家计算，如果真要撬动地球，阿基米德使用的杠杆必须要有 88×1021 英里长才行！当然这在目前是做不到的。不过，杠杆原理告诉人们，我们的确可以花小力气办大事情，只要找到那个适合的支点，再加一根适合的杠杆。

在软件项目过程当中，当需求被确定下来之后，接下来就要进行系统的分析和设计工作。可是，需求文档是相当复杂和繁琐的，作为文档的作者，需求人员曾经为此煞费苦心，作为文档的研究者，系统分析和设计人员如何才能尽快地理解需求呢？面对可能是海量的需求文档，要从中快速地把握需求的精髓，我们就需要像阿基米德一样，找到那个帮助我们打开局面的支点。

这个支点就是对需求中的关键概念进行分析。所谓的关键概念是指支撑起客户整个业务架构的那条主线，有的业务也可能有多条主线，这些主线由一些关键业务构成。在 UML 方法里，就是由一些关键的业务用例构成。需求分析所要做的工作就是找到这些关键的业务用例，并且对它们进行分析，建立概念模型，依据概念模型搭建业务架构，然后为了验证这个架构或者进行技术可行性分析开发出系统原型。

一旦这些工作得以完成，我们就找到了支撑杠杆的支点。我们不但架起了从需求到系统的桥梁，而且获得了关于系统设计和开发的大部分信息。甚至，再接下来的那些系统设计和开发工作，都只是这些工作的细化和展开。可见，花时间建立概念模型、业务架构和系统原型的工作，正是花小力气办大事的关键所在。

10.1.2　现在行动：建立概念模型

首先让我们来回顾一下什么是概念模型以及它的建立过程。图 10.1 在第 5 章中已经讲到过，在此我们再次看看它。

从图 10.1 中我们可以看到，概念模型始于业务用例，从业务模型中抽象出一些概念用例，针对概念用例进行分析，得到一些分析类和分析场景。从业务用例到分析类是分析过程，在分析过程中可以向上追溯，则是改进过程。

在开始建立概念模型之前有必要强调两点：

概念模型是针对需求中的关键业务，或者说业务核心来建立的，所以前提是需求人员已经把握了需求，并能够从复杂的需求当中找出支撑起整个业务的那条主线来。并且，概念模型贵于精准而非全面。

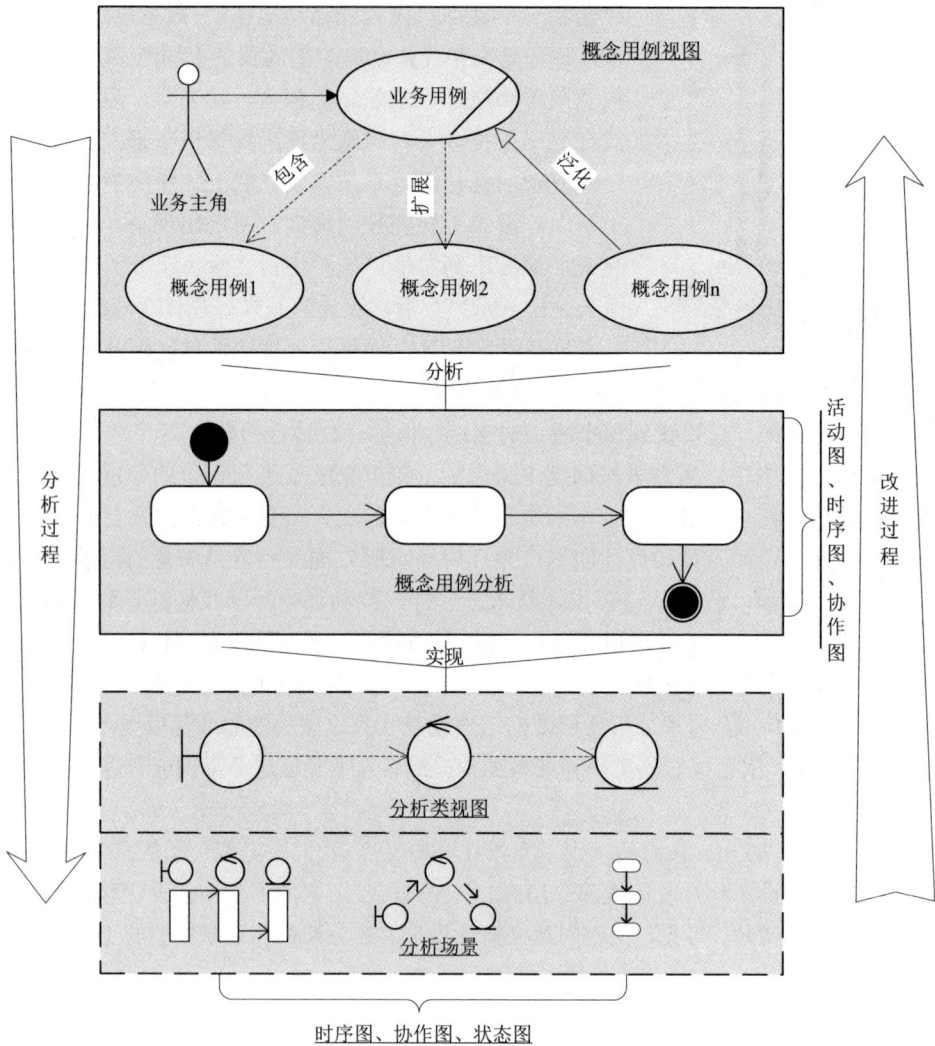

图 10.1　概念模型的建立过程

概念模型应当由需求人员、系统分析人员、软件架构人员和系统设计人员共同参与。换句话说，概念模型是由需求转入系统之间的桥梁，参与需求和参与系统的两方都应当就此模型达成共同的理解和深刻的认识。

10.1.2.1　获取概念用例

书归正传，本章作者仍然是以供电企业管理系统为例来讲解概念模型的建立。请读者先打开随书的建模示例，我们可以看到，在建模示例中有很多业务用例。假设你是一个设计人员，如果这些业务用例

直接全部扔给你，你是否会觉得无从下手呢？好，这时需求人员应当告诉你：尽管有那么多的业务用例，但是，供电企业管理系统最核心的业务是建立并管理用电用户、计算电费、收取电费、形成供电收入，如图 10.2 所示。这就是撑起供电企业业务的主线，几乎所有的业务用例都围绕这条主线展开。

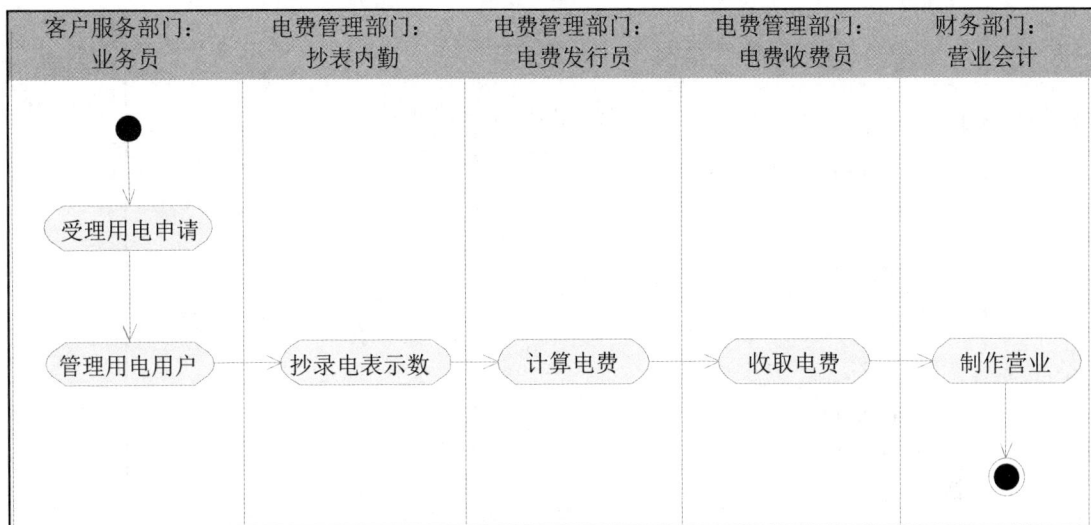

图 10.2　核心业务示例图

于是，不论业务用例多么繁杂，我们已经找到了业务主线。也就是说，只要我们把握了这条主线，我们就有信心解决整个系统问题。现在，让我们围绕着这条主线，从业务用例当中挑选出一些业务用例进行关键概念分析。

经过需求人员的分析，以及与系统分析设计人员探讨之后，决定将如图 10.3 所示的业务用例挑选出来作为关键概念分析的业务用例。

有读者可能会问，当一条业务主线确定以后，很多业务用例都会跟这条主线有关系，那是不是所有与业务主线有关系的用例都要挑选出来呢？答案是否定的。既然是业务主线，那么几乎所有的业务用例都会跟业务主线沾上关系，如果把它们都挑选出来，那几乎所有的业务用例都会被挑选出来了。事实上完全没有必要把所有沾亲带故的业务用例都挑出来，如果有 10 个业务用例都与某个业务主线环节有关，那么我们也只需要视情况挑选出一到两个具有代表性的典型的业务用例出来就可以了。

比如，本例子中业务主线中有受理用电申请这一项核心业务，在业务用例中就有申请永久用电和申请临时用电两个业务用例，我们只需要挑选申请永久用电即可，因为它最常用且典型。再举个例子，业务主线中有抄录电表示数这项核心业务，在业务用例中与抄表有关的业务用例有导出上月示数、分配抄表任务、录入抄表示数等几个业务用例，根据情况，我们认为录入抄表示数最具有典型性，因为不管抄表有多少业务用例，录入才是支持电费计算的最终手段，因此只需要挑选录入抄表示数业务用例即可。

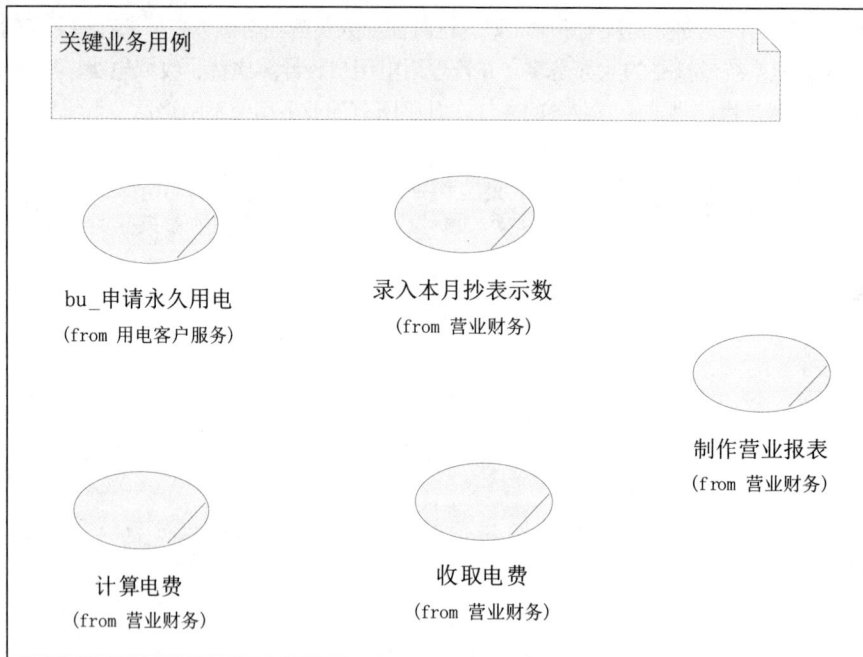

图 10.3　挑选出的关键业务用例

图 10.3 所示的挑选结果显得很精炼，这些业务用例就是接下来进行需求分析的输入。

当关键业务用例挑选出来之后，我们要做的工作是根据业务主线的需要，为这些业务用例找出概念用例。在上一章需求获取过程中我们知道，每个业务用例都包含很多的内容，是很细节的。但是在这里，我们获得概念用例的目的是为了完成业务主线，因此，概念用例并不需要展现所有的业务用例细节，而只需要非常概括地展现出能够完成业务主线的那一部分即可。

例如，对于申请永久用电业务用例来说，它包含非常多的内容。但是经过分析我们发现，在这个业务用例中，只有生成申请单、安装电表和建立档案这几项工作与业务主线关系最为紧密。因为申请单是建立档案的基础，安装电表是抄表的基础，用户档案则是电费计算的基础。只要这三项工作齐备了，业务主线就能够执行。经过上面的分析，我们得出申请永久用电业务用例的概念用例如图 10.4 所示。

相应地，我们也能为其他几个业务用例绘制出它们的概念用例图。具体细节请读者自己查看随书建模示例。

10.1.2.2　分析概念用例

当概念用例被确定以后，接下来我们就要对概念用例进行分析。分析过程与业务用例的建模过程别无二致，仍然是绘制概念用例的场景图（活动图、时序图等），然后从中找到关键的对象，最后再为这些关键对象绘制一些协作图以说明这些对象之间的关系和交互场景。

请注意，这时我们的视角已经不再关注在业务上了，需要从系统的角度或者说抽象的角度来分析概念用例，因为我们的目的是要搭起从业务到系统的桥梁。

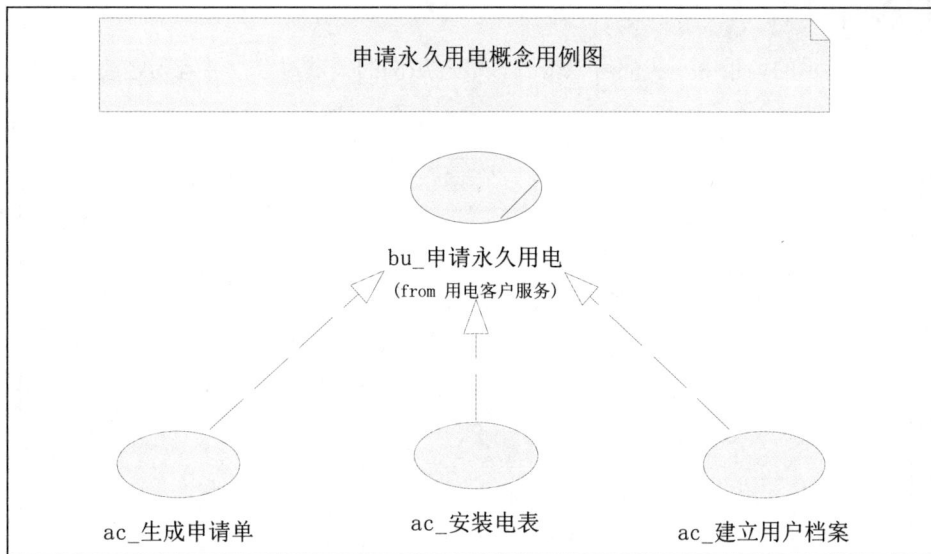

图 10.4　概念用例示例

　　图 10.5 展示了针对 ac_生成申请单概念用例绘制的场景图。读者可以看到，这个场景图已经与原始业务不同了。这个概念用例的最终目的是生成完整的用电申请单以建立用户档案，因此，整个的概念场景过程是围绕着申请单如何从产生到完成的一系列活动建立的。也就是说，这些活动构成了申请单的生成过程。

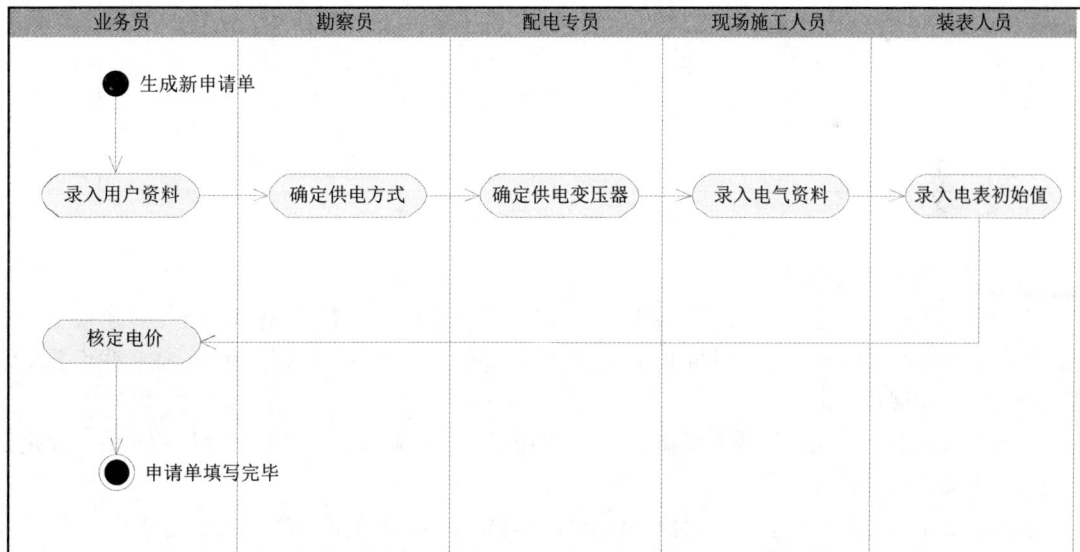

图 10.5　概念用例场景示例

　　相应地，我们也可以为其他概念用例绘制场景图。其他概念用例的场景图读者可以自己到随书建模示例中查看。

从图 10.5 所示的场景中，我们可以得到该概念用例的关键对象，并且为之绘制出对象图，如图 10.6 所示。

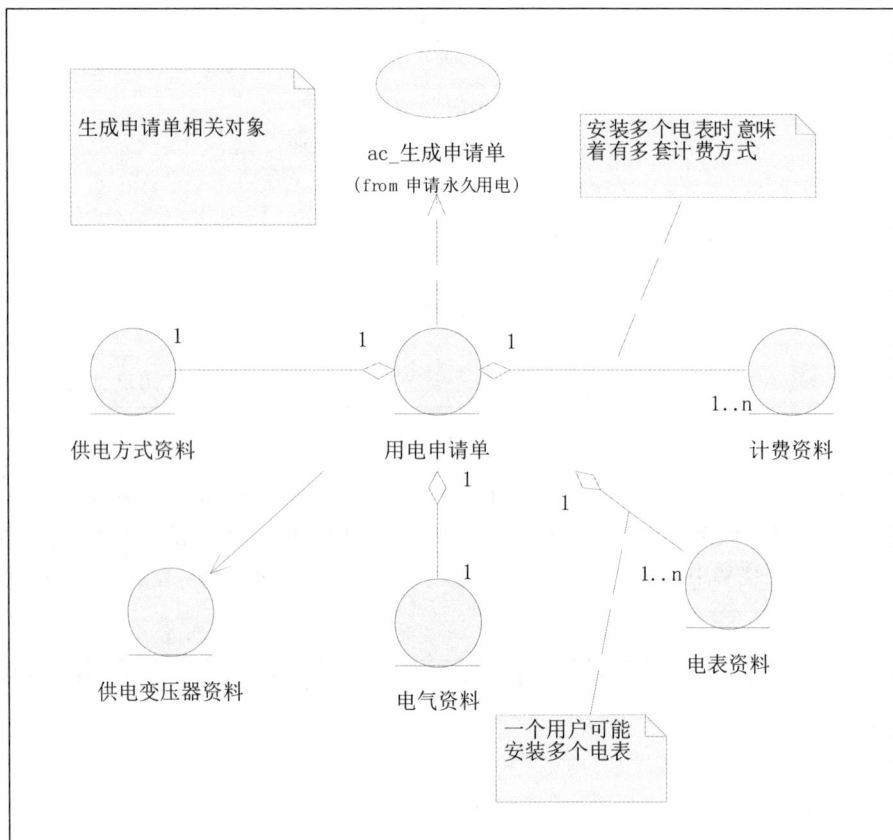

图 10.6　概念用例对象示例图

10.1.2.3　建立概念模型

每分析清楚一个概念用例，就能得到它的关键对象。这些关键对象就是我们建立概念模型的基础。概念模型从抽象的系统对象视角来解释业务主线如何在计算机中运行，换句话说，我们要用这些关键对象去实现业务主线。

业务主线是怎样的呢？业务主线就是图 10.2 所示的核心业务，现在我们要做的事情，就是用关键对象来实现这个核心业务。

显然，关键对象都是一些实体对象，仅有实体对象显然是不能够使一个系统运行的。在这里，我们将采用分析模型的方式来实现核心业务。在 5.6.3 分析模型的意义一节中作者介绍过，分析模型是采用 MVC 模式，将用例场景中描述的业务分解为边界（操作界面和展示界面）、控制（业务逻辑）和实体（业务数据），用这三个元素建立实现用例场景的对象模型。分析模型一方面为我们

提供了对系统如何实现需求的理解，一方面为下一步演化到设计模型提供了极好的输入。如果建模过程中包含概念模型，则早期的分析模型可以依据概念用例来建立，这样分析模型成为系统的第一个原型。我们可以根据分析模型开发界面原型、编写简单的可执行代码来制作一个系统原型。

　　由于分析模型是一个 MVC 模式的模型，因此，操作者所有的操作都应当通过边界类进行，操作消息通过边界类传递给控制类，由控制类进行解释，执行相关的逻辑，并向实体类进行数据的存取。在初步建立分析模型的时候，可以非常简单和程式化地将边界类、控制类和实体类串起来。举例来说，如果要表示创建并填写申请单的过程，可以用图 10.7 所示的方法来表示。

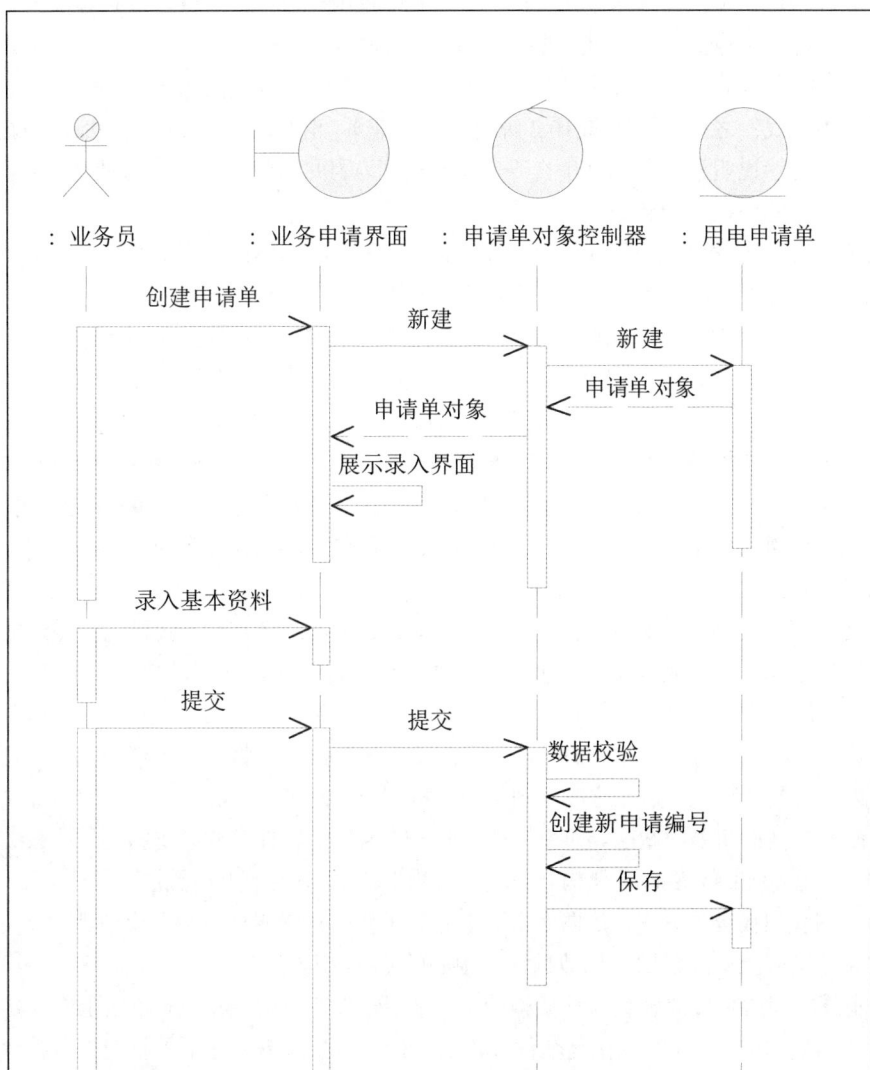

图 10.7　分析类场景示例——创建申请单

图 10.7 很容易看明白，绘制起来也不困难。但是如果读者试图用这种方式去实现整个图 10.2 所示的核心业务就会发现，仅仅一个申请单的录入就已经花费了十多步，如果要把整个业务在一个图里都绘制出来，那将是一个复杂得不能再复杂的图了。

仔细想一想，虽然核心业务由很多步骤组成，但是这些步骤是必须在一次操作当中完成的吗？显然不是，图 10.7 所示的业务过程完成了申请单的创建和保存工作，在实际工作中，申请单创建完毕并被持久化即被保存了以后，业务就暂停了，直至下一步确定供电方式业务开始，申请单才会被重新读取出来。在这一段时间内，业务是暂停的，数据也是处于休眠状态的。因此我们完全可以将这些核心业务的这些步骤分开来绘制。也就是说，创建申请单、确定供电方式等步骤都可以分开来单独绘制。这样，工作量和可读性都要好得多。

问题是，这些步骤本来是紧密关联在一起的，如果都分开了，我们怎么能够知道它们是怎样串在一起的呢？由于我们之前已经有图 10.2 说明了整个业务，也有图 10.5 说明了申请单的创建过程，这些场景图已经足够说明业务是如何串在一起执行的了。因此虽然每个小步骤都是分开绘制的，但它们通过业务场景图串在了一起。

细心的读者可能会发现上面的说法有一个问题。从每个小步骤的实现来看，很完整，无可挑剔；从场景上来看，也很清楚，但是，上面仅仅说了小步骤由场景串起来，但没说明它们是如何串起来的。换句话说，场景图只是一个概念性的描述，而不是一个实现！单独的每一步都是一个实现，有操作者，有边界类，有控制类，有实体类，但是在场景中，从第一步到第二步只是一条线而已，一条线不能说明在计算机里第一步是怎么到第二步的啊！

这就引出了软件架构的问题。的确是这样，每一个小步都可以理解为系统中的一个功能单元，或者说最小的操作集。系统只有将所有的操作集有机地组合起来才能完成业务，才能称为一个系统。所以我们必须要考虑第一步如何到第二步的问题。这个问题显然是由软件架构来解决的，甚至最小最简单的系统都是如此。

读者可能会感到迷惑，感觉不到软件架构在哪里。有读者或者在想，我们之前做过的项目根本就没考虑过软件架构，不也完成了吗？事实上软件架构一直都在，只不过被人们忽略了。

举例来说，最简单和最普遍的做法是采用数据库。第一步创建申请单完成后，申请单被保存到数据库中，第一步结束。第二步开始的时候，操作员要从数据库中将申请单读出来，并且填写自己的数据，再次存入数据库……如此这般直到整个业务完成。大部分项目就是这样做的吧？尽管你可能没去想，但这就是最简单的做法。即使简单如此，它也是由软件架构来支持的。什么架构呢？这就是我们非常熟悉的 Client/Server 架构。我们可以用图 10.8 来表示上述做法。

从上面的图我们很容易看出，数据库实际上充当了步骤连接者的角色。换句话说，采用这种实现方式的项目，实际上已经采用了以数据库为中心的 C/S 架构。

因此，步骤之间的衔接的确是软件架构的工作。不管你有没有注意到，事实上都一定会采用某一种架构。好，既然步骤之间的衔接是软件架构的工作，那么接下来是不是就应当考虑软件架构了呢？是的，上面所举的例子是选用了以数据库为中心的 C/S 架构的结果。根据业务系统的复杂程度和技术上的考虑，架构师也可以选择其他的架构来实现。

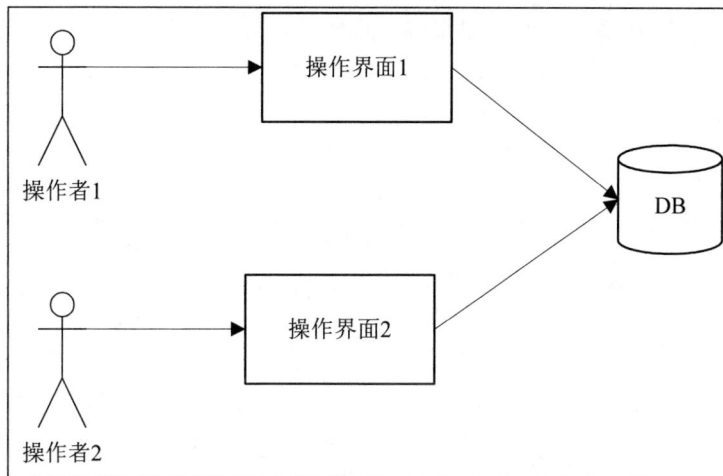

图 10.8　Client/Server 架构示意图

　　例如，我们还可以采用工作流来做步骤衔接的工作。也就是说，我们在软件架构里选用了工作流。那么大致上，软件架构的示意可以用图 10.9 来表示。

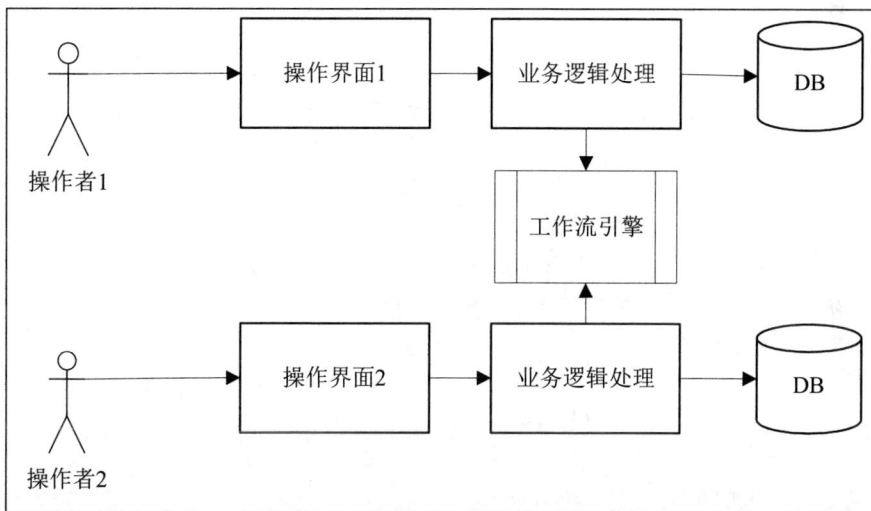

图 10.9　引入了工作流的架构示意图

　　当我们引入了工作流以后，步骤的衔接工作就由数据库换成了工作流引擎。操作者 1 完成工作后，数据被存入数据库，同时业务逻辑处理通知工作流引擎将流程推进至下一步；操作者 2 通过访问工作流引擎而得知现在工作应该由他处理，然后再由业务逻辑处理从数据库中读出数据供操作者 2 执行下一步操作。

　　相应地，如果采用这个架构，如图 10.7 所示的实现过程就应该改成如图 10.10 所示的过程了。为了方便起见，作者将步骤一和步骤二绘制到同一张图里，请注意椭圆框内的消息，读者从中可以看出两个操作者之间是如何通过工作流引擎协作的。

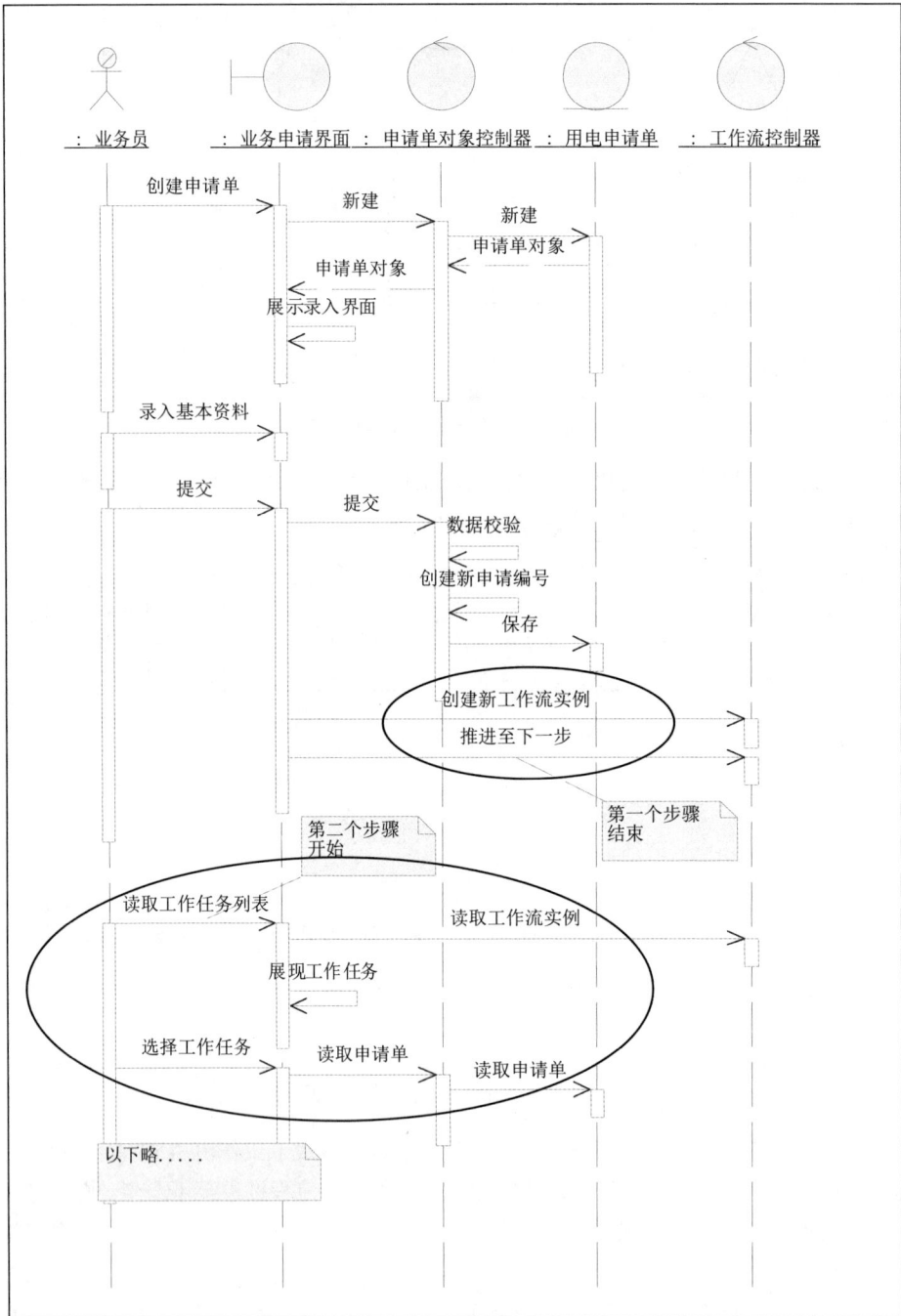

图 10.10　加入了工作流的分析类场景示例——创建申请单

可见，在概念模型中，我们选择不同的软件架构时，就会产生不同的实现方式。软件架构的选择是否适合这个业务模式，可以在绘制概念模型图的过程中被检验。如果感觉到别扭和难以绘制，就应当反省软件架构的选择是否合适了。

同样的道理，出于其他的考虑，软件架构师还可以选择其他的架构模式。比如可以选择消息中间件。在这个模式中，系统在操作者 1 完成其工作后，向消息中间件发送工作已完成的消息，该消息被传递给操作者 2，操作者 2 则凭此消息开始执行他的工作。这个例子就不再绘制示例图了，作者将它作为本章提给读者的问题，让读者来完成它吧。

当我们把概念用例中的所有场景都实现以后，关键概念的分析过程就算完成了。在这个过程中我们找到了关键对象，在用关键对象实现业务场景的过程中引入和检验了打算在整个系统中使用的软件架构。

至此，我们用比较小的代价，把业务主线通过建立概念模型的方式系统化了。在接下来的工作中，我们将依据这些工作来制作系统原型。如果系统原型获得成功，那么我们就可以很有信心地宣称我们已经有把握完成这个项目了。因为核心业务和软件架构两个方面的可行性已经得到验证，我们还有理由怀疑不能把项目做好吗？

让我们再次回想阿基米德的名言：给我一个支点，我就能撬动地球。我们也可以说，给我一个概念模型，我就能搞定整个系统。

10.1.3 进一步讨论

10.1.3.1 第一个讨论：概念模型和领域模型

从某些角度来看，概念模型和领域模型是十分相似的。都是从业务用例场景出发，找到一些实体类，然后用实体类去实现业务场景来获得业务在系统中的理解。但这两者是有本质上的不同的。

首先，领域模型不一定针对业务，它针对的是问题。换句话说，这个问题可以与业务无关。本书中 9.5 领域建模一节的例子就说明了这个问题。在 9.5 领域建模一节的例子中，领域模型是针对用户档案结构这一问题来建立领域模型的。在现实的业务中并没有用户档案结构这样一项业务，客户也并不关心用户档案在计算机里是怎样一个结构。之所以要为之建模，是因为在分析业务过程中我们认为由于业务都是围绕用户档案进行的，并且比较复杂，用户档案应当有一个好的结构以应对复杂的业务。所以值得提出这样一个问题，然后通过领域建模来寻求解决方案。

其次，概念模型是只针对业务的，它要解决的问题是在需求向设计，或者说从业务理解向系统理解转化之前，通过概念建模这一步骤，在项目的早期发现并解决问题。让项目组里的各类成员就需求的理解达成一致，并且通过建模在项目早期得以验证业务、架构和技术的可行性。在本章的例子中，就把供电企业管理系统的核心业务抽取出来进行了概念建模。

所以，读者在实际工作中要分清这两者的差别。当在需求分析过程当中感觉到某个问题值得研究时，应当建立领域模型；当需要验证需求，进行早期的可行性验证时，应当建立概念模型。

10.1.3.2 第二个讨论：软件架构的引入

软件架构不仅仅是一组技术框架。技术框架只有与业务有机地结合起来才能焕发生命力。很多人对架构师的工作有误解。认为架构师无非是懂得一些技术框架，在项目开始时把技术框架拼拼凑凑，弄出一个架构来。好像也太容易了。

请读者回想你们曾经做过的项目，你们在选择软件架构时，是否考虑过与业务相结合？是从业务的角度来选择软件架构呢，还是从技术的角度来选择软件架构？在很多项目里，甚至在需求都还没有搞清楚前，就已经决定了我要用 Struts+Hibernate；我要用 J2EE+Websphere；我要用 JSF+Spring+iBatis……

做出这样的决定是有些草率的，决定者仅仅是从纯技术的角度来考虑，最近流行什么架构啊，什么技术比较先进啊等等，这有些本末倒置了。软件架构或者技术框架是用来解决问题的。换句话说，架构和框架的意义在于它们是否能很好地解决业务问题，而不是技术如何先进。

因此，考虑软件架构至少应当在需求已经成型之后，根据需求的情况来决定选择什么样的技术框架，组成什么样的软件架构。概念模型就是一个非常好的切入点。

10.1.4 提给读者的问题

提给读者的问题 21

假设用消息中间件来替换例子中的工作流，基本的模式为系统在操作者1完成其工作后，向消息中间件发送工作已完成的消息，该消息被传递给操作者2，操作者2则凭此消息开始执行他的工作。

请读者参考本章的例子，绘制概念模型实现图。

提给读者的问题 22

请读者从曾经做过的一个项目出发，参考本章的例子做以下练习。

（1）找出核心业务，并绘制业务场景图。

（2）根据业务场景图，挑选一些典型的参与核心业务的用例。

（3）从业务用例中找到实现核心业务的关键点，并形成概念用例。

（4）为概念用例绘制场景图。

（5）从场景图中找出关键对象。

（6）用关键对象+边界类+控制类来实现概念用例场景，绘制对象交互图。

（7）思考如何在这个概念模型中引入软件架构或者技术框架。试着采用你所知道的不同的技术框架，重新绘制对象交互图。

10.2 业务架构

10.2.1 拼图游戏——我们也想造个世界

可能相当多的人对业务架构这个词儿很陌生，软件架构是经常听说的，业务架构又是个什么概

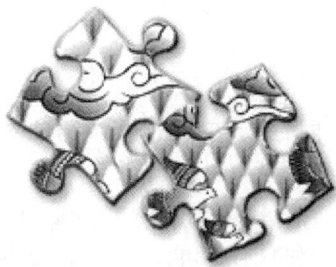

念呢？

软件开发一直在追求构件化，我们天天挂在嘴边上，说要构件化开发，要像搭积木一样来建设系统。口号是可以喊的，不过要怎样才能做到构件化，你是否认真考虑过这个问题？

估计在很多人看来，构件化开发是技术问题。即，随着技术的发展，各种先进的架构和技术框架能够越来越多地解决复杂的现实问题，总有一天，我们能够利用一个极其灵活和强大的技术架构，将现实中的业务像搭积木一样构建出整个系统。

是的，技术的确在迅速发展，随着 SOA 的成熟，离这个梦想好像已经不太远了。但是，技术架构仅仅是提供了你搭积木的手段和办法，从可行性上给予你支持，你是否想过积木是什么？积木长什么样？积木又是从何而来呢？

可见，喜欢和迷信技术的我们又忘了一个基本的原则：技术服务于业务。尽管我们知道怎样搭积木，手中却没有积木可用，又干了一件本末倒置的事情。软件、技术通通是服务于业务的，技术只是保证我们能够做好业务系统的手段，一个好软件的根本还是在业务理解上。

请读者回想一下，如果你是做行业软件的，你是否常常有这样的抱怨，同样是一个行业里不同的单位，业务需求却相差很多，根本没办法开发出行业通用的软件。做完一个项目，做另一个项目时，基本上又是重新开发。甚至认为行业软件是不可能做到通用的，必须定制化。

相信很多人抱有这样的观点。但是，请看看近年来火得不得了的 ERP 软件如 SAP、PeopleSoft 等吧，SAP 的同一个 ERP 产品，在许多行业都有成功实施的案例。不但是在同一行业不同企业，而且跨行业，从咨询业到制造业到商业，实施的都是那一套 ERP 产品。SAP 的项目实施过程与我们平时做的项目截然不同，开发工作量非常小，绝大部分需求都是通过配置来完成的，几个人就可以实施上千万甚至上亿的项目。那么，你还认为行业软件不可能做到通用吗？

SAP 为什么能做到，不是因为 SAP 采用了多么先进的技术架构（事实上 SAP 的技术架构在我们看来还相当古旧——十年前的 C/S 架构），而是因为 SAP 把业务做到了极致，它已经建立起了那些可以搭建业务平台的积木。再复杂和迥异的需求，都可以用这些积木搭建出来。

这些积木就是业务架构！

在项目开发过程中，当我们获得了一份需求时，如果不建立业务架构，那么这份需求对我们来说就是一盘沙子，每次我们都要从头把沙子做成砖块，一点点辛苦地开发程序。而建立业务架构的工作，就是要把沙子变成各式各样的零件、部件，从零件做起而不是从沙子做起，像拼图一样，拼出我们的世界来。

但这项工作是非常困难的，需要非常深厚的行业知识。并且不是一朝一夕可行，必须通过几个甚至几十个项目的累积，才有可能总结出可用的拼图。然而这份工作又是非常有意义的。作者提出的建议是，在开发项目时，请将业务架构作为项目中的一项工作，它可能不会对你当前的项目带来什么好处，但是，随着每一个项目的积累，不断地修正和丰富业务架构，手中可用的拼图就会越来越多。总有一天，你可以用拼图来完成项目中大部分的业务需求。

拼图，是一个好游戏。

10.2.2 现在行动：建立业务架构

实际上建立业务架构的活动非常类似于面向过程的结构化设计，不同的是，在结构化设计方法中，得到的结果是子系统、模块；而在面向对象的设计方法中，得到的结果则是业务构件。

业务架构，实际上就是在对需求细致分析和深刻理解的基础上，抽象出若干相对独立的业务模块，形成自洽的业务构件。这些业务构件对内可以完成一个或一组特定的业务功能，对外则有着完善的接口，可以与其他业务构件共同组成更为复杂的业务功能，直至构成整个系统的完整业务功能。

请读者回头温习一下 3.10 一节中关于组件的基础知识。实际上，业务架构中的业务构件在 UML 中就可以用组件元素来表示。

上面对业务架构的解释是自底向上的，即业务构件的组合和堆积形成整体业务；但是在建立业务架构的过程中，则是用自顶向下的方法建立的。如何建立业务架构呢？业务用例模型、领域模型和概念模型将帮上我们的大忙。

再次回顾一下，业务用例模型为我们解释了业务的细节；领域模型帮助我们为业务的若干问题提供了解决方案；而概念模型则为我们提供了业务骨架的实现和软件架构的实践。三者的结合，就为我们建立业务架构带来了充分的信息。

由于需求通常十分庞杂，要从复杂的需求当中找出业务构件并不是一件容易的事，我们很难自信地说我们找到的业务构件能够满足整个业务系统的需求。聪明的办法是从概念模型入手。因为概念模型经过实践，我们有信心说核心业务已经被我们掌握，并且可行性是得到证明的。本章的例子就是以上一节讲述的概念模型为基础，讲述如何自顶向下建立业务架构的过程。

我们知道，供电企业管理系统最核心的业务是：建立并管理用电用户、计算电费、收取电费、形成供电收入，图 10.2 展示了这条业务主线。现在换一种方式，这条业务主线可以被描述在如图 10.11 所示的结构中。

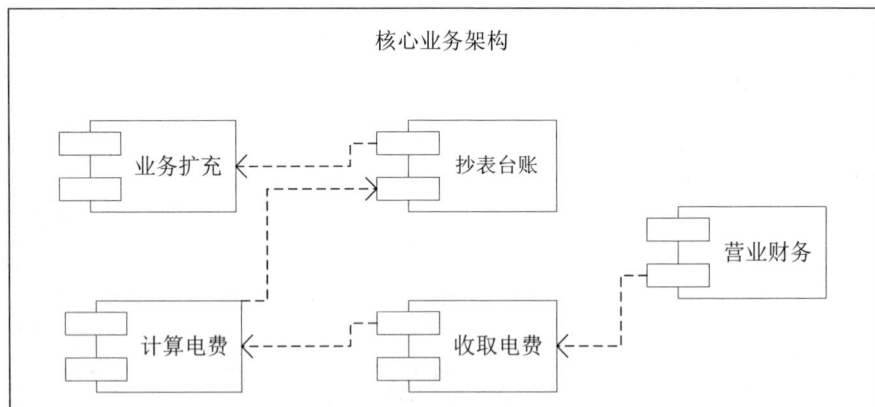

图 10.11　供电企业核心业务的结构化表示

在这个结构中，我们对业务名词进行了一些抽象化的改动，以更好地表达该构件的含义。比如，受理用电申请的目的是为供电企业增加用电用户，我们把这部分称为业务扩充；抄录电表示数的目的，是为记录该用电用户从用电开始到结束的整个电力消费情况，我们把这部分称为抄表台账。

实际上图 10.11 仅仅是图 10.2 的一个变体而已，并且粒度也很粗，现在还不能说明什么问题。但是，从面向对象的角度来说，这些构件就形成了我们继续抽象的基础。我们要做的工作包括：每一个大的构件是由哪些小的构件组成的？构件之间的依赖关系是通过什么维系的？

对于第一个问题，领域模型已经给了我们答案。请看图 10.6，其中的对象就是构成业务扩充大构件的基础。于是，我们可以将业务扩充这个大的构件进一步分解为如图 10.12 所示的结构。

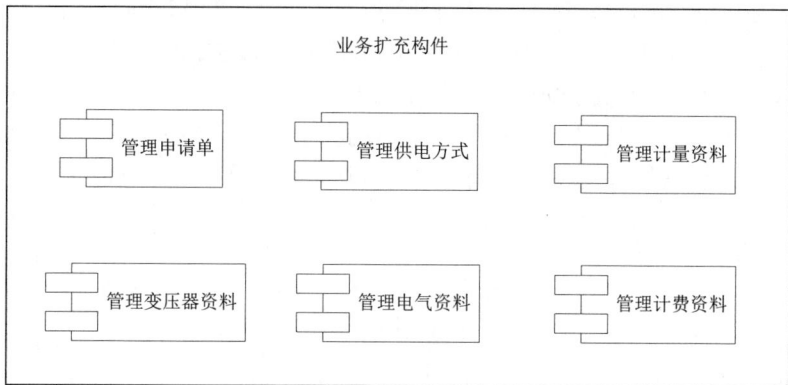

图 10.12　业务扩充的结构化表示一

到这里，业务已经被分解得比较细致了。我们暂时先停下来，姑且认为这就是我们要寻找的构件，先来解决另一个问题。什么问题呢？这些构件并不能形成我们所需要的业务，因为缺少了它们之间如何交互的描述，这个描述在图 10.5 中体现出来。也就是说，在业务扩充的构件图里，我们还缺少一个构件，这个构件要将其他构件协同起来工作。最终，业务扩充的构件可以用图 10.13 来表示。

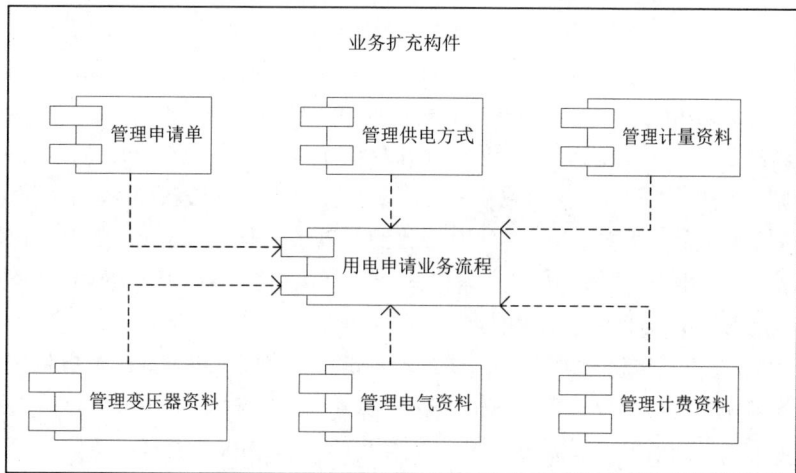

图 10.13　业务扩充的结构化表示二

我们来对图 10.13 做一点解释。管理申请单、管理供电方式等每一个业务构件都代表了一个业务功能单元。例如对管理申请单构件而言，使用它的主要是业务员，而业务员在处理申请单时大可不必去了解其他构件是如何工作的，他甚至可以不必了解业务流程是如何运转的。这样，我们就可以专心地去了解关于申请单的处理细节而不必理会其他东西。同样，用电申请业务流程则是业务运转的控制器，它只需要关心如何根据客户实际业务的需求将连接到它的那些功能单元运转起来，而不必理会具体的功能单元是如何工作的。

同理，我们也可以将抄表台账、计算电费等大的构件分解成适合的业务构件，最终，业务架构也就形成了。

从上面的描述可以看出，每个业务构件都是"专业化"的，各司其职。这样，我们就从复杂的业务当中剥离出了我们拼图所需的元件，也就是构件化开发所需的积木。在接下来的设计和开发过程中，就可以专心去设计和实现每一个业务构件。

上面的例子虽然看上去已经有模有样了，但是我们不能因此高兴过头，因为我们搭建的这个业务架构有可能是错误的。或者它不能完全满足实际的业务需求，或者它根本就是建立在错误的需求理解上，更有可能，在这个供电企业适用，到了另一个供电企业就不适用了。这正是作者说这项工作是非常困难的，需要非常深厚的行业知识。并且不是一朝一夕可行，必须几个甚至几十个项目的累积，才有可能总结出可用的拼图的原因。

但不可否认，如果你的项目一直坚持这样在做，在经过几个项目的积累和不断的修正补充之后，这些构件会越来越完善，最终会为你带来完整的行业解决方案！

上面的例子，我们解决了第一个问题，即每一个大的构件是由哪些小的构件组成的。下面来解决另一个问题，即构件之间的依赖关系是通过什么维系的。

当用电申请完成后，就形成了用户档案。不论是抄表工作也好，电费计算也罢，都是围绕着用户档案来进行的。它们都是通过阅读档案来决定该做什么，然后把工作结果放回用户档案。也就是说，用户档案是维系这些构件的关键因素。这个过程听起来有点耳熟，是的，在本书 9.5 领域建模一节已经解决了这个问题。图 10.14 是我们在 9.5 领域建模一节中建立起来的用户档案模型，仔细分析一下这个模型，再结合图 10.11 所示的核心业务架构，我们很容易得出如图 10.15 所示的新的核心业务架构。这个架构回答了这些构件之间是如何维系依赖关系的。

现在问题已经很清楚了，我们可以这样来解释这个业务架构，各个大的业务构件都通过读写用户档案来完成自身的工作，各个独立的业务构件通过用户档案业务构件来维系依赖关系。

但是，这些依赖关系还是太粗了，并没有细致到可以搭建业务的地步。由于这时我们已经将大的构件分解成了适合的业务构件，因此我们需要进一步细化这些关系，从小的业务构件层次来分析。细化的过程与本章前面的例子的方法相同。

例如，对于业务扩充来说，我们分解出了管理申请单、管理供电方式等业务构件，那么我们就要分析这些业务构件如何与用户档案构成依赖关系甚至是业务关系。事实上，这些关系在我们建立领域模型时就有了相当的研究，读者可以回头看图 9.18 以及相关的解释，这些知识可以帮助我们建立业务架构。

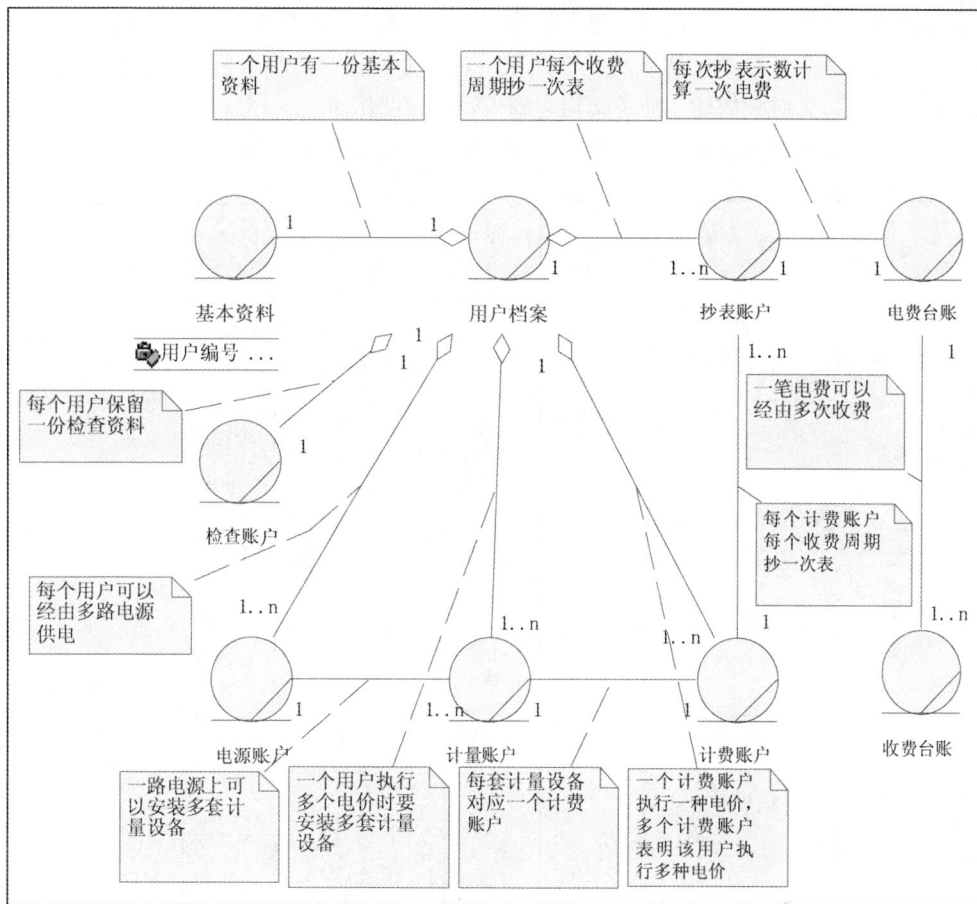

图 10.14 用户档案模型

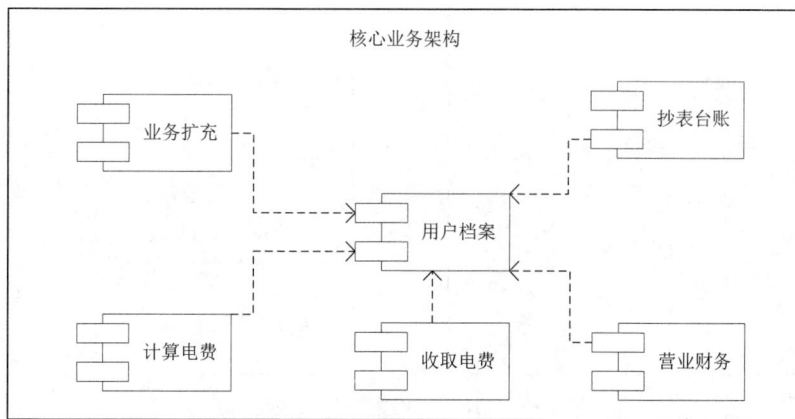

图 10.15 完整的核心业务架构

如果问题过于复杂，我们可以再次建立新的领域模型或者概念模型帮助我们理清思路，比如，为申请单是如何写入用户档案的以及用户档案对用电业务流程的控制有何影响这些问题建立领域模型或者概念模型，会对我们建立业务架构起到极好的帮助作用。

作为示例，关于管理申请单与用户档案的业务架构建模结果如图 10.16 所示。

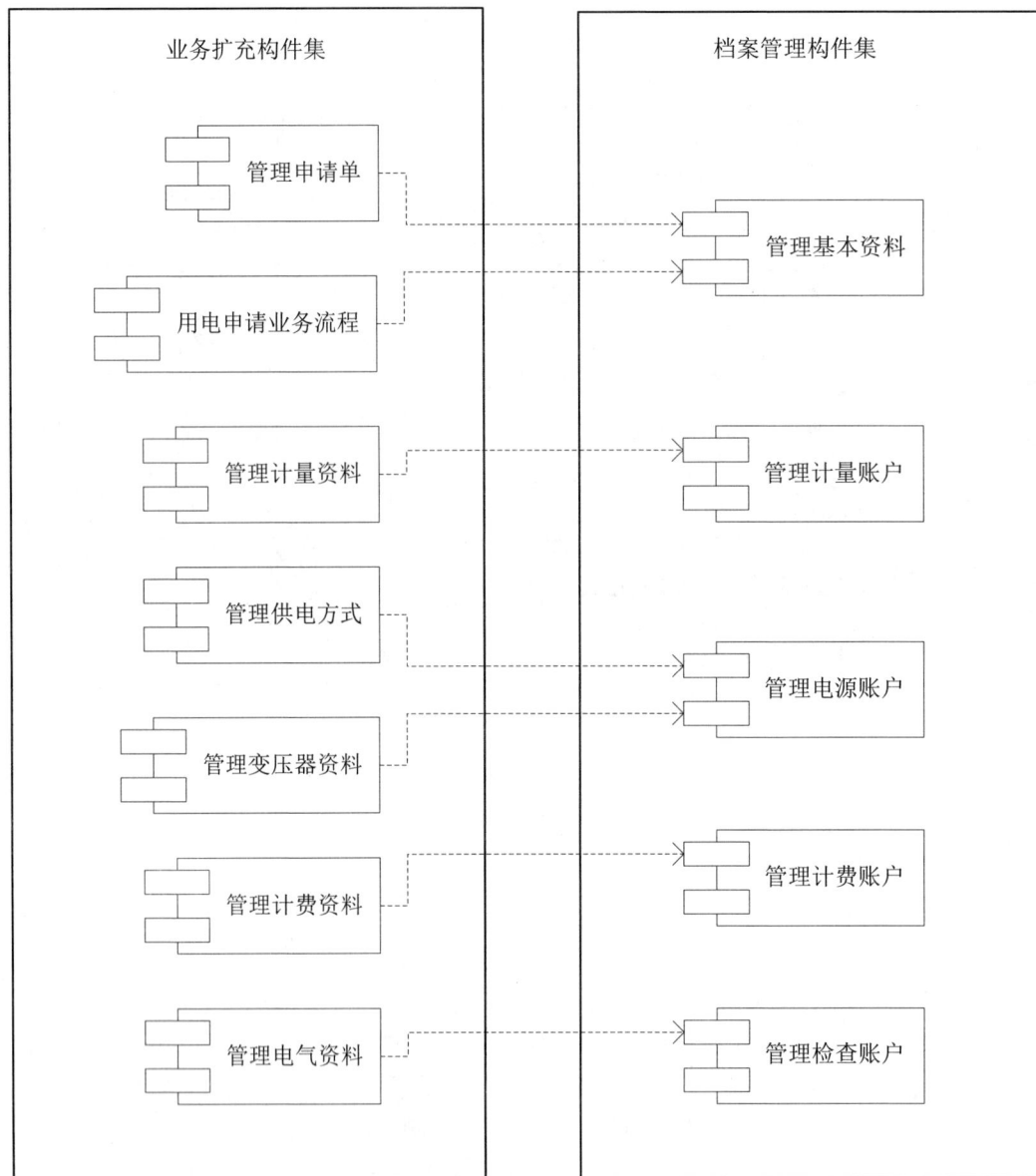

图 10.16　构件集依赖关系

图 10.16 展示了两个构件集之间依赖关系的业务架构建模结果。在最终实现的时候，这些关系可以是数据库表的外键关系，也可以是实体对象间的依赖关系。不过实现方式就不是业务架构所关心的主要问题了。

以此类推，我们可以得出其他构件集之间的关系。至此，关于供电企业管理系统中核心业务的业务架构就建立完毕了。

不知读者在看到这个结果时有何感想？如果你的项目当中，需求也可以被分解成如此清晰并且规模很小的构件，并且设计和开发时可以一个构件一个构件地进行，是否会感觉做项目要轻松许多？

10.2.3　进一步讨论

10.2.3.1　第一个讨论：结构化设计方法和业务架构方法

相信有一部分读者在阅读本节时，会把本节建立业务架构的方法和面向过程中结构化设计的方法混淆起来。甚至有的读者会想，这不就是功能分解吗？

两种方法有着本质的差别。在面向过程方法中，结构化设计的方法得到的结果是什么？子系统，功能模块。并且在真正的实践过程中也很少有人使用 UC 矩阵来分解功能，划分模块。在这些项目中，子系统和功能模块的定义是如何出来的，读者可以讲出理由来吗？有依据吗？以作者的观察，所谓的子系统，一般是以部门来分的，或者以业务模块来分的，所谓的功能模块，不过是把子系统中的功能简单地细化而已。

而在面向对象方法中，业务架构的建立方法是有着严密的推导过程的。每个业务构件的产生都来自于各类模型和场景。虽然业务构件看上去也像一个个的功能点，但是仔细分析，每个业务构件都是"功能点"的集合。例如管理申请单构件，就包括申请单的整个生命周期管理，从产生、维护到为外部提供各种服务，围绕着申请单这一个实体类，提供了一系列的接口和服务，以供外部使用。这些接口和服务就像是拼图中的柄一样，使得管理申请单这个业务构件可以与另外的业务构件的柄相结合，构成更大的一个拼图。结构化设计方法是无法做到这一点的。

并且，在业务架构方法当中我们感觉不到是在进行"分解"动作，而是在进行"抽取"动作，从用例模型中抽取核心业务场景、从概念模型中抽取关键对象、从场景中抽取业务构件、从大的构件当中抽取小的业务构件等。这是面向对象的抽象过程，而不是分解过程。读者应当细心品味这两者当中的差别。

10.2.3.2　第二个讨论：业务构件和业务实体

细心的读者可能会发现，在这个例子中，大量的业务构件都采用了管理 XXX 的名字形式。看上去，业务构件都是围绕着一个业务实体而产生的。

这么说有其道理。因为实际上大部分的管理类软件最核心的问题就是如何管理业务实体。请读者回想一下你曾经做过的项目，虽然在你的项目中从来没有把业务实体作为一个重要的内容专门地进行分析，但不能否认，任何一个功能都是处理+数据的结果。而且，几乎所有的处理过程都是读取一部分数据，进行某种运算，运算结果最终还是以数据的形式进行保存。在面向对象当中，数据是被封装在业务实体中的，可见，管理类软件的核心的确就是业务实体。

正因为业务实体是这样重要，所以在面向对象的方法里，尤其是 UML 中，不论是用例建模也好，领域建模也好还是概念建模也好，最终的结果无一例外都是为了找出场景中的实体对象。

但这么说也是不完全的，造成这种印象的原因是绝大部分业务构件都与业务实体有关。其实这个例子中的用电申请业务流程构件就不是围绕着某个业务实体运作的。这个构件里封装的内容是业务流程的定义和业务流程流转的处理逻辑。

因此，业务构件可以封装业务实体以及对业务实体的处理，也可以只封装处理逻辑。事实上，如果我们在这个例子中考虑到业务规则，那么某个或某一组业务规则也很可能成为一个业务构件。

举例来说，申请单在处理过程中有很多的业务规则限制，例如要创建一个申请单，必要条件是申请人在用户档案的收费账户中查不到欠费的记录，并且在检查账户中查不到未处理完毕的违章事件。这组业务规则是一种交互规则，对管理申请单构件来说不是其内禀的规则，因此是不适合封装到构件中的。虽然我们也可以在编程时用程序片段来处理这组规则，不过，为了能够让系统具备更好的扩展性和可维护性，我们完全可以构建一个管理申请单业务规则的构件。这个构件里封装了与处理申请单有关的各种业务规则，它也成为了拼图世界里的一个单元。

10.2.3.3 第三个讨论：业务架构和软件架构

经过业务架构的建模工作，我们得到了许许多多的业务构件，它们是我们拼图游戏当中的单元。问题是如何进行拼图呢？虽然我们知道业务构件+业务构件能够组成更大的业务构件直至整个系统，但是拼图的方法和机制又是什么呢？

答案是软件架构。软件架构要解决的正是如何让拼图们有机地结合在一起工作的问题。

例如，最简单的以数据库为基础的 C/S 架构，业务构件如何工作呢？通常情况下，业务构件的数据以数据库表的形式保存在数据库里，也就是业务实体被持久化在数据库表里。一个业务构件要与另一个业务构件协作时，它需要通过查询数据库来得到另一个业务构件的数据。于是，两个业务构件通过数据库进行数据交换来达到协作的目的。

如果我们采用 J2EE 架构，又是一个怎样的情形呢？业务构件的处理逻辑被封装在 SessionBean 里，而业务实体则被封装在 EntityBean 里，或者也可以用 POJO。当两个业务构件要交互时，一个业务构件通过访问另一个业务构件 SessionBean 的 Remote 接口来获得它所需要的数据，以及进行数据交换、逻辑处理等。而这个机制是由 J2EE 容器来支持的，换句话说，是由 J2EE 架构来支持的。

如果我们采用 SOA 架构呢？每个业务构件都被视为一个 SCA 组件，SCA 组件里封装了针对该业务构件的所有允许的操作，而业务实体数据则以 BusinessObject 的标准形式被封装起来。当两个业务构件要交互时，一个业务构件通过企业总线向另一个业务构件发出 SCA 消息，另一个业务构件则返回处理的结果。于是两个业务构件得以协作。当我们用另一个更大的 SCA 组件把两个业务构件封装在一起，共同向外服务时，我们就得到了一个更大的业务构件。而这个机制是由 SOA 服务器提供支持的，也就是由 SOA 架构来实现的。

可见，如果说业务架构是拼图单元的话，软件架构就是拼图的方法。所采用的软件架构不同，

拼图的方法也不尽相同，但是无论如何，最后的结果都是将业务构件单元拼成了一幅完整的业务拼图。可以说业务架构+软件架构=业务系统。

通过这个讨论，读者应当能够更加深刻地理解技术服务于业务这句话，也能够更加深刻地认识到对于软件来说，技术和业务哪个更重要。软件架构可以选择，可以更换，但正确的拼图才是不可或缺的。希望读者在以后的项目中不要再本末倒置，以为用了先进的技术就可以做出好软件了。缺少了深厚的业务理解，再先进的技术都只是忽悠客户和自己的借口罢了。

10.2.3.4　第四个讨论：建模的价值

本书讲到这里，我们之前所做的业务用例建模、领域建模、概念建模的价值终于有机会体现出来了。相信对于相当多的 UML 学习者来说，学习 UML 语言是不困难的，困难在于不会用，不知道在哪里用，也不知道建模的价值是什么。

请读者仔细体会本章中业务架构的建立过程，能够看到我们之前的辛苦工作是如何给我们带来回报的。如果没有之前的种种模型，业务架构也就无从谈起。

另一方面，UML 学习者感到困难的另一个方面是无法把各种模型结合起来使用。用例建模就只会用例建模，领域建模也就只会领域建模。通过本节的学习，读者应当能够体会到这些模型是如何相互印证、相互帮助我们来一点点把整个业务弄清楚的。

每种模型的意义和价值，以及它们如何结合起来使用就作为提给读者的问题，让读者自己认真总结吧。相信通过这样的总结，你将会体会到 UML 在需求分析方面强大的威力。

最后，我们有必要回顾一下之前已经看到过的一幅图。当初读者或许还不太理解，现在再看到它，是否已经有了更深的感触了呢？见图 10.17。

10.2.4　提给读者的问题

提给读者的问题　23

　　请读者以曾经做过的一个项目为例，采用本章介绍的方法为其建立业务架构。

　　（1）业务架构建立之后，请思考如果基于业务架构来开发，你的开发工作将会是怎样一个情形，与你之前的开发工作相同吗？

　　（2）比较业务架构所描述的业务系统和之前的业务系统，虽然它们都是基于同一份需求做出来的，如果让你再次开发的话，你会做出完全不同的设计来吗？

提给读者的问题　24

　　在本节中，业务架构的建立是从之前的建模工作当中推导出来的。请读者思考以下问题：

　　（1）业务用例模型的意义和价值是什么？业务用例模型将如何影响到领域模型和概念模型？

　　（2）领域模型的意义和价值是什么？领域模型如何帮助你理解需求进而影响到设计？

　　（3）概念模型的意义和价值是什么？概念模型如何帮助你建立业务架构，加深业务理解？

　　（4）你能描述出上述模型是如何结合在一起为业务架构和设计工作提供帮助的吗？

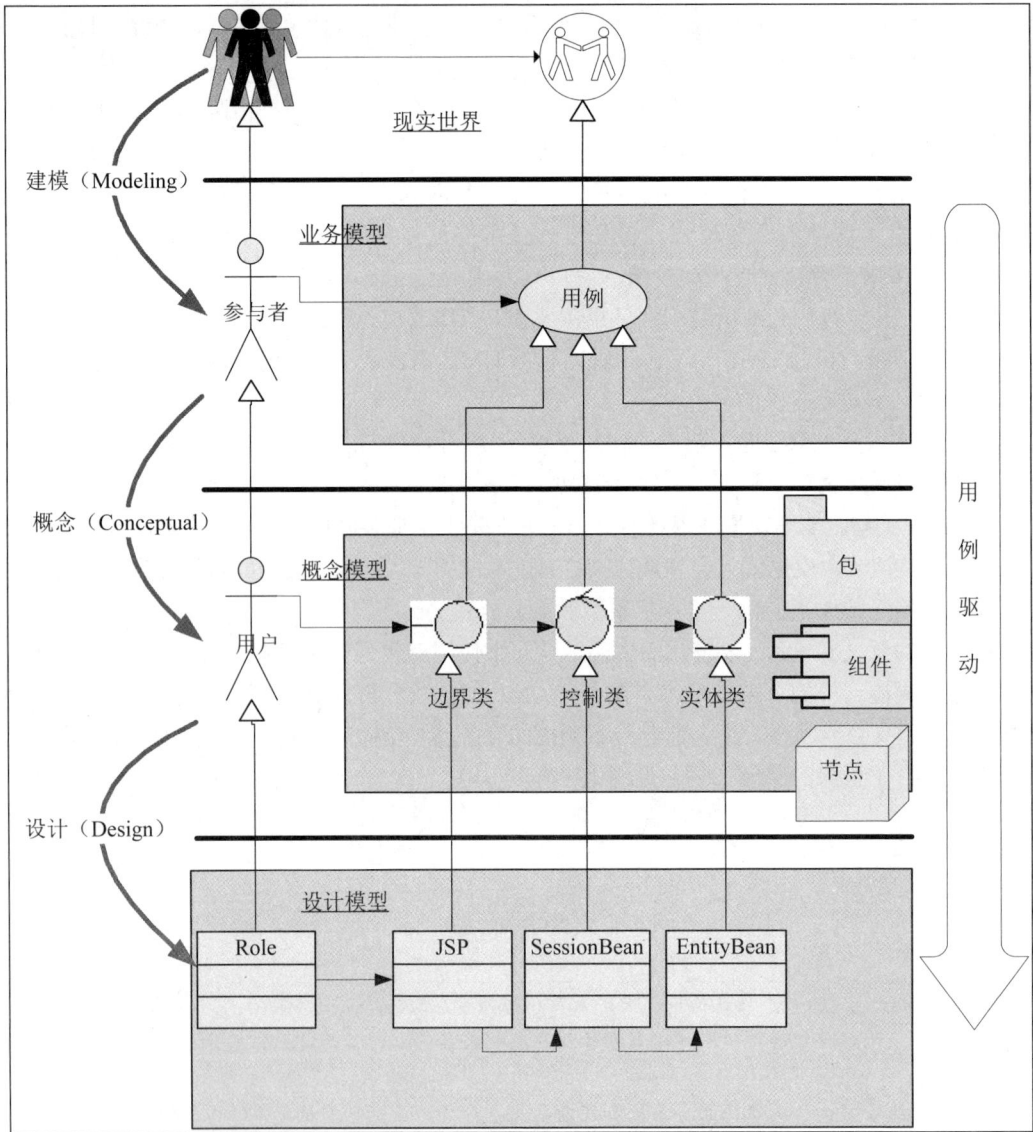

图 10.17　面向对象的分析设计过程

10.3　系统原型

随着软件规模的扩大和需求的日趋复杂，软件项目非常忌讳的是到了项目的后期才发现问题。问题发现得越晚，项目面临的风险就越大。在项目后期才发现问题时，很多已经完成的工作很可能要返工，不但带来了额外的工作量，质量下降、成本上升都是随之需要面对的问题。更可能遇到的

情况是越到后期，距离项目的交付时间越少，项目压力也就越大。此时的项目就像是一座四面漏风的草屋，随时有坍塌的危险了。

有许多方法可以尽量避免这些情况的发生，例如事先防范的方法，做更详尽的需求分析、合理的软件过程、评审制度、质量保证机制等；也有快速处理的方法，如敏捷方法。在这些方法中有一种是本章要介绍的，这就是系统原型。

什么是系统原型呢？根据用途不同，系统原型也分为好多种，这里做一些简单的介绍。例如，我们可能要使用一个全新的技术或者要面临一个全新的业务需求，为了验证其技术可行性，可能会开发一个小的系统原型，以掌握关键的技术难点并证明我们能够使用这些技术或完成这些新的需求，为后续的开发工作提供第一手实践经验，这是一种验证性原型；如果我们有一个初步的想法，但不知往下能走多远以及这个想法是否可行，也可以开发一个系统原型，以探索这个设想究竟可以走多远，这是一种探索型原型；我们要向客户说明某个产品或概念，为了形象化的演示，让客户有直观的认识，也可以开发一个原型，以显式的方式向客户展示以加深理解，这是一种辅助原型……目的不同，原型也有多种。

另一种分类方法是将原型按目的分类，一般有抛弃型系统原型和渐进型系统原型。所谓抛弃型系统原型，就是当原型目的达到后，原型的使命也就结束了。所谓渐进型系统原型，则是在开发原型时，就考虑将来要在它的基础上逐步完善，乃至形成最终系统。

在前面的工作里，我们通过概念模型的建立已经获得了对需求较为深刻的理解，不但获得了核心业务的关键概念，建立了业务架构，同时也初步确定了软件架构。但是到目前为止，这些内容还停留在纸面上。再细致的分析如果只停留在纸面上，终究会有纸上谈兵的嫌疑。所谓是骡子是马，需要拉出来溜溜。我们对业务的理解是正确的吗？业务架构是合理的吗？软件架构适用吗？这些问题就可以通过开发系统原型来获得答案。

前面介绍了系统原型的分类，那么我们应当选择哪种类型的系统原型呢？一般来说，在这个时候，我们建立系统原型的目的是为了在正式大规模开始分析和设计之前验证目前的工作是否正确，起到巩固之前的工作成果、尽早发现问题和进行技术可行性验证的作用。所以从用途看，它更符合验证型原型的特点。

那么这个系统原型是抛弃型的还是渐进型的呢？这就看你的选择了。如果你仅仅为了验证一下核心业务的理解是否正确，并不打算将业务架构、软件架构之类的加入进来，那么快速是第一选择。这时选择抛弃型的原型就比较合适。例如快速地开发一些静态的 HTML 页面，展示将来的系统操作界面，让客户可以简单地点击超链接模拟业务的运行。这些页面通常很简陋，到真正开发时利用价值不大，通常被抛弃。

如果你仅仅为了验证软件架构当中的某些技术点，例如工作流的使用，那么就没有必要将所有业务都加进来，选择一两个典型的例子就行了。最后，这个系统原型通常也被抛弃。

但是如果你真正打算把核心业务、业务架构和软件架构结合起来，做一个很完整的系统原型，由于要投入较大的时间和精力，做成抛弃型原型就有些不太划算了。这时就需要考虑把它做成渐进型原型，将开发原型过程中开发出来的那些成果应用到将来的系统中去。

系统原型是用来验证之前工作的好办法。在开发系统原型的过程中，你将持续地发现很多问题，包括需求理解上的、业务架构设计上的、软件架构上的、技术的非技术的等一系列问题。这些问题尽早暴露出来将会避免在项目后期遭遇尴尬。

另一方面，由于系统原型是在需求结束和系统分析设计尚未全部展开的阶段就开发的，客户可以非常早地就对将来的系统有直观的体验，这对于我们改善沟通、更加深刻地理解需求都有好处。更重要的是，如果在开发过程中利用系统原型不断地与客户互动交流，就能够有效地把客户拉到项目当中来。要知道，客户如果不能够有效地参与到项目当中，他就不会对软件产品产生亲切感。在漫长的等待过程中，客户只能够凭自己的想象去理解将来的系统。当软件突然交付给客户的时候，你可以期待给客户一个惊喜，不过更大的可能是失望，随之而来的就是抱怨，挑毛病。

反过来，如果客户能在项目的早期就看到系统原型，并通过使用系统原型提供反馈，这些反馈又被采纳到真正的系统开发当中，客户就有效地参与到项目当中来，我们也能得到许多非常有价值的经验。

这里还可以悄悄地告诉读者一个上不了台面的经验，所谓习惯成自然，久入芝兰之室不闻其香，哪怕你最终开发的软件并不是很好，但是客户从早期就开始使用，久之就会习惯，到了交付时也就不用太担心客户因突然的失望而爆发了。早期客户对系统原型的抱怨，你将非常容易找到理由来应付，因为客户使用的并不是成品。抱怨久了，客户甚至对成品都不再有兴趣抱怨了。所以早期开发还有避免交付风险的作用。

系统原型开发对项目组建设也有很大帮助，项目组的各成员可以借此热身，熟悉需求，掌握新技术，磨合软件过程，顺带还可以进行一些必要的培训。

所以不论从什么角度来看，开发系统原型都是十分值得投入的。

系统分析

11.1 确定系统用例

11.1.1 开始规划——确定新世界的万物

经过需求获取和需求分析，我们已经对需求有了足够的了解，现在是时候来确定如何建设系统了。如果说之前的工作是在描述一个现有的世界，那么接下来要做的工作，就是创造一个新的世界。

创造新世界的第一步，就是要确定这个新世界将会有哪些东西。之前的工作，确定的是需求范围，也就是旧世界有哪些东西；而现在的工作，是确定系统范围，也就是新世界有哪些东西。需求范围不等于系统范围，不是所有的需求都要在系统中实现，例如那些不适合在计算机系统里运行的手工任务；也不是所有的系统功能都是从需求当中来的，例如那些系统管理类的功能。

系统用例从何而来？普遍的理解是从业务用例细化而来。然而这个细化过程却很少有人能说清楚。从用例的含义来看，业务用例描述业务，而系统用例描述系统，显然二者的目的也是不同的。含义不同，目的不同的两个东西，怎么会是细化关系呢？

实际上，从业务用例到系统用例，更适当的说法是抽象关系，或者说映射关系。我们可以说从业务用例当中抽象出系统用例，也可以说把业务用例映射到系统用例。接下来的问题就是怎么抽象，怎么映射呢？

概念模型为我们做了好榜样。在第 10 章需求分析中，我们学习过如何从业务用例场景当中找到概念用例。系统用例的抽象方法与之类似，要找到系统用例，首先要分析业务用例场景，从业务用例场景当中抽出那些可以在计算机当中实现的单元来。业务用例场景通常被描述为某某做什么，然后某某又做什么……，某某做什么就是系统用例的来源。

举例来说，我们观察如图 11.1 所示的一个办理登机手续业务用例场景，就可以从中找到这样一些备选的系统用例：客户出示机票和身份证、值机人员核对身份、值机人员办理登机手续、值机人员打印登机牌等。

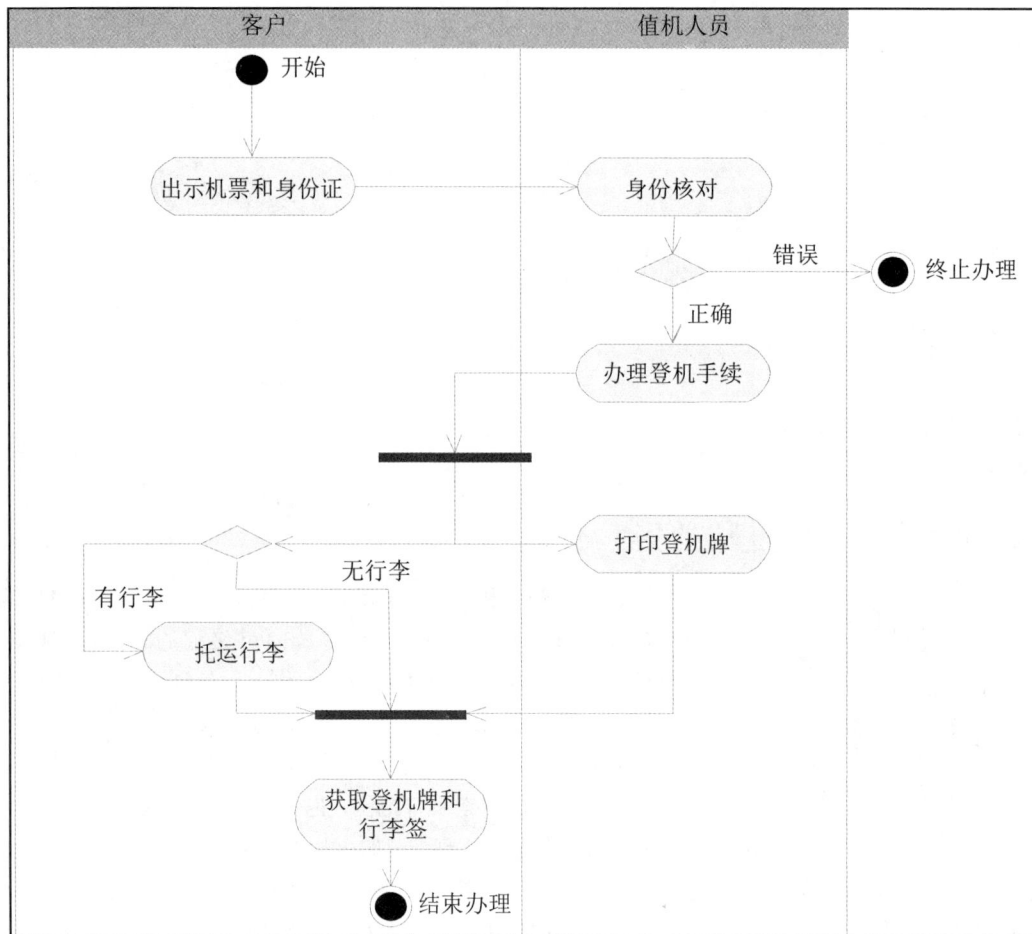

图 11.1　办理登机手续业务用例场景

但是，并非所有的这些备选用例都可以作为系统用例。让我们分别来分析它们。

■　客户出示机票和身份证

这个备选用例可以用计算机来实现吗？显然不行，这是一个人工行为，所以它不应该被列入系统范围。

■　值机人员核对身份

这个备选用例可以用计算机来实现吗？有点疑问，传统情况下值机人员只是核对机票上乘客的

名字是否和身份证上名字相符，是靠眼睛看的，那么就只是一个人工行为，不应该被列入系统范围。但是现在航空公司都出售电子客票，客户只需要出示身份证，手中并无纸质的机票，那么值机人员核对身份就必须在计算机里凭身份证号码来查询机票预订系统当中的电子客票，然后再进行核对，这种情况下，值机人员核对身份就应当被纳入系统范围了。

- 值机人员办理登机手续

这个备选用例看上去没什么问题，值机人员需要在计算机中登记该乘客的登机记录，它应当被纳入系统范围。

- 值机人员打印登机牌

毫无疑问，这个备选用例应当被纳入系统范围。但是我们对这个备选用例却有着疑问。因为如果我们回顾一下用例的定义和基础知识就知道，用例是要讲述一个完整事件的。对于业务用例来说，它应当包含一个完整的业务目标；对于系统用例来说则应当包含一个完整的事件。并且用例还具备相对独立的特性。打印登机牌这个事件有点没来由，无缘无故地打印个登机牌干什么？

再仔细分析一下业务用例场景我们就会发现，实际上，打印登机牌是办理登机手续的结果。也就是说，办理登机手续里面包含打印登记牌这个行为。于是，我们取消值机人员打印登机牌这个备选用例的独立用例资格，将它作为值机人员办理登机手续的一个包含用例。

经过以上几个实例分析，读者应当能看出一些如何从业务用例场景当中抽象出备选的系统用例，并且判断这些备选的系统用例是否应当被纳入系统的基本方法了。

具体说来，这些方法包括：

- 映射

映射是最简单最直接的方法，例如值机人员办理登机手续这个备选用例就可以不加修饰地直接被采纳为系统用例。

- 抽象

抽象也是比较常用的方法，当业务场景当中的备选用例不能够被直接映射时，我们可能需要进行一些抽象，找到该备选用例在计算机当中真正要做的事。

例如值机人员核对身份这个备选用例，在乘客是电子客票的情况下，它实际上要做的事情是查询机票预订信息，而核对身份却不是在计算机当中做的事情。

- 合并

当业务场景当中的备选用例不具备独立性时，它必然是其他某个事件的组成部分。例如值机人员打印登机牌就被合并到值机人员办理登机手续备选用例中。

- 拆分

有时业务用例场景当中的一个备选用例粒度很大，在这个备选用例当中包含几件事情，就需要进行拆分。因为系统用例应当只描述一次完整的计算机交互过程。

举个极端的例子，如果值机人员办理登机手续这个备选用例当中还包含例外情况的处理，比如客户身份证号是 18 位而预订时却使用了 15 位的身份证号，这时假设需要修改机票预订系统当中的预订信息，那么修改机票预订信息这个用例显然就是另外一件事情，我们需要把它从办理登机手续这个备选用例当中拆分出来。

■　演绎

有时会遇到这样的情况，业务用例场景当中找不到备选用例，或者备选用例看上去并不适合用计算机来实现。但是我们能够预见到某个可能的系统用例潜伏在这个场景当中，我们就需要使用演绎法将它找出来。

例如，托运行李时，按照规定如果行李尺寸超标，就需要到特殊行李托运处去托运，而不在值机柜台托运。这一点并没有在业务场景当中体现出来。这时我们就需要向客户咨询并演绎这种场景，找出那个可以处理超标行李的潜在用例来。

以上就是从业务用例场景当中找出系统用例的基本方法。这些方法有时候是需要综合起来使用的。比如简单映射出来以后再拆分，演绎出来的用例再合并等。并且，这些基本方法很可能需要跨用例场景使用。例如在多个用例场景当中都有打印XXX的备选用例，我们或许会想到抽象出一个专门负责打印的系统用例出来，把所有的打印XXX都合并在一起，而不是每个场景一个。

读者在掌握了基本方法以后应当多找一些业务用例场景来勤加练习，熟能生巧，终有一天会领会到其中的精髓的。

11.1.2　现在行动：确定系统用例

还是以供电企业管理系统为例，来看看如何从供电企业管理的业务用例模型中推导出供电企业管理系统的系统用例来。

首先让我们回顾一下在9.4业务建模一节中确定的业务用例和场景。图11.2展示了低压用户申请永久用电业务用例的用例场景，我们就以它为例来确定相应的系统用例。

现在我们就使用确定系统用例的基本方法来从这个场景当中找出系统用例。下面的每一个小项都针对低压用户申请永久用电业务用例场景中的活动逐个分析，并确定它是否是一个有效的系统用例。读者应当思考在这个示例中，映射、抽象、拆分、合并、演绎等几种确定系统用例的方法是如何应用的，并且是如何根据每个活动的说明来确定系统用例的。

■　申请登记

申请登记是业务员创建申请单、录入用户资料的过程，适合并应当在计算机中处理，可直接映射成系统用例。

■　分配勘察

分配勘察是业务班长根据用户资料当中的用户地址，将勘察任务分配给片区勘察员的过程。在计算机中，业务班长有可能直接选择勘察员，也可能先查询再指定。因此我们抽象出一个查询勘察员的系统用例出来，查询勘察员用例是分配勘察用例的一个扩展。

■　现场勘察

现场勘察是勘察员根据申请单内容打印出空白的勘察单，执行现场任务，并将现场情况录入计算机的过程。由于打印和录入过程是两个不连续的过程，因此我们把它拆分成打印勘察单和录入勘察单两个系统用例。

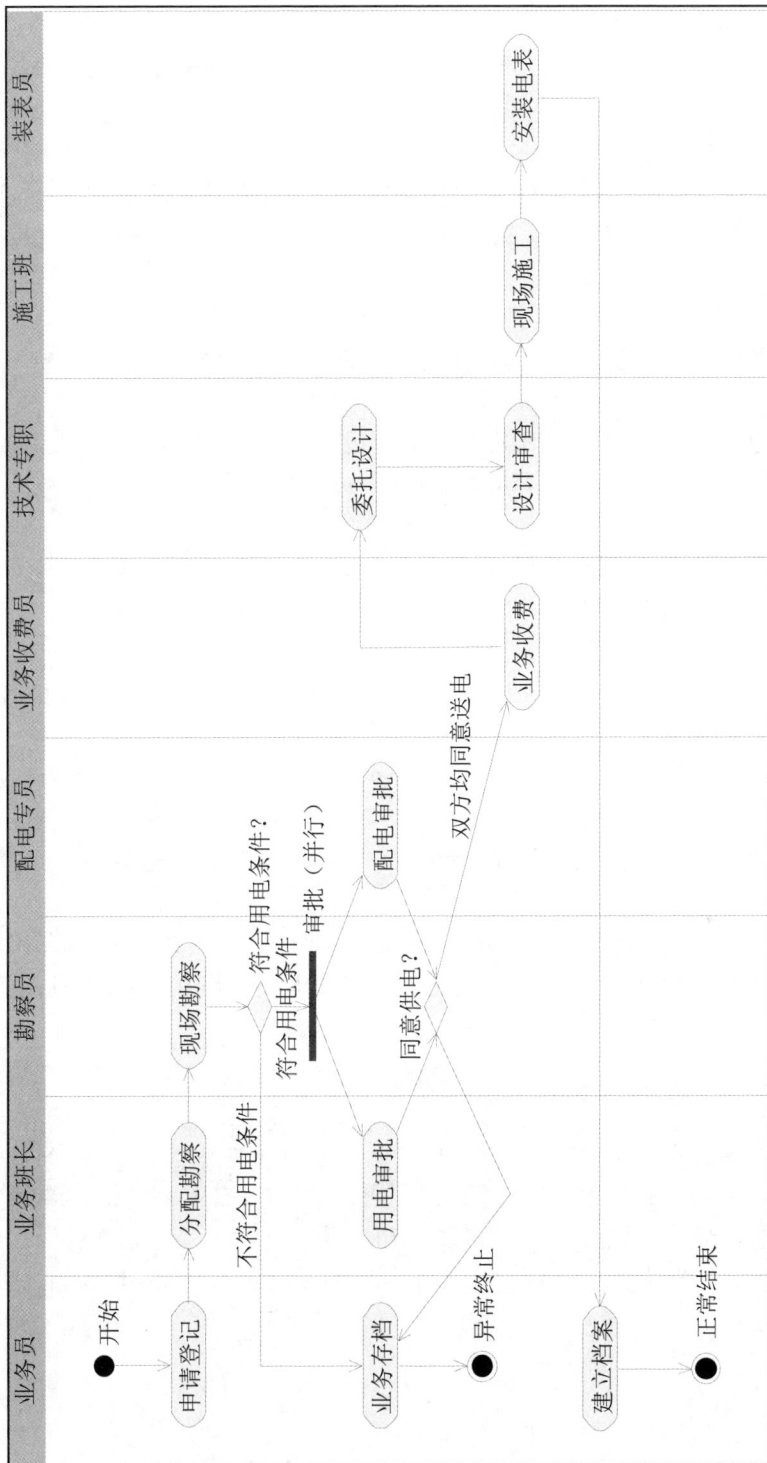

图 11.2 低压用电申请业务用例场景

■ 是否符合用电条件

这是一个关于是否符合用电条件的判断，这是一个交互类的业务规则。业务规则如何处理将在11.2分析业务规则一节讲述。

■ 业务存档

业务存档是业务员将现有工作单据收集并加入档案袋，同时在计算机上终止业务流程的过程。收集工作单据是人工行为，这个单元实际执行的是终止业务流程的事件。抽象出终止业务流程系统用例。

■ 用电审批

用电审批是业务班长填写是否同意的过程，直接映射成系统用例。

■ 配电审批

配电审批是配电专员根据该片区变压器容量，选择适合的供电变压器，并填写是否同意的过程。从配电审批系统用例拆分出查询变压器容量系统用例，选择扩展关系。

■ 业务收费

业务收费是业务收费员计算业务费用，收取业务费并打印发票的过程。拆分出计算业务费和收取业务费两个系统用例。打印发票作为收取业务费用例的包含用例。

■ 现场施工

现场施工是施工班现场接线入户，并将电气资料绘制成图，扫描并存储进计算机的过程。抽象出扫描电气资料图系统用例。

■ 安装电表

安装电表是装表员从计量资产库当中取出电表，现场安装并抄录电表底数的过程。抽象出抄录表底数系统用例。经过演绎发现，从计量资产库中取出电表需要填写资产出库单，因此增加提交资产出库单系统用例。

经过以上分析，我们可以得出如图11.3所示的系统用例图。请读者注意，系统用例在建模过程中可以省略系统二字，直接称之为用例。因此，我们在建模文档当中看到用例这两个字的时候，实际上它指的是系统用例。在本书的后续章节中，也将省略系统二字，读者凡看到用例，应知道正在讲述的就是系统用例。

11.1.3 现在行动：描述系统用例

上一节中，我们应用映射、抽象、拆分、合并、演绎等几种方法从业务用例场景当中获得了一些系统用例，接下来，就应当考虑如何描述这些系统用例了。

描述系统用例的方法与描述业务用例的方法如出一辙，描述系统用例的过程，也就是系统建模的过程。对比业务建模过程，系统建模所采用的工具仍然是用例场景、用例规约、对象模型、用例实现、用例实现场景等。

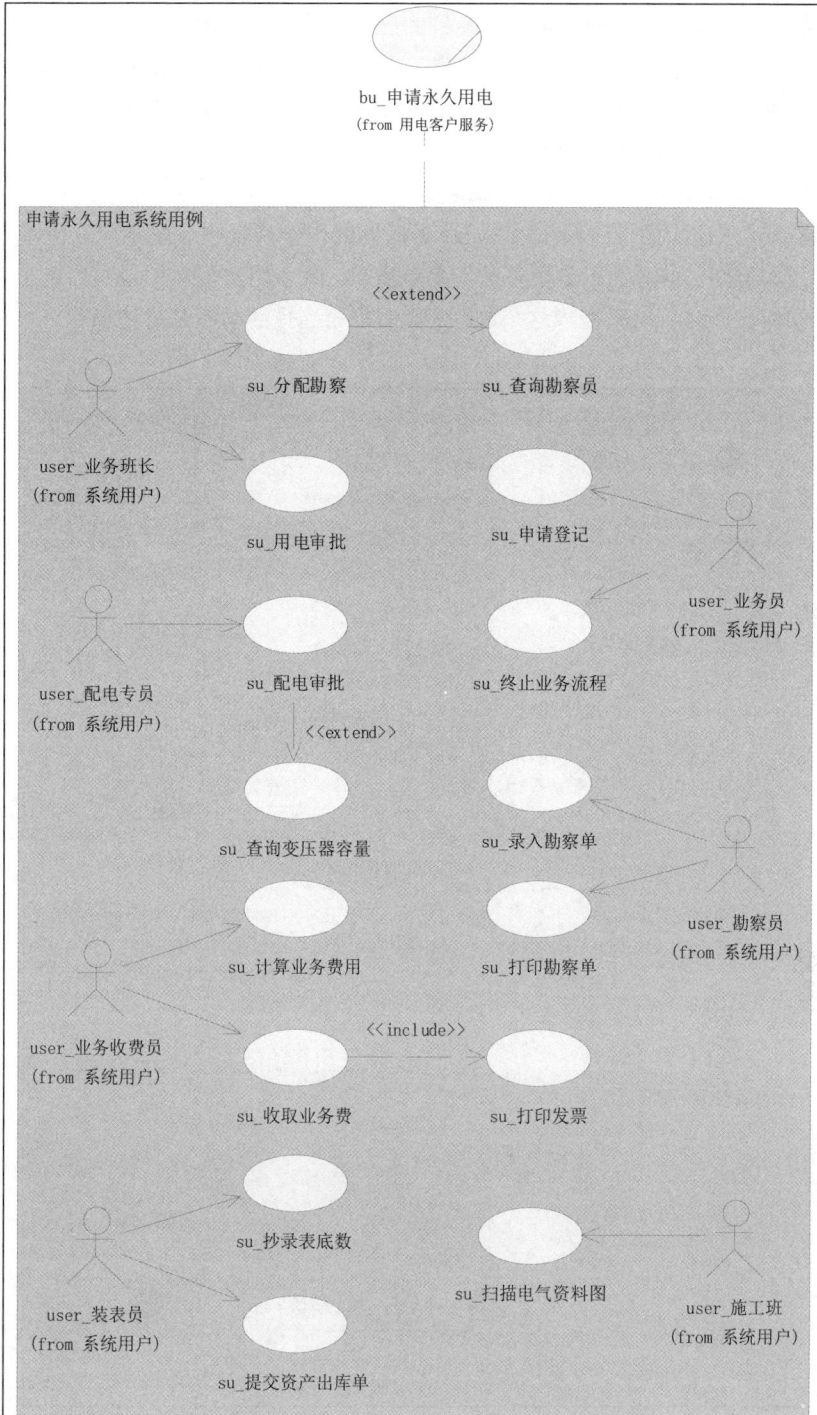

图 11.3 申请永久用电系统用例

与业务建模不同的是，我们的视角和建模目的已经从原来的描述业务、理解业务变成了理解系统、描述系统。这两者的差别在于引入了计算机。之前的描述是原来的业务是什么样子，工作人员怎样完成业务，而现在的描述应该变成计算机怎样做，工作人员怎样操作计算机。我们选取申请登记作为例子，来讲解如何描述系统用例。

■ 用例场景示例

我们先来看一个用例场景的例子，从图 11.3 所示的用例列表中选取申请登记作为示例。在获取系统用例时我们得知，申请登记是业务员创建申请单、录入用户资料的过程。现在，我们要做的是描述业务员如何操作计算机来完成这个过程。我们首先选择活动图来描述操作过程，其结果如图 11.4 所示。

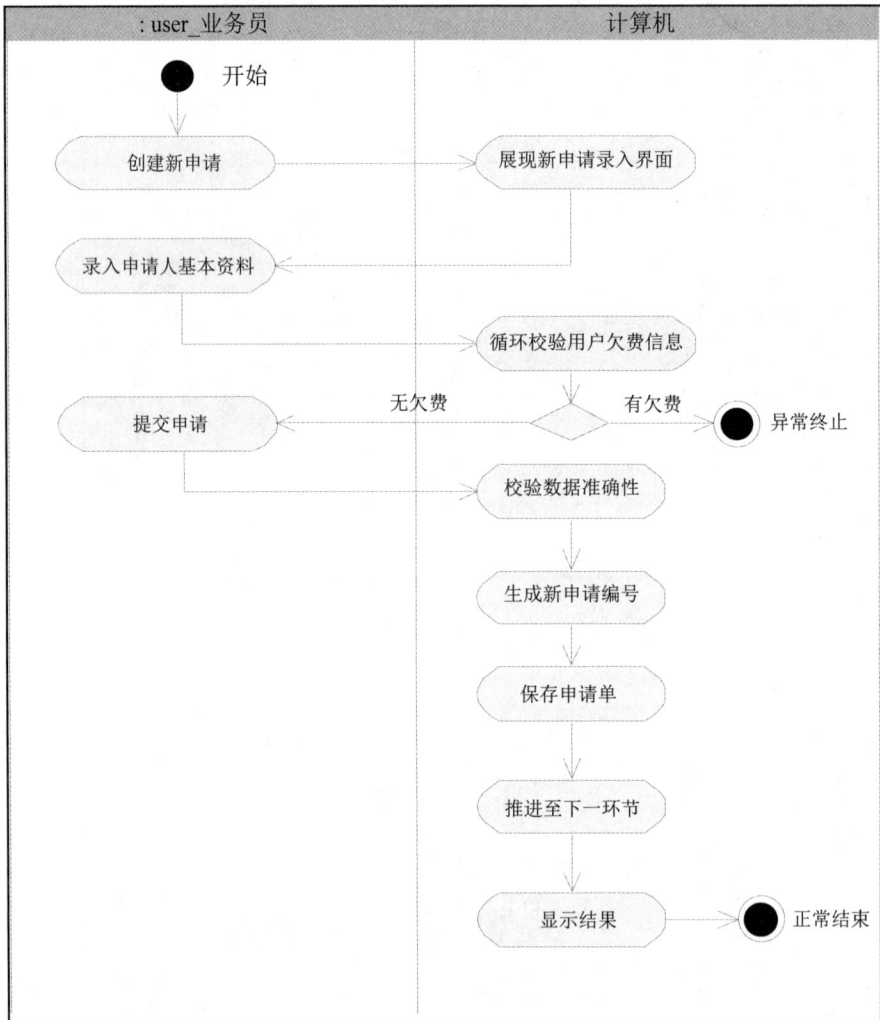

图 11.4　申请登记用例场景示例

从图 11.4 中可以看出，与业务用例场景相比，在系统用例场景当中出现了计算机这样一个泳道。这个场景描述的内容实际上是一个人机交互过程，即业务员如何操作、计算机如何动作的过程。所谓系统建模，就是在引入计算机系统以后，业务如何通过计算机得以实现的过程。

图 11.4 采用活动图绘制，而活动图适于解释角色——职责类的场景。因此采用活动图来绘制用例场景，十分有利于说明人、机在完成业务过程当中各自应当承担的职责，即人做什么，计算机做什么。采用活动图绘制的场景对于计算机实现来说还略显粗糙，但是它对我们界定系统设计却非常有益。通过它设计师、程序员都非常清楚系统应当如何设计和实现。

当然，我们也可以采用时序图、交互图等来描述用例场景。如果采用它们，则系统中必须要有能够完成这些交互的对象。实际上，采用时序图和交互图来描述用例场景的过程，就是设计过程，这一过程将在 11.3 用例实现一节中讲述。

既然我们采用时序图和交互图可以直接步入设计过程，为什么还要绘制活动图呢？原因有二：

第一，活动图相当于纲领。由于设计是面对类、对象、消息的，相比较而言设计图要细致得多。有纲领的引导，我们不容易因为要处理的信息过多而在设计过程当中丢失内容。

第二，虽然是系统设计，但是系统用例仍然属于要向客户提交的文档范围。在 UML 的需求规格说明书里包含两部分内容，一部分是业务需求，这部分内容由业务建模来描述；另一部分是系统需求，这部分内容自然由系统建模来描述。这两部分内容完整地表述了业务需求是什么以及计算机如何满足需求。显然，活动图是客户能够看明白并且非常易懂的。客户能够看明白，就能够向我们提供反馈。

还有一个在现实项目中常常被忽略，却十分重要的部分。测试！现在的软件越来越强调测试的作用。但是，测试测什么呢？在许多项目里这个问题是被忽略的。测试与被测试的软件之间必须有契约，这个契约规定软件必须要完成的功能，测试就按照这个契约来设计测试用例。很显然，如果你是一个测试人员，你会喜欢采用活动图绘制的用例场景，这基本就是一个黑盒测试的现成测试用例了。

关于测试，在第 14 章测试中还会有更多讲述。

场景图只描述了过程，并未展示出系统实现需求的所有细节，这些细节使用用例规约来描述。下面是用例规约的例子。

■ 用例规约示例

从表 11-1 所示用例规约中我们可以读出计算机实现业务所需的全部细节，包括人机交互的场景、计算机执行过程及分支、异常情况处理、业务规则的应用、实体信息（表单所填数据）等。一切编程所需要的细节都可以在用例规约文档中显示。

表 11-1　用例规约示例

用例名称	su_申请登记
用例描述	业务员创建新的申请单，录入用电客户申请资料，创建申请流程
执行者	业务员（代理用电客户操作）
前置条件	业务员成功登录系统

后置条件	1. 创建新的申请单并生成唯一的申请编号
	2. 创建新的永久用电申请流程实例
	3. 推进至分配勘察流程环节
	4. 提交后的申请单不得再修改
主事件流描述	1. 业务员选择创建申请单，计算机展示申请单录入界面，执行 2；业务员选择继续编辑保存过的申请单，执行 3
	2. 业务员录入用户名称，计算机自动查询该用户在历史上有无欠费记录，应用业务规则 a。若有欠费记录，执行异常过程 2.1.1；无欠费记录执行主过程 3
	3. 业务员录入其他资料，选择提交，执行主过程 4；选择保存，执行分支过程 3.1.1；选择放弃，执行分支过程 3.2.1
	4. 计算机校验数据准确性，应用业务规则 b。若有不符合的数据，执行分支过程 4.1.1，否则执行主过程 5
	5. 计算机生成唯一申请编号
	6. 计算机保存申请单
	7. 计算机将申请过程推进至下一环节
	8. 计算机向业务员展示申请单最终结果，用例结束
分支事件流描述	3.1.1 计算机保存目前录入的信息，生成临时编号
	3.2.1 计算机不保存任何数据，用例结束
	4.1.1 计算机提示错误数据详细情况，提示业务员，返回 3
异常事件流描述	2.1.1 该用户名历史上有欠费记录，计算机显示欠费情况
	2.1.2.1 业务员确认该欠费情况属实，用例终止
	2.1.2.2 业务员确认情况有误，返回 3
业务规则	a. 根据用户名从欠费历史中查询该户名有无欠费记录，若有记录，由人工判断该用户名欠费是否属实，若属实应停止申请（这是一条交互性业务规则，若该业务规则已经在业务规则文档中记录，此处可直接引用规则编号而无须文字解释）
	b. 用户名、身份证号、地址、用电类别……必填（这是一条内禀规则，应像现在这样写在用例规约文档里）
涉及的实体	Be_申请单
	Be_现场勘察单
	Be_业务收费清单
	Be_电表安装工作单
	Be_用户档案
	Be_收费账号
	Be_结算账号
	Be_抄表台账
	Be_监察档案
	Be_计量档案
	这一栏中可以列出与该用例相关的实体。一般情况下，实体要在用例实现一节中经过对象模型建立过程后才填入

　　虽然以 "." 号和数字编写的文档读起来不是很直观，但是这个方法有效地缩短了文档长度，显得很有效率，不到一页纸和少量文字描述了大量的内容。此文档的主要读者是设计师、程序员、测试员，因此效率优先的做法还是利大于弊的。至于用户，则可以用活动图向其展示以说明系统需求。

　　一般而言，系统用例用活动图和用例规约描述就足以将系统需求描述清楚了。

11.1.4　进一步讨论

11.1.4.1　第一个讨论：从业务需求到系统需求

　　软件工程当中，需求的可追溯性是很重要的。即，系统需求要能够追溯到业务需求，系统实现要能够追溯到系统需求。只有这样才能够保证软件是可验证的，也才有质量保证可言。那么系统需求是怎样追溯到业务需求的呢？

　　我们知道业务需求是通过业务模型描述的，以业务用例场景和业务用例规约为主要文档，描述的是现实中的业务是怎样的。系统需求则是通过系统模型描述的，以系统用例和用例规约为主要文档，描述系统如何映射现实中的业务。对比业务需求和系统需求文档我们会发现，两者描述的内容差别是很大的，并且粒度也是不同的。如果没有中间过程而只看两份文档，我们很可能无法将两者联系上。因此，要将系统需求追溯到业务需求，中间过程就是关键的桥梁了。

　　回顾一下本节确定系统用例的过程，这个过程就是我们需要的中间过程。系统用例的确定从业务用例场景开始，我们采用了映射、抽象、合并、拆分、演绎等方法，从业务用例场景当中找出了系统用例，从而确定了系统范围；再针对系统用例进行建模，通过用例场景和用例规约得到了系统需求。因此，从业务需求到系统需求的过程可以用图 11.5 来表示。

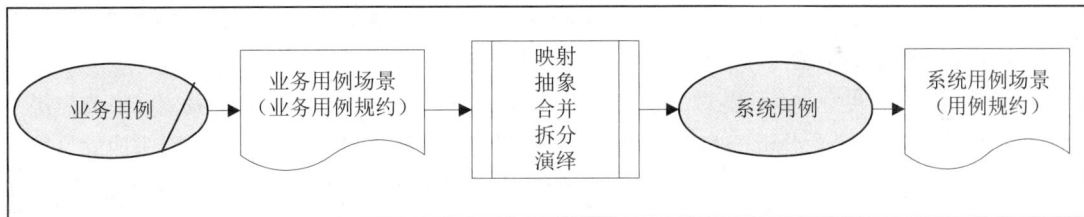

图 11.5　从业务需求到系统需求

　　从图 11.5 可以看出，需求可追溯的关键就在映射、抽象、合并、拆分和演绎的过程能否被记录下来。虽然 UML 和 RUP 都没有文档模板来说明系统用例的获取过程，但是作者认为在实践中，利用简单的文档记录系统用例的获取过程是非常有意义的。这个文档可以非常简单，作为项目文档中的一份技术文档存档，并不需要交付给客户。这份文档就可以作为需求人员、架构师、设计人员、编程人员、测试人员的信息交流纽带。

　　文档可以简单到什么程度呢？实际上将本章 11.1 确定系统用例一节的例子中的分析过程记录下来就可以了。作为例子，下面简单地列出几条。

- 申请登记是业务员创建申请单、录入用户资料的过程，直接映射成系统用例。

- 分配勘察是业务班长根据用户资料当中的用户地址，将勘察任务分配给片区勘察员的过程。在计算机当中，业务班长有可能直接选择勘察员，也可能先查询再指定。因此我们抽象出一个查询勘察员的系统用例，这个用例是分配勘察用例的一个扩展。

- 现场勘察是勘察员根据申请单内容打印出空白的勘察单，执行现场任务，并将现场情况录入计算机的过程。因此我们把它拆分成打印勘察单和录入勘察单两个系统用例。

在实际工作中，有很多朋友都很疑惑从需求到系统的过程是怎样的，在实践当中也是拍脑袋决定。相信通过这个例子，读者应当已经清楚从需求到系统的过程是可以推导出来，并且是可以追溯和验证的，并非是凭经验和拍脑袋的结果。而这种可追溯性，可以用如图 11.3 所示的形式，将获得的系统用例用实现关系全部指向原始的业务用例来表示系统用例追溯到哪一个业务用例。

11.1.4.2　第二个讨论：业务用例和系统用例的粒度

用例粒度的选择总是一件困难的事情。作者在 3.3.3 用例的粒度一节中讲到过如下的一个粒度选择经验：

根据阶段不同，使用不同的粒度。在业务建模阶段，用例的粒度以每个用例能够说明一件完整的事情为宜。即一个用例可以描述一项完整的业务流程。这将有助于明确需求范围。例如取钱、报装电话、借书等表达完整业务的用例，而不要细到验证密码，填写申请单，查找书目等业务中的一个步骤。在用例分析阶段，即概念建模阶段，用例的粒度以每个用例能描述一个完整的事件流为宜。可理解为一个用例描述一项完整业务中的一个步骤。需要注意的是，这个阶段需要采用一些面向对象的方法，归纳和抽象出业务用例中的关键概念模型并为之建模。例如，宽带业务需求中有申请报装、申请迁移地址用例，在用例分析时，可归纳和分解为提供申请资料、受理业务、现场安装等多个业务流程中都会使用的概念用例。在系统建模阶段，用例视角是针对计算机的，因此用例的粒度以一个用例能够描述操作者与计算机的一次完整交互为宜。

读者在没有经历实例时，可能对上述的粒度选择方法仍然有些迷惑。现在，我们已经得出了系统用例，在 10.1 关键概念分析一节当中也做了概念用例的建模工作。结合我们已经完成的这些工作，再回头阅读这条粒度选择经验，读者应该更能够比较清楚地理解粒度在项目不同阶段的选择问题了。

以本书供电企业管理信息系统例子来说，业务用例是以整个永久用电申请业务为粒度的；概念用例是以核心业务当中的关键步骤为粒度的；而系统用例基本上就是以一次完整的人机交互过程为粒度了。

请读者认真对比业务用例、概念用例和系统用例的粒度在本书中应用的例子，从中体会如何在项目的各个不同阶段选择合适的粒度。

11.1.5 提给读者的问题

提给读者的问题 25

请读者从曾经做过的一个项目出发，用活动图绘制出一个业务用例的业务用例场景图，参考本章的例子做以下练习。

（1）分析业务用例场景中的活动，哪些是可以由系统实现的，哪些是需要人工完成的？

（2）将系统实现的那些活动转化成系统用例，并说明转化过程采用了哪种方法，为什么？

（3）转化出来的系统用例是否可以拆分或合并，为什么？

（4）转化出来的系统用例是否可以演绎出新的用例，为什么？

提给读者的问题 26

根据上面一个问题获得的系统用例，做以下练习。

（1）引入计算机，绘制出人机交互的用例场景图。

（2）编写用例规约。在编写过程中考虑到前置条件、后置条件、主事件流、分支事件流、异常流和业务规则。

11.2 分析业务规则

11.2.1 设定规则——没有规矩不成方圆

没有规矩不成方圆，我们将要建设的软件新世界，也不能没有规矩。

业务规则对一个组织的运转来说至关重要，从管理制度到业务手册、从操作规范到岗位指南，业务规则充斥着整个企业的方方面面。软件本身作为辅助组织运转的工具，必然也被各种业务规则包围着。但是在早期的软件开发过程中，业务规则通常被视为程序逻辑的一部分，常常作为应用程序的控制逻辑出现在代码中。业务规则越复杂，则应用程序的控制逻辑也就越复杂。

相信有不少读者在自己的项目中也遇到过同样的麻烦。由于业务规则被当作程序的控制逻辑，一旦业务规则发生变化就意味着程序的控制逻辑要相应地修改。暂且不说这种修改是多么费时费力，程序控制逻辑的修改还常常导致系统出现大量的不可预知性错误。即使程序修改是可以接受的，由于业务规则分析并没有作为需求分析过程当中的一项重要工作，而仅仅作为编程人员编写程序的依据，导致的结果是业务规则散落在程序的各个角落。当某个业务规则发生变化时，再没人能够说清楚哪些程序受到了影响。对于程序维护者来说更是恶梦，当客户要求变更业务规则或者出现了计算结果异常时，程序维护者不得不翻遍代码来寻找业务规则的蛛丝马迹。

其实业务规则并非近年来的新概念，从 20 世纪 80 年代起，就开始了对业务规则的专门研究，还产生了一门新兴的技术 BRM（Business Rules Management），以及专门处理业务规则的产品——业务规则引擎。这些技术和产品的目标是将业务规则从程序逻辑当中剥离出来，通过业务规则管理工具将其纳入业务规则库。应用程序处理过程当中需要用到业务规则时则通过业务规则引擎解释业务规则并返回所需的结果。业务规则通常以决策表、决策树、规则语言和脚本的形式来维护。

业务规则管理在近年应用越来越广泛，例如在 IBM 的 SOA 产品当中就包含有专门进行业务规则管理的模块。再比如现在十分流行的 AOP 模式及相关产品也致力于将规则从业务逻辑中剥离开来。

如果在项目中要采用业务规则管理的相关产品和工具，那么业务规则分析就是必不可少的工作。即使不打算采用业务规则管理工具，将业务规则单独作为系统分析的一项工作也是非常有意义的。一方面我们可以借由分析业务规则来更深入地了解业务并将业务规则很好地管理起来，另一方面我们也可以通过一些特殊的设计将重要的并且容易变化的业务规则从程序逻辑当中分离出来，单独作为业务规则对象来设计和编程，以减少业务规则变化带来的负面影响。

本书不打算深入业务规则管理技术这一话题，并且假设项目当中不会采用专门的业务规则管理工具。在这种情况下，业务规则还是需要在应用程序的层面上被消化。但是经过良好分析的业务规则在应用到程序当中时，我们可以进行有针对性的良好设计，保持程序逻辑和业务规则相对的灵活性和可扩展性，从而有效地降低业务规则变化对程序产生的冲击，同时软件也就能够更加健壮和富有生命力。

需要注意的是，并非所有的业务规则都需要用计算机来实现，有些业务规则是只适合人工处理的。这种情况下，规则的计算是由人来完成的，最后只需要将结果输入即可，例如审批意见。

对业务规则管理方面感兴趣的读者可以自己查找相关资料来学习。

11.2.2 现在行动：分析业务规则

在 9.6 提炼业务规则一节中曾经提到过作者在实践中习惯将业务规则分类为全局规则、交互规则和内禀规则三类，并且将全局规则交由架构师处理，交互规则交由设计师处理，内禀规则交由程序员处理。在分析业务规则时，也是按照这三个类别分别进行的。

要进行业务规则分析，前提是在获取需求时就将业务规则提炼出来，并且以文档的形式进行管理，例如表 9-2 所示的全局规则。分析业务规则的目的是从业务规则当中发现那些将对系统构成重大影响的部分，将其转化为系统需求，并且针对这一部分进行有针对性的架构、框架、程序的设计。下面举几个例子来说明。

11.2.2.1 分析全局规则

全局规则是指对于系统大部分业务或系统设计都起约束作用的那些规则。相对用例来说，全局规则是跨用例的规则。回顾一下 10.2 业务架构一节中的第三个讨论——业务架构和软件架构，我

们就能够知道，用例产生业务架构，然而支撑起业务运行的是软件架构。既然全局规则是跨用例的，自然也就是跨业务架构的，因而全局规则在应用程序当中就被反映到了软件架构当中，通过软件架构来对用例产生影响。

在本书的供电企业管理系统中，有这样一条业务规则：所有的办理业务产生的相关文件都要存档，原始手续文件也要存档，以保存整个业务办理过程的痕迹以供事后查证。这条业务规则反映到程序当中，就是所有的办理业务过程中的数据都要备份，不论在办理业务当中数据经过多少次修改，每次修改的结果都要保存一个副本以保证业务办理痕迹可查询。

显然，这条业务规则将对程序产生很大的影响。在程序处理上，由于种种原因所填表单会经过多次修改，而每一次修改都要求在数据库中保存当时的副本。这就产生了历史数据保存问题和历史数据版本管理问题。如果我们将这条业务规则交由程序员去处理，那么在程序的许多地方都需要为此编程。且不论程序员要因此增加多少工作量，同样的历史数据版本管理在不同程序员手里实现的质量肯定是参差不齐的，软件产品质量也就值得怀疑。好的做法是将这条全局规则交由架构师处理，由架构师在软件架构的层次上解决历史数据版本管理问题。

这里举一个简单的解决方案作为示例。架构师在架构中设计了历史数据版本管理框架，通过一组接口提供对这些历史数据的写入和查询。同时规定了业务实体类必须实现的接口和继承的超类，历史数据的写入和查询由历史数据版本管理框架来实现，程序员在编写程序过程中可不必关注历史数据版本管理是如何实现的。图 11.6 展示了该解决方案的静态类结构；图 11.7 和图 11.8 展示了该解决方案的实现时序图。

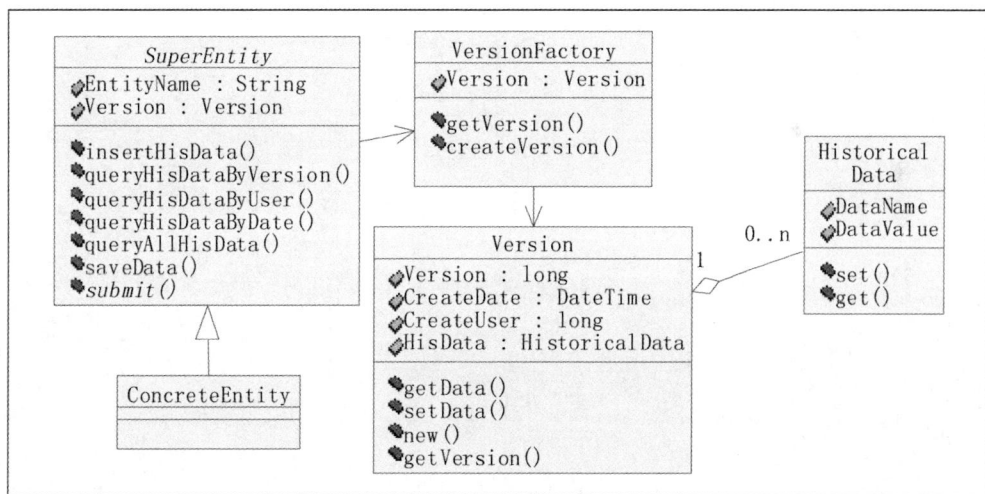

图 11.6 历史数据管理框架示例

以上示例仅为了说明软件架构中处理全局业务规则的方式，关于历史数据版本管理，这个例子也仅是很简单的方案，因此读者不必钻研这个例子。不过为了让读者能够读懂这个例子，还是做一点简单的解释。

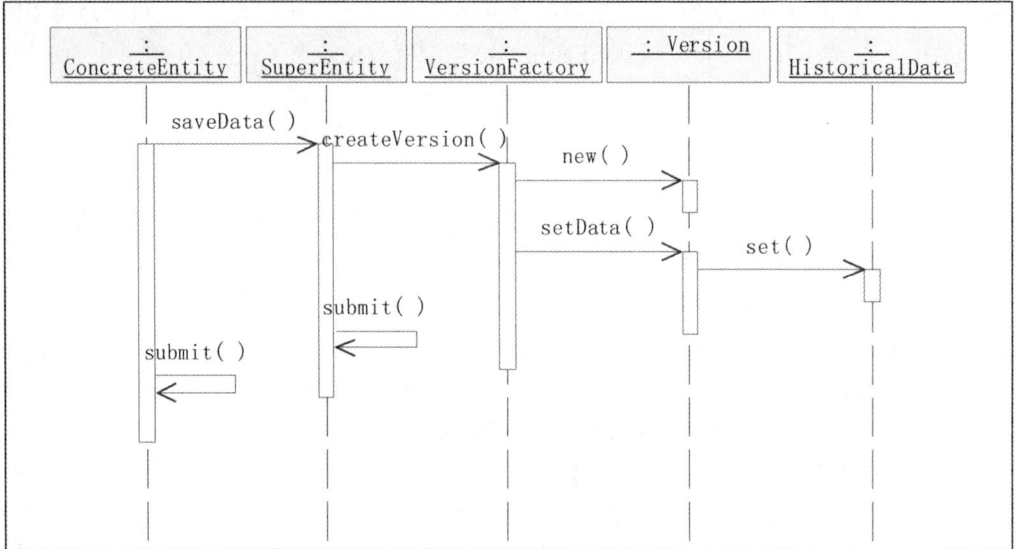

图 11.7　创建历史数据过程

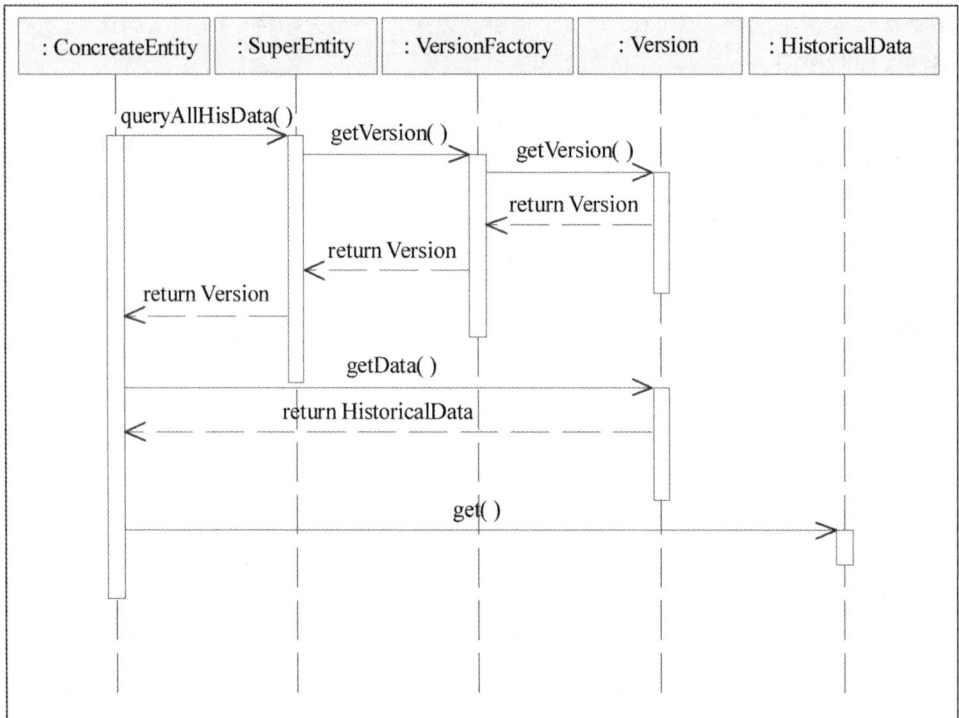

图 11.8　查询历史数据过程

实际的实体类，即 ConcreteEntity 类继承自 SuperEntity 类。在这里采用了一个策略模式，当提交业务数据时调用 SuperEntity 的 saveData()方法，SuperEntity 类会先创建一个版本将业务数据保存到 Version 类和 HistoricalData 类中，完成后再调用 submit()方法。由于 submit()方法是虚拟方法，因此 ConcreteEntity 类必须实现这个方法。各 ConcreteEntity 类在 submit()方法当中实现自己保存业务数据的逻辑。因此，对编程人员来说，保存历史数据版本的所有工作就是继承 SuperEntity 类，并在提交业务数据时调用 saveData()方法。

上面的例子是一个关于历史数据版本管理的全局规则。其他常常会遇到的全局业务规则有安全问题、权限问题等。

正是由于全局规则影响大部分的用例，因此在软件架构当中进行处理能够获得最大的可维护性和灵活性。在本例中，如果设计良好，历史数据版本管理的实现方式是可以替换的，在将来简单方法不能够解决复杂问题时，只需在软件架构中更换更为复杂的实现方式，而不必大面积地修改程序。

11.2.2.2　分析交互规则

交互规则产生于用例场景当中。用例场景是由活动图、交互图等来描述的，不论是活动、状态还是业务对象，它们在活动转移、状态变迁和对象交互时必然会有一些限制性的条件。这些条件就是交互规则。

一般而言，交互规则可以在业务用例场景、业务用例规约、系统用例场景、系统用例规约当中找到。例如，在图 11.2 低压用电申请业务用例场景中可以找到两条业务规则：

- 是否符合用电条件？符合则继续办理流程，否则终止流程办理。
- 用电审批和配电审批是否都同意供电？是则继续办理，否则终止流程。

这两条业务规则在处理上是有所差异的。

第一条是否符合用电条件是由人工来判断的，业务班长根据勘察结果来决定是否符合用电条件。这种情况下不需做过多的处理，只需留下输入最终结论的地方即可。第二条是否同意供电则是需要用计算机来判断的。业务班长和配电专员分别签署自己的意见，计算机需要进行一个逻辑计算，然后返回结果来决定流程走向。这种情况下就需要考虑计算机如何来实现业务规则。

第二条业务规则是非常简单的决策表例子，并且规则很稳定，不会轻易变化，即使将这条规则实现在程序逻辑里也不会有大问题，因此设计师可以考虑由程序逻辑来处理。但是有些业务规则比较复杂，由程序逻辑来处理就不适合了。例如图 11.4 申请登记用例场景当中可以找到这样一条业务规则：根据用户名从欠费历史中查询该户名有无欠费记录，若有记录，由人工判断该用户名欠费是否属实。若属实应停止申请。这条业务规则就很不适合放在程序逻辑当中去处理。

首先，该规则的实现较为复杂，需要根据输入从欠费历史数据库中查询有无记录，如果有记录，还需加上人工判断。如果在申请登记的正常业务程序当中加入这段业务规则处理程序，申请登记的业务程序就会被"打断"。虽然肯定可以实现，但是在申请登记的程序逻辑当中加入欠费查询的逻辑感觉很不舒服，编写申请登记的程序员还需要去编写欠费查询的程序。

其次，这条业务规则跨越了用例。读者打开随书建模示例会发现，欠费信息是来自营业财务部门营业会计负责的统计欠费明细业务用例。该规则不但跨越用例，还跨越了部门。如果在申请登记的程序逻辑当中加入欠费查询的逻辑，就表示这两个用例之间产生了依赖关系。换句话说，申请登记程序是否能正常运行，依赖于统计欠费明细用例是否能正常返回结果。

请读者回想一下你曾经做过的项目，是否经常有这样的情况：A 模块的某个业务规则需要 B 模块产生的数据，则编写 A 模块的程序员就直接从 B 模块的数据库表里取数据。这就导致 A、B 两个模块的程序逻辑混合，B 的修改很可能导致 A 的失败。之所以有的应用系统可维护性差，常常改一个地方导致多处出错，原因就在于各个用例（模块）之间逻辑混合。整个应用系统逻辑就像蜘蛛网一样纠缠不清，当然难于维护。

正是由于交互规则产生于用例场景当中，很可能是跨用例的，它们不但可能由不同的开发人员来开发，还可能分属于不同的子系统、不同的程序包等。因此需要由设计师来通盘考虑，避免不必要的依赖。正如这个例子，申请登记和欠费统计是两个相隔很远的用例，完全没必要因为一条业务规则而在它们之间产生依赖关系而增加应用程序的不稳定性。

为了避免依赖的出现，设计师应当将这条业务规则设计成单独的对象或模块。下面举一个简单的例子。例如设计师设计一个专门用于查询欠费的类来处理这条规则，其类图如图 11.9 所示，其使用方法如图 11.10 所示。

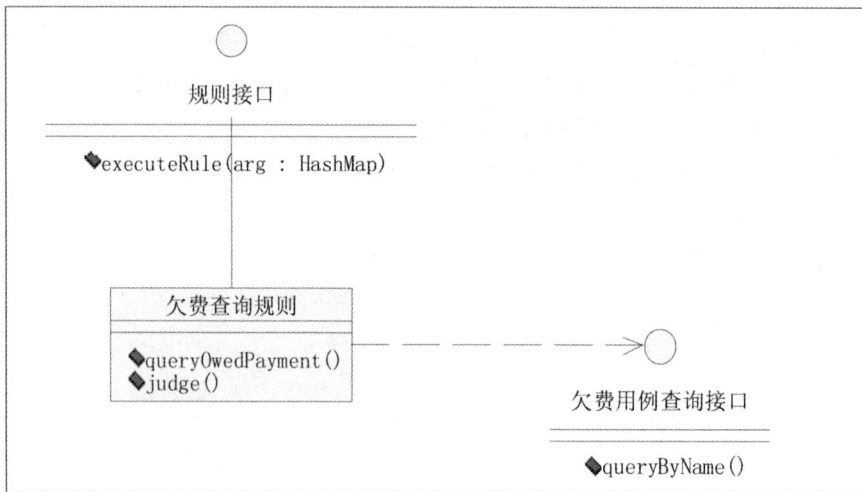

图 11.9　欠费业务规则类示例

如图 11.10 所示，当申请登记程序需要应用到业务规则时，它首先访问欠费查询规则类，由欠费查询规则类负责向欠费统计用例接口获取欠费记录，进行处理后返回判断结果。这样就解决了依赖问题，两个用例可独立编程，它们之间的交互问题可交给欠费查询规则类来处理。

实际上，在应用程序中，类似这样的交互业务规则是很多的，设计师完全可以设计一个业务规则库来管理和解决所有的交互业务规则。下面举一个使用了工厂模式的非常简单的规则管理库设计。图 11.11 展示了静态类结构，图 11.12 展示了实现过程。

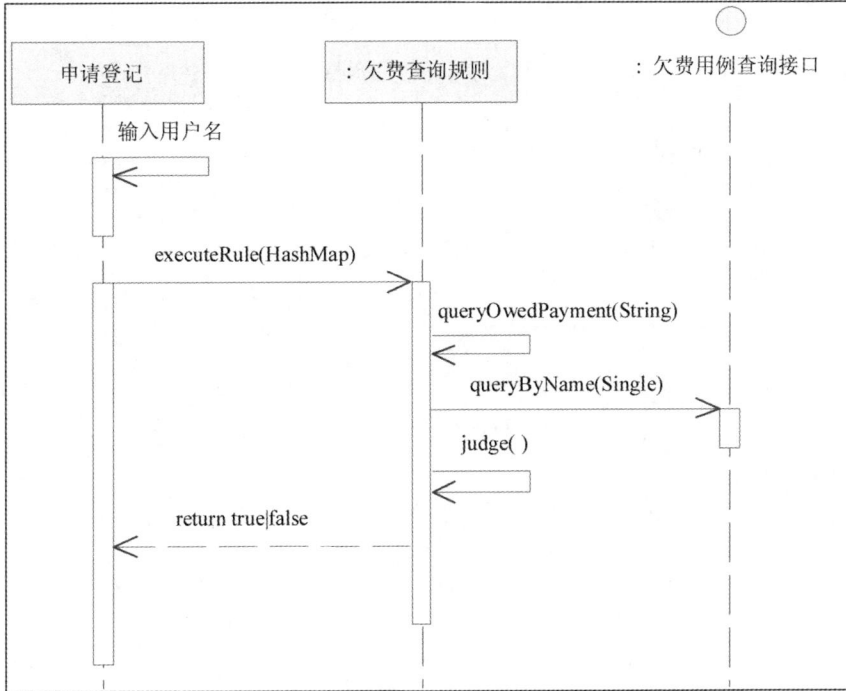

图 11.10　欠费业务规则实现示例

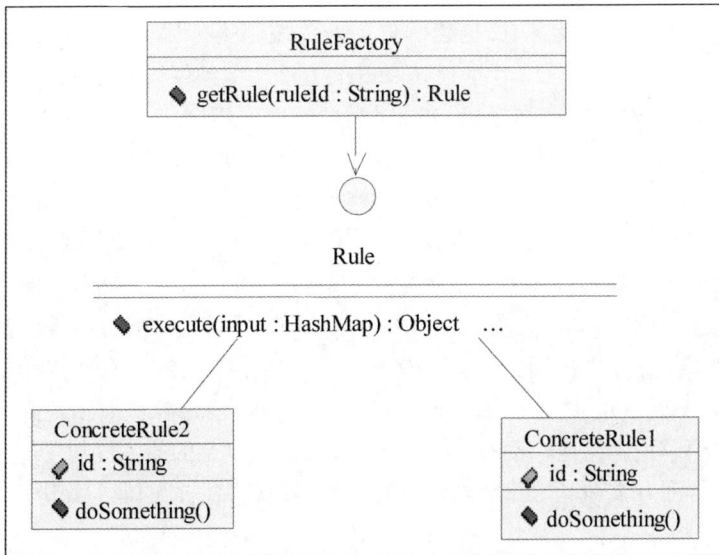

图 11.11　交互规则管理库类图

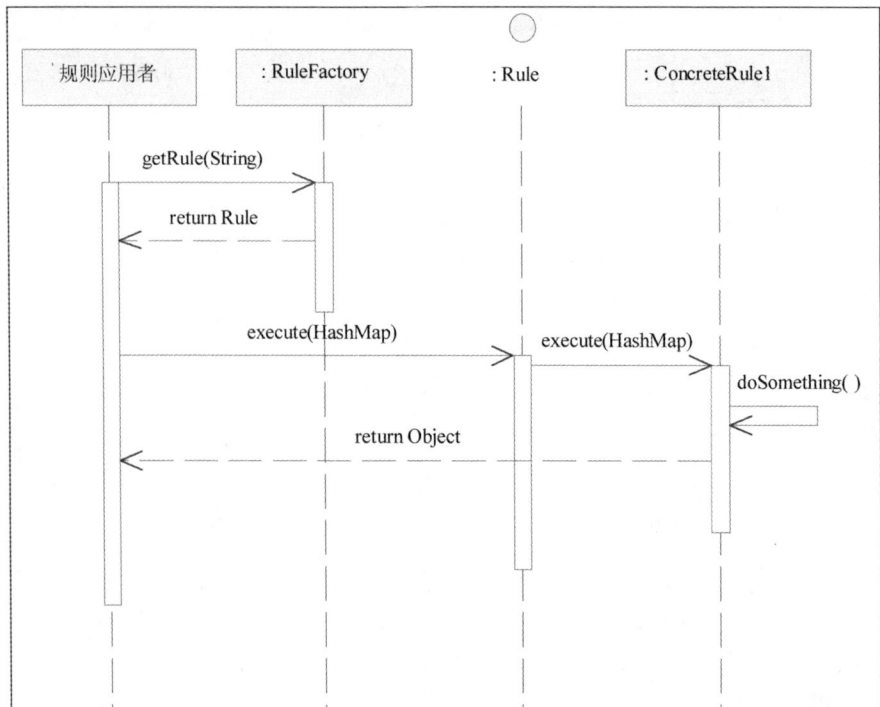

图 11.12　交互规则管理库实现图

我们对上面的设计做一点解释：当业务程序需要应用业务规则时，向规则工厂 RuleFactory 传入一个规则 ID，规则工厂根据 ID 创建具体的业务规则类，如 ConcreteRule1，并以 Rule 接口类型返回规则应用者。规则应用者执行 execute()方法，将条件以 HashMap 的形式输入，具体的规则类进行计算和逻辑判断，结果以 Object 类型返回，规则应用者最后得到最终结果。

这个例子的确非常简单，但很实用。业务程序只需要维护业务规则 ID，就能够以统一而简单的几行代码获得规则执行结果；每一个业务规则实现成一个类，并实现 Rule 接口。虽然简单，但它带来了很大的灵活性和可维护性。当业务规则变化时，我们只需保持规则 ID 不变，完全可以新写一个业务规则类去替换原有规则类，而业务程序无须任何改动。

现在,读者应当理解作者建议在需求调研时将业务规则提炼出来并且编号管理的意图了吧？提炼业务规则的付出得到了丰厚的回报，一个简单的设计就解决了绝大部分的业务规则问题。当然，这个解决方案过于简单。在实践中，有时业务规则非常复杂，有时候需要多条业务规则共同作用才能得到运算结果。但解决思路是一致的，我们可以设计更为复杂的业务规则管理库程序。可包含决策表、决策树，甚至使用脚本语言编译器。这时，我们也就离所谓的业务规则引擎不远了。

11.2.2.3　分析内禀规则

内禀规则是指那些业务对象本身具备的，并且不因为外部的交互而变化的规则。

例如，在表 11-1 用例规约示例中可以找到这样一条内禀的业务规则，当填写申请单时，用户

名、身份证号、地址、用电类别等为必填项。类似这样的业务规则与其他用例无关，也不会因为跟不同的对象交互而变化。它的内禀性质非常类似于对象的封装原则，因此应当在申请单这个业务对象内部来实现。或者可以在申请登记这段程序逻辑中来实现。

与交互规则不同，内禀规则即使混合在业务逻辑当中也不会产生太大的问题。当业务规则变化时，受到影响的也仅仅是业务对象自己或者特定的一段程序，不会波及其他程序。设计师可以放心地交给程序员来处理。

不过，虽然内禀规则影响有限，但是将业务规则逻辑混合在业务逻辑当中仍然是不好的编程风格。即使是编码，也需要时时保持代码段的职责单一特性。简单来说，就是一个方法或一个代码片段只做一件事情。职责越简单的代码可读性越好，自然也最容易维护。作者仍然建议程序员们在编写内禀规则时不要将规则逻辑代码混在业务处理代码中，可以将内禀规则代码单独写成一个方法，也可以单独写成一个类，养成好的编程习惯。

11.2.3　提给读者的问题

提给读者的问题　27

请读者从曾经做过的一个项目出发，从中找出业务规则，将它们分类为全局规则、交互规则和内禀规则。并思考以下问题：

（1）当业务规则被提炼出来以后，你对业务需求的认识和理解是否发生了变化？

（2）如果让你再次来设计这个系统，有了提炼出来的业务规则，你的设计思路是否会与以前不同？

提给读者的问题　28

根据上面一个问题获得的业务规则和以前所做的项目，做以下练习：

（1）以一个全局规则为例，例如数据读取权限问题，假设每个业务部门都只能读取自己的数据。分析该全局规则会影响到系统当中的哪些模块？试着在软件架构层次上设计一个解决方案，让受到影响的模块都不必再为该全局规则专门编程，或者使用统一而简单的代码就实现该全局规则。

（2）分析获得的交互规则，尝试用本节提供的简单业务规则管理库解决方案改写原来的程序。假设业务规则有所变化，试着修改之前的程序和使用了业务规则管理解决方案的程序，体会它们之间在维护上的差别。

11.3　用例实现

11.3.1　绘制蓝图——世界将这样运行

在 11.1 确定系统用例一节中我们确定了系统用例，并且对它们进行了描述。系统用例构成了新世界的万物。在 11.2 分析业务规则一节当中，我们又分析了业务规则，这些业务规则构成了约

束新世界运行的规矩。本节我们将让世界运转起来。系统用例和系统用例规约告诉我们世界应当怎样运行，而用例实现则把这些设想变为现实。

经过前面的学习我们已经知道，所谓用例实现，就是用例的实现方式。用例只描述了系统应该做什么，是系统需求，是一个设想。用例实现的目的就是实现系统需求，将设想变为实现。我们采用的是面向对象的方法，要将设想变为实现，就要用对象之间的交互来实现设想。有了对象，我们就距离可运行系统更近一步了。

一个用例可能有多个用例实现，每个用例实现都是设想的一种实现方式。虽然实现方式和过程不同，但目的是相同的，同样要达到用例所规定的系统目标。为了表示出用例实现与它所实现的用例之间的关系，我们可以用图 11.13 来表示。这幅图表明了实现到需求之间的追溯关系。

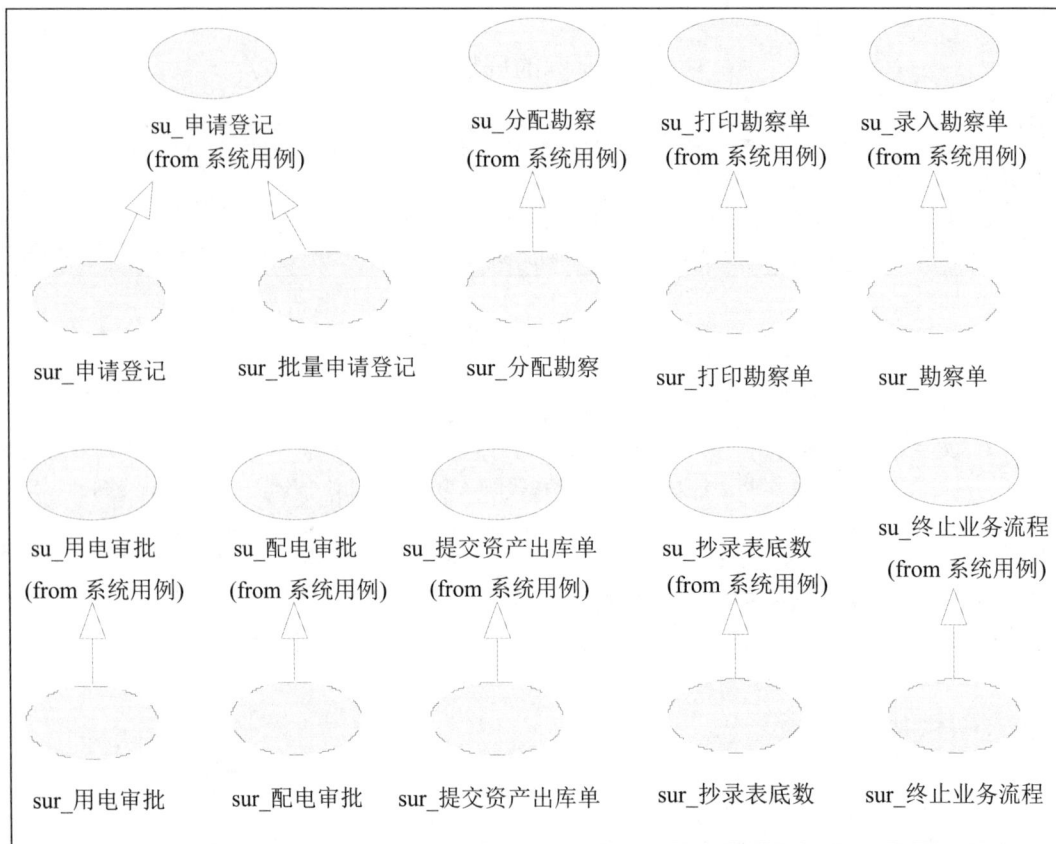

图 11.13　用例实现到系统用例关系图

为了示例，我们假设 su_申请登记这个用例有两种实现方式，在图 11.13 中可以看到 sur_申请登记用例实现和 sur_批量申请登记用例实现都实现了 su_申请登记用例。其中，sur_申请登记是在供电局营业大厅由业务员操作完成的，而 sur_批量申请登记是指新建小区的申请用电，小区的住户不需要自己去申请，而是由开发商一次性批量登记的。这是一个用例有多种实现方式的例子。虽然它们的实现方式有所不同，但目的是一样的，都是为客户登记新的用电申请。在下面的例子中讲述如何为这两种不同实现方式建模。

11.3.2　现在行动：实现用例

很多项目里没有用例实现这一建模步骤，在用例确定了系统需求之后就直接进入系统设计阶段，进行类设计、表设计等。如果我们深入一点思考就会发现问题，用例和类之间似乎有一道沟，我们不知道类是怎么被推导出来的。回顾一下图 11.4 和表 11-1，我们从中找不到类的痕迹，它们只描述了人机交互的过程。不少人认为从用例到类是一个经验过程，但被问到为什么这样定义类时，常常找不到可解释的理由。

实际上，设计模型当中的类是可以被推导出来的。用例实现正是跨越从系统需求到设计模型之间的那道桥梁。

用例场景和用例规约是我们实现用例的基础，而我们所采用的工具则是分析模型。在这里我们有必要再次温习什么是分析模型。在 5.6.3 分析模型的意义一节中作者介绍过，分析模型是采用 MVC 模式，将用例场景中描述的业务分解为边界（操作界面和展示界面）、控制（业务逻辑）和实体（业务数据），用这三个元素建立实现用例场景的对象模型。于是边界类对象、控制类对象和实体类对象就成为我们用来实现用例的关键对象。

在三种对象中实体对象又是最为重要的。不论在什么系统中，实体对象都是当然的核心，所有的算法、流程、界面、操作……，不是读取数据就是修改数据，都是围绕着数据进行的。在面向对象方法里，数据被封装在实体对象中，因此实体对象就成了系统的核心。

要为用例实现建模，我们需要经过以下三个步骤：

第一步，我们需要在用例场景当中发现和定义实体对象。这些实体对象代表了我们将要操作的业务数据。发现和定义实体对象的方法很简单，在这个用例场景当中，每一个活动都是由动词+名词构成的，这些名词就是我们要寻找的实体。

第二步，我们需要用控制对象来操作和处理实体对象中的数据。在初步实现用例的时候，我们可以简单地为每一个实体对象加上一个控制对象。每个控制对象操作一个实体对象，它默认地包含所有对该实体对象的处理逻辑。

第三步，我们需要用边界对象来构建接收外部指令的界面。边界对象负责接收来自系统外部的指令，并将指令传达给控制对象，控制对象根据指令执行相应的逻辑程序，然后将结果返回给边界对象。最后再由边界对象将结果展示给外部。

我们以 su_申请登记用例来讲述用分析对象来实现用例的过程。su_申请登记用例有两个实现用例，分别是 sur_申请登记用例实现和 sur_现场景申请登记用例实现。其中 sur_申请登记用例实现对应图 11.14 所示的用例场景。这个用例场景是我们在 11.1.3 现在行动：描述系统用例一节中得到的。

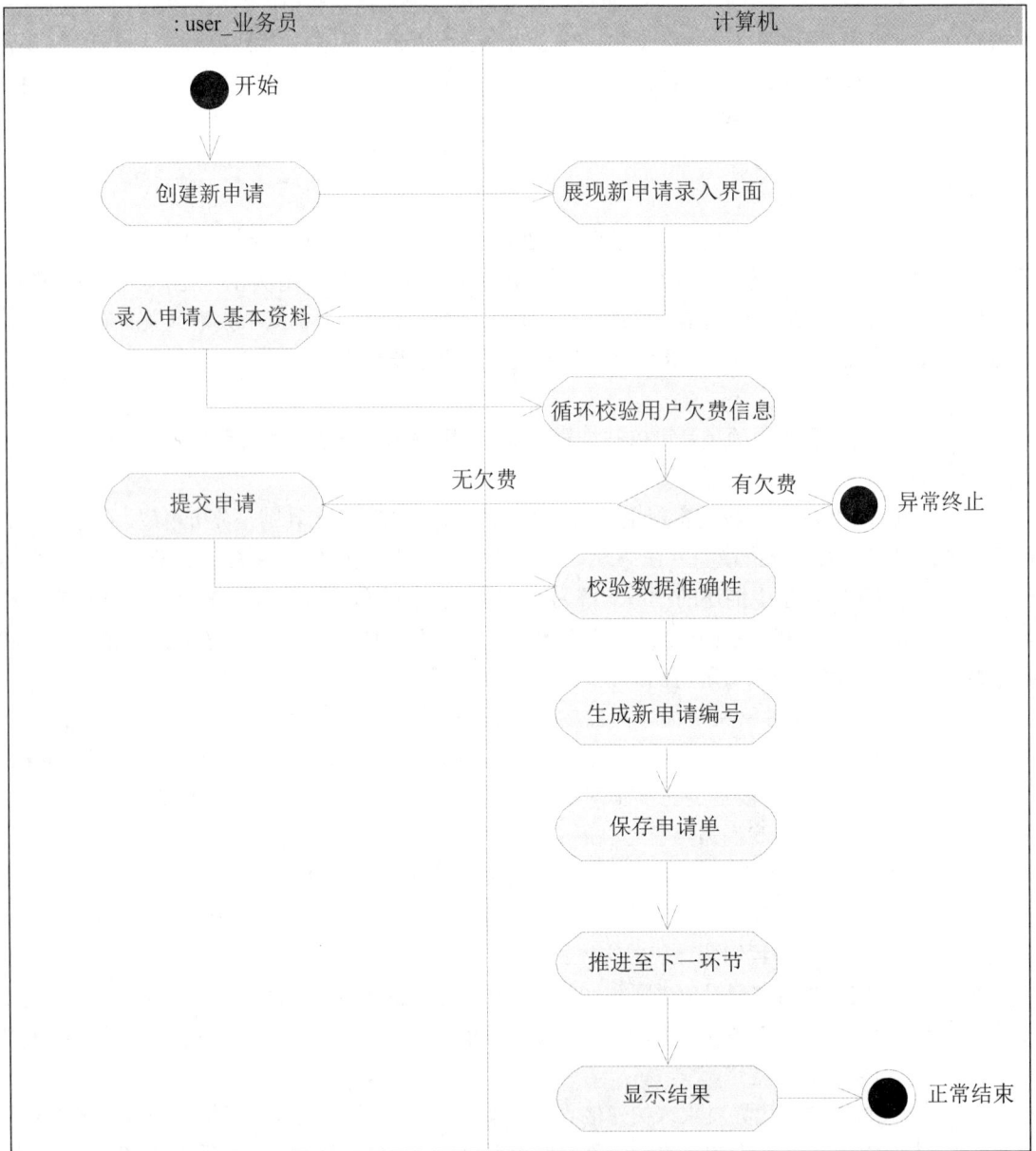

图 11.14　申请登记用例实现场景

为了找到我们所需要的分析类对象，我们一步步地来分析场景当中的活动。

- 创建新申请

这是一条在系统外部发出的指令，我们需要使用边界对象来接收它。

- 展现新申请录入界面

这是一段程序处理逻辑，我们需要用控制对象来处理它，并且将结果反映到边界对象。

- 录入申请人基本资料

这是人工活动，申请人基本资料看上去是一个备选的实体对象。不过经过分析，它实际上只是申请单实体对象的一部分。

- 校验用户欠费信息

在 11.2.2.2 分析交互规则一节当中我们明确了，这是一条业务规则。将由业务规则管理器来处理它。

- 提交申请

这是一条在系统外部发出的指令，我们需要使用边界对象来接收它。

- 校验数据准确性

在 11.2.2.3 分析内禀规则一节当中我们明确了，这是一条内禀规则。我们将在程序逻辑当中处理它，所以也是由控制对象来处理的。

- 生成新申请编号

这是一段程序处理逻辑，我们需要用控制对象来处理它。申请编号只是申请单对象的一个属性，不作为单独的实体对象。

- 保存申请单

这是一段程序处理逻辑，我们需要用控制对象来处理它。同时，申请单是一个合适的实体对象，它封装了我们要处理的业务数据。

- 推进至下一环节

这是一段程序处理逻辑，我们需要用控制对象来处理它。

- 显示结果

这是一段程序处理逻辑，我们需要用控制对象来处理它，并且将结果反映到边界对象。

根据以上分析，我们用得到的边界对象、控制对象和实体对象在时序图里把图 11.14 所示的场景实现出来，得到如图 11.15 所示的对象交互场景，它就是用分析对象实现 sur_申请登记用例实现的结果。

我们再来看看 sur_批量申请登记对应的用例场景，如图 11.16 所示。

与前面的分析过程一样，我们还是一步步地来分析每个活动。为节约篇幅，这里只列出与前面用例场景中不同的活动。

- 创建批量申请

这是一条在系统外部发出的指令，我们需要使用边界对象来接收它。

- 展现批量录入界面

这是一段程序处理逻辑，我们需要用控制对象来处理它，并且将结果反映到一个新的边界对象。

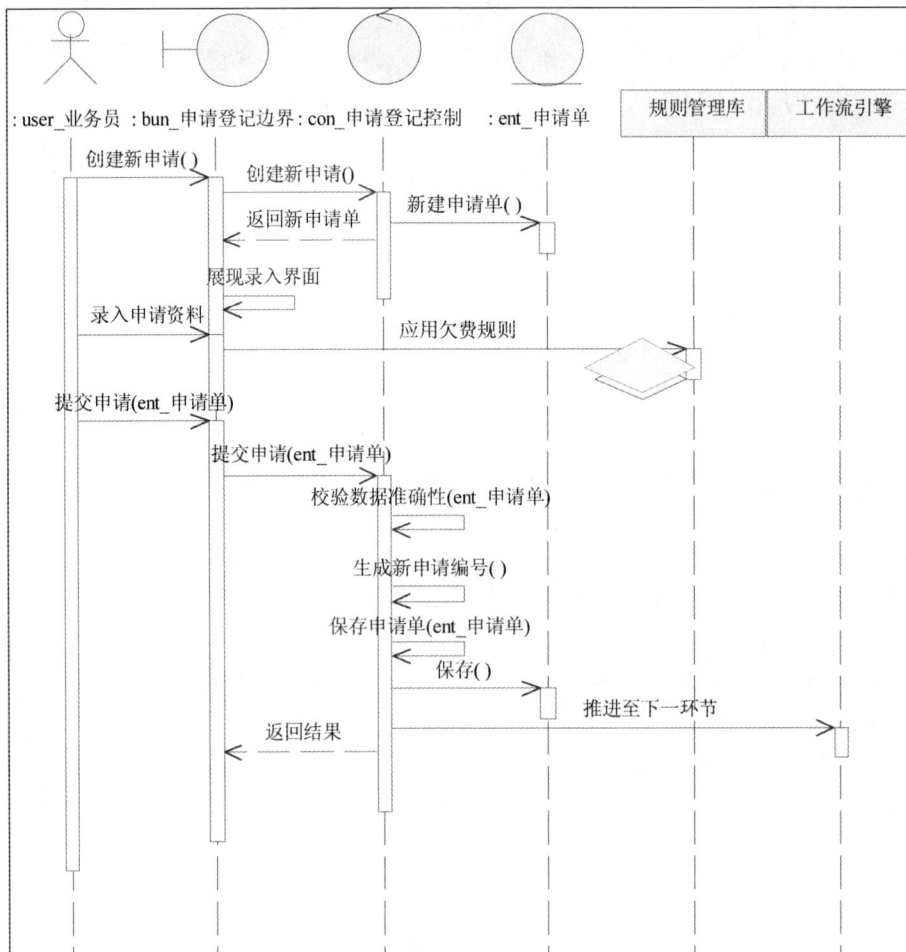

图 11.15   sur_申请登记用例实现

■   循环检验用户欠费信息

这是一段程序处理逻辑，我们需要用控制对象来处理它。

■   删除欠费用户资料

这是一条在系统外部发出的指令，我们需要使用边界对象来接收它。

■   提交批量申请

这是一条在系统外部发出的指令，我们需要使用边界对象来接收它。看上去这里出现了一个新的实体对象批量申请，但是经过分析认为批量申请只是申请单对象的集合，因此不需要定义新的实体对象。

■   处理批量申请

这是一段程序处理逻辑，我们需要用控制对象来处理它。

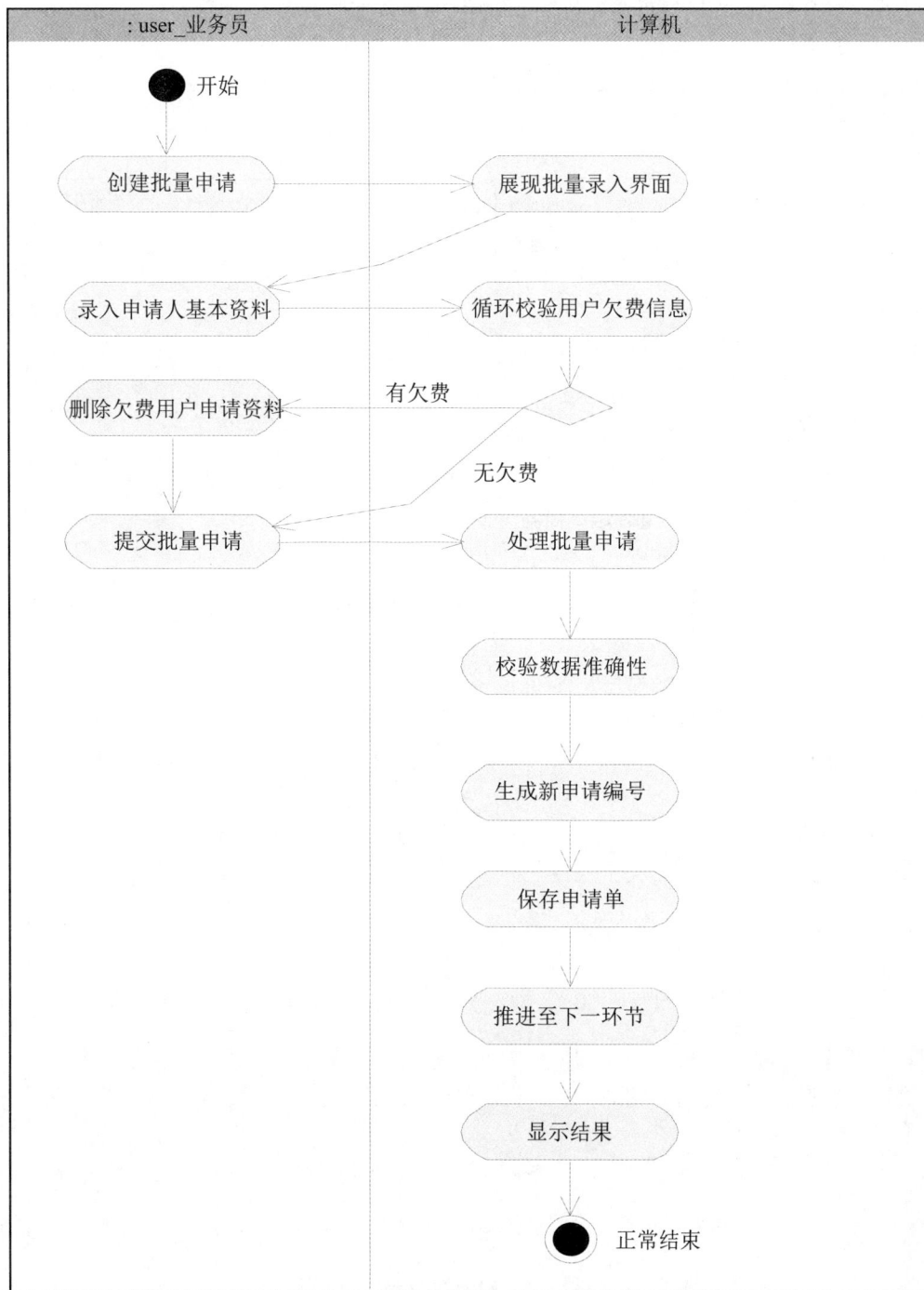

图 11.16 批量申请登记用例实现场景

根据这些分析，我们同样用边界类、控制类和实体类在时序图中实现批量申请用例场景，结果如图 11.17 所示。

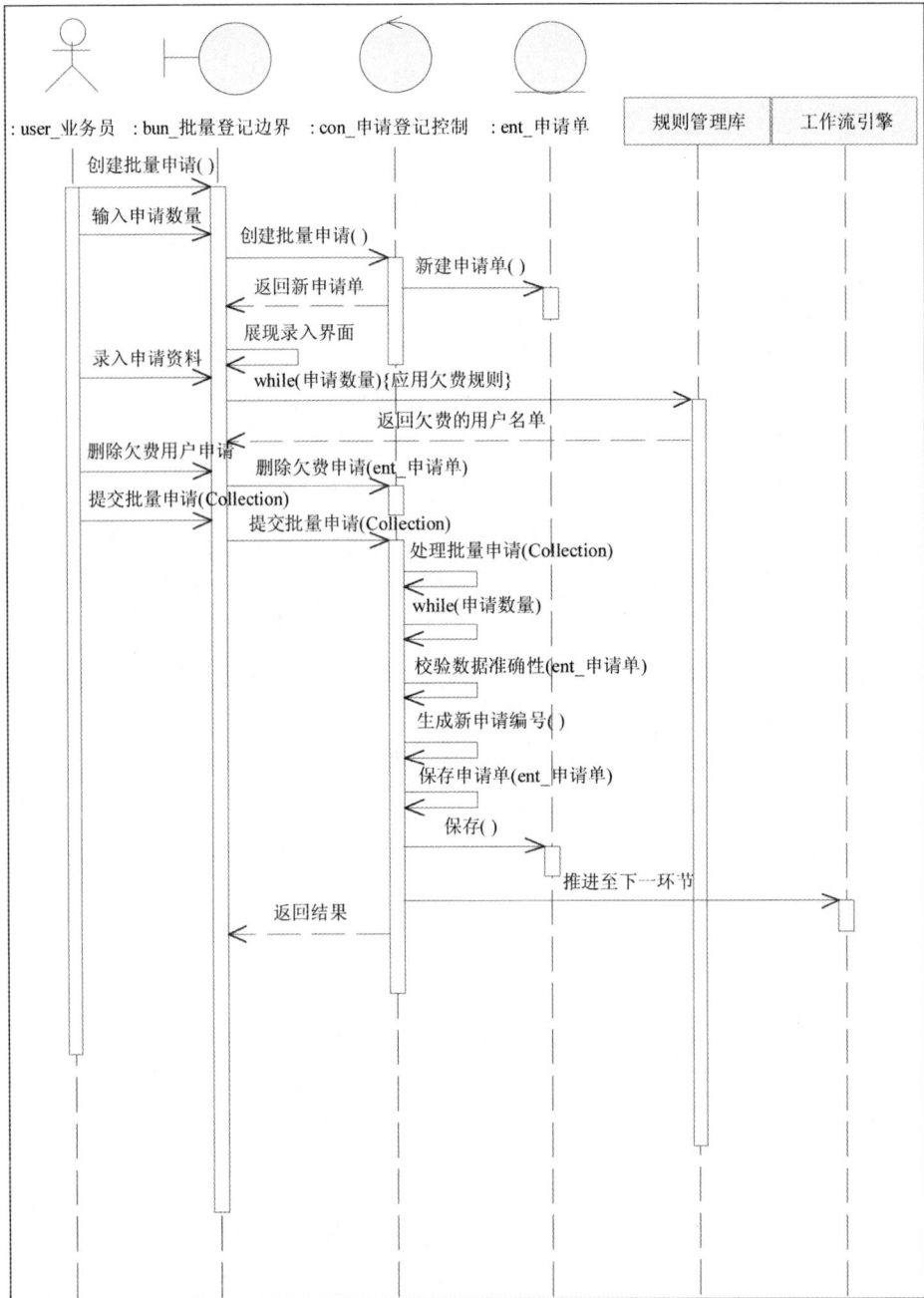

图 11.17　sur_批量申请登记用例实现

　　至此，两个用例实现场景绘制完毕。在绘制过程中，我们得到了一些关键对象以及这些关键对象的方法。接下来我们把这些关键对象集中在一个图里，定义它们的关系，就得到了分析类图，如图 11.18 所示。

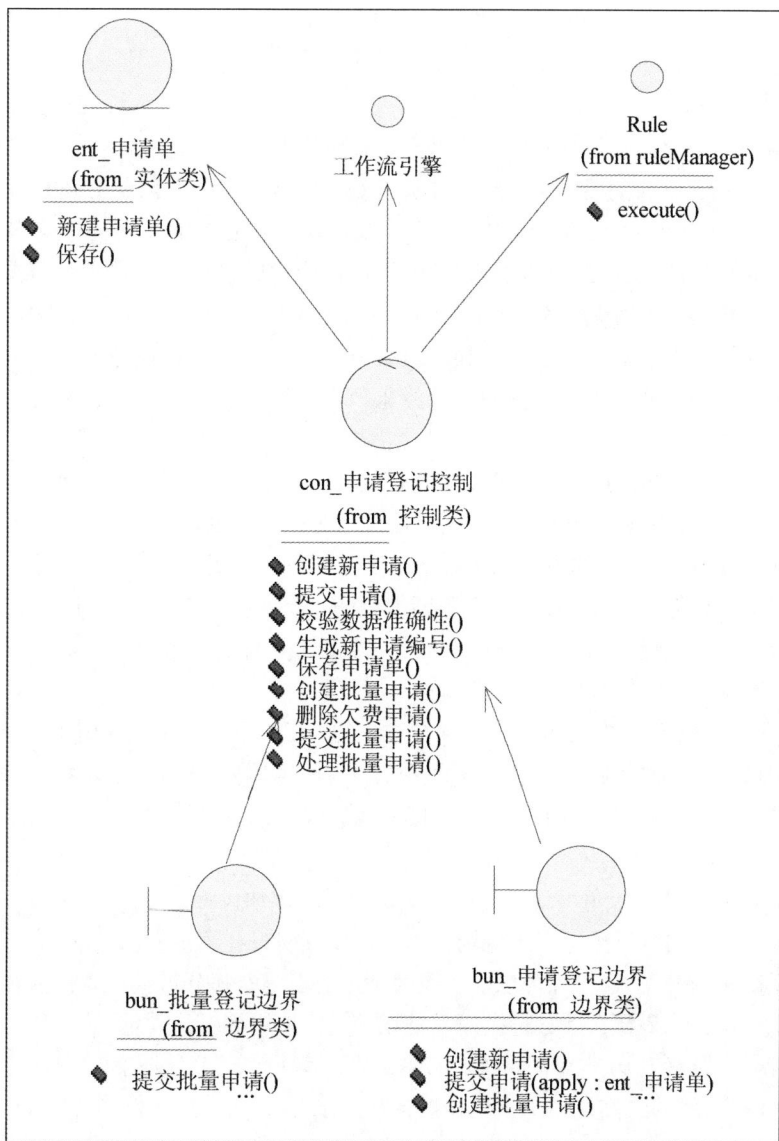

图 11.18　申请登记分析类图

　　用边界对象、控制对象和实体对象实现场景后，我们就得到了分析类图。用分析对象实现用例场景的过程实际上就是类的推导过程。现在，我们已经得到了初始的类以及关键的类方法，可以说我们已经从需求开始步入了系统设计。虽然这些类看上去还有些粗糙，但是它们的确已经完全脱离了需求视角，进入系统视角了。

这些分析类就是我们进行系统设计、建立设计模型的基础。在分析类和软件架构、软件框架的基础上，我们就很容易得出设计类。我们将在第 12 章系统设计中讲解从分析类转化到设计类的方法。

11.3.3　进一步讨论

11.3.3.1　第一个讨论：分析类是沟通需求和设计的桥梁

不可否认，很多人在从需求到设计的过程中并不是推导出来的，而是想当然的。其情形常常是拿到一份需求以后这样想：我认为这里应该用一个类；我认为这里应该用两张表……美其名曰经验。

然而缺乏推导过程的设计是无法验证的，你无法证明你的设计一定是满足需求的。当作者在工作当中问到一些自信的设计师如何证明设计能够满足需求时，得到的回答常常是：从我多个项目的设计经验和实际情况来看，用这几个类和这些方法完全可以满足业务要求，并且是经过优化的，是最好的方案；或者是我有很丰富的设计经验，我的设计是经过深思熟虑的。设计会经过评审、讨论和充分的沟通，后面还有测试，不满足需求时会再进行修改和补充的。

可惜这并没有回答我的问题，我问的是如何证明，而不是结果。那些类在他们看来，都是凭经验，如同精灵一般从脑子里蹦出来的。他们很自信自己的经验和设计能力，津津乐道于一个又一个设计模式，他们认为，如此优秀的设计怎么会不满足需求呢？证明？很奇怪的问题，我设计的目的就是为了满足需求，不满足需求的设计我会不断改进啊，最终它一定是满足的啊。即使设计师拥有丰富的经验和超强的设计能力，设计结果的确满足了需求，并且很优秀，但那只是结果而不是过程，那是个人英雄的胜利，而不是软件过程的胜利。

事实上，从需求到设计是有着可验证的推导过程的。在本章的例子中证明了这一点，我们用分析类实现了用例场景，而用例场景正好描述了需求。因此，我们可以自信地说我们得到的分析类满足了需求，并且是可以验证的，图 11.15 和图 11.17 就是证据。

在第 12 章系统设计中我们可以看到，从分析类到设计类也是可以推导和验证的。A=B，B=C，我们就可以证明 C=A。从这个角度说，分析类就是沟通需求和设计的桥梁。

有人可能要反驳说用分析类实现用例场景的确可以证明设计满足需求，那不用分析类，而直接用设计类去实现用例场景，不也一样可以证明设计满足需求吗？那分析类还有什么意义呢？这个问题就引出了第二个讨论，为什么用分析类而不是设计类实现用例场景。

11.3.3.2　第二个讨论：为什么用分析类而不是设计类来实现用例场景

在本书 3.7.4 分析类的三高一节中谈到过以下观点：

分析类是从业务需求向系统设计转化过程中最为主要的元素，它们在高层次抽象出系统实现业务需求的原型，业务需求通过分析类被逻辑化，成为可以被计算机理解的语义。分析类的抽象层次高于设计实现，高于语言实现，也高于实现方式。

高于设计实现意味着，在为需求考虑系统实现的时候，可以不理会复杂的设计要求，比如设计

模式的应用、框架规范的要求等，而专心地为从需求到实现搭建一座桥梁。以实体类为例，一个实体类可以被设计成 Entity Bean，也可以被设计为 POJO，不论是哪一种设计实现，都要遵循相关的规范，实现特定的接口。这些复杂的要求在为需求考虑系统实现的时候就成为一些杂音，要处理的信息越多，越容易分散注意力。

高于语言实现意味着，在为需求考虑系统实现的时候，可以不理会采用哪一种语言来编写代码，也就可以排除特定语言的语法、程序结构、编程风格和语言限制等杂音，而能专注在需求实现上。

高于实现方式意味着，在为需求考虑系统实现的时候，可以不考虑采用哪一种具体的实现方式，例如安全认证。对分析类来说，只需要用一个认证控制类代表系统需要这样一个程序逻辑来完成需求即可，而可能的实现方式则有 LDAP、CA 认证、JAAC 等。考虑过多的具体的细节会扰乱需求实现工作。

可以看到，由于分析类的抽象层次较高，基本上停留在"概念"阶段，相对于设计实现、语言实现、实现方式这些较低抽象层次的工作来说，需要考虑的信息量要少得多，而能够让分析工作专注在实现需求上。相对于设计模式、编程风格这些因素来说，忠实地实现需求才是第一位的。另外，也由于分析类的抽象层次较高，概括能力就很强，也就比设计和实现要稳定。在一个演进式的软件生命周期里，维护稳定的分析类比维护易变的设计类要投入更少的精力，更容易获得一个稳定架构来指导整个软件的开发。

回到为什么要用分析类而不是设计类去实现用例的问题来。由于抽象层次更高，分析类比设计类验证需求的工作量以及可能的变化都要少很多。比如登录，用分析类来表达，我们只需要向登录 control 类发一条登录请求消息就足够了。而设计类由于与实现方式相关，并且已经具化到了实现，所以根据安全验证方式不同，LDAP、CA 服务器不同，安全协议不同，应用服务器不同，相应的登录方式和方法都不一样，并且可能需要实例化好几个类，调用很多个方法才能完成一个简单的登录操作。例如 getUser()，getRole()，mapRule()，register()……你愿意用这么多说明才能实现一个简单的登录要求吗？而且，如果切换了安全模式或切换了应用服务器呢？这在现实情况中也常见，对分析类来说，由于抽象层次高于实现方式，因此继续有效，而设计类却必须更改。这就是为什么要用分析模型来验证需求的原因之一，它能够大量地减少工作量和维护量。

另一方面，在一个项目组里，当一份设计文档被 share 到负责各个摸块的开发小组时，各小组对该文档都有一个共同的认识。当安全模式改变，对负责安全模块的开发小组来说，他可以改变他负责的设计类而无需通知其他小组。因为从分析模型的观点来看，一切都没有改变。这与设计类中更换了实现类而保持接口不变的道理是一样的。

从上面的例子可以看出分析模型比设计模型要稳定得多，因此用它来验证和表达系统到需求的映射是很好的。这有助于在实现类变来变去、一个类改两个或又加了一个设计模式（这非常的常见吧）时，系统到需求的映射保持稳定，对开发小组来说，并没有因为这些变动影响到他们对系统整体的认识。

最后，分析模型很高的抽象层次有助于让人们更容易理解系统行为。由于与实现无关，因此可以用大白话来表达系统交互过程，比如"登录"，相比于 getUser()、getRole()之类的方法名，分析模型显然直白得多。而开发人员对系统行为良好的理解显然会对开发有着很大的帮助。

11.3.4 提给读者的问题

提给读者的问题 29

请读者从曾经做过的一个项目出发，绘制出一个用例场景，参照本节的例子做以下练习：

（1）逐个分析用例场景当中的活动，描述计算机应该如何处理该活动。

（2）从分析结果中找出边界对象、控制对象和实体对象。

（3）用找到的分析对象实现用例场景，绘制出时序图。

（4）根据时序图中的分析对象交互情况，绘制出分析类图。

提给读者的问题 30

以上一个问题同样的用例场景为例，不使用分析类，而是直接使用设计类，即应用程序中已经实现的那些类来实现用例场景：

（1）用设计类绘制出实现用例场景的时序图。

（2）与用分析类绘制的时序图比较，比较两者的简洁性、可读性以及所花费的时间。

（3）制造一个需求变更，分别根据新的需求维护用分析类绘制的用例实现时序图和用设计类绘制的用例实现时序图，比较两者维护的难易程度以及所花费的时间。

11.4 软件架构和框架

11.4.1 设计架构——新世界的骨架

经过确定系统用例、分析业务规则和用例实现建模，可以说至此系统需求已经确定。我们已经知道客户希望我们做些什么了。在软件架构和框架的重要性较低的时候，通常人们就开始进行系统设计的工作了。既然已经知道了客户要什么，那就开始吧。

也许客户所需要的只是一个小平房，如图 11.19 所示，简单地在图纸上画一画，也不用进行什么复杂的软件架构的设计，只要找一些有经验的工人来干活，总不会出问题的。

对于简单需求当然可以这样做。我们也没见过农村里盖个二层小洋楼还要请专业设计院设计的，找个有经验的施工队，说说讲讲的，也就盖好了。

不过，随着需求的日益复杂，系统规模的日益扩大，架构设计变得十分重要。假设客户所需要的已经不再是一个简单的二层小洋楼了，客户需要一幢如图 11.20 所示的高大、功能齐全、漂亮的智能现代化别墅，再随便找一帮熟练工人直接动手就不行了。建造别墅所需要的结构图、设计图、施工图一个都不能少。还要充分考虑到别墅除了居住基本需求之外的其他功能。

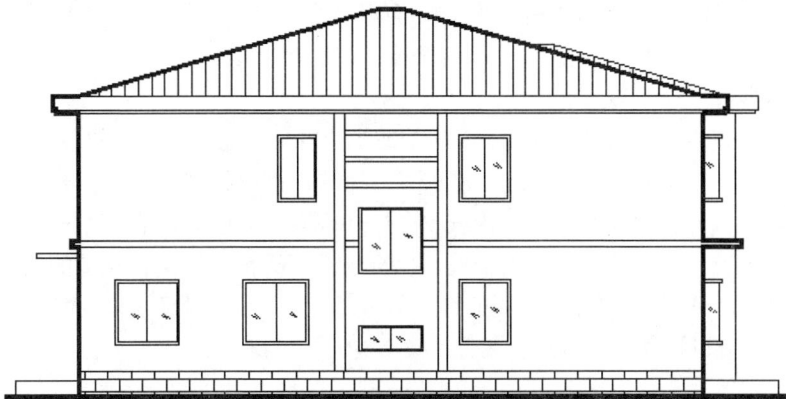

图 11.19 简单需求

图 11.20 复杂需求

建设一个复杂的软件系统就如同建设一幢智能化的现代别墅，除了考虑有几个房间、有几层楼以及长什么样子等这些基本居住要求（这就是我们所说的业务需求，也叫功能性需求）之外，还得考虑许许多多其他非功能性（居住）的要求。例如给排水系统、供电系统、供气系统、安保系统等，这些就是我们所说的补充需求。

我们除了必须保证这幢别墅的房间、楼层、面积等符合客户的要求之外，还必须保证这幢别墅与排水系统、供电系统、供气系统、安保系统等非居住性要求合理及有效地结合在一起。这就是架构设计需要做的事情。

架构设计考虑使用一个软件层次结构，一个或多个软件框架以及连接这些软件层次和软件框架之间的接口，将功能性需求和非功能性需求有机地结合在一起，在进行系统设计之前就充分考虑到了系统各功能部件如何在整个系统内安置。只有这样，我们才能保证系统在建设过程当中不会出现不断修修补补、拆东墙补西墙的情况，以至于最后弄出一个结构混乱的系统来。

如同图 11.21 所示的这幢别墅，可怜的客户也许得到了他所需要的房间，但是供水管道难看地被安在了屋外，最难以接受的是客户居然看到楼梯被放在了窗户下。

图 11.21　没有软件架构设计的结果

亲爱的读者，在你们的项目当中，有没有类似这样的例子呢？在软件开发过程当中为了把一些原先没有考虑到但又必需的功能生硬地塞进系统当中，最后交给客户的就变成如图 11.21 所示的这样一幢别墅。

既然软件架构这样重要，那么什么是软件架构呢？

截止目前为止，我们看到了两个词：软件架构和软件框架。软件架构和软件框架是一回事儿吗？相信有相当一部分人搞不清楚这个问题，也会有相当一部分人认为是一回事，只是不同的叫法而已。架构的英文原文是 Architecture，而框架呢，则是 Framework。显然这是两个完全不同的词。从技术上讲，IT 有一个职业是架构师，架构师代表了软件技术人员最高的职业顶峰，却从没有听说过有软件框架师的。所以肯定地说，软件架构和软件框架是两回事。

软件架构和软件框架的概念之所以现在才来讲述，并安排在系统需求确定以后才来解释，是希望读者明白技术服务于业务这个基本原则。选择软件架构和软件框架的理由不是技术先进，而是符合业务需要。

11.4.2　什么是软件架构

软件架构是一种思想，一个系统蓝图，对软件结构组成的规划和职责设定。一个软件里有处理计算的、处理界面的、处理数据的、处理业务规则的、处理安全的等许多可逻辑划分出来的部分。传统的软件并不区分这些，将它们全部混合在一段程序里。软件架构的意义就是要将这些可逻辑划分的部分独立出来，用约定的接口和协议将它们有机地结合在一起，形成职责清晰、结构清楚的软件结构。

软件架构是一个逻辑性的框架描述，它可能并无真正的可执行部分。比如上一节中我们要建设的那幢别墅，在软件架构上，它只描述房间的间架结构、楼层之间如何分隔、上下水系统在哪里安装、电路如何布线等。但这些仅停留在纸面上，它并没有一个实际的可执行部分。

事实上也是如此，大部分的软件架构都是由一个设计思想，加上若干设计模式，再规定一系列的接口规范、传输协议、实现标准等文档构成的。

当一个软件架构形成以后，就会有厂商根据软件架构来实现这个架构，开发出若干可执行的半成品，例如某设计模式的实现框架、接口的实现框架、传输协议的开发包等。这些半成品就是软件框架。

比如说，J2EE 规范描述了一系列逻辑部件，如 Session Bean、Entity Bean、Message Driven Bean、JAAS、JDBC 等，描述了这些部件的职责和它们的规范，约定了这些部件之间交互的接口和协议、标准，如 SOAP、RMI、WebService 等。并规划出一个如何利用这些逻辑部件来实现一个应用系统的蓝图。

但 J2EE 本身的确不是一个可执行的软件，因此 J2EE 是一个软件架构。而根据这一设想，各厂商开发出了各自的产品，包括开发工具和应用容器，开发者利用这些工具和容器就能方便地开发出符合 J2EE 规范的应用程序，这些工具和容器就是软件框架。

11.4.3　什么是软件框架

软件框架是软件架构的一种实现，是一个半成品。它通常针对一个软件架构当中某一个特定的问题提供解决方案和辅助工具。因此，如果说架构是一个逻辑的构成，框架则是一个可用的半成品，是可执行的。

例如 IBM 的 Websphere 就是遵循 J2EE 架构的一个实现，它提供了开发工具用于开发符合 J2EE 规范的应用程序，也提供了支持 J2EE 应用程序运行的应用服务器。因此如果我们使用 Websphere 系列的开发工具和应用服务器来开发应用程序，我们就可以说采用 Websphere 软件框架，开发出了遵循 J2EE 架构的应用程序。

再比如，MVC 是一种设计思想，它将应用程序划分为实体、控制和视图三个逻辑部件，我们可以说它是一个软件架构。而 Struts、JSF、WEBWork 等开源项目则分别以自己的方式实现了这一架构，提供了一个半成品，帮助开发人员迅速地开发一个符合 MVC 架构的应用程序，可以说我们采用 Struts 或 JSF 或 WEBWork 软件框架，开发出了符合 MVC 架构的应用程序。

至此，读者应该已经弄清楚了软件架构和软件框架的概念，在以后的项目当中就可以选择自己的软件架构和软件框架了。

这里说"选择"而不是"开发"，是因为我们生在一个幸运的年代，软件方法和软件思想层出不穷，几乎每过几天就会有新的架构和框架诞生。大的有钱的项目可以选择那些引领市场潮流的大厂商的软件架构解决方案，小的没钱的项目也可以有大量的开源项目可选。各种商业和非商业的软件框架几乎覆盖了软件开发的方方面面，基本上用不着自己动手开发。

不过有时也需要自己动手开发一些小规模的框架来解决特定的问题。这些问题来自于特定的业务需求、补充需求或业务规则。例如在 11.2.2.1 分析全局规则一节中开发的关于历史数据版本管理的小框架。

11.4.4 软件架构的基本构成

我们已经知道软件架构是一种思想、一个系统蓝图，是对软件结构组成的规划和职责设定。对于通用的的软件架构来说，规范和协议是其最重要的构成。读者可自行去查看 SOA、J2EE、Spring一类的软件架构文档。

然而对一个商业软件系统来说，由于其针对某一类特定的业务，因此在描述软件架构时应当在软件架构文档里包含特定的业务解决方案。并且，有时候一个业务系统可以采用不止一个的软件架构（虽然并不常见），我们也必须在软件架构文档里描述清楚。

因此，对于特定的软件产品来说，一个软件架构应当包括软件层次、每一层次的职责、层次之间的接口、传输协议和标准以及每一层次上所采用的软件框架，如图 11.22 所示。

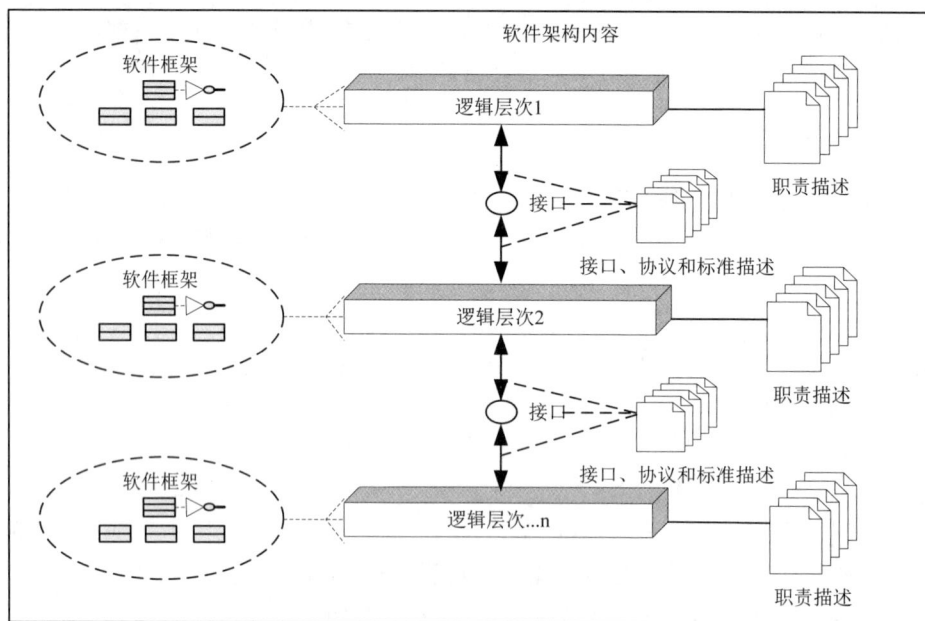

图 11.22 软件架构的内容

在 Rose 中，我们可以使用包图来描述软件架构。如图 11.23 所示，描述了一个由五个层次构成的软件架构。其中 Web 层采用了 Struts 框架，BusinessControl 层和 Entity 层采用了自己开发的框架，而 DBControl 则采用了 Hibernate 框架。

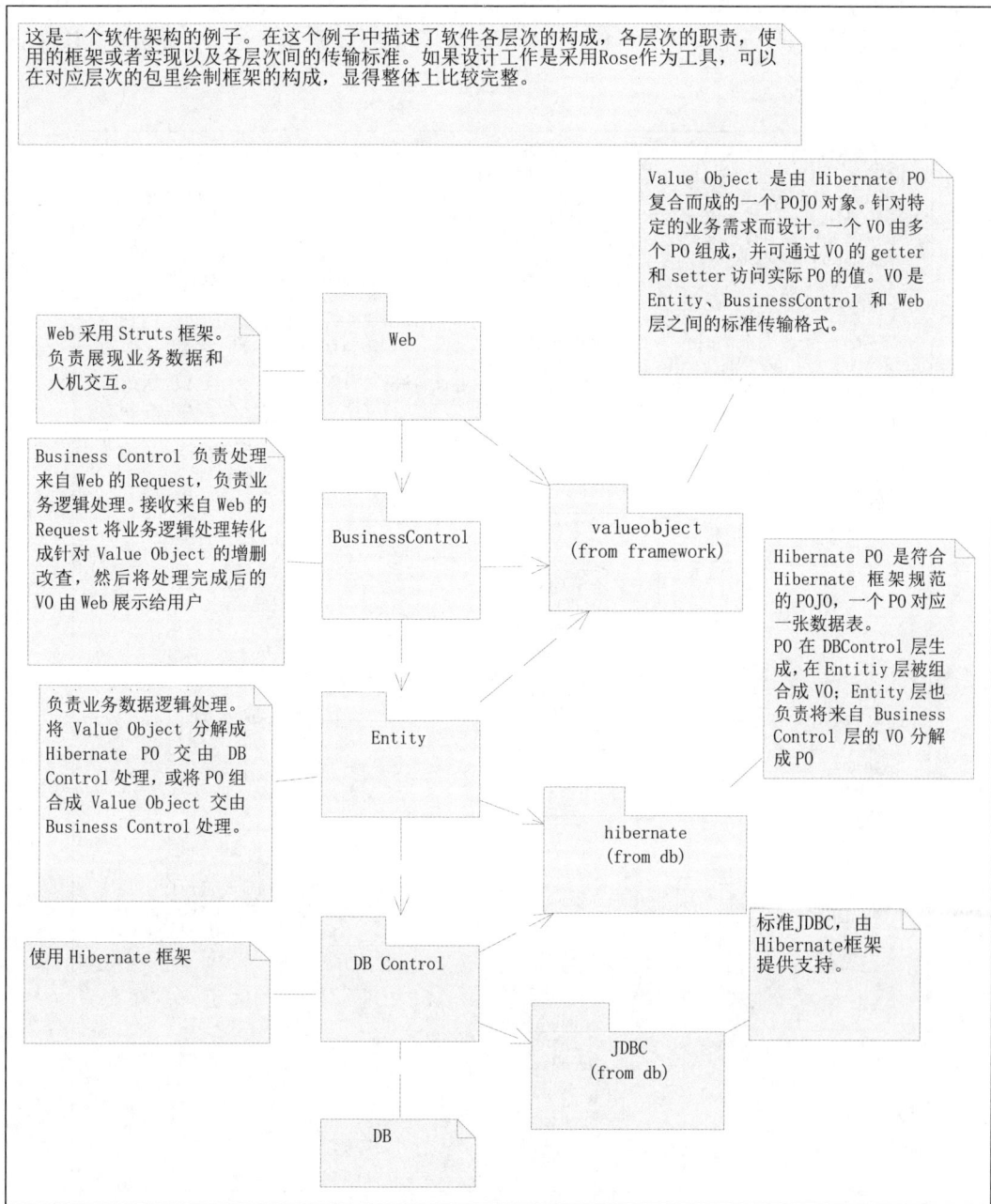

这是一个软件架构的例子。在这个例子中描述了软件各层次的构成，各层次的职责，使用的框架或者实现以及各层次间的传输标准。如果设计工作是采用Rose作为工具，可以在对应层次的包里绘制框架的构成，显得整体上比较完整。

Value Object 是由 Hibernate PO 复合而成的一个 POJO 对象。针对特定的业务需求而设计。一个 VO 由多个 PO 组成，并可通过 VO 的 getter 和 setter 访问实际 PO 的值。VO 是 Entity、BusinessControl 和 Web 层之间的标准传输格式。

Web 采用 Struts 框架。负责展现业务数据和人机交互。

Web

Business Control 负责处理来自 Web 的 Request，负责业务逻辑处理。接收来自 Web 的 Request 将业务逻辑处理转化成针对 Value Object 的增删改查，然后将处理完成后的 VO 由 Web 展示给用户

BusinessControl

valueobject
(from framework)

Hibernate PO 是符合 Hibernate 框架规范的 POJO，一个 PO 对应一张数据表。
PO 在 DBControl 层生成，在 Entitiy 层被组合成 VO；Entity 层也负责将来自 Business Control 层的 VO 分解成 PO

负责业务数据逻辑处理。将 Value Object 分解成 Hibernate PO 交由 DB Control 处理，或将 PO 组合成 Value Object 交由 Business Control 处理。

Entity

hibernate
(from db)

使用 Hibernate 框架

DB Control

标准JDBC，由 Hibernate框架 提供支持。

JDBC
(from db)

DB

图 11.23　用包图描述软件架构

对于使用了标准框架的部分，例如 Web 层和 DB Control 层，可以不必详细描述框架的内容，直接引用标准文档即可，但需要提供编程模型示例。

对于自己开发的框架部分，则需要详细地描述出框架的实现细节，并且提供编程模型示例。

例如，Entity 层是自己开发的框架，则应当在软件架构文档当中将其实现细节列出来。图 11.24 展示了该框架实现的一个局部。作为示例，读者不必深究其细节，这里只是为了说明表达软件框架的方法。

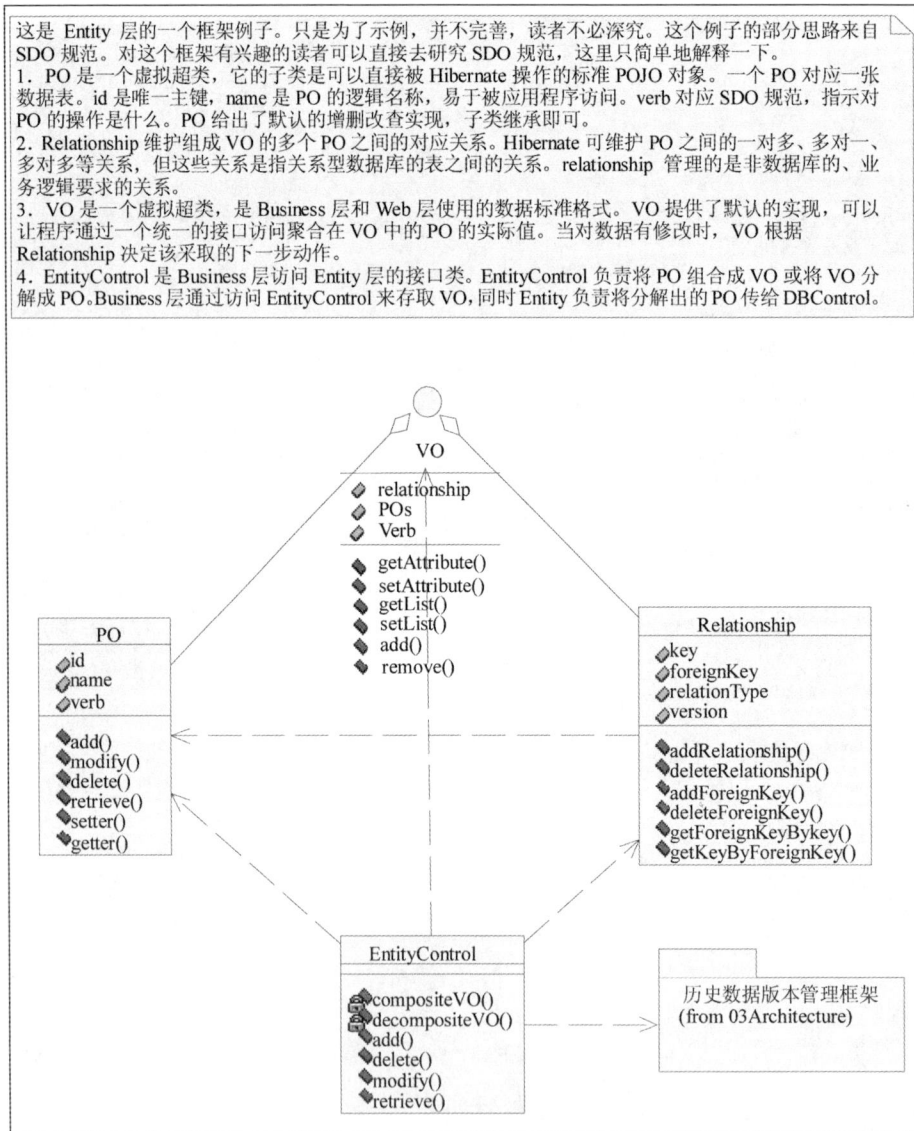

图 11.24　框架实现示意图

这个例子只给出了静态图。为了让开发人员明白这个设计，还应当给出交互图。例如，如果应用程序增加一个 VO，Business 层怎么调用 EntityControl，EntityControl 如何分解 VO，怎么访问 Relationship，怎么处理 PO，怎么访问 DBControl 层等的时序图。也就是这些框架基类如何交互来完成业务要求。图 11.25 展示了这样一个场景：从数据库中查询 A、B 两张表，将它们合并为一个 VO 并传给 BusinessControl 层的交互。

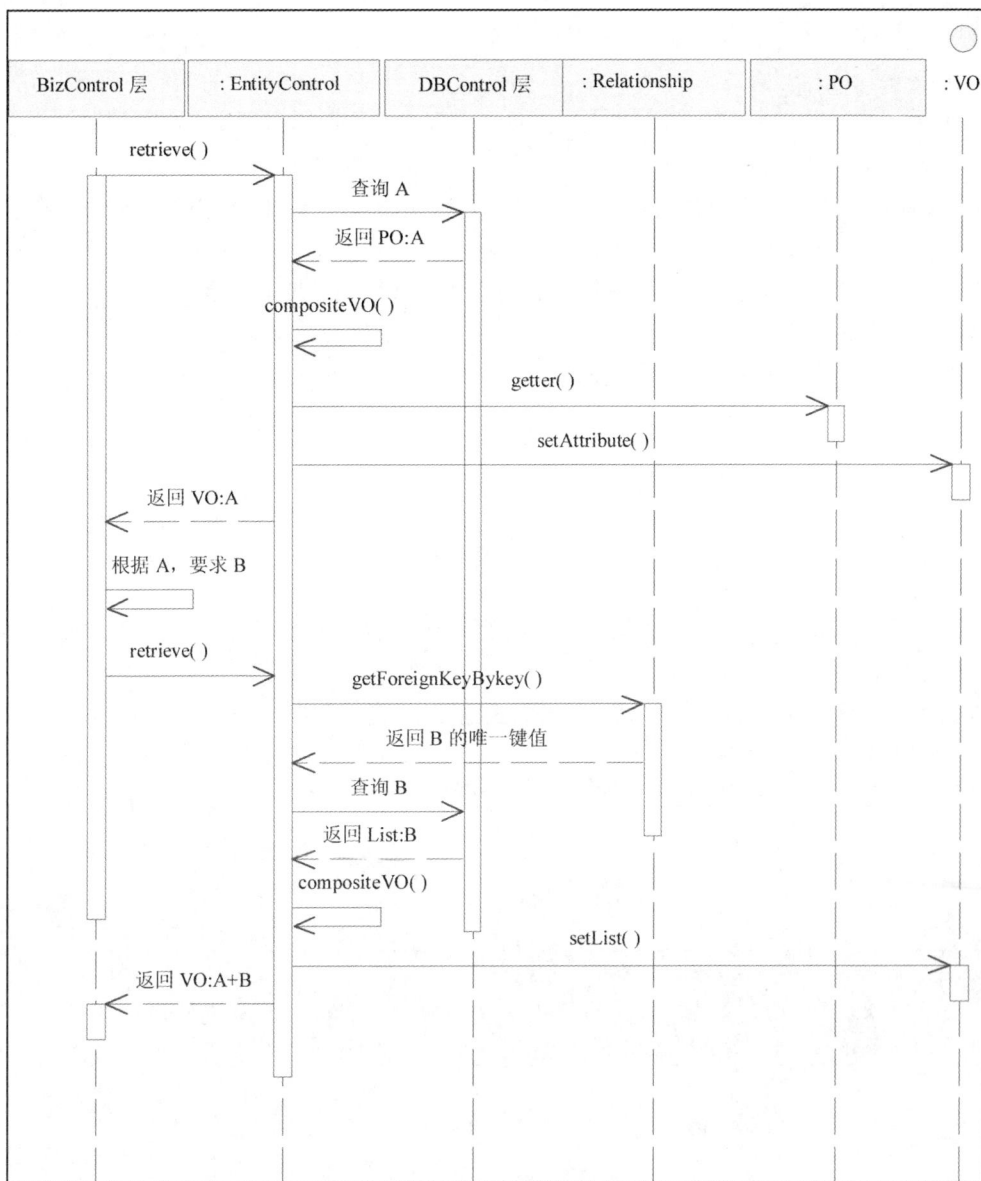

图 11.25　查询数据架构实现示意图

11.4.5　应用软件架构

通过 10.2.3.3 "第三个讨论：业务架构和软件架构" 一节的学习，我们知道，如果说业务架构是拼图单元的话，软件架构就是拼图的方法。所采用的软件架构不同，拼图的方法也不尽相同，但是无论如何，最后的结果都是将业务构件单元拼成了一幅完整的业务拼图。可以说业务架构+软件架构=业务系统。

因此，在项目当中，软件架构被确定下来以后，我们需要做的事情就是将软件架构应用到业务系统当中去。

在 10.1.2.3 建立概念模型一节中我们提到过一个问题，分析模型所建立起来的概念模型只是一个概念性的描述，而不是一个实现！单独的每一步都是一个实现，有操作者，有边界类，有控制类，有实体类，但是在场景中，从第一步到第二步只是一条线而已，一条线不能说明在计算机里第一步是怎么到第二步的，并因此提到了引入软件架构的引入问题。为了验证我们的软件架构是否适合业务需求，可以把概念模型中的用例场景代入软件架构当中去绘制实现图。

如今，通过 11.3 用例实现一节的工作，我们已经有了明确的系统需求。在下一节分析模型里，我们将把 sur_申请登记用例实现的用例场景代入上述的软件架构，看看这个系统需求是如何在软件架构里工作的。

11.4.6　提给读者的问题

提给读者的问题　31

请读者分析曾经做过的一个项目，并回答以下问题：
（1）该系统是否使用了软件架构？
（2）如果使用了，请读者绘制出软件层次架构图。
（3）说明每一层次的职责。
（4）说明层次之间交互的接口定义规范和数据传输的标准。

提给读者的问题　32

以上一个问题同样的项目为例，回答以下问题：
（1）该系统是否使用了软件框架？如果使用了，该软件框架是在哪一个层次应用的？
（2）绘制出该软件框架的实现交互图，例如查询实现、保存实现等。

11.5 分析模型

11.5.1 设计功能零件——让世界初步运转起来

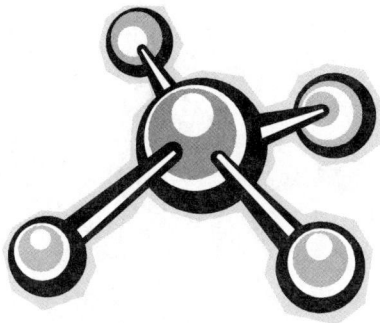

如果说用例实现描绘出了新世界的蓝图，软件架构和框架搭建起了新世界的骨架，那么分析模型的工作就是在骨架当中注入血肉，让这个世界初步运转起来。

分析模型这个词已经在前面的章节里出现过很多次了。在建立领域模型时，我们采用了分析类来建立模型；在建立概念模型时，我们采用了分析类来建立模型；在建立用例实现模型时，我们也采用了分析类来建立模型。但是领域模型、概念模型和用例实现模型是属于不同项目阶段的，那么分析模型到底该在哪个阶段使用呢？

实际上，与其说分析模型是应用在项目当中的哪一个阶段，不如说它是项目当中分析阶段所使用的工具。即，凡是在项目过程当中，需要对需求进行分析，得到系统视角的理解时，都可以使用分析模型。换句话说，在 RUP 里，软件过程并非是一条直线的瀑布模型，在整个软件生命周期里，是可以有多个分析过程的。

在建立领域模型时，我们使用分析模型来获得针对某一问题领域的系统视角理解；在建立概念模型时，我们使用分析模型来获得针对核心业务的系统视角理解；在建立用例实现模型时，我们使用分析模型来获得针对系统需求的系统视角理解。本节我们将使用分析模型来获得系统需求在软件架构各层次上的系统视角理解。

建立分析模型的过程，就是采用分析类，一步步地将系统需求这个蓝图在软件架构和框架构成的骨架当中注入血肉的过程。读者将会看到，这个过程是有章可循的、简单的、可规律化的，并且很容易掌握，是一个自然而然的推导过程。

分析模型建立完成，我们就得到一个非常接近于设计类的模型，距离编码所使用的实现类仅一步之遥，可以真正进入系统设计阶段了。

11.5.2 现在行动：建立分析模型

在建立用例实现模型时，我们得到了如图 11.26 所示的申请登记用例的实现类图。

要将这些分析类与软件架构结合起来，首先要确定这些类在软件架构的哪个层次当中。图 11.23 展示了 WEB、BusinessControl、Entity、DBControl 和 DB 五个软件层次，现在我们逐个分析这些分析类所在的层次，以及当软件架构引入以后分析模型的变化情况。

- bun_批量登记边界和 bun_申请登记边界无疑应当位于 WEB 层。
- con_申请登记控制用于处理业务逻辑，它应当属于 BusinessControl 层。

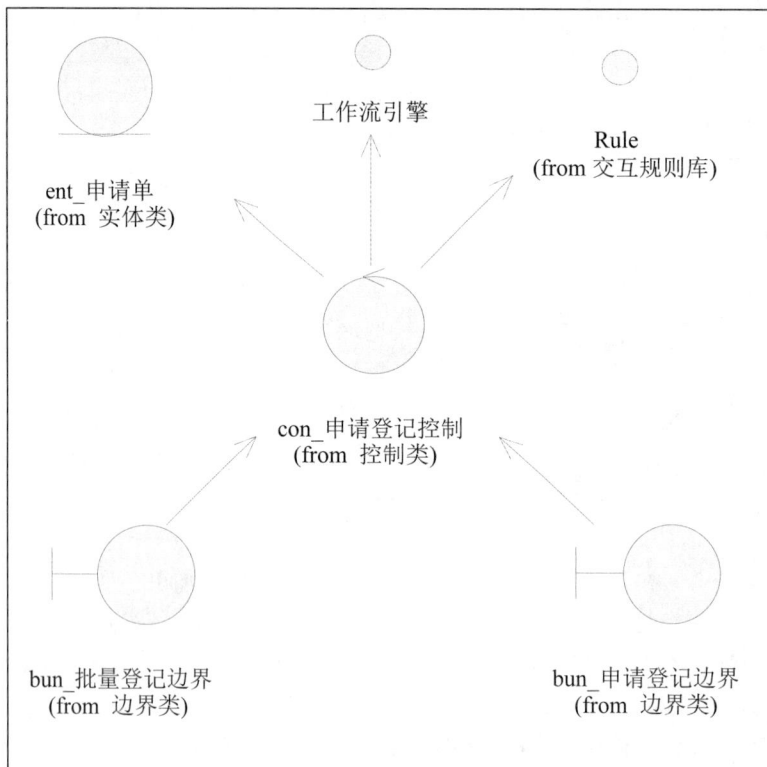

图 11.26　申请登记分析类图

- 工作流引擎是软件架构的一个组成部分，与工作流引擎交流的类是 con_申请登记控制，因此，工作流引擎接口也应位于 BusinessControl 层（在这里我们可以完全忽略工作流引擎如何实现，只需要表达出接口即可，这也是面向对象的优点所在，在分析时可以忽略实现，因而大大降低分析难度和工作量）。

- Rule 接口是业务规则框架的接口。同样它也是与 con_申请登记控制交互的，它也位于 BusinessControl 层。

- ent_申请单就有些特殊了。从图 11.23 所示的软件架构当中，数据在不同的层次有不同的表现形式。在 WEB 和 BusinessControl 层，数据是以 VO（Value Object）的形式存在的；在 Entity 层当中，VO 被转换成 PO。ent_申请单到底是 VO 还是 PO 呢？实际上，软件框架的引入导致 ent_申请单实体类被转换成两种形式，一种形式是用来展现数据用的 VO 形式，另一种是用于持久化的 PO 形式。两种都是 ent_申请单的实例，位于不同的软件层次，被不同的层次使用，并经由 Entity 层进行转换。

将分析类在各个层次的情况分析清楚以后，根据图 11.15 所示的用例实现原图，我们需要再次绘制出用例实现的场景图。现在，由于已经有了软件架构，我们就需要在每一个层次上在软件框架

的规范内来实现用例场景。

先来看看 WEB 层实现。由于 WEB 层采用了 Struts 框架,因此 bun_申请登记边界应当遵循 Struts 框架的规范。我们知道,Struts 是一个 MVC 模式的实现,由 Page、Action 和 ActionForm 三个单元构成。bun_申请登记边界在 Struts 框架内的实现如图 11.27 所示。

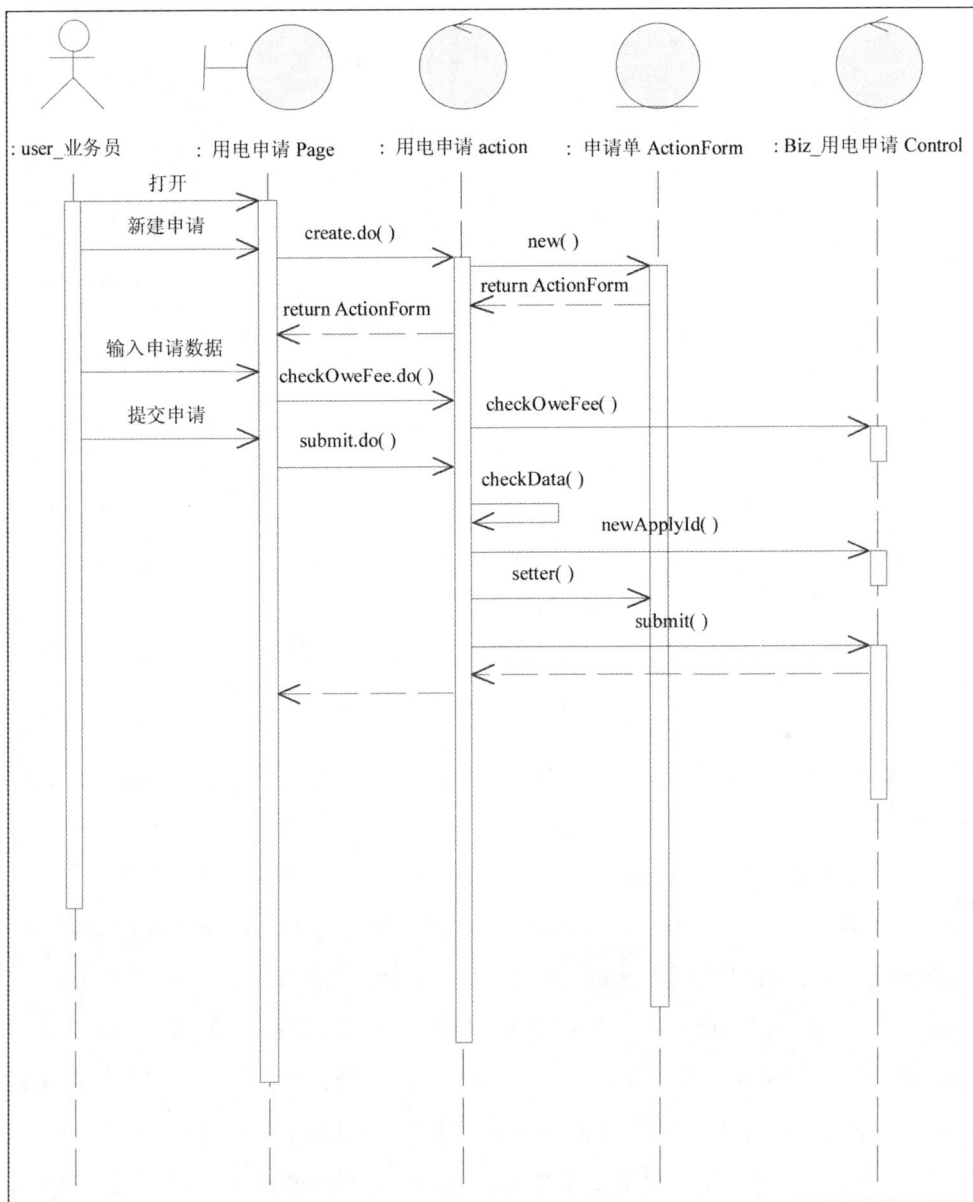

图 11.27　申请登记 WEB 层分析模型实现

可以看到，在 Struts 框架下，原来的 bun_申请登记边界被实现成如图 11.28 所示的结构。

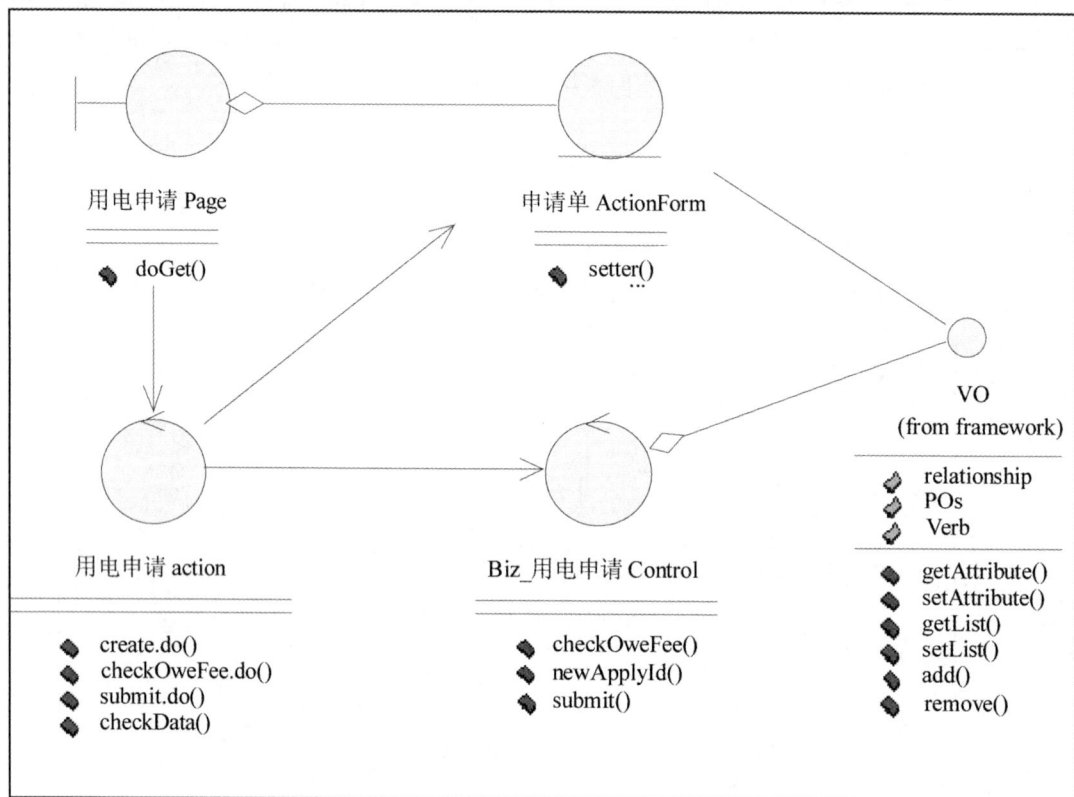

图 11.28　申请登记 WEB 层分析类图

图 11.28 仅仅是申请登记用例在 WEB 层的实现，接下来，我们要在 BusinessControl 层实现它。在图 11.27 中我们可以看到，申请登记用例向 BusinessControl 层的 Biz_申请登记 Control 类发出了三条消息。这三条消息在 BusinessControl 层的实现结果如图 11.29 所示。

相应的，在 BusinessControl 层上，申请登记用例被实现为如图 11.30 所示的结构。

同样的道理，在 Entity 层应用相应的框架绘制出申请登记的实现，如图 11.31 所示。

相应的，在 BusinessControl 层上，申请登记用例被实现为如图 11.32 所示。

如是，将申请登记用例场景在软件架构的各个层次上全部实现后，申请登记用例的分析模型也就建立完毕了。这时我们就彻底完成了从需求到系统的转换。最后，我们可以得出如图 11.33 所示的结果，这个结果展示了申请登记用例在软件架构下由哪些类来实现。

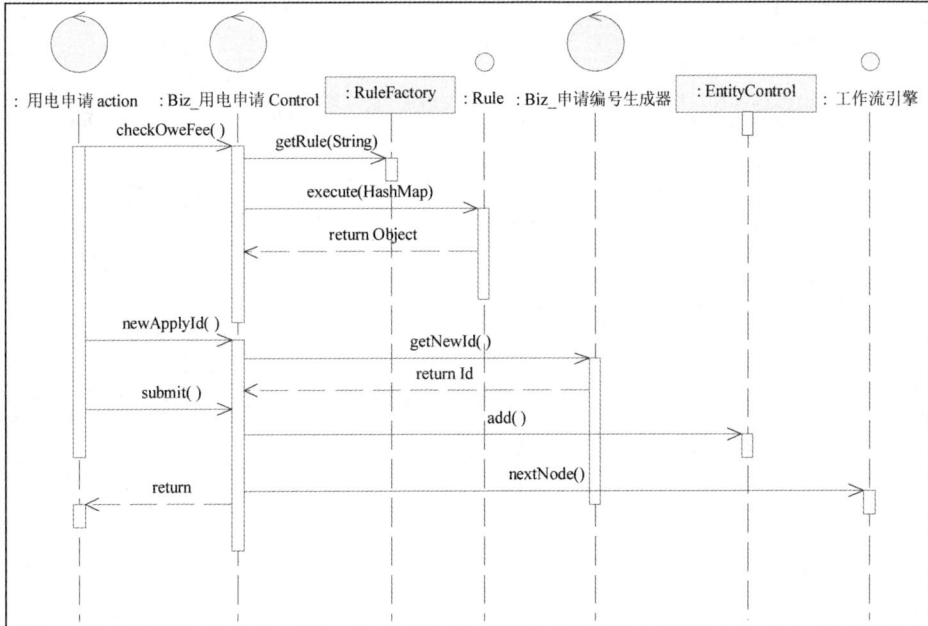

图 11.29　申请登记 BusinessControl 层实现

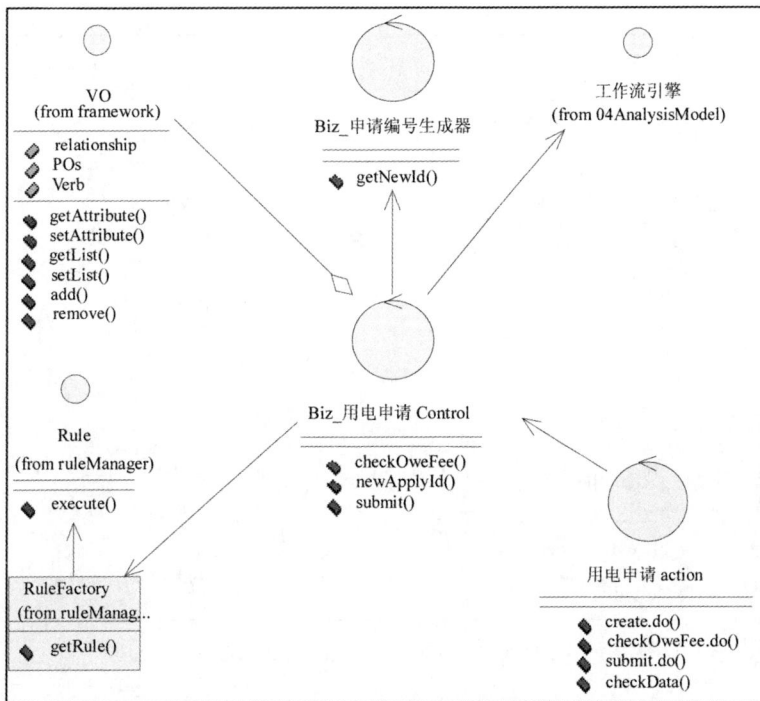

图 11.30　申请登记 BusinessControl 层分析类图

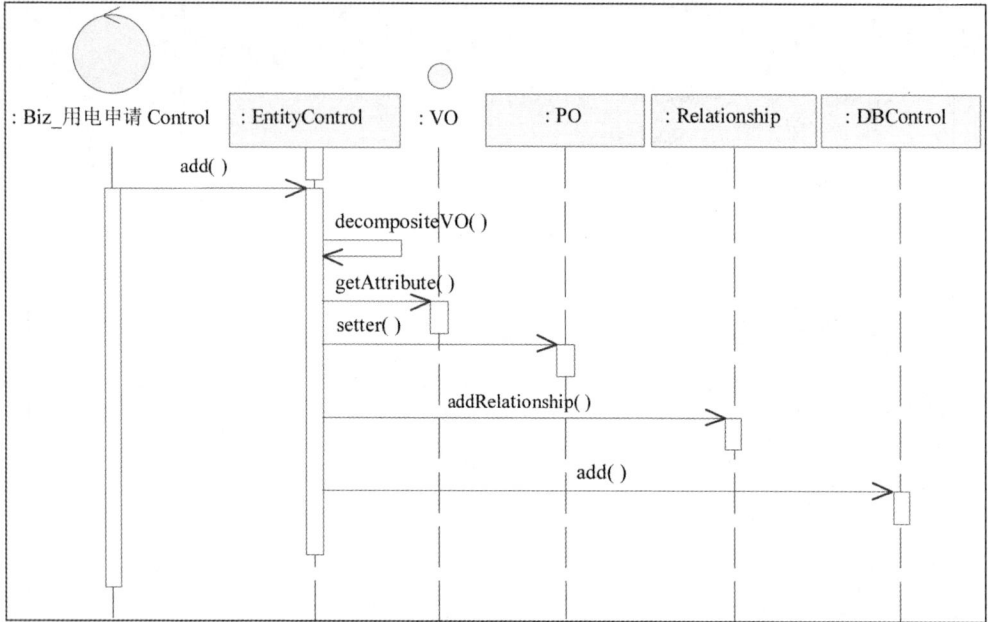

图 11.31　申请登记 Entity 层实现

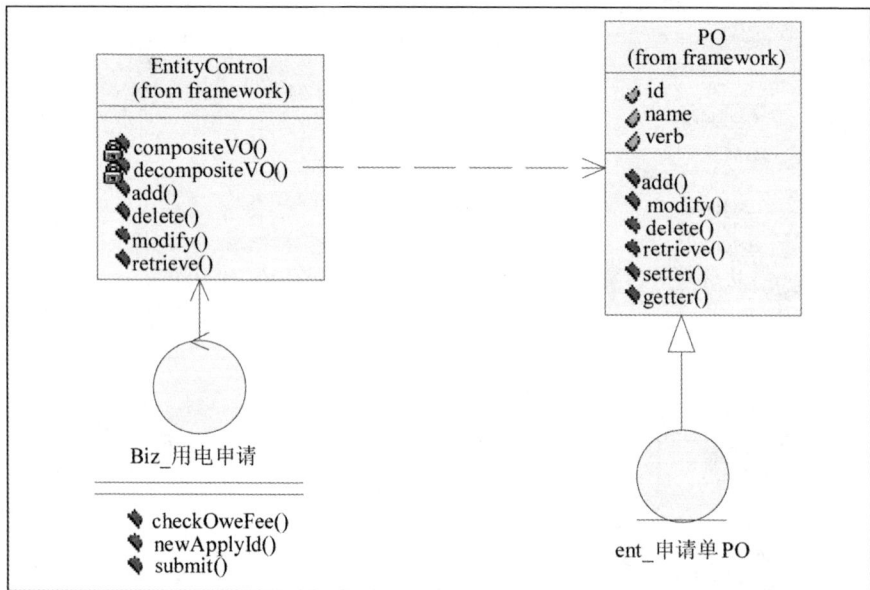

图 11.32　申请登记 Entity 层分析类图

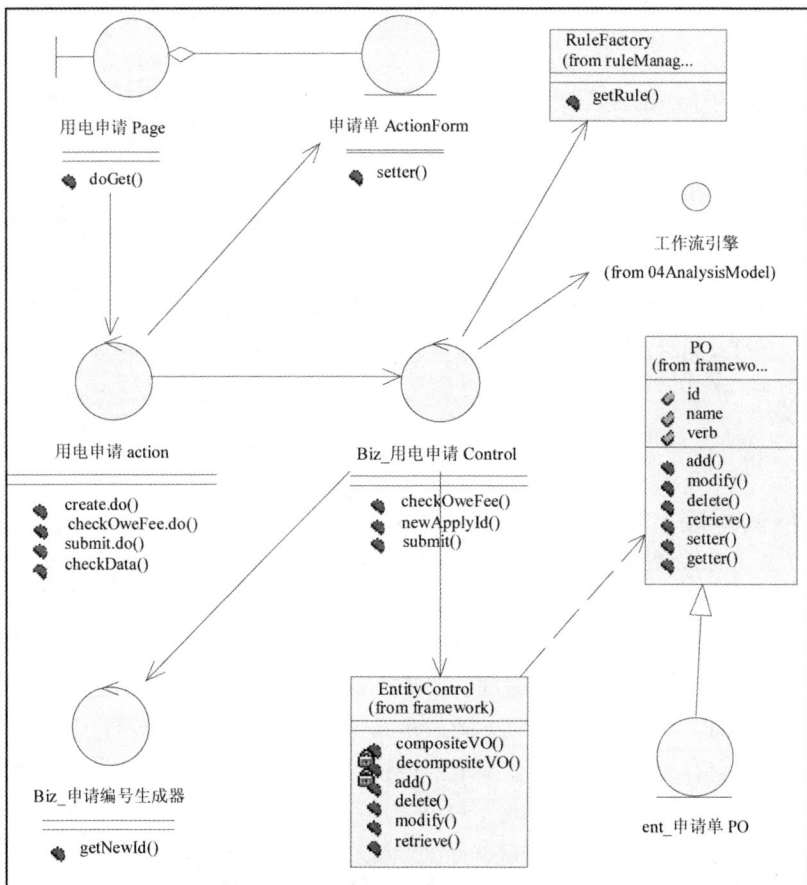

图 11.33　申请登记用例最终分析模型

　　如果认真回顾一下这些分析类是如何确定的，就会发现，它们并不是凭空凭经验蹦出来的，而是有着明确的推导过程的：

- 我们通过用例确定了系统需求。
- 我们通过用例实现，得到了系统需求的计算机视角理解。
- 我们规定了软件架构，确定了软件层次。
- 我们在每一个软件层次上决定了适用的软件框架。
- 我们分析了用例实现在每个软件层次上是如何动作的。
- 我们根据每个软件层次上所使用的软件框架并使用分析类来实现用例。
- 综合各个软件层次得到的分析类，形成分析模型。
- 最后，得到实现了系统需求最基本的类和类方法。

　　在整个分析模型建立过程当中，读者应该能够发现这个过程相对来说是很程式化的。将用例场景往软件架构里一套，就能得到分析模型，而这些分析类距离真正的设计类已经非常接近，方法有了，属性有了，实现需求的交互图也有了。如果偷点懒，将得到的分析类直接一一对应地转换为设计类，就可以交付开发了。

虽然没怎么动脑子，按部就班地我们就得到了一个分析模型。但是为什么要建立这个分析模型呢？既然没有动脑子，还花费了许多时间去做，它的意义在哪里？

我们都知道在传统的系统设计方法里有概要设计和详细设计的区分，分析模型的地位和作用就与概要设计相当。在这些分析模型里，我们既没有细致到每一个类属性和类方法，也没有粗略到忽视实现需求的必要方法，分析模型对我们来说是一个恰好实现了需求的最小集合。

换句话说，我们建立分析模型时，可以不考虑太多的细节而专心的实现需求，这将为我们节省工作量和降低复杂度。同时，得到的结果是恰好保证了需求实现的最小类集合，也就是说在将来的编码过程中，只要不丢失目前的信息，就可以保证基本需求。这难道不是最经济的一种做法吗？

11.5.3　进一步讨论

11.5.3.1　第一个讨论：值得花精力做分析模型吗

对习惯了从需求直接转到设计类的朋友来说，分析模型实在显得有点多余。对于有经验的设计人员来说，分析模型更是不值得一做，机械并且没有挑战。

不过，请先放下技术迷恋和经验至上吧。越简单的事越容易做好，越不容易出错，这是个很简单的道理。软件也一样，虽然凭经验的确可以直接从系统需求到设计类，但是经验有一个最大的缺陷——不能重复和验证。不能重复和验证的意思是经验无法传播，在一个项目组里，个人经验不能传达给每一个人。一个有经验的人可以做到很好地将需求映射到实现，但在大的项目里，这个有经验的人只能保证某个部分的质量，因为他不可能完成所有的设计。

如何将经验发挥到最大作用呢？关键就是把经验转换为一种简单的、每个人都很容易掌握的、有章可循的方法。这样，项目组成员就可以根据这个方法来完成整个项目的设计工作。换句话说，经验在整个项目当中得以发挥作用。

一种有效的方法就是用分析模型。有经验的设计师可以凭借丰富的经验设计出有效的软件架构和软件框架，将经验注入到软件架构和框架里去，然后将如何使用架构和框架的方法传达给其他设计人员，采用分析模型来将需求转化为设计。由于分析模型仅有三种类，掌握起来会容易得多，进展也就快得多，还能够保证整个系统设计风格的统一。

我们都知道维护设计和需求的一致是一件很繁重的工作，而维护分析模型比维护设计模型要容易得多。一方面分析模型是一个恰好实现了需求的最小集合，是最经济的做法；另一方面，分析模型由于抽象层次比设计模型要高，相应的也要稳定得多。

因此，不论从作用、工作量、维护量、有效性各方面来讲，都值得花精力去做分析模型。事实上，在实践当中，如果开发人员比较有经验，我们甚至可以省略掉详细设计，仅维护分析模型。因为对于实现细节而言，满足需求才是最重要的。分析模型由需求+架构+框架推导而来，我们不必怀疑它是否满足需求、是否适用架构和框架。对于有经验的开发人员来说，知道了实现需求必不可少的那些类和方法，知道了这些类如何结合在架构和框架当中就已经足够了，如果再有一份详细的编

程规范，我们就足以相信开发人员能够写出满足需求和架构的程序来。

如果开发人员缺少经验，我们也可以在项目开发的早期做一部分详细设计的工作来指导开发人员完成编码。在项目中后期，当开发人员积累了一定经验以后，我们就可以只维护分析模型了，开发人员根据前面所累积的知识就足以开发出符合设计预期的程序。

在很多项目里，维护设计文档和需求的一致性都是一项繁重的工作。有人曾经问过作者如何能够减少维护文档的工作量，我想，采用分析模型而不是设计模型来保持设计文档与需求的统一，不失为一个好办法。

11.5.3.2 第二个讨论：优化分析模型

不可否认，我们得到的分析模型是粗放的，仅仅是对需求的一个最基本实现。很多时候我们需要对这种实现进行优化，以满足一些灵活性、扩展性方面的要求。

根据实际情况不同，我们可能要对获得的基本分析模型进行一些优化。优化分析模型的目的，是为了使之具有更合理的结构，更有扩展能力和适应能力，能更清楚地表达逻辑。

那么什么样的结构是好的呢？从面向对象的角度来说，封装度高，耦合度低，接口（边界）清楚等都是好结构的象征，归纳起来，也就是高内聚，低耦合。然而这些都只是原则，没办法用一个标尺来衡量结构的优劣。就像经典的 23 个设计模式都有各自的优点与缺陷一样，好的设计也不一定就能达到好的效果。只有最适合的，没有最好的。

例如，如果对一个模块来说，运行效率是最重要的，那么一个从面向对象的角度来说非常好的设计就有可能变成一个坏的设计。因为一个好的面向对象设计总是以类职责明确、接口清晰为标准的，为了达到这个目的，可能会应用设计模式。而这些好处的代价是类数目的增加，因为我们将职责分散和封装到多个类里。在一个以运行效率优先的程序里，类数目的增加不可避免地会增加系统开销，因为不可避免地要实例化更多的类，每一次的实例化都是有开销的。这时，好的设计也就变成了坏的设计。在这种情况下，我们甚至可以放弃面向对象的好处，采用高效的算法，逻辑紧凑的设计，哪怕是完全不面向对象的，也是好的设计。

虽说怎样才算一个好的设计没有一定的衡量标准，但怎样优化分析模型还是有一些经验规律可参考的。一般来说，优化分析模型应当关注这样几个关键点：

- **容易变化的需求**

容易变化的需求需要给予关注。如果一个需求在调研时就发现它很不稳定，要么客户说不清楚，要么客户承认他们还在调整，或者客户的各个单位之间并不统一，这时就应当考虑优化分析模型，让其带有一定的可扩展能力。例如采用一些设计模式来避免硬编码业务逻辑。

- **结构化和耦合度调整**

不好的结构是网状结构，对象之间互相依赖。这样的结构耦合度高，扩展能力和适应性就差，改动程序时经常牵一发而动全身。好的结构是树状结构，对象之间的依赖是单向的，不交叉的。如果发现得到的分析模型具有不好的结构，则应当优化之。

- **交互集中点调整**

若某一个对象的交互非常多，它依赖或关联到很多类，这个对象就是问题多发地带了！也就是通常所说的关键链、瓶颈等，应当考虑优化它。优化的方法一般有重新规划职责、增加冗余对象、增加中间调合对象等方法。

重新规划职责是指将一个类承担的过多职责分摊到几个新的类中以降低类的复杂程度。例如，一个类负责了三组业务逻辑计算，为了降低复杂程度，我们可以将其分解为三个类，每个类只负责一组业务逻辑计算。

增加冗余是指将一个类与其他类之间过多的交互分摊到几个新的类中以减少每个类的交互数量。例如，一个类与 10 个类进行交互，为了减少交互数量，我们可以将该类分解成两个类，每个类负责与 5 个类进行交互。这两个类可能会有一些逻辑代码重叠，这就是为什么叫增加冗余的原因。

增加中间调合对象是指在一群交互很多或相互依赖复杂的类之间增加一个中间对象，由中间对象来调节它们之间的交互以降低复杂程度。例如，一个类与其他 10 个类相互交互，我们增加两个中间对象，该类与两个中间对象交互，而每个中间对象与其他各 5 个对象交互而达到优化目的。

关于分析模型优化和调整问题，在作者的博客里有详细的例子，读者可前往查看。

11.5.4 提给读者的问题

提给读者的问题 33

请读者从曾经做过的一个项目出发，从中选取一个系统用例。根据 11.4 软件架构和框架一节中确定的软件架构和框架，做以下练习：

（1）分析该系统用例如何应用到软件架构的各个层次上。

（2）根据各层次上的软件框架，用分析类绘制出该系统用例在各软件层次上的实现过程。

（3）提取出获得的分析类，绘制出实现该系统用例的必要分析类图。

提给读者的问题 34

根据上面一个问题获得的分析类图以及第二个讨论中提到的分析模型优化关键点，做以下练习：

（1）获得的分析类图是否符合分析关键点当中的某一点？如果符合，是否需要对它进行优化？

（2）尝试优化该分析类图，可以采用重新规划职责、增加冗余对象、增加中间调合对象方法中的一种或多种。

11.6 组件模型

11.6.1 设计功能部件——构建世界的基础设施

经过分析模型的建立，新世界开始初步运转起来。有时候，我们需要把一些东西组合起来做一些特定的事情，让世界运行得更好。就像现实世界中，我们总需要建立一些公共设施，例如供电设

施、交通设施、娱乐设施等。这些设施可以让世界运行得更好，管理起来更方便。

在软件世界里也一样，有时候我们需要把一些类组合成一个整体，让它们共同来完成一个或一组特定的功能。通过这组合，我们把分散的功能聚合成一个有机的功能体，可以让软件在结构上更加清晰。这种用来组合类的 UML 元素我们称为组件，为组件建模使用的模型就是组件模型。

组件是用来容纳分析类或设计类的。从这个角度说，可以把组件理解为一种特殊的"包"，只不过普通的类包只是将类组织在一起存放，是一种物理结构。而组件不是一种物理结构，它逻辑地引用、使用某些类，这些类组织起来的目的不是为了存放，而是为了完成一组特定的功能。

组件可以容纳分析类或者设计类。作者的建议是在分析模型层次上建立组件模型而不是在设计层次上建立组件模型。之所以这样建议的原因在涉及分析模型的各章节中已经讲过很多，无非是因为分析模型比起设计模型来说维护更容易、更稳定。

建立组件的目的是为了将一些类组织在一起完成一组特定的功能，但是一个软件里充斥着各种各样的功能，我们怎么知道哪些要建立组件哪些不要呢？

我们先来复习一下 5.9.1 何时使用组件模型一节中所讲的内容。

在这样一些情况下，可以选择建立组件模型：

- 如果你所实施的项目是一个分布式系统，那么在各节点上部署的应用程序通常应当建立组件模型。
- 如果你所实施的项目需要向第三方提供支持服务，通常应当为该服务建立组件模型。
- 如果你所实施的项目需要将某部分业务功能单独抽取出来形成一个可复用的单元，在许多系统或子系统中使用时，可以建立组件模型。
- 如果你所实施的项目需要与其他现存系统或第三方系统集成，集成的接口部分应当建立组件模型。
- 如果你所实施的项目采用了构件化的软件架构，例如 SOA，则应当建立组件模型。

所以组件并非来自系统需求，而是来自运行环境实现要求。而一旦决定建立组件模型，以下几点就是必须考虑的问题：

- 这些组件将成为可复用的单位。
- 每个组件都完成了一个或一组特定的功能。
- 这些组件将成为可独立部署的单位。
- 每个组件将要遵循架构规范。

11.6.2 现在行动：建立组件模型

组件是一种特殊的包，它用来组织已有的类。所以前提条件是我们已经有了能够实现需求的类。

软件架构是组件的设计规范，是组件的安装平台，是组件的运行环境，也是组件的管理环境。因此建立组件模型前我们应当已经有了软件架构。

现在，上述的两个条件都满足了。第三个条件，我们是否有来自运行环境的实现要求我们建立组件呢？还是以申请登记用例为例，假设这样一种情景：普通情况下，申请登记都是业务员通过申请登记界面，录入申请单来完成的，这种申请模式运行于企业内网，这是传统的业务模式。

接下来我们假设随着业务的扩展，供电企业将允许用电客户自助申请，用电客户在线填写完申请单后提交，再经业务员审核通过后完成申请过程。这种自助申请模式的自助申请部分运行在广域网上，申请单并不需要业务员的录入。这种情况下，我们看到业务模型发生了改变。

我们再假设客户可以拨打呼叫中心，由客服代为提出用电申请，经过业务员审核通过后完成申请过程。这种情况下，不但业务模式发生了改变，我们还发现呼叫中心是独立于供电企业管理系统之外的另一个子系统。

在上面的两种假设情形下，出现了这样一种情况：申请登记这一业务功能可以在本系统内（用电客户服务系统）调用，可以在被另一个系统（客户自助服务系统）调用，也可以被另一个子系统（呼叫中心）子系统调用。图11.34展示了所述的应用环境。

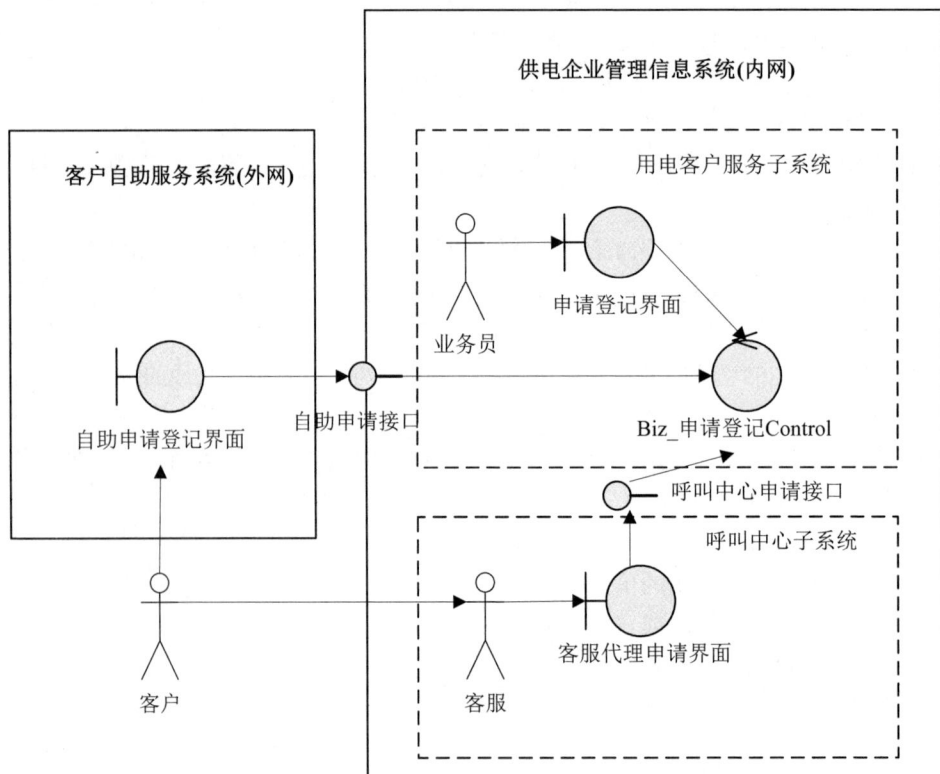

图11.34　申请登记业务运行环境

图 11.34 所示的情况符合以下两条建立组件模型的条件：

■ 如果你所实施的项目需要将某部分业务功能单独抽取出来形成一个可复用的单元，在许多系统或子系统中使用时，可以建立组件模型。

■ 如果你所实施的项目需要与其他现存系统或第三方系统集成，集成的接口部分应当建立组件模型。

针对图 11.34 所示的情形，一种可能的解决方案为：Biz_申请登记 Control 这个业务功能被多方使用。尤其是客户自助服务系统与供电企业管理信息系统是两个异构的系统。从业务上讲，这些调用都是要完成申请登记的业务功能，但是由于这些调用来自不同的系统和子系统，其调用方式、消息结构和内容就会有差异，也因此 Biz_申请登记 Control 类可以派生出特定的子类来专门处理某个系统或子系统的特殊的调用方式和消息。

图 11.35 展示了这种可能的调用情况。

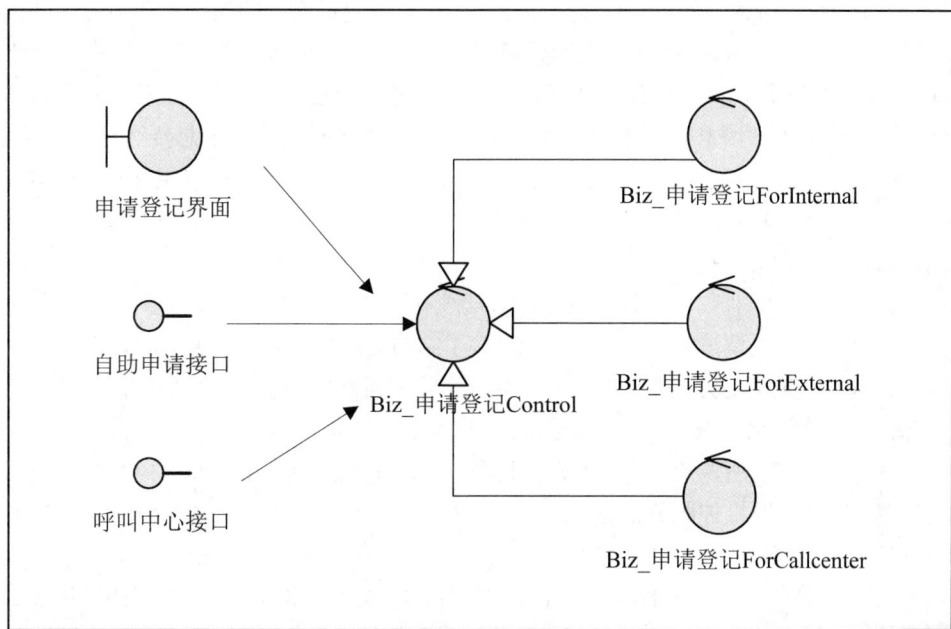

图 11.35　申请登记业务功能分布情况

上面的图对于系统结构来说多少显得有点复杂，需要用到许多的接口和类来表达一个业务功能。而实际上我们既必须要让各方都能够调用到它所需要的业务功能，又不希望向外部暴露过多的内部细节。

这时一种思路就是将图 11.35 所示的这些类和接口"包装"到一起，以一个统一的形式向外提供申请登记的业务功能服务，我们将其命名为申请登记服务。申请登记服务就成为一个为各方调用者提供申请登记服务的组件。对调用者来说，他们不必知道申请登记的内部细节，申请登记服务组件将向外部提供一致的接口，如图 11.36 所示。

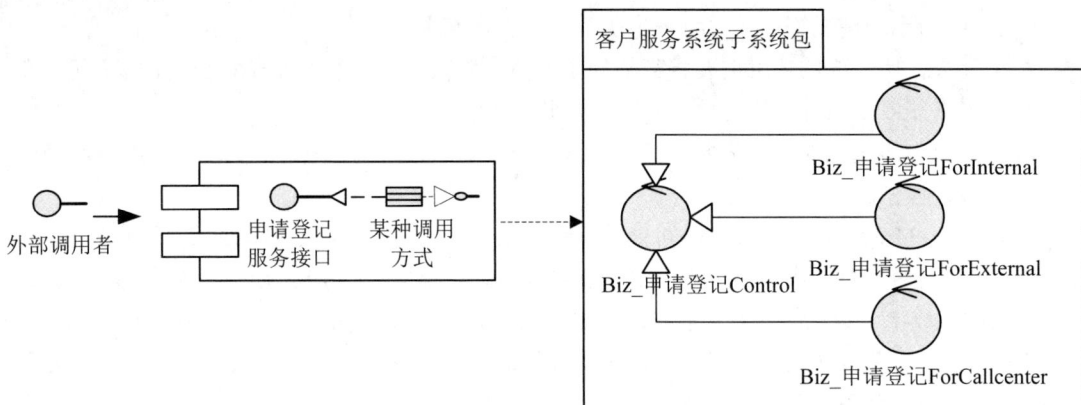

图 11.36   申请登记服务组件工作方式

从图 11.36 中可以看出，使用组件来"包装"实现申请登记服务的这些类，不代表这些类文件在物理上属于申请登记服务组件，而是申请登记服务组件通过接口将这些类提供的服务包装起来向外部暴露，并且在组件内部实现协调这些类来执行服务请求。这些类物理上还属于原来的客户服务子系统包，当接收到外部请求时，组件通过某种方式，比如通过架构将消息传达给这些类来执行。

可见，组件对类的"包装"是一种逻辑包装，而非物理包装。组件表达该组件提供什么服务（有什么业务功能）并向外暴露接口，并且维护调用实现类的方式。在不同的架构里，组件调用类的方式会不同，取决于架构的支持。

有了申请登记服务组件以后，原先的运行环境变化为如图 11.37 所示。

这样看起来，结构上要清晰多了。实际上，除了结构上清晰之外，更重要的是由于组件只维护了服务接口和调用实现类的方式，事实上它是独立于调用者和实现者的。也因此，它可以被独立维护、独立部署、独立调整。这一点，才是我们真正需要组件的原因。

请读者注意，在这里所谈的组件，或许与许多人所理解的不同。传统的解释是将组件视为逻辑代码的包装器，即组件既维护服务信息，又维护实现信息。而这里作者所谈的组件是不维护实现信息的，只维护调用实现的方式。关于这两者的更多区别，请见进一步讨论。

作者的另一个观点是，如果不是采用完全的组件化开发模式和架构，例如采用 SOA，那么完全没有必要试图将系统里什么业务功能都组件化。组件自有其存在的意义和作用，如果没有这样的运行环境和要求，组件也就没有存在的必要。毕竟维护组件模型、实现组件都要带来更多的工作量。而且，组件化开发一般都需要架构的支持，试图自己实现一个支持组件的架构并不容易。应当根据实际情况来判断是否真的需要在系统中建立组件。

上述的例子仅针对申请登记业务功能建立了一个组件。如果在系统分析过程中发现还有更多的业务功能符合建立组件的判别条件，我们也可以建立更多的组件。

现在假设我们采用完全组件化开发模式，并且已经拥有支持组件化的软件架构，我们要把整个客户服务子系统组件化。作为例子，下面将以图 9.11 所示的低压用电申请业务用例场景为例来建立组件模型，读者可回到 9.4.2.1 业务用例场景示例一节查看该业务用例场景。

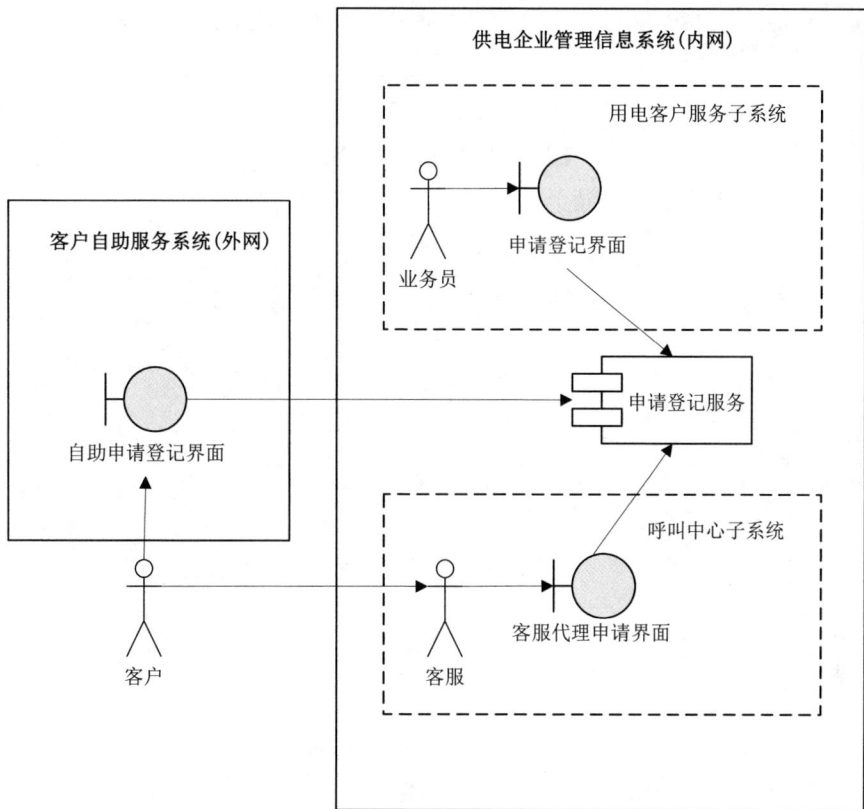

图 11.37　申请登记服务组件运行环境

　　由于是完全组件化开发模式，初步的，低压用电申请业务用例场景中每一个业务步骤都可以定义为一个组件。其结果如图 11.38 所示。

　　图 11.38 展示了低压用电申请业务用例的组件集。这些组件通过工作流组件连接在一起完成低压用电申请业务用例的业务功能。不过，这时我们还没有组件实现的细节。

　　我们已经知道，组件只维护服务接口和调用实现类的方式。例如图 11.36 展示了申请登记组件的接口和实现该组件的实现类。同样的道理，我们应当为图 11.38 中的每一个组件定义它向外暴露的接口以及实现它的那些实现类。我们知道，申请登记组件的接口和实现类是经过确定系统用例、实现系统用例、建立分析模型等一系列步骤以后才得到的，其他组件也同样需要经过这个过程。

　　可见，我们必须经过需求分析、系统分析等一系列步骤以后才能完整定义组件。换句话说，不管是不是采用组件化开发，需求分析和系统分析的方法和步骤都没有改变。我们可以一直到系统分析结束，得到分析模型以后再来决定是否定义组件。从这个意义上来说，与传统的实现方式一样，组件化与否也只是一种实现方式而已。

　　回顾一下 5.9 组件模型一节中的图 5.18 和图 5.19，我们知道组件模型包括组件定义和组件实现两个部分。当定义好组件，并且分析类已经确定后，我们可以用图 11.39 所示的图来表示组件和它的实现类之间的关系。组件定义+组件实现才是一个完整的组件模型。

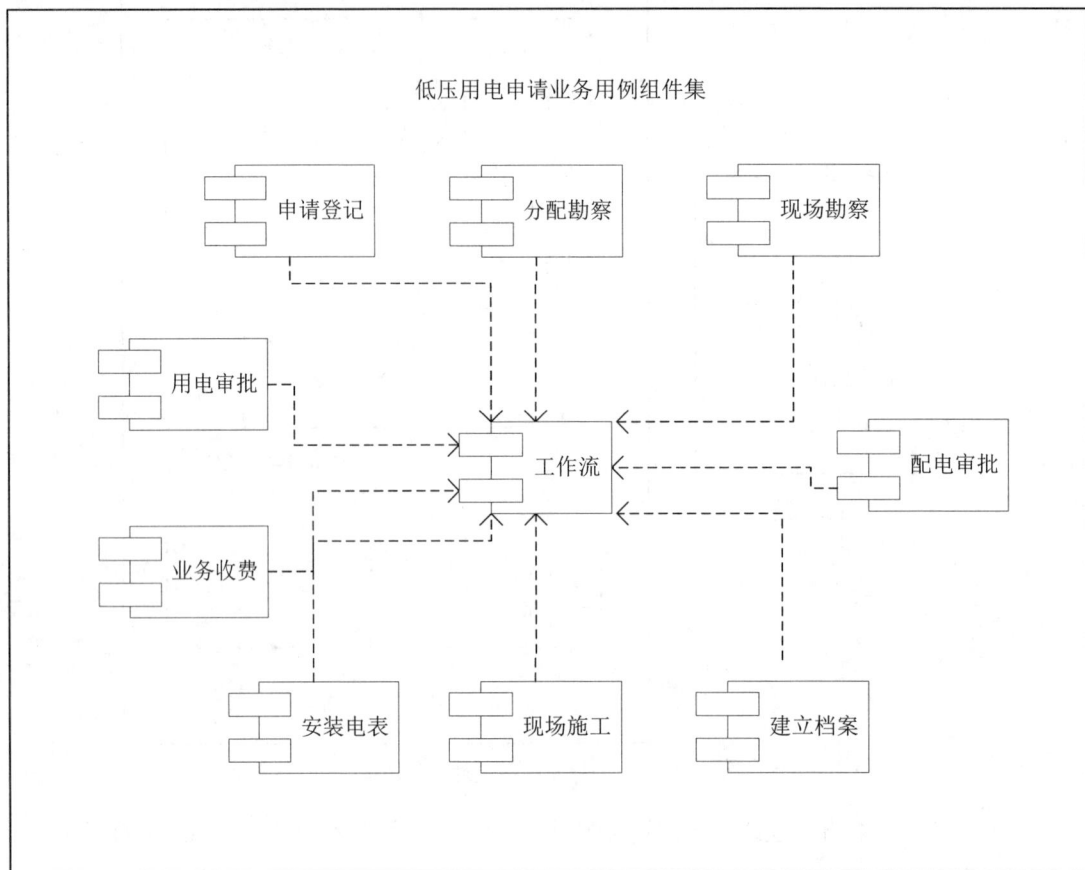

图 11.38　低压用电申请业务用例组件集

图 11.39 是使用 Visio 绘制的。如果使用 Rose 建模，在组件元素上右击可以打开组件的属性页，其中 Realizes 页中列出了当前 Rose 空间内所有的类，如图 11.40 所示。选择一个类，然后右击选择 Assign，就把该类指定为组件的实现类。

最后，在传统意义上，组件也可以当作模块、子系统、类库、程序包、资源包等含义使用，关于这一点，在 5.9.1 何时使用组件模型一节中有过讨论。不过，作者认为在这些场合下使用组件元素来建模不太适合，使用包图会更合适一些。

例如，根据本书例子所使用的软件架构（见图 11.23），将来应用程序可能会形成这样一些可独立部署的程序包：处理 WEB 逻辑的 war 或 ear 程序包，处理业务逻辑的 jar 包，处理业务实体逻辑的 jar 包等。可以使用组件元素来绘制这些逻辑程序包的依赖关系，如图 11.41 所示。

不过，作者不推荐这样使用组件元素，因为图 11.41 完全可以用包图来代替，比如我们把它换成图 11.42，这样显得更合理一些。

客户服务系统子系统包

申请登记

Biz_申请登记forInternal

Biz_申请登记Control

Biz_申请登记ForExternal

Biz_申请登记ForCallcenter

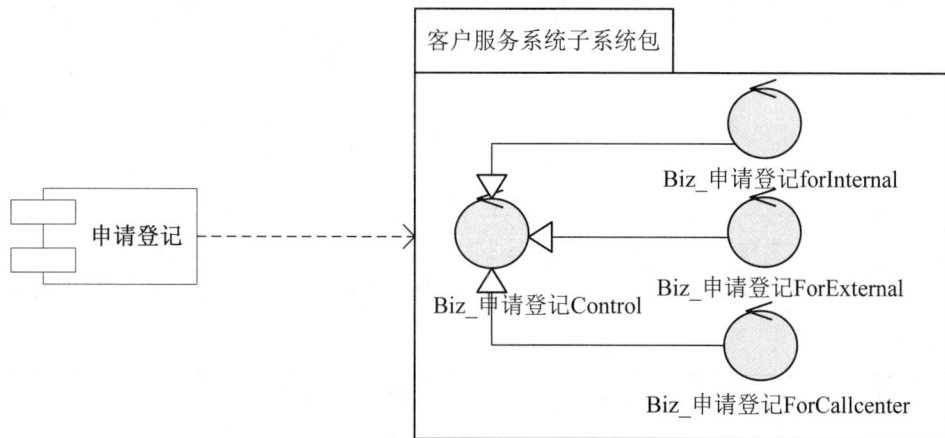

图 11.39　组件实现关系图

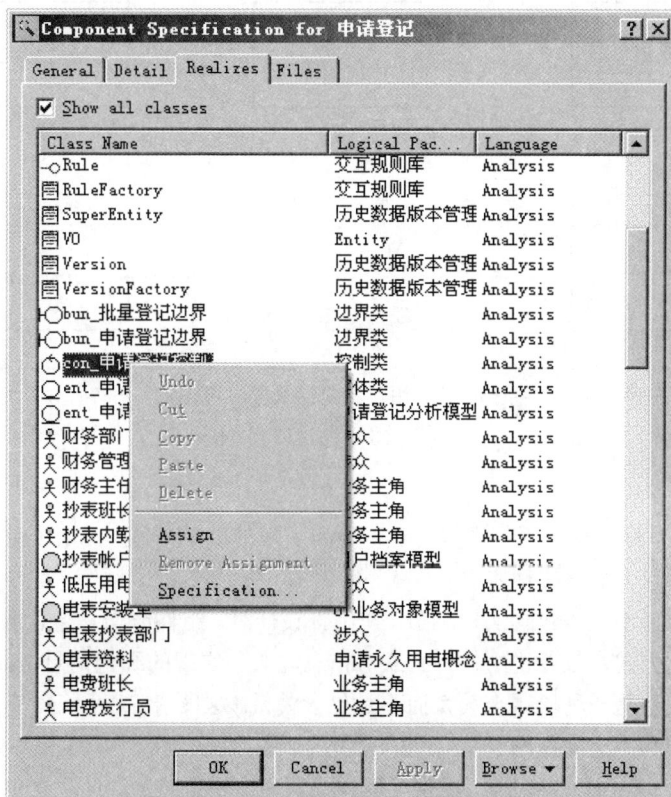

图 11.40　在 Rose 中为组件指定实现类

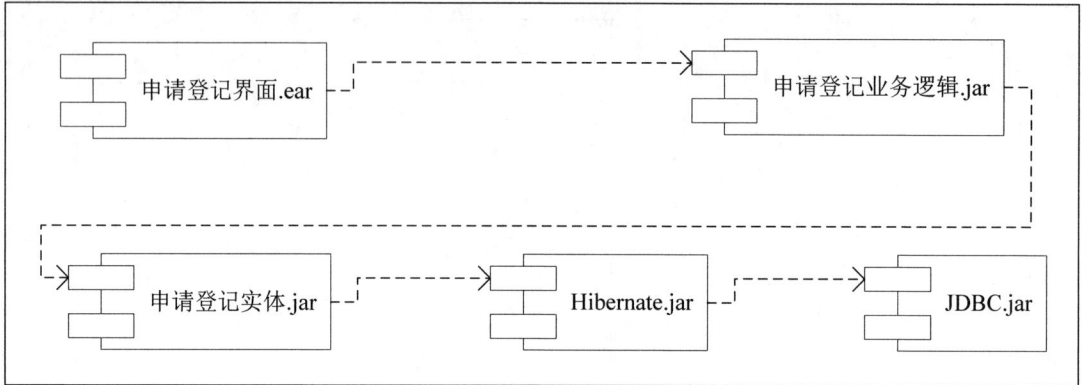

图 11.41　用组件元素绘制程序包图

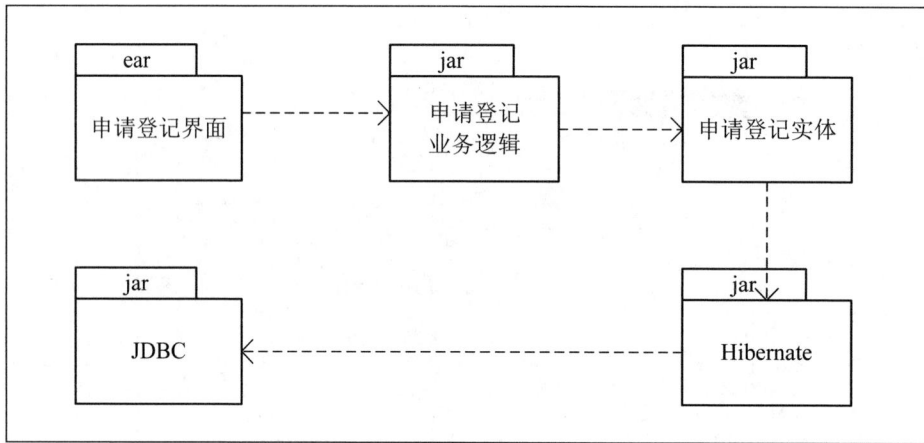

图 11.42　用包元素绘制程序包图

11.6.3　进一步讨论

前面的内容提到，组件里是否应当包含业务逻辑实现的细节问题。即一个组件既包含向外提供服务的接口，同时又包含服务实现本身。

作者的意见是组件不应当包含实现细节。在组件设计时，组件应当只包含服务的接口，同时只维护调用服务的实现方式。或者说组件只有服务信息与服务实现的绑定信息，而不包含实现细节。组件与实现之间的关系是一种松耦合关系而不是包含关系。这种情况下，组件充当了服务调用者与服务实现之间的代理和中介的作用。

只有组件不包含实现细节的时候，组件才能够真正做到下面几点，这几点也是组件的几个常见应用场景。

11.6.3.1　第一个讨论：组件是可复用的单元

组件可复用的能力来自它与实现细节的隔离。在服务形式相同但服务内容不同，或者服务方式

不同但服务内容相同的时候，组件的可复用性就体现出来了。

例如一个 B2C 的商业网站，不论客户是购买哪一种商品，都是通过提交一份定单来购买的。购买的商品不同意味着服务内容不同（不同的商品是由不同的商家提供的）；都是通过提交定单，意味着服务形式相同。这种情况下，我们不可能为每一个商家开发一个商品交易程序。我们可以定义和开发一个购买服务组件，其形式如图 11.43 所示。这是服务形式相同但服务内容不同时组件的表现形式。

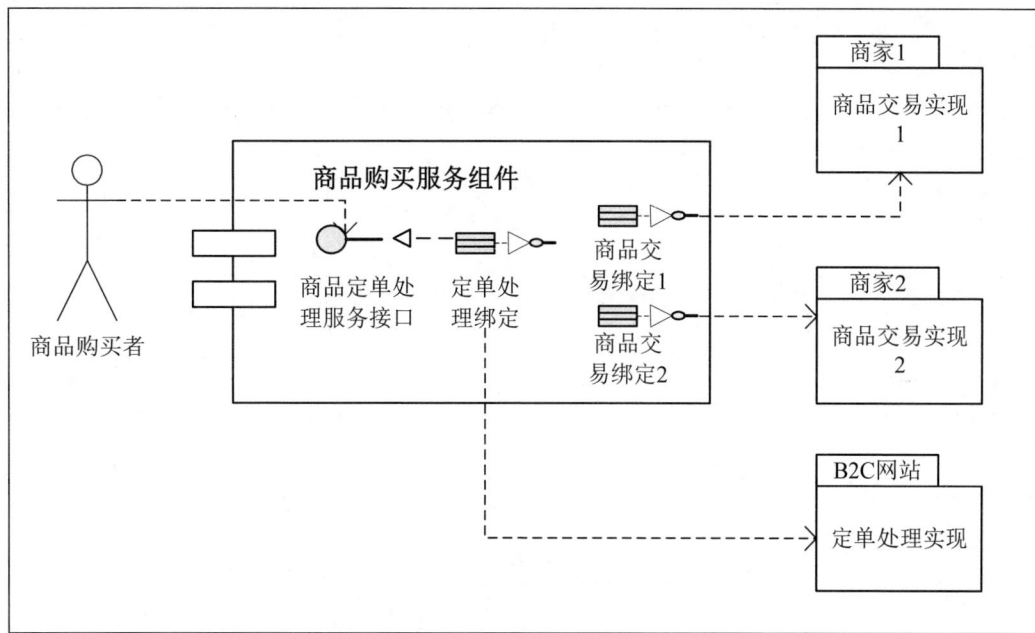

图 11.43　组件复用场景 1——服务形式相同服务内容不同

从中我们可以看到，组件充当了多个商家不同交易模式的中介和代理角色。由于组件只维护了将服务请求绑定到具体实现的方式，因此不论商家如何变化，商品购买者都可以享受到相同的服务形式。也就是说，只要服务形式不变化，组件就可以复用。

再例如，某个商家建立了一个商品销售系统，比如电话卡。为了扩大销售渠道，该商家发展了许多零售合作伙伴。这些合作伙伴都有自己的商品销售网站，他们的销售形式是各不相同的。我们不可能定义一个标准接口让所有合作伙伴遵从我们的接口标准，因为他们没有这项义务。我们也不可能在自己的商品销售系统里为每个合作伙伴开发一套实现程序。

这种情况下，我们可以定义一个商品销售组件，如图 11.44 所示，这是服务形式不同但服务内容相同的情况。

从中我们可以看到，由于组件只维护了服务接口和服务绑定，不论合作伙伴如何变化，销售系统都保持稳定。只要销售内容不发生变化，组件就可以复用。

如果两边都在变化呢？相信读者能够解决这个问题。这将作为本节提给读者的问题供读者思考。

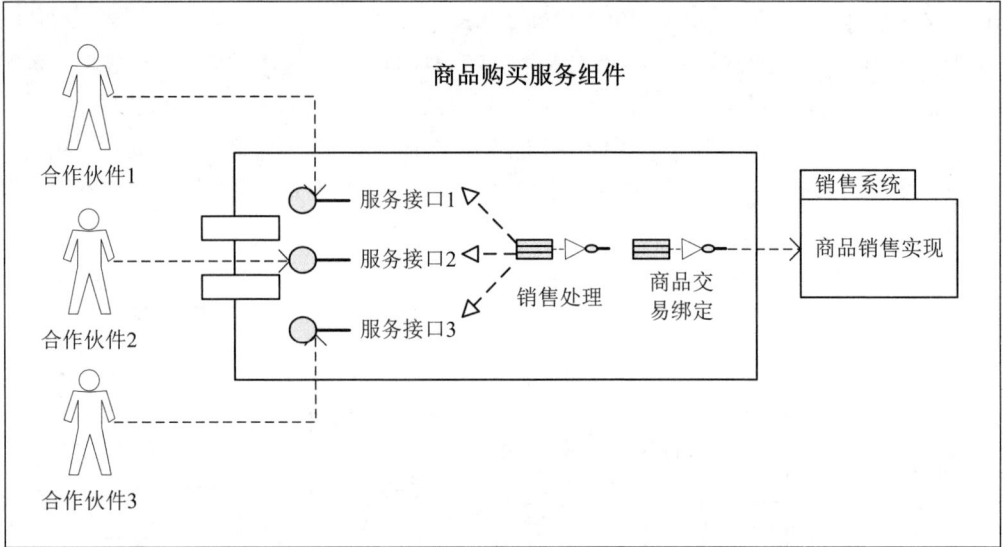

图 11.44　组件复用场景 2——服务形式不同服务内容相同

11.6.3.2　第二个讨论：组件是可独立变化的单元

组件可独立变化的能力来自组件与服务实现细节的隔离。仔细观察一下图 11.43 和图 11.44 就可以发现，我们能够更改组件内部的结构而不影响服务使用者和服务实现者。如图 11.45 所示，我们在组件中增加了一个销售渠道管理的功能，但是经过修改的组件对原来的服务使用者和服务实现者来说并没有产生影响。

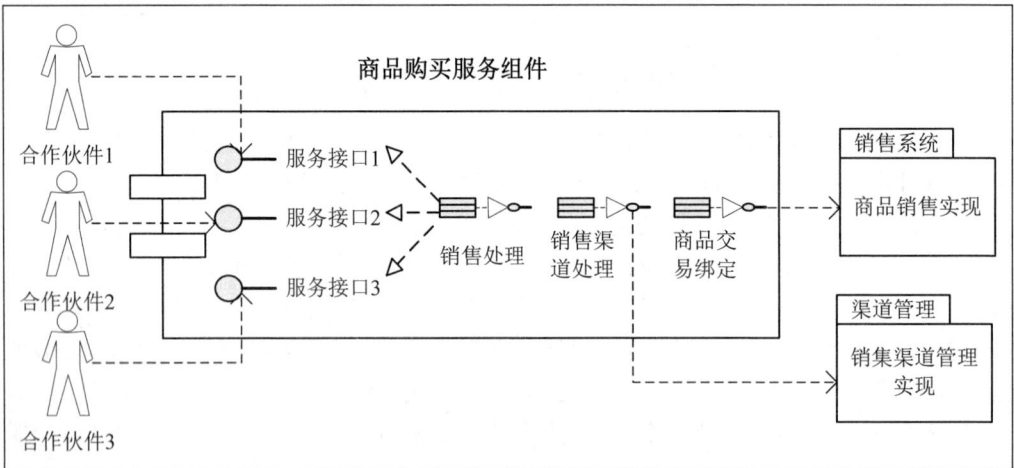

图 11.45　组件独立变化场景

11.6.3.3　第三个讨论：组件是可独立部署的单元

同样，由于组件只包含服务接口和服务绑定，它可以脱离服务实现的运行环境而独立部署。

例如，某企业有多个生产部门，这些生产部门业务差异很大，并且各自有各自特定的生产管理系统和运行环境。该企业要建立一个统一的考勤管理系统，但不可能因为这个考勤管理系统而改变各生产部门的原有系统和运行环境。在这种情况下，我们就可以定义考勤处理组件，该组件定义了考勤数据采集的接口以及数据格式转换处理逻辑，我们将它部署到特定的生产部门运行环境当中去，然后再将该组件服务绑定到统一的考勤管理系统中，如图 11.46 所示。

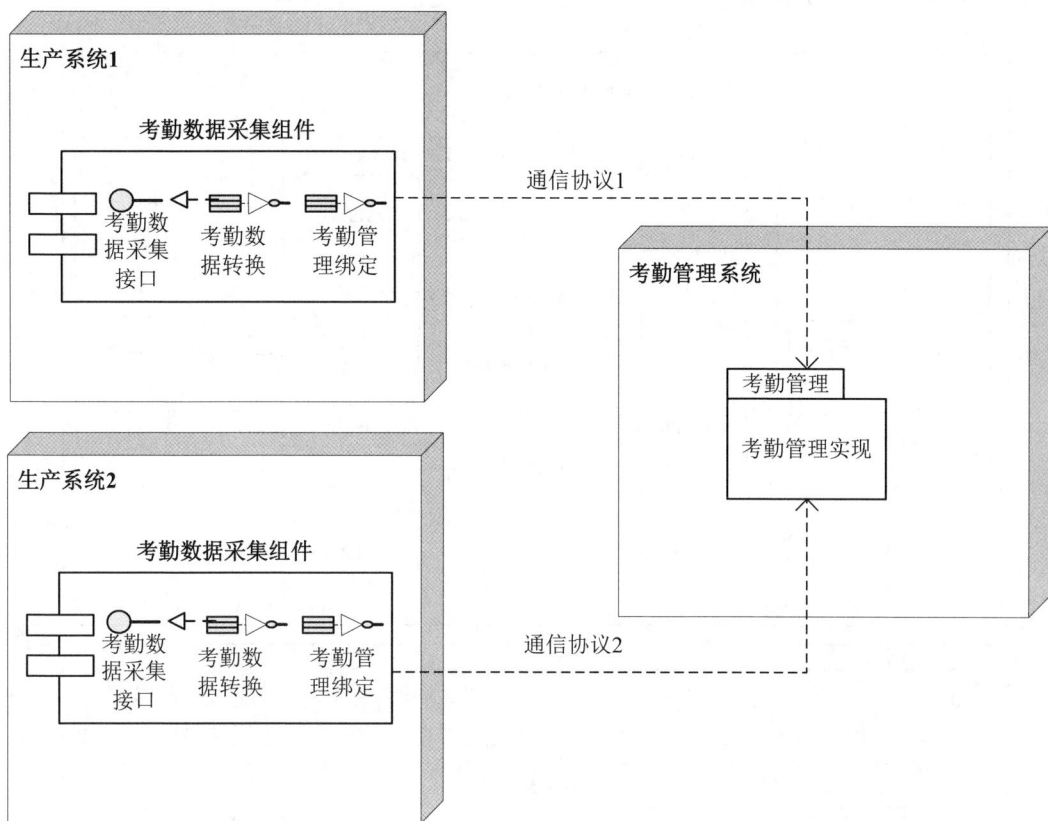

图 11.46　组件独立部署场景

从图 11.46 可以看到，由于组件可以脱离实现细节的运行环境，因此我们可以将组件独立部署到其他的运行环境中去，再通过某种通信协议实现服务与服务实现之间的绑定。

11.6.3.4　第四个讨论：组件可在软件架构支持环境下自由组装

在 3.10.2 一节中，作者曾经提到过，组件与组件之间不应当有依赖关系。虽然 UML 中定义了组件之间可以有依赖关系，但是在真正的实现环境中，这种依赖关系应当被屏蔽。哪怕组件之间需要相互调用对方的服务，也不应当在两者之间产生依赖。

要实现组件之间的松耦合关系，必须采用某种消息中间件来屏蔽组件之间的依赖。如果组件是遵循了某种软件架构规范的，那么软件架构将负担起中间件的责任。换句话说，组件只知道它所处的软件架构，而不知道其他组件的存在；组件之间的相互调用完全由软件架构来负责；同时，软件架构知道所有部署到它运行环境里的组件。

例如，在 IBM 的 SOA 软件架构体系里，组件应当遵循 SCA（服务组件架构）规范。当组件遵循了 SCA 规范以后，它就可以在 IBM 的 SOA 应用服务器 WPS（Websphere Process Server）里自由组装和拆卸。

图 11.47 展示了 IBM SOA 软件架构里组件的组装和运行环境。

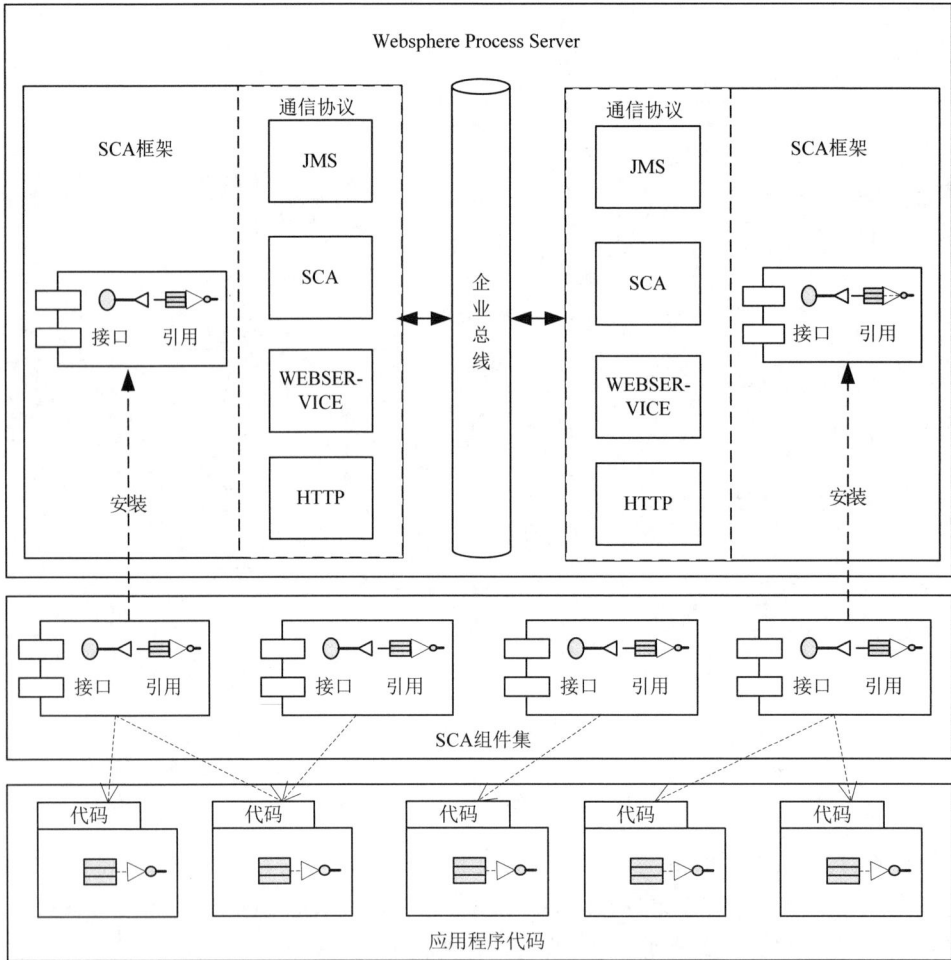

图 11.47　WPS 环境下的组件安装和运行

在图 11.47 所示的 WPS SOA 运行环境下，组件之间是没有依赖关系的。每一个组件都需要定义一个接口。在安装组件时将这个接口通知给 WPS。当一个组件需要调用另一个组件的服务时，我们使用称之为"引用"的描述来告诉 WPS 我们要调用的另一个组件的服务接口信息。

当一个调用发生时，SCA 框架将调用转化成某种约定的通信协议，并发送给称之为企业总线的消息中间件。由于 WPS 知道这个调用的目标是什么，它就会将这个调用准确地递送给目标组件。

从上面的描述可以看出，我们可以把应用程序定义为很多个组件，当一项业务需要调用多个组件来共同完成时，这些调用不需要编程实现，而是由 WPS 来负责调用消息的传送的。这样就可以在 WPS 环境下随意地组装和拆卸组件，随时按需要更改组件和调用目标。当商业流程或服务发生变化时，我们可以快速地调整服务组件来达到商务随需应变的目的。

这也就是 IBM 提出 SOA——On Demand Business 口号的精髓所在。

11.6.4　提给读者的问题

提给读者的问题 35

请读者从曾经做过的一个项目出发，参考本书中组件的几种典型应用场景，从中找出一些可以定义组件的应用场景来，并做以下练习：

（1）绘制出组件在业务场景当中的位置，以及其他业务程序与组件的调用关系图。

（2）定义出组件向外提供服务的接口，包括接口方法、参数和适用的通信协议。

（3）找到实现组件服务的那些分析类，绘制出组件与实现类的映射关系图。

（4）根据实际情况确定组件调用实现类的方式。例如直接调用、RMI、SOAP、IIOP 等。

提给读者的问题 36

根据上面一个问题获得的组件，参考本节第一个讨论的内容，做以下练习：

（1）假设调用方不发生变化，但是服务实现方发生了变化。例如增加或减少了服务实现者，分析组件如何适应这一变化并保证服务调用方觉察不到这服务实现已经改变。

（2）假设调用方发生了变化，但服务实现不变。例如增加或减少了服务形式，分析组件如何适应这一变化并保证服务实现方维持稳定不变。

（3）假设调用方和服务实现方都发生了变化。例如服务形式增加，服务实现方减少，分析组件如何适应这一变化并保证服务调用和服务实现双方可独立地改变而不影响对方。

11.7　部署模型

11.7.1　安装零部件——组装一个新世界

先来回顾一下系统分析已经完成的工作。经过系统用例分析，我们得到了新世界需要的内容；经过用例实现，我们得到了新世界如何实现这些内容；经过软件架构和框架的确立，我们得到了构建新世界的骨架；经过分析模型的建立，我们得到了功能的零件，并且知道了如何让它们在骨架里运转起来；经过组件模型的建立，我们更进一步定义出新世界的一些基础设施。

本节就是将我们得到的成果组装起来，让它们看上去真的像一个新世界的样子。

部署模型又称为实施模型。它主要的作用就是定义构成应用程序的各个部分在物理结构上的安装和部署位置。这个物理结构包括客户机、服务器、网络节点、移动设备等所有可能的程序逻辑处理设备和文件存放设备。

部署模型与应用程序有关，也与运行环境要求有关。因此在建立部署模型时，要从应用程序本身的需要和运行环境的要求两个方面来分析，再结合两者的分析结果共同绘制部署模型图。

例如一个基于 Web 的应用程序，至少需要一个 Web 服务器部署节点和一个数据库服务器节点；如果这个 Web 应用程序需要在客户机上进行一些设置，例如要求 Cookie 打开，甚至需要安装一些插件，那么这个应用程序的部署节点还应当包括客户机。这些部署节点是与应用程序相关的。

再比如，客户的运行环境需要双机热备，需要灾难恢复，需要基于数字证书的安全认证，那么部署节点就会包括至少两台主机、数据库服务器、证书服务器等。这些部署节点是与运行环境的要求相关的。

部署模型是软件硬件相结合的产物。最直观的理解，就是哪些软件部分部署到哪些硬件设备上。因此除了主要的服务器、客户机之外，我们需要编程的其他硬件设备也应当包含在部署模型当中。

11.7.2 现在行动：建立部署模型

既然部署模型与应用程序和运行环境有关，那么我们就来分析一下应用程序和运行环境。

11.7.2.1 应用程序

■ 基础软件结构

假设我们正在开发的供电企业管理系统是一个基于 Web 的应用程序，采用 Oracle 数据库。因此应当有一个 Web 服务器和一个数据库服务器。

■ 软件架构

参考图 11.23 所示的软件架构，除了 Web 层和数据库之外，还有 Business Control 层、Entity 层和 DBControl 层。经过分析，我们认为 Business Control 层与 Web 层联系紧密，主要是处理客户请求；而 Entity 层和 DBControl 层是以处理数据为主。从职责上来说差别比较明显，因此考虑将 BusinessControl 层部署到 Web 服务器，而增加一个应用服务器部署 Entity 层和 DBControl 层。

■ 外部接口

供电企业管理系统当中电费收取部分可以由银行代为收取，因此要提供银行收费接口。此接口的安全要求、通信协议等都与其他业务程序不相同。考虑增加一台收费前置机部署银行收费接口和相关处理程序。

11.7.2.2 运行环境

■ 安全环境

供电企业管理系统绝大部分应用程序都是在内网运行的，只需要口令保护即可。但申请登记也可能通过呼叫中心系统登记，呼叫中心客服人员不是供电企业内部员工，需要经过数字证书认证以

后才能操作系统。因此需要一台 CA 认证服务器。

■　数据环境

供电企业管理系统当中所有数据都要进行备份。普通的备份使用磁带即可，但这个系统还需要提供对历史数据的管理和查询（见 11.2.2.1 分析全局规则一节），随着系统运行时间的增加，历史数据的增长会很快。为了保障正常业务的数据库性能，考虑将历史数据存储到专门的历史数据库服务器。

■　外设

供电企业管理系统当中的抄表业务要使用到抄表机。我们需要为抄表机编写程序以便将抄表示数导入和导出到管理系统。因此抄表机也是我们要部署软件的硬件。

11.7.2.3　绘制部署模型图

根据以上对应用程序和运行环境的分析，我们可以绘制出如图 11.48 所示的供电企业管理系统部署模型图。这个图包含供电企业管理系统所涉及到的所有硬件以及部署在硬件上的软件。

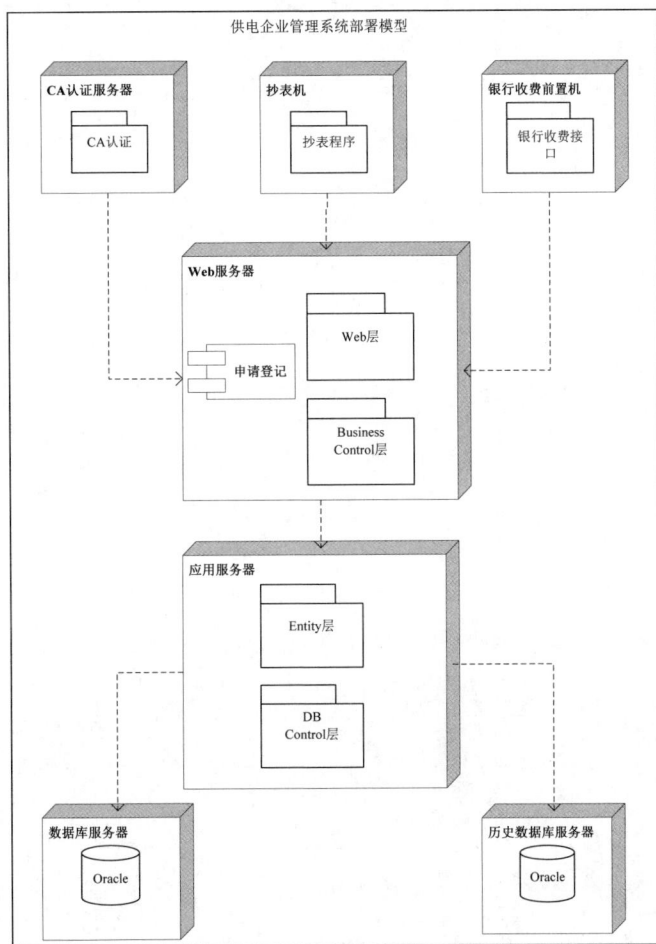

图 11.48　供电企业管理系统部署模型

11.7.3　提给读者的问题

提给读者的问题　37

请读者从曾经做过的一个项目出发，做以下练习：

（1）分析应用软件需要，包括基本的软件结构、软件架构和与第三方系统的接口，考虑需要的服务器。

（2）分析应用环境，包括主机环境（例如是否需要服务器群集）、安全环境、数据库环境、备份要求和其他外设等。

（3）绘制出部署模型，描绘出每一个硬件节点上要部署的软件。

12

系统设计

12.1　系统分析与系统设计的差别

本章讲述系统设计。或许读者会感到有些迷惑，在上一章系统分析里做的好多事情看上去就像是系统设计做的事情。例如框架的实现、分析类的确定等，有类设计，也有类方法和类属性，怎么这些工作不是设计呢？

很多人都分不太清楚分析和设计的差别，原因是分析工作被模糊化，经常的情况是需求弄清楚以后直接进入设计，例如详细的表结构、类方法、属性、页面等，然后就进入开发。实际上，分析和设计是有着显著差别的。

- 从工作任务上来说，分析做的是需求的计算机概念化，设计做的是计算机概念实例化。
- 从抽象层次上来说，分析是高于实现语言、实现方式的；设计是基于特定的语言和实现方式的。因此分析的抽象层次高于设计的抽象层次。
- 从角色上来说，分析是系统分析员承担的，设计是设计师承担的。
- 从工作成果来说，分析的典型成果是分析模型和组件模型，设计的成果是设计类、程序包。

换句话说，系统分析是在不考虑具体实现语言和实现方式的情况下，将需求在软件架构和框架下进行的计算机模拟。系统分析的目的是确定系统应当做成什么样的设想，而系统设计的目的是将这些设想转化为可实施的步骤。

如果类比于装修房间，分析相当于绘制设计图，而设计相当于绘制施工图。例如，分析的工作会决定吊顶应该是什么样子，电视墙应当是什么样子。而设计的工作则是决定吊顶采用什么材料，是用石膏板做还是三合板做，应该如何安装吊顶，是用钉子还是用螺丝，如图 12.1 所示。

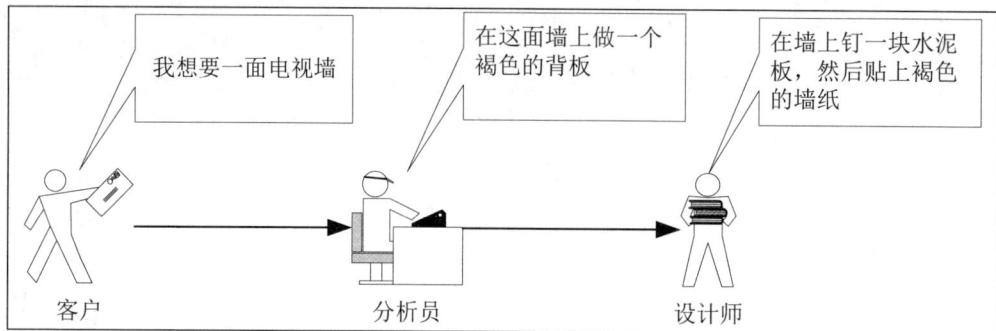

图 12.1　分析和设计的差别

　　分析的抽象层次高于实现语言和实现方式是有着极大好处的。如果要维护设计与需求的一致是很困难的，因为设计包含很多需求不需要而系统必需的信息。比如增加了一些设计模式，或者在实体类里增加了系统控制需要的属性。而分析由于不必考虑实现方式，就可以省略这些内容，因而更容易维护。

　　事实上，经过分析以后，系统要做成什么样已经被决定了，我们已经完成了从需求到系统的转换过程。至于接下来是用 Java 还是 C#，是用 J2EE 还是.net，是用 Factory 模式还是 Abstract Factory 模式就已经不是问题的重点了。不论采取什么实现方式，得到的结果无非是程序运行效率的高低、扩展性的差别、可维护性的差别，无论如何都不再影响系统实现需求这一最基本要求了。

12.2　设计模型

12.2.1　按图索骥──为新世界添砖加瓦

　　春秋时，秦国的伯乐很善于鉴别马匹。他把自己识马的知识和经验写成一本书，叫《相马经》。书中图文并茂地介绍了各类马匹。他儿子熟读这本书后，以为学到了父亲的本领，便拿着《相马经》到处去"按图索骥"。有次他见到一只癞蛤蟆，前额刚好与《相马经》上的好马特征相符，便以为找到了一匹千里马，马上跑去告诉父亲。伯乐知道儿子愚蠢，戏谑地回答说："这匹马太会跳，不好驾驭。"

　　按图索骥这个成语比喻机械地照搬书本知识，不了解事物的本质。

　　按图索骥是个贬义词，但是在本节我们要建立的设计模型多少有点按图索骥的味道，我们将把分析模型"机械"地映射成设计模型。这听上去有点离谱，因为在一般人看来，设计是一项技术活儿，如果机械地照搬岂不是不用动脑子，那设计师岂不是谁都能做了？也对也不对。

说对，是因为的确将分析模型映射到设计模型是不用动太多脑子的。说不对是因为实际上我们已经在系统分析阶段做了很多事情，使得设计模型的建立已经不用太费脑子了。可以说设计师们站在了系统分析员的肩膀上，愉快地继承了系统分析员们的工作成果。

回顾一下系统分析员们在系统分析阶段得到的工作成果，系统分析员在对系统用例的分析过程中得到了边界类、实体类和控制类，并且用它们在软件架构和软件框架内实现了需求。因此，对设计师来说，他已经不再需要关心设计出来的类是否能够满足需求，因为这一点已经在分析阶段得到了证实；他也不再需要考虑设计出来的类如何与软件架构和软件框架结合，因为这一点已经在分析模型当中进行了建模；他甚至可以不需要从头考虑类方法、类属性和类之间的交互，因为最关键的方法和属性也已经在分析模型里被明确了。

不得不说由于系统分析阶段系统分析员的卓越工作使得系统设计师成了一群幸福的人。他们只需要根据选用的实现语言，机械地把边界类、实体类和控制类变成设计类，细化一下已有方法，补充一些类属性，就完成了最基本的设计模型，并且可以自信地宣称这个设计模型是一定能够满足需求的。

当然设计师的工作不仅仅是这些，不然真的什么人都能做设计师了。不过从系统分析到系统设计的第一步，将分析模型映射到设计模型的工作的确不需要动太多脑子。设计师这个职位并不轻松，接下来还有大量的可以供他们展现聪明才智的工作。但是现在，让我们简简单单地按图索骥，将分析模型映射到设计模型，完成系统设计的第一项工作。

完成设计模型以后也就得到了建设新世界的砖和瓦，就可以交付开发了。程序员们将使用这些砖瓦建设出我们的新世界。

12.2.2 现在行动：将分析模型映射到设计模型

还是以申请登记这个系统用例为例，并且假设我们使用 Java 语言来开发。

我们在建立分析模型的过程中，得到了如图 12.2 所示的实现了申请登记系统用例的分析模型类图。

图 12.2 所示的分析模型已经非常接近设计类了，我们只需要将分析类简单地一一对应转换成设计类即可。在映射过程中，出于优化类结构的目的，我们有可能将分析类进行简单的分拆或者做一些简单的设计工作。

例如，用电申请边界类，我们将用 JSP 来实现它。出于增强客户体验的考虑，我们觉得让客户直接填写大量数据不是很友好，决定采用向导模式来指导客户一步步录入申请数据。另一方面，考虑到将来熟练掌握系统操作的人员直接打开整个页面快速填写数据的需要，于是决定保留非向导模式，供熟练用户直接打开页面填写申请数据。于是，用电申请边界类被映射为两种输入模式，由两套 JSP 页面来实现它，用户可自主选择采取什么输入模式。其映射结果如图 12.3 所示。

再例如，Biz_用电申请 Control 类，它同时与来自 WEB 层的用户请求、来自业务规则管理库的业务规则工厂、来自软件架构中的工作流引擎和来自 Entity 层的 EntityControl 交互，出于职责单一的面向对象设计原则，决定将它分解为四个类，每个类负责不同的职责。于是，Biz_用电申请 Control 类被分解为 ApplyControl、ApplyRuleControl、ApplyWorkflowControl、ApplyEntityAccessor 四个类，如图 12.4 所示。

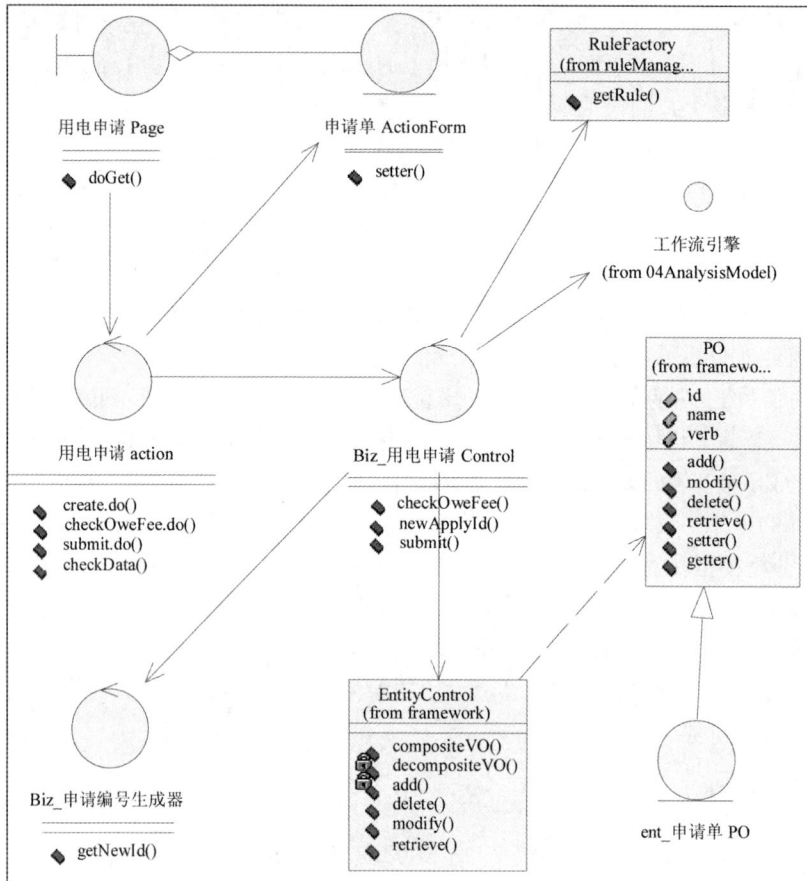

图 12.2　申请登记用例分析模型

　　请读者注意，在上述两个映射例子中，我们采用了<<refine>>这个版型。refine 的含义是精化，即我们定义出的设计类并没有增加、减少、抽象或继承原来的分析类，它们只是对原来分析类的一个细化。

　　上述两个例子增加了一些特殊的考虑，因而出现了一个分析类被映射到多个类的情况。很多时候并不需要这些特殊考虑，问题也就变得更为简单。对于申请边界类的映射来说，如果不考虑所谓的向导，那么我们只需要 SimpleApply.jsp 一个页面就够了；对于 Biz_用电申请 Control 类，如果我们不考虑职责单一的原则，ApplyRuleControl、ApplyWorkflowControl、ApplyEntityAccessor 这些类也可以不分解成单独的类，这个职责可以在 ApplyControl 里用多个方法实现。可见，很多时候分析类到设计类的映射是可以一一对应的。

　　例如 Web 层当中的申请单 ActionForm 分析类和用电申请 action 分析类，它们都是 Struts 框架下的标准类，因此可以直接将这两个分析类映射成 ApplyForm 和 ApplyAction 设计类；实体类 ent_申请单 po，我们也没有特别的理由再做进一步的设计，也可以简单地把它映射成 ApplyFormEntity 设计类。

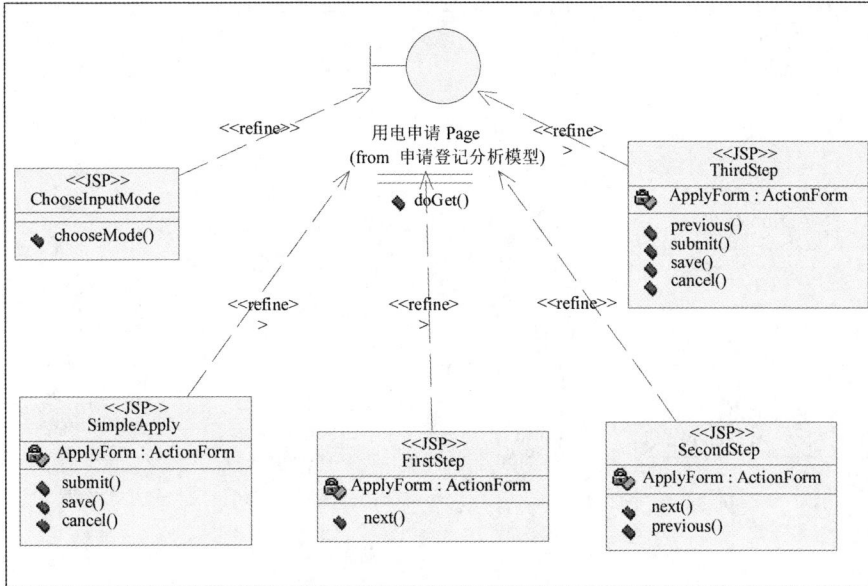

图 12.3　边界类映射到设计类示例

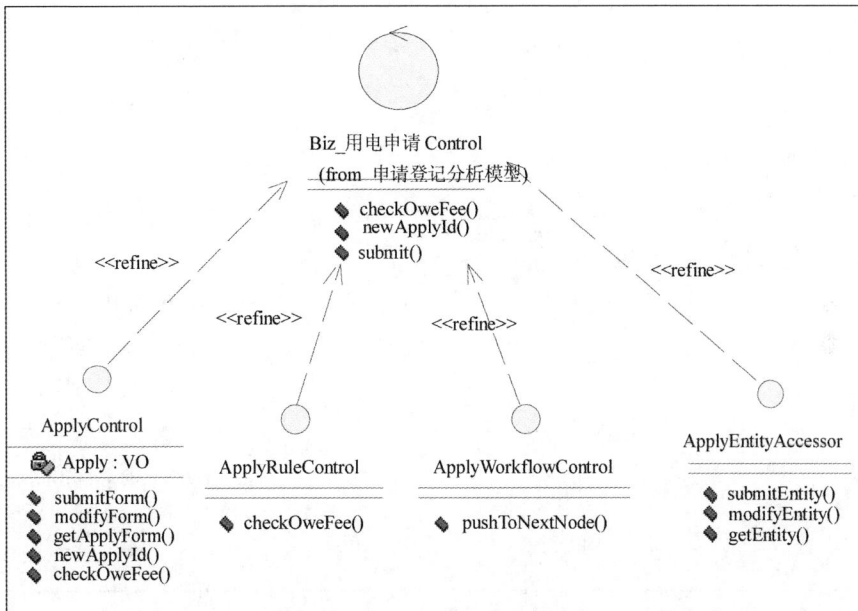

图 12.4　控制类映射到设计类示例

　　将分析类都映射到设计类以后，将得到的设计类集中在一张图中，绘制出这些设计类之间的关系，就得到实现了申请登记系统用例的设计模型。下面我们分别来看这些设计模型。

　　图 12.5 展示了申请登记用例在 Web 层 Struts 框架下的设计模型。

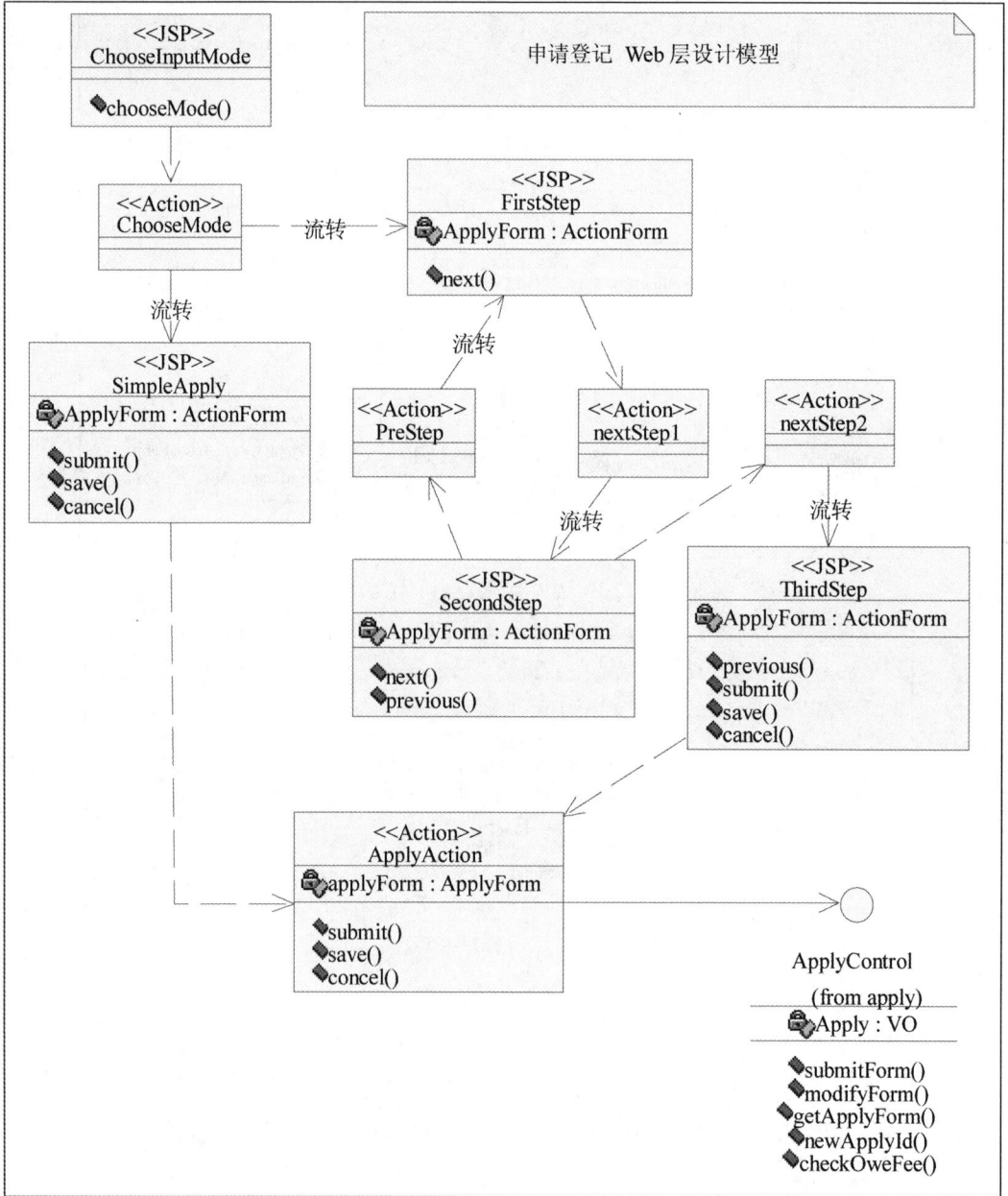

图 12.5　申请登记 Web 层设计模型

图 12.6 展示了申请登记的 Business 层设计模型。

将分析模型映射到设计模型之后，我们得到了设计类，基本上就可以交付开发了。如果觉得仅有静态图还不足以指导开发，可以绘制设计类的交互图来说明这些类如何交互完成设计功能。

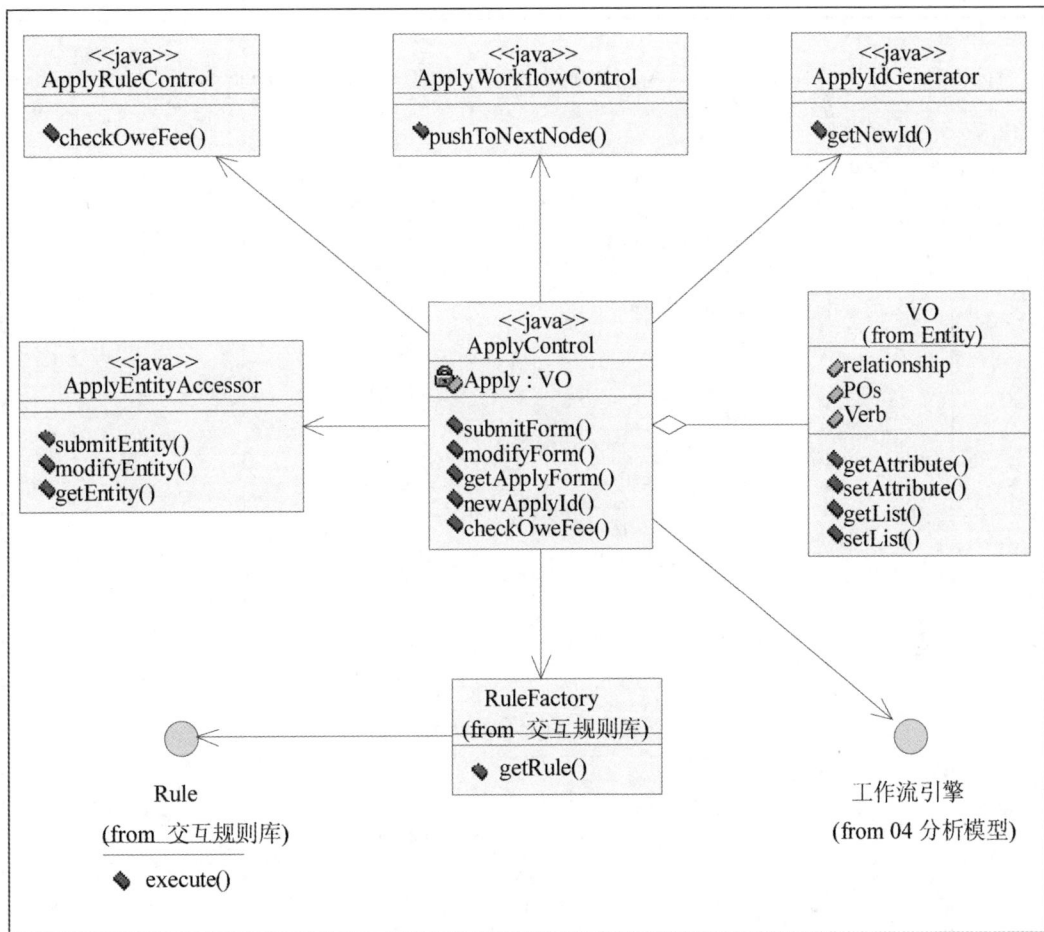

图 12.6　申请登记 Business 层设计模型

在分析模型当中我们已经用分析类实现了系统用例规定的需求,又将分析类映射到了设计类,因此绘制设计类的交互图也非常容易,所要做的无非是将分析模型交互图中的分析类换成设计模型中的设计类,再绘制一次而已。图 12.7 展示了从 Business 层开始的提交申请单的交互图片段。与原来图 11.29 申请登记 BusinessControl 层分析类实现相比,两者只是换了一个形式。

不知读者看到这里有何感想?设计工作看上去远没有想象的那么难,的确有点按图索骥的味道,几乎没动脑子就完成了。如果将上述的设计模型交付给程序员,他们应当能够轻松地再次按图索骥般地编写程序。

有的读者可能要问,既然设计模型如此简单,看上去无非是细化了一下分析模型,做了一些形式上的改变,那么做设计模型还有必要吗?在接下来的进一步讨论里,我们将讨论这个问题。

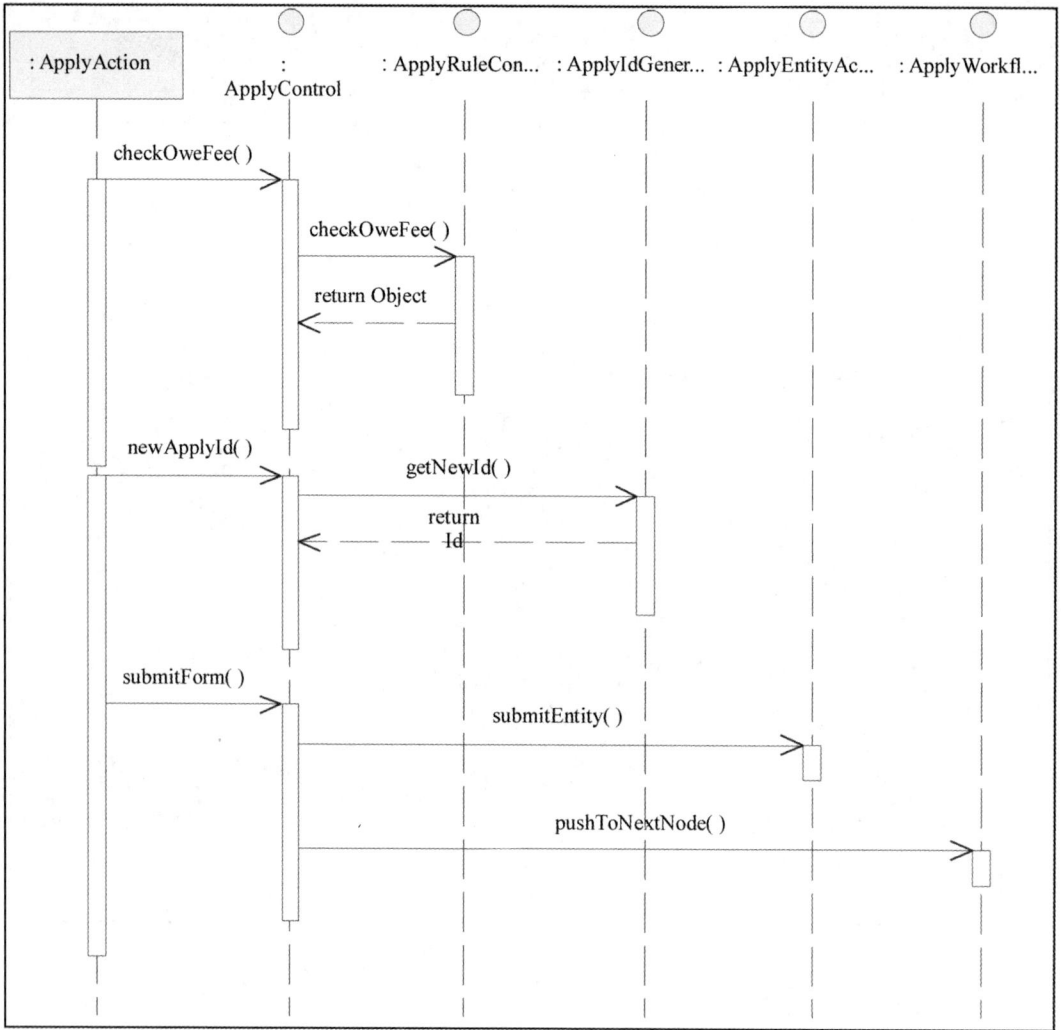

图 12.7　申请登记 Business 层设计类实现

12.2.3　进一步讨论

12.2.3.1　设计模型有必要吗

关于这个问题，作者的回答是视情况而定，举几个例子说明。

例子一，大多数的管理软件都是以数据为处理核心的，也就是说管理类软件绝大部分的功能都体现在对某些数据的增删改查上。因此这类功能的实现模式是非常固定的。对于这类具有相似甚至相同实现模式的功能来说，如果分析模型维护得比较完善，的确没有必要为每一个系统用例建立设计模型。只需要将这个固定的实现模式抽取出来，设计出一套普适的接口，使用这些接口建立一个

设计模型就足够了。

　　例子二，有些软件系统当中有相当一部分业务功能的实现模式也是十分雷同的。例如本书中的申请登记系统用例，它是流程当中的一个处理节点。虽然处理的数据与流程当中的其他节点有所不同，但是它们的实现模式非常相似，大约都是这样一个过程：检查数据准确性→应用业务规则→提交表单→保存数据→调用工作流引擎推进工作流至下一个环节。并且由于软件架构规定了每一层的职责，软件框架又规定了每一层上的实现规范，因此绝大部分业务流程当中的其他节点（其他系统用例）的实现模式都已经定义得很清楚了。当我们为申请登记这一个系统用例建立设计模型后，这个设计模型足以举一反三地指导其他系统用例的开发，没有必要再单独为每一个系统用例建立设计模型了。

　　例子三，但是有些功能是比较特殊的，它的实现过程要么比较复杂，要么是独一无二的实现模式。例如本书中的用户档案建立过程，它就不仅仅是数据保存那么简单了。读者可以回顾一下 9.5 领域建模一节中关于用户档案的领域模型。用户档案是由许多实体对象聚合而成的，不论是保存、修改还是查询，都不可能与其他业务数据保持同样的实现模式。并且由于用户档案的重要性，我们就完全有必要专门针对用户档案建立设计模型，进行深入的分析和详尽的设计。

　　例子四，如果项目中决定采用模型驱动的开发模式，即通过建模工具直接生成代码而不是手工编写，那么必须非常认真、细致、无一遗漏地建立设计模型。因为设计模型的工作实际上就是将来的代码。不过作者本人不太喜欢用工具生成代码的开发方式，因为在实践当中，对于编写程序这种极其细致的活儿来说，IDE 工具比建模工具要更好用，并且事实上要在建模工具中维护细致到代码级别的模型是一件十分繁重和琐碎的工作。虽然通过模型生成代码听上去很美好，但在实践中是得不偿失的，维护细致到代码级别的模型比在 IDE 工具中直接写代码花销要大得多。

　　综上所述，如果系统中的许多功能具备相似的实现模式，则没有必要逐一地建立设计模型，一个典型功能的设计模型就可以起到指导开发的作用。而对于复杂的、特殊的功能，则应当建立设计模型。

　　在实践中，作者也常常这样做，细致地维护分析模型而不是设计模型；为相似的功能建立指导性的设计模型；为复杂和特殊的功能建立设计模型。然后培训程序员深入理解所使用的软件架构、软件框架和分析模型，绝大部分程序员就都能够很好地开展编码工作了。

　　虽然没有详细的设计模型，我们并不用担心程序员是否会出什么大问题。不担心是因为我们基于这样几个约束：分析模型已经实现了需求；软件架构规定了每一层的类职责；软件框架约束了具体的实现方式；建立的部分设计模型和接口规定了编程模型。

　　这样做的好处是借由分析模型高于实现的稳定性，大大节省了维护量，同时给了程序员以学习和提高的机会。

12.2.4 提给读者的问题

提给读者的问题 38

> 请读者从曾经做过的一个项目出发，根据你在 11.5 分析模型一节当中提给读者的问题 33 和 34 时得到的分析模型，做以下练习：
> （1）将分析类映射到设计类。
> （2）绘制出设计模型。
> （3）绘制出基于设计模型的交互图。
> （4）总结从分析模型到设计模型转换的思路。

提给读者的问题 39

> 请读者从曾经做过的一个项目出发，与一位同事配合，讨论你在上一练习中得到的设计模型，并做以下练习：
> （1）按照设计模型进行编程工作。
> （2）从你的项目中找到一些与该设计模型实现模式相同或相似的功能，仅绘制分析模型而不绘制设计模型，参照上一个设计模型进行编程工作。
> （3）讨论在功能相同或相似的情况下，依靠分析模型并参照已有的设计模型是否也能很好地理解需求和编写程序。

12.3 接口设计

12.3.1 畅通无阻——构建四通八达的神经网络

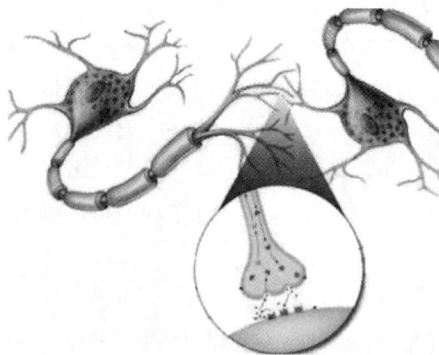

记得曾经在看探索频道时，看到过一集讲眼镜蛇的毒液是如何致人于死地的节目。节目讲道，人的神经网络是由无数的神经元构成的，但神经元之间并不是紧密连接在一起的，两个神经元之间通过称之为突触的东西交换生物信号来传导神经信息。突触分为电突触和化学突触。其中电突触以电耦合方式在神经元之间传递神经信息，即电信号直接传递过去；而化学突触则通过化学物质（信使分子、神经递质）在细胞之间传递神经信息。

无论哪一种传递方式，两个神经元的突触之间都有一个极其微小的间隙，生物信号从一个突触发射出来，被另一个突触接收而完成神经信息的传递。眼镜蛇的毒液之所以会致人于死地，是因为眼镜蛇毒液之中

的化学分子会占据突触之间的间隙,堵塞生物信号传递的路径,从而导致神经信息不能传递到心脏、肺等机体,于是人因为呼吸衰竭、心脏停跳等机体障碍而迅速死亡。

看到这里作者不由得叹服宇宙规律的奇妙,复杂得无以伦比的神经网络和优秀的程序设计竟然有着如此微妙的相似:神经系统中两个神经元互不相连,通过突触交换信息;而在优秀的设计中,两个类也不直接相连,而是通过接口交换信息。

我们也许从未想过原来我们的手和脚从来就没有真正和大脑连接在一起,也或许正是因为神经元之间互不相连(相互之间无依赖关系)才造就了如此复杂和神奇的人体神经网络。但作为设计师,我们应当意识到接口对于一个优秀设计的重要作用,并牢牢记住这句话:面向接口,而不是面向实现编程。如果神经网络是紧密连接在一起的,难以想象这无数的连接会乱成怎样的一团麻,而我们可以明确地知道,如果系统中的对象都是紧密连接在一起的,那么这个系统一定脆弱得经不起任何修改。

神经网络的构成方式给设计师们上了生动的一课:接口是系统设计最为重要的内容。突触使得神经元可以相互传递信号从而构成复杂无比的神经网络,而接口则可以使对象之间相互传递消息从而构成整个系统。突触异常会导致神经信号传递不畅从而造成机体功能紊乱,接口设计不良也会导致消息处理出错从而造成系统功能失效。突触决定了神经网络是否能够正常工作,哪怕神经元是完好无损的;而接口则决定了整个系统是否能正常运行,哪怕每个对象都是完美的。

所以系统设计的第一步,就让我们从接口设计开始,通过接口设计来构建软件系统四通八达的神经网络。

12.3.2 现在行动:设计接口

面向对象给我们带来的一大好处是接口与实现的分离,这使得我们在考虑程序逻辑时可以完全不用考虑程序将怎样编写,而只考虑对象交互的接口。对于设计工作来说,这既是一个挑战,也是一大优势。

说它是挑战,是因为要设计一组结构良好、定义完善的接口并不容易。如果读者仔细观察技术规范、技术标准、基础类库等,无一不是向外提供一系列的接口(或 API),以供消费者使用。这一系列接口将面对复杂的现实问题的挑战,作为设计师,需要考虑得十分全面。除了考虑到解决现有问题,还要考虑到将来可能的问题,除了考虑到程序的扩展性,还要考虑到接口的易用性。甚至有时候接口设计很像是纸上谈兵,设计师常常需要凭想象来决定接口的使用场合。

说它是优势,是因为一旦设计出结构良好、定义完善的接口,你将获得一个健壮、灵活、可扩展、易维护的系统,即使现在连一行代码都还没有编写。因此,在不需要编写代码的情况下,设计师通过"纸上谈兵"就可以"运筹帷幄"而"决胜千里",直接决定将来系统的优劣,这又是接口设计的优势所在。换句话说,从整体上看,一个系统的优劣决定于接口而不是实现。正如刚谈到的神经网络一样,再强壮的肌肉都得通过神经网络来驱动,腿部瘫痪的病人不是因为腿部肌肉出了问题,而是神经网络出了问题。

想起一个有趣的例子,有一个著名的脑筋急转弯,把一只大象装进冰箱里,总共分几步?习惯于从实现考虑问题的人们会从怎么样分解大象,制造一个大的冰箱,或者许许多多其他方面去考虑如何实现把大象装进冰箱的要求；而从接口的角度考虑，不管要装进冰箱的是大象还是牛排，总是那几步：打开冰箱门，把大象放进去，关上冰箱门。可见，从接口考虑问题使得问题简化并获得灵活性，因为我们并不考虑要装的具体是什么，而只考虑装本身；而从实现考虑问题使得问题复杂化并失去适应能力，可能费了好大力气终于实现了把大象分解，并一点点装进冰箱的程序，结果沮丧地发现下一次要我们装进冰箱的是一块不能分解的石头。

12.3.2.1 为单个对象设计接口

极端一点来说，我们应当为每一个对象都设计接口，哪怕这个对象行为与其他任何对象都不一样，完全没有抽象价值，甚至看不到将来变更的可能。但不论怎样，有接口都比没有接口要好，面向接口编程应当养成习惯。

典型的单个对象通常是封装某种算法的对象，例如业务规则计算对象和业务逻辑处理对象。这些对象由于业务规则的和业务逻辑的特殊性使得它们很可能具有与众不同的方法。如果我们认为这些对象没有抽象价值，就可以简单的为这些对象设计单独的接口。

例如 12.2 设计模型一节中从分析类映射而来的处理申请登记业务逻辑的 BusinessControl 层的 ApplyControl、ApplyRuleControl、ApplyWorkflowControl 和 ApplyEntityAccessor 这四个类，假如我们认为它们的方法都是独特的，没有抽象价值，就可以简单地将它们的方法提取出来形成接口，接口设计结果如图 12.8 所示。

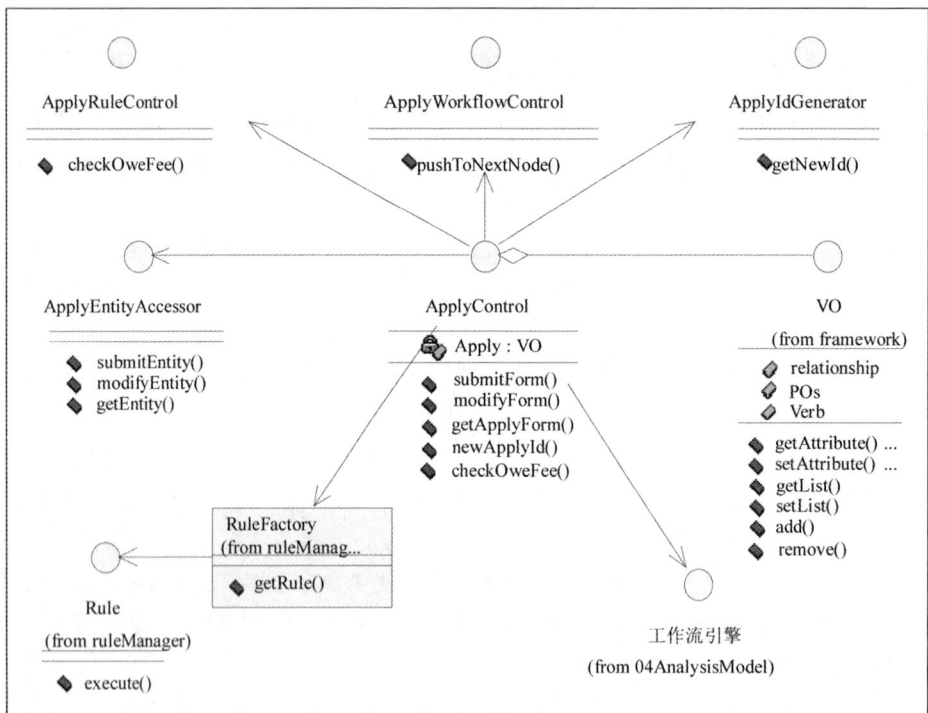

图 12.8 单个对象接口设计示例

每个接口对应一个实现类，实现类习惯上以 impl 为后缀表示，如图 12.9 所示。

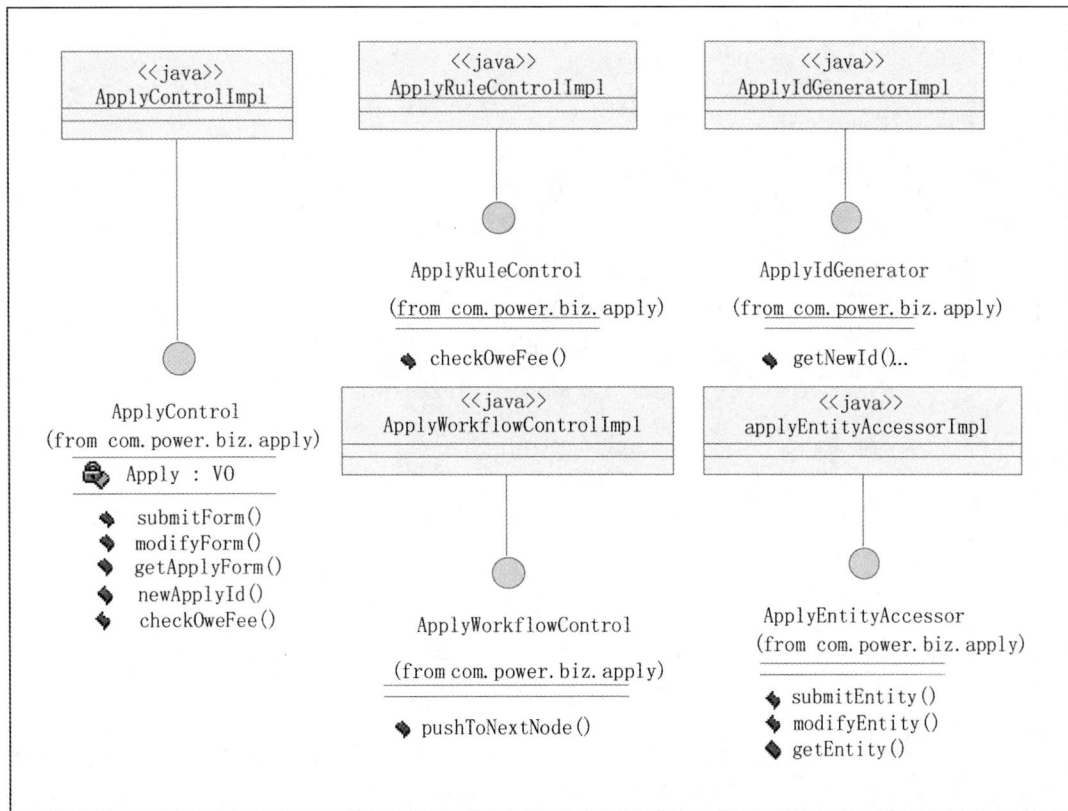

图 12.9　单个对象接口➜实现设计示例

稍微深入讨论一下，即使这些类由于处理特定的业务逻辑而没有抽象价值，但是将它们的方法提取出来形成"接口➜实现"的形式仍然为我们保留了替换实现类的可能。例如，专门用于生成申请编号的 ApplyIdGenerator 类，虽然编号生成算法没什么抽象价值，并且将来变更的可能性也很小，但当我们将它设计成为"接口➜实现"的形式时，我们就保留了替换编号生成实现类的可能性。如果有一天不同类型的申请需要不同算法的编号生成器时，我们可以为 ApplyGenerator 接口编写 Impl1、Impl2 等实现类，而其他业务程序仍然可以使用 ApplyGenerator 的 getNewId ()方法。

12.3.2.2　为具有相似行为的对象设计接口

在一个系统里会有许多对象具有相同或相似的行为模式。通常，这些对象都承担相同或相似的职责，即它们处理事情的办法都差不多，但处理的内容和具体过程可能不同。

典型的具有相同或相似行为模式的对象是实体对象。我们知道，实体对象的主要作用是封装业务数据和对业务数据的操作方法。虽然实体对象封装的业务数据千差万别，但是操作数据的方法无非就是增删改查。这是典型的行为相似内容不同的对象的例子。

我们用 12.2 设计模型一节中的 Entity 层实体对象为例，将这些相同的操作方法提取出来形成接口，然后所有的实体对象都实现这个接口，其结果如图 12.10 所示。

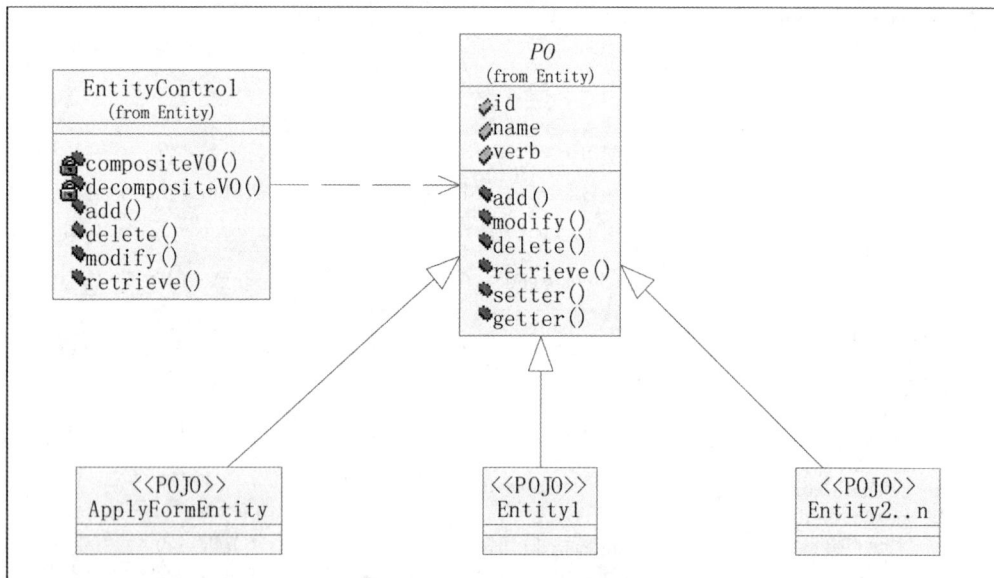

图 12.10　具有相似行为的对象接口设计示例

在这个例子中，实体对象实现的不是一个接口，而是一个虚类 PO，具体的实体对象与虚类 PO 之间是继承关系。学习过面向对象设计基础的读者应该知道，虽然是继承关系，但由于虚类中的 add ()、modify ()、delete ()等方法是虚方法，这些方法是没有实现的，它的作用是约束其子类必须实现这些方法，这个作用与接口是一样的。与接口不同的是虚类里的非虚方法可以有实现，在这些非虚方法里我们可以编写处理共同行为的代码。

在这里，无论是虚类还是接口，它们的意图都是相同的，将相同的行为提取出来形成接口，这样，在业务程序里我们就可以用相同的方式来处理不同的实体对象。下面是保存一组实体对象的代码片断，不论这个集合里的实体对象是什么，我们都可以用相同的方法来处理它们。

```
public void save(Collection c){
    Iterator POs = c.iterator();
    while(POs.hasNext()){
        PO po = (PO) POs.next();
        po.add();
    }
}
```

12.3.2.3　为软件各层次设计接口

一个多层次的软件架构中，各层之间的交互是错综复杂的。我们将软件按层次分开的目的就是

为了使得各软件层职责清晰，各负其责。但是如果层次之间的交互过程没有很好的接口设计，软件分层带来的好处很可能会完全丧失。

例如在本书的例子中，WEB 层与 BusinessControl 层之间的交互是由各种 Action 类和 Business-Control 类来完成的。Action 类的数量非常庞大，BusinessControl 类的数量也很可观，在没有进行良好接口设计的情况下，WEB 层与 BusinessControl 层之间的交互情况可以用图 12.11 来表示。

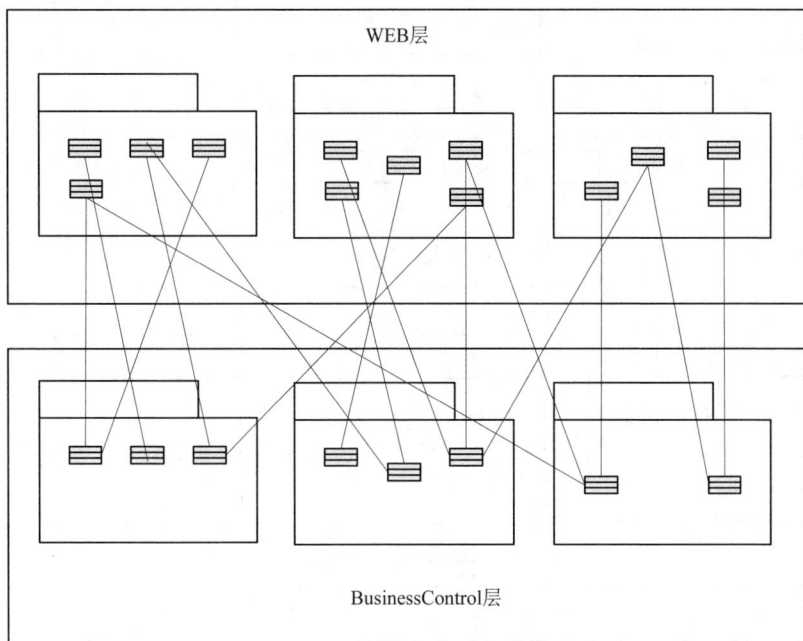

图 12.11　无良好接口设计的层次交互

相信如果让读者去维护图 12.11 所示的程序，也会对其盘根错节的程序逻辑感到头疼。虽然我们可以在设计时尽量将同一类业务逻辑集中在有限的类里来避免复杂的交互，但是这一方面可能会违背面向对象设计的原则（类职责尽量单一），另一方面由于类数量巨大，出现这样错综复杂的交互情况还是难以避免。

实际上这类问题就是门面模式（Façade）要解决的问题。门面模式的意图是在系统内抽象出高层的接口，外部系统通过接口访问系统内部而不是直接访问系统内部的类。

采用门面模式来处理 WEB 层和 BusinessControl 层之间的交互可以有效地减少交互的复杂度，使得层次之间保持清晰的关联。图 12.12 展示了采用门面模式后 WEB 层和 BusinessControl 层之间的交互情况。可以看到，交互的复杂程度得到了有效的控制。

采用门面模式后，WEB 层中的 Action 类通过访问接口包来与 BusinessControl 层交互，而不是直接访问实现类。所以问题的关键是我们如何从 BusinessControl 类中抽象出接口来。

我们可以有基于行为模式和基于服务的两种接口抽象策略。

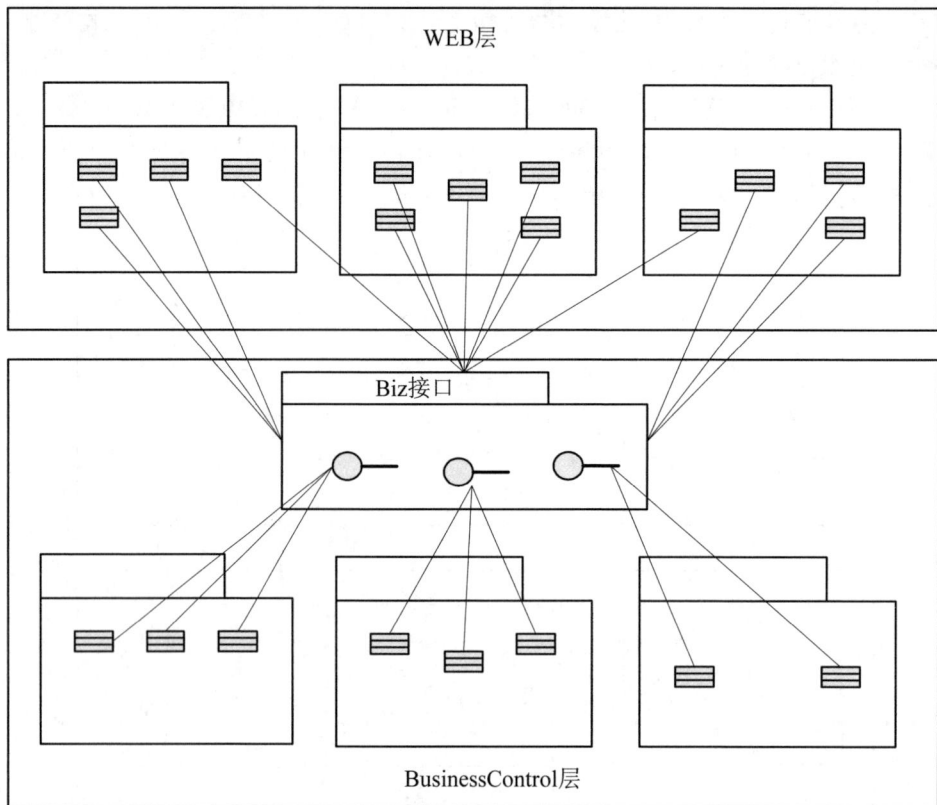

图 12.12　采用门面模式后的层次交互

一种是将类的相同行为抽象成接口，可称之为基于行为模式的接口抽象策略。例如经过 12.2 设计模型一节中对 BusinessControl 层设计模型的建模我们可以发现，许多 BusinessControl 类都具有相同的行为，例如提交表单、保存表单、查询表单、应用业务规则、推进工作流状态等，这些相同的行为就是抽象接口的基础。根据这些相同的行为，我们可以抽象出如图 12.13 所示的接口。

图 12.13 中我们为提交表单、保存表单、查询表单、应用业务规则、推进工作流状态等共同的行为抽象出了接口。

另一种是将同一类业务处理抽象成接口，可以称之为基于服务的接口抽象策略。例如，回顾一下 9.3 获取业务用例一节我们就会发现，申请业务除了申请永久用电，还有申请临时用电、申请变更用电、申请暂停用电等。因此，申请登记这一业务处理就有永久用电申请登记、临时用电申请登记、变更用电申请登记、暂停用电申请登记等。这些申请登记虽然处理的业务内容不同，但是业务管理过程是相似的，它们也就具备了抽象出申请登记接口集的基础。图 12.14 展示了根据业务处理抽象接口的结果，具体的申请行为都实现统一的申请接口。

在实际工作中，我们可以根据情况和使用场景选择其中的一种抽象策略来抽象接口，也可以两种策略都使用。如果两种策略都使用，则意味着 BusinessControl 类要实现两套接口，同时也意味

着我们在不同的场景下可以有两种不同的方式来使用同一个 BusinessControl 类，这使我们获得了更大的灵活性。下面的代码片断展示了两种场景下使用不同接口实现同样的提交、修改和删除表单的业务功能的情况。

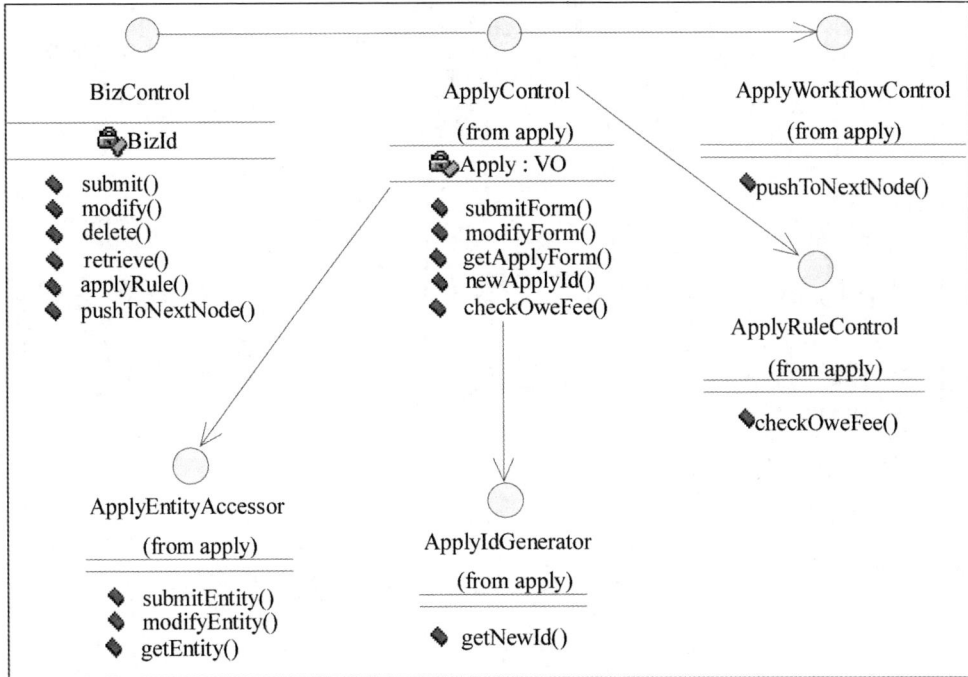

图 12.13　基于行为模式的接口抽象策略

```
public static void main(String[] args){
    BizControl biz = new ApplyControl();
    VO vo = new ApplyFormVO();
    //...do something...
    biz.submit(vo);
    biz.modify(vo);
    biz.delete(vo);

    Apply apply = new ApplyControl();
    VO vo1 = apply.getApplyForm("ApplyFormVO");
    //...do something...
    apply.submitForm(vo1);
    apply.modifyForm(vo1);
    apply.deleteForm(vo1);
}
```

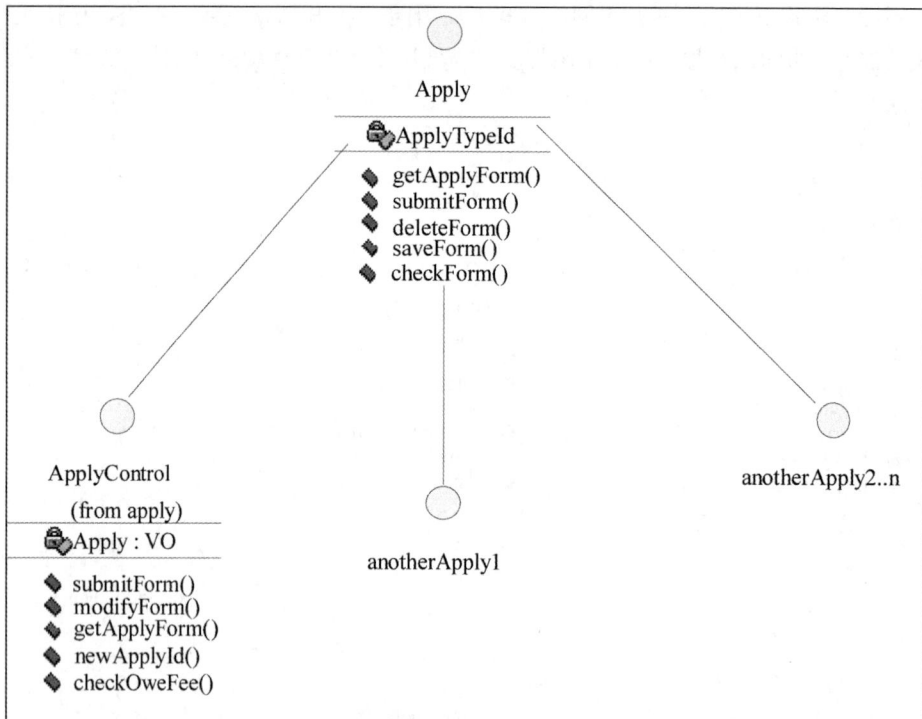

图 12.14　基于服务的接口抽象策略

12.3.3　进一步讨论

基于使用方便目的的接口抽象策略

前面的例子讲到了基于行为模式和基于服务的两种接口抽象策略，但是有时候即使没有抽象价值，出于使用方便的目的，我们也可以抽象，或者更准确说是整理出一套方便使用的接口。这就是第三种接口抽象策略：基于使用方便目的的接口抽象策略。

例如图 12.9 所示的设计结果是针对单个对象的"接口→实现"设计。对于单个对象来说，图 12.9 所示的接口不具有相同的行为模式，也不是同类型的业务，看上去的确没有抽象的意义。

但是当使用者使用这些申请登记的 BusinessControl 功能时，他必须面对 ApplyControl、ApplyRuleControl、ApplyWorkflowControl、ApplyEntityAccessor、ApplyIdGenerator 共五个接口，虽然这些接口看上去的确没有可抽象的价值，但是为了完成申请登记的业务功能，使用者必须知道和处理五个接口，这总是一件麻烦的事。为了让使用者更方便，我们可以考虑将这些接口集中起来，使用一个中介类来分发使用者的调用请求，如图 12.15 所示。这样使用者将只需要面对一个接口，使用起来就会方便得多。

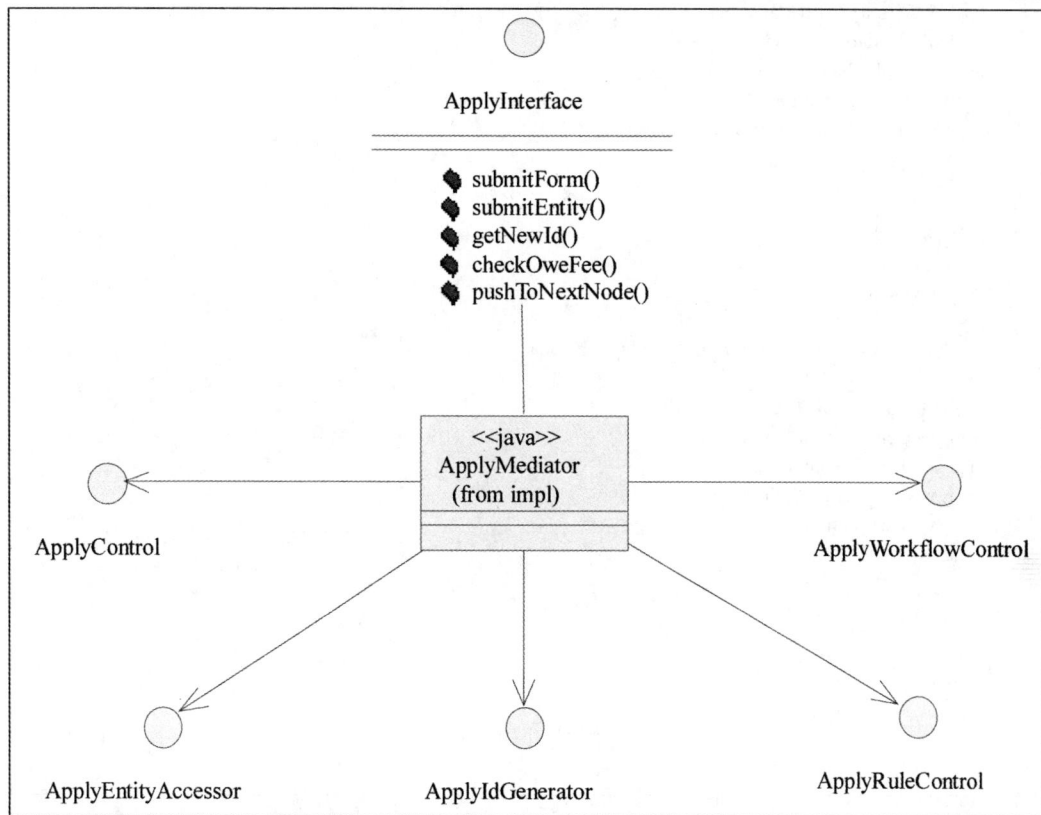

图 12.15　基于使用方便目的的接口抽象策略

　　在这个例子里，我们将原来五个接口的方法全部集中到 ApplyInterface 接口中，这样，使用者只需要知道和处理一个接口就可以了，编程就比原来方便得多。这个例子采用了中介模式，中介类 ApplyMediator 起到了将调用分发到相应实现类的作用。

　　对于同样的提交申请登记表单的业务功能来说，下面的代码片断一展示了没有整理接口前的编码结果，代码片段二展示了整理了接口后的编码结果，我们可以很清楚地看到对使用者来说，代码片断二的编码变得更清晰和简单了。

■　　代码片断一

```
public static void main(String[] args){
    //……
    ApplyControl applyControl = new ApplyControlImpl();
    ApplyRuleControl applyRuleControl = new ApplyRuleControlImpl();
    ApplyIdGenerator applyIdGenerator = new ApplyIdGeneratorImpl();
    ApplyEntityAccessor applyEntityAccessor = new ApplyEntityAccessorImpl();
    ApplyWorkflowControl applyWorkflowControl = new ApplyWorkflowControlImpl();
```

```
        applyRuleControl.checkOweFee();
        applyIdGenerator.getNewId();
        applyControl.submitForm(vo);
        applyEntityAccessor.submitEntity(po);
        applyWorkflowControl.pushToNextNode();
        //……
    }
```

- 代码片断二

```
public static void main(String[] args){
    //……
    ApplyInterface applyMediator = new ApplyMediator();

    applyMediator.checkOweFee();
    applyMediator.getNewId();
    applyMediator.submitForm(vo);
    applyMediator.submitEntity(po);
    applyMediator.pushToNextNode();
    //……

}
```

12.3.4　提给读者的问题

提给读者的问题 40

请读者从曾经做过的一个项目出发，查看以前的代码并做以下练习：
（1）从代码中找出一些单个对象，将其实现为接口➔实现的形式。
（2）从代码中找出一些具有相似行为的对象，抽象出它们共同的属性和方法形成接口，改写原来的程序。
（3）从代码中挑选一个被其他模块频繁调用的模块，采用基于行为模式的接口抽象策略，抽象出接口，改写原来的程序。
（4）从代码中挑选一些具有同样业务功能的模块，采用基于服务的接口抽象策略，抽象出接口，改写原来的程序。

提给读者的问题 41

请读者从曾经做过的一个项目出发，查看以前的代码，从代码中找出这样的场景：为了完成一个业务功能，实例化了很多个类，分别调用它们的方法。然后做以下练习：
（1）从方便使用者的策略出发，将完成该项业务功能的接口抽象出来。
（2）开发一个中介类，实现抽象出来的接口，并将调用转发到真正的实现类。
（3）改写原来的程序，比较两种方式对于使用者来说不同的编程结果。

12.4 包设计

12.4.1 分工合作——组织有序世界才能更好

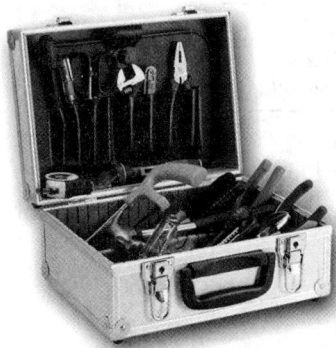

包是用于在物理上组织和管理类文件的包装器。包的作用是将类文件按一定的规则有序地放置在一起，要么有利于管理这些文件，要么有利于让人们理解这些文件。

在现实的世界中，为了让整个社会运转有序，我们需要把世界的各职能部分归类管理。例如政府部门分为交通部、卫生部、外交部等，企业单位也分为财务部、市场部、人力资源部等。如果没有正确和合理的职能分类，不论是国家还是企业都会一团糟，就会出现办事难和效率低下的问题。例如老百姓会抱怨办事儿难，不知道办什么事儿找什么部门；要不就同一件事情 N 多个部门在管，老百姓办件事可能要盖很多章，跑很多路……这些问题与职能分类混乱和责权不清有关。为了提高办事效率，政府或者企业会进行改革，如精减机构、明确职能、界定责权等。

实际上，软件世界分包与现实世界的职能部门分类也是相似的道理。分包的目的除了将程序文件分类管理，最重要的就是要让软件组织有序并且职责清晰。一般来说，分包应当遵循自顶向下原则、职能集中原则和互不交叉原则。

12.4.1.1 自顶向下原则

自顶向下原则的意思是分包时要像组织机构一样，从顶级包自顶向下延伸，避免平行化无层次分包。自顶向下原则的另一个重要含义是下层包不能够访问上层包，并且不能够跨层访问包，但同层次的包可以相互访问。即只允许存在自顶向下不越层的依赖。

在现实世界中，一个企业的组织结构应当是一个树形结构，上级可以对直接下级发号施令，下级可以对上级的命令提供反馈，但不允许下级指挥上级，也不允许越级管理，但同级部门之间可以相互合作。

这一原则同样适合软件世界。在软件世界里，包的组织结构是由软件层次构成的，最顶级的层次是离直接命令最接近的层次，如操作界面、命令行输入界面等；而最低层次则是数据存储。这与现实世界中的命令传递和执行是一致的。

在现实世界中，企业的最高战略意图由董事会决定，CEO 制定战略计划，各部门总经理制定本部门的实施计划……这样层层传递到底层由员工具体执行，而执行结果反映到以数字为记录的各类业绩报表、成本核算等；而在软件世界中，用户是最高司令，用户的命令由界面传递给逻辑处理，再执行计算，反映到实体，最后进入数据库。

以本书例子中所使用的图 11.23 所示的软件层次为例，图 12.16 展示了现实世界与该例子有趣的对应关系。

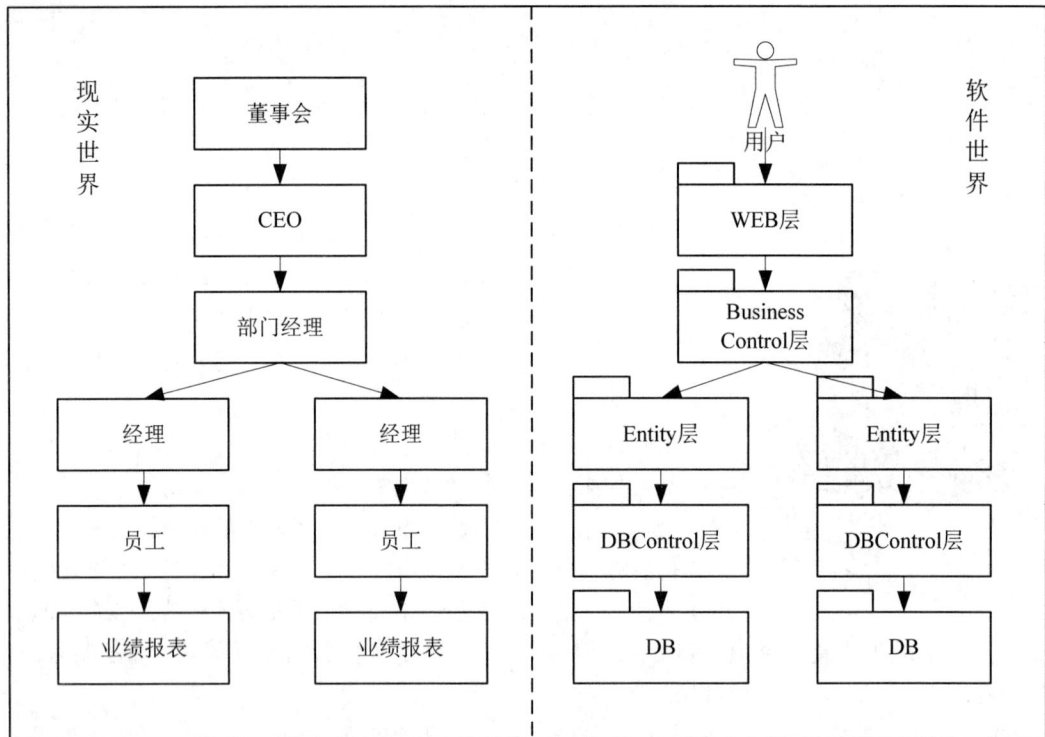

图 12.16　自顶向下分包原则

尽管在读者的项目里，软件层次也许没有本例中那么多，但至少也会有界面、逻辑处理和数据存储三个必需的层次。换句话说，在分包时应当避免将界面类、逻辑处理类和数据处理类混在一个包里，并且应当遵循界面类只能访问逻辑处理类、逻辑处理类只能访问数据处理类、不跨级访问、不自下向上访问的自顶向下原则。

12.4.1.2　职能集中原则

职能集中原则的意思是尽量将与一组业务功能有关的类分在同一个包里。如果违反这个原则，将与一个业务功能相关的类放置到多个包，就会出现职责不清的问题。

在现实世界里，我们总是希望很清楚地知道哪个部门办理什么事情，并且希望同一件事情只跑一个部门就能顺利完成。如果办一件事情要跑很多个部门才能完成，人们就会觉得办事难，效率低。在软件世界里，如果编写一个业务程序要从很多个包里去找与该业务功能相关的类，程序员也会觉得程序不好写，编程效率低。

这个职能集中原则在软件世界里反映为子系统、模块、子模块、功能模块的划分。关于划分子系统的问题，在第 20 章划分子系统的问题里还会进行更多讨论。在这里，读者需要先明白，职能集中原则希望将完成同一个功能的类尽量分在同一个包里。事实上，一个好的系统设计应当是高内聚、低耦合的，职能集中原则就是达到高内聚的目的，将关系最为紧密的类分到一个包里。

但是，职能集中原则应当服从于自顶向下原则。即，我们应当先应用自顶向下原则，将层次分

清楚以后，再来应用职能集中原则，在每个层次里划分职能。

图 12.17 展示了职能集中原则在自顶向下原则下的应用结果。

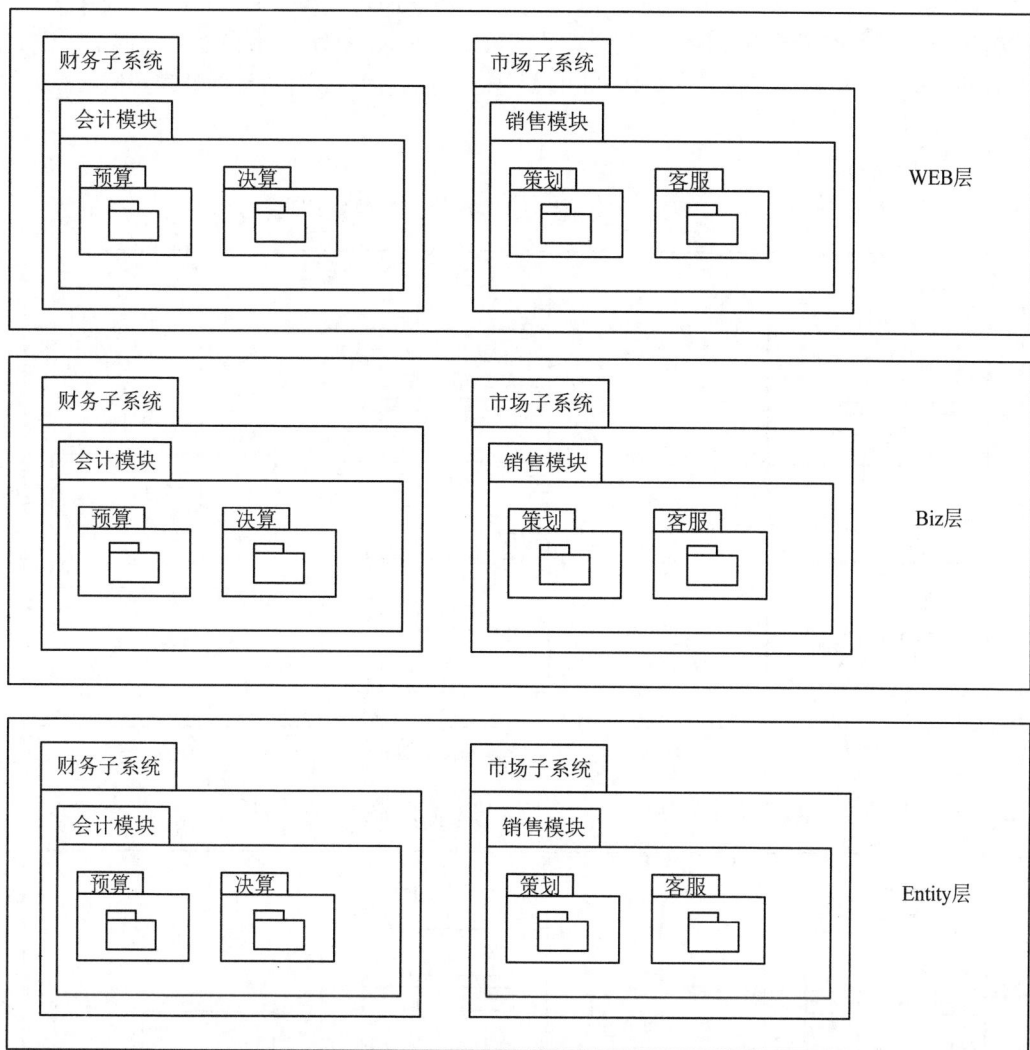

图 12.17　职能集中分包原则

12.4.1.3　互不交叉原则

互不交叉原则的意思是包与包之间的类尽量独立，不要让它们产生相互依赖关系。如果不可避免地要产生依赖关系，那也应当是树状依赖关系而不能是网状依赖关系。如果违反了这个原则，就会产生程序逻辑混乱、难以维护和扩展能力差的问题。

在现实世界里，我们非常讨厌遇到办一件事情去 A 部门，A 部门说去找 B 部门，B 部门又说去找 A 部门的情况。为了避免被当做皮球踢来踢去，我们希望最好跑一个部门就能把问题解决，即使不可避免地要找多个部门才能解决问题，那么至少应当是 A 部门交给 B 部门，B 部门交给 C 部门，而不是循环往复。

在软件世界里，我们希望最好一个包里的类不再依赖别的包。如果不可避免地要依赖别的包，那么我们也必须避免交叉依赖的情况出现，即我们可以允许 A 依赖 B，B 依赖 C，但不允许 A 依赖 B，B 也依赖 A。实际上，互不交叉原则的目标是为了达到优秀软件设计的低耦合原则，尽量减少包与包之间的依赖关系。

避免交叉依赖有两种办法：

- ■　一种是将交叉依赖的类单独分包，图 12.18 展示了这种处理办法。

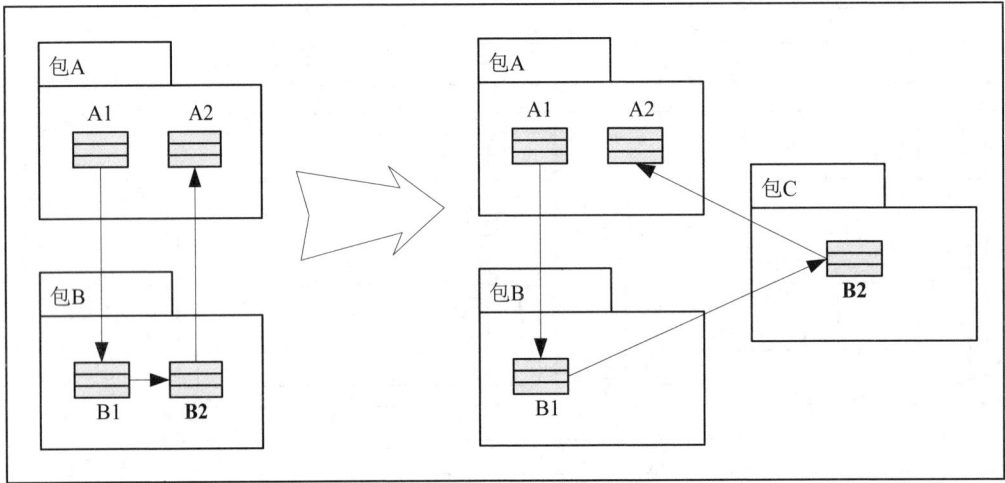

图 12.18　交叉依赖解决办法一

- ■　一种是增加新的类，并单独分包，图 12.19 展示了这种处理办法。

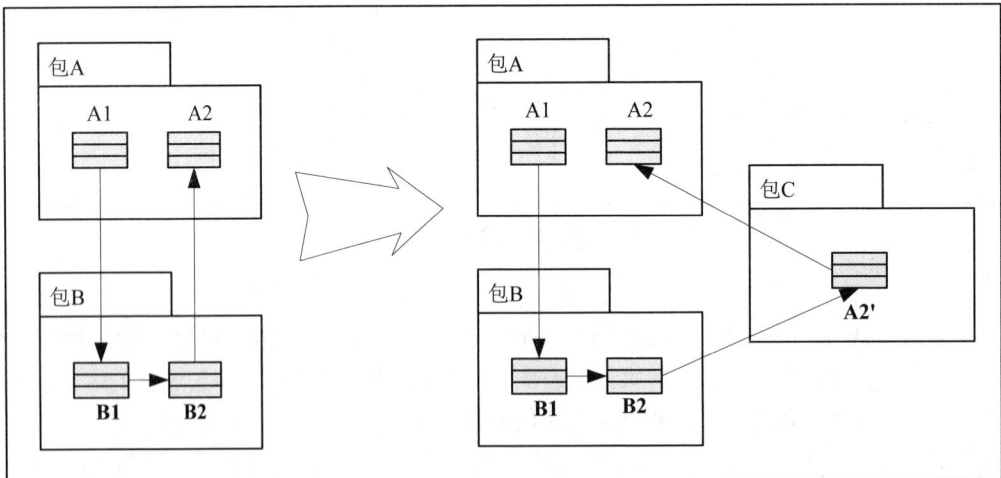

图 12.19　交叉依赖解决办法二

12.4.1.4 如何应用分包原则

通常情况下，应当遵循先应用自顶向下原则，再应用职能集中，最后应用互不交叉原则的顺序。即先将类按软件层次分包，在每个软件层次中再按职能集中原则分包，最后再按互不交叉原则调整的顺序分包。

但是有时候应用职能集中原则和互不交叉原则会产生两难的情况。例如，一个用于查询用户欠费的类被申请登记业务使用，但是该类是由财务管理包提供的，它属于财务管理职能；同时，财务管理也会用到申请登记业务包里的查询用户登记日期的类，查询用户登记日期类又是属于申请登记业务职能的。这时就产生了一个两难的选择：如果按职能集中原则将查询用户欠费类归入财务管理业务包，将查询用户登记日期类归入申请登记业务包，那么财务管理包和申请登记包将产生交叉依赖；如果按将这两个类分到一个新包，虽然可以解决交叉依赖的问题，但是又违反了职能集中原则。

实际上，这个问题就是在设计过程中经常会遇到的所谓的"公共类"问题。在设计过程中，总有一些类是被多个模块共同使用的，但是从职能上说，它们又属于其中一个模块。如何处理这种情况呢？在这种情况下，我们还是应当以互不交叉原则优先。因为相对于职能集中原则能带来结构清晰和编程简便的好处，相互依赖带来的是软件整体依赖关系混乱、难以维护、扩展性差等更严重的问题，因此将这些类分到"公共类"包里要更好。当高内聚和低耦合产生冲突的时候，通常低耦合是更好的选择。

但是还有一个问题，这些从各个模块里抽出来的类，胡乱地被放在一个所谓的"公共包"里，既难于管理，又难于理解，很可能所有"公共类"之间是毫无关系的。有一种折衷办法是从接口设计入手，为模块设计出公共接口包，这些接口包形成了所谓的"服务"包。图12.20展示了这种解决办法。

包C是一个典型的服务包，虽然看上去包C分别与包A和包B形成了交叉依赖的关系，但是由于包C里只有接口而没有实现，从耦合的角度来说，接口依赖带来的问题比实现依赖要少得多，我们因而得到了一个折衷的方案。

这个例子从另一个方面再次强调了接口设计的重要性，如果依赖不可避免地要出现，那么我们宁可产生接口依赖也不产生实现依赖。

12.4.2 现在行动：设计包

在安排本书提纲的时候，作者曾经很犹豫是否应当把包设计这一部分安排到系统分析一章而不是系统设计一章来讲。因为实际上，绝大部分的包设计工作应当在系统分析阶段就决定下来了。

具体来说，自顶向下原则和职能集中原则都是在分析阶段就可以完成的。因为自顶向下原则最主要取决于软件架构，而职能集中原则则基本上取决于系统用例分析以及因此而得到的分析模型。而到了系统设计阶段，将分析类映射到设计类以后，更细致的依赖关系显现出来，因此需要应用互不交叉原则来调整包结构。

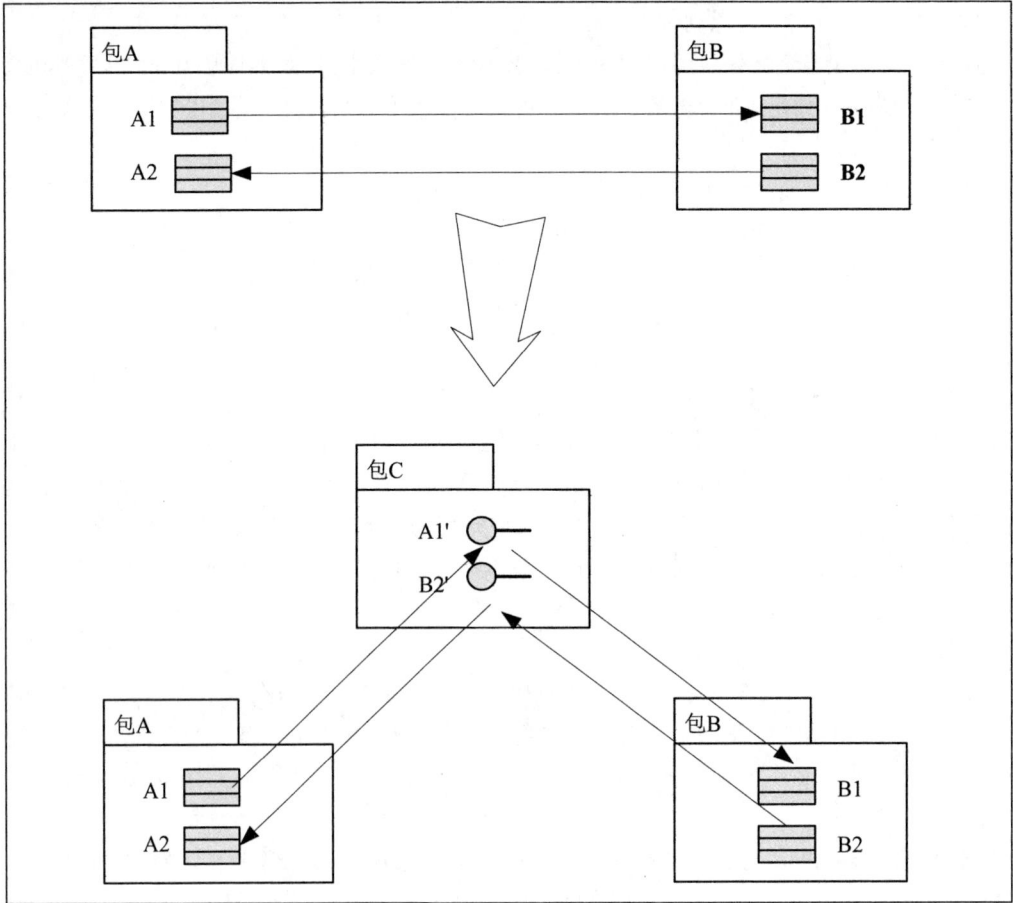

图 12.20　公共接口包

但是作者担心在系统分析阶段讲述分包问题与读者们惯常的理解差异较大，出于习惯做法的考虑，决定将本节设计包的内容安排到系统设计阶段来讲述。然而读者通过学习系统分析一章应当意识到，分析模型抽象层次高于设计模型，因而更稳定，工作量也要少很多，将分包工作安排在系统分析阶段开始，在系统设计阶段再来调整绝对比只在系统设计阶段来进行要好得多。图 12.21 展示了分包工作在项目各阶段的执行参照。

12.4.2.1　设计软件层次包

实际上，在系统分析一章里，虽然我们没有明确地提到分包工作，但是软件架构的建立已经事实上确定了软件层次包并应用了自顶向下的原则，软件层次包如图 12.22 所示。

按照惯例，包名的命名规则为：组织类型（如 com、org）+项目或产品名称+具体内容，根据这一惯例，本书中供电企业管理信息系统的顶级包可以确定为如图 12.23 所示的结果。

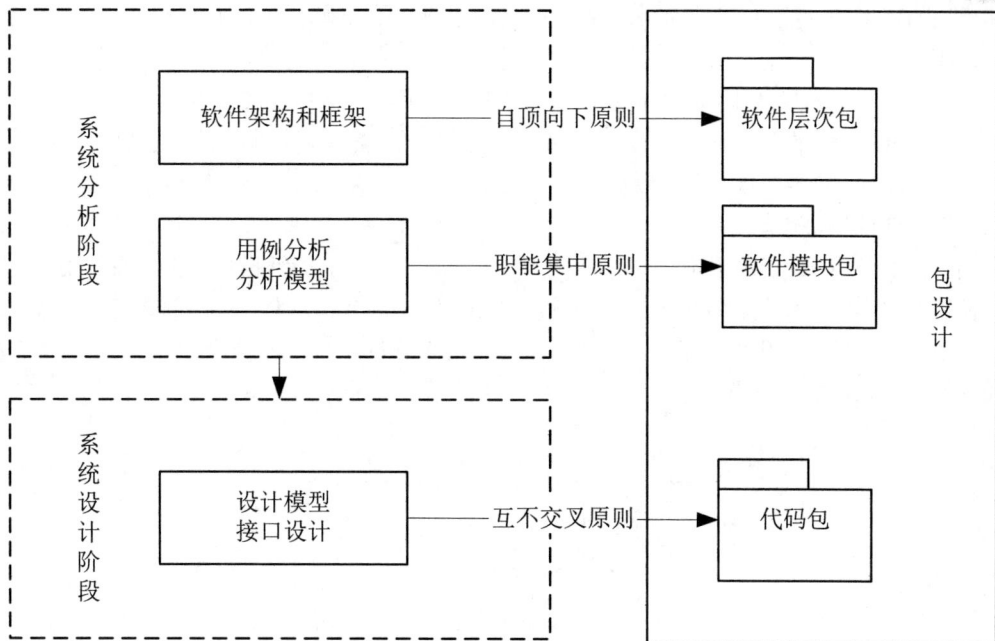

图 12.21　项目各阶段的分包工作

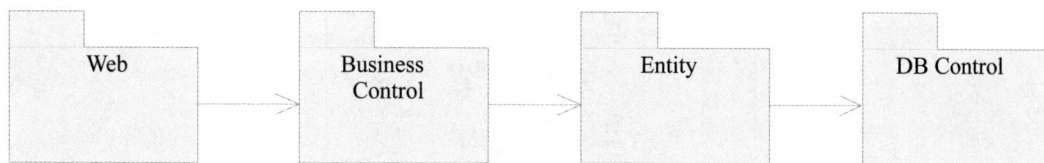

图 12.22　软件层次

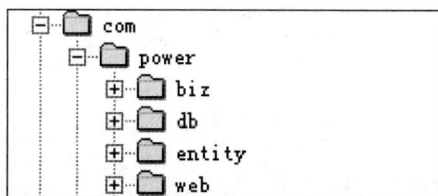

图 12.23　软件层次包设计示例

12.4.2.2　设计软件模块包

在传统的概念上，软件模块包是以系统、子系统、模块、子模块的顺序定义的。而系统、子系统、模块、子模块的最著名的划分依据便是 UC 矩阵。然而细心的读者会发现，到现在为止，本书还从来没有讲过子系统、模块的划分问题。当然不是作者疏忽了，而是在以用例驱动的开发模式下在以面向对象为中心的设计方法下，子系统、模块的概念与传统方法已经完全不同了。传统划分子系统和模块的依据是功能点，但是本书所讲述的方法里只有用例和场景，因而传统的方法已经不适用于用例驱动和面向对象。关于这一点，在第 20 章划分子系统的问题里还会进行更多讨论。

在用例驱动的开发模式下，软件模块的划分依据是用例。读者应当还记得，一个用例就是一个需求单元、分析单元、设计单元、开发单元、测试单元甚至部署单元，本书的例子也是从业务用例开始，一步步分析、推导，直至分析模型和设计模型的建立。这个过程本身就导致了自然分包的结果：以用例为软件模块包。

用例分为业务用例和系统用例，如果业务用例普遍粒度较大，能够推导出很多系统用例，则应当将业务用例定义为一个包，将推导出的系统用例作为它的子包；如果业务用例普遍粒度较小，只能推导出数量很少的系统用例，那么可以只用系统用例来分包。在本书的例子里，我们由申请永久用电业务用例开始，推导出申请登记、分配勘察等系统用例，自然地，我们可以得出如图 12.24 所示的软件模块包。

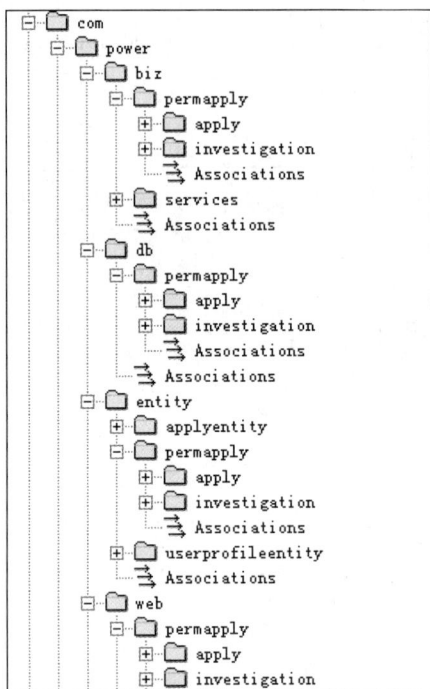

图 12.24　业务模块包设计示例

以用例来分包的方式显得自然而然，由于用例本身的特性之一就是独立性，不依赖于别的用例而独立完成用户需求，因此我们从用例推导而出的包自然而然地从用例继承了高内聚的特性，我们知道这些包里的所有类都与某个业务功能相关，因为这些类就是从用例场景当中推导出来的。

但是用例分包方式只解决了业务需求相关的类分包问题，那些软件架构的类和软件框架的类又如何分包呢？在本书的例子中，我们至少知道的有交互业务规则框架、历史数据版本管理框架。这

些软件框架并不是通过用例推导出来的。

软件框架不是通过用例推导出来的，并且软件框架应当是独立于业务功能的，业务功能可以依赖软件框架，但是软件框架不能够依赖业务功能。换句话说，软件框架应当是与业务功能的包结构完全隔离的。

但是软件框架与用例包结构也有类似的地方，即它们都首先仍然要服从于软件架构。因此虽然软件框架包与业务功能包在两棵不同的树上，但是它们具有相同的软件架构顶级包。根据本书的例子，我们可以得到如图 12.25 所示的包结构。

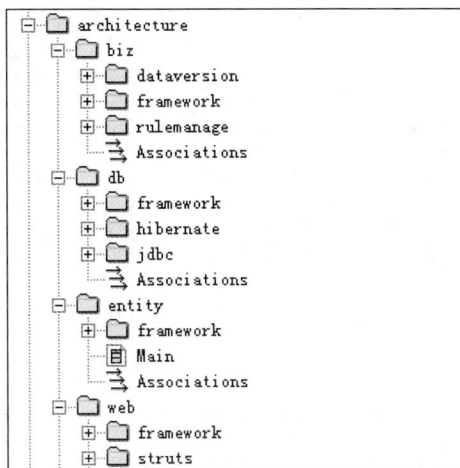

图 12.25　框架模块包设计示例

我们可以看到软件框架包结构与业务功能包结构一样遵循着软件层次包结构。例如，web 层中除了架构设计时确定的框架类包（framework）之外，还有所使用的第三方软件框架包 struts；biz 层中除了架构框架类包（framework）之外，还包含交互业务规则框架（rulemanage）、历史数据版本管理框架（dataversion）；同样的道理，处理数据的第三方框架 hibernate 包和数据库驱动程序包 jdbc 就会出现在处理数据的 db 层中。

虽然分包时没有明确指出，但读者可以感觉到框架类在设计包时仍然应用了职能集中的原则。每个包都集中了一个明确的职能。

12.4.2.3　设计代码包

如果说设计软件层次包是系统架构层次级别的，主要应用自顶向下原则，那么设计软件模块包就是系统框架级别的，主要应用职能集中原则，而设计代码包则是实现级别的，除了将类对号入座到对应的模块包之外，还要考虑到实际类之间的依赖关系，主要应用互不交叉原则来进行。

再次重申，虽然包设计安排到系统设计一章才讲述，但作者推荐的方式仍然是在系统分析阶段依靠软件架构和框架以及分析模型来完成软件层次包和软件模块包设计，并且分析类已经对号入座到了软件模块包。在系统设计阶段应当只剩下针对耦合情况应用互不交叉原则进行微调的工作，并且在出现职能集中原则和互不交叉原则冲突时进行必要的包调整或接口设计。

在本书的 12.3.2.1 为单个对象设计接口一节的例子中，我们为每个单独的类设计了接口；在 12.4.1.4 如何应用分包原则一节中，有一个服务接口包调整的例子。综合上面的例子，我们得到如图 12.26 所示的包结构。

下面的示例是针对 biz 层的设计结果。可以看到，在 biz.permapply.apply 包中放置的全部是关于申请登记业务用例所需要的接口以及设计图、场景图等；而在 biz.permapply.apply.impl 包中则是申请登记的实现类。在 biz 层中多出一个 services 包，该包内放置的就是那些为了解决跨越了一个或多个模块包，并且引起了双向依赖的接口。在 12.4.1.4 如何应用分包原则一节中，为了查询欠费的详细信息，申请登记模块需要向财务管理查询；而财务管理又需要向申请登记查询。为了解决这个双向依赖问题，我们抽象出一个欠费查询服务，将实现这些服务的接口放置到 biz.services.owesquery 包里。

图 12.26　代码包设计示例

12.4.3　进一步讨论

本节上述的包设计原则是一个普遍的原则，依据用例分包，并进行一些调整，实际上就是一种以职能集中优先的分包原则。这种分包方式在大部分情况下可能都是适合的。但是在实际项目中，应用软件可能并没有那么单纯，当以职能集中为优先原则时，虽然包内的聚合度较高、包之间的依赖较少，但造成的结果很可能是使用不方便。

12.4.3.1　第一个讨论：面向服务设计

在实践中，也许有大量的业务功能是跨越多个模块的。职能集中导致一项业务功能所需要的接口和实现类分散在众多的包里，为了完成一项业务功能我们需要引入很多包并调用众多接口，除了使用不方便之外，对编程者也造成了理解上的困难。

造成这个问题的原因是职能集中导致的接口分散。虽然我们可以再设计一组接口将分散的接口组合在一起向外提供服务，即面向服务的设计，但是如果这是一个普遍存在的情况，工作量和维护量可能会成为一个问题。在这个时候，我们需要在职能集中和使用方便之间做出权衡，或许面向服务带来的使用方便会成为优先的包设计考虑。

当使用方便成为优先考虑时，包设计应从使用者的场景出发，将使用者某个场景要用到的所有接口、类集中到一个包，面向客户所需要的服务来设计包，哪怕该服务包里的接口和实现本来是属于多个业务职能的，哪怕不是那么的符合面向对象原则。

这种情况通常发生在与用户接口联系紧密的层次上，比如 WEB 层和 Biz 层。这些层次的类大量与用户交互，使用方便很可能成为第一优先考虑的原则。但是作者提醒，虽然使用方便也是衡量

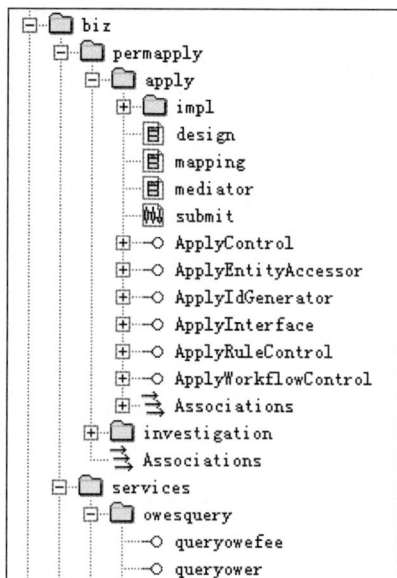

一个好软件的重要评判标准，但是如果只考虑使用方便则很容易失去面向对象带来的易维护、易扩展的好处。所以虽然从工作量上来说设计和维护多个接口要大一些，但是为了易维护和易扩展，牺牲一些工作量也是值得的，尤其对那些生命周期长，计划多个版本持续演进的软件来说，保持职能的集中和接口的扩展才是软件健康成长的保证。

图 12.27 展示了扩展接口以获得使用方便性，但同时保持实现职能集中原则以获得扩展性和维护性的面向对象优势的包设计方法。

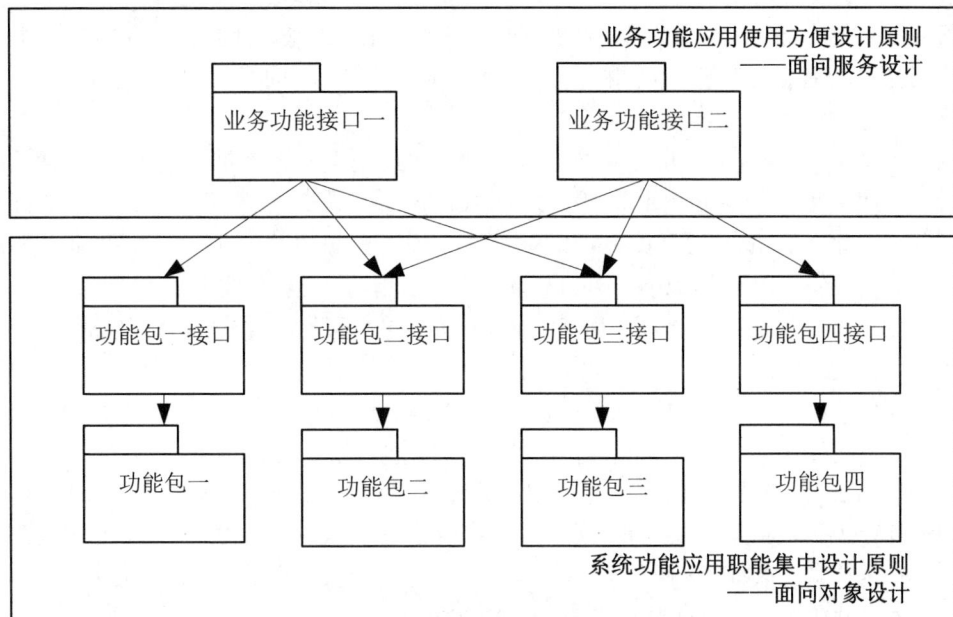

图 12.27　面向服务与面向对象包设计结合示例

提到面向服务的设计我们就会想到 SOA，关于 SOA 是提供粗粒度服务的这一定义从图 12.27 中可以看出一些端倪。SOA 并不是定位于系统实现设计的，实际上它要做的事情是将分散但职能集中的各个系统模块整合起来形成面向服务的一组接口，并通过 SOA 架构形成组件，向外提供服务。这就是所谓粗粒度，一个 SOA 组件或接口整合了大量的内部分散的、独立的系统功能而向外展示一个完整的服务整体，甚至包括整合业务的流程定义（BPEL）。

如果仅仅观察 SOA 组件，它们并不是那么面向对象的，甚至你可以说它是面向过程的——因为 SOA 致力于向客户提供一组连续的服务接口、规则和数据，这是面向过程的——但是，如果我们再往深处看，就会发现 SOA 的面向过程是建立在良好的对象结构基础上的。正是因为良好的面向对象的系统结构提供的面向对象优势，如职能集中、扩展性、功能的粒子性才使得 SOA 可以很好地快速整合系统功能形成面向过程的服务组件。假设我们的系统没有经过良好的面向对象设计，功能是完全掺杂在一起的，SOA 在整合服务时也会遇到许多困难。

所以，面向服务带来的使用方便和面向对象带来的职能集中、功能独立并不矛盾。一个好软件还是以良好的面向对象设计为其根本。

12.4.3.2　第二个讨论：面向对象设计

在实践中，也许有一些类是被大量共享的，即从职能集中的原则来说，它应当存在于许多个包里，这就产生了冲突。实体类是特别典型的。例如在本书的例子中，申请单这个实体是贯穿于整个申请业务的，甚至还可能被别的子系统如财务系统访问，要从职能集中的原则出发的话，我们根本不知道应该将这个申请单实体类放在哪个包里。

产生这个问题的原因是我们将职能集中原则置于互不交叉原则之上。职能集中原则从系统用例而来，而系统用例本身是代表了业务功能的（从业务用例推导而来）。因此我们从职能集中原则出发设计包时不可避免地被业务过程影响，从而也不是非常纯粹地面向对象，也因此出现了一个对象应当属于多个包的情况。

实际上实体类所在的 entity 层与 web 层和 biz 层不同，它并不直接面对客户，换句话说在客户看来它是一个"黑匣子"，客户也不关心有多少个 Entity 类，各长什么样子，客户关心的只是他所看到的结果。因此，在 entity 层上我们可以尽量地应用面向对象的设计原则，不考虑业务过程如何而只从对象本身的特性出发来考虑最小依赖、最高独立性等。因此我们实际上可以不关心业务过程将如何来使用这些实体对象，只需要应用互不交叉原则，将联系最为紧密的实体对象放在一个包里，尽量减少包之间的依赖。

在本书的例子里，用户档案相关的实体类（请参看图 9.21）、申请相关的实体类（请参看图 10.6）从对象角度说是联系最为紧密的，因此我们可以将它们分包成如图 12.28 所示的结构。这个结构与图 12.24 中的 permapply 包专门放置与申请登记相关的实体类的做法是完全不同的，applyentity 包和 userprofileentity 包并没有考虑业务上的分类，不管申请登记用例、分配勘察、财务管理欠费查询等系统用例是由谁来使用，我们只保持对象间最纯粹的对象关系。将与申请单相关的实体类和与用户档案相关的实体类分别放置到 applyentity 包和 userprofileentity 包里。

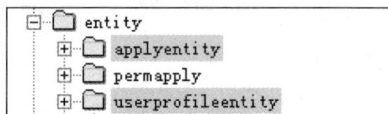

图 12.28　纯面向对象包设计示例

这种放置方法虽然很面向对象，但带来的问题仍然是有些业务可能不得不从多个包里找出需要的实体类并将它们组合起来形成业务上真正需要的数据类。为了解决这个问题，我们需要为业务定制一个实体类来组合这些分散的实体类以便于业务使用。实际上，本书例子中的 VO 对象就是起这个作用的。从面向对象的角度，将申请单与用户档案分开是合理的，但在有些场合，用户需要在界面上展示出来的很可能是申请单对象数据与用户档案数据混合以后的表单，而一个 VO 对象正是为此定制。VO 对象整合申请单对象与用户档案对象，以一个整体的形象向外服务。

如果有可能，一个位于 entity 层上的框架将负责从实体对象到 VO 对象的组装以及从 VO 对象到实体对象的分解过程，因而减少编程量。但若没有这样的框架，则可能不得不编程来实现这一过程，工作量的增加是显而易见的。这或许也是许多项目中直接把实体对象当成业务对象使用的原因，

而通常情况下，实体对象一一对应数据库中的数据表，因此相当于数据库表被应用到整个程序逻辑中，也因此对很多项目来说，修改数据库表结构绝对是一件恐怖的事。

在实体对象上层再抽象一层 VO 对象或许是一件耗时的工作，不过有两个例子可以作为类比以说明它存在的价值。一个例子是商业智能工具，即数据仓库和数据挖掘工具，对商业智能工具来说，数据库表是数据层，真正用于数据分析的是建立在数据层之上的语义层，相当于 VO 的作用；另一个例子是 SOA 中的 SDO 规范，SDO 是一套基于 XML 的规范，用于定义数据对象，称之为 DataObject，在 SOA 的流程中使用的并不是原始的实体对象，而是经过 SDO 整合以后的 DataObject 对象，其作用也相当于 VO 对象之于持久化对象。

12.5　提给读者的问题

提给读者的问题 42

请读者从曾经做过的一个项目出发，查看以前的包结构，并做以下练习：
（1）以前的包设计是否应用了自顶向下原则？若有，绘制出包层次。
（2）以前的包设计是否应用了职能集中原则？若有，列举出每个包所承担的职能。
（3）以前的包设计是否应用了互不交叉原则？找出一些交叉依赖的包的例子。
（4）综合考虑自顶向下、职能集中和互不交叉原则，如果重新设计包你将会设计成什么结构？

提给读者的问题 43

请读者从曾经做过的一个项目出发，查看以前的包结构，找出这样的情况：某段业务程序需要调用多个包里的多个接口或类才能完成。然后，从方便使用者的策略出发，将完成该项业务功能的接口抽象出来形成新的服务包，改写原来的程序。体会两种分包方式带来的不同编码体验。

13

数据库设计

在许多项目当中，数据库设计的开始是相当早的，甚至与需求同步进行——当拿到业务表单需求后，数据库设计便开始了；而有的项目，整个的设计就是以数据库设计为核心的，顶多加上界面设计，整个分析设计过程就算完成了。所以习惯了这种开发方式的一些读者可能会抱怨，数据库设计为何到了整个设计过程都结束了才来讲述，因为对他们来说数据库设计是那么重要，简直就是整个软件设计的核心。那么数据库设计真的那么重要吗？在面向对象的分析设计方法里，数据库设计是怎样的一个位置呢？

13.1 关公战秦琼——面向对象与关系模型之争

常见网络上到底是面向对象的设计重要还是数据库设计重要的争论，有的争论甚至到了有你无我的生死之争。支持面向对象的同学们列举出无数面向对象的优势之处，大体为扩展性好、可维护性强等，争论说好的软件最重要的是采用真正的面向对象设计；支持数据库设计的同学们也列举出许多数据库的好处，大体为快速高效，性能好，争论说数据库设计的好坏直接影响系统的性能，况且大量的项目没进行面向对象的设计一样很成功云云。可惜这样的争论注定是没有输赢的，面向对象建模与关系数据建模两者之争就像是关公战秦琼，比错了地方。

实际上，两者所面对的领域和要解决的问题是根本不同的。面向对象致力于解决计算逻辑问题，关系模型致力于解决数据的高效存取问题，面向对象与关系模型表达了两种截然不同的世界观，它们是如此对立：

■ 动态与静态

面向对象试图为动态的世界建模,它要描述的是世界运行的过程和规律,进而适应发展和变化,面向对象总是在变化中处理各种各样的变化。例如许多设计模式的目的都是为了动态地加载业务逻辑。在面向对象中,数据是以对象属性的方式存在的,很多情况下这些对象的属性不是为了保存数据,而是记录行为状态,数据因行为而改变,同时导致下一个行为的变化。

关系模型为静态的世界建模,它通过数据快照记录下了世界在某一时刻候的状态,在任何你可以访问它的时候,它都是静止的。关系理论当中的完整性约束以及各种事务隔离和锁机制禁止了数据处于动态中:要么整个世界相关的状态都更新成功(commit),要么整个世界保持不变(rollback),绝不允许访问不确定的状态。

■ 封装与开放

面向对象试图封装自己,任何对属性的访问都必须通过行为(方法)来进行。这是因为面向对象处理的是动态系统,而属性变化会引起行为变化,未经过行为逻辑验证的属性改变会产生不可预知的后果。封装可以隔离那些偷偷摸摸的属性变化,从而保证系统的稳定;封装也使得更改更加容易,被封装的内容可以更改而不需通知他人。

关系模型则崇尚开放,它极力挖掘数据之间任何可能的关系,通过关系从一张表的数据关联到另一张表的数据,它通过 SQL 可以把所有有关系的数据都拉到一起形成一个结果集。视图更进一步强化了数据之间亲密无间的共享,视图使得多个表中的数据看上去根本就是一体的;而数据仓库则把这种共享发挥到了极致:不但有平面关系,还有立体的、多维的关系,从任何一个角度都可以共享数据。

你看,面向对象与关系模型就是如此针锋相对,它们之间的这种根本性差异导致了它们很难在一起亲密合作。那么我们是不是干脆来个快刀斩乱麻,要么面向对象,要么关系模型,有你无我呢?但是世界上的事情就是如此奇妙,正如大话西游里的台词:有一天当你发觉你爱上一个你讨厌的人,这段感情才是最要命的!面向对象与关系数据的正是这样的一对欢喜冤家。

面向对象尽管描述动态的行为,但它有时候需要把属性在相当长的一段时间内固化下来,以使得当系统停止一段时间后,仍然能够紧接着先前的行为正确地继续下去。在面向对象当中,这称之为对象的持久化。而关系型数据库正是一个极好的持久化工具,既安全又高效。

关系模型尽管描述静态的结果,但是它也总是要经历从一个静止状态到另一个静止状态的变化过程,这些变化过程有时候是相当复杂的。数据之间的关系越复杂,共享度越高,保证静止状态之间的转移的完整性就越困难。而我们知道,处理复杂的逻辑却是面向对象最擅长干的事情。

你看,这对冤家不但不是你死我活的关系,而且还是极好的互补。它们的世界观反映了这个世界的两个面,这两个面都是需要的:我们既需要动态运行的世界;也需要随时观察、审视和总结世界某一时刻的静止状态。幸好这两个面不是鱼与熊掌,它们是可以相互合作的。只是,要让它们好好合作却也很不容易。首要的原因是两者之间截然不同的世界观,其次是两者的定义不兼容,这一点在稍后的章节里再详细描述。

13.2　相辅相成——面向对象的数据库设计

　　本节内容摘自我早些时候发表在博客里的一篇文章。起源于一位网友向我问起数据库设计的问题，他迷失在了面向对象方法和数据流建模两个方法里。会迷失的原因正是上一节当中讲到的两种思路的根本冲突。在这里我把该篇文章完整地摘录下来，给还未看过我博客的读者看看，有助于更深刻地理解面向对象设计方法和数据库设计方法之间的区别和联系：两者是相辅相成的。

　　以下为摘录内容：

- -

　　网友 fdshxp 问道：

　　在软件开发时要进行数据库设计，现在通常的做法是需求分析，做数据流图，画 ER 图，这些显然是面向过程的东西，而在面向对象分析设计时，只是提数据库设计的内容，具体怎样做？虽然可以将数据库操作封装起来，但要设计的数据库表不能通过拍脑袋的方法获得，总不能再去画一遍数据流图吧！

　　我回答：

　　在面向对象中，是没有数据流这一说法的。业务的完成是由对象及消息来完成的，只有"对象流"，没有数据流。

　　只是在现实中，绝大部分的对象持久化是用关系数据库实现的，我们还没有在性能上和查询上可以顶替关系数据库的对象数据库。设计数据库表的目的是不考虑所谓"流"的，考虑的是如何把对象高效地持久化。可以说，数据库设计和之前的面向对象设计是两个领域的问题，面向对象设计解决业务执行逻辑问题，数据库设计解决数据高效问题（它根本不考虑流控制的概念），它们中间通过 OR-Mapping 的机制结合起来。如果你对此一直有疑问，那说明你试图在设计数据库表时考虑通过数据库表设计表达业务逻辑问题，而不是考虑如何高效的持久化对象。

　　假设，现在技术成熟到我们已经有性能不低于关系数据库的 XML 持久化机制和对象查询机制，任何对象都可以直接持久化而不需要 OR-Mapping，那么还需要设计数据库表么？

　　网友 fdshxp 继续问道：

　　谭老师，你好！很荣幸收到你的回信！

　　你回信中说：面向对象设计解决业务执行逻辑问题，数据库设计解决数据高效的问题，说得真好。

　　我的确是通过数据库表设计表达业务逻辑问题，因为在看许多数据库方面的书籍的时候，书上都是这么说的，例如人大的王珊教授的《数据库系统概论》中说：数据库设计是指对于一个给定的应用，构造优化的数据库逻辑模式和物理结构，并据此建立数据库及其应用系统，使之能够有效地存储和管理数据，满足各种用户的应用需求，包括信息管理要求和数据操作要求。我的理解就像你所说的，通过数据库表设计表达业务逻辑问题，比如可以设置约束限制数据，通过触发器对相应的业务进行自动化处理。

　　我在软件开发方面的学习可谓是一波三折，一开始，学习了 C/C++，什么也不能做，后来接触 VC++，由于其体系庞大，也没有做出什么来，转到 VB、Delphi 上，很轻松，做了一个小的项目，看到 VB 和 Delphi 与当今技术的差别，现转到.NET 上来（始终没敢转到 Java 上）。

　　正像你《大象》一书中说的那样，我用面向对象纯粹是为了改进开发效率，通过封装、继承、多态等手段重构代码。进行数据库主要是为了存储业务数据，为了更好、更全面地管理业务，我按照数据库书上讲的，进行了面向过程的分析，画数据流图和数据字典，以求得对业务数据全方位的认知，接下来，整合业务数据画 ER 图，将其转化为数据库表。

　　说实话，Hibernate 的 ORM 映射，我没用过。在进行面向对象分析和设计时，如果不用 ORM，如何将数据库设计融入其中，我现在还是一头雾水。现在许多书上的做法是：先建立数据库表，然后将其封装，设计类。这种做法看起来很好。但是表是怎样推出来的，究竟设计几个表合适，还是不知道。

　　通过谭老师你的书，我认识到设计的重要性，认识到编程的可推导性，从分析设计中推导出编码的要素。但是现在大部分的系统都需要数据库的支持，用数据库来存放业务数据。

　　面向对象设计中，如何设计数据库的问题，请谭老师在不忙的情况下，给我一个设计程式。

　　我想是时候谈谈面向对象数据库设计的一些想法了，在回答这位网友的同时更多地讲讲面向对象方法里如何设计数据库。

　　首先想说的是面向过程的数据流分析方法不是不正确，只是它不符合对象分析方法。两者的出发点是不同的，就像向两个不同方向前进的队伍，是无法调合的。而现在很普遍的所谓面向对象设计时"先建立数据库表，然后将其封装，设计类"这种做法则是**彻头彻尾的错误！**套上一个面向对象的马甲，干的是完全不面向对象的事情。面向过程方法下的表设计还有数据流为推导，而这种伪对象方法为了穿上面向对象的画皮而抛弃了数据流的马甲，却又不按照对象分析方法行事，就更不知道数据库表是如何推导出来的了。

　　运用最广的 Hibernate 在实际中有太多的误用，OR-Mapping 被仅仅当成数据库物理表和对象之间的简单一一对应，其本质还是先设计数据库再设计类。再强调一次"面向对象设计解决业务执行逻辑问题，数据库设计解决数据高效问题"，它们本质上是两个领域的设计，只是由 OR-Mapping 来连接它们。要采用面向对象方法，首先要忘记数据库的存在，采用对象分析方法，先把对象分析和定义出来，保证业务执行逻辑能够被这些对象很好地完成。达到这一点后，再来考虑对象持久化的问题。依据数据库的三大范式以及性能要求来把对象持久化。注意，这时我们设计数据库要解决的问题是"对象数据高效持久化"，而不是业务逻辑！它不是从需求中推导出来的！例如面向过程的设计中，一张申请表很可能被设计成一张物理表；而面向对象设计中，很可能没有申请表这么一张物理表，而只有"用户资料"、"申请流程"、"申请资质"等对象表，所谓的申请对象，是在运行期由这些对象聚合而成的。

　　每个对象都有自己的属性和状态，我们需要把这个对象的属性和状态保存在数据库中，那么最理想最简单的情况，就是一个对象对应一张物理表，而对象之间的关联关系（一对一、一对多、多对多）也可以简单地映射成数据库的主—外键关系。但还有很多非数据库关系需要考虑，如继承、聚合、依赖等。一张表如何继承自另一张表呢？关系数据库显然没有这样的定义，这就需要用 OR-Mapping 来完成这种语义的转换。例如，当实例化一个子对象时，OR-Mapping 负责从代表了"父"对象的表中读出父对象属性并将其赋值给子对象，并且当父对象变化时，OR-Mapping 需要把这一变化反映到所有子对象实例（这只是一种 OR-Mapping 方案，也有在所有子表里冗余存储父对象属性来实现的）。再比如聚合对象，一个公司对象由公司基本信息以及一个部门 List 构成，那么在持久化这个对象时显然需要把它分成公司表和部门表（一对多关系），在业务逻辑执行过程中操作公司对象时它们始终是一体的对象，但当 CUDR 这个对象时 OR-Mapping 要负责将对对象的操作转化为对两张表的操作。而依赖表示两个对象之间相互依存的关系，当一个变化时另一个相应地要变化。这在数据库中可以由 Insert/Update/Delete 引发的 trigger 来实现，但更好的做法显然是由 OR-Mapping 来实现这种关系的管理。

实际上我们所遇到的情况只会更加复杂，一个复杂的业务对象可能对应数据库中的许多张表；一些简单的对象也可能只对应数据库中某张表的一部分。现在我们应该明白 OR-Mapping 的作用了，它不是负责将数据表直接翻译成为对象那么简单，它负责的是将对象关系语义转化成数据关系语义。换言之，OR-Mapping 负责的是"数据"和"表现"的分离，数据如何存储和查询是一回事（由三大范式和性能优化考虑决定），数据如何表现又是另一回事（由业务执行逻辑和高效面向对象设计决定）。如果一个 OR-Mapping 做得足够好，能完美支持对象关系和数据关系的转换的话，就可以独立地更改对象和数据库，之后只需要重新配置一下 mapping 关系即可。

一个典型的例子，在面向对象的设计中，业务逻辑和控制逻辑通常是分离的。比如一个定单对象，在业务执行逻辑上，除了业务数据，它还需要一些状态属性来标识流程控制进程；但是流程控制进程通常都不是业务数据的一部分，它只是系统的控制逻辑。在好的面向对象设计中，这种控制逻辑是可以分离出来用另一组对象来标识，再通过对象的聚合或者对象之间的依赖注入来将两者动态绑定的。在以数据流为基础的数据库设计中，通常的做法是将状态控制字段与业务字段设计在同一张表里的。其结果是控制逻辑与业务逻辑被静态绑定，这意味着两者都不能独立变化。只要查看一下现在的很多系统中，当流程变化时导致要更改业务表，或当业务数据变化要改流程，就说明该设计不是一个面向对象的设计，或者至少是一个糟糕的面向对象设计。真正好的面向对象设计会分离业务逻辑和控制逻辑，在运行过程中业务对象与流程控制对象是独立加载并在流程控制框架下动态绑定的。这意味着两者都获得了独立变更的能力。在此基础下持久化业务对象和流程控制对象的结果是必然会形成一组流程控制表和一组业务数据表，它们两者之间是没有静态依赖关系的，某个流程实例的控制状态只会存在于流程控制表而不会存在于业务表中。因此，流程控制与业务得以解耦而独立变更。

如果将革命进行得更彻底一些，我们甚至可以仅仅将数据库视为保存数据的一种手段，而放弃数据库的约束，如主－外键关系。在笔者以前进行的一个项目中进行了这样的尝试，所有数据库表之间均没有主－外键关系，没有 trigger，没有约束，每张表都是独立的，每张表都是直接对象的持久化的结果，数据库甚至不管理对象之间的关联关系，每张表仅由一个唯一的主键 ID 来标识对象实例。而对象之间的关系全部抽象出来用一组对象关系表来管理，一条关系表记录表示两个对象

ID 之前的一种关系，由一个对象关系管理框架来管理它们。对象关系管理框架管理对象之间的"关联"、"继承"、"依赖"等简单关系，同时经过扩展，这些关系可以扩展成为更复杂的对象关系，例如可以在关系当中加入时间因素，表示某两个对象在一定时间之内是"关联"的或"继承"的；也加入版本因素，表示某两个对象在某个版本当中是"关联"的；甚至可以加入条件因素，用一个正则表达式来表达在什么条件下两个对象产生"关联"关系。在这个管理框架下，对象理论上拥有无限的扩展能力，而这种能力却不依赖于数据库。一张数据库表的变化仅仅影响它对应的持久化的那个对象而已。我们完全可以在程序中动态地创造出对象关联（向关系管理框架中加入一个关系实例），从而动态地创造出一个全新的对象，我们也可以扩展关系管理框架中的关系而得到更加复杂的对象组合。

但是彻底的革命也并不是完美的，这种与数据库关系彻底的决裂意味着我们同时放弃了数据库的高效，完全由程序来管理对象关系不但引入了一个复杂的框架，同时整体性能也大受影响！例如，一个拥有子对象的对象在采用数据库关系管理时，我们可以用一条 SQL 语句来加载这个对象；在采用对象关系管理框架以后，我们必须先得到一个对象，然后向关系管理框架咨询它所关联的对象 ID，然后再加载它，这个过程必然产生多条 SQL 调用。CURD 所有操作都需要额外地向关系管理框架咨询和操作，得到扩展能的同时牺牲了性能。但现实就是这样，人生不如意十之八九，得到一些总是会失去一些的。好在在性能要求不太高的场合，这个框架是相当有效的！以致于在项目过程中我们从未对数据库修改头疼过，因为我们的程序逻辑、显示逻辑等与数据库是无耦合的，我们使用的是一种称为 ValueObject 的 POJO 来作为业务实体对象和显示对象；而这个 ValueObject 是由关系管理框架根据对象关系将持久对象（Persistence Object）动态组合出来的。等效于我们解耦了实体对象和实体对象的持久化结果，自然地，数据库的修改就变得轻松很多了。

今天的文章里详细讨论了面向对象方法里数据库的设计方法。如果你是一个面向对象的革命者或愤青，那么你可以宣称面向对象不需要数据库设计（估计这是少数派）！如果你是一个面向过程的保守派，那么你可以宣称数据库设计是一切的核心（估计这是多数派）！然而我们还是现实一些，站在实用主义的角度，承认：

- 面向对象方法是非常行之有效的；数据库设计应当围绕着对象的高效持久化进行而不是以数据库设计为核心。
- 关系数据库的高效及方便不是对象数据库模式在短期内可以轻易达到的，我们不能因为倒脏水把婴儿也泼掉了。
- 最好的方法是根据实际项目对性能和扩展性的要求，在性能要求高的场合可以适当牺牲面向对象的特性来达到性能要求，在扩展性要求高的场合则可以适当牺牲数据库性能来满足扩展性。

13.3 平衡的艺术——数据库设计的方法和策略

经过上面的讨论我们明白了，面向对象方法与关系数据库设计方法是两种截然不同的思想，那么我们怎么能够让它们一起很好地合作呢？

首先明确，数据库设计可以遵循两种方法：面向对象的方法和数据流建模方法。这两种方法是不兼容的，在面向对象方法中，你只能看到对象的交互，事件和消息流的传递，而无法看到数据状态的变化——数据被封装起来了；而数据流建模方法，你只能看到数据状态的变迁和引起这个变迁的激发点，而无法看到引起这种变化的行为逻辑。

因此，如果打算采用面向过程的分析方法，那么数据流建模是恰当的方法，通过数据定格过程当中某一时刻的状态（环节），然后通过激发点推进，变更后的数据定格流程的下一个状态（环节）。在这个分析过程中得到数据之间的关系，从而设计出合理的数据模型。而如果打算采用面向对象的分析方法，那么就必须放弃数据流建模方法，通过活动图、时序图、状态图等描述对象的行为和交互过程，得到同时具有方法和属性的类，得到对象模型，最后再考虑持久化问题。

通过本书的学习，读者应当意识到面向对象比面向过程更容易处理复杂的业务逻辑。因此采用面向对象方法来进行分析和设计是更好的方法。在面向对象的分析和设计过程当中，数据库设计完全不是重点。在对象模型确定下来之前，可以完全不考虑数据库设计，仅当我们得到了对象模型，并且明确了哪些对象需要持久化之后，才来考虑如何将对象持久化到关系型数据库当中去。

对于面向对象来说，关系数据库是一种技术选择而不是必然，它只是一种对象持久化方案而已。绝大部分情况下，数据库设计与功能性的业务需求并无关系，只与非功能性的要求有关。假设我们的硬件系统足够强壮而从不会崩溃；我们的电力供应也足够可靠而从不掉电，那么我们完全可以使得对象长久存在于内存当中，而不必持久化到数据库里；再假设我们现在拥有了性能不差于关系型数据库的对象型数据库，那么我们也不必非要把对象持久化到关系型数据库里，我们完全可以把对象持久化为 XML 文件。

只可惜我们目前并没有性能足够好的对象数据库。另一方面，即使上述假设都成立，我们也不能忘记面向对象仅仅满足了描述世界动态性的那一个方面，它不能够满足我们观察、审视和总结世界状态的需求（它把数据封装起来了），而关系型数据库的开放性、共享性则是实现这一需求的最好途径。

总结下来，在面向对象方法中的数据库设计，其最佳的实践应当是：

> 1. 首先采用面向对象的方法分析和设计系统，用纯对象模型去实现业务需求，在这个过程中几乎无须考虑数据库设计。
> 2. 在业务需求实现后，定义那些需要持久化的对象（通常是实体对象），并为之建立数据模型（数据库设计），并描述对象模型到关系模型之间的映射关系（OR-Mapping）。
> 3. 根据非功能性需求当中针对数据存取的性能要求（如数据量、吞吐量、并发程度等）来改进那些需要特殊数据库设计的部分。
> 4. 最后，针对特殊的非功能性需求（如高并发、大吞吐），或者特殊的业务需求（如海量数据查询、统计）进行特殊的数据库设计；或者采用成熟的数据仓库技术解决决策支持和数据分析需求。

看来，平衡两者，利用好面向对象和数据库各自的优势才是真正好的做法。在这个最佳实践当中，OR-Mapping 和对象－关系平衡是两个关键点，下面就这两点进行一些深入的探讨。

13.3.1　OR-Mapping 策略

面向对象当中的对象关系定义与关系理论当中的实体关系定义是不兼容的，因此要让按照面向对象理论设计出来的对象模型能够与按照关系理论设计出的实体模型很好地合作，需要定义它们之间的映射关系。这就是 OR-Mapping（Object-Relationship Mapping）的由来。OR-Mapping 的任务，是转换对象关系与实体关系，并且负责实现将对象存储、更新、删除到关系型数据库中，或者从关系型数据库中查询出数据，并转换为对象。通过 OR-Mapping 层，我们可以隔离面向对象与关系型数据库的差异，它实际上承担了"翻译者"和"转换者"的角色。

绝大部分情况下，我们并不需要自己开发 OR-Mapping 层，已经有非常多的优秀的 OR-Mapping 开源框架可用，例如 Hibernate、iBatis、NBear 等。这些框架的实现各不相同，编程模型不相同，也各有各的优缺点和限制。这里不打算深入讨论这些框架，只是指出，这些框架承担的角色都是一样的，我们可以根据项目特点选择适合的框架。

即使有了这些成熟的框架，我们也需要对 OR-Mapping 的策略进行一些讨论，以帮助我们更深入地理解对象关系和实体关系之间的映射策略（注：以下以 Java 的面向对象定义为例讲述）。

13.3.1.1　关联关系的映射策略

对象关联关系与实体之间的关联关系在形式上是相当接近的，这是最容易映射的一类关系，它们同样都有类似一对一、一对多、多对多这样的定义，但在实现上两者又是不同的。

■　一对一和一对多关联

对于对象来说，一对一或一对多关联表示某个对象定义了另一个对象类型的实例变量(一对一)或实例变量数组（一对多）；对于关系模型来说一对一关联表示某个实体的主键是另一个实体的外键。因此在 OR-Mapping 中我们可以将两个一对一对象分别映射到两张表里，并且建立它们的主－外键关系，见图 13.1。

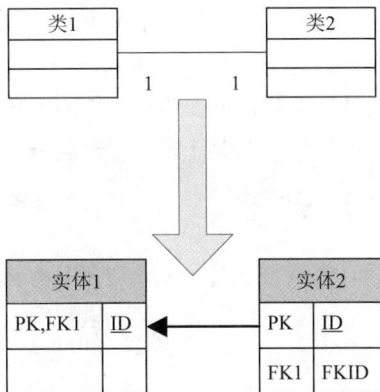

图 13.1　简单映射

但是上述的一对一映射并不是什么时候都适合的，尤其是对象之间的关联关系有时候并不能直接反映在数据库的实体模型关系里。例如排课业务里，假设业务规定一个老师可以教一门课程，一个老师可以教多个学生，那么课程表对象可以被拆分成课程对象、学生对象和老师对象，它们聚合起来之后形成课程表对象。但是课程表对象本身是不需要持久化的，它是在运行期间由三者聚合而成。在数据库设计时，如果不持久化课程表对象，只持久化学生、课程和老师对象时，我们发现如果要在这三张表之间体现出关联关系，只能在老师表里加入课程的主键，在学生表里加入老师的主键，见图 13.2。

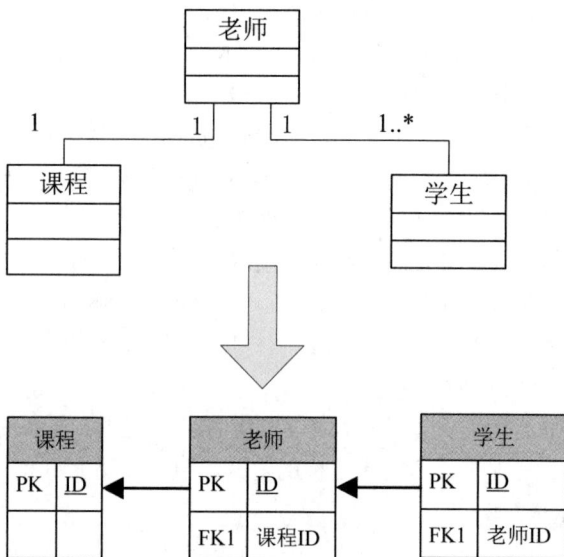

图 13.2　对象直接映射示例

这种映射方法虽然直接，但很不舒服。因为如果说课程表和老师表之间是父子关系，或老师表和学生表之间是父子关系，是很勉强的。实际上面向对象当中课程和老师、老师和学生之间形成的关联关系是由业务引起的，这种业务概念与数据库当中的父子关系概念是不一样的。根据关系模型，如果删除父表，则子表也应当删除，那岂不是说当我删除一门课程时，连任课老师也要删除？

在这个例子里，尽管课程表对象本身是不需要持久化的，但是课程、老师和学生之间的关联是由于课程表本身才存在的，所以在数据库里设计出课程表这个实体，代表了对象之间的关系，由它来关联三者，才是一种合理的做法，见图 13.3。

■　多对多关联

对于对象来说，多对多关联有时候与一对一或一对多具有相同的表现形式，例如类 A 有 B 类型的实例变量数组 B[]，同时类 B 也有 A 类型的实例变量数组 A[]。这个表现形式其实与一对一或一对多没有太大不同。

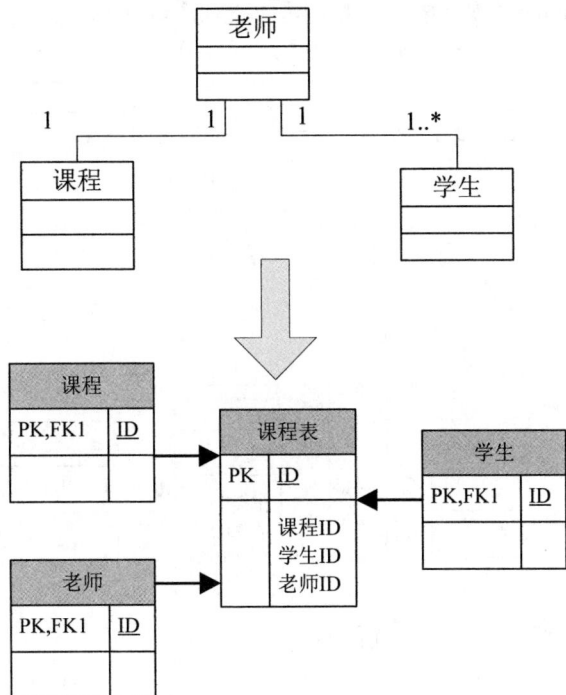

图 13.3　对象关系映射示例

　　而在数据库设计时，多对多关系会采用关联表的形式，在关联表里保存 A 表和 B 表的外键来完成多对多关系。这时，对象与数据表之间也不再是一一对应的关系。例如图 13.3 中的课程和学生，就可以通过课程表实现多对多的关系：一门课程可以被多个学生选择；一个学生可以选择多门课程。

　　不过，在对象设计时，多对多关系也可以采用称之为关联类的特殊设计，这个类可以定义一个二维数组类型的实例变量[A,B]。这种情况下，关联类倒是可以直接与关联表对应起来。有时候，由于特殊的需求，使得对象之间的关联带有某种条件。例如，一个学生学习某一门课程时必须在某一时间段内才有效，那么学生和该课程之间的关系就带有时间范围条件。在面向对象里，可以采用关联类（在关联类里体现 A 与 B 的条件关联）来实现。在这种情况下，数据库设计时也要设计出一张表来持久化关联类。如图 13.4 所示，我们把关联类映射成课程表，并且通过入学时间字段限定了该关系的成立条件。

　　从以上讨论可见，OR-Mapping 并不是一成不变的。设计对象时，我们依据的是面向对象的原则和最佳实践，考虑的是扩展性、维护性和实现业务需求；而设计数据库时，我们依据的是关系理论、数据库范式，考虑的是数据的完整性和存取的高效性。它们是两个不同范畴的考虑，我们可以独立地设计两者，中间依靠 OR-Mapping 来完成映射。

　　但是，不同的 OR-Mapping 框架有不同的实现和映射能力，受制于具体的 OR-Mapping 框架，我们也许并不能真正完全独立地设计对象模型和实体关系模型。因而在设计两者的时候，我们还需要考虑具体的 OR-Mapping 框架，在限制范围内去设计两者。

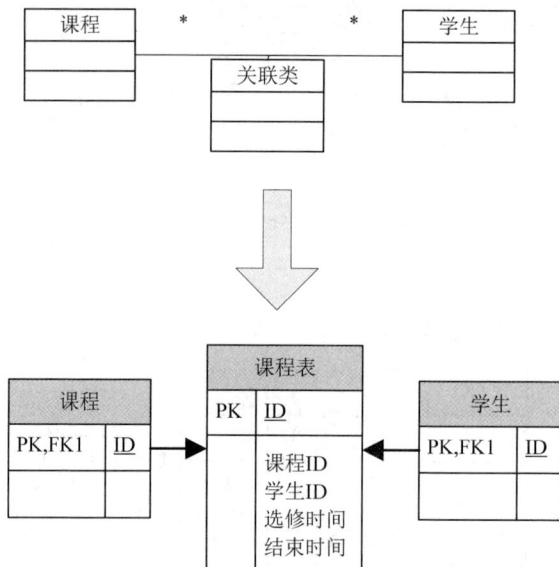

图 13.4　关联类映射示例

另一方面，OR-Mapping 框架本身也有效率问题。如果我们把一个大的对象持久化成了许多张表，那么 OR-Mapping 就不得不产生一条包含许多表连接和 union 关键字的复杂的 SQL 语句来把对象持久化到多张表里。哪怕数据库设计得完美地符合数据库设计范式，由于 OR-Mapping 的复杂性，导致了效率的降低。有时候不那么符合数据库范式的设计，例如把数据冗余存储在一张表里，相反能够提升效率。

为了说明不同 OR-Mapping 方式带来的不同效果，让我们来看一看如图 13.3 所示的设计。假设对于课程表对象的使用非常频繁，并且数据量非常大，不同的 OR-Mapping 实现方式将导致不同的瓶颈点。我们以读取课程对象为例，可以有两种 OR-Mapping 方式，这两种方式导致性能瓶颈在不同的点产生。

第一种，将上述四张表直接映射成课程对象，由 OR-Mapping 工具一次性生成课程表对象。那么 OR-Mapping 将产生一条复杂的 SQL 语句，它必须将四张表关联起来查询，所检索的数据范围是四张表行数的乘积。这是一个相当大的数字！这时，性能瓶颈出现在数据库上。

第二种，将上述四张表分别映射成课程表对象、课程对象、学生对象和老师对象。读取课程对象时，先检索课程表，根据外键分别检索课程表、学生表和老师表以生成相应的对象，然后再聚合成课程表对象。这时，由于不再有复杂的 SQL 语句，性能瓶颈不在数据库。反而，分别检索和生成三个对象并聚合成课程表这一过程是由程序代码完成的，在大并发的情况下，性能瓶颈转移到了代码里。

注：上述两种 OR-Mapping 方式在不同的 OR-Mapping 框架里有不同的实现方式。例如 Hibernate 支持所谓 Lazy 加载模式，即一个对象的属性只有真正使用到的时候再去读取而不是一次性加载完成。因此在 Hibernate 里可以采用第一种映射方式，在采用 Lazy 加载模式的情况下，事实上达到了第二种映射模式的效果。

我们还可以采取第三种办法，将课程表对象直接映射到数据库的课程表里，课程表冗余存储了课程信息、老师信息和学生信息。尽管这是一种不符合数据库范式的做法，但它的确能够提升效率：对于查询课程表来说，这时我们只需要处理一对一的映射关系了。

13.3.1.2 泛化（继承）关系的映射策略

在关系型数据库中，并没有泛化关系的定义，不能够直接映射。在面向对象里，泛化定义表示子类拥有父类的所有非私有方法和属性；而在关系型数据库中，父表和子表实际上指的是一对一或一对多的关系，并不是"继承"。那么，一张表怎么去"继承"另一张表里的非私有属性呢？一般来说，可以有两种映射策略。

第一种策略，可以借用数据库中的一对一关系，把父对象映射为父表，存储父属性；把子对象映射为子表，存储子属性。当需要创建一个子对象时，OR-Mapping 需要做的实际上是把一对一的父子表连接起来，同时读取父表和子表的数据值，使得看上去子表"继承"了来自父表的属性，见图 13.5。

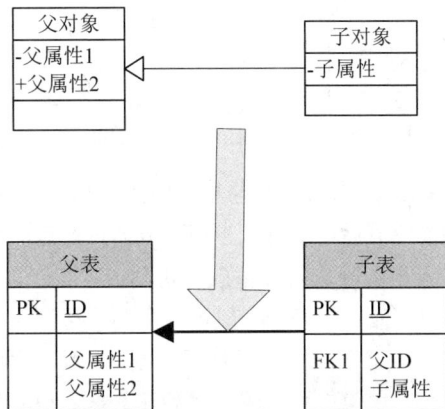

图 13.5 泛化映射为父子表示例

但是这种做法是有很大缺陷的，首先它破坏了对象的封装性！泛化的定义是子对象继承父对象的非私有属性，而这种做法实际上是把父类的所有属性都暴露给子类了，因为我们无法在数据库里定义父表的某一列是"私有"的，不能够被子表看到。这个问题突显了面向对象与关系模型之间不同的世界观：封装与开放。

其次，对象的继承中，子对象继承了父对象的属性定义，但并未继承父对象的属性值，除非这个属性是静态的（static）。这种做法实际上把父对象的属性值也一并"继承"了，我们无法在数据库中设定某一列是 static 的。

最后，在面向对象中，子类是可以重载父类的属性定义的，而这种映射策略却无法实现重载。因为如果子对象要重载的话，由于继承来的属性定义还在父对象数据表里，重载等同于更改了父对象的定义！

第二种策略看上去可以解决这些问题。我们把父对象映射为一张表，把子对象映射为另一张表，这两张表毫无关系，只不过，子对象所对应的数据表冗余存储了父对象的所有非私有属性。这样一来，实例化子类的时候，OR-Mapping 需要做的仅仅是读取子对象对应的数据表。这样，我们可以仅冗余父对象的非私有属性，也可以在子对象数据表里重新定义属性而实现所谓的"重载"，见图13.6。

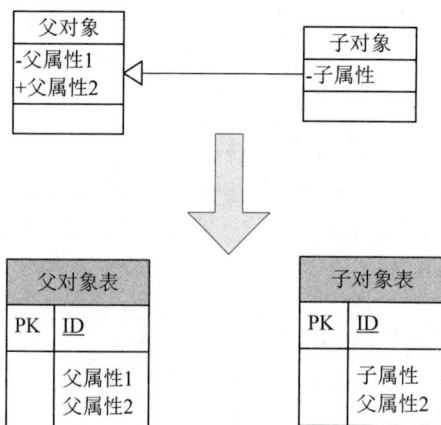

图 13.6 泛化映射为独立表示例

不过，这种做法也不是完美的。因为面向对象里子对象可以继承父对象的静态（static）属性值，所以当父对象的静态属性值改变以后，子对象也应当同时改变。而由于两张表毫无关系，子对象数据表不可能知道父对象数据表里的静态属性值改变进而改变自己的值。一种显而易见的办法似乎是回到第一种策略，把静态属性存储在父表里。但这样我们又遇到了第一种策略的老问题：我们无法判断父表里的哪些列是所谓"静态"的，可以被子表读取，哪些不能。

看似完美的做法可以是这样：应用第二种策略，然后在数据库里实现一个 trigger，当父对象表里的静态属性改变时，自动更新子对象数据表；或者将父对象映射成两张一对一的数据表，将静态属性与非静态属性分开来，再将定义了静态属性的表与子对象数据表一对一关联起来。不过上述两种做法也不见得高明，原因在于太过于复杂！一个简简单单的继承要用如此复杂的办法来实现，性价比实在是太低了。

不论是第一种还是第二种策略，都不是完美的。从面向对象的观点看，第二种策略比第一种要好（更接近泛化的定义）；但是从关系型数据库的观点看，第一种策略却比第二种要好（更符合数据库设计范式），具体如何选择，就见仁见智了。至于静态属性，看起来交给面向对象本身来处理

是更好的办法。你应该问问自己，真的有必要设计一个静态属性，而又在运行期去改变它吗？如果真有这个必要，这个属性一定要持久化到数据库里吗？要知道，这意味着一个静态属性的值在类定义文件里和持久化后的数据库里是不同的，你真的知道哪一个才是正确的吗？

13.3.1.3　实现关系映射策略

在面向对象里，实现关系表示一个具体类实现一个或多个接口。这里的关键是，实现类可以获得接口的实例变量的值。这下我们好像面临着比继承里的静态属性更复杂的问题了：在 Java 里只允许单继承，但却允许实现多个接口。天啊，我们该怎样设计数据库以获得来自于接口的属性值呢？

呵呵，看上去比较吓人，但其实这是个伪问题。首先我们并不需要持久化接口（因为接口本身不能够被实例化），其次接口里的属性值一旦定义是不能够被更改的（因为接口没有实现方法）。所以结论是，你根本不需要考虑接口的 OR-Mapping，它永远也不会被持久化到数据库里。

13.3.1.4　聚合关系和组合关系映射策略

在面向对象里，聚合与组合关系非常相似，聚合在语义上表现为整体由部分构成，当整体消亡时，部分仍然存在；而组合在语义上表现为整体拥有部分，当整体消亡时，部分也一起消亡。但在实现上，这两种关系实际上和关联关系没有差别，都表现为整体对象定义了部分对象类型的实例变量或数组。所以聚合和组合关系的持久化策略也与关联关系非常相似，其基本方法可以参考本节中的关联关系映射策略，下面仅就不同之处进行一些探讨。

对组合关系来说，整体消亡时部分也要消亡。在持久化过程中，如果我们映射为父子表方式，则很自然地表达了这种关系：数据库的一致性原则使得父表记录删除时，子表记录也必须删除。当然，我们也可以实现成独立的两张表，自己实现一个 trigger 在数据库层面实现同步删除。我们还可以在代码中实现同步删除。

对聚合关系来说，整体消亡后部分仍然存在，这意味着父表删除记录后子表还得继续存在，因此父子表是不适合的，映射为无关联的两张表比较合适。

聚合和组合与关联关系虽然在实现上相似，但也有重大差别。关联是静态的，因此可以预定义；但聚合或组合则有可能是动态的，两个对象在运行期才聚合或组合起来，因此无法预定义，也就无法事先做 OR-Mapping。

解决这个问题的方法是采用关联表，当发生动态聚合或组合时，往关联表里插入关联双方的主键。不过，聚合和组合之间语义的差异就要在代码里实现了。例如图 13.3 所示的例子，课程表对象是由学生、老师和课程对象动态聚合而成的，当它们聚合产生时，就往课程表里插入一行数据。

13.3.1.5　依赖关系映射策略

在面向对象里，依赖关系是一种动态关系，并且表现为行为上的依赖而不是属性依赖。即，依赖的目的是要使用对方的方法而不是属性。而方法是无须持久化的，因此，依赖关系并无 OR-Mapping 的必要。

13.3.2　对象—关系平衡策略

面向对象和关系型数据库解决的是两个不同的领域，那么一旦两者的优势不可兼得时，什么时候优先考虑面向对象的需要，什么时候优先考虑数据库设计的需要呢？我们有以下一些策略可供参考：

> 1. 若业务数据没有强烈的关联共享需求，如综合查询、统计、数据分析等，则以保证面向对象设计原则和方便对象持久化为第一优先级考虑。即为了面向对象的设计原则和持久化的便利，可以牺牲关系数据库的设计原则，如采用冗余存储，采用多对多关联等对关系数据库来说不好的设计。
>
> 2. 若某些数据有性能要求，如某个对象所对应的数据表为海量数据，或者需要频繁读写等，则应当以数据库性能为优先考虑，可以适当牺牲面向对象的原则和持久化便利性。也可以在两者之间寻求某种平衡，例如在面向对象层面采用缓冲池技术既保证性能要求，又可以维持面向对象设计原则。
>
> 3. 若某些数据的存取具有极高的性能要求，例如针对某些数据的高并发读写、海量数据查询等，在面向对象无法解决的情况下，可以完全牺牲面向对象的特性，而在数据库层面寻求高效的数据库设计方案，甚至可以把业务逻辑写入存储过程以保证高性能的要求。
>
> 4. 若业务需求当中有专门针对数据的强烈的共享分析要求，例如决策支持、报表统计等，这类需求不是通过简单的平衡能够解决的，从一开始就必须在系统架构层面上考虑，分离联机事务处理（OLTP）与联机分析事务处理（OLAP）。在 OLTP 部分优先考虑面向对象的需要，在 OLAP 部分优先考虑数据库的需要。

根据以上策略可知，到底是优先面向对象考虑还是数据库设计考虑，是需要奉行实用主义，从用户的真正需求出发的。希望面向对象和数据库双方的支持者能够认识到这一点，合则两利，分则互伤。

13.4 进一步讨论——数据库设计到底有多重要

数据库设计到底有多重要？经过前面的讨论，读者应该明白这个问题是没有标准答案的。

假设我们有一个项目，这个项目基本上属于联机事务处理，即对业务数据的需求就是普通的增删改查，并且没有太大的性能要求。例如数据量不是太大，大约是百万级别的数据量，没有太大的性能要求，用户并发量也不是太多。这种情况下，可以说数据库设计一点都不重要。在整个分析设计过程中，直到实体对象确定之前都可以不考虑数据库设计。这种情况下的数据库设计要求仅仅是把需要持久化的实体对象通过 OR-Mapping 映射成数据实体模型。而做数据实体模型的目的，也仅仅是为了生成创建数据库表的脚本而已。

许多 OR-Mapping 框架具有从数据库反向工程生成实体类的功能，很方便。也因此，许多喜欢投机取巧的程序员就干脆从数据库设计做起，反向生成实体类而不再做实体类的设计。我个人非常反对这样的做法。原因很简单：数据库设计不能帮你理解和解决业务问题！因为数据库设计的世界观本来就不是解决业务逻辑问题的。这种做法必然背离面向对象的原则，在求得方便的同时放弃了

面向对象的种种好处。那还不如干脆采用面向过程的数据流分析方法，起码这还是一个明正言顺的方法。

同样是上一个项目，假设某部分业务需求的数据量特别巨大，如 T 级别的数据量，那么数据库设计就显得比较重要一些了。至少，你需要保证你的数据库设计不会导致该部分的性能瓶颈。如果同时并发量要求还比较高，例如同时上万人的在线人数以及成百上千的并发操作，那么数据库设计就显得更重要，而且面向对象的设计和数据库设计同样重要，必须两方配合起来考虑，因为性能瓶颈有可能出现在两者的任何一方。有时候，OR-Mapping 框架也会成为性能瓶颈，因为 OR-Mapping 框架所产生的 SQL 语句是没有经过优化的，越是复杂的 Mapping 越有可能产生复杂的、效率低下的 SQL 语句。这种情况下，我们甚至会部分抛弃 OR-Mapping 框架，手工编写经过优化的 SQL 语句甚至存储过程来达到性能要求。

> 注：Hibernate 框架是自动生成 SQL 语句的，相比之下，iBatis 框架是半自动框架，需要手工写 SQL 语句。尽管没有 Hibernate 智能，但手工编写 SQL 语句也带来了比 Hibernate 更多的自由度。

如果你的项目根本就是以数据分析、报表统计、决策支持等需求为主的，这类需求通常没有特别复杂的业务逻辑，主要就是以数据查询与展现为主。这种情况下，数据库设计就比面向对象设计重要得多。你所设计出的数据库必须要能够支持海量数据查询，减少表连接以提高查询速度。因此你不得不花费大量时间在主键的设置、数据类型和长度、索引字段的先后顺序等细节上精雕细琢，可能会为一个字段到底放在 A 表里还是 B 表里争论半天。

最后的结论，数据库设计有多重要？需求说了算，而不是方法说了算！

14

开发

经历了一系列的建模工作，我们终于到达了开发这一步骤了。本章将讨论两个问题，一个是代码生成，另一个是开发的分工策略。

在代码生成里，我们将讨论一下 MDA 工具，并且用 Rose 工具根据建模结果来生成代码；在开发的分工策略里，我们将讨论纵向分工和横向分工两种策略，并讨论它们各自的优缺点。

14.1　生成代码

UML 被设计成一种人和机器都能够阅读的语言，这样，人们的建模工作才能够最大程度地获利。为了将用 UML 建立的模型直接翻译成代码，一种称为 MDA（Model-Driven Architecture）即模型驱动架构的技术被开发出来。这一技术由 OMG 组织负责维护其标准，致力于将基于标准 UML 的模型转换成应用程序。简单地说就是通过模型生成代码。

这项技术看上去很美。如果我们的建模工作能够直接生成代码，那么编程工作就变得非常简单；并且，由于 UML 是可视化的，是透明于实现的，是语言和平台无关的，那么岂不是说一次建模就可以生成多种平台的、多种实现语言的程序？真的是非常美好。

尽管前景的确很美好，不过很遗憾，MDA 目前仍然处于"社会主义初级阶段"。通过模型生成代码看上去很美，但到目前为止，也的确只是看上去很美。因为我们知道，任何信息都不可能凭空产生，要用模型生成代码，那么必须在模型里加入生成代码所必需的一切因素。换句话说，如果你打算让 MDA 工具帮你生成代码，你所要做的工作是在 UML 建模工具里把整个程序编写一遍！

实际上你的工作量一点儿也没有减少！尽管在不同的建模工具和 MDA 工具当中描述这个类的方式各不相同，但信息是不可少的。那么相对于建模工具和专门用于编写程序的 IDE 工具来说，哪一个更方便呢？

以 Rose 和 Eclipse 为例，作为一个编程人员，你是愿意在 Eclipse 里编写一个类呢，还是愿意在 Rose 中打开类的属性页，一点一点添加类属性呢？如果程序发生了错误，你是愿意在 Eclipse 中调试，还是愿意在 Rose 中四处寻找错误源呢？

我想，答案是显而易见的。毕竟建模工具和开发工具目前仍然分属两个不同的专业领域，各自有其擅长的地方。

目前，MDA 的工作有两个方向，一个方向是以建模工具为主，在其中集成生成代码的工具来生成代码，如 Rose、Acstyler、OptimalJ 等；另一个方向是以开发工具为主，在其中集成建模工具来实现模型和代码的互转，其代表就是 Eclipse 中的 EMF（Eclipse Modeling Framework）。使用过 Eclipse 的朋友应该都听说过或使用过 EMF。

这两个方向中，前者似乎更为"正统"，通过建模工具从需求一直到代码的生成。而后者由于仅支持 UML 类元素和代码之间的转换，似乎建模仅仅是编程的一个"工具"而已。不过从实用价值来说，作者认为后者要比前者实用得多，毕竟编程工作是一项极复杂的工作，用专业的工具才能保证工作效率。

这里我们将不会讨论 EMF，因为它属于 Eclipse 编程模型的技术范畴，读者可以从 Eclipse 官方网站寻找到大量的资料。由于本书是讲述建模的，因此，我们还是来介绍第一个方向，即以建模工具为主，在其中集成生成代码的工具来生成代码的方向。并以 Rose 为工具，讲述生成 Java 代码的使用，其他 MDA 工具就不在此介绍了。

14.1.1 现在行动：生成代码

14.1.1.1 环境配置

首先在安装 Rose 的过程中，确保安装了 Java 的支持包。安装完成以后，在菜单 Tools 下会看到 Java 相关的菜单，如图 14.1 所示。这个菜单里包含生成 Java 的一些功能。另一方面，在启动 Rose 时，会看到弹出一个对话框，提示需要导入的包。这里选择 J2EE，让 Rose 完成 J2EE 包的导入。

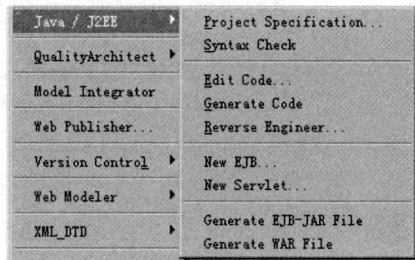

图 14.1　生成 Java 代码的相关菜单

接下来，我们将把建模文件当成一个 Java 的工程文件，并且为之配置相关的环境变量。单击 Java/J2EE 菜单中的 Project Specification…之后，将出现如图 14.2 所示的配置界面。

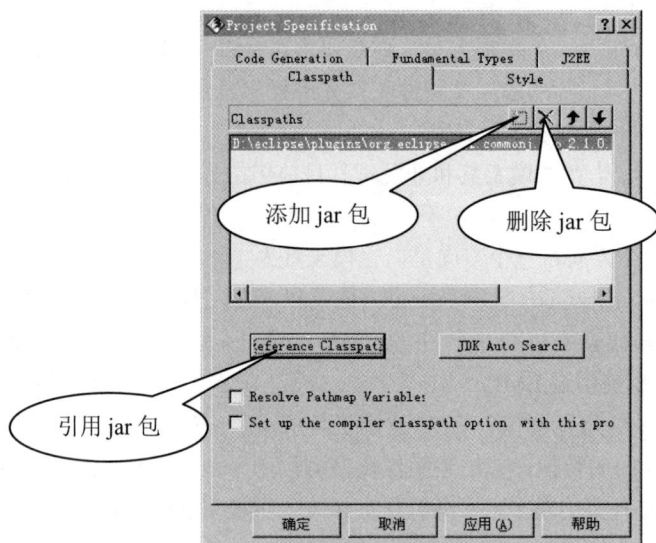

图 14.2　环境变量设置

在这些配置中，最重要的是 ClassPath，其他部分都很简单，并且不会导致代码生成的失败，这里就不过多介绍了。在配置 ClassPath 时，通过添加 jar 包按钮向工程文件中添加 jar 包，可以单个添加，也可以添加目录。加入了工程文件的 jar 包可以通过引用 jar 包按钮来指定工程引用的包。

在生成代码之前，我们还要更改默认的元素解释，进入 Tools→Options→Notation，在 Default 中选择 Java，该选项生效后，双击 class 元素时将不再默认地打开属性页，而是打开 Java 的代码配置页。

14.1.1.2　生成代码

上述配置完成后，就可以生成代码了。要生成代码，必须通过 Rose 的语法检查，在 Java 菜单中选择 Syntax Check 来执行语法检查。如果有错误则根据提示改正之。

我们知道，Java 程序是不支持中文的，所以在建模过程中，在 Logical View 下请一定不要使用中文，否则将无法通过语法检查。另一方面，包的命名也要符合 Java 的语法规则。

如果通过了语法检查，右击某个 class 时会弹出如图 14.3 所示的对话框，在左边，单击 Edit 按钮指定生成文件要放置的路径，右边则是可选择的要生成代码的包或组件。可以配置多个 CLASSPATH Entries，然后将可选的包或 Components 指定到对应的路径上去。

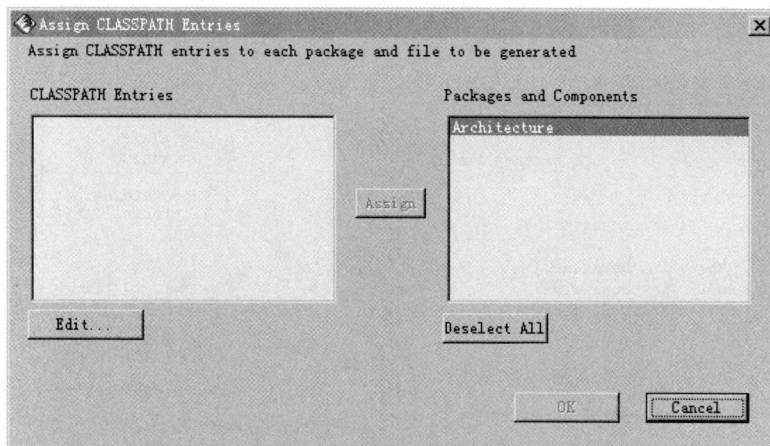

图 14.3　指定生成文件路径

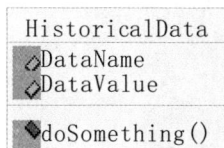

以本书中历史数据管理框架为例，选择 HistoricalData，如左图所示，在右键菜单中选择 Java→Generate Code，提示成功以后，到上面指定的路径下就能看到生成的 Java 文件了。

从 HistricalData 生成的代码如下：

```
package Architecture.history.sample;

public class HistoricalData
{
    public int DataName;
    public int DataValue;
    public Version theVersion;

    /**
     * @roseuid 47D3E48B01D4
     */
    public HistoricalData()
    {

    }

    /**
     * @roseuid 47D3E4150177
     */
    public void doSomething()
    {

    }
}
```

如果想在 Rose 里打开生成的代码，可以在对应的类上打开右键菜单，选择 Java→Edit Code，

433

则 Rose 会在代码编辑框里打开生成的代码，如图 14.4 所示。

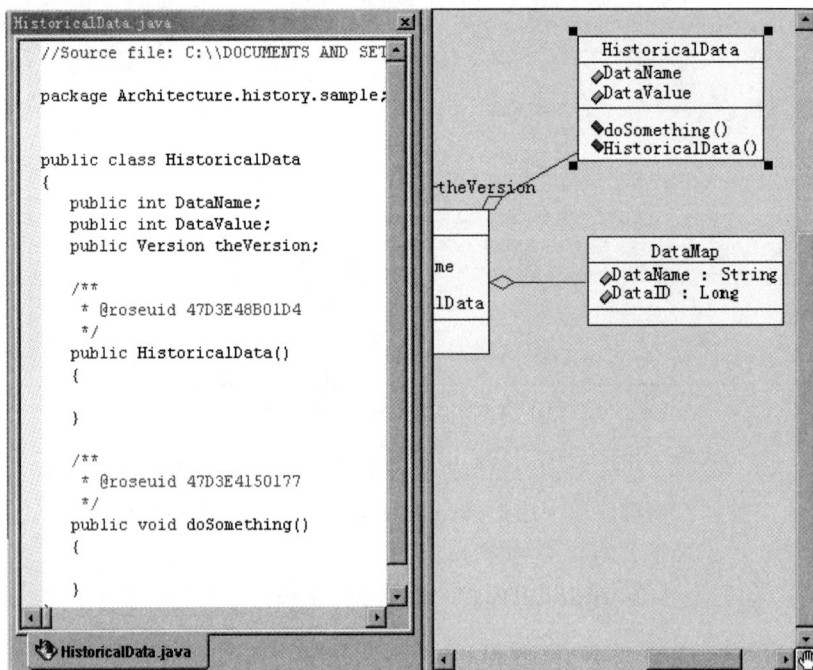

图 14.4　在 Rose 中编辑代码

我们可以多次生成代码，新代码将覆盖原来的文件。也可以用代码反向工程来修改模型。

14.1.1.3　反向工程

我们可以将一个 jar 包或一个文件夹下的 class 文件或 java 文件反向工程到 Rose 中。请注意，在反向工程之前，应当在环境配置一节中将该 jar 包引用到的其他 jar 包配置到 ClassPath 中。

选择 Tools→Java→Reverse Engineer，将打开如图 14.5 所示的对话框。

在这个对话框中，通过 Edit CLASSPATH 按钮配置 Class Path，在 ClassPath 里的 jar 包或者文件夹会出现在左边的选择框里。在右边的 Filter 里选择要反向工程的文件类型。这个例子中选择反向工程 class 文件，则选中包里的所有 class 文件都会出现在右边的选择框里。

下一步，在右边选择框里选择要反向工程的文件，通过单击 Add 或 Add All 按钮将它们添加到下方的选择框中。这时就可以选择一个或多个文件生成模型了。图 14.6 展示了反向工程的结果，反向工程结束后，就可以在 Rose 中像使用其他 class 元素一样使用它们。

14.1.2　进一步讨论

14.1.2.1　代码生成技术有意义吗

由于 MDA 工具现在还不成熟，整个项目都通过建模然后生成代码是不现实的。那么是不是代码生成这项技术现在就没什么用处了呢？

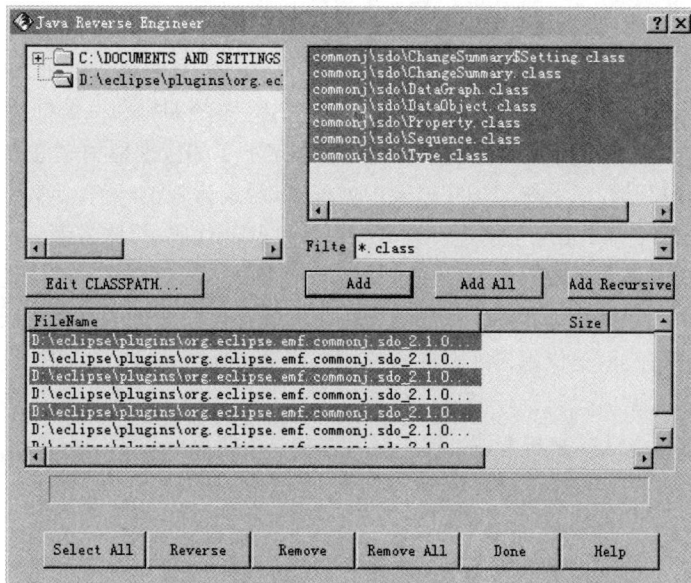

图 14.5　反向工程

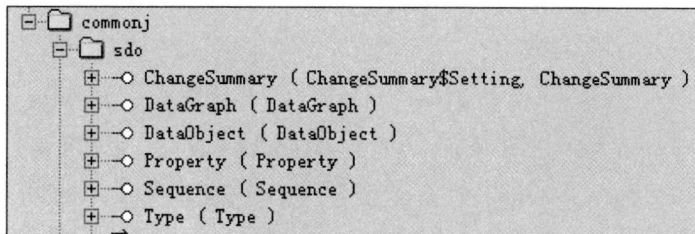

图 14.6　反向工程结果

不是这样的。在实际项目里，一个重要的问题是如何保持代码和设计的统一。如果要同时维护代码和设计模型，工作量无疑会很大。如果不维护，那么过一段时间，设计模型就变成废物了。另一方面，UML 的优势在于可视化，读类图和时序图绝对比读代码要来得快速和准确。所以将代码翻译成 UML 视图还是非常有意义的。

即使项目不是通过模型驱动的方式开发的，也不是通过用例驱动的，维护设计和代码的统一还是很有必要的。这时，我们可以通过代码生成技术正向或反向工程来维护代码和设计的统一。即使你的项目完全没有设计，并且经常重构，每隔一段时间就利用反向工程生成或更新设计文件也是很有意义的。至少，阅读 UML 比阅读代码要方便得多。

14.1.2.2　如何使用代码生成技术

读者应当还记得，作者在讲述分析模型时谈到过，在作者自己的项目里，是将分析设计的重点放在分析模型、架构和框架上的，反而对设计模型不是很重视。原因已经讲过，这里不再重复。不过，虽然我们并没有把重点放在设计模型上，不代表项目文档里就没有设计模型。实际上，相当一部分设计模型是通过代码反向工程做出来的。

有读者要问，通过代码生成设计模型，这不是自欺欺人么？如果读者仔细分析本书中的软件过程就会发现并不是这样。我们把工作重心放在了分析模型、系统架构和系统框架上，其中分析模型表明系统实现了需求，系统架构和系统框架为开发工作定下了编程模型和规范，并且对系统来说最为重要和复杂的设计都已经在系统架构和框架中处理了，对设计来说，还有什么不放心的呢？所以，通过反向工程生成的设计类，实际上都是没有多少设计价值的代码？比方说大量地增删改查程序。

反过来说，系统架构和系统框架对系统来说就非常重要了，我们必须维护设计和代码的统一。所以在作者的项目中，系统架构和系统框架的代码，尤其是接口部分的 API 和 SPI 是通过建模工具生成的。如果需要修改框架代码，就要先修改模型，再重新生成代码以维护设计和代码的统一。

不通过设计模型来生成代码，反而通过反向工程从代码生成设计模型这一做法还有一个原因。现在，编程阶段的敏捷方法越来越普遍，代码经常重构，快速反应是编码阶段的主旋律。如果还要从设计模型来生成代码的话，只会增加更多工作量，尤其对那些重复的，无设计必要的大量的业务代码来说。

最后，作者的观点是，代码生成技术用于维护系统架构、系统框架中的 API、SPI 设计与代码的统一，而其他的设计模型，则可以先编写代码，再反向工程。

14.2　分工策略

UML 覆盖了从需求到分析到设计的软件过程，本节作者将谈谈在 RUP 方法下开发的分工策略问题。一般而言，程序开发有两种基本的分工策略：纵向分工和横向分工。就本书的例子而言，采用哪种分工策略更合适呢？

14.2.1　纵向分工策略

纵向分工指的是一位开发人员负责将某项业务功能从软件架构层次的最高层一直实现到最底层的分工策略。例如，就本书的例子来说，一位开发人员负责编写申请登记系统用例从 web 层的 JSP 页面到 biz 层的申请登记控制类，再从 entity 层一直到数据库的整个代码。

纵向分工策略实际上是以用例为基础的分工策略，开发人员每人负责几个系统用例的实现。这种分工策略是很常用的分工策略，在 RUP 开发模式下显得非常自然。既然需求分析、系统设计是用例驱动的，那么开发也应当是用例驱动的。

这个策略有这样一些优点：

■　软件过程过渡清晰自然

读者经过前面的学习已经知道，我们经过业务用例分析、系统用例分析、分析模型、设计模型等一系列的软件过程，业务需求最终被推导到了类、接口、包这些开发的要素。而整个推导过程是

436

由用例驱动的，换句话说，如果开发策略也是用例驱动的话，这个过渡将显得清晰而自然。

图 14.7 展示了纵向分工，即用例驱动方式下的开发过程。可以清楚地看到，在用例驱动模式下，开发人员拥有开发所需的全部信息。并且这些信息连贯而清晰。

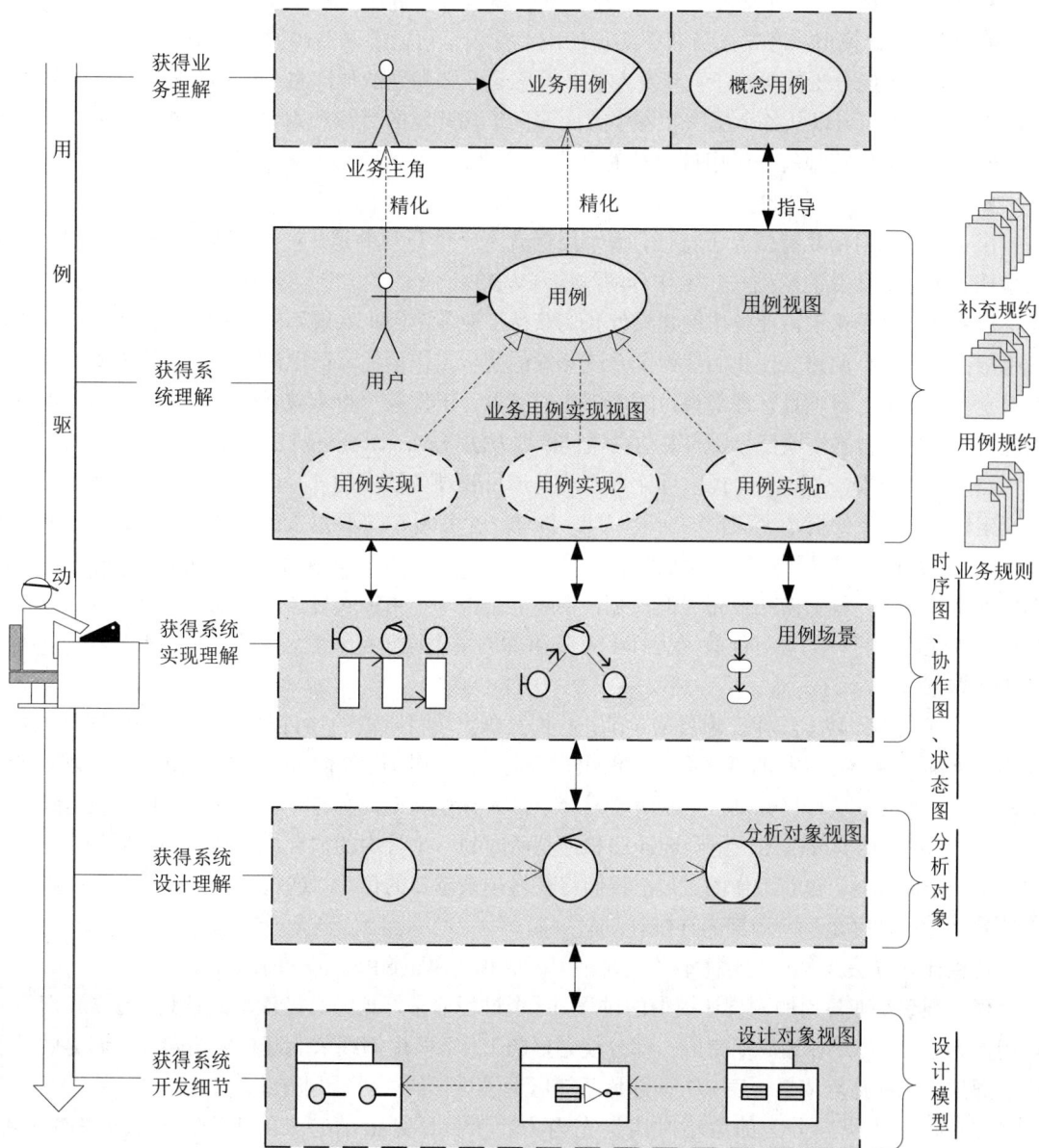

图 14.7　纵向分工开发模式（用例驱动）

- 经由业务用例模型，开发人员获得开发工作的业务需求理解。
- 经由系统用例模型，开发人员获得业务需求在系统视角上的理解。
- 经由系统用例分析，开发人员获得业务需求如何在系统中实现的理解。
- 经由分析模型，开发人员获得系统实现的高层次理解，获知设计思路和基本类结构。
- 经由设计模型，开发人员获得实现的细节知识，可以照葫芦画瓢完成开发工作。

可见，在纵向分工的策略下，开发人员非常容易获知和理解他即将开始的开发工作。思路连贯而清晰，开发人员可以从各个层次和各个方面深入了解开发的目标和需要遵从的细节信息。所以采用纵向分工策略很好地符合了用例驱动的模式。

■ 有利于开发计划制定

由于用例本身所具有的原子特征，每个用例就是一个开发单元，它自然而然地形成工作包，从而构成了工作量估算的基础——工作分解结构（WBS）。

以本书的例子来说，业务用例建模使我们获得了业务范围；系统用例建模使我们获得了系统开发范围；分析模型的建立使我们获得了系统开发的初步工作量估算；更进一步，设计模型为系统开发敲定了工作量。对项目管理来说，随着工作的深入，工作量一步步被明确，项目计划也一步步清晰起来。这也符合制作项目计划的滚动式项目计划方法（Wave Rolling Planning）。

这里稍微解释一下，滚动式项目计划方法是项目管理方法中的一个名词，它的意思是项目是有不确定因素的，我们根本无法预测一段时间，例如一个月以后将要发生的事情。因此如果一个半年期的项目，我们在项目开始早期就把两三个月甚至半年后的项目计划细致到了人天，安排好了哪天哪些人做什么事，看上去是很完美的计划，实际上是根本不可能实施的。不要说两个月以后，一个月以后原先的项目计划很可能就因为许多意外事件的发生而千疮百孔了。因此项目计划需要采用滚动式计划方法。

滚动式项目计划方法即在项目的早期，我们只确定项目阶段的项目目标，也称为里程碑。虽然我们不能确定两个月以后的事情而无法做出详细的计划安排，但我们可以确定两个月以后必须要达到的目标。然后从项目目标倒推，以两周或一个月为计划周期，确定每两周或一个月必须达到的目标。如此，我们至少可以比较精确地计划和控制两周到一个月内的需要做的事情和需要的资源。在执行第一个周期时，随着工作的进展，我们将获得越来越多的信息，这些信息将支持我们在第一个周期的执行末期确定下一周期的详细计划。

这种计划方法就像波浪一样滚动式前进，因而称为 Wave Rolling Planning 方法。

仔细观察从业务用例到设计模型的过程，这个过程非常好地符合了滚动式计划方法。我们可以以用例为中心，每个计划周期完成一部分规划好的工作，而用例细节的逐步明朗则为我们提供了下一个周期计划的估算依据。表 8-7 计划片断就展示了这样的一种计划方法。

因此，采用纵向分工的策略时用例充当了让项目计划滚动起来的因子，并且成为项目估算的工作包。图 14.8 展示了当项目进行到开发阶段时，系统用例被当作一个工作包来估算项目工作量并安排开发资源的例子。对项目计划来说，以用例驱动方法开发会让计划过程变得轻松和愉快。

电力营销系统WBS

电力营销系统

用电客户服务边界

申请永久用电业务用例

申请登记用例

实体类数量
边界类数量
控制类数量

工作量估算结果
开发资源安排

开发计划制定

分配勘察用例

实体类数量
边界类数量
控制类数量

工作量估算结果
开发资源安排

申请临时用电业务用例

······

内部管理边界

······

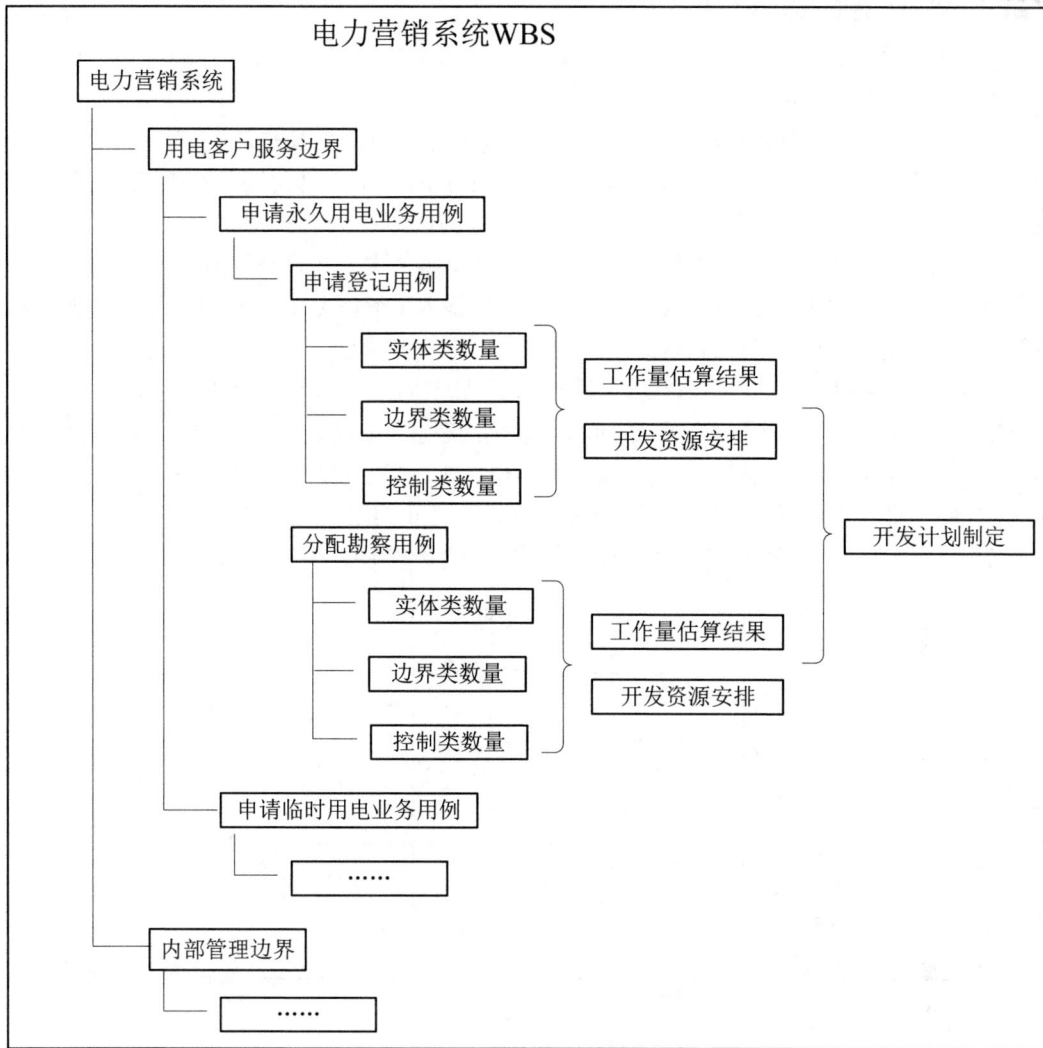

图 14.8　用例驱动项目计划

■　工作效率相对较高

　　在纵向分工的策略下，一位开发人员将负责一个系统用例从界面到数据库完整的业务功能开发，贯穿了整个软件架构。一方面开发人员有充足的信息来深入了解业务、分析和设计，也由于对这些信息的掌握而能够更高效地工作。另一方面，由于整个系统用例都是由一个开发人员来开发，在软件各层次间节省了大量的沟通时间，工作效率也会较高。

　　在一些规模较小且不需要长期持续演进的软件项目里，纵向分工通常能获得更快速的开发效果。对项目管理来说，也比较容易控制项目的进展情况。

　　当然，任何事情都有两面性。纵向分工策略也有这样一些缺点。

■ 不利于软件长期演进战略实施

纵向分工虽然有上述的许多优点，但是它却不利于软件的长期演进。原因在于，纵向分工有着一个隐含的假设条件：用例是稳定的，因而可以将用例作为估算工作量、安排计划的核心因子。

但一个长期演进的软件，例如一个行业产品软件，用例本身就是演进的，或者是处于迭代过程里的。我们不可能在一个迭代里获得整个软件系统的所有用例，也不能保证目前获得的用例就保持不变。如果用例本身是可能调整的，上述优点可能就会被削弱。

另一方面，一个长期演进的软件产品，不断的演进、重构是其生命周期的主旋律。换句话说，我们期望随着用例的细化，从整体上获得对所有用例的深入了解，从而在业务架构、软件架构和软件框架上不断重构和设计，以使得软件产品越来越好，越来越强壮。

但是纵向分工阻碍了重构的进行。原因是一个开发人员负责贯穿了整个软件架构和框架的用例开发，因此这个用例内部就形成了一个独立的单元，我们的注意力就集中在一个个独立的用例上。而重构则需要我们分析多个用例在某种行为或特征上的相似之处，找到抽象价值，从而获得更优良的设计。而纵向分工则阻碍了我们进行跨用例的行为研究。图 14.9 展示了纵向分工策略的开发结果。在这个结果中，每个用例形成了自己封闭的小环境，要重构它们显得比较困难。

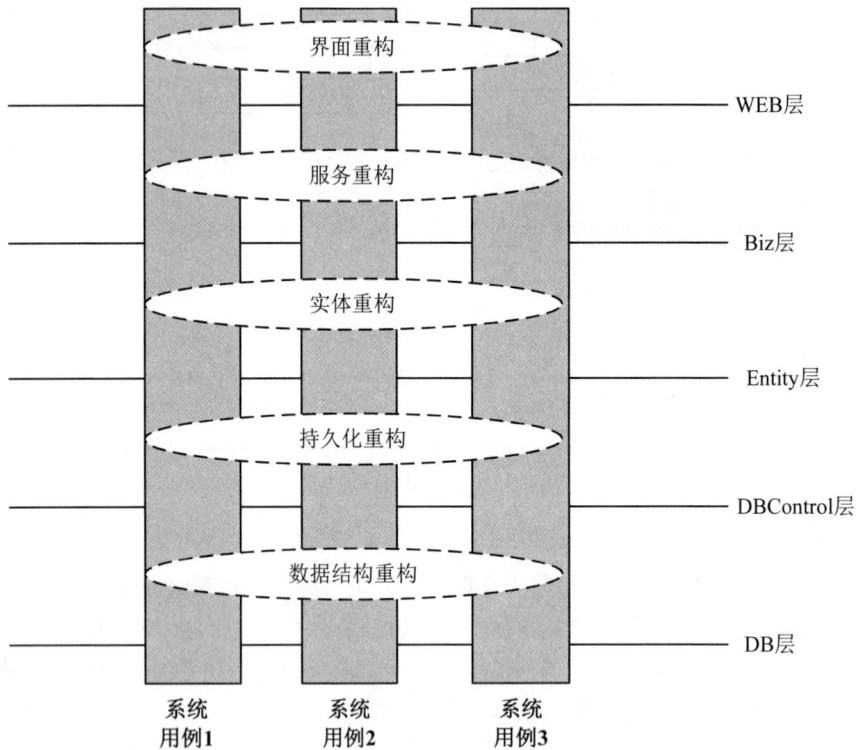

图 14.9　纵向分工开发结果

我们可以看到，这种分工方式的结果使得每一个系统用例成为一个小小的封闭环境，其代码逻

辑、实现细节只有开发它的开发人员最清楚，并且非常有可能其逻辑从 WEB 层到 DB 层是紧密相连的，软件分层的优势被削弱。一旦我们需要从系统的较高层次跨越多个系统用例来重构系统，就会导致许多困难。例如，我们不知道修改了 Biz 层的代码和设计会不会导致其他层的代码错误。

■ 培训成本较高

在纵向分工的策略下，开发人员需要开发贯穿整个软件架构的业务需求。因此，开发人员需要非常深入地了解整个软件架构以及与之相配的软件框架的所有细节。在一个项目里，很难做到所有开发人员的水平都高到足以轻松理解整个软件架构的地步。因此对开发人员的培训可能需要花费许多精力，并在开发中要面对因理解错误造成的返工、质量低下等风险。

以本书的例子来说，如果一个开发人员负责申请登记用例的开发工作，他必须懂得 Struts 框架下的 JSP 开发；弄明白业务规则管理框架，理解 BusinessControl 的设计理念；弄清楚 Entity 层框架，理解从 PO 到 VO 的转换；在 DBControl 层，要学会在 Hibernate 框架下开发；同时在 DB 层，还要弄清楚表结构和数据库的基础知识。

虽然上述的这些知识是目前流行的一些主流技术。但是真正能完全掌握这些技能的开发人员并不是遍地可寻。即使掌握了这些技能，又很可能由于系统经验的不足，不能很好地理解软件层次的设计理念，不习惯跟接口打交道。

在纵向分工的策略下，我们必须假设并保证每个开发人员都熟练掌握整个软件架构和框架要求的所有技能，才能保证他开发出符合软件架构和框架的程序来。可是做到这一点并不容易，可能需要付出较多的培训成本。

■ 对软件框架和规范的要求高

虽然我们设计了很好的软件架构和软件框架，但是限于系统经验，不是每个开发人员都能很好地从比较高的层次理解软件架构的设计理念。

软件架构和框架设计的目的本来是为了让软件在每个软件层次上获得尽可能的松耦合，使得每个层次可以独立修改而不影响其他层次已经开发完成的程序。软件架构和框架带来的这些好处很可能因为开发人员对此理解不深而开发出违背了设计理念的程序。例如，我们希望 Biz 层访问 Entity 层时通过接口访问，但一位新手很可能在他的程序里直接访问实体类。

为了避免这种情况的发生，我们要么在设计阶段就花大量精力精细地为每个用例设计好必需的接口，要么就进行细致的培训，让每个开发人员都真正理解软件框架的设计理念。总之，由于一个开发人员要负责贯穿整个软件架构的开发工作，为了保证质量，我们不得不付出更多的精力完善定义软件架构和框架，以及相应的规范文件。

■ 资源利用率低

在纵向分工的策略下，资源的优势不能得到充分的发挥。假设某些开发人员擅长于 Struts，有些开发人员则擅长于 Hibernate。但由于开发完整用例既要求开发 Struts，也要求开发 Hibernate，因此开发人员的长处得不到充分发挥，短处则不得不面对，资源效率没有被充分利用。

另一方面，一个用例将占用一个开发资源，并且对这个资源来说，分配给他的多个用例是呈线性安排的。即大多数情况下，我们只能安排他开发完一个用例以后再开发另一个。一个中等规模的软件，系统用例数量可能达到上百个之多，如果我们试着去安排上百个用例的开发工作就会发现，项目时间非常容易就超出了预期。

但是实际上，很多时候开发工作是可以并行的，如果利用好资源优势，一个擅长于 Struts 的开发人员的工作效率可能是新手的两到三倍；同样一个擅长于 Hibernate 的开发人员也比别人有着更高的效率。如此，我们安排最有优势的资源并行开发多个用例将获得更高的资源利用率。但是纵向分工策略却做不到这一点。

14.2.2　横向分工策略

横向分工策略是指，我们获得基于用例的工作量估算以后，并不是以用例为工作包进行计划编制和资源指派，而是以软件架构层次为基础，重新估算每个软件架构层次上的工作量，并将开发资源指派到每个层次上去。

应用横向分工策略，我们需要估算出在 WEB 层总共有多少个 JSP 页面；在 Biz 层总共有多少个 Control 类；在 Entity 层总共有多少实体类等。而开发资源则被分成 JSP 开发小组、Biz 开发小组、实体类开发小组、数据库开发小组等一些依据软件层次横向分工的小组。

横向分工策略有这样一些优点：

■　适合于软件长期演进

如果开发的是一个长期演进的软件项目，采用横向分工将更容易保持软件架构层次之间的隔离，因而使得每个层次都具备更强的重构能力。

当采用横向分工时，业务功能在各层次上是由不同的开发人员来完成的，因此必须保证两个层次间的接口定义，保持松耦合状态。例如，要保证 JSP 开发小组和 Biz 开发小组之间的顺利开发，在设计时就要将 WEB 层和 Biz 层之间的接口定义清楚，两个小组分别依据接口进行开发。层次间的接口设计就显得非常重要。图 12.12 就展示了层次间的接口定义形式。

随着开发的进行，接口定义可以不断完善，而两个层次都获得了独立变化的能力。这种能力对于长期演进的软件来说是十分重要的。在接口不变的情况下，我们随时可以在每个层次上对软件进行重构。图 14.10 展示了横向分工以后，我们将有机会打破纵向分工带来的用例实现封闭。从图中可以看到，横向分工使得我们可以打破用例的封闭环境，在重构时只需要考虑本层次的问题，因而可以更容易地进行。

■　培训成本较小

相对于纵向分工策略下开发人员必须清楚整个软件架构，横向分工策略对开发人员的技能要求小得多。每个层次的开发人员只需要弄明白该层次相关的软件架构和框架就可以了。例如 JSP 开发小组人员只需要懂 Struts 而不要求掌握其他层次的技能。

对技能的要求降低意味着我们更容易得到熟练的开发者，相对付出的培训成本也会降低。

■　资源利用率较高

在横向分工的策略下，开发人员能够更快地熟练掌握相关的开发技能。随着技能的提升我们自然能够获得更高的开发质量。

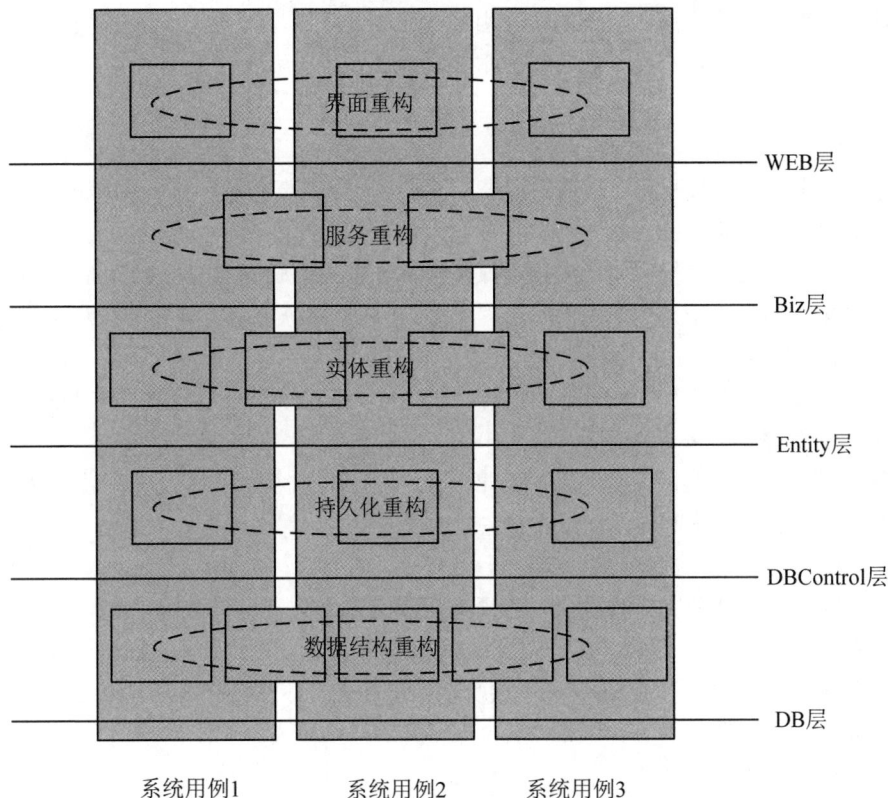

图 14.10　横向分工带来的层次独立性

　　另一方面，我们可扬长避短，如让擅长于 Struts 的开发人员开发 WEB 层；让擅长于 Hibernate 的开发人员开发 DBControl 层。人尽其才当然就会带来更高的资源利用率。

　　在纵向分工策略下，每个用例开发都将占用至少一个开发资源。但横向分工不同，我们可以根据每个层次的工作量大小、难易程度、进展情况灵活调配资源。

　　同样的，横向分工也有一些缺点：

　　■　失去用例驱动的清晰性

　　由于人为地将用例用软件层次隔离，并由不同的开发人员开发，因此相对于纵向分工开发人员能够获得的从业务到实现的整体理解而言，横向分工策略下由于开发人员只负责其中的一个部分，因此有可能对整体理解产生歧义。

　　■　项目计划制定相对困难

　　相对于纵向分工可以直接将用例当成工作包来制定项目计划和分配资源，横向分工就没有那么轻松和愉快了。虽然我们仍然能够使用图 14.8 的工作量估算，但毕竟需要对这些工作量在每个层次上重新进行估算，形成新的工作包。

　　■　项目沟通压力大

由于横向分工导致同一个用例在不同层次由不同的小组开发，两个小组之间需要频繁地沟通来确定他们之间的接口，花费在沟通上的时间成本和人力成本要比纵向分工多得多。

14.2.3　选择适合你的开发分工策略

如果项目规模较小，并且不需要长期的演进，选择纵向分工更容易实施。但是如果项目规模较大，并且有长期演进的战略意图，这种情况下开发人员数量、开发时间、迭代次数都会明显增加。纵向分工不利于我们灵活地重构系统，并且随着规模的增加，用例数目也会很庞大，纵向分工将导致由于开发人员能力差异而带来的质量水平参差不齐。采用横向分工则更有利于开发工作的专业化发展。另一方面，虽然纵向分工因为对需求的整体把握比较清楚，单个开发人员的工作效率会高一些，但是这个优势会被规模扩大带来的资源利用率低的缺点所掩盖。对大规模的软件开发，采用横向分工则更能体现资源利用率高的优势。

纵向和横向分工策略的选择可以类比于工业生产，在生产规模较小的情况下，由熟练工人负责整个产品的生产更能获得效率和质量；而随着生产规模的扩大，就必须引入生产流水线，进行专业化队伍建设，分工合作才能维持高效的生产。

当然，横向分工策略也不是一横到底，在所有层次上完全分开。一个例子就是将 WEB 层和 Biz 层合并作为一个开发层次，因为这两个层次与人机交互关系紧密；而将 Entity 层、DBControl 层、DB 层合并为一个开发层次，因为这三个层次基本上都是与数据打交道，并不显式地与用户交互。这个中间策略就是所谓的"前台"和"后台"分开的开发模式。

PART IV 在提炼中思考 … …
Thinking in abstract

道可道，非常道。面向对象的分析设计绝不是简单的模板和步骤，前人的经验不是用来模仿和遵循的，而是用来提炼和创造的。看到了，学会了，不是知识；如果只是学习然后复制，那么复印机就能干这事；学习了，思考了，得出了自己的结论，才是知识。

15
测试

15.1　质量保证——新世界需要稳健运行

在较早前，国内软件开发对于测试的重视程度不高，所谓的测试都是由开发人员自己进行的单元测试，并且没有测试用例的概念。但近年来，随着软件产业的进步，客户要求的提高，测试越来越成为软件开发过程中最重要的部分之一。测试向着专业化发展，不但在项目组里会有专门的测试小组存在，甚至在有些项目里测试是委托第三方进行的。

测试的重要程度不言而喻。在一些软件中或许没那么明显，例如 MIS 类软件。但是在有些软件中，测试的重要程度再怎么强调都不过份，例如神洲飞船的发射控制系统、民用航空的空中交通管制系统、军用系统等。这些系统一旦出现缺陷，带来的后果可能是难以承受的。

根据国外的一些统计数据，软件测试占软件开发费用的 30%～50%，即便如此，大多数人仍然认为软件在交付之前进行的测试仍然不够充分。造成这个问题的原因可能并不是因为开发组织对测试不够重视，而是测试本身是非常困难的。

首先要弄明白测试的目标就不太容易。从测试目的看，我们希望在用户使用软件之前就将所有可能出现的问题发现并修复。问题是在传统的开发方法里，我们给用户提供了很多功能，但我们很难弄清楚客户将如何使用这些功能，因此很难覆盖所有的用户的使用场景。

其次，即使我们将用户所有可能的使用场景都弄清楚了，但是代码本身仍然具有无数可能的执行路径。可能仅仅因为一个数据的不同、硬件的不同、网络的不同、用户点击一个按钮的次数或顺

序不同，程序代码就执行到不可预期的分支因而导致不可预期的结果。

再次，即使我们弄清楚了用户的所有可能的使用场景，也弄清楚了所有可能产生意外的输入和运行环境，但是，如此将产生数量庞大的测试点，靠人力几乎是不可能完成的。所以我们不得不引入测试工具，开发自动测试例，依靠工具来帮助我们进行测试。

> 注：本章的"测试例"指英文的 testcase，"测试用例"指英文的 test usecase。

最后，即使我们愿意承担这样的任务，也有了合适的工具，我们还会沮丧地发现，在测试过程中我们发现了一些缺陷，但在修复这些缺陷的过程当中又会引入新的不可预期的缺陷。一方面我们不得不一遍又一遍地执行测试以期盼再没新缺陷的产生，另一方面还不得不设计新的测试例来应付因为修复缺陷带来的软件变化。

测试的确是困难的，因此我们需要有测试方法的支持来帮助我们进行这项工作。测试类型也很多，例如功能测试、性能测试、可靠性测试等。本书只讨论功能测试问题，关于功能测试、评价测试是否达到了预期目标有两个基本指标：需求覆盖率和代码覆盖率。

其中代码覆盖率是计算测试例所执行过的代码占所有代码的百分比。例如分析测试例一共执行的所有代码中有多少个方法，再除以代码中所有的方法来获得代码覆盖率。这通常都需要工具的支持。本书不打算深入讨论代码覆盖率。

需求覆盖率是指测试例所执行过的软件的使用场景占所有可能使用场景的百分比。例如在 ATM 上取钱，会出现正常取到钱、密码不正确、网络故障、ATM 里钱不足等许多可能的场景，需求覆盖率计算的就是测试例覆盖了多少可能的场景。

在用例驱动的开发模式下，测试例可以通过用例推导得出，本章将讲述从用例推导出测试例的方法。

15.2 设计和开发测试例

在用例驱动的模式下，我们需要通过 7 个步骤来从需求推导出测试例。下面我们就按这些步骤，以"su_申请登记"用例为例，来讲述如何推导测试例。

15.2.1.1 步骤一：确定用例

确定用例是确定测试范围的过程，即我们要把哪些用例纳入到测试范围当中，并为之开发测试例。确定的用例将成为测试计划的工作量输入，并且成为需求覆盖率的计算基础。

在本章中，我们只将"su_申请登记"用例作为测试用例。我们知道，用例通过场景来描述需求，如果我们的测试例覆盖了所有用例所描述的需求，就可以说我们达到了软件产品需求规格的 100%需求覆盖率。所以从用例推导出测试例是达到预期需求覆盖率的关键，也可以说用例是软件产品需求规格与测试例之间的契约。

确定了用例之后，我们就要确定用例的场景。

15.2.1.2 步骤二：确定用例场景

用例场景已经在系统建模过程当中明确，测试人员并不需要开发它们。但是测试人员需要读懂并了解该用例的全部执行细节。如果不清楚，那么应当找系统建模人员确认。如果确认后仍不清楚，那么应当认为该用例不是可测试的用例，应要求系统建模人员补充信息。

用例场景是推导测试例的基本出发点，下面就以本书中"su_申请登记"用例为例来讲述测试例的推导过程。关于"su_申请登记"用例详细信息，读者可以查看 11.1 确定系统用例一节，作为例子，表 15-1 列出了该用例的用例规约，它明确地写明了用例的场景。

表 15-1　"su_申请登记"用例场景规约

前置条件	1. 业务员成功登录系统
后置条件	1. 创建新的申请单并生成唯一的申请编号 2. 创建新的永久用电申请流程实例 3. 推进至分配勘察流程环节 4. 提交后的申请单不得再修改
主事件流描述	1. 业务员选择创建申请单，计算机展示申请单录入界面，执行 2；业务员选择继续编辑保存过的申请单，执行 3 2. 业务员录入用户名称，计算机自动查询该用户在历史上有无欠费记录，应用业务规则 a。若有欠费记录，执行异常过程 2.1.1；无欠费记录执行主过程 3 3. 业务员录入其他资料，选择提交，执行主过程 4；选择保存，执行分支过程 3.1.1；选择放弃，执行分支过程 3.2.1 4. 计算机校验数据准确性，应用业务规则 b。若有不符合的数据，执行分支过程 4.1.1，否则执行主过程 5 5. 计算机生成唯一申请编号 6. 计算机保存申请单 7. 计算机将申请过程推进至下一环节 8. 计算机向业务员展示申请单最终结果，用例结束
分支事件流描述	3.1.1 计算机保存目前录入的信息，生成临时编号 3.2.1 计算机不保存任何数据，用例结束 4.1.1 计算机提示错误数据详细情况，提示业务员，返回 3
异常事件流描述	2.1.1 该用户名历史上有欠费记录，计算机显示欠费情况 2.1.2.1 业务员确认该欠费情况属实，用例终止 2.1.2.2 业务员确认情况有误，返回 3

在用例场景中，对测试来说重要的信息除了事件流描述之外，前置条件和后置条件也是很重要的。其中，前置条件构成了测试例的约束，后置条件则是测试例预期的检查结果。而主事件流、分支事件流和异常事件流则构成了测试例的设计契约，测试例就依靠它们推导出来。

15.2.1.3 步骤三：确定执行路径

设计测试例的目标是覆盖上述所有可能的场景，所以第一步，我们需要把所有可能的场景找出

来形成场景集合，而场景集合是主事件流、备选事件流和异常事件流的排列组合结果。为了推导方便，可以绘制一个简单的场景分析图来帮助我们排列这些可能的场景。这些场景就构成了用例的执行路径。

图 15.1 展示了根据"su_申请登记"用例场景绘制出来的执行路径图。

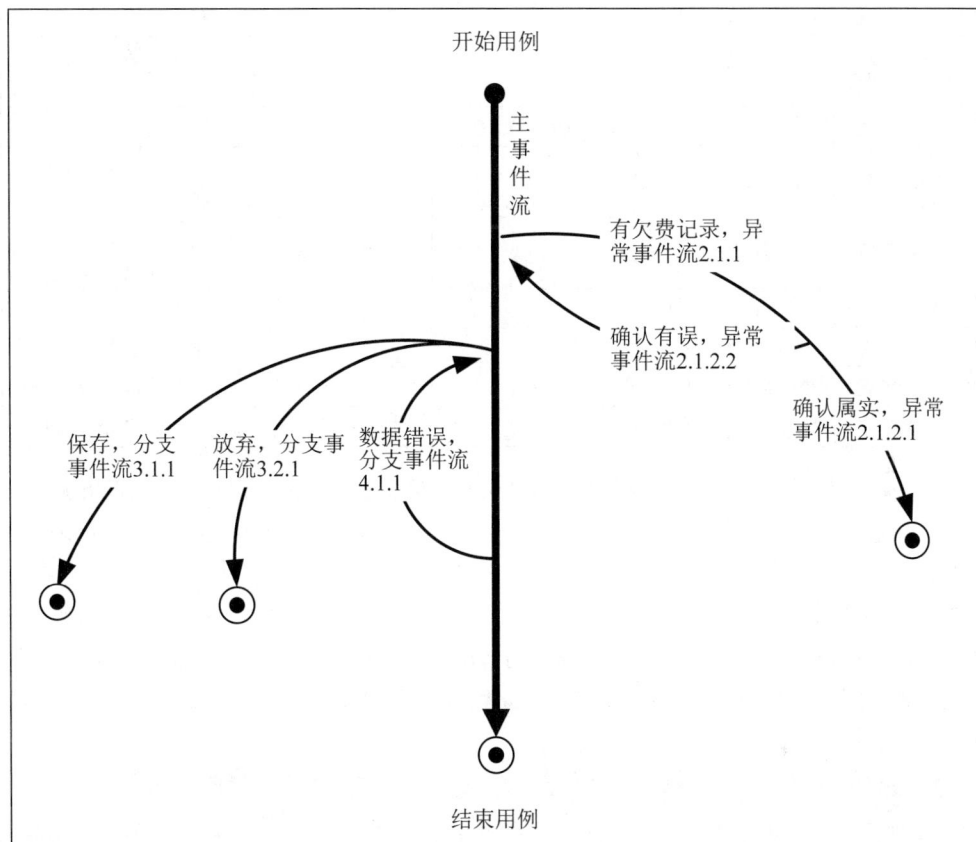

图 15.1　申请登记执行路径图

上述的执行路径图就构成了测试的输入，即我们要开发的测试要能够覆盖所有可能的测试路径。不过，对每条执行路径的覆盖程度应当根据优先级进行调整。下一步骤将根据执行路径确定测试场景，并且标定优先级。

15.2.1.4　步骤四：确定测试场景

根据上述的执行路径图，以事件流编号作为横坐标，排列出所可能的场景，我们就能够推导出如表 15-2 所示的测试场景。

推导出测试场景以后，我们需要标定这些场景的优先级。对用户来说最为常用、满足用户最基本要求的场景、失败后对系统影响最大的场景优先级最高，反之则最低。例如我们设优先级分为三级，1 最高，3 最低。对于优先级最高的场景来说我们需要给予最高的关注度并开发最多的测试例，反之，对于优先级最低的场景可以只开发最基本的测试例。

表 15-2　测试场景

场景#	事件流#1	事件流#2	事件流#3	事件流#4	描述	优先级
场景 1	主事件流				正常提交申请	1
场景 2	主事件流	分支事件流 4.1.1			修改错误数据后提交申请	1
场景 3	主事件流	异常事件流 2.1.1	异常事件流 2.1.2.1		核实欠费后终止申请	2
场景 4	主事件流	异常事件流 2.1.1	异常事件流 2.1.2.2		核实未欠费后正常提交申请	2
场景 5	主事件流	异常事件流 2.1.1	异常事件流 2.1.2.2	分支事件流 4.1.1	核实未欠费并修改错误数据后提交申请	1
场景 6	主事件流	分支事件流 3.1.1			保存申请	2
场景 7	主事件流	分支事件流 3.2.1			放弃申请	3
场景 8	主事件流	异常事件流 2.1.1	异常事件流 2.1.2.2	分支事件流 3.1.1	核实未欠费后保存申请	2
场景 9	主事件流	异常事件流 2.1.1	异常事件流 2.1.2.2	分支事件流 3.2.1	核实未欠费后放弃申请	3

得到了测试场景以后，就可以根据测试场景来开发测试例。但是，仅有场景还不足够，要让测试例能够运行起来，我们还需要分析和确定测试例的运行因素。在下一步骤里，我们将确定每一个测试场景的运行因素。

15.2.1.5　步骤五：确定测试因素

测试因素是指在测试场景即执行路径确定的情况下，可能会影响和改变执行结果的那些因素。一般来说，测试因素可分为三大类：用户输入、运行时设置和环境设置。

■　用户输入

用户输入是指用户的输入数据，即用户在执行这个场景的过程中可能的输入数据组合。例如在输入界面里，用户可能输入的数据是什么，可能的选择是什么。请注意，如果输入的用户数据将改变执行路径，那么应当为这个因素单独建立执行路径。如果出现这种情况，说明用例场景的分析有缺陷，并未描述出所有可能的执行路径，应当修改用例场景。

这里所指的用户输入是指有可能影响和改变执行结果，但不会改变测试路径的那些数据。

■　运行时设置

运行时设置是指运行时（runtime）的配置。例如，通常我们会对会话（session）设置期限，设置期限的长短，就是一种运行时的配置；再比如，我们是否打开应用服务器的安全机制，也是一种运行时设置。一般来说，运行时设置就是指系统的各种配置文件。这些配置有可能影响执行结果。

■　环境设置

环境设置指用户将在什么样的应用环境下执行。例如，如果系统支持多个数据库，那么采用 Oracle 还是采用 DB2 就是两种应用环境；独立的应用服务器和服务器集群也是两种应用环境。这

些因素都有可能影响到测试的结果。

我们可以用鱼骨图（fish bone）来分析这些测试因素，采用不同的颜色来区分不同类型的测试因素。图 15.2 展示了以测试场景 2 为例的测试因素的分析结果，从图中我们可以看到，测试因素还可以有子因素，并且我们为每一个因素都编了号。编号的目的是为了产生接下来的测试矩阵。

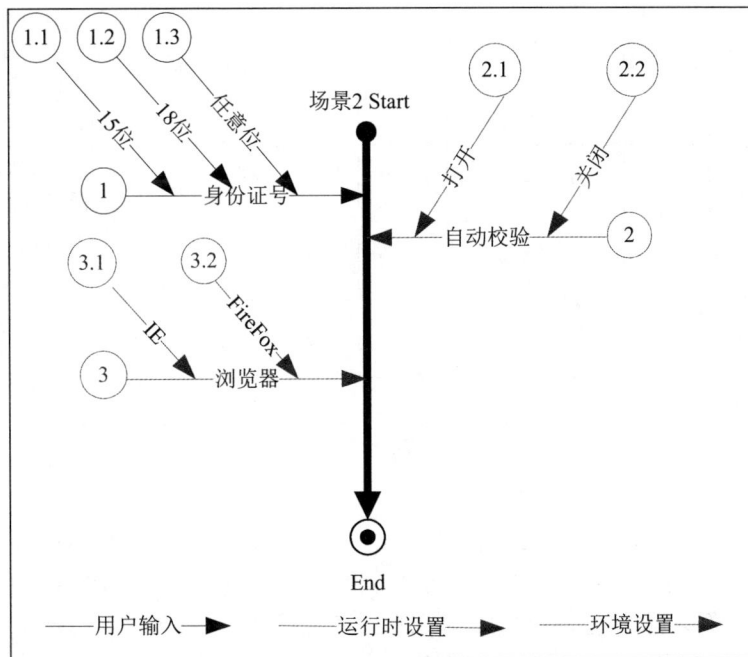

图 15.2 测试因素分析

15.2.1.6 步骤六：开发测试矩阵

现在，我们已经知道了测试场景，也知道了影响测试的因素。将两者分别按横纵坐标排列起来，就形成了测试矩阵。这个矩阵的所有有效组合就表示对用例的 100%的需求覆盖率。

在实际的测试当中，我们并不会真正地 100%覆盖所有的需求，因为工作量实在太大。我们可以根据测试场景的优先级来确定，比方说优先级为 1 的测试场景要求 100%的覆盖率；优先级为 2 的测试场景要求 80%的覆盖率等。

另一方面，我们也不一定要求对一个测试场景测试所有可能因素的组合，我们可以采用排列的方法，把各种测试因素分散到不同的测试场景中去分别覆盖它们。

表 15-3 展示了根据测试场景和测试因素开发出的测试矩阵。在这个例子中，我们仅分析了测试场景 2 的测试因素，因此矩阵中只包含这一个测试场景。不过相信读者可以举一反三，根据上面的步骤开发出其他测试场景的测试矩阵来。

表 15-3　测试矩阵

测试场景 #	场景实例 #	用户输入			运行时设置		环境设置		预期结果
		1.1	1.2	1.3	2.1	2.2	3.1	3.2	
场景 2	TS2.1	X			X		X		当时即检测出错误并返回主事件流 3
场景 2	TS2.2		X		X		X		当时即检测出错误并返回主事件流 3
场景 2	TS2.3			X		X		X	提交时检测出错误并返回主事件流 3
场景 2	TS2.4	X				X		X	提交时检测出错误并返回主事件流 3
场景 2	TS2.5		X		X			X	当时即检测出错误并返回主事件流 3
场景 2	TS2.5			X		X	X		提交时检测出错误并返回主事件流 3

表 15-3 中，测试矩阵中的每一列代表测试场景 2 的一个实例。比如 TS2.1 代表测试场景 2，即修改错误数据后提交申请在用户输入=1.1（15 位身份证号）、运行时设置=2.1（自动校验开）、环境设置=3.1（IE 浏览器）时的一个实例。

测试场景 2 所有可能的组合是用户输入、运行时设置、环境设置三个因素的乘积，即 3*2*2=12 个实例。而这仅是一个系统用例当中的一个场景的测试实例数量。因此，如果要完整测试一个软件，其测试实例将是用例数量*执行路径*用户输入*运行时设置*环境设置，可以想见是多么巨大的数量。这正说明了测试的困难，也说明了为什么软件质量总是很难保证。

当然，我们并不是所有的可能性都要覆盖到，事实上也不可能做到。首先用例有优先级；其次执行路径有优先级；测试因素我们也不一定采用组合，而采用排列方式。这样既能有效地覆盖需求，又能把工作量控制在可以接受的范围内。

虽然这个例子仅仅列出了场景 2 的测试矩阵，不过相信读者已经掌握了方法，可以将其他测试场景的测试矩阵开发出来了。

开发完测试矩阵以后，我们就确定了测试的覆盖率。用现有的测试实例除以所有可能的实例就能够得到结果，不过，通常是按优先级分开计算的。测试矩阵同时也就成为了测试人员的测试任务和测试例的开发目标。

下面将进入最后一步，测试例的开发和执行。

15.2.1.7　步骤七：开发和执行测试例

在这一步要做的工作就是将测试矩阵中的每一个测试实例转化为可执行的测试例。有些测试例需要开发测试代码，有的需要手工执行，有的需要借助工具执行。具体的技术就不再细讲了。

测试矩阵中的一个测试实例还可以开发出多个测试例。表 15-4 列出了测试矩阵中部分测试实

例的测试例开发结果。

表 15-4　设计测试例

测试实例#	测试例#	输入	预期结果
TS2 .1	TC1	1.1=123456789012345 2.1=true 3.1=IE	当时即检测出错误并返回主事件流 3
TS2 .1	TC2	1.1=abcdefghijklmnopq 2.1=true 3.1=IE	当时即检测出错误并返回主事件流 3
TS2 .2	TC3	1.1=123456789012345678 2.1=true 3.1=IE	当时即检测出错误并返回主事件流 3
TS2 .2	TC4	1.1= abcdefghijklmnopqrstu 2.1=true 3.1=IE	当时即检测出错误并返回主事件流 3
TS2 .3	TC5	1.1= abc123 2.1=false 3.1=FireFox	提交时检测出错误并返回主事件流 3

　　我们可以看到,这一步骤所做的工作就是给测试矩阵中的测试实例赋值并形成一个可执行的测试例。针对同一个测试实例 TS2.1,我们开发了两个测试例,它们的输入分别是 15 位数字和 15 位字符。

　　到了这里,经过 7 个步骤,我们完成了从用例到测试例执行的整个过程。

15.3　提给读者的问题

提给读者的问题 44

　　请读者从曾经做过的一个项目出发,挑选一个或几个用例场景,根据用例场景描述,做以下练习:

　　(1)绘制出如图 15.1 所示的执行路径分析图。

　　(2)列出如表 15-2 所示的测试场景。

　　(3)为每个测试场景绘制出如图 15.2 所示的测试因素分析鱼骨图。

　　(4)开发出如表 15-3 所示的测试矩阵。

　　(5)根据测试矩阵开发测试例。

　　(6)评估上述测试的需求覆盖率。

16

理解用例的本质

16.1 用例是系统思维

经过基本知识和实践的学习，相信读者已经掌握了如何使用用例。在第一部分里，我们学习了用例的一系列特征，如：

- 用例是相对独立的。
- 不存在没有参与者的用例，用例不应该自动启动，也不应该主动启动另一个用例。
- 用例的执行结果对参与者来说是可观测的和有意义的。
- 用例必然是以动宾短语形式出现的。
- 一个用例就是一个需求单元、分析单元、设计单元、开发单元、测试单元，甚至部署单元。

在第二部分中，我们学习了用例如何驱动整个软件开发的过程。不过，上述的学习只停留在方法层面上，也就是说，我们只学习了什么是用例，以及怎样使用用例。然而用例方法是起源于某种思想的，是思想与实践相结合的产物。如果想更进一步理解用例的本质，我们还得更深入地研究一下用例思想。

毋须过多解释，软件系统当中包含"系统"二字已经表明了软件的行为是一种系统行为。尤其是软件越来越多地担负着与人交互的职责，使用者➜软件构成了一个系统的两极。为了理解、描述和模拟这个系统，我们必须采用系统性思维而不是线性思维来看待这个由使用者➜软件两极构成的系统。

所谓线性思维，是指我们考虑问题时只从一个角度线性地、顺藤摸瓜式地去思考和理解一个问题领域。线性思维也称为静态思维。例如我们考虑这样一个场景：一个创业者有一个很好的新产品的创意，打算把它生产出来，投放到市场，赚到钱，因此他去参加"赢在中国"电视节目，期望获

得投资。

如果他采用线性思维方式去描述他的项目，他大概会用如图 16.1 所示的描述来说明他的创业之路。

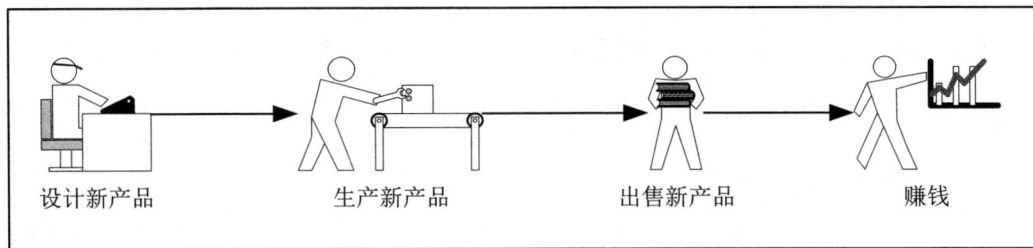

图 16.1　线性思维

然而做一点深入思考我们就会发现，如果这样来考虑问题，即使新产品的创意再妙，这位创业者能够成功的概率也是很小的。看过"赢在中国"电视节目的朋友基本上都能猜到评委将会问这位创业者什么问题。例如：老百姓需要这样的产品吗？市场上是否已经有类似的产品？你研究过你的竞争对手吗？你的销售渠道是什么？你的赢利模式是什么？如果你获得了风险投资，你会用它来干什么？

如果不能回答这些问题，我估计这位创业者十有八九是拿不到投资的。原因很简单，这位创业者没有将产品、客户、市场看作一个系统，当他有一个好的创意时，他忽略了这个创意并非孤立存在，而是处于一个复杂的市场环境中。创意能不能转化成钞票不仅仅取决于创意本身，更多的是取决于市场。

那么什么是系统思维呢？要明白什么是系统思维，就得先明白什么是系统。简单来说，系统是一个封闭的、由一系列相互关联、相互影响的物质构成的集合；这个集合可以用一系列的过程、规则或规律来描述；系统具有反馈和自我完善、动态平衡的特征。软件是当然的系统的例子，另一个更容易理解的系统例子便是我们所熟知的生态系统。

所谓系统思维就是考虑系统内事物的互相影响而不是观察单个事物的变化，归纳、抽象系统内的运行规律而不是研究单个点的存在意义。

例如对生态系统，我国在 20 世纪 60 年代曾经将麻雀定性为害鸟，与苍蝇、蚊子、老鼠等并列为四害，可怜的麻雀经历了一场全国性的毁灭性灭绝运动。原因很简单，因为麻雀吃稻米。这就是线性思维导致的结果，只简单而孤立地看待问题。如果从系统思维出发，麻雀吃稻米不假，但是系统地来看，冬天，麻雀以草籽为食；春天养育幼雀期间，大量捕食虫子和虫卵；七八月间，幼雀长成，啄食庄稼；秋收以后主要吃农田剩谷和草籽；麻雀是整个生态系统食物链当中重要的一环。事实证明，当麻雀被打光后，许多地方第二年就大规模爆发虫灾，损失更为惨重。

可见对于系统来说，用线性思维去研究一定会得出偏颇的结论，不能描述准确，更无法有效模拟。为了得到投资，这位创业者必须明白他的创业过程是位于一个由创意、产品、销售、市场、竞争、经济等许多因素构成的复杂环境。创意有没有市场得通过市场调查才能确定；产品能不能生产受到技术和资金的制约；产品能不能卖出去受到营销策略和市场的影响；就算产品卖出去了，能不能挣到钱还与成本控制、市场价格体系息息相关……创业者必须考虑到这一系列的因素，并有相应的一系列对策和举措才能够证明他能够成功创业，从而得到投资。

因此，尽管我们的问题只是怎样把一个好创意，生产成产品，投入市场赚钱那样简单的几个步骤，我们却不得不采用系统思维，得到如图 16.2 所示的一个复杂的系统来描述这个看似简单的过程。

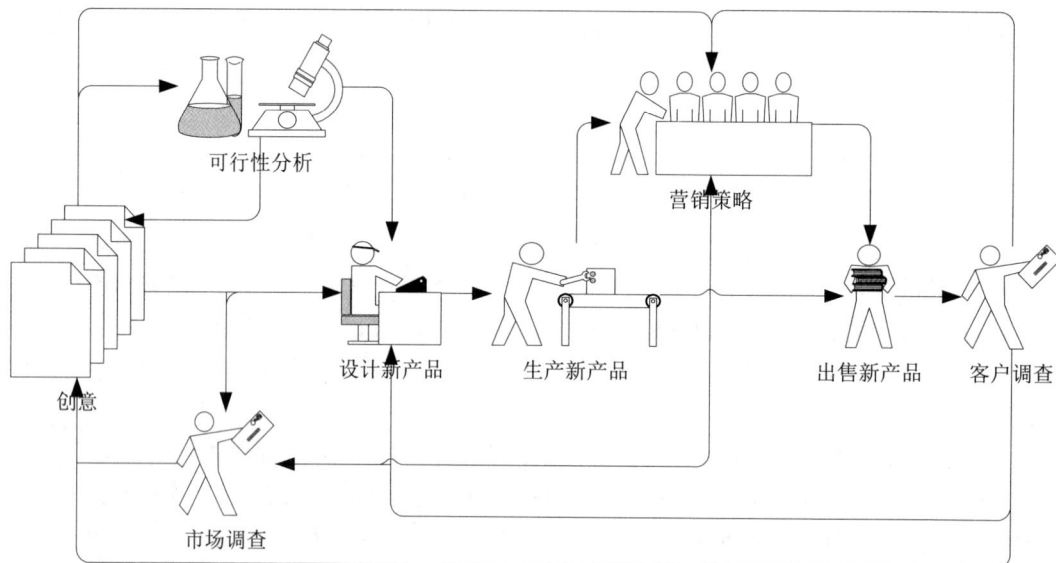

图 16.2　系统思维

尽管我相信读者不会对软件是一个系统因而需要系统思维提出任何异议，我甚至相信有些读者会觉得我讲了一堆相当于废话的真理。可是我也非常确定有相当一部分读者在分析和设计系统时没有采用系统思维而是采用了线性思维，尽管在他们心目中非常认可软件是一个系统。

请读者先回想一下你所习惯的分析和设计方法，再来看看下面这个简单的事实，你是否还能很自信地说你在分析和设计软件时采用了系统思维？

软件并不是孤立存在的，如果软件脱离硬件、网络环境、应用环境它将不能运行。这一点软件的分析和设计者通常都能想到。但软件真正存在的意义是帮助使用者达到预期的目标，这一点却常常被忽略。如果说软件脱离硬件只是不能运行，软件脱离了使用者却变得毫无用处。因此，在设计时我们必须将软件置于它所处的系统环境中：使用者、硬件、网络、应用环境等，并采用系统思维来分析和设计它。

我相信有相当一部分读者在分析和设计软件的时候是脱离使用者的。也就是说，他们所考虑的软件是只有功能的。当他们分析和设计一个软件的时候，所考虑的是软件应该具备什么样的功能，或者说软件应当提供什么样的功能给使用者，却没有考虑到软件是处在使用者与软件交互的系统环境中。功能孤立地存在并无意义，只有将使用者与功能交互系统地看待，软件功能才有意义。

把软件比喻成一台电视机，我们来看看线性思维和系统思维两种不同思想带来的不同分析结果。请读者回想一下你所习惯的分析和设计方法，如果通过你的分析和设计，电视被描述成如图16.3 所示的样子，那么真的很不幸，你的确在采用线性思维在分析和设计软件。

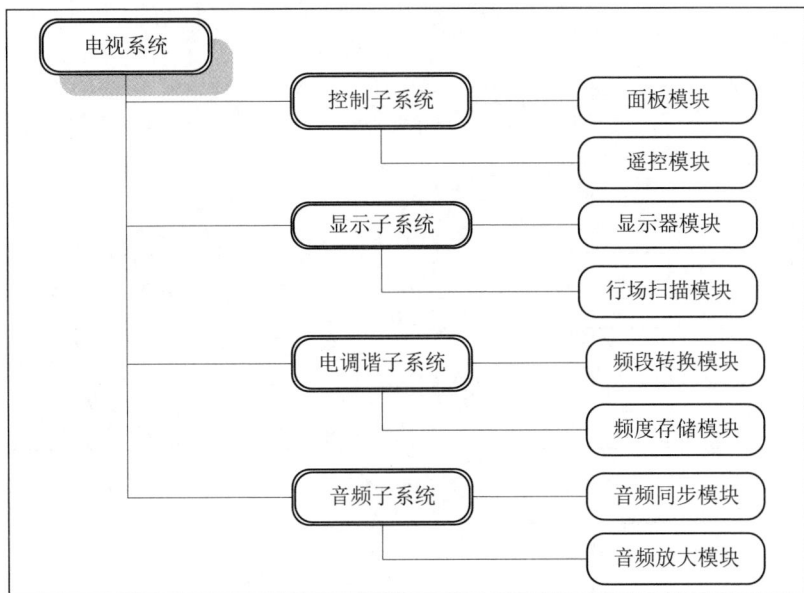

图 16.3　线性思维下的系统分析设计结果

图 16.3 所示的分析设计结果证明你忽略了一个最基本的事实：电视机与使用者的交互才构成系统，或者说，这个系统的意义在于电视机与使用者之间动态的"动作→反应→反馈→再动作"的交互行为。如果脱离使用者，电视机只是一台无用的摆设。

如果采用系统思维去分析和设计电视机系统又如何呢？我们考虑到电视机不是孤立存在的，它与使用者共同构成一个系统，因此我们必须把使用者包括进来，分析使用者和电视机之间的交互行为，才能准确定义这个系统。采用系统思维去分析和设计电视机，我们大约会得到如图 16.4 所示的系统说明。

让我们仔细观察一下图 16.3 和图 16.4，虽然描述的是电视机而不是软件，但还是感到似曾相识。图 16.3 怎么看怎么像功能框图。没错，事实上，图 16.3 所示的分析设计方式的确就是结构化设计方法。虽然曾经辉煌，可惜结构化设计方法终究只是一种线性思维。

至于图 16.4，有些读者已经忍不住要指出了，如果将一些方框换成椭圆；如果将一些方框换成对象图标，这不就是用例模型吗？恭喜你，答对了！

事实上，用例的本质就是将软件与使用者当作一个系统而不是孤立的两个领域来看待。从用例思想出发，使用者与软件是不可分割的整体，不论是需求分析、系统分析还是系统设计我们都不能孤立地讨论使用要求和软件行为。脱离了使用者驱动的"功能"是没有意义的，脱离了软件行为的使用者要求也是没有意义的，只有两者的交互：请求→执行→反馈→判断→动作……这样构成的一系列的系统交互行为才有意义，并且系统是动态平衡而不是静止不动的。

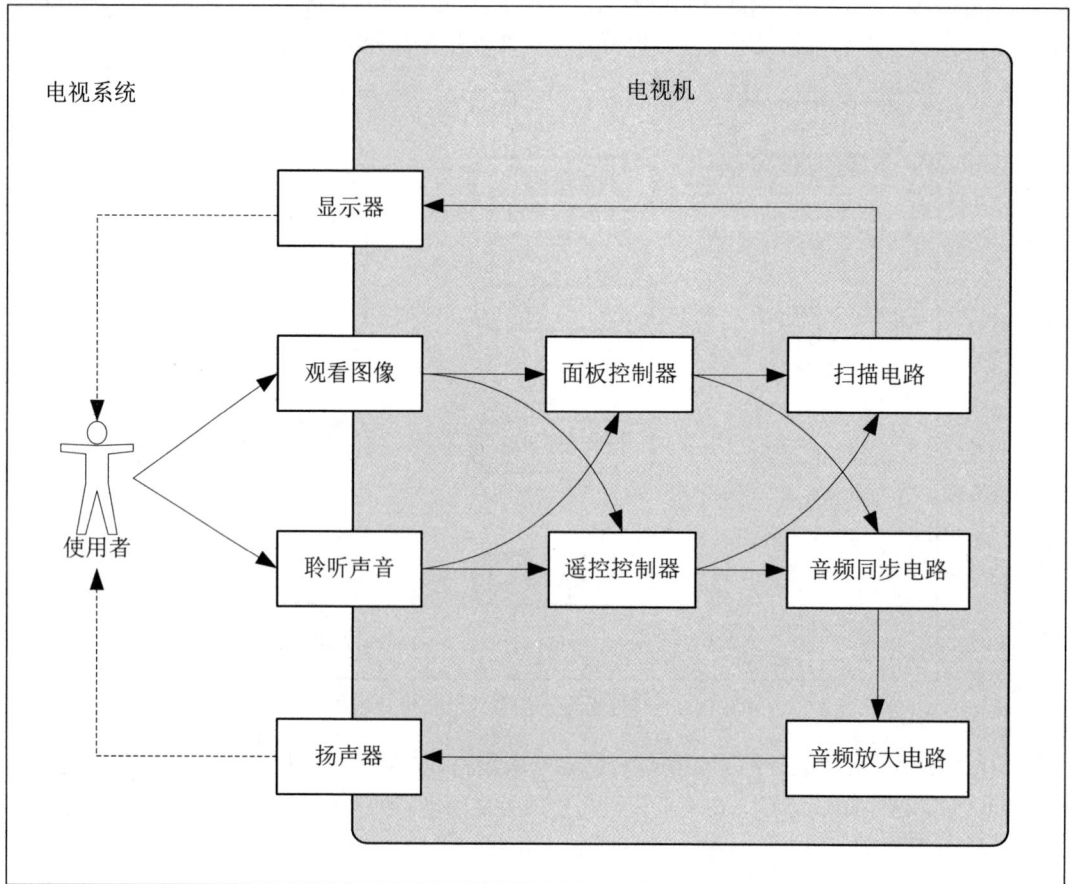

图 16.4　系统思维下的分析设计结果

现在，再回头来看看用例的这些特征，我们会发现，用例的这些特征无一例外地表现出了用例的系统性。这就是为什么用例绝对区别于功能的最根本原因。

■　用例是相对独立的

因为系统是一个封闭的、由一系列相互关联、相互影响的物质构成的集合。封闭性带来了用例的独立性。

■　不存在没有参与者的用例，用例不应该自动启动，也不应该主动启动另一个用例

因为系统是随时处于动态的，物质的静态堆积不可能构成系统。因此，如果没有参与者的动作，用例是不可能构成系统的。

■　用例的执行结果对参与者来说是可观测的和有意义的

因为只有有效的反馈才能使系统保持动态平衡状态，否则系统就会崩溃。

■　用例必然是以动宾短语形式出现的

因为系统里每一个事物都不是孤立存在的，必须以系统观来描述它们。

最后的结论：用例方法是一种系统思维方法。采用用例来分析系统，我们就是使用系统观而不是线性观来看待软件。在以后的分析和设计实践中，即使不是使用用例方法，读者也应当随时谨记应使用系统思维而不是线性思维来看待软件。

16.2 用例是面向服务的

如今，面向服务的架构成为软件技术发展的新阶段，有人声称这是软件产业的又一次革命并且是不可逆转的发展趋势。尽管在国内市场上 SOA 目前还处于曲高和寡的境地，但无可否认，SOA 毕竟为软件如何应对瞬息而变的市场需求提供了迄今为止最为全面和有效的解决方案。

SOA 的第一条准则便是：业务驱动服务，服务驱动技术。

从这条准则中我们可以读出的信息是，第一，业务和技术不再是两个可以分离的领域，并且技术由业务决定；第二，业务和技术之间需要一个桥梁，这个桥梁就是服务。

在现实中，业务需求由业务人员的操作来表达；技术则指一切软件技术，例如语言、架构、协议、标准。在这两者之间，服务充当了桥梁的作用。然而必须指出，与传统自底向上的抽象不同，SOA 的抽象方向是自顶向下：业务→服务→技术。换句话说，技术再抽象也只是技术，不可能转化成服务。服务由业务决定，而技术由服务决定。

根据 SOA 的第一条准则绘制出一个示意图，如图 16.5 所示，我们又惊异地发现这张图仍然非常眼熟。

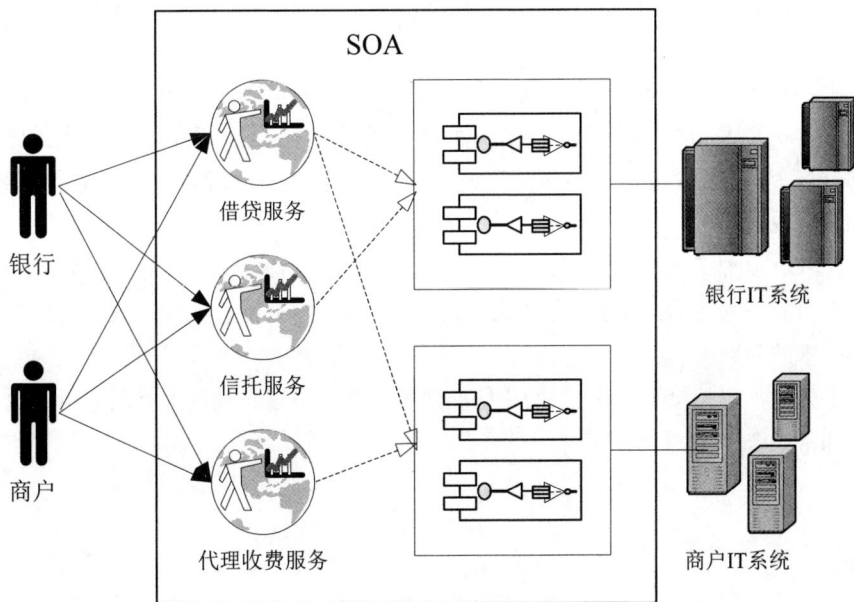

图 16.5 SOA 应用示例

没错，如果我们简单地将服务替换为用例，而将服务组件替换为分析模型就会发现，我们居然又绘制了一个用例模型图。为了证实这一点，我们有必要再深入一点了解 SOA。

SOA 之所以被称为一种软件革命，其基本就在于 SOA 抛弃了实现技术的约束，不再向客户宣讲我有一门什么技术，因此我能为你做些什么；而是反过来说，客户所需要的服务，都能用 SOA 的形式为你提供。换句话说，SOA 服务是与实现无关的，我们在定义一个 SOA 服务时，关心的是服务定义、服务流程、服务数据。而在这个过程中，理想情况下我们不需要编写一行代码。

SOA 能做到这一点是因为它基于很多开放式标准的支持。例如我们可以采用 WebService 标准来定义服务，采用 BPEL 标准来定义服务流程，采用 SDO 标准来定义服务数据。然而这些定义落实到实现上都仅仅是一些 XML 文档而已。这些 XML 文档可以由支持相应标准的中间件解释并执行。

SOA 服务是由 SCA 组件来代表的，一个基本的 SCA 组件包含服务定义、服务流程和服务数据。SCA 组件在 SOA 容器内运行（例如 Websphere Process Server）。SOA 容器是 SOA 架构的一部分，除了解释和支持 SCA 运行之外，SOA 架构还隔离 SCA 与真实的实现代码。如图 16.5 所示，SOA 服务独立于银行的 IT 系统和商户的 IT 系统。

如果绘制出 SOA 基本实现过程的示意图，如图 16.6 所示。我们会再次发现，这个过程惊人地符合用例驱动的分析方法。

经过以上的分析对比，我们意识到，SOA 当中的服务与用例有着微妙的关系；SOA 的开发过程与用例的分析过程也有着极高的相似程度，尽管 UML 和 SOA 在诞生之时是毫无关系的两个领域。

事实上，在我看来，SOA 最大的成就不是创造了一个可能是迄今为止最为复杂、最为开放、包容性最强、最灵活、最迅捷的技术架构，而是超越了技术架构本身，在其之上提出了一种全新的软件理念。这个理念脱离了具体技术的束缚，用服务而不是技术来架构一个软件系统。诚如 SOA 的第一准则所说的那样：业务驱动服务，服务驱动技术。

然而，SOA 虽然有这样一个理念，但并没有定义方法来指导这个理念的实施。SOA 虽然阐述了业务可以用服务来架构，通过服务再来决定实现，但却没有回答如何从业务中发现服务和服务如何转化为技术的问题。

到目前为止，仍然没有公认的 SOA 标准建模方法。不过，经过上面的分析对比可以看出，用例方法是非常适合用作 SOA 建模的。

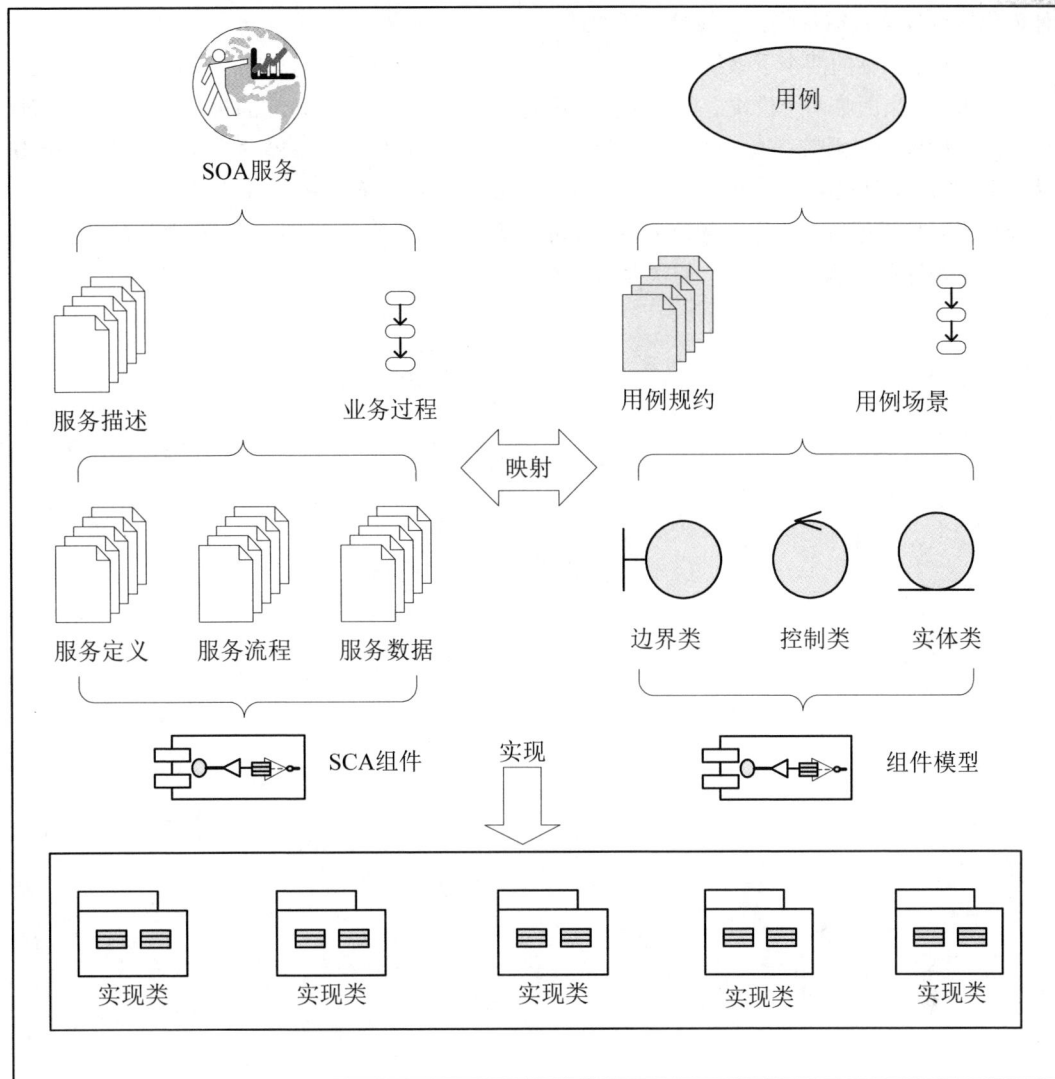

图 16.6　面向服务与用例驱动

16.3　善用用例方法

读者应当在使用用例的过程当中深入思考用例背后的一些思维方法,例如本章指出的系统思维方法和面向服务理念。

事实上,用例方法在其诞生时并非是以软件技术的面貌出现的。它实际上是一种需求方法,或者说分析问题领域的方法。这里的需求和问题领域可就不仅仅指软件行业了。用例方法的确可以用在任何你需要弄清楚需求或分析问题领域的地方。

例如，如果面临的两个子系统之间有复杂的相互调用，一时理不清思路时可以借助用例来帮助你；再例如，如果面临两个模块之间的相互调用时，甚至面临两个类之间的相互调用时，也可以借助用例来帮助你分析系统行为。事实上，任何一方有需求需要另一方来提供的场合都可以使用用例方法，用例方法都有发挥的价值。读者可以从身边发现许多这样的例子。

要想提高使用用例分析方法的能力，读者可以从任何一方有需求，另一方可提供需求的地方开始练习，哪怕这些事例与计算机一点关系都没有。

17

理解用例驱动

17.1 用例与项目管理

无论是传统的结构化开发还是面向对象开发，软件开发计划的核心问题无非是工作量估算（Workload Estimation）、时间安排（Timing）和人力资源（Resource Assignment）分配。

其中工作量估算源于开发范围（Scope），然后以工作包（Work Package）为基本计算单位，通常用人天、人周、人月等单位来衡量。

时间安排和人力资源分配是一对需要平衡的变量，通常时间和人力资源是呈反比状态的，但是在软件开发过程中并不可靠，即人力资源无限增加并不能导致时间无限减少的结果。时间安排也并非是简单地用工作量总和除以人力资源数量就可以得到。其中除了特定人力资源的个人能力、技能、工作效率不相同的原因外，最重要的原因是开发包之间是有依赖关系的。简单地说，在软件开发过程中，有一些开发工作依赖于其他开发工作的完成。例如，如果数据库还没有建立，查询数据库程序就无法开始编写。

为了解决这个问题，我们需要查找出那些具有依赖关系的工作包，将它们首尾连接起来。这些工作包的开发时间决定了项目的整体开发时间，由这些工作包连接起来的链路也称为关键路径。关键路径对软件开发的重要性在于，如果不调整和压缩关键路径上的工作包的开发时间，无论如何压缩其他工作包，项目时间都不可能获得缩减。在项目管理技术里，这种方法一般称为网络图，相关的技术是 Pert 图技术。

上述的这些知识是在项目管理专业知识当中出现的，不过本书并不打算深入探讨项目管理技术，在这里引入一些项目管理的基本讨论是因为从上述讨论中我们可以发现软件开发计划中工作包这个关键对象占据了非常重要的地位。不论是范围的确定、时间安排、人力资源分配、质量计划等都与工作包有着密切的联系。换句话说，如果不能正确地确定工作包，就无法做好项目计划。

在传统的结构化开发方法里，工作包是以功能点为代表的。即开发计划编制取决于功能分解的结果。在项目管理术语里，这种分解被称为 WBS（Work Breakdown Structure）功能分解结构。通过功能分解，将功能点对应到项目计划里的工作包概念，因而可以利用项目管理技术来进行开发计划的编制。

但是在面向对象的方法里，如果我们采用 RUP 方法，或者 UML 建模进行项目，就会发现在 UML 里并没有如结构化开发方法里功能分解的这样一个概念。换句话说，如何确定工作包就成为一个问题了。在 UML 里，业务用例代表业务范围；系统用例代表系统范围。同时，我们还有系统用例实现的概念。经过学习我们知道，系统用例实现代表的是开发范围。即系统用例实现就是我们要寻找的工作包。

对于绘制项目计划来说，经验数据告诉我们，一个工作包的工作量控制在 1 至 2 人周是比较容易控制的。高于这个范围发生不可预知事件的风险增高，而低于这个范围会由于管理过细而增加管理成本。在传统的结构化方法里，我们总是可以对功能进行分解、再分解，使得一个功能点大致在 1 到 2 人周的工作量范围。但是在 UML 里，用例是不能分解的，我们怎样获得适合的工作包呢？

这个问题的解决方案就是系统用例实现。虽然用例不可分解，但是用例实现却是可以实现部分用例场景的。换句话说，如果一个系统用例的工作量超过了 1 至 2 人周的范围，那么我们可以通过多个用例实现来实现这个系统用例的部分场景，因而可以得到适合的工作包周期。这时，我们的开发计划是依据用例实现来编制的。

在之前的章节中，图 9.10 和图 14.8 展示了两种不同的分解结构。其中图 9.10 是针对业务用例的，但它的作用主要是在项目初期获得对整个项目工作量的初步估算，它的所谓分解结果甚至不是系统用例，因此事实上图 9.10 所示的结果只能在项目初期用作估算，并不能用来编制开发计划。

图 14.8 则很接近开发计划需要的内容了，这时我们已经获得了系统用例。如果系统用例的工作量估算恰好在 1 至 2 人周，那么就可以直接使用。如果大于 1 至 2 人周，则需要通过用例实现来减少每个工作包的工作量。图 17.1 展示了用例之间的这种非分解结构。最终，系统用例实现成为项目计划编制所需的工作包。

在上面的例子中，我们把用例的每一个实现看作一个工作包，然后再采用 Pert 技术来分析关键路径以编制开发计划。这个例子说明，用例不但驱动软件过程，也能驱动项目过程。

17.2 用例与可扩展架构

一般提到可扩展架构，通常第一反应这是一个技术问题，如果采用了如 SOA 那样的架构，并且采用了构件化的设计方法，那么系统将具有相应的可扩展能力。

这话也对也不对。说它对的原因是技术的确是可扩展的物质保障，在很多情况下，技术是制约扩展能力的瓶颈，或者说如果没有技术保障，那么即使我们有扩展的愿望，也难以得到施展。说它

不对的原因是技术只是可扩展的保障，要能够扩展，至少我们要知道什么地方需要扩展、怎么扩展、扩展成什么样。换句话说，没有扩展愿望、目标和要求，光有技术保障仍然难以做出可扩展的架构。

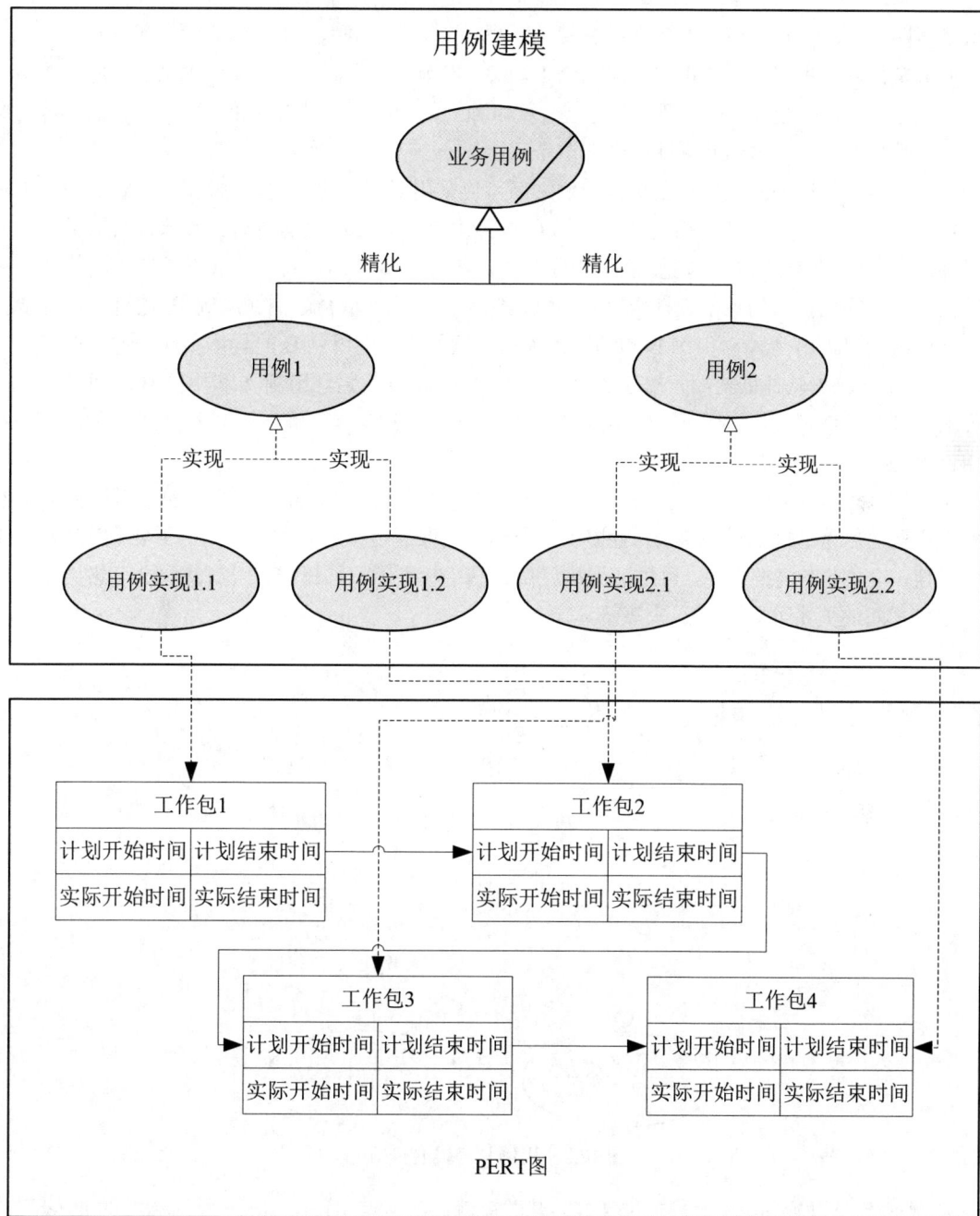

图 17.1　利用用例实现编制开发计划

还是那句话，业务驱动技术。一个好的可扩展架构是基于好的业务架构之上的。业务需要的扩展是我们开发可扩展架构的原动力。在 10.2 业务架构一节中我们了解到，业务架构是将业务中的核心业务提取出来，与软件架构相结合进行研究的手段，如果说业务架构是拼图单元的话，软件架构就是拼图的方法。相对而言，建立业务架构并准确分析扩展要求比技术架构更为重要。

业务架构从哪里来？结论仍然是从用例来。每个用例定义了参与者对系统的要求，是一个相对独立的业务单元。而业务架构，则需要将这些相对独立的业务单元结合起来，形成更大的业务。那如何结合呢？通常可扩展的问题就隐含在这个问题里。

一个不需要扩展的系统里，用例与用例之间可以采用紧耦合的方式。例如用例 A 中的代码直接调用用例 B 中的代码，或者用例 A 中的代码直接访问用例 B 产生的数据。紧耦合的结果是失去可扩展能力，用例 B 的修改一定会导致用例 A 的修改。对用例 A 来说，B 就不是可扩展的。

而在一个需要扩展的系统里，用例与用例之间必须避免紧耦合。例如用例 B 通过软件框架向外提供一组接口，用例 A 对用例 B 的调用请求通过软件框架向用例 B 的具体实现传递。这时，用例 A 和 B 都依赖于软件框架，而相互之间没有依赖关系。换言之，用例 A 和用例 B 之间是相互可扩展的。只要接口不变，用例 A 和用例 B 就可独立变化。甚至，用例 A 可以不知道它正在访问的是用例 B 还是用例 C。

可以这么说，由于用例是一个相对独立的业务单元，因此可扩展架构的主要目标是通过技术架构实现用例与用例之间的松耦合，并且提供适合的方式保证用例之间相互访问的需要。抛开具体的技术不谈，仅从业务需要说起，可扩展架构就像电脑主板上的标准插槽，用例就像是可热插拔的硬件。它们之间的关系可用图 17.2 来表示。

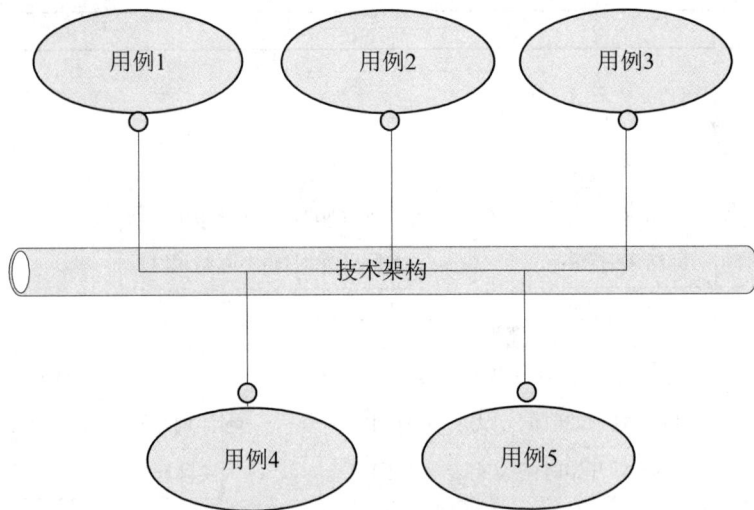

图 17.2 用例与可扩展架构

从图 17.2 可以看到，所谓可扩展架构，其关键就在如何定义每个用例（相对独立的业务单元）的接口，以及如何使用适合的技术架构来保证业务单元之间的交互来提供可扩展能力。图中的技术

架构是一个虚拟的示意，在实践中，这个技术架构可以相当复杂，例如 SOA 架构；可以一般复杂，例如 Spring 的 AOP/IOC 框架；也可以极其简单，例如一个工厂模式。而每个用例的接口提供方式也可以相当复杂，例如标准的 WebService 接口；可以一般复杂，例如 SessionBean；也可以极其简单，例如 Java 的 Interface 类。

可见，可扩展架构的根本并不在具体技术的选择，具体技术使我们拥有不同的能力和效率，却无法指明可扩展的方向。这个例子可以类比为条条大路通罗马，采用复杂而昂贵的技术架构，我们可以乘飞机去罗马；采用简单而低廉的技术架构，我们可以坐马车去罗马。如果我们的需求马车就可以满足，何必坐飞机呢？

这个例子说明，用例不但驱动软件过程，也驱动技术架构。

18

用例驱动与领域驱动

18.1　用例驱动与领域驱动的差异

用例驱动（UDD）和领域驱动（DDD）都是流行的软件设计方法，类似的还有测试驱动（TDD）、特性驱动（FDD）等。这些方法各不相同，但从原理上说，它们无一例外地都是先通过一种方法定义（或建模）需求，再根据需求定义（或模型）来驱动后续的软件生产工作。驱动意味着以此为核心，在此基础上推导出软件设计；你的开发计划、工作内容、管理活动，软件生产的一切要素都围绕着这个基础展开。

所以这个基础才变得如此重要，成为软件成败的最关键因素。于用例驱来说，其核心是用例模型，而于领域驱动来说，其核心就是领域模型。这两者有区别吗？有，而且是非常大的区别。

尽管从概念上来说，用例驱动方法和领域驱动方法里都提到了领域模型，但用例驱动方法中的领域模型是从属地位的，它是由用例推导（驱动）而产生的；而领域驱动方法里的领域模型则是核心，其它的一切都由它为基础来推导（驱动）。

从原理上说，用例驱动是一种由外而内，先招式后内功的思想。我们先从涉众对系统的期望开始，定义出系统如何满足他们的愿望。这一过程是感性的、外在的、符合当前需求的。用例驱动的结果是我们的软件是以实现一个个场景为目的的，认为当一个系统的行为满足了所有涉众的期望之后，即满足了涉众使用系统的场景之后，该系统就是一个成功的系统。我们当然也会试图建立业务架构，但业务架构的建立是在用例分析的基础上，它是软件开发过程中的扩展，而不是基础。换言之，用例驱动方式下的业务架构建立带着浓浓的实用主义思想：现在的业务是这么运行的，我们实现了当前业务就成功了。而寻找这些业务场景的运行规律，定义出一个通用的业务架构，则是随着多个项目的进行逐步形成的。

　　而领域驱动正好相反，它是一种由内而外，先内功后招式的思想。它要求团队里有资深的业务领域专家，该专家对业务领域极其了解，不但要了解其然，还要理解其所以然。在此条件下，团队将从业务领域里找出反映业务本质的那些事物、规则和结构，把它抽象化，描述业务运行的基本原理和业务交互的机制。然后，再通过普遍的原理和机制去实现具体的业务过程。领域驱动方法带有理想主义色彩：试图从根本上解决问题，把业务原理化、标准化、抽象化，有了原理，再来应用。

　　如果纯从模型的价值上讲，领域驱动所建立的模型价值要比用例模型大得多。领域驱动体现了本质，而用例模型仅描述了表象，前者比后者更接近真理。一旦有机会能够建立起真正的领域模型，其价值之大是难以估量的。它表示你已经脱离了业务定制，脱离了满足当前需求，你已经理解并真正掌握了业务领域的原理，站在了行业领导者的位置。就如同你建立了牛顿三大定律一样，世间的万事万物都逃不出你的掌握。

　　但从实用主义的角度说，用例驱动则更加实用，更容易获得项目的成功。用例驱动直观地反映了业务的现状，可以很自然地把业务抽象成为可运行的对象，一个一个用例去实现，然后获得成功。相对的，领域驱动建模却困难得多！它并不是直观地实现业务场景。下面就让我们来看看领域驱动的理想与现实。

18.2　领域驱动的理想与现实

　　不可否认领域驱动是非常好的设计思想，有一段时间本人也相当着迷。因为从模型价值上看，领域建模真正体现了业务运作的本质而不仅仅是表象；从面向对象的观点看，领域建模也更加符合面向对象的原则和方法，其模型深刻体现了面向对象的抽象性，每个领域对象也都体现了面向对象的封装性和独立性。它从建模的开始到设计实现都是面向对象的！而用例建模则带有面向过程的影子：用例场景本身是过程化的，即分析的来源是过程化的，我们只是采用面向对象的方法来实现这个过程。所以假如我有足够的资源，从建模的价值以及其面向对象的观点来看，我会选择领域建模。

　　但是，就我个人的经验来看，在实际的项目中完全运用领域建模是非常困难的。虽然《领域驱动设计》一书中所定义的建模方法，从模型驱动设计实现的手法相当精彩：例如把对象分类的方法，根据对象职责划分为实体对象、值对象和服务对象，利用 IOC（依赖注入）和 AOP（面向方面的编程）等手段来动态组装业务对象；通过分析对象生命周期，为对象建立资源库和工厂。哦，真是非常优美的面向对象手法！但这一切的前提条件是：你必须要对业务领域非常非常精通！你要能够精确地解释两个实体对象之间的业务含义，因而才能够决定到底是采用关联关系还是聚合关系，或者应当采用一个 Builder（创建者）模式来组装它们。在这里，技术不是问题，业务才是！而这才是真正的困难所在。

　　这种方法倡导的领域模型实际上描述了业务运行的架构、原理及其规律。例如一个银行应用系统，你可以比较容易地描述和实现一个信用卡开卡的业务场景并实现之，但如果你不是在银行业摸爬滚打了数十年，基本上具备了银行行长的业务水平（或者银行行长肯加入你的团队），你如何能够准确地描述出银行的信用卡业务核心业务架构并把它抽象化、概念化、模型化，保证这个模型能够支撑银行业务的运营并适应其将来的变化呢？你能够准确地说出信用对象与个人消费、信贷记录等对象之间的业务含义吗？你能够遍历所有涉及信用对象的银行业务并把它们都如此这般地分析一遍吗？如果不能，那么由一个不那么可靠的基础驱动出来的设计，又有多大把握能够成功呢？

真正具备这样深厚行业业务背景的通常都是那些在 IT 业历经多年的老牌软件厂商，如 IBM、Oracle、SAP；或者著名的咨询公司，如埃森哲、德勤等。即便如这些做了几十年的厂商，要提炼出一个业务架构来也是相当不容易的。但也因此这些厂商是行业的领跑者，他们不仅仅实现客户的当前业务，他们还引导客户发展业务。而广大成长中的中小软件厂商，几乎不可能具备这样的行业深度和广度，并且在中国，客户方也极少会深度参与到项目当中，也就是说许多项目组里没有真正的领域专家。而没有领域专家的领域建模只能是一个笑话。

事实也是如此，我所见的领域驱动设计在实际的项目应用中沦为了只用其形而失其神。项目成员热烈地讨论某个东西到底是实体还是值对象，要用工厂模式还是策略模式。可这些都只是技术手段而已，如果你不能说明某个东西的业务含义，它在整个业务当中发挥的作用以及它将来的发展方向，你就不可能做出准确的设计！再高明的手段也不能保证业务上的正确性。没有资深的领域专家就没有领域建模的先决条件，对广大中小软件厂商来说这就是领域建模的理想和现实！

是的，领域驱动设计鼓励采用敏捷方法，所以从理论上讲，似乎我们可以采用迭代的方法，哪怕不正确，也可以先建立一个不怎么完善的领域模型出来，然后随着对业务的逐步深入理解，在后续的迭代中通过重构、测试驱动等方法慢慢来完善它。可是请注意！领域建模与用例建模是不同的。在用例方法中，每个用例都是一个独立的应用场景。因此当采用敏捷方法时，每个迭代中每完成一个用例，就表示完成了软件目标的一个部分。而领域建模建立的是业务架构，在一个迭代当中实现了几个领域类绝不代表这一部分完成了。随着项目的进展，越接近项目的完成，重构一个领域类意味着它影响到的已实现部分越多！如果到项目后期才发现某几个核心领域类定义错误，你可能不得不修改非常多的已实现部分，这简直就是一场灾难。

图 18.1 展示了用例驱动方法与领域驱动方法的差异。图 18.1 中我们可以看到用例驱动与领域驱动的关键差别。用例驱动通过用例有效地隔离了对象分析的复杂度。在某个迭代中实现一个用例的时候，我们建立对象模型只是在这个用例的范围之内，自然复杂度要低很多；当进入另一个迭代实现另一个用例时，如果出现了对象的复用要求，那么我们再来进行重构，通过测试驱动方式来保证已经实现的用例不受影响。假如已经到了项目后期，重构会带来重大影响的情况下，我们可以放弃优美的对象结构，放弃复用要求，哪怕丑陋地实现了某个用例，那又如何？至少我们可以保证产品的交付！

领域驱动完全不同。由于领域模型是核心，在迭代逐步推进的过程中，每次引入新的需求，我们都要重新审视整个领域模型，重构它，使得它仍然保持优美的对象结构。而每次重构都会对依赖于它的所有应用程序造成影响。图 18.1 所示仅仅是三个需求的引入，当成百上千个需求引入的时候，一点小小的重构都可能引起可怕的后果！什么？你说也可以像用例驱动一样，可以考虑放弃优美的对象结构，容忍某一个需求的丑陋的实现？别忘记，用例驱动之所以可以容忍某个用例的丑陋

实现，是因为这个丑陋的实现只影响到那一个用例自己。而在领域驱动当中，这个丑陋的实现可不仅仅是影响一个用例，它将影响到全部的其他应用程序，因为它就是整个软件的基础！

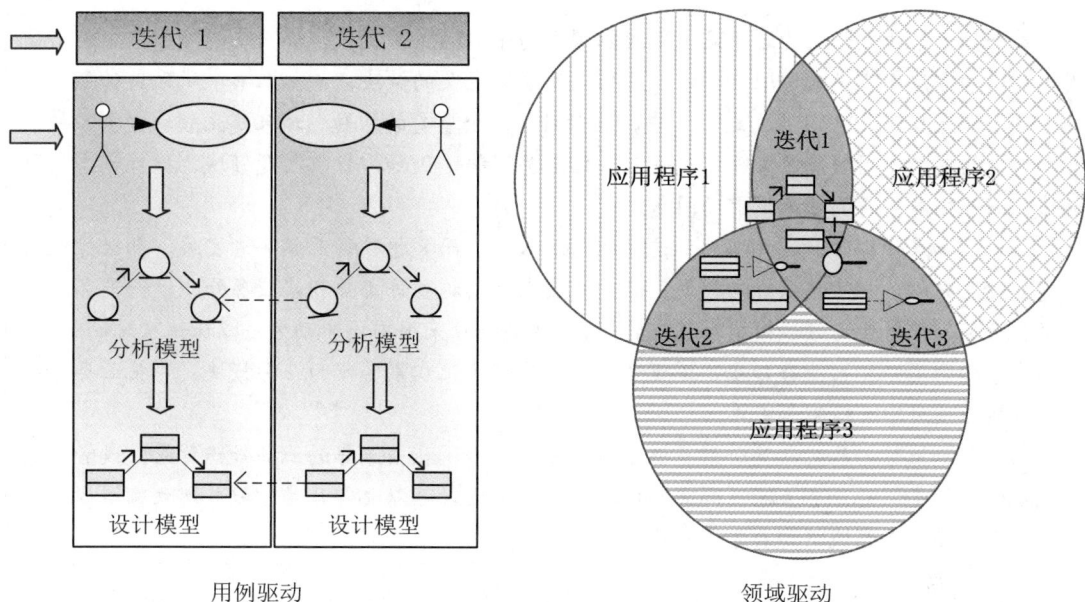

图 18.1　用例驱动与领域驱动

不过有弊必有利，从另一方面看，领域驱动相比用例驱动方法更有可能建立起更加优美的架构。因为用例驱动的离散性导致我们的信息容易局限于一个个用例中，很难对对象模型进行全方位的优化和抽象，建立起可以支撑整个业务系统的业务架构来。而领域驱动方法从一开始就不断地在优化和抽象整个核心对象模型，它历经了所有业务需求的检验，最后成为一个足以支撑整个业务的核心业务架构。

真是成也萧何，败也萧何。鱼和熊掌到底怎么取舍呢？

18.3　如何决定是否采用领域驱动方法

通过领域驱动理想与现实的分析，我们得到这样一个观点：如果没有资深的领域专家带头，就不要采用领域驱动方法来实施项目。相信我，相比于用例驱动，领域驱动将花掉更多的时间，承担更大的项目风险，并且还得有更强的系统分析师和系统设计师（当然项目成本也随之增高）。即使做出来了，你所建立的所谓领域模型距离它真正的业务价值肯定差得很远。从技术上讲，它可能是一个优美的技术架构和精彩的设计，但它注定不是一个健壮的业务架构。

但是对于中小型软件厂商来说，领域模型是有足够吸引力的，一旦真的做出来了，意味着它就具备了全面超越同业竞争对手的核心竞争力。难道真要放弃领域模型吗？

对此，我的建议是：

第一，如果你们的实力还不足以摆脱以项目为中心的运营模式，那么在实际项目中应当采用用例驱动方法而不是领域驱动方法。应当采用现实主义的做法，例如本书中所采用的领域建模方法（详见9.5节），在开发过程当中，仅针对某几个重要的问题领域来建立领域模型，寻求某个常见问题的通用解决方案而不是寻求整体业务架构。例如，权限问题领域、操作日志问题领域、业务档案问题领域等眼前的问题。

第二，如果你们暂时还无法达到这样的行业深度，而又想往行业领导者发展，那么你们应当建立研发中心，把实施项目与研发产品分离出来。实施项目负责积累业务知识，而产品研发负责把业务知识转化为领域模型和相应的产品。实施项目采用用例驱动方法以保证项目的交付，而研发中心则不断积累业务知识，逐步建立领域模型，把积累转化为业务模块，再把业务模块应用到实施项目中去检验和完善。

第三，如果你们已经在某个行业做了很多年，积累了相当深厚的业务知识背景；或者你们的确能够找到资深的业务专家，那么你们真是非常幸运，可以立即开始学习并建立领域模型，甚至可以直接采用领域驱动的方法实施项目。

看来，从自身的实际情况出发来选择方法，而不是盲目地迷信技术才是真正聪明的做法。

19

理解建模的抽象层次

19.1　再讨论抽象层次

抽象是分析事物，从中获得并描述共性的过程。抽象也有自顶向下和自底向上两种方法。自顶向下的方法是试图发现事物的本质内更为具体的性质，从中找到共性的过程。例如小汽车和大卡车，用自顶向下的方法抽象，我们能够发现两者都有轮胎、发动机、方向盘。自底向上方法是试图发现事物本质以外更为概念化的性质，例如用途、行为等。使用自底向上的抽象方式，对同样是小汽车和大卡车的例子来说，我们就不应该再去归纳它们的本质，而应当归纳它们的外在性质，例如它们都可以载货物、都可以开动等。

自顶向下和自底向上分别有着不同的用途，一般来说，从头开始认识和分析事物时适用自顶向下的方法。这与人们的思维习惯相符，人们认识一件事物总是从表象、行为等开始，逐步发现事物的构成、适用的规律等；而自底向上适用于人们对事物已经有了较深的了解，希望更好地利用这些事物时。这也符合人们的思维习惯，人们对事物了解到一定程度之后，总是希望能够归纳和总结事物的各种性质、规律，看是否能为人服务。

对软件分析来说，从需求开始、分析、设计到实现的过程是采用自顶向下方法的；而每一步分析结果出来之后，我们可以归纳和总结获得的结果，采用自底向上的方法优化和更深一步了解这些结果。我们一般所说的接口设计、分包、重构等都是自底向上抽象的例子。

仅仅理解了抽象还不足以让我们做出好的软件分析。因为抽象是有层次问题的。层次是一个很虚的概念，并没有明确的定义，但对人们的思维习惯、理解能力来说却是十分重要的。事实上，所谓的层次包含两个不同的概念，一个是层次的高低问题；另一个是层次不交叉问题。

19.1.1　层次高低问题

所谓层次高低，很多情况下是人们在思维习惯上对事物构成的层次划分。例如，人们总习惯说某某东西是由什么和什么组成的，或者说什么和什么加在一起可以构成某某东西。前一种说法是自顶向下的方法；后一种说法是自底向上的说法。但不论哪一种说法，人们的潜在意思是某某东西比什么什么所在的层次要高。例如，生物学将生物分类为界、门、纲、目、科、属、种的层次结构，如图 19.1 所示。

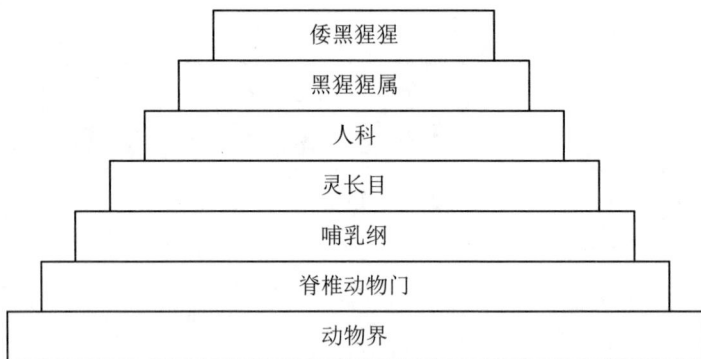

图 19.1　抽象层次

将事物按层次划分是人们归纳和理解事物的重要形式。同样，对软件来说，也有一些约定俗成的层次划分，例如项目、系统、子系统、模块、子模块、包、类等。

作者相信读者在现实生活中已经有很多的分层经验，似乎不用多说。但是在做分析设计时并不是所有人都能随时在心里谨记软件分析也是有层次关系的。有些朋友在做分析设计时，一会儿考虑子系统问题，突然又去设计几个类，然后又开始考虑这些类应该放在什么包里。结果不但自己分析不清楚，分析文档的读者更是一头雾水。有这个坏习惯的读者，可以事先将预定的层次画出来，不论是自顶向下还是自底向上，强迫自己逐层推进，一步步分析，养成良好的分析习惯，有助于提高分析能力。

另一方面，令人迷惑的用例粒度问题本质上就是抽象层次问题。如果事先决定了分析软件的抽象层次，粒度选择问题也就迎刃而解了。

19.1.2　层次不交叉问题

所谓层次不交叉，是指在描述事物的过程中，同一层次的描述内容是"等值"的。例如，在生物分类学中，当描述哺乳纲时，我们用恒温、胎生、哺乳的脊椎动物来描述；与之相比较的，应当是"等值"的其他纲，如鸟纲，其描述为恒温、卵生、喂食的脊椎动物。如果产生了层次交叉，采用了非"等值"的其他描述，例如蛇目，其描述是体形细长、没有四肢、也无前肢带。显然哺乳纲与蛇目并列对比会引起人们的理解混乱。

同样，有些读者可能认为这个道理用不着讲。但是在软件分析过程中，层次交叉问题却是非常常见的，例如用例粒度不统一。在生物分类学中我们知道，当谈论起纲时，我们的用例粒度是体温、生殖方式、养育方式，而不会讨论具体的身体结构。如果讨论目时，用例粒度相应降低到描述身体结构特征，同时将不再讨论体温问题。很好理解，是吧？但作者经常看到在同一层次的用例当中，例如业务用例层次，有些用例描述的是业务流程，而有些用例描述的是怎样操作界面。

层次不交叉在分析过程中也是非常重要的，在哪个层次上就只讨论与该层次所需"等值"的内容。不论是用例建模还是接口设计，读者应当随时谨记当前分析工作所对应的层次，做并且只做与该抽象层次相关的分析。

19.2　如何决定抽象层次

在开始一个分析设计之前，总是应当预先确定有多少个抽象层次。例如在结构化设计过程里，系统、子系统、模块、子模块就是预定的抽象层次。但是在面向对象的方法里，抽象层次并非一成不变，它与所面临的问题的复杂程度相关。对于简单的问题，我们通常采用较少的抽象层次；反之，则可能定义多个抽象层次。

与生物分类学相似，我们在划分抽象层次时也是以所需要了解的事物的一些关键特征来划分的。简单的业务特征相对也较少，例如传统的 MIS 系统，基本上就是针对数据的增删改查，增删改查这些特征可以用三个抽象层次描述：操作层（例如保存、删除按钮）、程序层（例如 SQL 语句）和数据层（数据库表）；复杂的业务特征较多，简单的几个层次就不够了，这时我们就需要增加抽象层次。例如 ERP，在 MIS 基础上，它又多了整合、流程、权限等许多特征，为了整合，数据层可能需要增加抽象层，在抽象层中使用视图、存储过程或者单独的程序来整合数据；为了流程，程序层可能需要增加工作流层，工作流决定业务走向，之后才是具体的数据操作。

可见，在面向对象方法中，抽象层次是随着问题领域的复杂程度变化的。我们可以不断地提升抽象层次来解决更为复杂的问题。这是面向对象优于面向过程的最根本好处。

从代码到类，从类到组件，从组件到框架，从框架到架构，这是一个不断提升的抽象层次。当前代表了最新抽象层次的就是 SOA，SOA 在应用系统之上抽象出服务，整合应用系统，解决商业随需应变的问题。

读者在进行分析设计之前，应当根据业务的复杂程度事先决定需要用多少个抽象层次来描述，并定义每个抽象层次要解决的业务问题，或者说定义每个抽象层次的关键特征。预定义好抽象层次以后再来一层层进行分析，并且随时注意保持层次不交叉问题。这样做将会锻炼和提升你的分析和解决复杂问题的能力，也就是提升你的面向对象分析能力。

19.3　抽象层次与 UML 建模的关系

UML 建模是以用例为基础的，正所谓用例驱动。许多人迷惑于用例粒度，根本原因在于没有明确的抽象层次定义，导致考虑问题时不知道每一层次上要解决的关键问题是什么。即使勉强找到了用例，由于层次不清甚至交叉，分析者自己也很迷惘。

事实上，如果有了很好的层次定义，我们就能知道每一层上要解决的关键问题是什么。找到的用例都是用来解决这些问题的，除此之外的问题一概不考虑。这样一来，用例粒度的问题也就迎刃而解了。

例如传统的 MIS 系统，如果我们分为操作层、程序层和数据层，从用例的定义出发，我们就会发现，我们要解决的问题是谁操作哪些数据。于是，我们只需要一个层次的用例就可以解决问题。换句话说，如果读者面对的业务是类似这样的 MIS 系统，那么只需要直接从系统用例开始就足够了，完全可以跳过业务建模。

例如 ERP，如果加入了业务流程，那么我们要解决的问题就有两个：第一，谁如何参与业务流程；第二，谁在业务流程里做什么。这时，我们就需要两个层次的用例，第一个是业务用例，其粒度较大，它要解决谁如何参与业务流程的问题，是为业务建模；第二个是系统用例，其粒度较小，它要解决谁在业务流程里做什么的问题，是为系统建模。

再例如 SOA，我们在 ERP 之上还要进行业务整合，那么我们要解决的问题又多一个谁如何参与整合业务的问题。于是在传统的业务用例之上就有粒度更大的用例。

作者也不知道怎样称呼比业务用例抽象层次更高的用例，不过名称不重要。如果读者真正掌握了用例方法，业务用例、系统用例这些标准的名称也不重要。结合预定义的抽象层次，完全可以有更多的用例粒度。例如，比系统用例更小粒度的用例，可以用来为两个模块或子系统之间的交互建模。

20

划分子系统的问题

20.1　面向对象的子系统问题

对习惯于结构化设计的朋友来说,分析设计一个软件的起始点是从系统、子系统的划分开始的,接下来再进行功能划分。这种方法有个直接的问题:依据是什么?目的是什么?

实际上,在许多项目里,子系统的划分是以用户部门或业务为依据的。例如生产子系统、财务子系统、人力资源管理子系统,但是这种分法是业务划分。而现实世界与计算机系统之间是映射关系,不是相等关系。因此这种划分方法实际上对计算机系统来说没什么意义,既起不到指导作用,有时候强制分成子系统还导致系统里依赖关系混乱。

另一方面,这种子系统划分的目的是什么?为了可以独立开发吗?可以减少系统依赖吗?可以形成可单独交付的产品吗?似乎都做不到。好像仅仅只是为了符合业务习惯而已。

但是我们在做的是计算机系统,子系统是对计算机而言的,一定要有益于软件,而不是纯粹为了符合用户习惯。事实上,在结构化设计盛行的年代,人们已经发现了按业务划分子系统存在的问题。在当时,软件系统是以数据为中心的,因此按业务划分子系统导致的数据依赖关系最为突出。典型的情况是一张数据库表被太多的子系统访问和修改,而子系统则又是分开设计和开发的,这就导致了程序的复杂化。为了解决这个问题,UC 矩阵被提出,并得到广泛的应用。

但是 UC 矩阵是用于解决数据依赖问题的。在面向对象方法里,最突出的问题不是数据依赖问题而是对象依赖问题。那么 UC 矩阵还适用吗?

20.2　UC 矩阵还适用吗

答案是否定的,UC 矩阵不适合做面向对象的分析和设计。原因很简单,在面向对象里构成应用程序的基础不是数据，而是对象。UC 矩阵可以解决数据依赖的问题，但却无法解决对象依赖问题。

例如，在一个软件里，假设有销售部门、生产部门、质量部门、物流部门和售后部门，他们的工作都是围绕着定单数据展开的，他们都使用、修改或创建部分定单数据。如果采用 UC 矩阵来划分子系统，那么很显然最理想的情况是产生一个定单管理子系统，而销售部门、生产部门、质量部门、物流部门和售后部门都参与到这个子系统的工作中来。

如果按 UC 矩阵的结果划分子系统，对于结构化设计来说很有好处。因为对数据操作最集中的程序逻辑都位于一个子系统当中，软件的复杂程度显著降低。但是在面向对象看来，这个结果似乎有点问题。例如对销售人员来说，他关心的是提交销售定单，并以此来核算工作业绩；对生产部门来说，关心的是根据定单生产产品，并以此来核算成本。如果简单地用提交定单、核算业绩、生产产品、核算成本这四个对象来构建一个系统，从对象角度说，提交定单对象和核算工作业绩对象依赖最重；生产产品和核算成本这两个对象依赖最重。反而提交定单和生产产品这两个对象之间没什么关系。更何况，销售部门和生产部门是两个独立的部门，他们都有自己的改革打算，销售部门完全有理由随时改变自己内部的管理流程，而不需要询问他们的改变会不会给生产部门造成影响。

这样一来，看上去很美的定单管理子系统就有些尴尬了。作为一个子系统，它需要为多个部门服务，但是这些部门却有着各自的独立改革要求。尤其现在随着商业的国际化发展，销售部门和生产部门完全可能位于不同的城市甚至不同的国家，一个横跨多个异构网络的子系统处理起来问题显然就复杂化了，还不如直接按部门划分来得划算。

可见，UC 矩阵在面向对象设计方法里是不适用的。UC 矩阵只能解决数据依赖问题，对那些以数据为中心的系统来说是适用的。UC 矩阵对一些 MIS 系统适用只不过是因为那些 MIS 系统仅有增删改查，系统中的对象恰好一一对应到数据库表，因而恰好解决了对象依赖问题。

但是直接按部门划分子系统是不可取的，那么究竟该怎样划分子系统呢？

20.3　如何划分子系统

让我们先来看看 RUP 里对系统的定义以及考虑要素。在 RUP 里，子系统有如下定义：
子系统将系统分为若干个单元，这些单元：

- 可以独立预定、配置或交付。
- 可以独立开发（只要接口保持不变）。
- 可以在一组分布式计算节点上独立部署。
- 可以在不破坏系统其他部分的情况下独立地进行更改。

此外，子系统还可以：

- 将系统分为若干单元，以提供对关键资源的有限安全保护。
- 在设计中代表现有产品或外部系统。

显然，按部门划分和按 UC 矩阵结果划分都不能保证上述的定义。更进一步，RUP 里对子系

统划分的考虑要素如表 20-1 所示。

表 20-1　子系统划分要素

提示	详细说明
注意可选性	如果特定的协作（或子协作）代表可选行为，则应将其封装在一个子系统中。如果可以将某些功能删除、升级或替换为其他功能，就应该认为这些功能是独立的
注意系统的用户界面	如果用户界面相对独立于系统中的实体类（即二者都可以且将要独立地变更），则应创建横向集成的子系统：将相关的用户界面边界类归入一个子系统，而将相关的实体类归入另一个子系统。如果用户界面和它所显示的实体类紧密耦合（即一方的变更会触发另一方的变更），则应创建纵向集成的子系统：将相关的边界类和实体类装入共同的子系统中
注意主角	将两个不同主角使用的功能分开，因为每个主角可能会独立变更自己对系统的需求
查找类与类之间的耦合和内聚	耦合度或内聚度较高的类彼此协作，以提供某一组服务。将耦合度较高的类组织成子系统，沿着弱耦合的界线将类分开。在某些情况下，可以将类分成更小的类，使其具有内聚度更高的职责，从而完全消除弱耦合
注意替换	如果为某项特定功能指定了几个服务级别（例如，高、中、低可用性），则要将每个服务级别表示成一个独立的子系统，每个子系统都将实现同一组接口。这样，子系统就可互相替换
注意分布	虽然一个特定子系统可能有多个实例，每个实例都在不同的节点上执行，但不可能在各节点间拆分子系统的单个实例。如果必须在各节点间拆分子系统行为，则需要将子系统分成更小的子系统，使其具有限制更严格的功能。确定必须存在于每个节点上的功能，并创建一个新的子系统，使其"拥有"该功能，然后相应地在该子系统内分布职责和相关元素

从表 20-1 可以看出，在典型的面向对象里，划分子系统最重要的依据就是依赖关系。因为面向对象要解决的问题是复用、扩展、抽象。这些问题的解决都需要构建在高内聚低耦合的对象基础上。而只有保持了子系统之间的低耦合性，才能保证我们拥有独立开发子系统、独立修改和扩展子系统、独立部署子系统的能力。

读到这里，读者可能会发现子系统的概念与你平时理解的有所不同了。其实不然，子系统这个名词一直是针对计算机系统而非业务而言的。所以在一个多层架构横向集成的系统里，划分出 WEB 子系统、Biz 子系统、Entity 子系统一点也不奇怪。甚至，在一个分布式架构的系统里，划分出定单提交子系统和定单查询子系统也不奇怪，如果它们位于不同的节点。

问题是，用户并不能理解计算机系统里的子系统定义，他们习惯于业务的理解。例如，销售部门最习惯看到的就是销售子系统；生产部门最习惯看到的是生产子系统，而不是所谓的定单提交子系统和定单查询子系统，更不用说 Web 子系统和 Biz 子系统了。

实际上，业务子系统与计算机子系统是两回事情。计算机子系统描述了一个软件的内部构成，它的划分依据是对象依赖，目标是构建扩展性好的软件结构；而业务子系统描述的是软件的展现形式，它只是表现成这个样子。换句话说，用户所看到的业务子系统只不过是由界面名称、菜单名称等信息表现出来的，并不代表软件内部就一定与之相符。

图 20.1 展现了业务子系统与计算机子系统之间的关系。

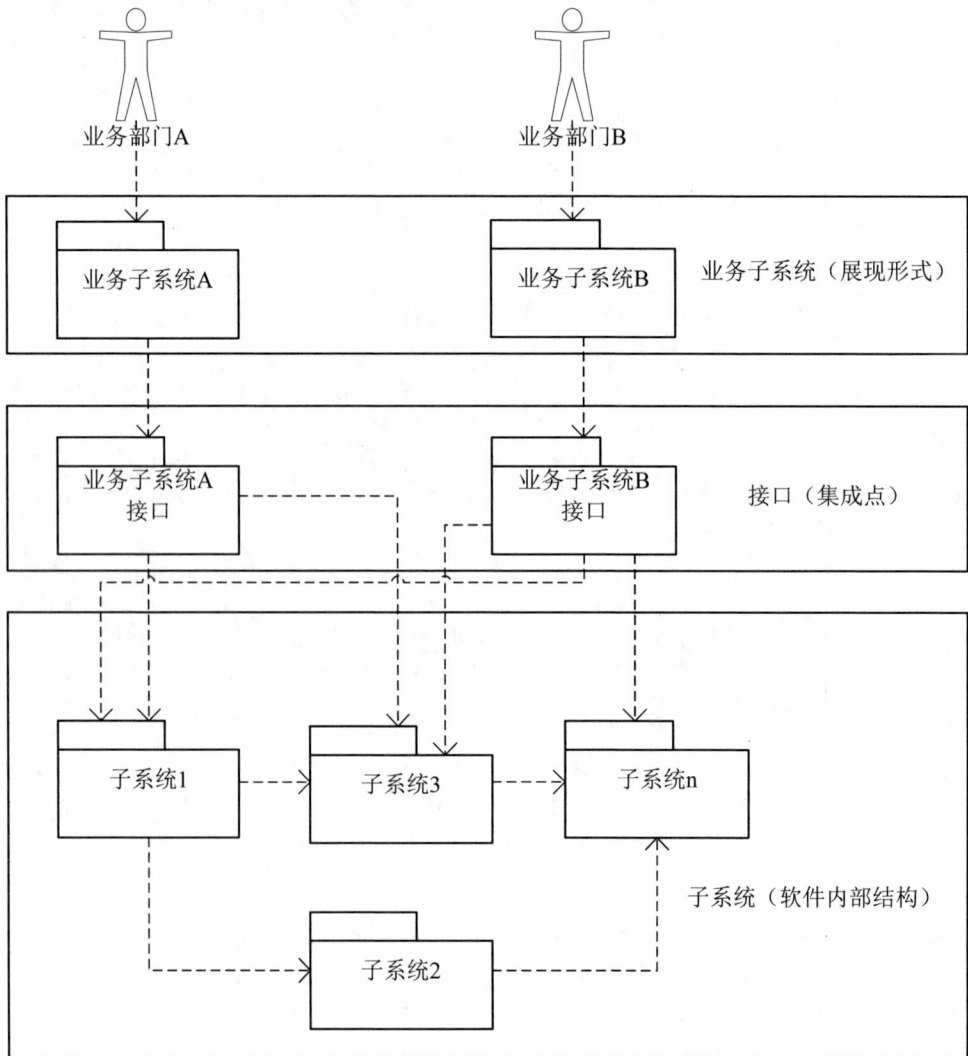

图 20.1　业务子系统与计算机子系统

由图 20.1 可见，用户所谓的子系统，只是软件展示出来的样子。从面向对象的观点来看，软件内部应当维持最佳的对象结构，然后通过接口向外部展现外部所需要的样子。图 20.1 中的集成点就包含对应业务子系统所需的接口，然后再通过接口访问真实的软件内部结构。

两项新兴技术可以代表这个观点。一项是门户（Portal）技术，另一项是新兴 WEB 2.0 系列技术。这两项新兴的技术都应用了信息集成的概念。对用户来说，软件内部是他们不必关心的，通过

信息集成技术,软件可以展现出他们习惯的样子,软件内部的独立变化并不影响用户的观察和使用。对软件开发商来说,用户界面和软件内部最好是分离的,这样,我们既可以维护好软件结构,同时又可以向用户展现他们所需要的风格而不需要修改程序。

在面向对象方法里,表 20-1 展示的划分子系统要素构成了我们划分子系统的依据。由于划分子系统要考虑到对象的依赖关系,因此实际上划分子系统至少要在分析模型完成以后才能开始。

在结构化设计里我们有 UC 矩阵作为工具,那么在面向对象里我们有没有相应的工具呢?很遗憾,目前作者还没有看到比较流行的划分子系统工具。事实上,在面向对象的系统里,子系统显得不是那么重要。分包(详见 12.4 包设计一节)才是更重要的。我们可以根据分包结果来组织子系统,根据用户习惯的业务子系统要求,将相关的包组织在一起,设计出相应的接口,就形成了用户所需的业务子系统。而系统内部是不是需要划分出子系统并不是那么重要。

在 12.4 包设计一节里我们讲到过分包要遵循职能集中原则。并且分包工作经过互不交叉原则处理之后,已经达到了高内聚低耦合的要求。因此,包可以作为划分子系统的单元。

虽然 UC 矩阵已经不适合面向对象划分子系统,但是其思想仍然是可以利用的。在 UML 里,用户所习惯的业务子系统实际上被业务用例取代。如果我们把业务子系统当做 UC 矩阵里的纵坐标,把包当成 UC 矩阵里的横坐标,把 U 替换成 Dependence(依赖)的概念,把 C 替换成 Own(拥有)的概念,那么经过改造的 DO 矩阵(这个所谓的 DO 矩阵是作者自己发明的,并未见于任何其他文档。读者可以在工作中试试好不好用^_^)还是可以帮助我们划分子系统的。

表 20-2 展示了 DO 矩阵的示例。

表 20-2　利用 DO 矩阵划分子系统示例

包\用例	包 1	包 2	包 3	包 4	包 5	包 6	包 7	包 8
业务用例 1	O							
业务用例 2		O	O					
业务用例 3		D		O			D	
业务用例 4	D		D	O		D		
业务用例 5		D			O			D
业务用例 6			D		O		O	
业务用例 7	D			D		O		
业务用例 8					D	O		O

所谓的 DO 矩阵,仍然沿用了 UC 矩阵的思想,通过排列组合由业务用例代表的"业务子系统"和由包代表的"系统内部结构"来获得各业务子系统对包的最佳依赖关系,从而指导子系统的划分。

21

学会使用系统边界

21.1　边界是面向对象的保障

边界或许是面向对象中最不容易理解的概念之一。一提到面向对象，人们自然而然想到封装，一提起扩展性，人们自然而然想到面向接口设计。但是很多人未必意识到，封装和接口都来源于边界。换言之，对象是由边界来"封装"的；接口正是边界的体现。

边界这个词在面向对象当中的含义相当广泛。当我们描述一个系统时，边界用来界定系统的范围。这时边界"封装"了系统，使得系统成为一个黑匣子，从外部看来，系统是由用例表示的，换句话说，用例构成了系统的"接口"，或者说用例构成了系统边界。

当我们采用分析类来描述用例时，边界类被作为用例与外界交互的唯一通道。换句话说，从外部来看，用例有什么功能，怎么用是由边界类来决定的。尽管边界类的实现可能是界面，可能是接口，也可能是传感器，但无论如何，我们仍然可以认为边界类"封装"了用例，用例边界是由边界类来决定的。

当我们细化到一个具体的对象时，为了封装对象，我们要把私有的属性和方法隐藏起来，向外提供公有的属性和方法。这些属性和方法可以用接口类来表达，具体类则实现接口类。这时，对象封装的结果是出现了一组接口方法，这些方法在应用程序中可称为 API，在系统内部则可称为 SPI。API 或 SPI 实质上就是该对象的边界，任何其他对象试图访问该对象时，必须经过边界并且遵守边界的约束（可以访问哪些方法）。

可见，不论是在系统级别、用例级别还是对象级别，边界的概念无所不在。事实上，一个面向对象的设计者如果没有自然而然的边界概念的话，称不上一个合格的面向对象设计者。应当记住，任何对象都有边界，除非仅考虑单个对象，否则任何有交互的两个对象都只能看到对方的边界。即

在考虑交互场景时，要考虑交互对象的边界而不是对象内部。一旦习惯了在任何时候都从边界出发来看待对象世界，也就习惯了封装（对方不需要的东西都隐藏在对象内部）和面向接口设计（只考虑双方边界的交互而忽略对象内部细节）。

21.2　利用边界来分析需求

上一节说到，不论在系统级别、用例级别还是对象级别，边界都如影随形地附着在每一个对象上。换言之，边界也有粒度的区别。

面向对象的优势是对象可大可小，可粗可细。一旦感觉到问题过于复杂，我们就可以通过提升或降低抽象级别来简化问题，不像面向过程那样粒度不可调整，必须把整个过程的每一个细节考虑清楚。在提升或降低抽象级别的过程中，边界起着重要的作用。为了避免在分析问题时复杂化，一个好的做法是强制自己用边界把问题的各个部分包装起来，不去管边界里面的具体内容，完全用边界来试图阐述和实现问题领域。

例如，在分析一个图书馆管理系统时，我们面对的问题领域很多，从读者借书、还书，到图书馆买书、书籍信息维护、上架、维护等。对于初次接触图书管理业务的分析员来说，如果试图将所有问题集中在一起考虑，有时候就会陷入千头万绪的细节森林之中。如果我们尝试用边界将图书管理业务划分开来，从边界的角度去理解它们而忽略边界内的细节，就会对我们快速理解业务带来很大帮助。我们可以选择不同的边界粒度来分析业务。

21.2.1　边界分析示例一

从图书馆业务的最基本目的来看，它是为读者服务的。因此我们可以将读者和图书馆分为两个边界。读者边界封装读者的所有信息和行为；图书馆边界封装图书馆的所有信息和行为。我们先忽略读者和图书馆的内部情况，仅考虑读者与图书馆的交互关系，事情变得很简单。大致能得到如图21.1 所示的结果。

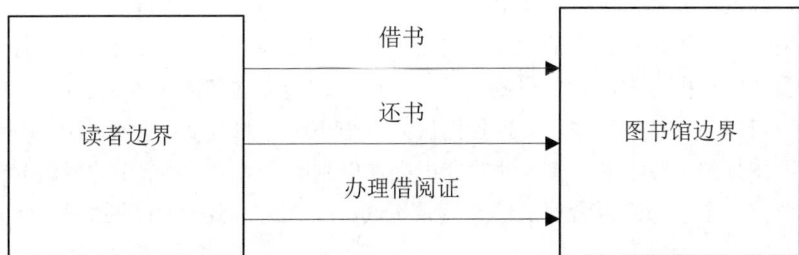

图 21.1　边界分析示例一

从边界分析的情况看，三个交互已经足以囊括整个业务了。这种分析方式读者应当已经比较熟悉了，虽然形式不同，但我们仍然能看出这种方式实际上就是用例分析的方法。但是图书馆管理系统并不是那么简单的，为了更进一步分析，我们可以把边界的粒度降低一些，在读者边界和图书馆边界内再定义一些小的边界来描述上述的三个交互。

例如，在读者边界内，为了借书，读者应当持有借阅证；为了还书，读者应当保证图书的完好；为了办理借阅证，读者应当交纳相应的费用。而在图书馆边界内部，为了满足读者借书要求，图书馆要借出图书；当读者还书时，图书馆应收回图书；为了给读者办理借阅证，图书馆应收费并且登记读者信息。如此一来，我们可以将边界分析示例一细化为如图 21.2 所示的形式。

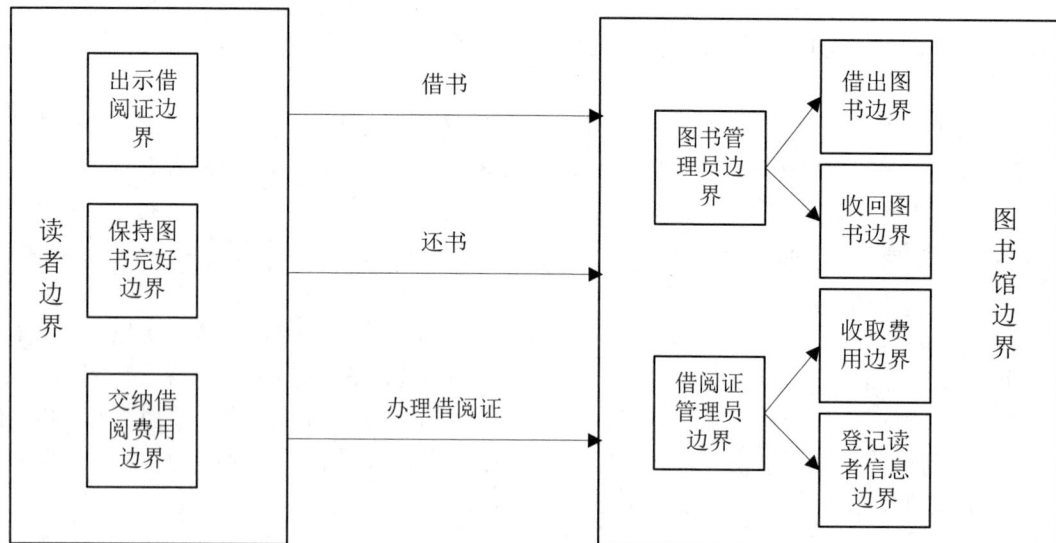

图 21.2　边界分析示例二

现在，通过粒度更细一些的边界我们得到了粗粒度边界内部的一些细节。如果从用例的角度仔细观察一下，我们会发现图书管理员、借阅证管理员可以定义为用例建模中的业务工人；而借出图书、收回图书等则可以视为系统用例。

当然，图 21.2 所示的结果仅是与读者有关的边界集。现在，我们转回图书馆边界内部来分析还有哪些细节。经过研究我们发现，图书馆内部的业务明显地可以分为借阅服务、管理读者信息、管理图书库和采购图书等相对独立的业务，这些信息可以帮助我们在图书馆内部进行更为细致的边界划分。经过类似的分析过程，我们得到另外一些图书馆边界内部的边界集，如图 21.3 所示。

类似的分析可以一直持续下去，直到我们认为每个小边界的粒度可接受为止。所谓可接受，很难用简单的标准来规定，只能用一些定性的分析来加以判断。例如，每个小边界包含的业务可以用几十个字说明白；每个小边界包含业务的开发量大约在 1~2 人周；每个小边界包含业务的流程不超过 10 步等。

图书管理这个例子比较简单，边界分析粒度到此也就可以满意了。但是，如果遇到比较复杂的业务，如果觉得粒度仍然太粗，即，某个小边界所包含的业务还是比较复杂，不符合上述的一些判断依据，则我们还可以再次细分。

假设我们认为借出图书边界还是过于复杂，就可以像分析图书馆边界一样，再次分析借出图书

边界。作为示例，图 21.4 展示了对借出图书边界再次分析的结果。

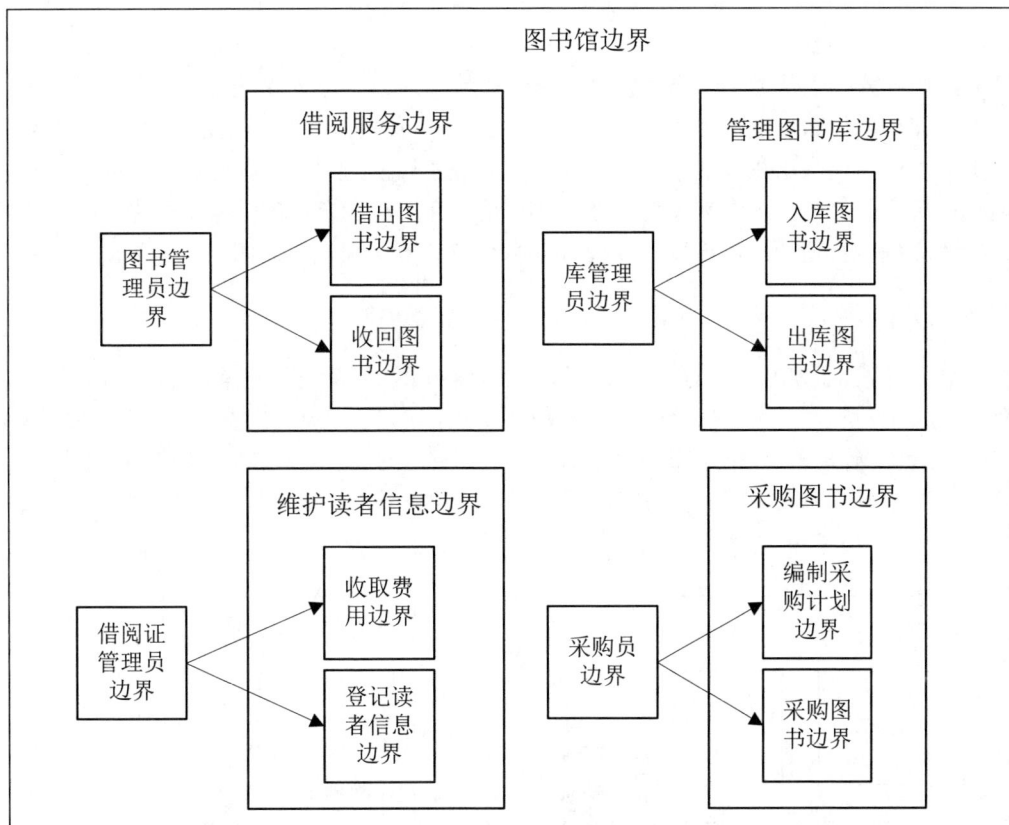

图 21.3　边界分析示例三

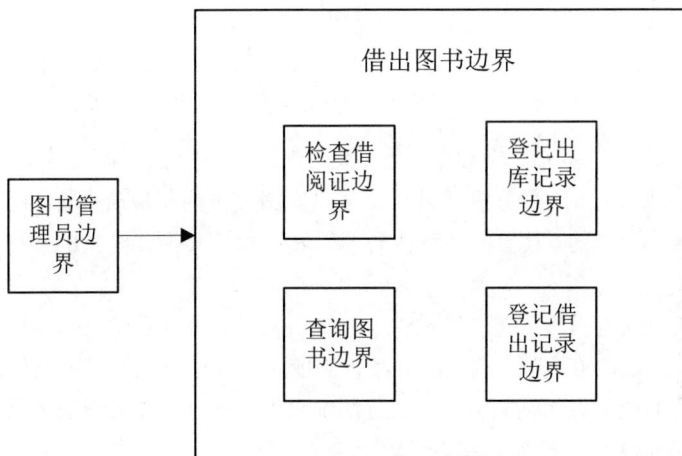

图 21.4　边界分析示例四

相信读者能够将上述的边界分析过程联系到用例建模上来。实际上，用例建模技术，从业务用例到系统用例的过程就是一个边界分析过程，只不过是采用了用例的形式，并且可以用用例场景的工具辅助我们分析问题。

另外，边界分析也从另一个方面说明了用例的粒度问题。许多读者迷惑于业务建模用什么粒度，系统建模用什么粒度。事实上正如上述的边界分析过程，粒度的选择是与业务的复杂程度、业务需求的规模大小相关的。如果遇到复杂的，大规模的业务，我们甚至可以在业务用例建模阶段就分好几个粒度等级来说明。当不知道采用什么粒度合适的时候，用边界分析的方法可以帮助我们确定合适的用例粒度，以及分多少个粒度等级来说明问题比较容易。

21.2.2　边界分析示例二

第一个示例是从业务角度进行边界分析的，它与用例分析实际上是同样的方法。我们还可以用另一种视角进行边界分析。任何一个业务，都是由人对某些东西做事情来完成的，就图书馆业务而言，有读者、图书管理员、借阅证管理员等做事的人；有图书、借阅证等物。我们就从这个角度来划分边界。最高粒度的边界就是人边界和物边界，将人和物分别归纳到对应的边界中去，可以得到如图 21.5 所示的边界分析结果。

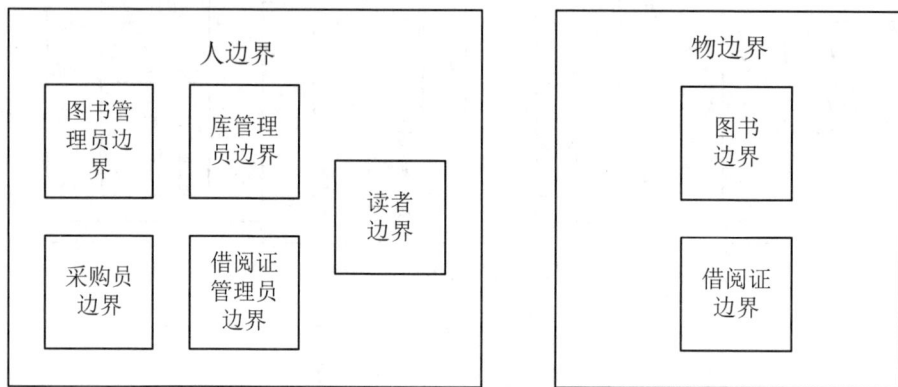

图 21.5　边界分析示例五

同样，我们需要描述出这些边界之间的交互关系，结果如图 21.6 所示。

读者可能又会发现，这个边界分析结果与业务对象图又极为相似。的确，我们正在采用的方法与领域模型分析方法是一致的。其目的是获得问题领域内构成其主要结构的那些实体对象（人当然也是实体的一种）。

这里的边界分析仍然有粒度问题。虽然这个例子很简单，粒度到此就可以停止，因为实体对象没有再细分的必要。但是，如果遇到复杂的业务，初步的边界划分粒度可能仍然过大。评判的依据是每个小边界所包含的业务说明需要分类别、分情况来说明，而不能只用简单的一段描述概括，尤其是在类别不同，交互也有所不同的情况下。

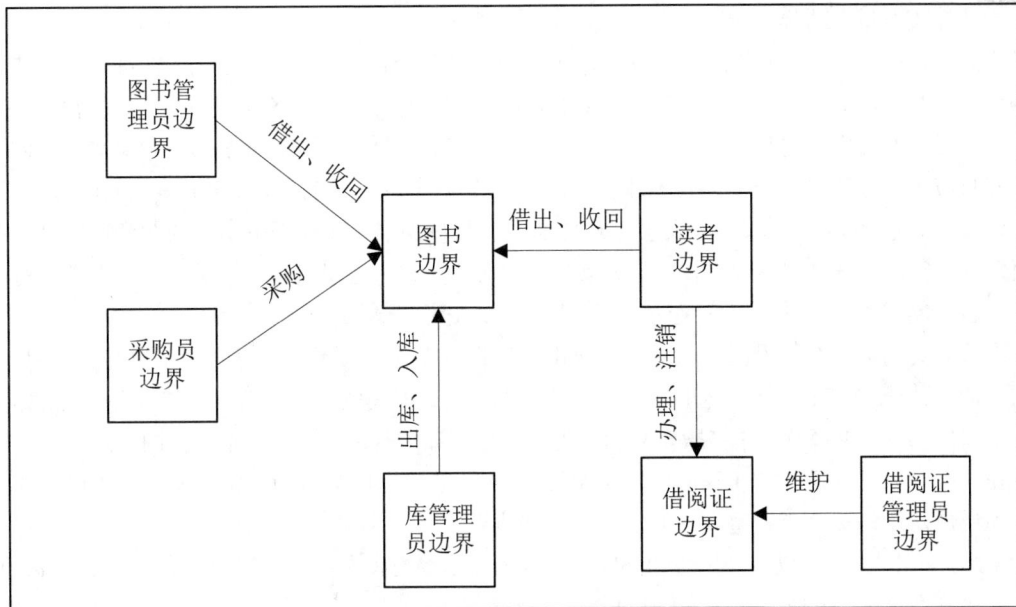

图 21.6　边界分析示例六

　　假设图书是分级的，不同的采购员只能采购某个级别的图书。那么就有必要对图书边界和采购员边界进行再次分析，作为示例，其结果如图 21.7 所示。

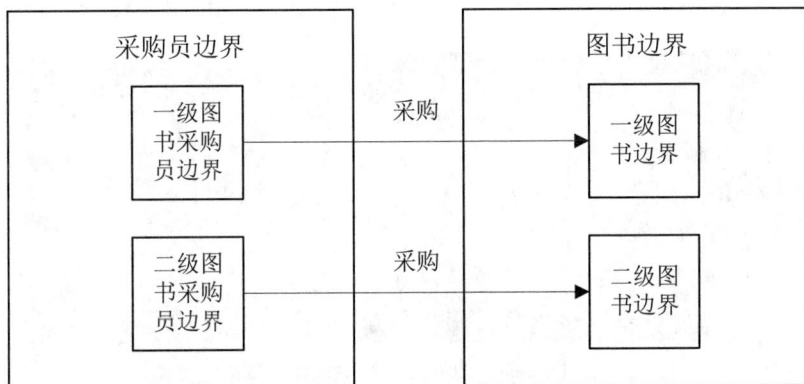

图 21.7　边界分析示例七

　　相信读者能够将上述的边界分析方法联系到领域建模上来，只不过一个采用实体类的形式，一个采用边界形式而已。

21.3　边界意识决定设计好坏

　　有读者要问，既然上一节中介绍的两种边界分析方法可以分别对应到用例建模和领域建模上来，为什么还要进行边界分析呢？

实际上，边界分析大部分情况下只是作为一种辅助手段帮助我们理解业务，在进行用例建模或者领域建模时，我们可以在草稿纸上用边界分析方法帮助我们理清思路。边界分析最大的意义在于，如果读者心中时时存有边界的概念，知道不论用例也好，领域类也好，都被边界包裹着，它们之间的交互只应当通过边界进行，并且不能交叉，那么你就有更大的可能设计出完美的面向对象设计。

例如，在进行设计的时候，经常会有这样的冲动想将图书入库和图书出库的业务逻辑设计在一个对象里，反正都是对图书的操作嘛。如果有边界分析，或者心里进行了边界分析，你需要对自己说不。因为图书入库和图书出库是两个不同的边界，它们不能混合。

有读者会问，那么假设图书入库和图书出库有许多操作非常类似，并且为了更好的编程体验，将它们的公共操作放在一起不是更好吗？当然可以，但是你仍然不应该打破边界。实际上，如果你打算抽象出一些公共操作，这些操作应当作为管理图书库边界的行为，而不是把图书入库和图书出库混在一个对象里。换言之，我们可以在图 21.3 所示的管理图书库边界上抽象其边界内部的公用方法和属性，作为接口或者超类，但不应当打破边界。

可见，采用边界分析方法进行分析，或者经过练习已经习惯了在心里随时存在边界的概念的话，我们就得到"天然"形成的封装度极好、接口层清晰明了、抽象层次井然有序的分析结果。自然也就能够做出好的面向对象设计。

可以说，边界意识决定设计的好坏。如图 21.8 所示，有边界意识的系统设计像一个个水乳交溶但个体分明的鸡蛋，联系紧密又独立自主；而一旦打破了边界，没有边界意识的系统设计就像是搅在一起的鸡蛋，混沌不堪，粘粘乎乎，再也无法从中拿出一个独立的鸡蛋来。

图 21.8　边界意识决定设计好坏

最后，有的读者可能要问，你在这一章当中举了两个边界分析的例子，边界分析是不是就这两种划分方法？不是！有多少种可能的抽象角度就有多少种可能的边界划分方法。读者又要问，那我如何知道哪种边界划分方法是正确的呢？答案是边界划分与分析根本没有对错之分，不管你从哪个抽象角度出发，你都是在分析同一个问题领域，多个不同抽象角度的边界分析的结果是你对该问题领域越来越清楚，越来越明白。就像你评估一辆汽车：你可以建立工业测评报告，可以做客户问卷调查，还可以亲自试乘试驾。哪一种方法是正确的？所有这些不同角度的分析的结果只是让你对这款汽车的了解更加清楚透彻。如此而已。

22

学会从接口认知事物

22.1　怎样描述一件事物

人们是怎样认知一件事物的？通常，人们认知一件事物的最终目的是希望能够搞懂这件事物是什么，希望精确定义事物的每一个属性和每一种行为。换句话说我们希望得到事物的本质，希望知道事物的内部到底是什么。但是人们认知事物的过程却正好相反，不是从事物的内部开始，而是从表象开始的。

电影黑客帝国中有一段著名的台词，当 Neo 初次进入 Matix 和 Morpheus 打斗时，Morpheus 这样给 Neo 解释心中的疑问：What is real. How do you define real? If you're talking about what you can feel, what you can smell, what you can taste and see, then real is simply electrical signals interpreted by your brain.

简单地说，人脑会把看到的、听到的、感觉到的东西认为就是事物的本质。的确，人们认知事物总是从表象开始的，把看到的、听到的、感觉到的信息综合起来，推断出一个符合逻辑的"真实"描述。这里隐藏着一个很容易被忽略的基本事实，不论是看到还是听到，要认知一件事物，必须与该事物有所交互，不能感觉和测量的一片虚空是无从认知的，你甚至可以认为它"不存在"。

从科学的角度来看，我们认识事物也是从它的表象和行为开始的，甚至有许多事物至今我们仍然搞不清楚它到底是什么。例如夸克，我们只能用一组数学公式来描述它，虽然我们不知道它到底是什么，也不清楚其内部结构，但是我们可以描述它的行为，描述它表现出来的样子。对我们来说，这个认识虽然不彻底，但是已经足够我们认识和掌握微观系统的运行规律来造福人类了。

可见，认识一件事物未必一定要了解其内部结构，尤其从系统观来看，任何一个孤立的事物都是没有意义的。换言之，要定义一个系统，真正需要了解的是组成系统的对象表现出来的样子以及它们之间的交互行为，而不是孤立地谈论单个对象。

从生活中来看，随便举一样东西来描述它是什么，人们也总是从它的用途来说明的，而不会试图去解释其本质。例如问电视是什么？回答是电视是一种用来观看动态影像的机器。观看动态影像是人们对电视这个事物的最根本理解。如果要从内部或所谓"本质"来解释，可以这样解释：电视是通过电信号控制电子流打到荧光屏上以将电信号转换成光信号以显示图像的机器。看上去虽然更为专业和准确，但人们相反却难以理解。这一点也不奇怪，因为人对事物的认知本来就是通过感觉来的，那些人们感觉不到的东西是难以理解的。从这个简单的例子出发，我们发现一个相当奇怪的观点：越是本质的东西对理解来说越"抽象"，相反越是表象的东西却越容易理解。

相信读者对以上的观点多少应该有点认同吧？可问题是在做软件的过程中，我们总是喜欢描述那些静态的，感觉不到的东西。例如从功能的角度去描述系统，其效果就如同我们从内部和本质来解释电视机一样事倍而功半。与其去解释系统具备什么能力（功能描述），还不如去解释客户能用系统做什么（用例描述）。

实际上，人们认知现实现世界和认知软件的过程是一致的，是从接口（表象）来认知对象而不是从对象内部（本质）来认知对象的。因此，请读者接受这样一个现实，不论在分析、设计还是在描述软件的过程中，接口以及接口之间的交互远比讨论对象内部实现更重要，是接口而不是对象实现决定了系统行为。

22.2 接口是系统的灵魂

上一章边界分析方法给了我们很好的启迪。边界的存在迫使我们忘却对象内部，仅从边界的角度来描述系统。我们甚至可以简单地认为每个边界就是一个接口，这个接口有着属性和行为，这是它所表现出来的样子。这些属性和行为支撑起整个系统大厦，而对象内部的实现可以改变、可以替换，却无法影响整个系统大厦。就像不论怎样装修内部房间，也不可能改变整栋大楼的结构。

如果将上一章中图 21.3 所示的边界分析结果变换一下形式，用接口来替换边界，并且将边界内所包含的内容视为一个组件，将得到如图 22.1 所示的形式。

接下来，可以用交互图来说明借书的过程，这个过程决定了系统行为，如图 22.2 所示。

至此，系统行为被确定下来。虽然我们目前还根本没考虑过实现问题，但是我们已经明确地获知了系统将如何运作。再接下来考虑具体实现的时候，我们只需要确保能够实现这些接口，而实现方式则可以多种多样。

例如，我们可以将借阅服务实现成一个 JSP 页面，这个页面用按钮实现校验借阅证、借出登记等接口方法；用一个普通的 Java 类实现借出图书接口；用一个 SessionBean 实现图书库管理接口；用一个组件来实现入库图书接口。其结果如图 22.3 所示。

我们可以把借阅服务交给小组 A 去开发，把借出图书交给小组 B 去开发；只要软件架构支持，我们可以让图书库管理运行在 J2EE 的服务器里，而让入库图书运行在 SOA 的服务器中。我们还可以选择别的实现方式，但不论怎样的实现形式都没有改变系统的行为。

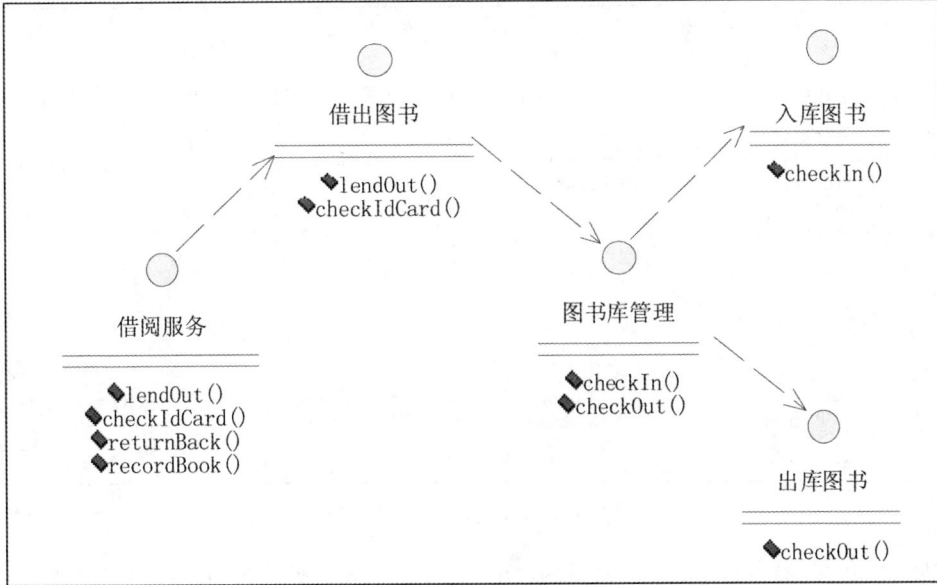

图 22.1　边界分析的接口形式

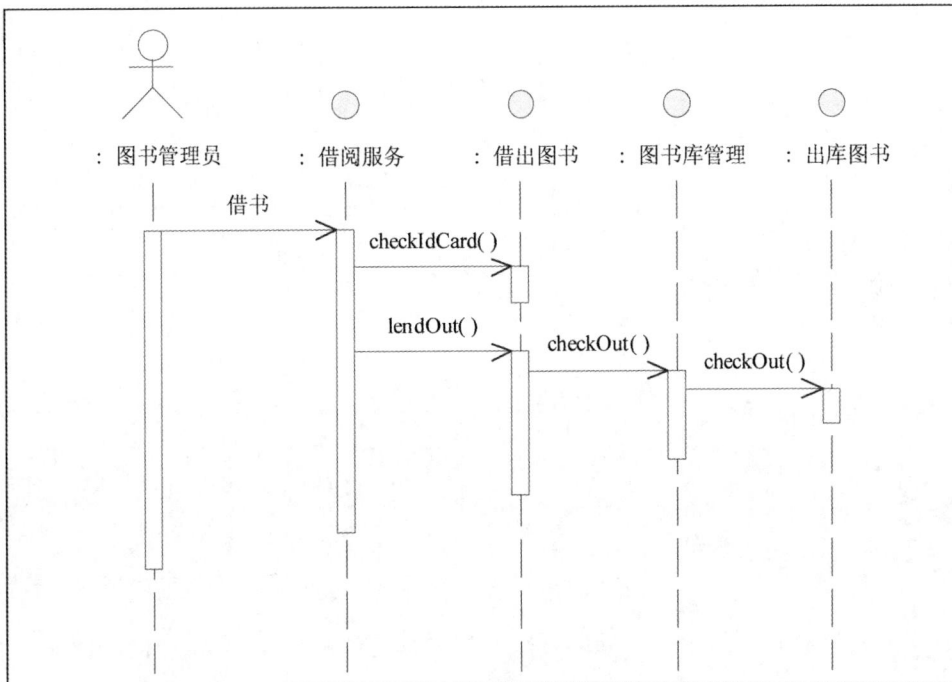

图 22.2　用接口描述系统行为

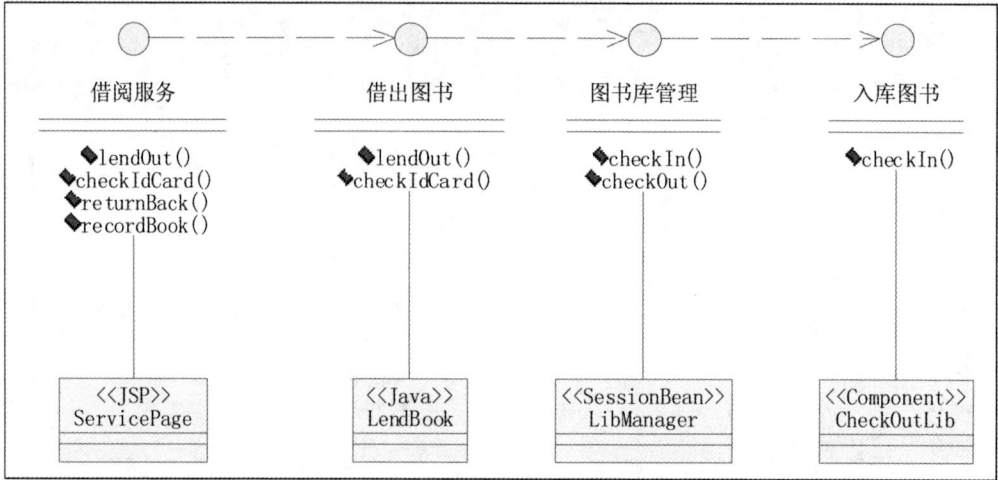

图 22.3　接口的实现方式选择

　　所以，接口才是描述和定义一个系统的灵魂所在。读者学会使用接口来描述和定义系统，而不是一开始就陷入实现的细节泥淖，会极大地提升自己的设计能力。

23

学会正确选择

23.1　屁股决定脑袋——学会综合权衡

屁股决定脑袋原本是用来形容立场决定思想，在这里作者用这句话来形容在分析过程中，分析者也应当根据实际情况变换分析立场，来获得对系统多方面的了解。

在 2.1 建模一节中，作者曾经提到过抽象角度这一概念。抽象角度就是屁股决定脑袋的一种实践。同样是分析一辆汽车，站在外观至上的立场，分析者会关注并得到汽车的外形、颜色、流线等信息；站在实用主义的立场，分析者会关注并得到汽车的油耗、内部空间、后备厢大小等信息；而站在驾乘感受优先的立场，分析者会关注并得到汽车的发动机动力、操控系统等信息。这些方面都是汽车的属性，是对同一辆汽车不同抽象角度下的描述。但这些属性在不同要求的消费者看到的比重是不同的。

作为一个分析员，或者说汽车的设计师，我们必须掌握并了解消费者的立场，综合考虑，将这些不同抽象角度下得出的分析结果有机地融合到汽车上，才能造出一辆广受消费者好评的汽车。对系统分析也是一样。

首先系统有许多涉众，不同的涉众对系统有着不同的期望，有些期望甚至是冲突的；其次，一个成功的系统有着许多不同指标的评价，例如性能、易用性、效率、可维护性等。有时候这些指标也是鱼和熊掌不可兼得的，需要做出取舍和平衡。所以在分析过程中，应当学会变换立场，站在不同涉众的角度来分析系统应当如何设计，然后作出权衡；也应当站在不同指标要求的立场上，审视系统的设计要求，然后作出取舍。世界上没有完美的设计，只有最适合的设计，而最适合的设计是需要多方考虑和权衡的。

由于对系统有多种期望和多个要求，自然会产生对系统的不同立场，这比较容易理解，相信读者也知道如何变换立场，无非就是思考重点和方向不同。但是，即使在明确的期望和要求下，也需要我们变换立场来审视系统，以得出最合理的设计。

例如，如果站在软件架构的立场，我们会对业务系统的设计有着一系列的要求，要使得业务系统更好地结合到软件架构上，发挥软件架构的功效。但是，有时候软件架构会给业务系统设计带来复杂度，可扩展性有时候是以更复杂的实现为代价的。于是，站在业务系统的立场，我们可能会要求更改软件架构，降低复杂度以让业务系统更容易地开发。在实践中，到底是软件架构服从于业务系统还是业务系统服从于软件架构，就需要我们权衡其中的利弊得失。而要权衡利弊得失，就需要我们变换立场，站在不同的立场上来分析两种情况下带来的工作量、将来可能的风险和预期收益，经过权衡得出最佳的结论。

在实际项目中，项目经理、需求分析员、架构师、设计师、开发员、测试员等都具有不同的立场。有时在考虑问题时难免屁股决定了脑袋，项目经理追求时间和成本；需求分析员追求业务实现；架构师追求扩展和稳定；设计师追求程序结构；开发员追求便捷；测试员追求质量。在不同的立场上，对系统要求不尽相同，有时候会产生矛盾。采用 SWTO 分析方法可以有效地帮助我们分析清楚并得到最佳的结论。

SWTO 原本是用于商业决策分析的，不过只要在有多种选择时都可以使用。SWTO 由四个单词组成，它们是：

- S：Strength 优点
- W：Weakness 缺点
- T：Threat 威胁
- O：Opportunity 机会

SWTO 分析认为任何一个选择都会产生这四个结果。每个选择都有优点和缺点，相应的，就会带来风险，同时也带来机会。在作出选择以前，我们需要作出评估，评估的方法是站在每个选择的立场上，在由 SWTO 四个坐标构成的象限里分别列出优点、缺点、威胁和机会，再比较每种选择，以作出最终的结论。

例如，客户有一个业务需求，如果要考虑将来可能的扩展要求，那么我们必须引入工作流；而如果不考虑将来的扩展要求，那么我们可以简单地用状态机实现。到底怎样才是适合的选择呢？我们列出两种选择情况下的 SWTO 分析结果，如图 23.1 所示。

接下来我们逐个分析上面列出的 SWTO 结论。一般情况下，分析顺序首先从威胁开始，然后是缺点，其次是优点，最后才是机会。采用这个分析顺序的原因是，我们首先要保证"活下来"，再保证"活得健康"，接下来才能谈到"活得好"，最后才是"赢得人生"。当然，只是大部分情况下如此，软件项目稳健是优先的选择，但我们不排除为了一个好机会而搏一把的可能。

我们可以为每个结论打分，比如 1 到 5，取其平均值进行比较，然后决策；也可以进行加权平均以获得更准确的评估。对优点和缺点来说，分值代表该结论的重要程度；对威胁和机会来说，分值代表其发生的可能性和严重程度。有一点值得注意，威胁和缺点有时候具有一票否决权，即，如果该威胁或缺点是完全不可接受的，那么不论有多少优点和机会，都不能够选择。

S(Strength)　　　　　　　　　　　W(Weakness)

1.业务流程将可配置，降低了将来业务变化时的维护量（4）
2.公司将获得一项新的技术能力（3）
3.开发人员将学习到新的知识，对提升工作积极性有帮助（1）

1.目前没有对工作流有较深理解的人，需要增加培训和学习成本（3）
2.使用工作流后，需要增加4人周的工作量（4）
3.开发难度和测试工作量均有所增加（3）

使用工作流

1.目前仅有这一个业务需求。将来未必还会遇到类似的需求（2）
2.仅有少量的需求实践，工作流应用未必能够得到足够的检验，现在的努力可能将来不能复用（4）

1.在下一个项目中工作流可复用（2）
2.工作流可借此项目结合到公司的软件架构中（2）

T(Threat)　　　　　　　　　　　O(Opportunity)

S(Strength)　　　　　　　　　　　W(Weakness)

1.开发难度低。不需要额外的工作量，可以保证项目进度（4）
2.成本低，不需要投入培训和学习成本（3）
3.就目前来看，简单状态机已经可以满足要求（4）

1.如果将来业务流程发生变化，可能需要更改程序（4）
2.公司将来遇到业务流程复杂的项目，将从头开始学习工作流（1）

不使用工作流

1.将来可能带来一定的维护量（3）

1.没有明显的机会（0）

T(Threat)　　　　　　　　　　　O(Opportunity)

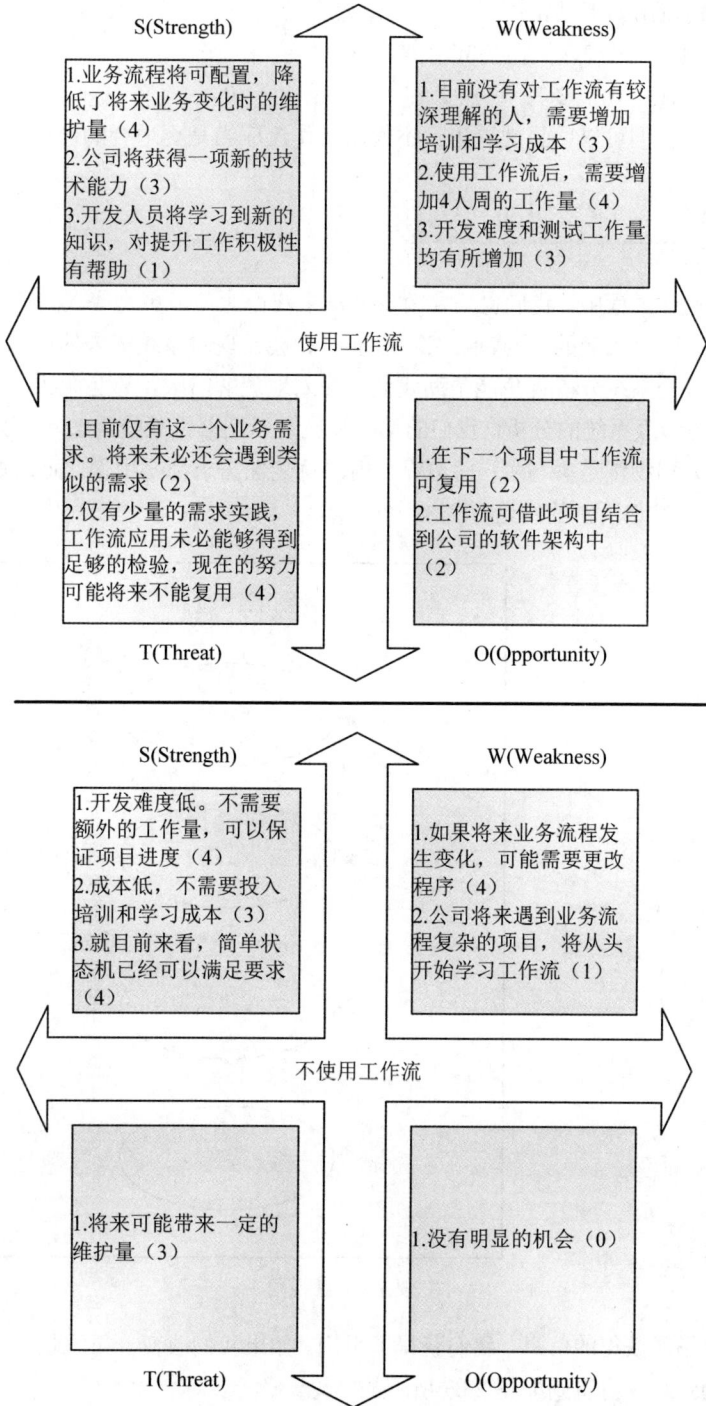

图 23.1　SWTO 分析

根据上图，我们得出如下结论：

- 使用工作流：优点 2.7；缺点 3.3；威胁 3；机会 2。
- 不使用工作流：优点 3.7；缺点 2.5；威胁 3；机会 0。

综合以上信息，我们可以明显地看出，不使用工作流应当是更适合的选择。

23.2   理辩则明——学会改变视角

在需求分析和设计过程中，我们也需要改变立场来获得对需求更为深入的理解。通常，立场的改变是随着边界的改变而改变的。当我们改变立场后，就会发现对系统需求的认识有着全新的视角。正所谓理辨则明，改变系统分析视角能帮助我们更深入地理解需求，避免犯错。

例如，对图书馆管理系统的分析。我们的第一反应是以图书馆系统为边界，那么边界以外的所有对系统有要求的人和物都是参与者；而边界以内的功能性需求都是用例，而人则是业务工人。相应的，我们得到如图 23.2 所示的结论。

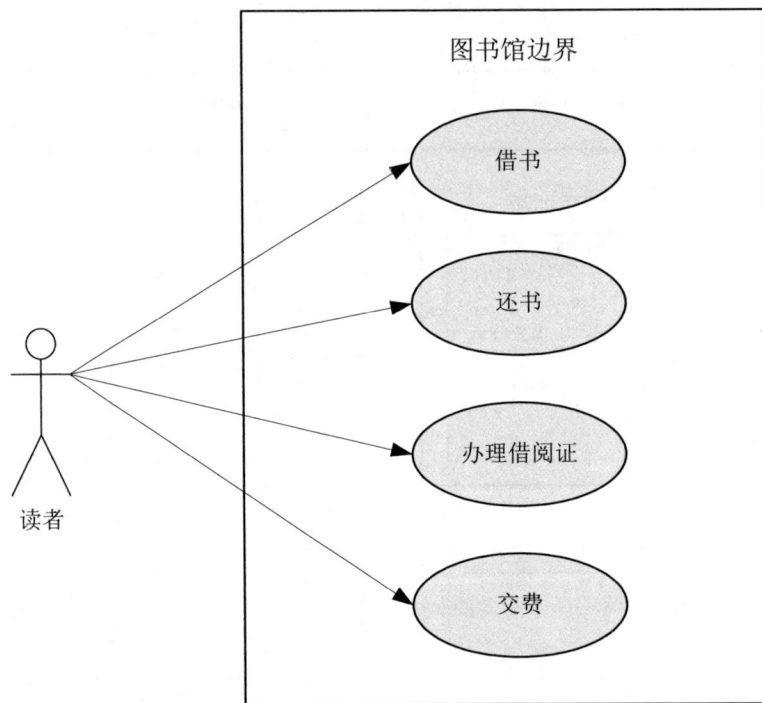

图 23.2   读者视角

这是通常的立场所获得的信息，我们获得了用例。如果我们改变一下立场，从图书馆的角度出发，而将读者视为系统，将得到如图 23.3 所示的结论。

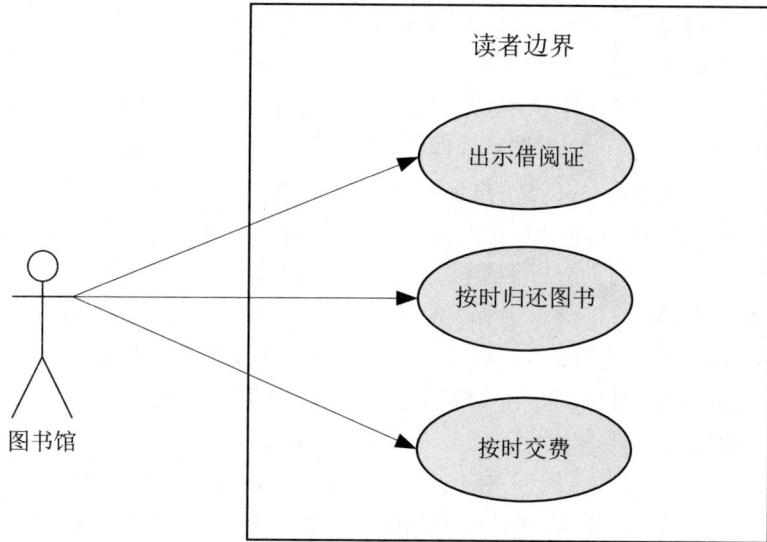

图 23.3　图书馆视角

　　从这个视角中，我们能够得出一些对图书馆对读者的要求（功能性需求），这些虽然不是用例，但它们是读者使用图书馆系统的业务规则，这些结论显然也是有相当意义的。我们还可以以图书管理员的视角来观察系统，这时边界已经缩小到图书馆内部，因此可以得出如图 23.4 所示的结论。

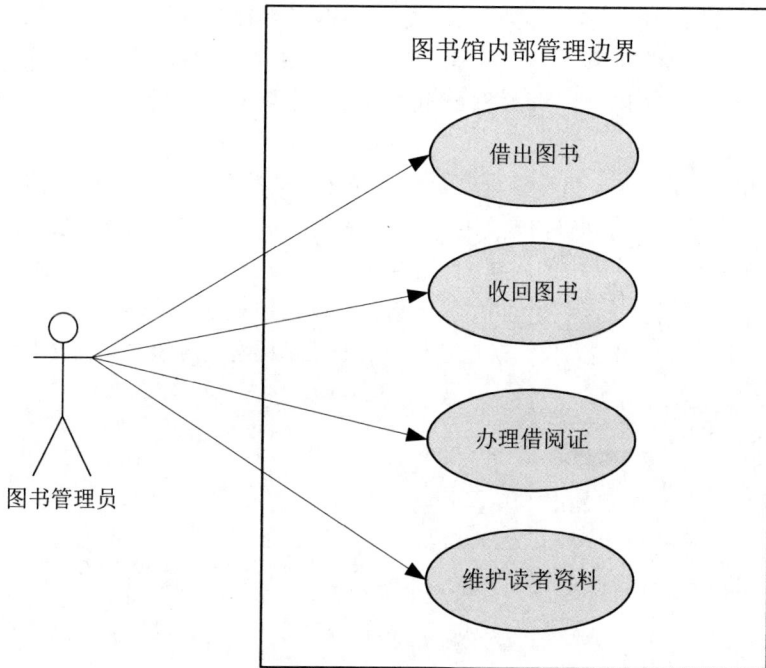

图 23.4　图书管理员视角

Chapter 23

从图书管理员视角出发，我们发现借出图书、收回图书和办理借阅证用例与读者视角的用例有着很大的相似性。但是如果我们绘制出它们的场景，可能会发现其中有所差别。例如，从读者角度出发，在借书用例场景中我们有可能漏掉图书管理员登记出库图书的步骤。因为读者并不关心图书借出时还需要经过什么内部手续，但图书管理员却非常关心。两个不同的视角分析将有助于我们得到完整的结论。另外，我们还会发现读者不关心的另一个用例——维护读者资料。

在需求分析过程中，我们还可以多次变换视角。通过边界的改变而得出不同的参与者与不同的用例，理辨则明，这些有差异的分析将使我们更加接近真相。

在设计时，我们也同样可以改变立场。例如，系统中一些联系紧密的对象之间交互频繁，为了彻底弄清楚它们之间所有可能的交互，以及每个对象要提供哪些方法和属性才能保证设计的完整性，我们就需要改变立场，不仅仅从一个对象出发来看它对其他对象的要求，而要从每个对象出发，探讨每个对象对其他对象的要求。

仅从一个对象出发，我们通常能够得到一个时序图或交互图，说明当一个对象发出调用请求时，其他对象如何配合来完成这个请求。但是，这样的考虑可能是片面和不完善的。因为每个对象很可能不仅仅处理来自一个对象的请求。当多个对象都发出类似的请求时，对象可能需要增加更多的职责和方法来应对。

实践中，这种通过变换立场来获得对对象职责更为全面和深入了解的方法可以用 CRC 卡片方法来实施。

CRC 的意思是"类、职责、协作"（Class-Responsibility-Corresponding）。一个的 CRC 卡片代表一个独立对象的实例。在卡片的上边记录有类的名称，在卡的左边列出了此类要实现的功能，在卡的右边列出了与此类相关的其他类的名称。通过将所有的 CRC 卡放在一起，成立一个小组，由不同的人负责一个或几个 CRC 卡片，大家一起协同工作以模拟当前所设计的软件最终动态的运行情况。

一个对象发出一个消息时，负责该对象的人向负责接收消息的那个对象的负责人发出询问，接收到这个消息的对象负责人将回答问题并执行某一特定的动作……，如此往复。采用上述"走读"方式，我们可以方便地发现设计中的问题。更为重要的是，我们允许每一个对象都有机会提出问题，负责每一个对象的人都代表了该对象的立场，他将负责向其他对象要求得到对该对象来说最为适合和方便的结果。经过大家的讨论，我们就能完整而全面地掌握这些对象之间的交互以及每个对象应当承担的职责。

24

学会使用设计模式

设计模式是学习面向对象设计不可回避的问题。从本质上说，设计模式是面向对象设计原则和方法的应用，是在具体实践过程中解决某类问题而产生的经验总结和最佳实践。如果一个设计者对面向对象方法理解深刻，即使没有学习过设计模式，他也会不自觉地使用甚至创造出新的设计模式。

尽管不学习设计模式也有可能成为面向对象的设计高手，但是不可否认，学习是需要时间和成本付出的。学习曲线效应证明，越是经常地执行一项任务，每次所需的时间就越少，成本也越低廉。学习设计模式的原因正在于此。由于设计模式经过了许多项目和许多人的经验积累，学习和掌握它们相当于直接越过了学习曲线最为陡峭的阶段，正所谓站在巨人的肩膀上才能看得更远。

24.1 如何学习设计模式

对于刚刚接触面向对象设计或者刚刚入门的读者来说，学习设计模式是一个好的起点。尽管在开始的时候会非常困难。困难的原因很多时候并不是看不懂设计模式，照葫芦画瓢，还是能够写出满足该设计模式的程序片断来的，问题是不理解为什么要这么做。例如最简单也最为常用的工厂模式，类 A 要创建类 B，直接在代码里 new B()不就行了吗，为什么非得弄出个类 C 来创建 B，而 A 要通过 C 才能得到 B 呢？这不是多此一举吗？有此疑问的朋友最大的问题是编程经验不够，或者说还没有吃过不良程序设计的苦头。设计模式一般来说都比直接硬编码要来得复杂和"多余"，不过这些代价在特定的情况下是值得付出的。

可以打一个比方，将程序设计比喻为带兵打仗所使用的战术。带兵者谁都希望单刀直入，直捣黄龙。但问题是战场瞬息万变，单刀直入是要冒陷入包围的风险的，作为合格的指挥官，我们需要"三十六计"，需要迂回，需要策略。程序设计也是如此，设计模式就如同三十六计，每一计都是针对特定情况下可以采取的策略的最佳实践。因此，对初学者来说，学习设计模式的第一步，就是要弄清楚该设计模式所处的情形，要解决的问题，然后再学习设计模式如何解决这个问题。换句话说，初学者在学习设计模式时要将精力集中在理解设计模式的"意图"和"适用性"上。意图说明了设计模式想要解决的问题，而适用性则指出了设计模式所处的情形。对于初学者来说，除了通过多写程序来理解设计模式之外，还有另一个方法是从生活当中寻找相应的例子。生活中的情形是我们所熟悉的，从生活中的例子出发会对理解设计模式的意图有很大的帮助。下面以最简单的工厂模式作为例子来介绍一下从生活中寻找实例的方法。

例如，前面所提到的工厂模式，其意图是：

■　定义一个用于创建对象的接口，让子类决定实例化哪一个类。

其适用性为：

■　当一个类不知道它所必须创建的对象的类的时候。

■　当一个类希望由它的子类来指定它所创建的对象的时候。

■　当类将创建对象的职责委托给多个帮助子类中的某一个的时候。

工厂模式的意图表明，该模式不希望事先指定要创建的对象，而希望由子类来决定，而子类根据情况可以增加，因而可以根据需要扩展要创建的对象而不需更改原来的程序。这个意图在现实生活里，我们可以找出相应的例子：作为一个商店，我们不可能事先决定客户要买什么商品，不同的客户买的商品不同，是由客户决定（很多时候是临时决定）要买什么商品。这个问题与工厂模式所描述的意图大致相符。如果采用工厂模式，我们需要在客户和商品之间加入一个所谓的"工厂"，客户告诉"工厂"要买什么，"工厂"则负责将商品交给客户。直观地，我们会认为这个"工厂"很像一个销售服务人员。如果不采用工厂模式，那么客户是直接拿商品的，看上去这种情形很像一个自助超市。这两种情形有什么差别呢？一个是通过服务人员购买商品，一个是自己去找商品，初看上去，似乎客户自己找商品更方便、更直接，而通过服务人员购买商品则显得有点麻烦。

客户自己购买商品的过程可以描述为如图 24.1 所示的情形。

现在，让我们考虑一下适用性所提出的情形。第一种情形，一个类不知道它所必须创建的对象的类，我们可以类比为当客户不知道他想购买的商品在什么地方。客户可能在超市里逛半天也找不到，这时询问导购员比自己寻找方便。导购员在这里起到了工厂的作用，其购买过程如图 24.2 所示。

第二种情形，一个类希望由它的子类来指定它所创建的对象，我们可以类比为有客户自己不清楚哪个商品更适合他，只知道要购买的商品种类，他需要有人帮助他确定具体哪个实物才适合，这时应当询问导购员以寻求建议。这种情形类似衣服分大中小号，客户只知道要买衣服，导购员应当根据不同客户的体形推荐相应号码的衣服。其购买过程如图 24.3 所示。

第三种情形，类将创建对象的职责委托给多个帮助子类中的某一个，我们可以类比为客户并不知道什么商品能够满足他的要求，他希望有人能告诉他应该买什么商品，这时寻求导购员的帮助更方便。这种情形类似于，客户找到相应的导购员询问有没有哪种商品能够满足他的要求，其购买过程如图 24.4 所示。

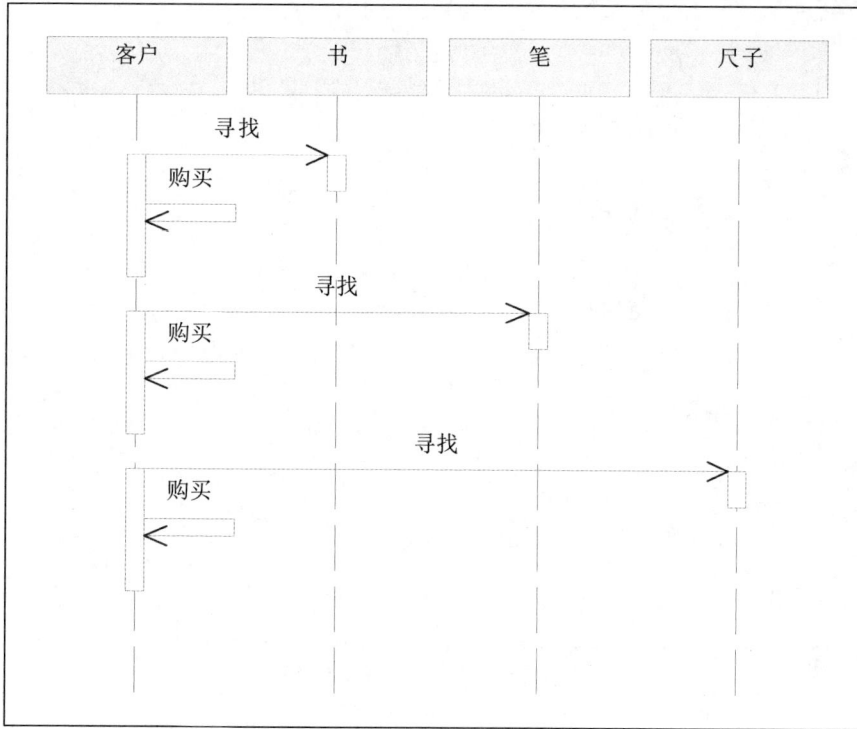

图 24.1　直接购买商品过程

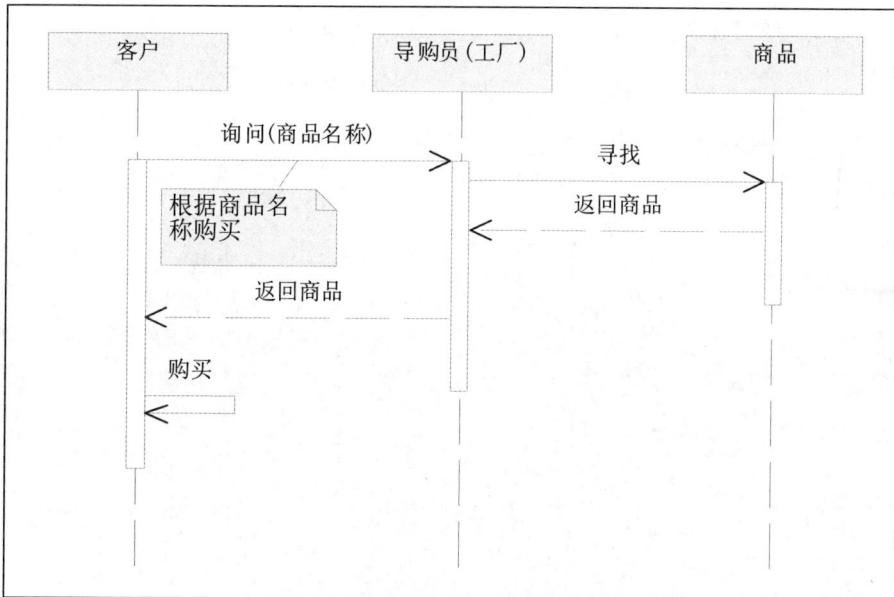

图 24.2　购买商品的第一种情形

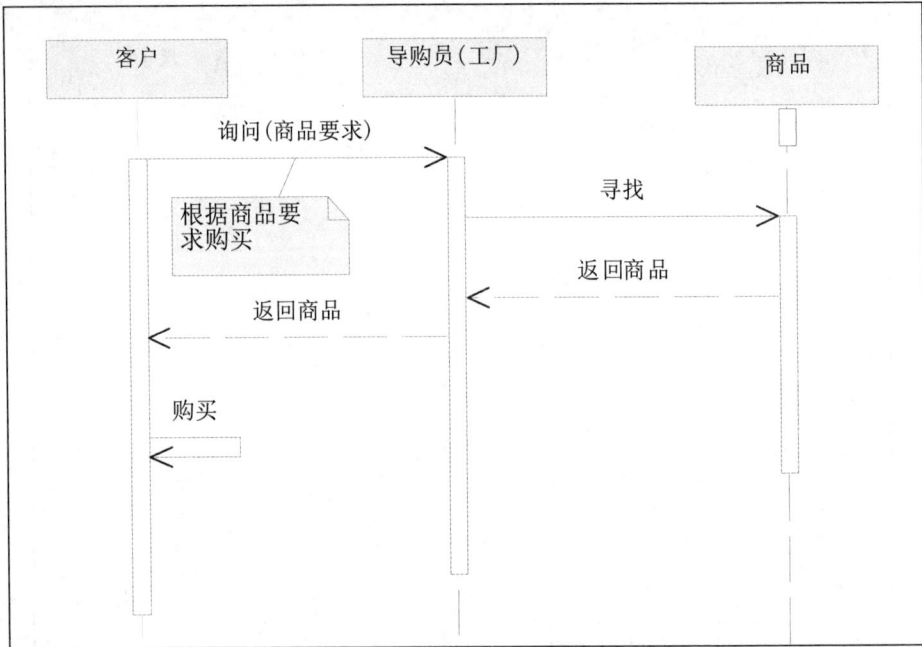

图 24.3　购买商品的第二种情形

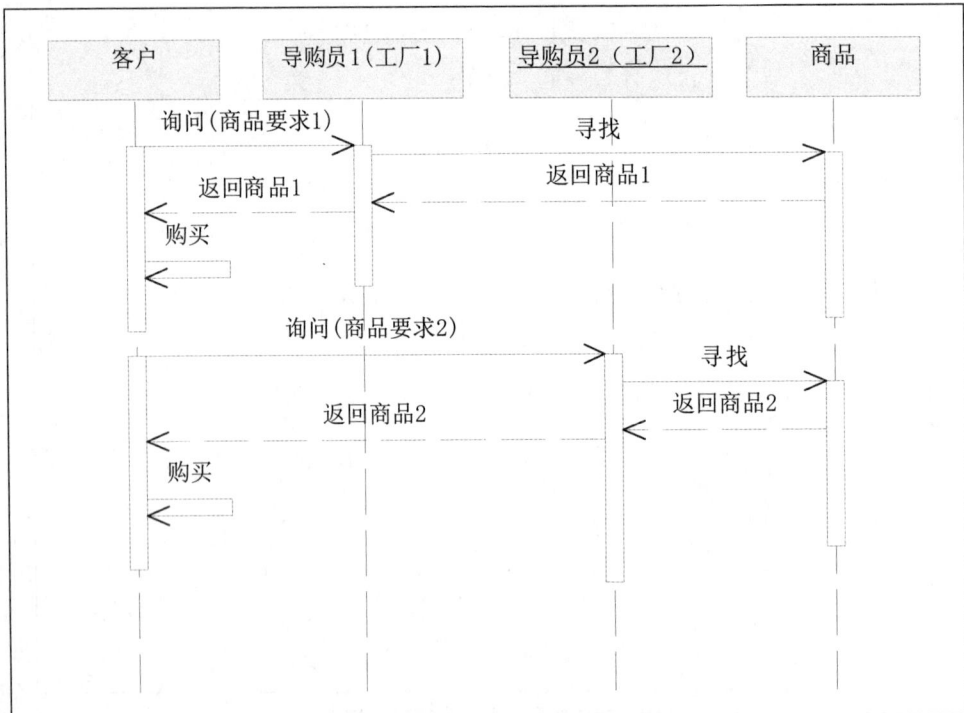

图 24.4　购买商品的第三种情形

　　如果没遇到适用性中列出的情形，那么客户自己寻找商品无可厚非，但一旦遇到适用性中描述的情形，该模式就能派上用场。而生活中，超市里也的确都配备有导购员来帮助客户购物。在不能确定客户一定知道要买什么，在哪里买，怎么买等情况时，我们就不能简单地让客户自己去购买商品。我们需要建立这样的一种导购服务模式，客户向导购提出商品购买要求，导购向客户提供适合的商品。这样，不论是客户来来往往，导购换班轮休，商品经常变化，都不会导致客户购买商品的困难。这个服务模式如图 24.5 所示，由于具体客户、具体导购和具体商品之间没有依赖关系，只要服务方式不变化，具体客户、具体导购和具体商品都可以独立地扩展和变化。

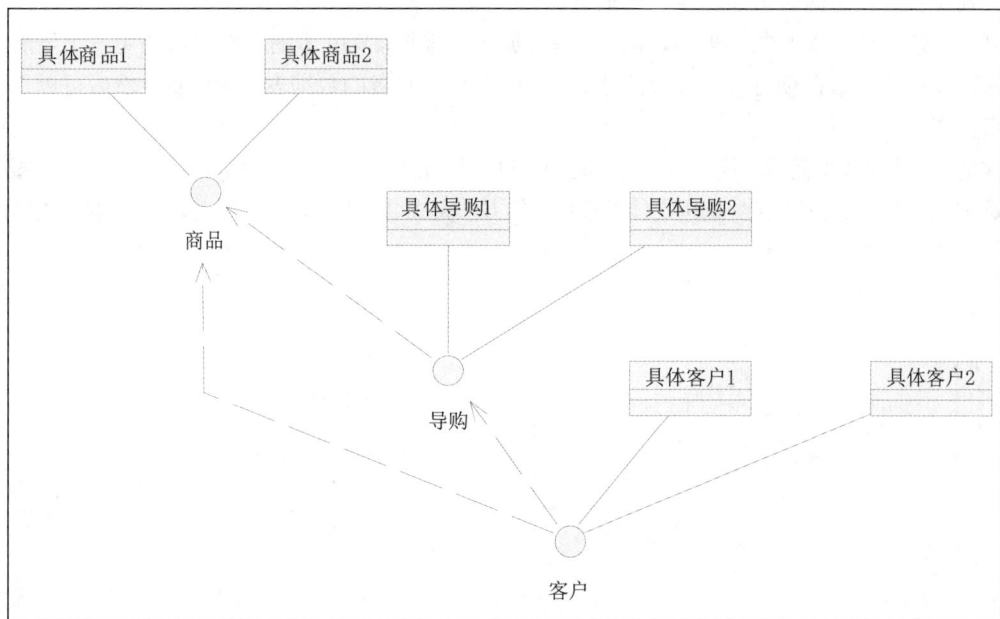

图 24.5　导购服务模式

　　除了购买商品，我们还可以在生活中找出其他相似的例子。例如去银行办理业务、去邮局寄东西、去饭店吃饭等。通过分析这些身边的例子，设定不同的情形，甚至随意设想出一些可能的变化来考察使用和不使用模式两种情况下产生的不同结果，由此来加深对模式的理解。当把这些问题都想通想明白了以后，再回头去仔细推敲模式的动机、结构和实现等描述，就会发现很容易看懂和理解了。最重要的是，通过这样不断的思想锻炼，使得模式的意图和适用性在脑子里形成了条件反射，一旦发现类似的问题和情形就会马上联想到与之相关的模式。

　　理解了意图和适用性才能说真正学会了设计模式。

24.2　如何使用设计模式

　　初学者学习设计模式的困难在于不理解为什么要这么做，而已经入了门，但还不能熟练使用设计模式的朋友的困难在于不知道怎么把设计模式融合到设计中去。

要使用好设计模式首先要打好基础，即你已经完全掌握了设计模式的意图和适用性。当遇到类似的问题和情形时，你将条件反射似地联想到哪个设计模式可以帮助你解决问题。更进一步的，你应当已经就该设计模式进行了多次的思想实验，尝试着编写了多次程序。同时，你也应当在思想实验和编写程序的过程中了解了设计模式的效果、实现方式、局限性等。

当遇到一个设计问题时，应当分析问题是什么，你的设计目标是什么，要怎样解决，然后往设计模式的意图和适用性上去靠。有时候有多个设计模式都可以解决同一个问题，这时就要从效果、实现方式和局限性方面去考虑，挑选最适合的设计模式。

例如，有这样一个需求，数据库里的一些数据需要维护，其基本的实现方法是用一个导航器列出所有可以维护的数据项目，点击项目时，在界面上列出对应的数据表中的数据，然后可以进行增删改查操作。

这是一个很常见的问题。简单实现时，我们为每一张数据表建立一个实体对象，当用户选择要维护的数据项时，实例化实体对象并调用实体对象相应的方法完成增删改查操作，其基本过程如图 24.6 所示。

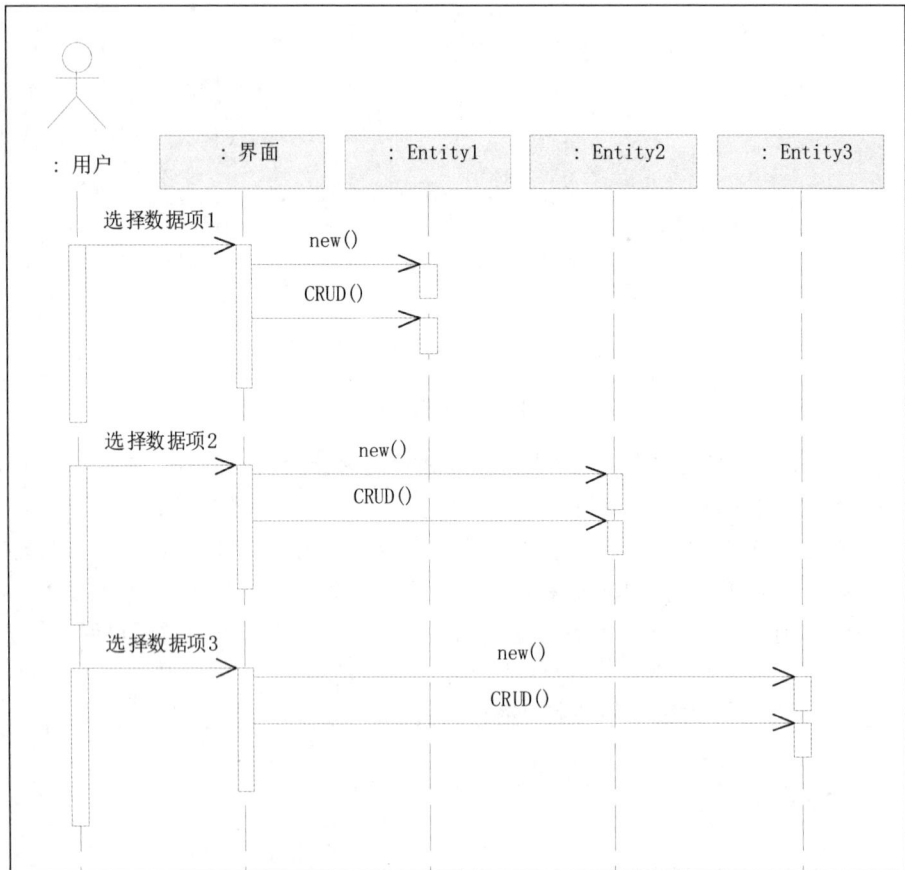

图 24.6　如何使用设计模式——基本实现

随着项目的进展，增加了一些数据表，去掉了一些数据表，有一些则改了名字。我们发现每次数据表的变化就会导致相应的实体类变化，进而影响到界面。并且程序显得很拖沓，类似的 new() 和 CRUD 操作写了很多遍。

现在的问题是，我们不能确定将来数据表还会不会变，即我们不能确定实体类会不会变。希望在数据表变化时尽量保持界面的稳定，最好不改程序就能扩展这种变化。经过分析发现，这个问题可以表述为不希望事先确定好要实例化的类。

经过分析，我们首先想到的是工厂模式。工厂模式提供了这样的可能，我们在界面和实体类之间增加一个工厂类，界面只访问工厂而不直接实例化具体的实体类，因此当实体类变化时，界面就可以保持稳定。

经过工厂模式改造以后的类结构如图 24.7 所示，实现方式如图 24.8 所示。

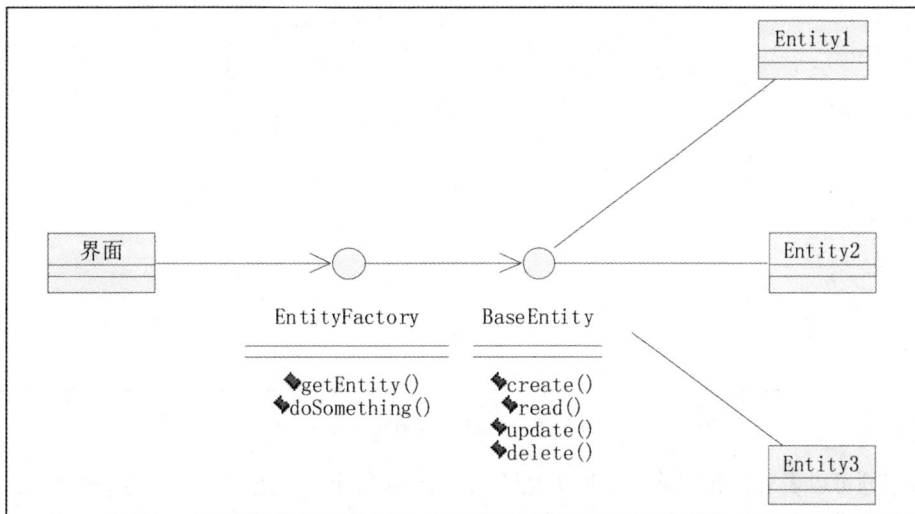

图 24.7　简单工厂模式结构

经过改造以后，发现用户选择数据项时，数据项的名称被当作参数传给工厂类 EntityFactory，工厂类根据名字查找对应的 Entity 类，实例化以后以 BaseEntity 的类型传给界面。界面只需处理 BaseEntity，而不必关心具体的 Entity 类是什么，因而当数据表变化时界面保持稳定，我们只需要更改相应的实体类，在工厂类里修改数据项名称和实体类的对应关系。

如果想保持工厂类也不需修改，我们可以把数据项名称和实体类的对应关系写在配置文件里，工厂类通过读文件来确定数据项名称对应的实体类。因而当数据表变化时，我们只需修改配置文件，连工厂类也不必修改了。

在这种情况下，一个简单工厂模式就解决了当前的问题。现在，我们又遇到一个新问题，随着需求的细化，我们发现实例化实体类的方式有些不同了。有一些数据表是直接全部检索出来的，而有些数据表则需要带上检索条件，并且对返回的实体类要进行一些处理才能返回给界面。简单工厂处理这个问题有些麻烦，因为我们不能确定将来到底会有多少种可能的检索条件，也不确定对实体类的处理有多少种方式。我们不希望每次的变化都要改动工厂类，并且可以预见随着变化的增多，工厂类会变得越来越复杂。

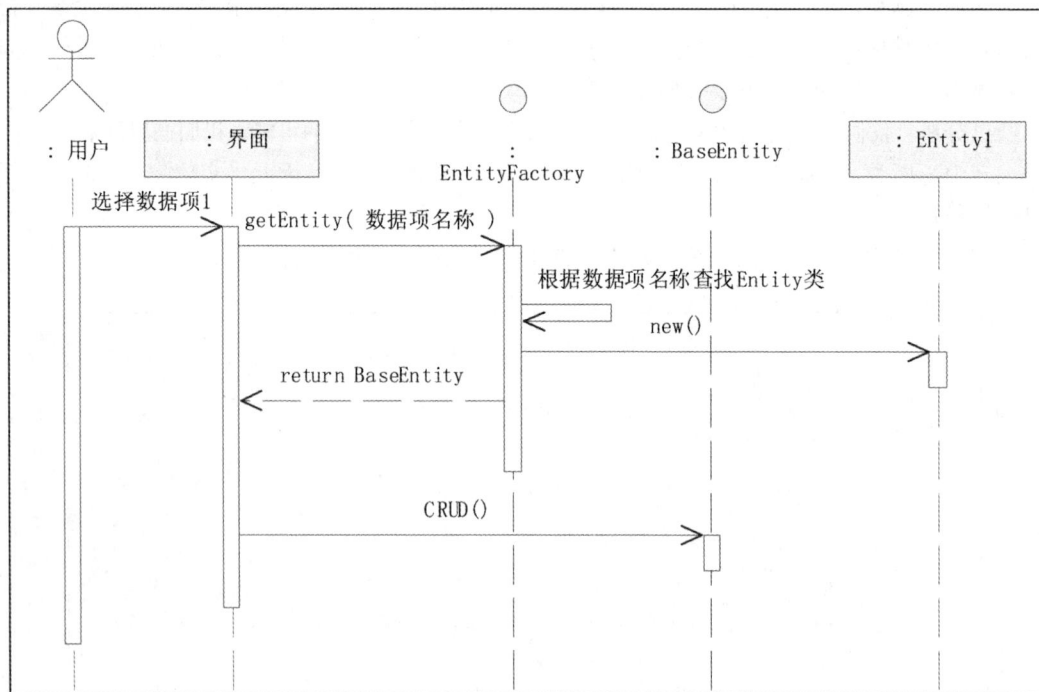

图 24.8　简单工厂模式实现

这个问题可以表述为我们需要工厂类是可以扩展的，每个工厂处理一种检索条件和实体处理方法。对照设计模式，我们发现抽象工厂（AbstractFactory）可以帮助我们解决问题。界面访问抽象工厂类，抽象工厂类根据界面的要求决定给界面返回哪个工厂类，界面再通过工厂类获得想要的实体对象。

经过改造后的类结构如图 24.9 所示，实现方式如图 24.10 所示。

经过改造以后，当数据表变化时，工厂提供了扩展能力；而当检索方式和处理方式变化时，抽象工厂提供了扩展能力。我们只需要增加相应的工厂类，而界面仍然保持稳定。

再次假设，随着项目的进展，我们发现要修改的数据项不仅仅是存在于一张数据表里，需要把多张数据表拼接在一起共同展现在一个界面上，但不同的数据表关系拼接方式不同。例如数据表是主外键关系的，实体类以树形结构拼接；数据表是关联关系的，实体类以关联结构拼接等。我们不能够确定将来有多少种拼接方法，但是又不希望当拼接方法改变或增加时修改程序。

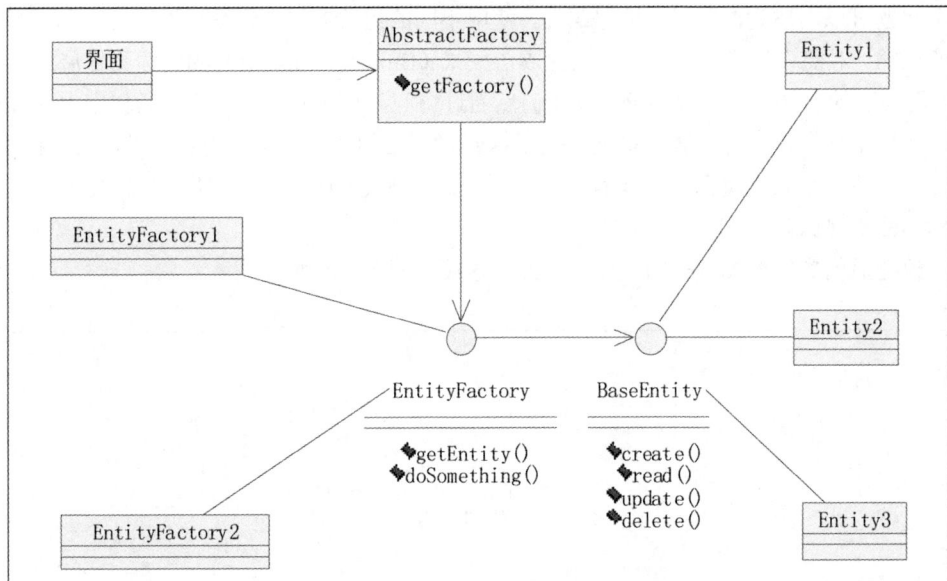

图 24.9　抽象工厂模式结构

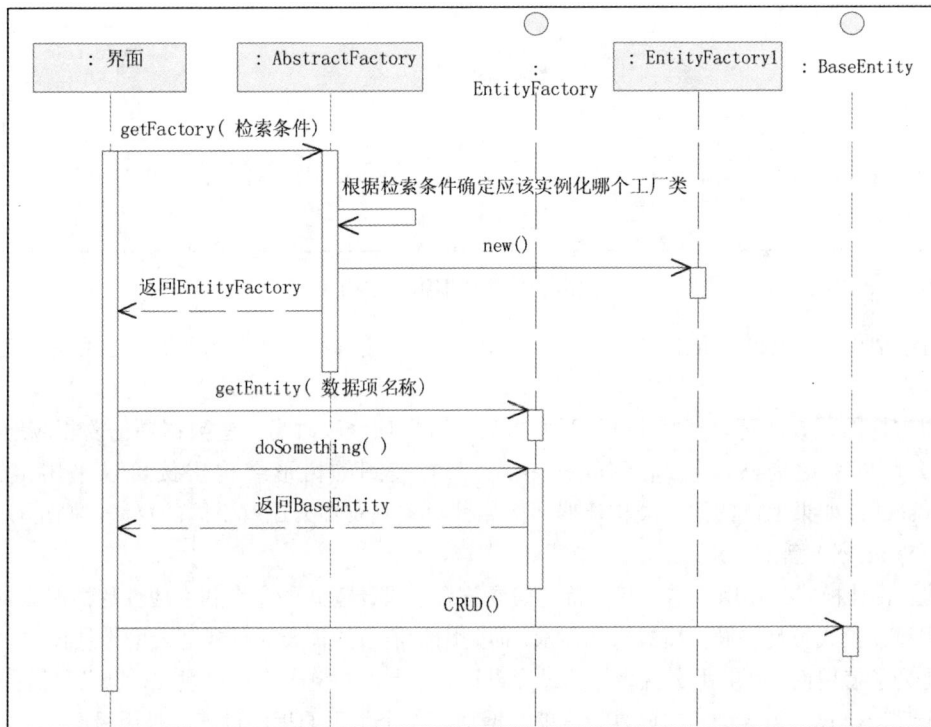

图 24.10　抽象工厂实现

这个问题可以表述为，有同一批零部件，使用不同的组装方法，将得到不同的产品。组装方法是可能变化的。对照设计模式，我们发现生成器模式（Builder）可以帮助我们达到扩展组装方法的目的。界面需要的实体是拼接以后的，界面仍然通过访问工厂来获得实体，我们使用生成器模式将生成过程隔离出来，让它可以独立扩展。为了拿到拼接后的实体，工厂类访问导向类（Director），导向类根据实体关系确定适合的构建器，构建器将实体拼接完成后，工厂类再从构建器中获得拼接后的实体返回给界面。

经过改造后的类结构如图 24.11 所示，实现方式如图 24.12 所示。

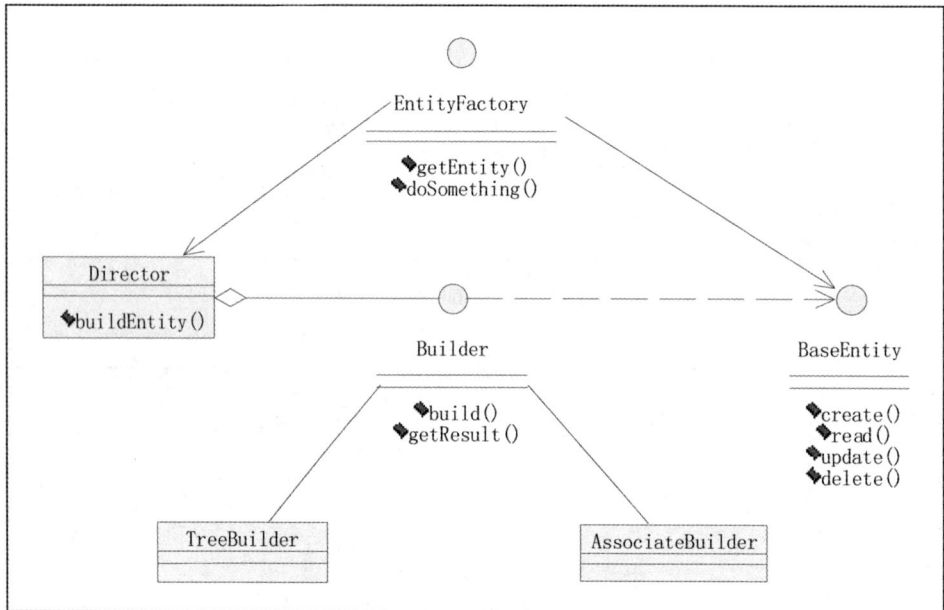

图 24.11　生成器模式结构

经过改造以后，当拼接方法改变或增加，我们可以通过修改或增加构建器来适应这个变化，其他部分则维持稳定。

类似这样的假设还可以继续下去，例如当某个数据项修改时另一些数据项也要相应地做出修改，那么可以考虑观察者模式（Observer）；上面提到的树形结构拼接可以采用组合模式（Composite）；如果上述的同一类构建器（例如针对关联实体）还有不同的算法，则可以考虑策略模式（Strategy）等。

可见，设计模式的使用一定是基于特定问题符合了设计模式的意图和适应性的情况。因此，学习和使用设计模式不是用设计模式来套需求，而是因为需求的需要而寻找适合的设计模式。如果设计模式是为了使用而使用，那么就会导致过度设计。在上述的例子中可以发现，每当我们在设计中引入一个设计模式，类结构和实现复杂度就会增加。一个优秀的程序设计，是用最简洁、最方便、最容易理解的形式最恰当地解决问题，而不是相反。

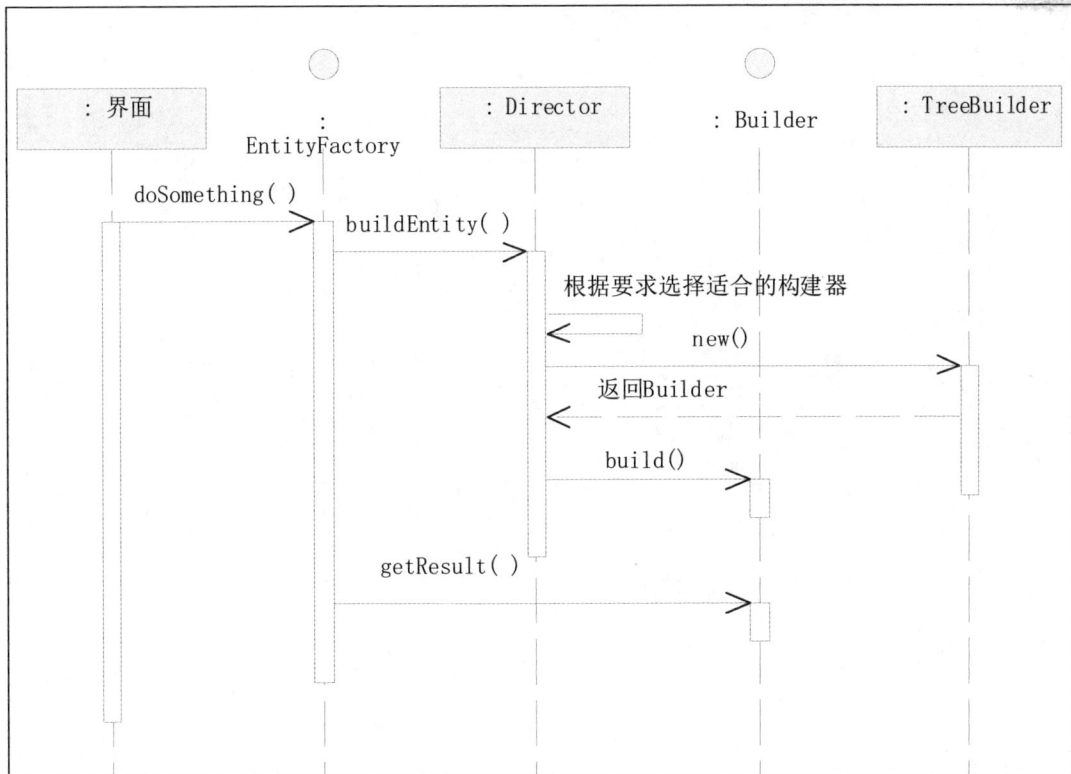

图 24.12　生成器模式实现

　　为了提高设计能力，读者应当像这一章的例子一样，不断地在一个需求中引入各种假设和扩展变化，然后从设计模式当中找出适合的那一个，尝试着将其引入设计体系。随着这种练习的深入，对设计模式的理解和掌握能力也会很快提高。最重要的是，你将在这种练习中掌握什么情况下应该使用什么设计模式。

　　学习设计模式的过程很像是武侠小说中一个高手的成长历程：初出江湖，凭着一招半式四处闯荡，不可避免地吃了许多亏。偶然间学会了一些高明的招式，欣欣然到处试用，然而时灵时不灵，打路人甲成功而打路人乙却失败；有一天领悟到应当随机应变，针对不同的对手要使用不同的招式，有时候还要使用组合招式才能取胜；随着经验的增加，渐渐开始领悟到武功的真谛是无招胜有招，招式是死的，人是活的，一个类在某个设计中既可以充当工厂类角色，也可以充当导向类角色，它本身可能还是一个单件，所谓摘叶飞花皆可伤人；最后成为一代宗师，开创了自己的门派，自己也成为设计模式的创造者。

　　真心希望每一个读者都能闯过面向对象的江湖，循着高手的成长轨迹，一步步走向成功。

附录 UML 视图常用元素参考

1. 用例图常用元素

可视化图符	名称	主要版型	简述
（参与者图标）	参与者	业务主角 业务工人 角色 用户	在系统之外与系统交互的某人或某事物。参与者的观点决定系统特性。详见 3.2 参与者
（椭圆图标）	用例	业务用例 业务用例实现 系统用例 系统用例实现	与参与者（actor）交互的，并且给参与者提供可观测的有意义的结果的一系列活动的集合。详见 3.3 用例
（矩形图标）	边界		划分当前分析的系统范围，系统内部为用例，外部为参与者。详见 3.4 边界
———	关联关系		关联关系描述了某个对象一直"知道"另一个对象的存在。详见 3.9.1 关联关系（association）
<<extend>> - - - ->	扩展关系		扩展关系描述向基本用例中的某个扩展点插入一个扩展用例。详见 3.9.3 扩展关系（extends）
<<include>> - - - ->	包含关系		说明在执行基本用例的用例实例过程中插入的行为段。详见 3.9.4 包含关系（include）
———▷	泛化关系		说明两个用例之间的继承关系。详见 3.9.7 泛化关系（generalization）
（注释体图标）	注释体		可在注释体中加入说明文字
— — —	注释连接		连接注释体和被注释对象

2. 类图常用元素

可视化图符	名称	简述
	业务实体	业务实体代表业务角色执行业务用例时所处理或使用的"事物"。详见 3.5 业务实体
	边界类	边界类是一种用于对系统外部环境与其内部运作之间的交互进行建模的类。详见 3.7.1 边界类
	控制类	控制类用于对一个或几个用例所特有的控制行为进行建模。详见 3.7.2 控制类
	实体类	实体类是用于对必须存储的信息和相关行为建模的类。详见 3.7.3 实体类
类 属性 方法()	设计类	设计类是系统实施中一个或多个对象的抽象；设计类所对应的对象取决于实施语言。设计类用于设计模型中，它直接使用与编程语言相同的语言来描述。详见 3.8 设计类
——————	关联关系	关联关系描述了某个对象一直"知道"另一个对象的存在。详见 3.9.1 关联关系（association）
———▷	泛化关系	说明两个对象之间的继承关系。详见 3.9.7 泛化关系（generalization）
———◇	聚合关系	说明整体由部分构成的关系。详见 3.9.8 聚合关系（aggregation）
———◆	组合关系	说明整体拥有部分的关系。详见 3.9.9 组合关系（composition）
- - - ->	依赖关系	说明一个对象的修改会导致另一个对象的修改的关系。详见 3.9.2 依赖关系（dependency）
	注释体	可在注释体中加入说明文字
— — —	注释连接	连接注释体和被注释对象

3. 活动图常用元素

可视化图符	名称	简述
●	起始点	起始点标记业务流程的开始。一个活动图，或者说一个业务流程有且仅有一个起始点。详见 4.2.1 活动图

可视化图符	名称	简述
●	结束点	结束点表示业务流程的终止。一个活动图（或者说一个业务流程）可以有一个或多个结束点。详见 4.2.1 活动图
⬭	活动	业务流程中的执行单元。详见 4.2.1 活动图
◇	判断	判断根据某个条件进行决策，执行不同的流程分支。详见 4.2.1 活动图
▬	同步	同步分为同步起始和同步汇合。同步起始表示从它开始多个支流并行执行；同步汇合表示多个支流同时到达后再执行后续活动。详见 4.2.1 活动图
⊓	泳道	泳道代表了一个特定的类、人、部门、层次等对象的职责区，这些对象在业务流程中负责执行的活动集合构成了它们的职责。详见 4.2.1 活动图
→	执行顺序	信息流向。详见 4.2.1 活动图
▱	注释体	可在注释体中加入说明文字
— — —	注释连接	连接注释体和被注释对象

4. 状态图常用元素

可视化图符	名称	简述
●	初始状态	初始状态是状态机的起始位置，它不需要事件的触发。详见 4.2.2 状态图
◉	最终状态	结束状态表示状态机的终止。详见 4.2.2 状态图
▭	状态	状态是对象执行某项活动或等待某个事件时的条件。详见 4.2.2 状态图
▭	复合状态	具有子状态（或者称为嵌套状态）的状态称为复合状态。详见 4.2.2 状态图
→	转移	转移是两个状态之间的关系，它表示当发生指定事件并且满足指定条件时，第一个状态中的对象将执行某些操作并进入第二个状态。详见 4.2.2 状态图
文字描述	事件	事件是一个特定的动作或行为，有时候也包括系统时钟之类的定时器。如果条件满足，事件的发生将触发一个转移。详见 4.2.2 状态图

续表

可视化图符	名称	简述
[文字描述]	条件	条件是一个布尔表达式，当事件发生时将检查这个表达式的值。条件求值结果可能决定转移的分支。详见 4.2.2 状态图
	注释体	可在注释体中加入说明文字
— · — · —	注释连接	连接注释体和被注释对象

5. 时序图常用元素

可视化图符	名称	简述
	对象	表示参与交互的对象。每个对象都带有一条生命周期线，对象被激活（创建或者被引用）时，生命周期线上会出现一个长条（会话），表示对象的存在。详见 4.2.3 时序图
	生命线	生命周期线表示对象的存在，当对象被激活（创建或者被引用）时，生命周期线上出现会话，表示对象参与了这个会话。详见 4.2.3 时序图
	会话	会话表示一次交互，在会话过程中所有对象共享一个上下文环境。例如事务上下文、安全上下文等。详见 4.2.3 时序图
→	简单消息	简单消息，适用于大多数情况。它不强调消息的类型，仅表示一个交互。详见 4.2.3 时序图
← —	返回消息	返回消息为源消息的返回体，而非新的消息。详见 4.2.3 时序图
→×	同步消息	同步消息表示发出消息的对象将停止所有后续动作一直等到接收消息方响应。详见 4.2.3 时序图
○→	限时消息	限时消息是同步消息的一种特殊情况。源消息对象发出消息后将等待响应一段时间，在限定时间内还没有响应时，源消息对象将取消阻塞状态而执行后续操作。详见 4.2.3 时序图
→	异步消息	异步消息表示源消息对象发出消息后不等待响应，而可以继续执行其他操作。详见 4.2.3 时序图
×	销毁	销毁绘制在生命周期线上，表示对象生命周期的终止。详见 4.2.3 时序图
	注释体	可在注释体中加入说明文字
— — —	注释连接	连接注释体和被注释对象

6. 协作图常用元素

可视化图符	名称	简述
	对象	表示参与交互的对象。详见 4.2.4 协作图
	对象实例	表示参与交互的对象是经过实例化的。详见 4.2.4 协作图
———————	关联	连接两个对象，表示两者的关联。与类关系不同，协作图中的对象关联是临时关联，即只在本次交互中存在。详见 4.2.4 协作图
——→	简单消息	简单消息，适用于大多数情况。它不强调消息的类型，仅表示一个交互。详见 4.2.3 时序图
 ←——	返回消息	返回消息为源消息的返回体，而非新的消息。详见 4.2.3 时序图
 —✕→	同步消息	同步消息表示发出消息的对象将停止所有后续动作一直等到接收消息方响应。详见 4.2.3 时序图
 —○—→	限时消息	限时消息是同步消息的一种特殊情况。源消息对象发出消息后将等待响应一段时间，在限定时间内还没有响应时，源消息对象将取消阻塞状态而执行后续操作。详见 4.2.3 时序图
——→	异步消息	异步消息表示源消息对象发出消息后不等待响应，而可以继续执行其他操作。详见 4.2.3 时序图
1...n	消息序号	序号表明的消息传递的先后顺序。详见 4.2.4 协作图
	注释体	可在注释体中加入说明文字
— — —	注释连接	连接注释体和被注释对象

图目录

图 1.1　传统型商务 4

图 1.2　随需应变的商务 6

图 1.3　对象组装 8

图 1.4　面向对象的困难 10

图 1.5　汽车的 UML 表述 14

图 1.6　从现实世界到业务模型 16

图 1.7　业务模型到概念模型 18

图 1.8　从概念模型到设计模型 19

图 1.9　面向对象分析设计的完整过程 21

图 1.10　RUP 的历史演进过程 23

图 1.11　统一过程概述 23

图 1.12　统一过程的最佳实践 27

图 2.1　建模公式 32

图 2.2　用例驱动视图 33

图 2.3　统一过程一般抽象层次 35

图 2.4　对象的独立性 38

图 2.5　对象分析方法 39

图 3.1　参与者 44

图 3.2　参与者情况一 46

图 3.3　参与者情况二 46

图 3.4　参与者情况三 46

图 3.5　参与者情况四 47

图 3.6　业务工人的尴尬 48

图 3.7　参与者、涉众、用户和角色的关系 51

图 3.8　用例的构成 53

图 3.9　填写取款单不是取款人的目的，因此不是用例 53

图 3.10　后台监控和输入密码对参与者是没有意义的，因此不是用例 54

图 3.11　ATM 是没有吐钞的愿望的，因此不能驱动用例 54

图 3.12　喝不能构成一个完整的事件，因此不能用来命名用例 54

图 3.13　用例驱动 55

图 3.14　获取用例准备工作 57

图 3.15　描述事物的三种观点 60

图 3.16　以完整目标作为用例 62

图 3.17　以步骤作为用例 63

图 3.18　网上购物系统——符合边界 65

图 3.19　网上购物系统——超越边界 66

图 3.20　业务用例实现 68

图 3.21　概念用例 69

图 3.22　寄信业务实体模型图 76

图 3.23　领域包 78

图 3.24　子系统包 78

图 3.25　组织结构包 78

图 3.26　层包 79

图 3.27　设计类的版型 84

图 3.28　实现关系 88

图 3.29　精化关系 89

图 3.30　分布式应用 93

图 3.31　应用集成 93

图 3.32　第三方系统 93

图 3.33　SOA 架构 94

图 3.34　系统节点拓扑结构图示例 95

图 3.35　部署模型图 ATM 示例 96

图 4.1　业务用例视图之业务主角视角 98

图 4.2　业务用例视图之业务视角 99

图 4.3　业务用例实现视图 99

图 4.4　借阅图书概念用例视图 100

图 4.5　借阅图书系统用例视图 101

图 4.6　系统用例实现视图 101

图 4.7　概念层类图 102

图 4.8　说明层类图 103

图 4.9　实现层类图 104

图 4.10　领域包图 104

图 4.11　层次包图 105

图 4.12　登机手续用例场景活动图示例 107

图 4.13　组合活动 108

图 4.14　对象交互活动图 109

图 4.15　对象交互泳道图 110

图 4.16　带角色职责的活动图 111

图 4.17　图书生命周期状态图 113

图 4.18　网上购买商品业务模型时序图 115

图 4.19　购买商品概念模型时序图片断 117

图 4.20　登录和查询事件流设计模型时序图片断 119

图 4.21　网上购买商品业务模型协作图 120

图 4.22　购买商品概念模型协作图片断 122

图 4.23　登录和查询事件流设计模型协作图片断 123

图 5.1　用例模型在统一过程中的地位 126

图 5.2　三种用例模型的关系 126

图 5.3　完整的业务用例模型 128

图 5.4　完整的概念用例模型 132

图 5.5　完整的用例模型 135

图 5.6　领域模型推导 140

图 5.7　用分析模型实现用例场景 142

图 5.8　分析类获取结果 143

图 5.9　分析模型的主要内容 144

图 5.10　业务架构 148

图 5.11　业务架构与业务用例模型、领域模型的关系 148

图 5.12　软件层次广度视角架构图 149

图 5.13　软件层次深度视角架构图 150

图 5.14　立体化的架构 151

图 5.15　设计模型的主要输入 154

图 5.16　设计模型的主要内容 156

图 5.17　推荐的设计模型用法 157

图 5.18　组件定义 159

图 5.19　实现组件 160

图 5.20　实施模型示例一 162

图 5.21　实施模型示例二 163

图 6.1　业务建模工作流程 166

图 6.2　业务建模活动集 167

图 6.3　业务建模工件集 168

图 6.4　系统建模工作流程 170

图 6.5　系统建模活动集 173

图 6.6　系统建模工件集 173

图 6.7　分析设计工作流程 177

图 6.8　定义备选架构 178

图 6.9　改进备选架构 179

图 6.10　分析行为 180

图 6.11　设计非实时组件 181

图 6.12　设计实时组件 182

图 6.13　分析设计活动集 183

图 6.14　分析设计工件集 183

图 6.15　分析过程概要 184

图 6.16　设计过程概要 185

图 6.17　实施建模工作流程 186

图 6.18　实施建模活动集 187

图 6.19　实施建模工件集 188

图 6.20　软件集成 188

图 6.21　推荐的实施建模过程 189

图 9.1　定义边界 218

图 9.2　用电客户服务业务边界 219

图 9.3　内部管理目标边界 220

图 9.4　系统边界 222

图 9.5　客户服务业务主角 226

图 9.6　内部管理业务主角 229

图 9.7　用电客户服务业务概要视图 236

图 9.8　内部管理业务概要视图 239

图 9.9　业务主角业务用例视图 240

图 9.10　利用业务用例估算项目 242

图 9.11　低压用电申请业务用例场景活动图 246

图 9.12　高压用电申请业务用例场景活动图 247

图 9.13　低压用电申请业务用例场景时序图 249

图 9.14　低压用电申请业务用例场景协作图 250

图 9.15　业务用例实现视图 253

图 9.16　业务用例实现场景——申请登记实现 255

图 9.17　业务模块领域包图 256

图 9.18　问题领域基本情况 261

图 9.19　申请永久用电业务对象图 263

图 9.20　问题领域变量 264

图 9.21　用户档案领域模型 265

图 9.22　领域对象与业务对象之间的关系 266

图 9.23　领域模型场景示例——编排抄表计划 267

图 9.24　领域模型与用例模型的关系 269

图 9.25　需求获取主要过程 288

图 9.26　需求获取主要成果物 288

图 10.1　概念模型的建立过程 292

图 10.2　核心业务示例图 293

图 10.3　挑选出的关键业务用例 294

图 10.4　概念用例示例 295

图 10.5　概念用例场景示例 295

图 10.6　概念用例对象示例图 296

图 10.7　分析类场景示例——创建申请单 297

图 10.8　Client/Server 架构示意图 299

图 10.9　引入了工作流的架构示意图 299

图 10.10　加入了工作流的分析类场景示例——创建申请单 ... 300

图 10.11　供电企业核心业务的结构化表示 304

图 10.12　业务扩充的结构化表示一 305

图 10.13　业务扩充的结构化表示二 305

图 10.14　用户档案模型 307

图 10.15　完整的核心业务架构 307

图 10.16　构件集依赖关系 308

图 10.17　面向对象的分析设计过程 312

图 11.1　办理登机手续业务用例场景 316

图 11.2　低压用电申请业务用例场景 319

图 11.3　申请永久用电系统用例 321

图 11.4　申请登记用例场景示例 322

图 11.5　从业务需求到系统需求 325

图 11.6　历史数据管理框架示例 329

图 11.7　创建历史数据过程 330

图 11.8　查询历史数据过程 330

图 11.9　欠费业务规则类示例 332

图 11.10 欠费业务规则实现示例 333

图 11.11 交互规则管理库类图 333

图 11.12 交互规则管理库实现图 334

图 11.13 用例实现到系统用例关系图 336

图 11.14 申请登记用例实现场景 338

图 11.15 sur_申请登记用例实现 340

图 11.16 批量申请登记用例实现场景 341

图 11.17 sur_批量申请登记用例实现 342

图 11.18 申请登记分析类图 343

图 11.19 简单需求 347

图 11.20 复杂需求 347

图 11.21 没有软件架构设计的结果 348

图 11.22 软件架构的内容 350

图 11.23 用包图描述软件架构 351

图 11.24 框架实现示意图 352

图 11.25 查询数据架构实现示意图 353

图 11.26 申请登记分析类图 356

图 11.27 申请登记 WEB 层分析模型实现 357

图 11.28 申请登记 WEB 层分析类图 358

图 11.29 申请登记 BusinessControl 层实现 359

图 11.30 申请登记 BusinessControl 层分析类图 359

图 11.31 申请登记 Entity 层实现 360

图 11.32 申请登记 Entity 层分析类图 360

图 11.33 申请登记用例最终分析模型 361

图 11.34 申请登记业务运行环境 366

图 11.35 申请登记业务功能分布情况 367

图 11.36 申请登记服务组件工作方式 368

图 11.37 申请登记服务组件运行环境 369

图 11.38 低压用电申请业务用例组件集 370

图 11.39 组件实现关系图 371

图 11.40 在 Rose 中为组件指定实现类 371

图 11.41 用组件元素绘制程序包图 372

图 11.42 用包元素绘制程序包图 372

图 11.43 组件复用场景 1——服务形式相同服务内容不同 373

图 11.44 组件复用场景 2——服务形式不同服务内容相同 374

图 11.45　组件独立变化场景 374

图 11.46　组件独立部署场景 375

图 11.47　WPS 环境下的组件安装和运行 376

图 11.48　供电企业管理系统部署模型 379

图 12.1　分析和设计的差别 382

图 12.2　申请登记用例分析模型 384

图 12.3　边界类映射到设计类示例 385

图 12.4　控制类映射到设计类示例 385

图 12.5　申请登记 Web 层设计模型 386

图 12.6　申请登记 Business 层设计模型 387

图 12.7　申请登记 Business 层设计类实现 388

图 12.8　单个对象接口设计示例 392

图 12.9　单个对象接口-->实现设计示例 393

图 12.10　具有相似行为的对象接口设计示例 394

图 12.11　无良好接口设计的层次交互 395

图 12.12　采用门面模式后的层次交互 396

图 12.13　基于行为模式的接口抽象策略 397

图 12.14　基于服务的接口抽象策略 398

图 12.15　基于使用方便目的的接口抽象策略 399

图 12.16　自顶向下分包原则 402

图 12.17　职能集中分包原则 403

图 12.18　交叉依赖解决办法一 404

图 12.19　交叉依赖解决办法二 404

图 12.20　公共接口包 406

图 12.21　项目各阶段的分包工作 407

图 12.22　软件层次 407

图 12.23　软件层次包设计示例 407

图 12.24　业务模块包设计示例 408

图 12.25　框架模块包设计示例 409

图 12.27　面向服务与面向对象包设计结合示例 411

图 12.28　纯面向对象包设计示例 412

图 13.1　简单映射 421

图 13.2　对象直接映射示例 422

图 13.3　对象关系映射示例 423

图 13.4　关联类映射示例 424

图 14.1　生成 Java 代码的相关菜单 431

图 14.2　环境变量设置 432

图 14.3　指定生成文件路径 433

图 14.4　在 Rose 中编辑代码 434

图 14.5　反向工程 435

图 14.6　反向工程结果 435

图 14.7　纵向分工开发模式（用例驱动） 437

图 14.8　用例驱动项目计划 439

图 14.9　纵向分工开发结果 440

图 14.10　横向分工带来的层次独立性 443

图 15.1　申请登记执行路径图 449

图 15.2　测试因素分析 451

图 16.1　线性思维 455

图 16.2　系统思维 456

图 16.3　线性思维下的系统分析设计结果 457

图 16.4　系统思维下的分析设计结果 458

图 16.5　SOA 应用示例 459

图 16.6　面向服务与用例驱动 461

图 17.1　利用用例实现编制开发计划 465

图 17.2　用例与可扩展架构 466

图 18.1　用例驱动与领域驱动 471

图 19.1　抽象层次 474

图 20.1　业务子系统与计算机子系统 480

图 21.1　边界分析示例一 483

图 21.2　边界分析示例二 484

图 21.3　边界分析示例三 485

图 21.4　边界分析示例四 485

图 21.5　边界分析示例五 486

图 21.6　边界分析示例六 487

图 21.7　边界分析示例七 487

图 21.8　边界意识决定设计好坏 488

图 22.1　边界分析的接口形式 491

图 22.2　用接口描述系统行为 491

图 22.3　接口的实现方式选择 492

图 23.1　SWTO 分析 495

图 23.2　读者视角 496

图 23.3　图书馆视角 497

图 23.4　图书管理员视角 497

图 24.1　直接购买商品过程 501

图 24.2　购买商品的第一种情形 501

图 24.3　购买商品的第二种情形 502

图 24.4　购买商品的第三种情形 502

图 24.5　导购服务模式 503

图 24.6　如何使用设计模式——基本实现 504

图 24.7　简单工厂模式结构 505

图 24.8　简单工厂模式实现 506

图 24.9　抽象工厂模式结构 507

图 24.10　抽象工厂实现 507

图 24.11　生成器模式结构 508

图 24.12　生成器模式实现 509

表目录

表 5-1　业务用例模型工件的取舍参考 ·· 129

表 8-1　电力营销系统涉众概要示例 ·· 201

表 8-2　电力营销系统涉众简档示例 ·· 202

表 8-3　电力营销系统用户概要示例 ·· 204

表 8-4　电力营销系统用户简档示例 ·· 205

表 8-5　电力营销系统消费者统计示例 ··· 206

表 8-6　优先级矩阵示例 ·· 209

表 8-7　需求调研迭代计划示例 ··· 211

表 9-1　业务用例规约示例 ·· 251

表 9-2　全局规则示例 ·· 273

表 9-3　内禀规则示例 ·· 275

表 9-4　非功能性需求——可靠性调研表 ·· 283

表 9-5　非功能性需求——可用性调研表 ·· 284

表 9-6　非功能性需求——有效性调研表 ·· 285

表 9-7　非功能性需求——可移植性调研表 ····································· 285

表 11-1　用例规约示例 ·· 323

表 15-1　"su_申请登记"用例场景规约 ·· 448

表 15-2　测试场景 ··· 450

表 15-3　测试矩阵 ··· 452

表 15-4　设计测试例 ·· 453

表 20-1　子系统划分要素 ·· 479

表 20-2　利用 DO 矩阵划分子系统示例 ··· 481

后记

历经大约八个月的笔耕，终于完成了这一本书，回头看看，还真是感慨万千。

刚开始构思的时候，并没有觉得写一本书有多困难，博文能写，写书无非就是码字多点儿，内容长点儿么？花了两天时间把提纲拟出来，初步估算了一下，全书大约在四百页到五百页之间，觉得每天写上个两三页应该不是什么困难的事情吧。

然而写一本书与写几篇博文之间的差别是我始料不及的。每一个章节的内容都必须要饱满，不像博文一样，写多写少很随意；章节之间要承上启下，读起来要有连贯性，不像博文一样可以独立成篇；全书知识点要能够相互映证和衔接，虽然分散在不同的章节里，还得想办法把它们串成完整的知识链条，不像博文一样可以随性而为……随着章节的增加和新知识点的不断引入，写作也越来越困难。不但要把新的知识讲清楚，还要思考新知识点如何结合到全书的上下文环境中去。有时思考几天也难以落笔，一段时间真是陷入困境了，深刻体会到了江郎才尽的无奈。

计算机知识从来都不是生动活泼的，相反，学习过程是枯燥无味的。我自己就相当不喜欢看那些学术性太强的书籍，看起来太累，容易犯困。己所不欲，勿施于人，我希望这本书能给读者带来阅读享受，在轻松愉快的过程当中快乐地学习。我不愿意看到购买了这本书的读者因为文字的晦涩难懂而看了几页就把它扔在一边。我并非高尚到心疼读者花费的钱，而是一想到辛辛苦苦码出的文字像垃圾一样被扔在灰暗的角落，心情多少会有点沮丧。

因此我尽力在结构组织上给本书带来一些活力，在行文上尽力让文字别那么枯涩。尽量使用生动的事例和大白话而不是学术化的语言来阐述，尽量用图而不是文字来解释概念，甚至在某些章节的开头讲那么一小段故事……然而尽力归尽力，由于文字能力的局限和想象力的限制，也许最终也没能带给读者那份预期的阅读享受。没办法，写书也是一项充满了遗憾的工作。

构思这本书的时候，我就下定决心完全依据自己的经验和知识来写作。读者花钱购买的不仅仅是知识，还有作者的思想。尽管我也会查资料，但仍下定决心按照自己的理解来讲述 UML，讲述自己在系统分析和设计方面的领悟，而不是照搬，哪怕这些理解将来被证明是错误的。相信读者在本书中会看到许多"新鲜"的名词、"奇怪"的解释和"独特"的阐述，请不要奇怪，也不要惊艳，我的知识是有限的，我的原意是引起读者的思考而不是单纯的灌输。在这个过程中，我与读者是共同成长的。

在写书的这八个月里，因为工作的繁忙，常常每天都写到深夜，有时候真有坚持不下去的感觉。在这没日没夜的八个月里，我也终于与牵手了七年之久的女友正式步入了婚姻的殿堂。因为写书，难免冷落了她，甚至连周末都很少能陪她出去走走，时间全花在写书上了。感谢她对我一直以来的毫无怨言的支持与照顾，感谢她帮我校对，帮我绘图，尽管她自己的工作也相当辛苦。

谨以此书送给我新婚并深爱的妻子周芬！

感谢我的家人和朋友，他们一直支持着我。另外，还要感谢广大的网友，正是你们的支持与鼓励，我才有信心把几篇博文发展成几百页的书。书稿完成之日还是很欣慰的，至少对我来说，这本处女作也算是"鸿篇巨著"了吧。^_^

最后，读者在阅读过程中遇到问题欢迎到我的博客发表，我非常乐意与你们讨论，共同进步！有任何意见和建议，也非常欢迎到我的博客提出（我的博客地址是：http://coffeewoo.itpub.net）。如果有机会再版，这些宝贵的意见将会吸纳进新版里。

再次感谢您购买此书！

后记